Herbert Ricken

DER BAUINGENIEUR

Geschichte eines Berufes

Der Ingenieur

aus Christoff Weigel:

Abbildung der Gemein-Nützlichen

Haupt-Stände

Von denen Regenten …

an biß auf alle Künstler

Und Handwerker …,

Regensburg 1698

Herzog August Bibliothek

Wolfenbüttel

HERBERT RICKEN

DER BAUINGENIEUR

GESCHICHTE EINES BERUFES

VERLAG FÜR BAUWESEN

Titelbild:
Salginatobelbrücke, Schiers, Schweiz,
1930, Robert Mailant
Aufnahme von Christian Menn, Zürich

Die Deutsche Bibliothek – CIP-Einheitsaufnahme

Ricken, Herbert:
Der Bauingenieur : Geschichte eines Berufes / Herbert Ricken.
– Berlin : Verl. für Bauwesen, 1994
ISBN 3-345-00266-3

ISBN 3-345-00266-3

10407 Berlin, Am Friedrichshain 22
Printed in Germany
gesetzt aus Futura Light
Satz, Druck und Bindearbeiten: INTERDRUCK Leipzig GmbH
Reproarbeiten: Förster & Borries, Satz-Repro-GmbH
Lektorin: Renate Marschallek
Gesamtgestaltung: Christine Bernitz

INHALTSVERZEICHNIS

1.

EINLEITUNG

Von den Pyramiden des Alten Reiches in Ägypten bis hin zu den Fernsehtürmen der Neuzeit werden Aufsehen erregende Ingenieurbauwerke nach alter Tradition zur Geschichte der Architektur gerechnet. Die künstlerische Interpretation des Bauwerks dominiert über die Würdigung der technischen Leistung. Andererseits bleibt der Bautechnik und den Bauingenieurwissenschaften in Anbetracht der Attraktivität von Dampfmaschine, Werkzeugmaschine, Elektrotechnik und schließlich Elektronik und Informatik in einer Geschichte der Technik spätestens von der Mitte des 19. Jahrhunderts an nur wenig Raum. [1.1.]

Fragt die Geschichte der Architektur nach bewährter kunstwissenschaftlicher Methode stets auch nach dem Schöpfer des Bauwerks und seinen künstlerischen Intentionen, tritt in den Darstellungen bautechnischer Leistungen der Ingenieur hinter sein Werk. Es ist wohl symptomatisch, daß die Veröffentlichungen von Wettbewerbsergebnissen, etwa für eine Brücke, selbstverständlich die einreichenden Bauunternehmungen nennen und eventuell noch den als künstlerischen Berater hinzugezogenen Architekten, aber nie den verantwortlichen Ingenieur. Er ist ja in der Regel ein Angestellter.

„Man kann sich des Staunens nicht erwehren, in wie hohem Grade dieses hundertjährige Vorwärtskämpfen in einer tiefen und stolzen Anonymität versinkt." [1.2.] Mit der Konstituierung des Bauingenieurberufs, mit der Entwicklung einer eigenständigen Bauingenieurwissenschaft und mit der Einbindung des einzelnen in einen hocheffektiven, arbeitsteilig organisierten Prozeß bleibt die schöpferische Persönlichkeit immer weiter im Hintergrund. Die Nachrichten über die individuelle Arbeitsweise und erst recht über das Leben der Bauingenieure, die mit ihren Werken und wissenschaftlichen Erkenntnissen den Fortschritt im Bauen bestimmt haben, fließen nur spärlich. Um so mehr reizt es, den Beruf des Bauingenieurs in seiner historischen Entwicklung zu beobachten.

Der Begriff „Beruf" kann in dreifacher Bedeutung auftreten:

a) Als Kennzeichnung fortschreitender gesellschaftlicher Arbeitsteilung und damit als objektiv bestimmter Komplex von Tätigkeiten;

b) als subjektiv bestimmte, auf entsprechender Qualifikation wie Motivation beruhende Ausübung eines Komplexes von Tätigkeiten durch konkrete Personen;

c) als sozial bestimmte Bezeichnung einer Berufsgemeinschaft oder Berufsgruppe, eingeordnet in die Organisationsstruktur einer konkreten Gesellschaft. [1.3.]

Der Berufsinhalt bestimmt als objektives Erfordernis das Streben des einzelnen, als Träger eines Berufs wirksam zu werden. Die ständig neu herzustellende Übereinstimmung zwischen objektivem Erfordernis und seiner subjektiven Erfüllung bildet auch für die historische Entwicklung des Bauingenieurberufs die konstituierende Mitte. Der schließlich im Sinne von Berufsgemeinschaft verwendete Begriff tritt streng genommen erst mit der industriellen Revolution auf. Er läßt eine weitere Gliederung nach sozialem Wirkungsbereich zu in: Baubeamter, beratender Ingenieur, technischer Angestellter, Wissenschaftler.

Die besondere Schwierigkeit beim Verfolgen der historischen Entwicklung eines Berufs besteht nun darin, daß, stets abhängig von gesellschaftlichen, territorialen wie subjektiven Bedingungen, ganz unterschiedliche Übereinstimmungen und Differenzen zwischen diesen drei Kategorien des Berufs auftreten. Deshalb ist Vorsicht geboten, im heutigen Sprachgebrauch übliche Berufsbezeichnungen auf Berufe in der Geschichte anzuwenden. Das betrifft hier ganz besonders die Bezeichnungen Ingenieur, Architekt und Baumeister.

Die Bezeichnung „Ingenieur" wurde in Europa bereits im Mittelalter verwendet. Sie entstand aus dem Wort „ingenium" (lat. = produktiver Geist, Verstand, geistreicher Mensch). Im 12. und 13. Jahrhundert diente sie zur Hervorhebung der Leute, die Kriegsgerät bauen und bedienen konnten.

Die ältesten Belege stammen aus dem 12. Jahrhundert: „Alamannus de Guilelmo, enceignerius communis Mediolani" [1.4.], „enginous qui savaient d'engins plusors" [1.5.], „Ricardus ingeniator, vir artificiosus ... et prudens architectus" [1.6.].

Lodovico il Moro, Herzog von Mailand, benutzte die Bezeichnung „Ingenieur" in einem Dekret vom 22. Dezember 1497 als eine Art Sammelbegriff für verschiedene Berufe, die aber sämtlich zum Militär gehörten:

„architectores, seu agrimensores et livellatores aquarum, qui omnes vulgo ingenierii apellantur." [1.7.]

Etwa im gleichen Sinne hießen die im Staatsdienst stehenden wissenschaftlich gebildeten Techniker bei Sébastien le Prestre, Marquis de Vauban, „ingénieurs".

Im Jahre 1702 wurde in Dresden das königlich-sächsische Ingenieurkorps gegründet, das anfangs unter dem Kommando des Grafen Wackerbarth stand. Neben dem für die Schloßbauten zuständigen Oberlandbauamt wirkte es als Bauamt für die Festungs- und Militärbauten und diente gleichzeitig als Ausbildungsstätte für den Ingenieurnachwuchs. Jean de Bodt, Nachfolger Wackerbarths, erweiterte es 1742 zur Ingenieurakademie. In dieser von Frankreich ausgehenden Tradition liegt auch die Beschreibung des Ingenieurs, die Christian Wolf 1716 in seinem mathematischen Lexikon gibt: „Ingenieur, architectus militaris, ein Kriegsbaumeister, ist eine Person, welche die Kriegsbaukunst oder Fortifikation übet und also nicht allein Festungen anzugeben vermögend ist, sondern auch die Attacken bei deren Belagerung anzuordnen weiß." [1.8.]

In gleicher Weise wurden in Preußen die Festungsbaumeister als Ingenieure bezeichnet. Die königliche Or-

„Wer die Aufgaben der Gegenwart meistern und sicher in die Zukunft schreiten will, der braucht das Wissen um die Erfahrungen der Vergangenheit und das Erleben ihrer kulturellen Werte."

Kurt Beyer

der an alle Provinzgouverneure über die Gründung des Ingenieurkorps lautete:

„Nachdem ich resolviret, das Corps der Ingénieurs auf einen regulären Fuß zu setzen, und dasselbe dem Commando und der besonderen Aufsicht des Oberstlieutnants von Walrawens zu übergeben, so werden die in Dero Gouvernement befindlichen Ingénieurs an den v. Walrawe als ihren Chef weisen, dergestalt, daß sie demselben dafür erkennen, und der älteste ihm alle 14 Tage von dem Zustand derselben und absonderlich von dem Festungsbau fleißigen Rapport abstatten soll.

den 21. März 1729

gez. F. Wilhelm" [1.9.]

Fast zur gleichen Zeit schrieb der Leipziger Jakob Leupold, der sich selbst „Mathematicus und Mechanicus" nannte, bekannt durch den Bau von Luftpumpen und Waagen und die Herausgabe einer vielbändigen Ingenieurenzyklopädie: „Was vor alten Zeiten die Mechanici waren, das sind heute zu Tage unsere Ingenieurs, welche nicht nur allein zukömmt, eine Festung aufzureißen und dann zu erbauen, sondern auch nach mechanischen Fundamenten allerlei Maschinen anzugeben, so wohl auch eine Fortresse zu defendieren, als solche zu emportieren. Ingleichen mancherlei compendieuse Maschinen zu erfinden, die Arbeit zu erleichtern und was öfters unmöglich erscheinet, dennoch möglich zu machen." [1.10.]

Johann Rudolf Fäsch betonte dagegen in seinem Kriegs-, Ingenieur- und See-Lexicon, Dresden und Leipzig 1735, nach alter Tradition, die militärischen Aufgaben des Ingenieurs: „Ingenieur, T. Kriegsbaumeister, I. Ingeniere, L. Architectus militaris, ist eine Person, welche die Fortification oder Kriegs-Bau-Kunst übet, und also nicht allein die Festungen anzugeben vermögend ist, sondern auch die Attaquen, und alle Feld-Arbeit bey den Belagerungen anzuordnen weiß.

Übrigens soll er auch eine gründliche Wissenschaft in der Arithmetic oder Rechenkunst, der Geometrie, der Geographie, der Civil-Baukunst, der Artillerie, Mechanic, Zeichen Kunst und Perspektive haben, damit er sich bey allen verfallenden Gelegenheiten selbst zu rathen wisse, und nicht nötig habe, sich bey andern erst Raths zu erholen, als auf welchen Fall, sein Respect mercklich periclitiret; zugleich aber auch durch solchen Mangel genugsamer connoissance, der dazu erforderten Wissenschaften, bey Unternehmung wichtiger Dinge, seinem Herrn nicht Schaden, ihne selbst aber nicht Verantwortung zuziehe." [1.11.]

Beide unterschiedlichen Bestimmungen des Tätigkeitsprofils der Ingenieure heben erforderliche Universalität und die Bedeutung wissenschaftlicher, hier ausdrücklich mathematischer Grundlagen hervor.

Der sich andeutende Wandel vom Kriegsbaumeister zum Zivilingenieur vollzog sich tatsächlich erst um die Mitte des 18. Jahrhunderts. Kennzeichen hierfür war vor allem die Gründung des „Corps des Ingénieurs des ponts et chaussées" in Paris. Seine Organisation entsprach zwar noch ganz den Grundsätzen des Corps des Ingénieurs militaire des Marquis de Vauban, es hatte jedoch zivile Aufgaben zu lösen, die sich vor allem aus der merkantilistischen Politik des absolutistischen Herrschers ableiteten: Bau und Instandhaltung der Häfen, Kanäle, Straßen und Brücken. Die damit in Frankreich vollzogene inhaltliche Veränderung der Berufsbezeichnung „Ingenieur" kommt in einem der frühen Ingenieur-Taschenbücher, dem „Dictionnaire portatif de l'ingénieur" von Bernard Forest de Bélidor, 1755, zum Ausdruck: „Hinsichtlich des bürgerlichen Bauens sei der Ingenieur ein in der Mechanik geschickter Mensch, der mittels Maschinen, die er erfindet, die bewegenden Kräfte verstärkt, um Lasten zu schleppen und um das Wasser zu führen und zu heben." [1.12.]

Die wohl umfassendste Erklärung, Herkunft wie neuen Inhalt gleichermaßen betonend, gab J. Krünitz am Ende des 18. Jahrhunderts im 30. Teil seiner „Oekonomischen Encyclopädie": „Ingenieur, aus dem Franz. ingénieur, ein Kriegsbaumeister ... einer, der die Befestigung zum Angriff und zur Verteidigung eines Platzes zugehörigen Werke und Arbeiten angibt und anordnet, ein Zeugmeister, in der Schweiz ein Schanzenherr, lat. architectus militaris.

Das Wort Ingenieur ist in den Provinzen, wo die gemein römische Sprache gebräuchlich war, also in Frankreich, Spanien und Italien, (wo ingenia die machinas bellicas et tormenta, und nach erfundenem Pulver das grobe Geschütz, auch andere Kriegswerkzeuge und Kriegsmaschinen bedeutete) aufgekommen, aus Frankreich nach England übergegangen und nebst vielen anderen ausländischen Benennungen in das Militärwesen aufgenommen worden. Im Altfranzösischen heißt er Engigneurs von Ingenium, fr. angin und ingenieux; im mittleren Latein Ingeniter, Ingeniosus, Magister ingeniorum. Die Machinarii hießen bei den Engländern Engineer, bei den Italienern Ingegniere, bei den Spaniern Ingeniero, bei den Niederländern Engienmeester, Enginier. Noch jetzt befindet sich in Wien ein Genie- und Fortifikationsamt, welches über die Festungswerke der Stadt die Aufsicht hat. In Frankreich sind die Ingenieure vermöge Königlicher Verordnung vom Jahre 1753 dem Corps Royal d'Artillerie et du Génie einverleibt, und sie gelangen daselbst zu eben den militärischen Ehrenstufen und Belohnungen wie die anderen Officiers, z. B. zu der Stelle eines Brigadiers, eines Maréchal de camp, eines Lieutenant-Général und sogar eines Marschalls von Frankreich." [1.13.]

Einer der ersten großen deutschen Wasserbauingenieure, Carl Friedrich von Wiebeking, entwickelte am

Anfang des 19. Jahrhunderts, gestützt auf die französische Ingenieurtheorie, ein System der Bauwissenschaften, von dem aus er auch die erforderliche Qualifikation des Bauingenieurs abzuleiten suchte. In seiner Schrift „Von dem Einfluß der Bauwissenschaften auf das allgemeine Wohl und die Civilisation" unterschied er fünf Abteilungen: Wasserbaukunde, Kriegsbaukunde, Bürgerliche Baukunde, die er in die „Höhere, Schöne- oder Prachtbaukunde", die „Städtische und ... in die Landbaukunde" einteilte, und ... schließlich Schiffbaukunde und Bergbaukunde.

Alle aber würden „auf dem Studium der reinen Mathematik" beruhen und so sehr ineinanderfließen, „daß die eine von den andern viele Lehren, Maximen und Erfahrungen entnehmen muß." [1.14.] Ingenieur aber sei nur der, „welcher alle fünf Abteilungen der Bauwissenschaft gründlich studirt habe und auszuüben im Stande ist, im strengsten Sinne, derjenige aber, welcher nur in einer ihrer Abtheilungen sich mit Erfolg hervorgethan hat, nachsichtsvoll ein Baumeister genannt werden könne." [1.15.]

Das gleiche Wort darf nicht darüber hinweg täuschen, daß sich der Inhalt der Berufstätigkeit über die Jahrhunderte hinweg, entsprechend der Entwicklung der Wirtschaft, verändert hat. Gerade die Geschichte der Bautechnik und damit auch des Bauingenieurberufs läßt sich nicht als nach innerer Logik ablaufender, aus Umsetzung von Wissenschaft erklärbarer Prozeß darstellen. Die Handlungsträger und ihre Absichten gehören zu den konstituierenden Elementen einer Geschichte der Bautechnik. „Denn nicht allein die Probleme stellt die Wirtschaft der Technik, sie beherrscht auch den Geist der Lösung dieser Probleme." [1.16.]

Die Wurzeln des Bauingenieurberufs repräsentierten der aus dem Handwerk stammende Baumeister, der Ingenieuroffizier, der Baubeamte am Hof des Feudalherren und der in der industriellen Revolution prosperierende Unternehmer. Auf natur- und technikwissenschaftlicher Grundlage plant, entwirft, konstruiert er Gebäude und Anlagen und leitet ihren Bau. Friedrich Engesser gliederte im Zusammenhang mit einer abschließenden Bilanz seiner reichen Erfahrungen als Wissenschaftler, Ingenieur und Hochschullehrer den Wirkungsbereich des Bauingenieurs bis ins einzelne: „Die Tätigkeit des Bauingenieurs besteht im wesentlichen in der Herstellung von Bauwerken auf, an und unter dem Erdboden. Es handelt sich dabei um den Bau von Verkehrswegen, von Straßen, Eisenbahnen, Schiffahrtskanälen, von Bahnhöfen und Hafenanlagen, um die für dieselben erforderlichen besonderen Bauwerke wie Brücken, Hallen, Tunnel, Schleusen; um Wasserbauten, teils zur Abhaltung der schädlichen Angriffe des Wassers wie Fluß- und Seedeiche, Wildbachverbauungen, teils zur Nutzbarmachung seiner günstigen Eigenschaften, wie Stauwerke und Wehrbauten, Bewässerungs- und Wasserkraftanlagen; um städtisches Bauwesen, um Anlagen, die für die menschlichen Siedlungen erforderlich sind und ein gedeihliches Leben in denselben ermöglichen, die zur Zuführung von Arbeitskräften und Energien jeglicher Art, von Gebrauchs- und Verbrauchsstoffen und zur Entfernung von Abfallstoffen dienen." [1.17.]

Auch Fritz Leonhardt charakterisierte über 50 Jahre später den Wirkungsbereich des Bauingenieurs ähnlich umfassend, jedoch mehr auf das Wesen der zu bewältigenden Aufgaben eingehend: „Unter Ingenieurbau verstehen wir das Planen, Entwerfen, Konstruieren und Ausführen all der Anlagen und Bauwerke, an denen der Bauingenieur maßgeblich beteiligt ist. Zur Lösung und Erfüllung der zum Ingenieurbau gehörigen Aufgaben sind rationale wissenschaftliche Grundlagen nötig, wie sie in den Natur- und Technikwissenschaften im Laufe der letzten zwei Jahrhunderte erarbeitet worden sind. Bei den heute üblichen Baustoffen und Bauarten gibt es kaum mehr ein Bauvorhaben, bei dem der Bauingenieur nicht gebraucht wird, um es zu entwerfen und so zu berechnen und zu bemessen, daß es seine Aufgaben und Zwecke erfüllt und standsicher und tragfähig ist. Der Ingenieurbau umfaßt heute fast das ganze Bauwesen, wobei der Bauingenieur je nach der Art und Funktion des Bauwerkes unterschiedlich stark beteiligt ist." [1.18.]

Hier interessieren vor allem die Impulse, die den wissenschaftlich-technischen Fortschritt im Bauwesen und damit die Berufstätigkeit der Bauingenieure beeinflußt haben. Entscheidend waren:

a) Die Bauaufgaben in der industriellen Revolution: Wasser-, Verkehrs- und Industriebauten, die ungleich höhere Ansprüche an die Tragfähigkeit und Spannweite der Konstruktionen, an ihre Beständigkeit gegen Feuer und Wasser, an die Einhaltung kalkulierter Kosten und Fertigstellungstermine stellten als die Repräsentations- und Wirtschaftsbauten des Feudalabsolutismus;

b) die Möglichkeiten und Erfordernisse neuer Baumaterialien:
Gußeisen und Schmiedeeisen, später die aus basischem Flußeisen gewalzten Profile, Beton und Stahlbeton konnten nicht mehr auf traditionelle, handwerkliche Weise verarbeitet werden. Sie setzten die Industrialisierung der Produktion und eine Verarbeitung auf wissenschaftlicher Grundlage in spezialisierten, leistungsfähigen Betrieben voraus.

c) Die Entwicklung einer wissenschaftlichen Theorie: Die Kenntnis des Kraftverlaufs in den Konstruktionen und ihres Verhaltens unter verschiedenen Beanspruchungen, die Festigkeit des Materials waren die unabdingbaren Voraussetzungen für die Entwicklung weitgespannter Konstruktionen von hoher Tragfähigkeit und Beständigkeit.

„Ein Ingenieur ist durch Grundausbildung und Übung befugt, wissenschaftliche Methoden anzuwenden sowie nach der Analyse und Lösung von Ingenieurproblemen zu streben. Er ist fähig, persönliche Verantwortung für die Entwicklung und Anwendung von Wissenschaft und Wissen der Ingenieure in Forschung, Entwerfen, Konstruieren, Herstellen, Überwachen, Geschäftsführung und in der Ausbildung der Ingenieure zu übernehmen. Seine Arbeit ist überwiegend intellektuell und mannigfaltig und weder von geistiger noch körperlicher Routine bestimmt.
Sie fordert die Übung schöpferischen Denkens und Beurteilens und die Fähigkeit, die technische und administrative Arbeit anderer zu beaufsichtigen.
Seine Ausbildung muß ihn befähigen, beständig den Fortschritt in seiner Disziplin der Ingenieurwissenschaft durch das Studium neu veröffentlichter Arbeiten in der Welt zu verfolgen, Informationen aufzunehmen und sie selbständig anzuwenden. So ist er in der Lage, zur Entwicklung der Ingenieurwissenschaft oder ihrer Anwendung beizutragen.
Seine Ausbildung und Übung sollten so sein, daß er sowohl ein breites und universelles Verständnis der Ingenieurwissenschaften als auch einen gründlichen Einblick in das Wesen seiner eigenen Disziplin erworben hat. Zur rechten Zeit wird er fähig sein, maßgeblichen technischen Rat zu geben und Verantwortung für die Leitung wichtiger Aufgaben in seiner Disziplin zu übernehmen."

The Conference of Engineering Societies of Western Europe and the USA: Report on Education and training of professional engineers, Brüssel, 1961

John Hancook Center, Chicago, Ill., Skidmore,
Owings & Merrill, Ing.:
F. Khan
aus: Büttner, Hampe: Bauwerk, Tragwerk, Tragstruktur 1, Berlin 1977

„Civil Engineering is the art of directing the great sources of Power in Nature for the use and convenience of man; ..." (Das Bauingenieurwesen ist die Kunst der Beherrschung der gewaltigen Kraftquellen der Natur für den Nutzen und die Bequemlichkeit des Menschen, da die praktische Anwendung der wichtigsten Grundsätze der Naturphilosophie, die in einem beachtlichen Maß die Voraussagen Bacons verwirklichte, Erscheinung wie Zustand der ganzen Welt veränderten. Der wichtigste Gegenstand des Bauingenieurwesens ist die Verbesserung der Produktionsmittel und des Handels, bezogen auf den Binnen- wie Außenhandel.)

Thomas Tredgold, 1828

d) Die Mechanisierung der Bauarbeiten:
Mit dem Einsatz der Dampfmaschine, später des Verbrennungs- und Elektromotors, begann eine tiefgreifende Umwälzung der Bautechnologie, durch die neue Dimensionen der Bauwerke möglich wurden.

e) Die Profilierung der Ausbildung:
Sie begann an Gewerbeschulen und technischen Bildungsanstalten, die sich schließlich zu polytechnischen Schulen und am Ende des 19. Jahrhunderts zu technischen Hochschulen entwickelten, die durch immer wieder korrigierte Ausbalancierung von praktischer und theoretischer Ausbildung und durch eine stetige Differenzierung der Ausbildungsrichtungen den Bedarf der Bauindustrie zu berücksichtigen suchten.

f) Die Gründung eigener Berufsorganisationen und ihrer Mitteilungsblätter:
Sie erfolgte mit dem Ziel, die Kompetenz und Integrität des Berufs zu festigen und ihm gesellschaftliche Anerkennung zu sichern.

Die Fortschritte in Bauwissenschaft und Bautechnik seit dem Ende des 18. Jahrhunderts dürfen nicht allein hinsichtlich ihrer ökonomischen Ergebnisse gewertet werden. Vor allem sind sie eine kulturelle Leistung. Standard, Typ, Serienreife der Konstruktion und industrielle Technologie bilden wesentliche Voraussetzungen zur Befriedigung massenhafter Bedürfnisse. Der mit dem industriellen Bauen ermöglichte und geforderte Grad an Rationalität wird zu einem elementaren Faktor kultureller Entwicklung. Die in der Gegenwart immer wieder versuchte Entgegensetzung von Ratio und Humanitas ist Ausfluß krisenhafter Erscheinungen in der modernen Gesellschaft. Häufig erfährt diese Entgegensetzung eine Personifizierung dergestalt, daß Wissenschaftler und Ingenieure als für Rationalität und Effektivität zuständig erklärt werden, Künstler und darunter auch Architekten für Humanität und Emotionalität.

Die Untersuchung des Wirkens bedeutender Persönlichkeiten in der Geschichte des Bauens wird es ermöglichen, die historischen Ursachen zu verdeutlichen, die gesellschaftlicher Arbeitsteilung den Charakter der Entfremdung zwischen den sich ausformenden Berufen gaben und das Wissen um die kulturelle Funktion des Bauens und damit auch die Motivation zu ästhetisch-künstlerischer Gestaltung praktisch verschütteten.

Deshalb ist in der weiteren Untersuchung der Widerspruch zwischen der Tendenz zur weiteren Spezialisierung und der Tendenz zur Integration der einzelnen Tätigkeiten in die komplexe Gestaltung baulich-räumlicher Umwelt entsprechend den Bedürfnissen und Möglichkeiten der gesamten Gesellschaft sichtbar zu machen. Das wird auch dazu führen, die Bedeutung des Bauingenieurs für die Entwicklung von Städtebau und Architektur präziser zu bestimmen, weil er für die Gestaltung des Zyklus Wissenschaft – Technik – Produktion die Verantwortung trägt.

Technik ist Prozeß und Produkt der Wechselwirkung zwischen Natur und Gesellschaft und damit Verwirklichung menschlicher Schöpferkraft. Die besondere Faszination des Bauingenieurberufs besteht in dem Reiz, in nicht vollständig vorhersehbaren Situationen lebenswichtige Entscheidungen treffen zu müssen, um gegenüber der Natur den Willen zur Gestaltung menschlicher Umwelt zu behaupten. Das bedeutet nicht nur Risikobereitschaft, sondern ebenso kühles Abwägen, präzises Erfassen aller Faktoren, Infragestellen festgeschriebener Lehrsätze, die Fähigkeit zu wissenschaftlicher Hypothese, Verantwortungsbewußtsein gegenüber den Bauarbeitern und vor allem Wissen um den gesellschaftlichen Sinn seines Tuns.

In der Rationalität seiner beruflichen Tätigkeit erfüllt der Bauingenieur, konzentriert auf technisch-ökonomische Zweckmäßigkeit, nicht nur funktionelle, sondern ebenso ästhetische Kriterien. Das Außerachtlassen des sozialen und kulturellen Aspekts in der Berufstätigkeit des Bauingenieurs würde letztlich dazu führen, die sozial-kulturellen und ästhetisch-künstlerischen Ansprüche an das Bauen nicht auch als in ingenieurtechnische Arbeit integriert zu betrachten und so plattem Technizismus und Ökonomismus das Wort zu reden. Die durch Bauen zu befriedigenden Bedürfnisse lassen sich durch Normative nur sehr ungenau und unvollständig fixieren. Bauen zielt nicht auf die Herstellung von Baukörpern, sondern auf die Gestaltung von Räumen, in denen die Menschen zu leben vermögen. Deshalb greift der Bauingenieur mit den Ergebnissen seiner Arbeit – und das ist bei dem heutigen Stand der Bautechnik auf einer außerordentlich höheren Wirkungsstufe der Fall als vor 150 Jahren – unmittelbar in kulturelle Prozesse ein. Den profilierten Vertretern dieses Berufs ist das immer bewußt gewesen. Friedrich Engesser betrachtete das als historischen Sinn des Bauingenieurberufs: „Die Technik schafft die materielle Kultur. Sie schafft Zeit und Gelegenheit für eine allgemeine geistige Kultur. Sie ist selbst ein wesentlicher Teil der geistigen Gesamtkultur, insofern sie schöpferische Tätigkeit ist und die Materie dem Menschen dienstbar macht." [1.19.]

Die Bindung des Bauingenieurs an soziale, ökonomische und kulturelle Bedingungen und Zielsetzungen besteht sowohl in Hinblick auf die Ergebnisse seiner Tätigkeit als auch in Hinblick auf den Prozeß, der durch das Zusammenwirken der verschiedenen Berufe in Planung, Projektierung und Leitung des Bauens gekennzeichnet ist. Technische Gesetze, die seinem Tun zugrundeliegen, wirken niemals neben, sondern immer innerhalb der Gesetze von Natur und Gesellschaft. Technischer Fortschritt, für den er mit all seinen Kräften eintritt, erfährt seinen Sinn lediglich aus gesellschaftlichem Fortschritt. Die Geschichte des Bauens führt unausweichlich zu der Erkenntnis, daß die Berufstätigkeit des Ingenieurs in den kulturellen Gesamtprozeß mündet und nur aus diesem heraus zu erfassen ist.

2.

FRÜHE BAUMEISTER UND DIE ANFÄNGE DER „WISSENSCHAFT VOM BAUEN“

Hohe Priester als Baumeister

Als Djoser, der erste Pharao der 3. Dynastie in Ägypten, vermutlich war es das Jahr 2630 v. Chr., gestorben war, fand er seine letzte Ruhestätte in einer Grabkammer unter einer riesenhaften Stufenpyramide. Auf einer Grundfläche von 100 × 120 m türmten sich sechs übereinandergeschichtete Mastabas, traditionelle flache Grabbauten aus Ziegelsteinen mit geböschten Seitenwänden, bis zu einer Höhe von 60 m. Die Konzeption zur gesamten Anlage, mit mehreren Palästen, Höfen und einem Totentempel, und die Leitung der Bauarbeiten wird dem weisen Imhotep zugeschrieben, dem Großwesir. Als rechte Hand des Pharao, zuständig für alle weltlichen Fragen des Reichs, beherrschte er das Wissen seiner Zeit. Solch leitende und planende Tätigkeit für Staatsbauten, mit deren Hilfe sich die Lebenden die Gunst der Götter zu sichern suchten und der Ruhm des Toten verkündet werden sollte, stand allein den Angehörigen der Herrscherkaste zu. Ähnliches kann auch aus dem mit einem Maßstab versehenen Bebauungsplan geschlossen werden, den die Diorit-Statue des Priesterfürsten Gudea von Lagasch (Gutäer Zeit, um 2200 v. Chr.) auf den Knien hält.

Nur langsam vollzog sich eine allmähliche Differenzierung von religiösem Leben und Verwaltung, von Priestern und Beamten. Neben Künstlern haben sicher auch Baumeister einen besonderen, wenn auch sicher nicht zahlreichen Stand gebildet. In gleichem Maße festigten sich die Regeln für die Anlage von Bauten, basierend auf elementaren Erkenntnissen der Geometrie und Physik. Davon zeugen die gefundenen Reste oder Darstellungen von Setzwaagen und Knotenseilen. Die Herstellung eines rechten Winkels mittels eines Dreiecks, das erst viel später nach dem griechischen Mathematiker Pythagoras benannt worden ist, beherrschten bereits die ägyptischen Baumeister. Mit welch verblüffend einfachen Mitteln gearbeitet wurde, zeigt das Verfahren zur Herstellung eines Planums. Ein niedriger Damm um die Baustelle ermöglichte es, diese unter Wasser zu setzen. Dann konnten vom Wasserspiegel aus die Höhenmarken nach unten eingemessen werden. Von den Anfängen an bestimmten die Eigenschaften des Baumaterials und die Fähigkeiten der Bauleute, es zweckmäßig miteinander zu verbinden, die Konstruktion und den Bauvorgang. Der Transport großer Steine und ihr Einbau erforderten die Beherrschung der Hebelgesetze, die vorsorgliche Anlage von Rampen und die zielstrebige Führung vieler tausender Sklaven und damit die Fähigkeiten von Ingenieuren.

Zahlreiche Namen von Baumeistern haben sich im Zusammenhang mit den großen Gräbern und Tempeln erhalten, wie Ineni, der Baumeister des Totentempels Thutmosis I. (XVIII. Dynastie), Amenhotep, Sohn des Hapu,

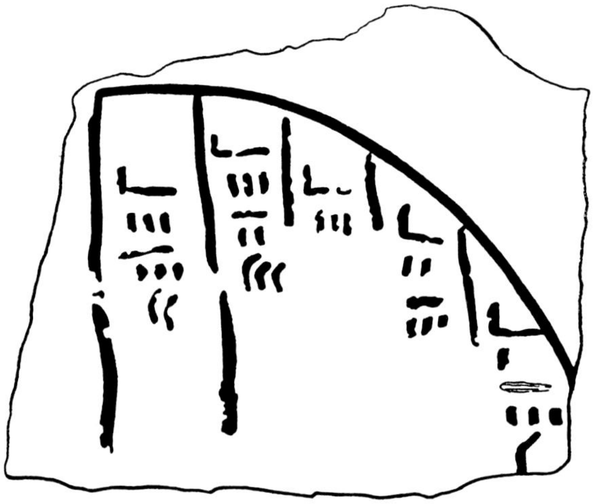

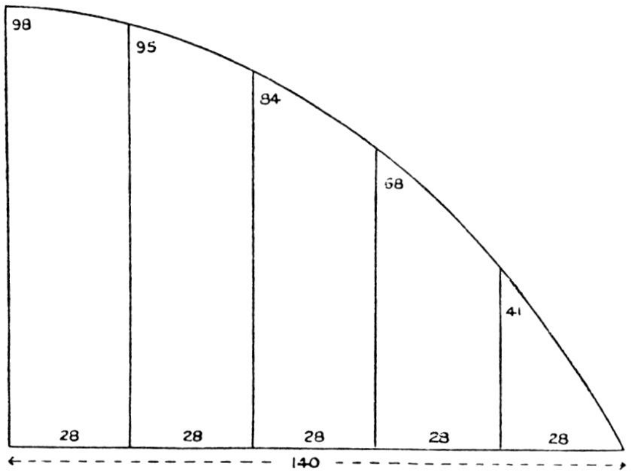

Altägyptisches Kurvendiagramm aus Sakkara, vtl. 3. Dyn., Kalkstein aus: S. Clarke, R. Engelbach: Ancient Egyptian Masonry, Oxford, London 1930

der Baumeister des Totentempels Amenophis III. (XVIII. Dynastie), oder Senmut, der den Totentempel der Königin Hatschepsut (XVIII. Dynastie) gebaut hat. Die Inschriften auf ihren Gräbern weisen unmißverständlich aus: Sie alle gehörten zu den Großen des Landes und deshalb leiteten sie die gewaltigen Bauvorhaben ihrer Könige. Es war ein hoher Priester des Amûn, der zur Zeit Ramses IV. (XX. Dynastie, ab 1168 v. Chr.) eine Expedition zur Beschaffung von Werksteinen leitete. Er befehligte neun Zivil- und Militärbeamte höherer Ränge, 362 untergeordnete Offiziere, 130 Steinbrucharbeiter und Steinmetze, zehn Handwerker und Künstler sowie 2 000 Sklaven und 5 000 Soldaten.

Soweit Zeichnungen gefunden worden sind, handelte es sich wahrscheinlich nicht um Bauzeichnungen, sondern um Dokumentationen in Gräbern, um Situationsskizzen, eventuell für die Gräberpolizei oder für die Vorbereitung regelmäßig zu veranstaltender Gedenkfeiern. Ludwig Borchardt fand am Ostturm des großen Pylons vor dem Isistempel auf Philae den Auf- und Grundriß einer Säule in natürlicher Größe als schwache, 1–2 mm tief in den weichen Sandstein eingeritzte Rillen. Sie habe, vermutlich nach einer alten Vorschrift entworfen, für die Herstellung der Säulen gedient, die zu der den Hof nach Osten abschließenden Halle gehörten. Die Entstehungszeit schätzte Borchardt auf die Zeit um 150

„Ich war der Größte im ganzen Land; einer der allein im Geheimen Rat Audienz hatte … Ich war einer, dem die Angelegenheiten Ägyptens berichtet wurden … Die Arbeiten in allen Ländern standen unter meinem Befehl … Ich habe allein das Aushöhlen des Grabes seiner Majestät überwacht, ohne zu sehen und zu hören … Ich habe einen Lehmputz erfunden, um ihre Gräber in der Nekropolis auszuschmücken; es war eine Arbeit, wie sie niemand seit dem Anbeginn der Welt getan hat … dies war [das Ergebnis] der Erfindungskraft meines Herzens, das Zeugnis meines Wissens, keine Regel war mir von den Alten gegeben und ich werde noch nach vielen Jahren von denen gelobt werden, die nachahmen, was ich geschaffen habe."

Ineni, Baumeister Thutmosis III., um 1500 v. Chr.

Theben, Ägypten, Darstellung eines Grabes, vtl. Ramses' IX., um 1100 v. Chr., Kalksteinplatte Museum Kairo, aus: Clarke, Engelbach, a. a. O.

Abschnitt aus dem Codex Hammurabi, Babylon, 18. Jahrhundert v. Chr.
aus: R. F. Harper: The Code of Hammurabi, Chicago, London 1904
„Wenn ein Baumeister ein Haus baut für einen Mann und es für ihn vollendet, so soll dieser ihm als Lohn zwei Shekel Silber geben für je einen Sar (1 Shekel = 360 Weizenkörner = 9,1 g; 1 Sar = 14,88 m²). Wenn ein Baumeister ein Haus baut für einen Mann und macht seine Konstruktion nicht stark, so daß es einstürzt und verursacht den Tod des Bauherrn, dieser Baumeister soll getötet werden. Wenn der Einsturz den Tod eines Sohnes des Bauherrn verursacht, so sollen sie einen Sohn des Baumeisters töten. Kommt ein Sklave des Bauherrn dabei um, so gebe der Baumeister einen Sklaven von gleichem Wert. Wird beim Einsturz Eigentum zerstört, so stelle der Baumeister wieder her, was immer zerstört wurde; weil er das Haus nicht fest genug baute, baue er es auf eigene Kosten wieder auf."

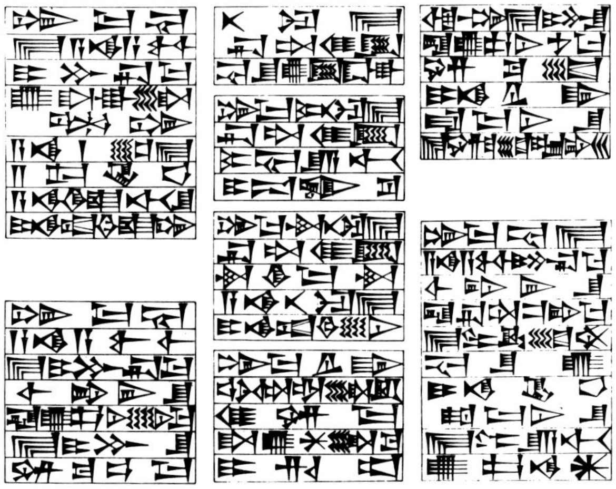

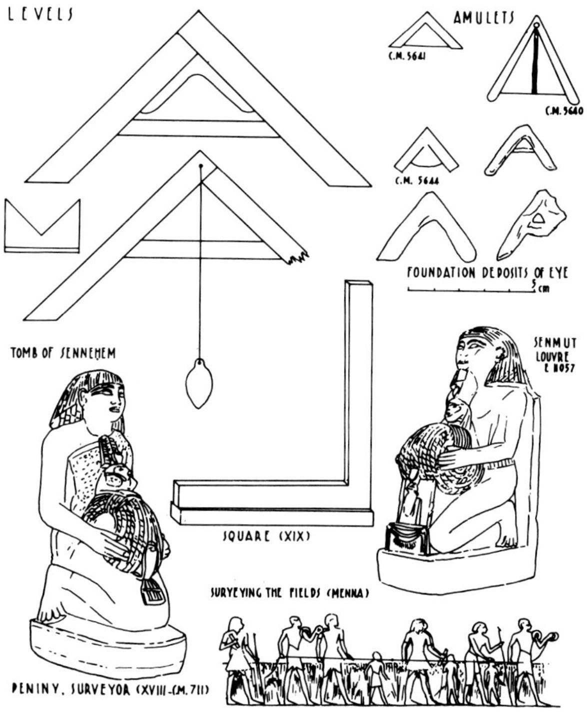

Knieende Baumeister mit Knotenseilen, aus den Gräbern des Senmut und Sennechem, 15. Jh.: v. Chr.
aus: A. Badawy: Ancient Egyptian Architectural Design, Berkeley, Los Angeles 1965

v. Chr. [2.1.] Von besonderem Interesse sind kleine, wenig kunstvolle Skizzen, mit denen Details geklärt werden, wie das Diagramm einer Kurve mit entsprechenden Maßangaben, die eine Übertragung auf einen Stein möglich machen. [2.2.]

Genossen die Baumeister der ägyptischen Könige noch hohes Ansehen, viele von ihnen durften ihre eigenen Totentempel in unmittelbarer Nähe der Gräber ihrer Herrscher errichten, so gibt es von den Baumeistern der Despoten in den verschiedenen mesopotamischen Reichen keine Nachrichten. Von ihrem Können zeugen nur die ausgegrabenen Reste ihrer Bauwerke. Der gemauerte Bogen etwa – das älteste Zeugnis ist ein überwölbter Abflußgraben in Nippur um 3000 v. Chr. – wird über Sumer und Babylon von den Griechen weitergegeben seit Rom zu einem Grundelement der Architektur. Zeugnisse sind die Reste der großen Paläste wie der des Assyrerkönigs Sargon II. in Dur Scharrukin (Chorsabad, 721 bis 705 v. Chr.) und der Stadt Babylon.

„Architekton" Oberster der Bauleute

Die griechische Bezeichnung „Architekton" bedeutet nichts weiter als Oberster der Bauleute. Eine Stelle in Platons Dialog „Politikos oder vom Staatsmann" belegt diese Bedeutung: „Auch bei jedem Baumeister (architekton) steht es doch so: er ist nicht selbst werktätig, sondern herrscht über die Werkleute ... Denn seine Leistung besteht in der Erkenntnis, nicht in der handwerklichen Tätigkeit ... ihm kommt es zu, allen Werkleuten die angemessenen Befehle zu erteilen, bis sie sich ihrer Aufgabe entledigt haben." [2.3.] Das aber besagt noch nichts über die soziale Wertschätzung, die den Baumeistern entgegengebracht wurde. Große Ehren genoß er mit Sicherheit nicht. Mißachtete doch der griechische Sklavenhalter den Wissenschaftler wie den Künstler. Auch das Interesse an technischen Erkenntnissen – den Geschützbau ausgenommen – und an der Persönlichkeit

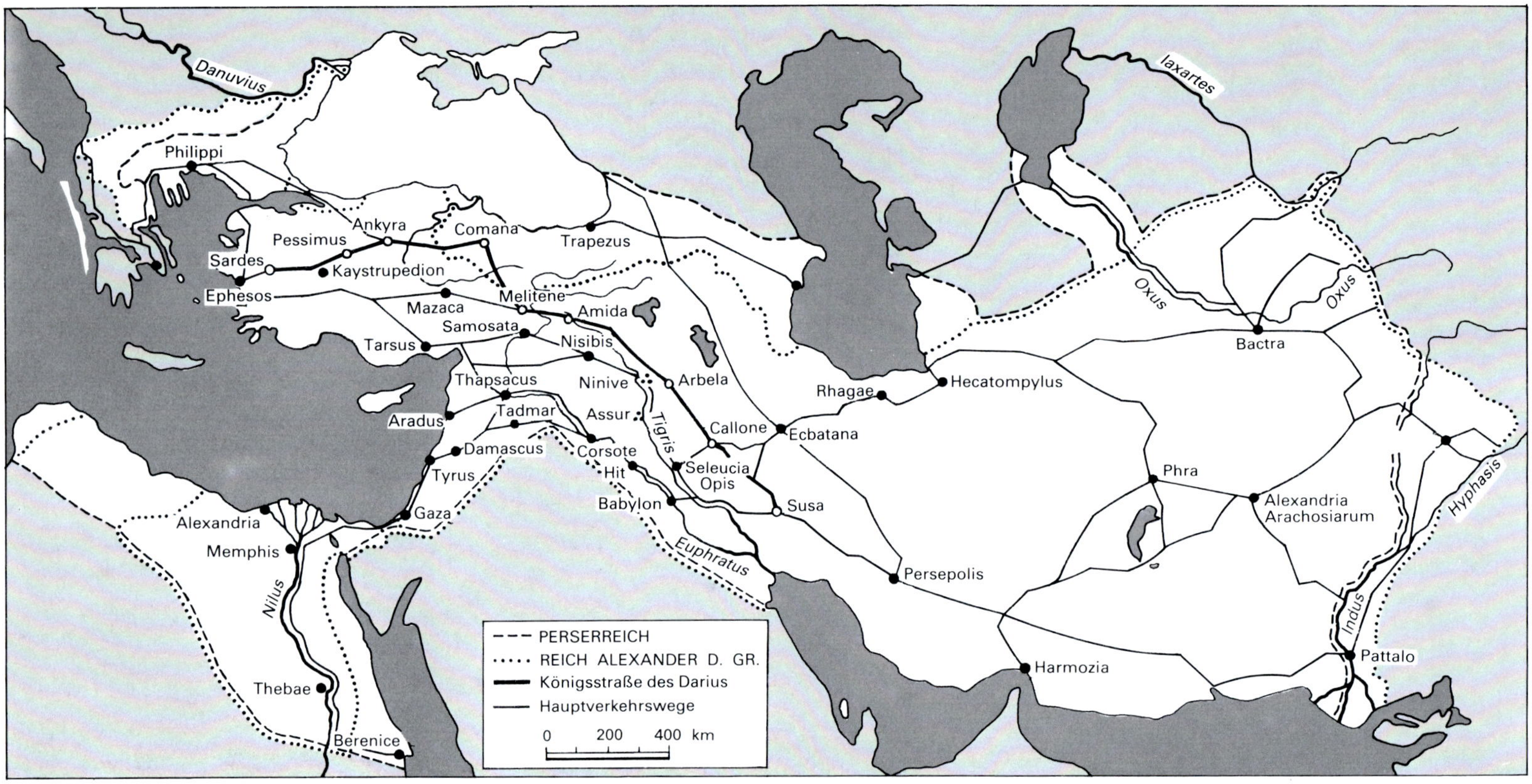

Königsstraße des Darius I. (522–486 v. Chr.), Persien, Länge nach Herodot 2503 km

derer, die sich mit technischen Fragen befaßten war überraschend gering. Selbst Archimedes machten erst die Römer bei den Griechen bekannt. In Erinnerung an die 212 v. Chr. wesentlich von ihm organisierte Verteidigung von Syrakus blieb er stets für sie der geniale Widersacher.

Wohl finden sich in der griechischen Literatur die Namen von Baumeistern, aber lediglich in Verbindung mit ihren Bauwerken. Keine Nachrichten gibt es jedoch über ihr Leben und ihre Arbeitsweise. Die reichhaltigsten Auskünfte hatte Vitruv zusammengetragen.

Schon im 19. Jahrhundert wird gegen alle romantischen Auffassungen aus den bekannt gewordenen griechischen Bauinschriften abgeleitet, daß griechische Eigenart mit einer Rechnung begonnen und geendet habe, was das Werk darstelle, aus welchem Material es hergestellt worden sei und seine Größe. Herodot habe sich mit Baumaterialien und Dimensionen beschäftigt. Die Griechen hätten Architektur nicht als Kunst im Sinne des 19. Jahrhunderts verstanden, sondern als Ingenieuraufgabe. Die Griechen hätten das schaffen können, was heute als Kunst bezeichnet würde, ohne selbst an sie zu denken. [2.4.] Auch bei Platon erhält Architektur allein dadurch einen besonderen Rang, da sie durch die Anwendung genauer Maßverhältnisse von besonderer Exaktheit sei. [2.5.]

Der Kunst des Bauens lagen geometrische Gesetzmäßigkeiten zugrunde, die sich ganz elementar aus der Technik des Landvermessens und des Absteckens von Grundrissen auf dem Baugrund ergaben, die zugleich aber als Ausdruck allgemeinster, den Aufbau des Weltalls bestimmender Gesetzmäßigkeiten unmittelbar auf die Gottheit bezogen waren, in deren Dienst das Bauwerk errichtet wurde. Die älteste bekannte technische Schrift, die „Mechanischen Probleme" des Aristoteles befassen sich eingehend mit der technischen Anwendung geometrischer Erkenntnisse, mit der Bewegung eines Punktes auf einer Kreisbahn, mit dem Parallelogramm, mit Keil und Hebel. In Anwendung derartiger wissenschaftlicher Grundlagen und sicher auch gestützt auf eine reiche praktische Erfahrung der Landvermessung gelang um 530 v. Chr. Eupalinos von Megara der Bau eines 1000 m langen Stollens durch den Berg Kastro für die Wasserversorgung der Stadt Samos unter der Regierung des Tyrannen Polykrates. Heron, der berühmte Ingenieur am alexandrinischen Museion beschrieb in seiner Schrift über die Dioptra, dem Handbuch für den Landvermesser, das Nivellement des samischen Stollens. Östlich um den Berg Kastro herum sei ein Polygon mit rechtwinkligen Koordinaten und Dreiecken gelegt worden, das am Ein- und Ausgang des Stollens in rechtwinkligen Dreiecken endete, deren Hypothenusen die Tunnelachsen gebildet hätten. Der Tunnel wurde von beiden Seiten ergraben. Die Seitenabweichung wird unterschiedlich mit 5 und 6 m, die Höhenabweichung mit 2,5 und 0,9 m angegeben. [2.6.]

Erst in hellenistischer Zeit, in der sich griechische Kultur mit den Kulturen des vorderen Orients und Ägyptens

„Du kannst einen Handwerker für 5 oder 6 minae [entsprechen 500 bis 600 Drachmen] kaufen, aber einen erstklassigen Architekten nicht für 10000 Drachmen."

Platon

Stollen der Wasserleitung von Samos, Eupalinos von Megara, 6. Jahrhundert v. Chr., 1 000 m lang, 1,8 bis 2,8 m hoch, 1,6 bis 1,8 m breit. Seitenabweichung am Treffpunkt der von beiden Seiten vorgetriebenen Stollen etwa 5 m, Höhenabweichung etwa 2,5 m nach einer Rekonstruktion von H. Wilsdorf: Bergleute und Hüttenmänner im Altertum bis zum Ausgang der Republik, Berlin 1952

1 – Dontia
2 – Thermen
3 – Rastro
4 – Tigani
5 – Hafen
6 – Kastelli
7 – Zisterne
8 – Spiliani
9 – Theater
10 – Ajaden

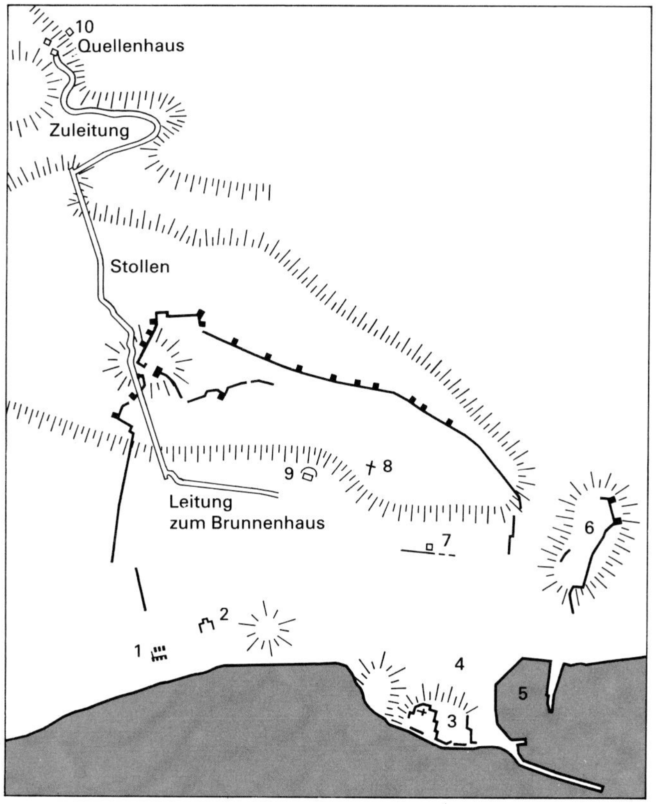

Leuchtturm von Alexandria auf der Insel Pharos, um 280 v. Chr., Sostratos von Knidos, etwa 110 m hoch, um 1300 durch Erdbeben zerstört, Rekonstruktionsversuch von Friedrich Thiersch, 1909

vermischte, errang die schöpferische Persönlichkeit höheres Ansehen. Alexander von Mazedonien, seine Statthalter und schließlich die Herrscher der Nachfolgereiche konzentrierten an ihren Höfen ein reiches künstlerisches und wissenschaftliches Leben. Sie förderten Gewerbe und Handel und gründeten neue Städte. Alexander dem Großen wird nachgesagt, daß er den Bau von 70 Städten befohlen habe. Fünfundzwanzig von ihnen konnten nachgewiesen werden. Das im 3. Jahrhundert v. Chr. von den Ptolemäern in ihrer Hauptstadt Alexandria gegründete Musenheiligtum, das Museion, stellte einen ersten Versuch der staatlichen Unterstützung von Forschung dar. Hier standen mehrere Auditorien zur Verfügung. Zoo, Observatorium, botanischer Garten und eine Anatomie mit Sezierräumen ermöglichten wissenschaftliche Arbeit räumlich konzentriert und in erstaunlicher Breite, jedoch abhängig von der Gunst der Herrscher, für die Wissenschaft einen Unterhaltungs- aber keinen praktischen Wert hatte. In der Nähe befand sich die berühmteste Bibliothek des Altertums, der man einen Bestand von 500 000 Buchrollen, andere Quellen berichten von 700 000, nachsagte. Über hundert Lehrer unterrichteten am Museion in allen damals bekannten Wissenschaften, unter ihnen Euklid, Aristarchos von Samos, Eratosthenes von Cyrene, Philon von Byzanz und Heron von Alexandria. Hier studierte auch Archimedes, ehe er nach Sizilien ging.

Erfahrungen über die Anlage von Städten hatten die Griechen bereits seit der Zeit der großen Kolonisation gesammelt. Das bewährte rektanguläre Stadtsystem erhielt später durch die Planungen des Hippodamos von Milet seine klassische Prägung. Ihm werden der Wiederaufbau seiner Vaterstadt Milet (479 v. Chr.), die Anlage der attischen Kolonie Thurioi bei Tarent (448 v. Chr.) und der Bau von Piräus, der Hafenstadt Athens, zugeschrieben. Platon ordnete dann die Grundsätze der Stadtplanung, insbesondere die Beachtung hygienischer Grundbedingungen (Boden, Klima, Windrichtungen, Wasser), in seine philosophischen Betrachtungen ein. Beim Bau der Städte erwiesen sich eindrucksvoll die Leistungsfähigkeit des Bauhandwerks und die technischen Fähigkeiten der Baumeister. Besonders hohe Ansprüche stellten der Bau der stadttechnischen Netze und Anlagen. Dies betraf vor allem die Großstädte des Altertums, wie Assur, Babylon, Athen, Alexandria, Karthago und schließlich Rom und Konstantinopel. Davon zeugen die Reste von Wasserleitungen, die über weite Strecken auf Aquädukten geführt wurden, und Abwasserkanäle. Berühmtheit gewann aus vorrömischer Zeit die Druckwasserleitung zur Versorgung des Tempelbezirks von Pergamon, erbaut unter der Regierung Eumenes II. um 180 v. Chr. Die Falleitungen bestanden aus Tonrohren, die Steigleitungen aus Bleirohren. Die Höhendifferenz von der Quelle bis zum Burgberg betrug 43 m. Bereits im 5. Jahrhundert v. Chr. besaß Athen eine Cloake, die unter Ausnutzung eines Bachs in 6 m Tiefe angelegt worden war.

Die Anfertigung von Bauzeichnungen jedoch bleibt auch in Griechenland noch ungewiß. Sie kann zwar nicht ausgeschlossen werden, aber es sind nur indirekte Schlüsse möglich, etwa aus einer Wettbewerbsausschreibung. In der Literatur finden sich die Bezeichnungen „hypographai" für Zeichnung oder Beschreibung und „paradeigmata" bzw. „emboléis" für Modelle, ohne daß völlig zu klären ist, was jeweils so bezeichnet wurde. Erhalten geblieben sind lediglich Baubeschreibungen. Sicher wurden Bauzeichnungen in dem Moment notwendig, wenn das zu errichtende Bauwerk in seiner Größe und Raumstruktur bisherige Gewohnheit übertreffen sollte und wenn die Konstruktion nicht mehr in den Rahmen einer festen Tradition eingebunden war.

Baukommissionen leiteten und kontrollierten den Bau der Tempel. Ihnen gehörten auch „Architekten" an. Stadt- und Tempelverwaltungen beschäftigten für ihre ständig anfallenden Bauaufgaben ebenfalls Architekten. Strabon, Geograph und Historiker aus der zweiten Hälfte des 1. Jahrhunderts v. Chr. berichtet von einem Architekten, der in Athen für die Leitung des Baus der Stadtmauern durch Cheirothonie, Wahl mit Handzeichen in der Volksversammlung, gewählt worden sei. [2.7.]

In den Verantwortungsbereich der griechischen Architekten gehörte ebenso die Konstruktion und Pflege der Kriegsmaschinen und Befestigungsanlagen. Das X. Buch seiner „De architectura libri decem" beschließt Vitruv mit dem Satz: „So wurden diese siegreichen Städte nicht durch Maschinen, sondern trotz Anwendung von Belagerungsmaschinen durch den erfinderischen Geist von Baumeistern (architectorum) befreit."

Römische Bauingenieure

Schon in den frühen Großreichen bildeten Straßen und Brücken eine unbedingte Voraussetzung für die Beherrschung der Länder und für den Fernhandel. Die Perser verfügten über Straßen, die ihre Hauptstadt Susa mit Persepolis, Samarkand und Sardes, der sogenannten Königsstraße, verbanden, in einer Gesamtlänge von 2 400 km. Von Militärposten gesicherte Poststationen mit Herbergen und Brunnen im Abstand einer Tagereise gewährleisteten schnelle Nachrichtenübermittlung und Truppenbewegungen. Die Unterwerfung Italiens durch römische Legionen begann mit dem Bau der Via Appia deren erste 90 km zwischen Rom und Terracina bereits um 300 v. Chr. unter dem Konsulat des Appius Claudius Caecus (307 und 296 v. Chr. Konsul, zwischen 292 und 285 Diktator) gebaut worden sind. Gleich-

„Aber vielleicht wird es Leuten, die nicht wissenschaftlich gebildet sind, wunderbar erscheinen, daß ein Mensch eine so große Zahl wissenschaftlicher Lehren in sich aufnehmen und im Gedächtnis festhalten kann. Wenn sie aber bemerkt haben, daß alle Wissenschaftszweige unter sich sachlich miteinander in Verbindung stehen und etwas Gemeinsames haben, werden sie leicht glauben, daß es doch möglich ist."

Vitruv: De re architectura libri decem

Aphaia Tempel auf der Insel Ägina, Griechenland, dorischer Peripteros, um 510 v. Chr., Axonometrie
aus: A. Furtwängler: Das Heiligtum der Aphaia auf Ägina, München 1906

Straßennetz des Römischen Reiches. Mit allen Nebenstraßen umfaßte es etwa 80 000 km.

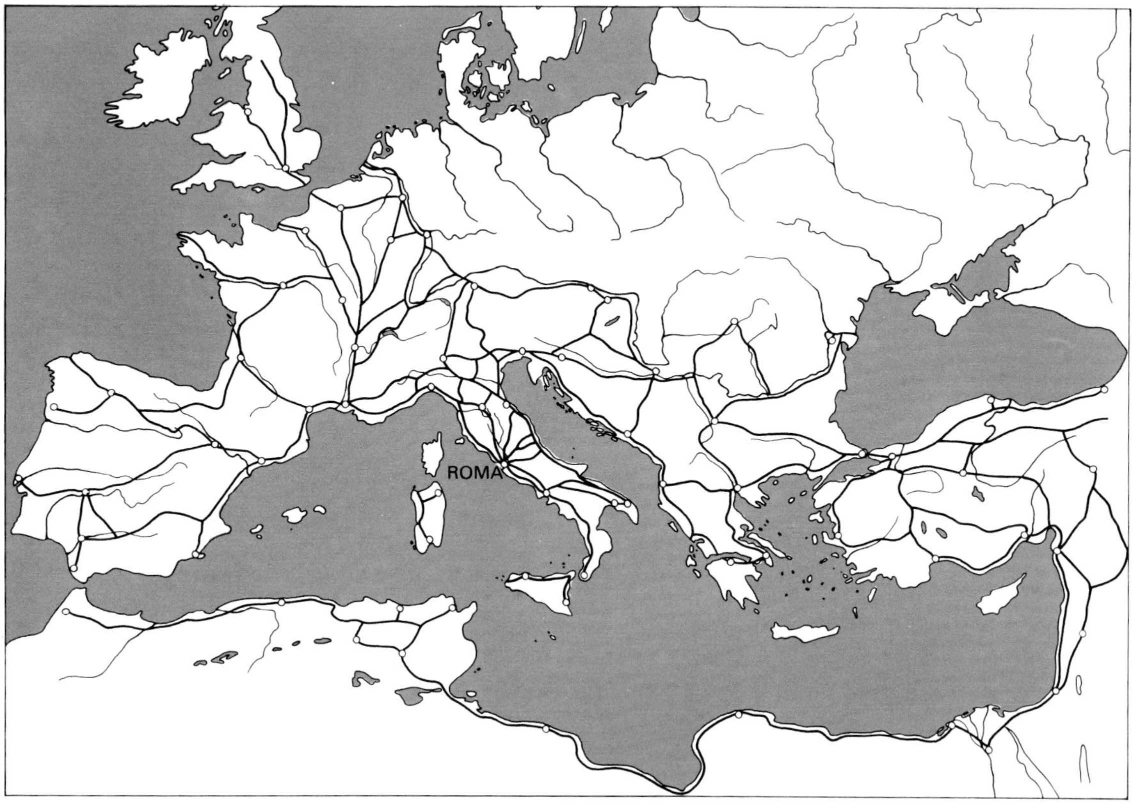

Q . CANDIDI . BENIGNI . FAB . TIG . C ORP . AP . ARS . CVI . SVMMA . FVIT . FABRICAE . STVDIVM . DOCTRIN PVDOR . QVE . QVEM . MAGNI ARTIFICES . SEMPER . DIXSERE MAGISTRVM . DOCTIOR . HOC . NE MO . FVIT . POTVIT . QVEM . VINC ERE . NEMO . ORGANA . QVI . NOSSE T . FACERE . AQVARUM . AVT . DVCE D RE . CVRSVM . HIC . COVVIVA . FVI M T . DVLCIS . NOSSET . QVI . PASCE RE . AMICOS . INGENIO . STVDIO DOCILIS . ANIMOQVE . BENIG NVS . CANDIDA . QVINTINA PATRI . DVLCISSIMO . ET . VAL MAXSIMINA . CONIVGI . KAR

Der Seele des Quintus Candidius Benignus. Mitglied des Arleser VdI [Verein der Ingenieure, fabrorum tignariorum corporis Arelatensis]. Größte Fertigkeit, technisches Streben, Fachwissen und ehrenhafte Gesinnung zeichneten ihn aus. Große Ingenieure nannten ihn immer ihren Meister. Niemand war gelehrter als er, den niemand übertreffen konnte. Ihn, der es verstand, die wasserbaulichen Konstruktionen herzustellen und die Leitungsführung zu entwerfen. Er war ein gemütlicher Zechkamerad, im Freundeskreis ein geistreicher Unterhalter, aufgeschlossen für den technischen Fortschritt und von liebenswürdigem Wesen. Diesen Stein setzten sein Töchterchen Candida Quintina ihrem allerzärtlichsten Vater und Valeria Maximina ihrem geliebten Gatten.

um 250 v. Chr.

zeitig ließ er die erste Wasserleitung (Aqua Appia) anlegen. Zur Zeit seiner größten Macht durchzogen insgesamt rund 80 000 km ausgebauter Straßen das Imperium, von Nordafrika bis Schottland und von der Provinz Lusitania am Atlantik bis zu den Aramäern in Mesopotamien.

Die Deklaration der Befreiung aller bisher von Makedonien beherrschten Griechen 196 v. Chr. kennzeichnete den Beginn einer umfassenden Rezeption hellenistischer Kultur durch die Römer. Griechische Baumeister waren in Rom und den Provinzen begehrt. Als Sklaven und Freigelassene übernahmen sie, gestützt auf die Traditionen hellenistischer Baukunst und Ingenieurwissenschaft, die neuen Bauten zur Repräsentation des Imperiums und zur Befriedigung der vielfältigen Bedürfnisse der Bürger Roms, aber auch zur Sicherung der Feldzüge. Vitruv, den man heute als Pionieroffizier bezeichnen könnte, diente unter Caesar. In seinem Kaiser Augustus gewidmeten Werk „De architectura libri decem" (geschrieben vor 22. v. Chr.) faßte er, von technischen Einzelheiten, die auf eigener Erfahrung beruhten, abgesehen, alles zusammen, was er aus den Schriften der hellenistischen Ingenieure und Mathematiker entnehmen konnte. [2.8.] Allerdings blieb sein Werk in römischer Zeit unbekannt. Seine historische Bedeutung errang es erst 1400 Jahre später mit zunehmender Beachtung der Antike durch den italienischen Humanismus. Vitruv unterschied zwischen dem ausführenden Handwerker und dem disponierenden Baumeister (architectus). [2.9.] Mit „fabrica" bezeichnete er eine immer wieder überlegt geübte Ausführung einer praktischen Tätigkeit, die zum Ziel eine Formgebung hat, „die mit den Händen aus Werkstoff durchgeführt wird." [2.10.] Dagegen sei „ratiocinatio" die rein geistige Tätigkeit, die den mit Hilfe wissenschaftlicher Methoden entwickelten Entwurf zugrunde läge. Vitruv vertiefte diese Unterscheidung in das, „was angedeutet wird" und das, „was andeutet noch weiter: „Also scheint in diesem Punkt Pytheos geirrt zu haben, weil er nicht bemerkt hat, daß die einzelnen Künste sich aus zwei Faktoren zusammensetzten, aus Ausführung und ihrer Konzeption, wovon das erstere, nämlich die Ausführung der Arbeit, eine eigene Sache derer ist, die auf speziellen Gebieten ausgebildet sind, das zweite aber Gemeingut aller wissenschaftlich Gebildeten ist, das ist die bewußte vernünftige (theoretische) Überlegung." [2.11.]

Die Quellen benennen bei einigen Bauwerken einzelne Baumeister, sagen jedoch nichts über ihre Arbeitsweise und ihre soziale Stellung. Tacitus erwähnt Celer, einen der Baumeister Neros, der den Kanal vom Avernersee zum Tiber begonnen habe, aber an technischen Schwierigkeiten gescheitert sei. Apollodorus von Damaskus, Hofarchitekt und Vertrauter des Kaisers Trajan baute neben den Repräsentationsbauten am Forum Trajani in Rom die 1050 m lange Donaubrücke bei Turnu Severin in Rumänien 104/05 n. Chr.

Sicher übernahmen die römischen Baumeister eine Fülle von Lösungen bautechnischer Grundprobleme aus

Donaubrücke bei Dobretae – Turnu Severin, Rumänien, 104/105, Apollodorus von Damaskus, Umzeichnung einer Darstellung auf dem Relief der Trajanssäule in Rom, 1,1 km lang, Spannweite bis 54 m, Holzkonstruktion auf Steinpfeilern, 20 Pfeiler im Donaubett
aus: Carl Christian Schramm: Historischer Schauplatz, in welchem die merckwürdigsten Brücken aus allen vier Theilen der Welt, insonderheit aber die in den vollkommensten Stand versetzte Dresdner Elbbrücke, in sauberen Prospecten, Münzen und anderen Kupferstichen vorangestellt und beschrieben werden …, Leipzig 1735, Deutsche Staatsbibliothek Berlin, Abt. für seltene Drucke

den hellenistischen Bautraditionen und vervollkommneten sie. Hierzu gehören die Verwendung von hydraulischem Mörtel für Wasserbauten, die Wölbung massiver Bögen beim Bau von Brücken und Aquädukten und der Bau von Kuppeln. Kreuzgratgewölbe ermöglichten eine neue Qualität der Raumkompositionen. Wie weit die Erkenntnisse der römischen Baumeister reichten, zeigt ihr Bemühen, die Kuppeln zum Opeion hin aus möglichst leichtem Material herzustellen. Im Caldarium der Caracalla-Thermen wurden zum ersten Mal Tonkrüge für die letzten Ringschichten der Kuppel verwendet. Später gab es dafür speziell hergestellte Tonkörper. Sinkkästen ermöglichten Arbeiten unter Wasser und Derricks mit Tretradantrieb die Montage großer Steinblöcke. Die im Halbkreis gewölbten römischen Steinbrücken, wie der Pons Aemilius (142 v. Chr.), der Pons Mulvius (109 v. Chr.) und der Pons Fabricius (62 v. Chr.) begründeten eine bis ins 18. Jahrhundert hineinreichende Tradition des Massivbrückenbaus. Ohne Kenntnis des Kraftverlaufs im Gewölbe benutzten die römischen Baumeister für ihre Brücken den Halbkreis als absolute, harmonisch zwischen Horizontaler und Vertikaler vermittelnde Form. Seine ungenügende Leistungsfähigkeit glichen sie durch sorgfältigen Steinschnitt und Verdübelung aus. Caesars Rheinbrücke (55 v. Chr.) zeugt von der Meisterschaft römischer Pioniertruppen im Bau von Holzbrücken. Caesar rühmte in seinem Bericht über die Eroberung Galliens, daß sie in zehn Tagen gebaut worden sei. Die Einordnung des Brückenbaus in den Kult, die Priester nannten sich pontifices, weist auf die staatspolitische Bedeutung der Brücke hin, die stets bewußt war als Weg über die Grenze zum Anderen. Die Ausdehnung der

Rheinbrücke nach der Beschreibung Caesars
aus: Kulturgeschichte der Antike, 2, Berlin 1978

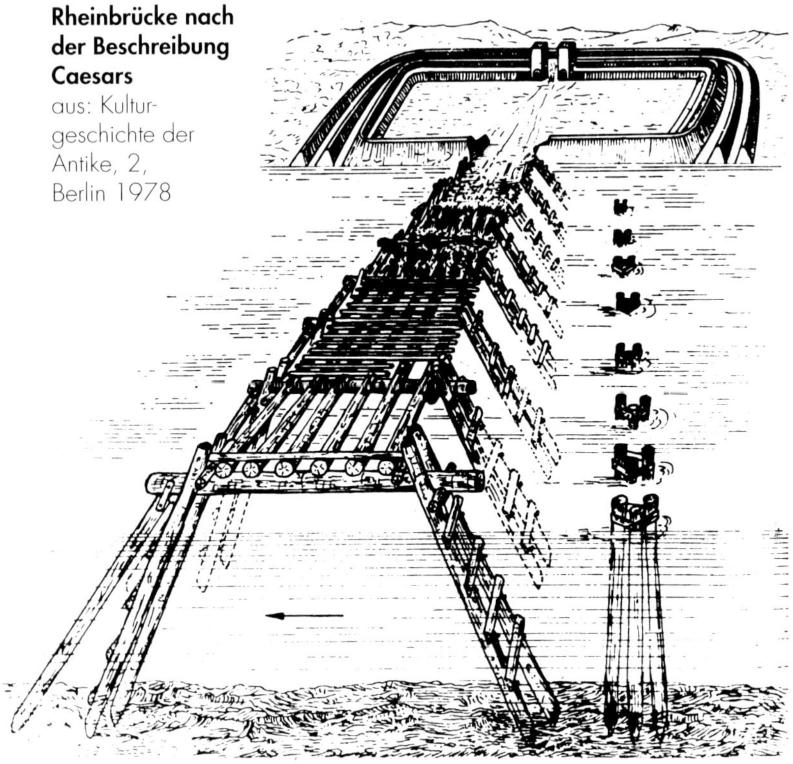

Pons Frabricius, Rom, erbaut unter Leitung des Vorstehers des Straßenbaus Lucius Fabricius, 62 v. Chr., zwei Kreisbögen von je 26 m Durchmesser
Fototeca Unione presso Accademia Americana, Rom

Pantheon, Rom, 118–135, Apollodorus von Damaskus, 43,20 m Durchmesser, Innenansicht
aus: Giovanni Battista Piranesi: Veduta di Roma, 72. Bl., Hind. Nr. 86 II,
Staatliche Museen zu Berlin, Kupferstichkabinett
sowie
Querschnitt und Grundriß
aus: M. Major, Geschichte der Architektur, 1, Berlin 1974

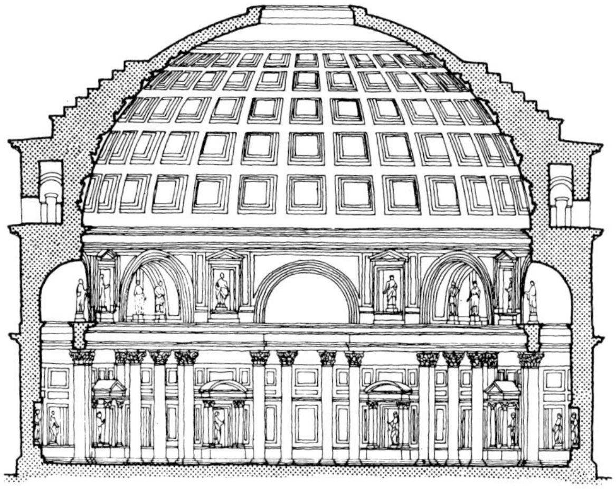

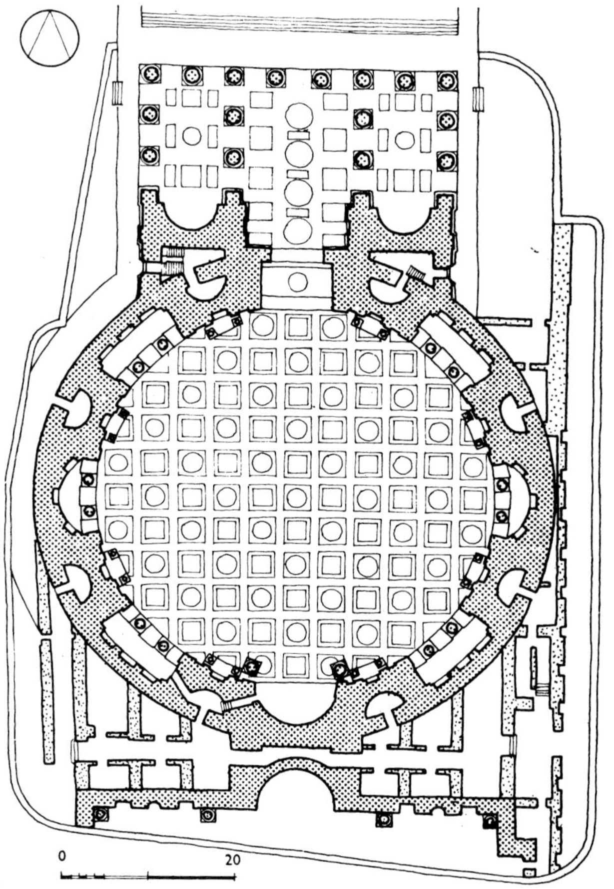

Wasserversorgung mit ihren Aquädukten, die unter der Regierung des Kaisers Tiberius (14–37 v. Chr.) täglich rd. 900 000 m³ Wasser in die Millionenstadt führten, und die Anlage der bis in die etruskische Zeit zurückreichenden Abwasserleitungen mit der Cloaca Maxima lassen den Schluß zu, daß im Rahmen einer fein abgestuften Hierarchie, die von der militärisch bestimmten Organisation der Republik über die Kompromisse zwischen Senat und Kaiser während des Prinzipats und der von Hadrian begonnenen Verwaltungsreform vielfältigen Wandlungen unterworfen war, die Baumeister planen und disponieren konnten. Die Ausführung übernahmen Bauunternehmer.

Die Notizen des Sextus Julius Frontinus bieten einen interessanten Einblick in die Organisation des römischen Bauwesens. [2.12.] Nach langen Jahren der Regierung als Statthalter in Britannien bekleidete er im Alter das Amt des curator aquarum urbis romae, des Aufsehers über alle römischen Wasserleitungen. In seinem Buch „de aquaeductibus" berichtete er ausführlich über seine Erfahrungen: „Auch Grundrisse der Leitungen haben wir machen lassen, aus denen ersichtlich ist, wo Täler und Flüsse liegen, die überbaut wurden, wie groß sie sind und wo die über Berghänge gebauten Hohlgerinne eine genaue und dauernde Überwachung und Instandhaltung erfordern. Dies hat den Vorteil, daß wir den Gegenstand unmittelbar vor Augen haben und zu Rate gehen können, als ob wir davor stünden." [2.13.]

Im 4. Jahrhundert hatte sich die klassische Abgrenzung

„Es ist nicht erlaubt, den Namen irgendeiner Person an einem Bauwerk anzubringen, ausgenommen den des Kaisers oder der Person, auf deren Kosten das Bauwerk errichtet wurde."

Kaiser Justinian, 1. Hälfte des 6. Jahrhunderts

der freien Künste vom niederen Bereich ihrer technischen Anwendung weitestgehend überlebt. Der Mathematiker Pappos von Alexandria (um 320) teilte in seinem Handbuch der Mechanik („Collectiones") unter Hinweis auf Heron von Alexandria die Mechanik in einen theoretischen Teil (Geometrie, Arithmetik, Astronomie, Physik) und in einen praktischen Teil (Metallarbeiten, Baukonstruktionen, Holzkonstruktionen, die Kunst des Malens und deren praktische Ausübung). Pappos nannte denjenigen „mechanikos", der die gesamte „mechaniké theoría" beherrscht. Die Veränderungen der Bauaufgaben in dieser Zeit des Zerfalls der antiken Gesellschaft und der Herausbildung des Feudalismus, die Entwicklung neuer architektonischer Vorstellungen, die nicht mehr nach Reproduktion klassischer griechischer Vorbilder strebten, und die Entwicklung von Wissenschaft und Technik schufen neue Erfordernisse und Möglichkeiten des Entwurfs und der Bauausführung. In seinen Untersuchungen über Pappos und Procopius (De aedificiis) zog Downey [2.14.] den Schluß, daß die Geometrie als Bestandteil der Mechanik die Hauptrolle im Entwerfen und Errichten der Bauten des byzantinischen Reichs gespielt hätte. Naturwissenschaftler waren es, die durch den Entwurf Aufsehen erregender Bauten ihre Universalität bewiesen. Anthemius von Tralles und Isidorus von Milet schufen die Hagía Sophia in Konstantinopel, die Staatskirche des Kaisers Justinian. Anthemius war ein hervorragender Mathematiker und hatte eine Arbeit über die Brennspiegel

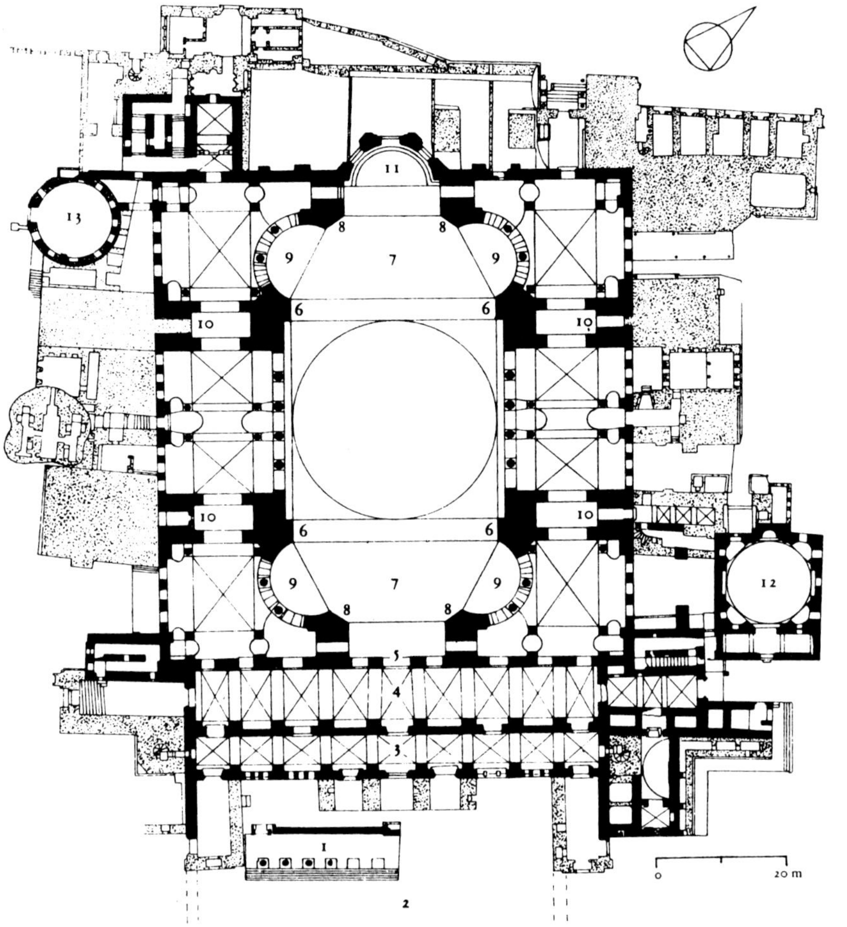

Hagia Sophia, Konstantinopel, Grundriß und Längsschnitt
aus: W. Müller: Architekten in der Welt der Antike, Leipzig 1989

Hagia Sophia, Konstantinopel, 532–537, Wiederaufbau 558–562, Anthemios von Tralles, Isidorus von Milet d. Ä. und d. J., Hauptkuppel mit 33 m Durchmesser
Sächsische Landesbibliothek Dresden, Abt. Deutsche Fotothek, Aufn.: Handrick

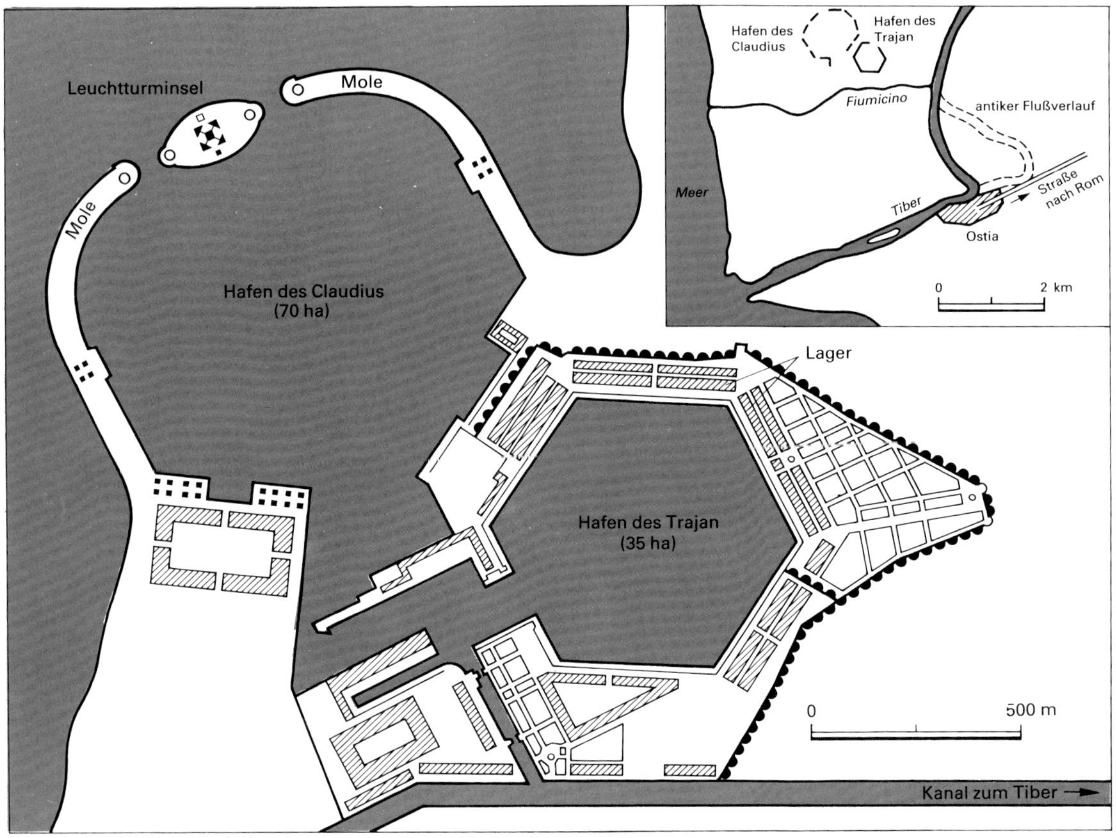

Ostia bei Rom, Hafen des Claudius, 41–54, und Hafen des Trajan, 100–106, Hafenbecken etwa 325 000 m², Gesamtlänge der Lagerhäuser über 1,5 km. Der Hafen diente v. a. zur Getreideversorgung Roms. Um 500 bereits verfallen

veröffentlicht, Isidorus, vermutlich Professor der Geometrie oder Mechanik, hatte die Werke des Archimedes herausgegeben. Isidorus von Milet d. J., ein Neffe des älteren Isidorus, baute die 559 bei einem Erdbeben eingestürzte Kuppel der Hagía Sophía wieder auf und entwickelte dabei eine Reihe neuer konstruktiver Lösungen. Mit dem Pendentif, dem sphärischen Dreieck, das einen harmonischen Übergang vom Quadrat des Grundrisses zum Rund der Kuppel ermöglichte, schuf er ein Leitbild für die Architektur des Islam.

Mönchs-, Hütten- und Stadtbaumeister

Mit der Herausbildung der ersten Feudalstaaten in Europa nach dem Zerfall des römischen Imperiums und dem Abklingen der Völkerwanderung konnte sich auf der Grundlage römischer Bautradition Bautätigkeit nur langsam, getragen von den Hofhaltungen der Könige und des Adels sowie an den Klöstern unter den Bedingun-

gen frühmittelalterlicher Naturalwirtschaft entwickeln. Die Weitergabe antiker Traditionen erfolgte jedoch weniger auf theoretischem Wege, obwohl Vitruv-Manuskripte immer wieder abgeschrieben wurden, sondern eher durch wandernde Steinmetzengruppen aus der Lombardei und Burgund. Im Unterschied zu Vitruv kannte Isidor von Sevilla [2.15.] nur noch drei Bestandteile der Baukunst: dispositio (Anordnung), constructio (Zusammenfügung) et venustas (Schönheit). „Dispositio" bezieht sich auf das Aufschnüren der Grundrisse auf dem Baugrund. Ebenso verwandte es Hrabanus Maurus: „Architecti caementarii sunt, qui disponunt in fundamentis ... Dispositio est areae vel soli et fundamentorum descriptio." [2.16.]

Im Mittelalter nannte man die Baumeister kaum noch „architectus", sondern:

- magister, master, maistre, magister operis,
- magister lapicida, archilapicida,
- mason, caementarius, lapicida, carpentarius.

Die Bezeichnung Baumeister wurde in den verschiedenen europäischen Sprachformen für den Bauherrn benutzt. Das Wort „Ingenieur" findet man ganz selten. Der Kanoniker Nicholas of York trägt in Berichten über den Bau der Kathedrale von Salisbury den Titel „l'engineur", ohne daß daraus Rückschlüsse über seine Tätigkeit gezogen werden könnten. [2.17.]

Im Unterschied zur kontinuierlichen Arbeit in den Klosterwerkstätten erforderte der Bau der Kirchen und anderer Klostergebäude, daß gerade die erfahrensten Brüder, deren Zahl offensichtlich gering war, von Baustelle zu Baustelle wandern mußten. Ein Abt lieh dem andern einen baukundigen Mönch aus. So gelangte der Mönch Isembert, zeitweilig Werkmeister an der Kathedrale von Saintes in Aquitanien, über La Rochelle nach England, wo er Brücken gebaut haben soll.

In den meist lange nach ihrem Tod verfaßten Lebensberichten, den „vitae" der Bischöfe und Äbte, wird den dort Gepriesenen stets nachgesagt, daß sie die unter ihrer Regie errichteten Bauten bis in die technischen Einzelheiten angegeben und die Arbeiten auch geleitet hätten. Bei aller gebotenen Vorsicht kann nicht ausgeschlossen werden, daß die nach dem antiken Modell der artes liberales angelegte Ausbildung an den Klosterschulen auch entsprechende Kenntnisse in der Geometrie vermittelte. Solche aktiven Baumeister sollen Benno II. von Osnabrück und Otto I., Bischof von Bamberg, gewesen sein. Die Vita des Benno berichtet, daß er die Bauarbeiten zur Sicherung der Chorfundamente am Dom zu Speyer und zur Überwölbung der nichtquadratischen Joche der Krypta persönlich geleitet habe.

Sicher ist aber bereits seit dem 12. Jahrhundert die Bauleitung auf Laienbaumeister übergegangen, die ohne Bindung an die strengen Mönchsregeln sich voll dem Bau widmen konnten. Eine grundlegende Änderung trat zu dem Zeitpunkt ein, als sich die Städte dank Geldwirtschaft und Fernhandel soweit entwickelt hatten, daß sie den Bau der von den Bischöfen begonnenen Kathedralen in eigene Regie nahmen. Diesen neuen Bedingungen entsprachen die Bauhütten mit der Freizügigkeit ihrer Meister und Gesellen, ihrer Unabhängigkeit von den städtischen Zünften und ihrer vom Kaiser privilegierten eigenen Gerichtsbarkeit. Im Unterschied zu der zentralisierten Organisation der Bauhütten in Frankreich und England verbreiteten sich im Gebiet des Heiligen Römischen Reiches Deutscher Nation die Bauhütten bei relativ machtloser Zentralgewalt als selbständige Organisation.

Die Arbeitsweise der Hüttenbruderschaften ist bis in die Einzelheiten in den Hüttenordnungen festgehalten. Erhalten geblieben sind folgende Ordnungen: [2.18.]

- die Yorker Ordnung von 926 eine legendenhafte Darstellung der Geschichte des Bauens ausgehend vom Tempel Salomonis,
- das Regius- und das Cooke-Manuskript aus dem Ende des 14. Jahrhunderts [2.19.],
- die Regensburger oder Straßburger Ordnung, die auf den Hüttentagen in Regensburg 1459 und Speyer 1464 ausgearbeitet und beschlossen wurde (Die Wiener, Admonter und Tiroler Ordnungen sind in den folgenden Jahrzehnten angefertigte Abschriften unter Berücksichtigung unterschiedlicher örtlicher Bedingungen und Traditionen.),
- die Torgauer oder Rochlitzer Ordnung von 1462,
- die Baseler Ordnung von 1497,
- das Bruderbuch von 1563,
- die Querfurter Ordnung von 1574.

Die Hüttenordnungen stehen am Ausgang des Mittelalters. Sie sind zu einer Zeit beschlossen worden, als die Meister um den Fortbestand der Hütten unter den Bedingungen rapide nachlassender Bautätigkeit kämpfen mußten. Neben der zur Sicherung der eigenen Gerichtsbarkeit notwendigen Bestimmung der Vororte und ihrer Einflußgebiete (Straßburg, Köln, Wien, Zürich bzw. Bern und Prag), der Regelung der Aufnahme des Lehrlings und seiner Ausbildung, bestand das wichtigste Anliegen in dem Ziel, eine Vielzahl gleichzeitiger, aber auch über große Zeiträume aufeinanderfolgender individueller Leistungen in einem ganzheitlichen Bauwerk zusammenzuführen und damit das Werk des einzelnen Steinmetzen in einer kollektiven Ganzheit aufzuheben.

Die Ausbildung des Werkmeisters in der Hütte beruhte auf dem Handwerk. Die Hüttenordnung schrieb für den mit allem Bildwerk und allen Konstruktionsregeln vertrauten „Dieners auf Kunst" eine zusätzliche zweijährige Lehrzeit vor. Falls ein Bewerber nur als Maurer gelernt hatte, betrug die Lehrzeit drei Jahre und für „diener von Ruhem uff" fünf Jahre. In zwei weiteren Jahren konnten „Diener" das „rechte Zeichnen" erlernen.

„di Kunst geometria leret uns di masz!"

Heinrich von Mügeln

„Operantur aliqui solo verbo. Nota: in istis magnis aedificiis solet esse unus magister principalis qui solum ordinat ipsa verbo, raro aut numquam apponit magnum, et tamen accipit majora stipendia aliis."
Einige arbeiten nur mit dem Wort. Bemerke: Auf diesen großen Bauten pflegt ein Hauptmeister zu sein, welcher diese nur durch das Wort anordnet; selten oder niemals legt er Hand an, und doch erhält er höheren Gehalt als die anderen.

Nikolaus de Béarn: Dictiones, 1261

„Wan ein Meister, wer der were, der solich vorgemeldet Werk und Gebeue Inhende und besessen hett, von Tod abget, und ein ander Meister, der kumet und gehauwen Steinwerks do findet, Es wer versetzet oder unversetzet steinwerk: do sol der selb Meister semlich versetzet steinwerk nit wider abheben, noch das gehawen unversetzet Steinwerk nit verwerfen. In geheinen wegk on ander werklitt rott und erkennen, uff dass die Herren und ander erbar litte, die solich Beue machen lossent, nie zu unredelichem Costen kument, und auch der Meister, der solich Werk noch Tode gelossen hett, nit geschmehet werde, wolltend aber die Hern solich Werk abheben lassen, das mag er lossen gescheen, so verne dass er kein geverde drinne suche."

Regensburger Hüttenordnung von 1459, Art. 6

„wen ein jeglich Meister ein Werk verdinget und eine Vysierunge dazu git, wie das werden sol: dem Werk sol er nit abbrechen an der Vysierunge, sunder er sol es machen, wie er die Vysierunge den hern, Stetten oder im Lande gezeiget hett, also dass es nit geschweche werde."

Regensburger Hüttenordnung von 1459, Art. 10

Im allgemeinen kann angenommen werden, daß die Werkmeister in den mittelalterlichen Bauhütten nicht zu den sozial privilegierten Schichten gehört und daher keinen hohen Bildungsstand besessen haben. Einzelne konnten weder lesen noch schreiben. Die Hüttenmeister waren Steinmetze, in noch zu zeigender Weise Bauingenieure, auf keinen Fall aber in heutigem Sinne Architekten. Eine künstlerische Leistung im Sinne des 19. Jahrhunderts war von ihnen weder gefordert, noch wurde sie zur Kenntnis genommen. „Kunst" bedeutete noch ganz so, wie es Dürer formuliert hatte, das „Künstliche", das heißt: das mit besonderem Geschick, mit Mühe und Fleiß Hergestellte. Die hervorragende Leistung des gotischen Hüttenmeisters bestand nicht in der Herstellung eines Entwurfs, sondern in der Leitung der Bauarbeiten entsprechend einer notwendigerweise vorherzubestimmenden Konzeption. Nach Artikel 4 der Regensburger Hüttenordnung konnte sich jeder „Werkmann oder Meister", auch ein Geselle, als Nachfolger eines verstorbenen Hüttenmeisters bewerben. Hüttenmeister wurde er durch Vertrag mit dem Rat einer Stadt, der sich üblicherweise Gutachten von bekannten Hüttenmeistern einholte. Die größte Chance zum Aufstieg hatten natürlich die Söhne der Hüttenmeister. Die Weitergabe der Werkserfahrung vom Vater auf den Sohn sicherte am einfachsten und wirkungsvollsten die Kontinuität der Tradition. Auf diese Weise entstanden Baumeisterfamilien, die über vier und mehr Generationen die Entwicklung des Bauens im Mittelalter beeinflußt haben. Zu ihnen gehört die weitverzweigte Familie der Parler mit einer in Böhmen und einer in Süddeutschland wirkenden Gruppe oder die Ensinger, die von der zweiten Hälfte des 14. Jahrhunderts bis zum Ende des 15. Jahrhunderts an den Kathedralen in Südwestdeutschland und der Schweiz gearbeitet haben.

Die Hüttenordnung bestimmte die Befugnisse des Hüttenmeisters: „Es sol auch ein jeglicher Werkmann, der hütten fürderung hett, dem diser ordenunge geschrifft und gewalt befohlen wurt, in jeglicher gegene alle Spenne und Sachen, die Steinwerks herieren sint, Gewalt und mach haben, fürzunehmen und Stroffen in siner Gebiet, und sollent Ime des alle Meister, Parlierer und Diener Gehorsam sin." [2.20.]

Hüttenmeister aber, deren Können und Erfahrung genügend Sicherheit für die Standfestigkeit ihrer Bauten gewährleisteten, gab es nicht im Überfluß. Die Anlage und Bemessung der Konstruktionselemente erfolgte auf der Grundlage bewährter Regeln, die nicht in Lehrbüchern standen, sondern vom Meister zum Diener weitergegeben und in den sorgfältig gehüteten Rissen fixiert waren. Die Standsicherheit konnte vor dem Bauen nicht nachgewiesen werden. Das zwang die Bauherren vorzuschreiben, daß etwa ein Turm genauso anzulegen sei wie der in einer Nachbarstadt. Sie beriefen einzelne Gutachter oder gar Kommissionen. Sie schickten ihren Hüttenmeister auf eine Studienreise, damit er dann seinen Bau nach einem bestimmten „exemplum" anlegen könne. Die Meisterschaft der Hüttenmeister bestand vor allem

- in der Fähigkeit, die aus geometrischen Schlüsselfiguren entwickelte Konzeption des Bauwerks so darzustellen, daß über sie entschieden und daß sie als Grundlage für Werkzeichnungen und Schablonen benutzt werden konnte,
- in der Fähigkeit, den Grundriß auszuteilen, die einzelnen Bauglieder anzuordnen und zu bemessen,
- in der Fähigkeit, die Werkleute anzuleiten.

Mit der Rückeroberung von Toledo durch die spanischen Feudalen 1085, bei der auch wertvolle arabische und griechische Manuskripte erbeutet worden waren, begann deren Übersetzung ins Lateinische. So tiefgreifend ihr Einfluß auf die Herausbildung mittelalterlicher Ideologie war, für die Hüttenmeister gerann spätantike Wissenschaft zu einem streng gefügten Regelwerk. In

Konstruktionssysteme einer frühgotischen Kirche
aus: B. Fletcher: A History of Architecture, London 1896

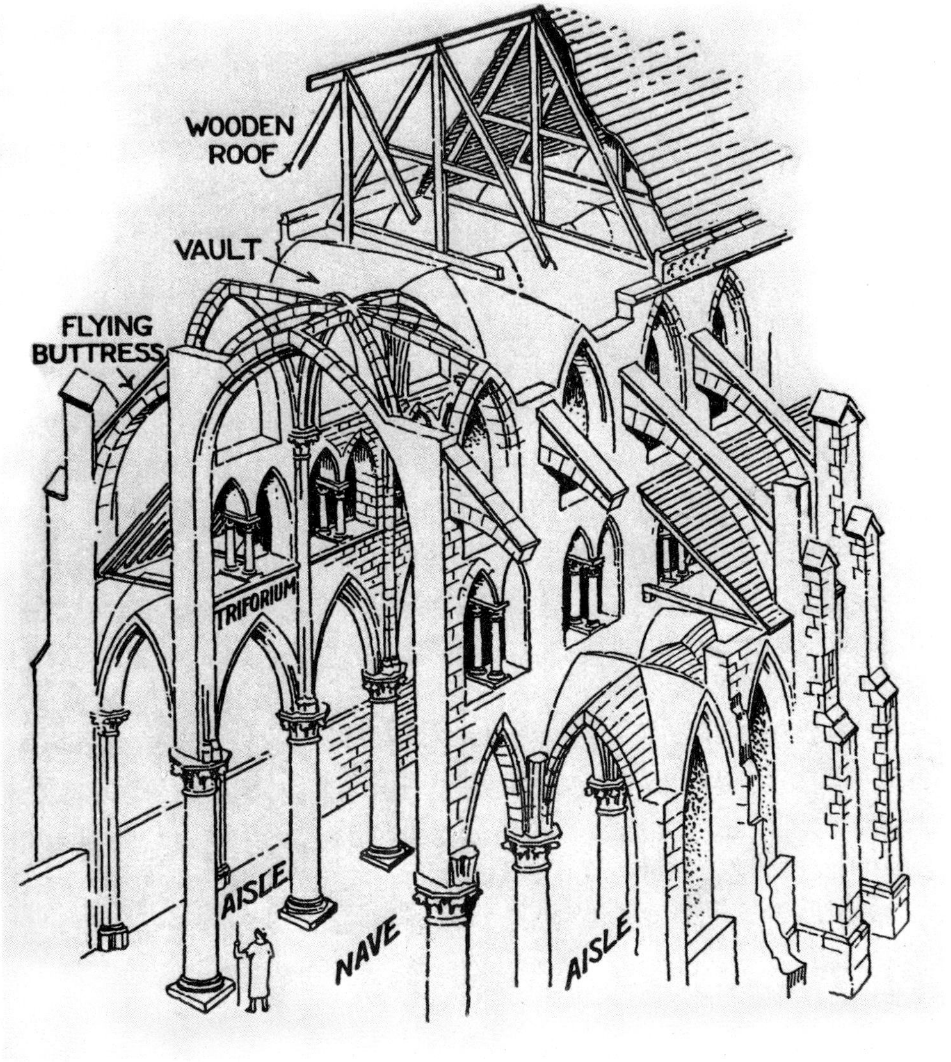

„Ich lorentz lechner [Lacher] bekenne offentlich mit disem briff das der durchluchtig Hochgeboren Furst unnd her, her Philips pfaltzgrave by rein herzoge in beirn des Heiligen Römischen reichs Ertztruchsas und Curfürst mein gnedigster lieber her mich zu seiner gnaden buchsenmeister unnd bawmeister myn lebenlang wider meniglich uffgenommen unnd bestellt nach lut seiner gnaden briffs mir deshalben gegeben von wortt zu wortten hernachbestimpt als luttend: wir philips von gottes gnaden pfaltzgrave by rein hertzoge in beyrn des heiligen römischen reichs Ertztruchsas und curfürst Bekennen unnd thun kunth offenbar mit disem briff, das wir lorentzen lechner zu unserm buchsenmeister unnd bawmeister bestellt unnd uffgenommen han sin lebenlang und nach unnserm dott unsre erben die pfaltzgraven by rein unnd Curfürsten sin, Allso das er yederzeit es sy zuschiessen mit grossen oder clein wercken zu ernst oder schimpff, zu huss oder zu fellde zu bawen mit allen sinen künsten so er itzt kan oder hinfür uberkomen wirt unns getrewlich gewarten dinen gehorsam unnd gutwillig sin soll wider meniglich. Unnd er soll auch acht han unnd warnemen es sy zu huss oder zu felld uff püchsen gezüg unnd ir zugehorde wo das nit wer oder geschafft oder gethan unnd behallten würd an den euch das verordent ist oder wirtt, das er findel das es geschee unnd also bewartt werde alls sich gebürtt. Er soll auch alles das erkan unnd von uns gelernt hat hinfur lert oder erfar in der kunst schiessens und bawens nyemant leren offenbaren noch underwisen monntlich oder schrifftlich inn kein weiss auch keinem fürsten oder heren oder yemant anndern damit dienen oder dinstverwannt oder pflichtig sin oder werden on unser oder unser obgemelten erben gutem wissen unnd willen. Unnd so wir ime befelhen würden yemant zuleren die kunst schiessens so offt das geschee das soll er fleissiglich und getrewlich thun, doch zuvor daran sin das derselb, e das er inen anfahet zulernen uns pflicht thue inmass er darüber lutt diss briffs unns verpflicht ist und so er den oder dieselben ein jarlang gelernt hatt allweg daran sin unnd uns gemanen das derselb oder dieselben probieret werden in unnser gegenwärtigkeit ob wire wollen darby sin. Wass er auch unnser heimlichkeit unnd gelegenheit auch unnser lannd unnd lutt weiss oder erferet soll er ewiglichen verschwigen. Unnd umb solichen sin dinst sollen und wollen wir ime jars zu lon geben lassen fünffunndviertzig gulden zehen malter korns ein fuder weins zwey cleitt unnd wir wollen ime auch mit einem pferdt beritten halten daruff wir ime futter geben sollen wie anndern sin glichen unnd jars ein wagen mit haw und ein mit stroe unnd soll er auch burgerlicher beschwerd zu heidelberg alls fronens thorhütens unnd wachens fry sin unnd gehalten werden von unnserwegen. So soll er sein tisch unnd malltzeitt zu hoff han unnd ob er krankh würd das er den tisch zu hoff nit besuchen kont, so sollen wir ime cost von hoff gebenn lassen oder ziemlich gellt darfür unnd der gedacht lorentz hat unns heruff lipplichen gelobt zu gott unnd sein heiligen gesworn wie obgeschriebenn stett alls büchsen und Bawmeyster zugewarten zudinen sin leptaglang, unns getrew unnd hollt zusin unnsern schaden zuwarnnen frommen unnd bestes zuwerben unnd sunst auch alles das zuthun das ein getrewer diner seinem herrn schulldig ist unnd billich thun soll ongeverlich unnd got sin jar an uff huet datum zu urkund mit unnserm anhangenden secrett versigelt. datum heidelberg uff dinstag nach sannct Johanns tag Baptiste Anno domini millesimo quingentesimo tertio. Daruff so gered unnd versprich ich obgenannter Lorentz lechler by mynem gethanen eyd alles das so obstett war stet vest unnd unverbrüchlich zuhalten und getrewlich zudinen alles getrewlich unnd ungeverlich und des zu urkund hann ich mein eigen Inngesigell an disen briff gehennkt datum uff dinstag nach Sannct Johanns tag Baptiste Anno domino Millesimo quingentesimo tertio."

Anstellungsurkunde vom 27. Juni 1503, Generallandesarchiv Karlsruhe 43/55, Urkunden Pfalz spez. Heidelberg

St. Veit, Prag, Querschnitt durch den Vorchor, Nordhälfte, Riß der Prager Bauhütte, Pergament, 132 × 52,5 cm, Maßstab etwa 1:36
Akademie-Bibliothek Wien, n 16821, aus: H. Koepf: Die gotischen Planrisse der Wiener Sammlungen, Wien, Köln, Graz 1969

St. Veit, Prag, 14. Jahrhundert, Matthias von Arras, Peter Parler, Blick zum Chor
Sächsische Landesbibliothek Dresden, Abt. Deutsche Fotothek

den nach der Erfindung des Buchdrucks herausgegebenen Regelbüchlein für das Bauen setzten sich schließlich die Verfasser über die jahrhundertelang gehüteten Regeln der Hütten hinweg und boten bewährte Konstruktionsweisen und Bauerfahrungen allen interessierten Handwerksmeistern an. Um 1484 gab Schmuttermayer in Nürnberg ein Fialenbuch heraus, Matthäus Roritzer, der „Thumbmeister" von Regensburg, ein Büchlein „Von der Fialen Gerechtigkeit" und Lorenz Lacher (auch: Lechler), „der Pfalz Baumeister und Pixenmeister" die Unterweisungen an seinen Sohn Moritz, damit er ein würdiger Nachfolger seines Vaters werde. [2.21.]

Schmuttermayer berief sich noch ganz nach mittelalterlicher Tradition auf die Autorität der Alten: „ und hab solich auß mir selber nit erfunden, sunder von vil andern großren berumbte(n) maisteren."

Ebenso Roritzer: „ und nit allein aus mir selbst sund(er)n vor auch durch die alten der Kunste wissende Und nemlichen die iunkhern von Prage erclaret ist." [2.22.] Die Geometrie bildete für ihn die Grundlage des Entwerfens: „Willtu ein Grund reissen zu einer Fialen, nach steinmetzischer Art, aus der rechten Geometrei, so heb an und mach ein Vierung." [2.23.] Vierung sollte hier nicht als Quadrat verstanden werden, sondern als Vierort, als Ordnungsfigur für die Bestimmung von vier in bestimmter Beziehung zueinander stehenden Punkte. Weiter heißt es bei Roritzer: „ so reiß zwo Fierung durcheinander [Achtort], darinnen fintestu alle Bredter [Schablonen]."

Ganz lapidar verweist Villard de Honnecourt in seiner fälschlich als Bauhüttenbuch bezeichneten Sammlung von Skizzen zeitgenössischer Kirchenbauten Belgiens und Nordostfrankreichs und einer Fülle von praktischen Hinweisen, später ergänzt durch zwei seiner Nachfolger, auf die Grundlage seiner Arbeitsweise: „Alle diese Figuren entsprechen den Gesetzen der Geometrie!" So selbstverständlich wie oft angenommen dürfte die Entwurfszeichnung im Mittelalter nicht gewesen sein. Die Einheit von Programm, Beispiel [Exemplum], geometrischem Verfahren und individueller Fähigkeit bestimmte das Schaffen des mittelalterlichen Hüttenmeisters. Es bezog sich stets auf einen begrenzten Abschnitt des Bauwerks, dessen gesamte Bauzeit sich über mehrere Generationen erstreckte. So gesehen ist die Anwendung geometrischer Regeln in eine Vielzahl von Bezügen und Entwurfsverfahren eingebettet, und niemals gab es im Mittelalter nur einen einzigen Schlüssel. Die unterschiedlichen Auffassungen im Mailänder Dombaustreit weisen daraufhin, daß diese Regeln lediglich Faustformeln waren. Bei Streitigkeiten stand stets Behauptung gegen Behauptung, da allein Erfahrung, Leistung und auch Herkunft Autorität begründeten. Die ältesten bekannt gewordenen Baurisse stammen aus dem letzten Drittel des 13. Jahrhunderts, ihre Mehrzahl aber aus dem 15. Jahrhundert. Es wurde auf Pergament unter Verwendung von Zirkel, Lineal und Winkel mit Blei-, Zinn-, Silber-, Messing- oder Eisenstiften zuerst eine Vorzeichnung, ein Blindriß, angelegt. Aus einer geometrischen Schlüsselfigur entwickelte der Hüttenmeister die Hauptabmessungen, Proportionen zwischen den einzelnen Bauteilen und die Hauptelemente, wie Pfeiler und Öffnungen. Diesen Blindriß entfernte er sorgfältig nach Fertigstellung der Zeichnung, da er sonst über das ganz individuelle Entwurfsverfahren Auskunft gegeben hätte. Der Riß wurde mit Blei oder Sepiatusche ausgezogen. Das geometrische Entwurfsverfahren machte die Eintragung von Maßzahlen unnötig.

Die beiden wichtigsten Gruppen der bisher gefundenen Risse sind:

- Vertragszeichnungen
  mit einer für Laien möglichst verständlichen Darstellung einer Seite des fertigen Bauwerks [2.24.] – meist bil-

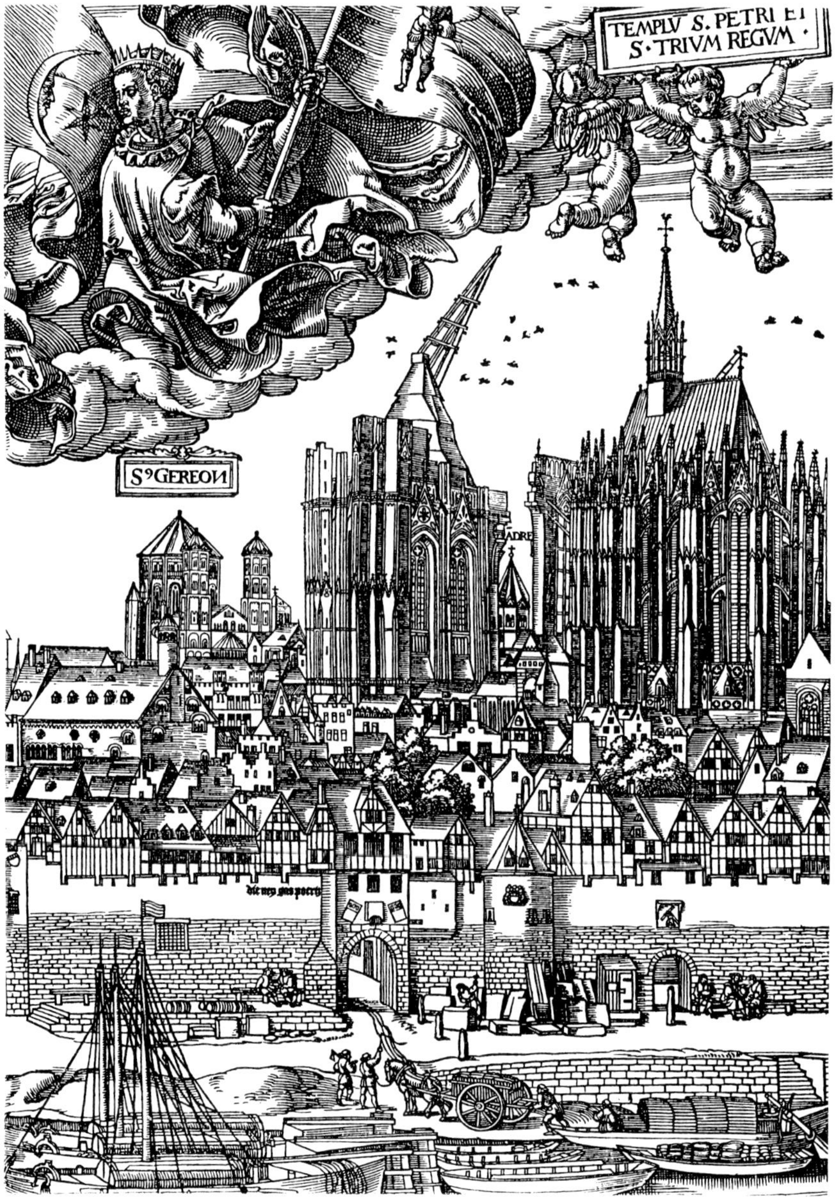

Köln, Dom nach Abbruch der Bauarbeiten, Holzschnitt von Anton Wonsam, 1531. Auf dem 60 m hohen Stumpf des ersten Turmes stand ein Tretkran, der erst nach Wiederaufnahme der Bauarbeiten 1868 abgebrochen wurde.
Kölnisches Stadtmuseum

Münster zu Freiburg, 1. H. 14. Jahrhundert, Blick in den Turmhelm, Höhe des Turmes 116 m
Sächsische Landesbibliothek Dresden, Abt. Deutsche Fotothek

deten sie die Fortsetzung eines vorhandenen Plans – und

– Werkstattzeichnungen
  Sie dienten in kleinerem Maßstab unmittelbar für die Bauarbeiten bis hin zu Austragungen in Originalgröße.

Daneben gab es noch Musterrisse, meist Repliken, und Übungszeichnungen. Erst in der Meisterstücksordnung von Straßburg aus dem Jahre 1516 zeichnete sich eine neue Auffassung ab: Sie forderte einen „freien" Entwurf „on alle Kunststück, sunder von eins eygen verstendnis und Kynnende", das heißt ohne die sonst übliche Verwendung vorhandener Risse.

Sicher erfolgte die Bearbeitung der Risse aus der gleichen Grundhaltung heraus wie die Steinmetzarbeiten selbst. Eine individuelle geistige Leistung wurde weder angestrebt noch gefordert. Bei der Planbearbeitung übernahm der Hüttenmeister nicht nur das Werk seines Vorgängers, sondern ganz selbstverständlich auch gestalterische Lösungen anderer Hütten, die ihm in Repliken vorlagen. Das führte dazu, daß der Mittelteil der Portalzone des Fassadenrisses A des Straßburger Münsters von Meister Rudolf als Südwestportal am Langhaus des Münsters von Freiburg i. B. verwirklicht wurde. Die Langhausrosen dieses Münsters stammen vom Straßburger Riß A_1, der an seinem ursprünglichen Bestimmungsort ebenfalls nicht ausgeführt worden ist. [2.25.] Die Freizügigkeit der Meister und Gesellen ermöglichte es, neueste Lösungen zwischen den Hütten auszutauschen. Mehrere Risse zu Treppentürmen, die Ulrich von Ensingen für das Oktogon des Straßburger Münsters entworfen hatte, sie zeigen verschiedene Entwicklungsstadien, fanden sich in den Wiener und Ulmer Plansammlungen, wurden allerdings nicht verwendet.

Die mit der Herausbildung der Gotik zunehmenden Ansprüche vor allem an die konstruktiven Fähigkeiten der Hüttenmeister, gekennzeichnet durch die gerüstartige Aufgliederung der Tragkonstruktion und die immer kühnere Ausformung der Rippengewölbe führten dazu, daß berühmte Hüttenmeister Aufträge zur Anfertigung von Rissen für kleinere Kirchenbauten erhielten. Die Ausführung übernahmen einheimische Meister. Damit aber zeigte sich die Tendenz zur Verselbständigung des Entwerfens als einer wesentlichen Voraussetzung für die Erfindung immer komplizierterer Gewölbefigurationen und immer perfekterer Austragungsverfahren. [2.26.]

Um 1500 begannen die Bauarbeiten an den großen Kathedralen zu stagnieren. Die meisten von ihnen, an denen oft seit 200 Jahren gebaut worden war, blieben unvollendet liegen. Vor den Bauleuten standen eine Fülle neuer Aufgaben in den Städten und an den Residenzen der Landesfürsten, die zwar nicht mehr die kühnen konstruktiven Lösungen des Sakralbaus erforderten, aber durch Vielzahl und Vielfalt eine neue Organisation des städtischen Bauwesens förderten. In Siena bestand bereits seit 1257 eine städtische Bauverwaltung, die sich aus folgenden Beamten zusammensetzte:

„operarii" des Doms, ihnen unterstanden zehn Maurermeister,
ein Beamter für die städtischen Bauten,
drei Beamte für die Erneuerung und Ergänzung des Straßenpflasters,
drei Beamte, die dafür zu sorgen hatten, daß Erker und Vorbauten den Straßenraum nicht über Gebühr einengten,
sechs Beamte für den Bau der Stadtmauern und Befestigungsanlagen,

Mainbrücke in Würzburg, 1473–1543
aus: C. C. Schramm, a. a. O.

vier Beamte für den Verkauf der unnötig gewordenen Mauern verschiedener Burgen, in die die Stadt bisher gegliedert war,
vier Beamte zur Überwachung der Kassenführung der zuletzt Genannten,
191 „mensuratores" für eine von Haus zu Haus durchzuführende Stadtvermessung. [2.27.]

Endres Tucher, Baumeister der Stadt Nürnberg, hat von 1464 bis 1470, Nachträge bis 1475, getreulich über seine vielfältigen Aufgaben im Dienste der Stadt berichtet. [2.28.] Die Meister der Maurer, Zimmerleute, Steinmetzen, Brunnenbauer, Pflasterer, Dachdecker, Tüncher, Schlosser, Wagner, Hafner, Glaser, Büttner, Schreiner, Seiler, Schlotfeger, Schleifer und anderer Zünfte, die an städtischen Bauten zu arbeiten hatten, mußten ihm Gehorsam leisten. Zur Beaufsichtigung der städtischen Arbeiter unterstand ihm der „Schaffer" oder „Anschicker". Das Amt des städtischen Baumeisters umfaßte:

- die Überwachung der Arbeiten an den städtischen Bauten, einschl. der Materialbeschaffung,
- die jährliche Inspektion der Steinbrüche und Kalköfen,
- die Überprüfung der Schlösser an den Stadttoren,
- die regelmäßig zu Michaelis vorzunehmende Besichtigung aller Wasserbauten, Mauern und Zäune mit der Pflicht, für notwendige Reparaturen bis zum Kälteeinbruch Sorge zu tragen,
- regelmäßiges Umreiten der Stadt zur Überprüfung des Zustands der Stadtmauern,
- Instandhaltung der Türme, innen und außen,
- die Säuberung des Zwingers zwischen den Mauern, einschließlich Schneebeseitigung,
- Pflasterung und Reinigung der Straßen,
- Aufrichten der Schranken bei Turnieren,
- Oberaufsicht über Stadtgraben, Hirsch- und Rehgehege, einschließlich Pflanzung von Bäumen,
- Erhaltung der städtischen Bauten, einschließlich der Brunnen.

Bei der Erfüllung seiner Aufgaben konnte Tucher jedoch nicht willkürlich schalten und walten. Er hatte ausdrücklich eine Reihe von Verpflichtungen gegenüber bestimmten Gewerben und Personen zu berücksichtigen. Vom Rat direkt an einzelne Bürger erteilte Baugenehmigungen oder Privilegien schränkten seine Handlungsmöglichkeiten doch so weit ein, daß er dies als besonders hervorhebenswert hielt.

Der städtische Baumeister war mit dem Niedergang der Hütten eingeordnet in die Zünfte der Maurer, Steinmetze oder Zimmerleute, aus denen er sich im Dienste einer Stadt und ihres Patriziats oder eines Fürsten befreien konnte.

Ehemalige Franziskanerkirche zu Saalfeld, 13. Jahrhundert, frühgotischer Dachstuhl
Foto König, Lobenstein

Konstruktion eines Caissons, aus: Mariano Taccola: De machinis, 1449, Spencer Collection, Ms. 136, 9r, Public Library New York, aus dem Nachdruck, Wiesbaden 1971

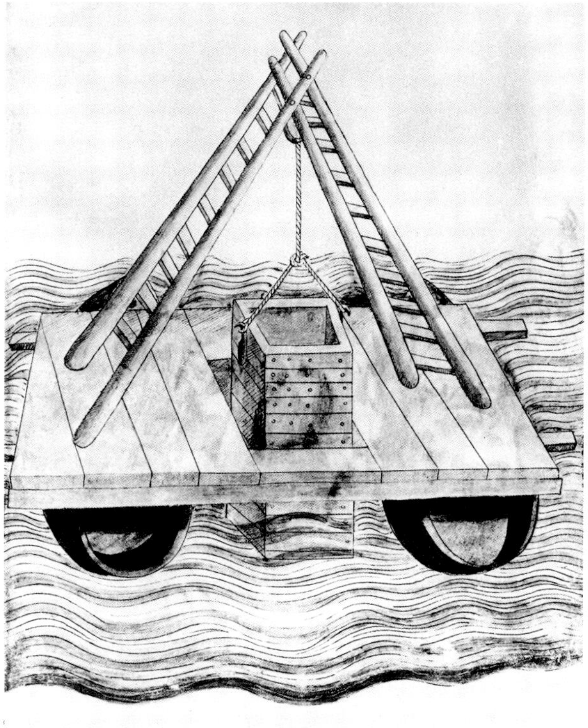

Ingenieurarchitekten der Renaissance

„Deshalb werde ich immer den Brauch der alten tüchtigen Baumeister gutheißen, nicht nur durch Pläne und Zeichnungen, sondern auch an Hand von Modellen aus Holz oder aus was immer, das gesammte Bauwerk und die Maße jedes einzelnen Gliedes nach den Ratschlägen der gewiegtesten Fachleute immer und immer wieder genau abzuwägen."

Leon Battista Alberti: De Aedificatoria, II. 1

Als der Straßburger Arzt Walther Ryff, der sich nach der damaligen Mode der gebildeten Welt latinisiert Gualterus Rivius nannte, 1548 die erste mit seinen Kommentaren versehene deutsche Übersetzung der Architectura des Vitruv herausgab, widmete er das Buch „Allen künstlichen Handwercken / Werckmeystern / Steinmetzen / Baumeistern / Zeug- und Büchsenmeistern / Brunnenleytern / Bergwerckern / Malern/Bildhawern / Goldtschmiden / Schreinern / vnnd allen denen / welche sich des Zirckels vnnd Richtscheids künstlich gebrauchen ..." [2.29.]

Das weist daraufhin, daß am Ende des Mittelalters eine Schicht von „gehobenen" Handwerkern entstanden war, denen Gelehrte durch Übersetzung der meist in lateinischer Sprache vorliegenden mathematischen, technischen und naturwissenschaftlichen Abhandlungen der Spätantike in die deutsche Sprache halfen, in den Wissensschatz einzudringen, der als den freien Künsten zugehörig bisher nur dem hochgebildeten Bauherrn vorbehalten war. Nun lehrten in vielen Städten Rechenmeister nicht nur den Söhnen der Handelsherren, sondern ebenso den sich zu Ingenieuren emanzipierenden Handwerksmeistern die elementaren Begriffe der Mathematik und die Verfahren des Messens und Wägens. Neben die traditionellen Methoden der Aneignung von neuem Wissen durch Studienreisen, durch Hilfsarbeiten bei einem erfahrenen Meister und durch intensiven Briefwechsel treten nun das Studium von Büchern, der Erfahrungsaustausch in gelehrten Gesellschaften, gefördert durch die Herausgabe von Zeitschriften und die Einrichtung von Bibliotheken. [2.30.]

Mit der Hinwendung der Renaissance zum Erbe spätantiker Kultur wird auch die Bezeichnung „Architekt" allgemein wieder benutzt, unter der aber immer noch der universelle Baumeister verstanden wird. Einer der ersten Kronzeugen für den „uomo universale" der italienischen Renaissance ist Filippo Brunelleschi. Nach der Lehre als Goldschmied errang er einen ersten Erfolg mit dem Vorschlag, das im bestätigten Modell bereits festgelegte achtteilige Klostergewölbe über der Vierung des Florentiner Doms als zweischalige Konstruktion unter Verzicht auf eine unterstützende Schalung frei zu wölben. Die Vollendung dieses kühnen Bauwerks mit einem Durchmesser von rd. 42 m benötigte 16 Jahre. Brunelleschi konstruierte für den Bau Maschinen und Vorrichtungen. Er baute ein Lastschiff, mit dem er auf eigene Rechnung aus seinem Steinbruch die benötigten Steine auf dem Arno zur Baustelle brachte. Wenn auch vorrangig Brunelleschis architektonische Arbeiten in der Baugeschichte gerühmt werden, wie S. Lorenzo, die Pazzikapelle, das Findelhaus oder S. Spirito, so gehören doch die ingenieurtechnischen Arbeiten nicht weniger zu seinen hervorhebenswerten Leistungen. Das waren Festungsbauten in Pisa, in Vico Pisano und im Elsa-Tal, Arbeiten zur Regulierung des Arno, Uferdämme in der Poebene bei Ferrara und Mantua, Hafenbefestigungen von Rimini und Pesaro. Er befaßte sich mit statischen, hydraulischen und ballistischen Problemen, mit Optik und Mathematik. Seine Biographen sagten ihm nach, daß er im Ergebnis intensiven Meinungsaustauschs mit dem florentiner Mathematiker Paolo dal Pozzo Toscanelli, mit dem ihn über 40 Jahre eine enge Freundschaft verband, auch Traktate über seine wissenschaftlichen Studien geschrieben habe.

Eine ähnlich universelle Persönlichkeit war Francesco di Giorgio Martini aus Siena. Anfangs in Turin und auch in Rom als Bildhauer und Architekt tätig, wurde dem Dreißigjährigen die Aufsicht über die Gewässer, Brunnen und Aquädukte von Siena übertragen. Von 1477 bis 1486 stand er im Dienste des zum Fürsten avancierten erfolgreichen Condottiere Federigo da Montefeltre. Für dessen Schloß in Urbino entwarf Francesco die neuen Partien, die einen Höhepunkt der Frührenaissancearchitektur in Italien darstellen. Gleichzeitig aber leitete er den Bau der Festungen Mondavio, Mondolfo, Cagli, Sassi di Montefetto, Tavoletto, Serra Sanct-Abondio. Als der führende Fachmann für Festungsbau dehnte er seinen Wirkungskreis bald auf ganz Italien aus. Er gehörte zur Beratergruppe für den Mailänder Dombau. Dort traf er 1490 mit dem jungen Leonardo

da Vinci zusammen. Wenige Jahre vor seinem Tode faßte er seine Ideen und Erfahrungen in einem dreibändigen Traktat zusammen. [2.31.] Vierhundert Jahre später veröffentlicht hat es nie die Beachtung gefunden wie die theoretischen Schriften seines Zeitgenossen Alberti. Francescos Traktat enthält eine Fülle von Konstruktionsideen: eine auf Kugeln gelagerte Windmühle, oberschlächtige Wasserräder, Getriebe, Schnecken, Zahnstangensysteme, Kurbeltriebe, Schwungräder, Fliehkraftregler, ein „Automobil", das ist ein Festwagen mit Zahnradantrieb, der durch eine Art Handspill in Bewegung gesetzt werden konnte, Deichprofile, Schleusen, Häfen, Schwimmbagger und natürlich Systeme von Befestigungsanlagen für jedes Gelände und jeden Zweck. Entsprechend den Interessen der Fürsten aber, an deren Höfe wenige auserwählte Baumeister gerufen wurden, um einerseits Repräsentationsstreben und andererseits das Bedürfnis nach militärischer Sicherheit zu befriedigen, deuteten sich erste berufliche Differenzierungen an. Typisch hierfür ist die Karriere Leonardo da Vincis. Während er noch in Florenz bei den Medici zwar geschätzt, aber nicht sonderlich beschäftigt war, lebte er

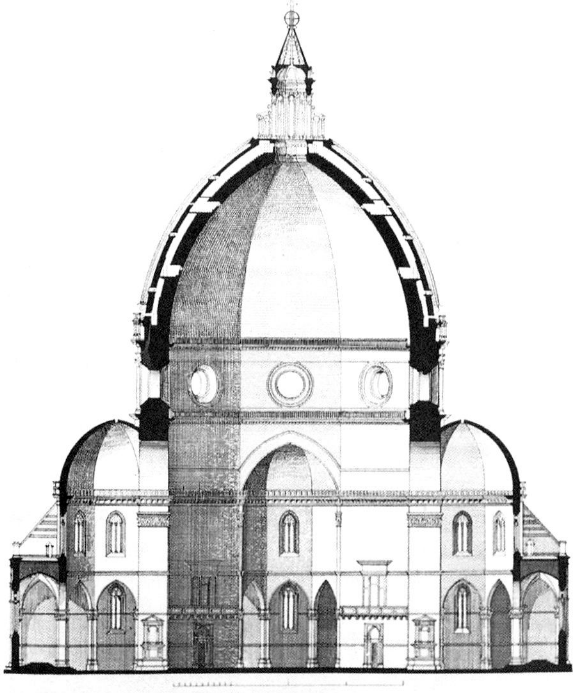

Dom zu Florenz,
1294–1296 unter Arnolfo di Cambio begonnen, Campanile ab 1334 von Giotto di Bondone, Kuppel 1420 bis 1436 unter Leitung von Filippo Brunelleschi, Ansicht von Süden
Sächsische Landesbibliothek Dresden, Abt. Deutsche Fotothek

Dom zu Florenz, Schnitt durch die Kuppel (eigentlich ein achtseitiges Klostergewölbe), innerer Durchmesser 42 m
Zeichnung von Josef Durm, aus: J. Durm: Baukunst der Renaissance in Italien, Leipzig 1914

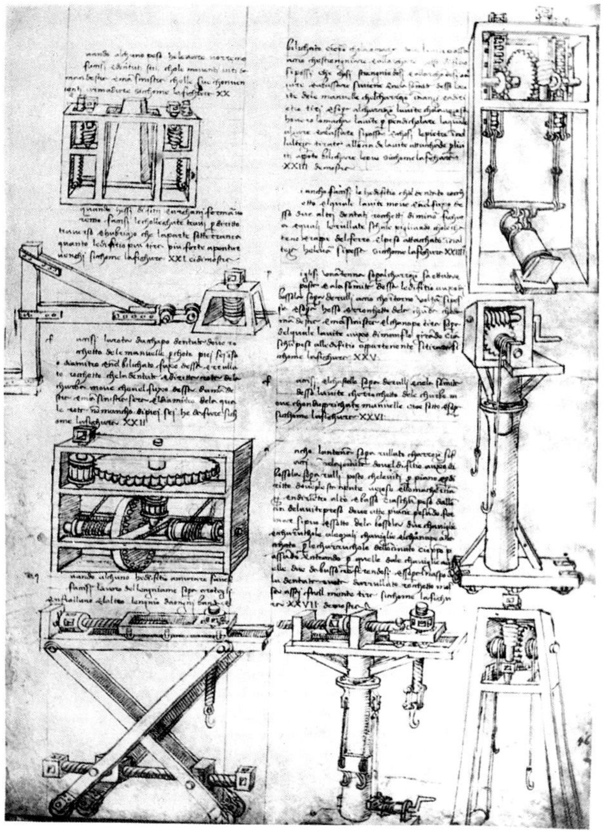

Francesco di Giorgio Martini, 1349–1502, Maschinen zum Heben schwerer Lasten, aus dem Codex Laurenziano-Ashburniano, fol. 46R, aus: R. Papini: F. di Giorgio Martini, Firenze 1946

„Je einfacher und weniger schwierig dasjenige ist, was uns zum gewünschten Ziel führt, als desto stärker muß es erachtet werden."

Leonardo da Vinci: Cod. Madr. 94 v

„Ich habe gesagt, daß eine Tonne aus dem Bogen und der Hinterfüllung bestehe und daß der Bogen am stärksten sei, wenn er ein rechter ist ... nehmen wir einen verminderten, müssen wir aber die Widerlager an den Ufern zur größeren Sicherheit viel stärker ausführen ... Man wird auch zur gegenseitigen Befestigung dieser Keile im Innern kupferne Bolzen und sehr kräftige Klammern verwenden."

Leon Battista Alberti: De Aedificatoria, IV. 6

in Mailand als der verwöhnte Hofmaler Ludovico Sforzas und 1502 in Florenz als erster Kriegsingenieur Cesare Borgias. In Paris schließlich stieg er kurz vor seinem Tode zum Günstling Franz I. auf. Um das Jahr 1480 entwarf Leonardo einen Brief an den Herzog von Mailand Ludovico il Moro, in dem er seine Dienste anbot, die etwa dem universellen Profil des Architekten der italienischen Renaissance entsprochen haben dürften, wenn auch eingeschränkt werden muß, daß er sich offensichtlich nach den Interessen des Herzogs gerichtet hat, in dessen Dienst er treten wollte. Folgende Leistungen enthielt sein Angebot:

1. Bau leichter und starker Brücken und Methoden zur Zerstörung feindlicher Brücken,
2. Belagerungsmethoden und -anlagen,
3. Zerstörung feindlicher Burgen und Festungen,
4. leichte und tragbare Bombarden,
5. Miniertechnik,
6. Bau von Kampfwagen,
7. Bau von Bombarden und Mörsern,
8. Bau von Katapulten, Wurfmaschinen, Donnerbüchsen,
9. Geräte für Angriff und Verteidigung in Seeschlachten und erst
10. „In Zeiten des Friedens glaube ich aufs beste, in Vergleich mit jedem anderen, in der Architektur, im Entwurf von Gebäuden, sowohl öffentlichen als auch privaten, Genüge leisten zu können. Und im Leiten von Wasser von einem Ort zum anderen. Item werde ich Skulptur ausführen in Marmor, in Bronze und in Ton; ebenso in Malerei, was sich machen läßt, in Vergleich mit jedem anderen, und sei er, wer er wolle." [2.32.]

Leonardo sind die ersten grundlegenden Erkenntnisse der Baumechanik zu verdanken: die rechnerische Annäherung an die Durchbiegung eines Trägers auf zwei Stützen, die Aussage, daß die Festigkeit eines quadratischen Balkens im Verhältnis zur Kantenlänge und im umgekehrten Verhältnis zur Balkenlänge steht. Er befaßte sich mit Bogenkonstruktionen, mit der Festigkeit von Säulen, deren Druckfestigkeit proportional zur belasteten Fläche und umgekehrt-proportional zum Verhältnis von Höhe zu Kantenlänge bzw. Radius sei, mit der für Flußregulierungen wichtigen Hydraulik offener Gerinne. Er begründete die über Jahrhunderte auch die Entwicklung der Bauingenieurwissenschaften bestimmende wissenschaftliche Methode mit den Schritten: Versuch – intuitive Erfassung – Schlußfolgerung – Analogieschluß – Näherung.

Im Verständnis Leon Battista Albertis, der als erster der großen Renaissancetheoretiker in der Nachfolge Vitruvs ein Kompendium der Baukunst verfaßt hatte, das allerdings erst nach seinem Tode 1485 veröffentlicht worden ist [2.33.], bleibt Baukunst ein in sich geschlossener Komplex und der Beruf des Architekten entsprechend universell, die angrenzenden Künste ebenso umfassend wie die Bautechnik und die mathematischen Grundlagen. Auch wenn in den folgenden Jahrhunderten stets nur auf seine architekturtheoretischen Aussagen zurückgegriffen wurde, hat er selbst den konstruktiven und ingenieurtechnischen Fragen gleiche Aufmerksamkeit geschenkt. Das betrifft nicht nur die Bemessung der tragenden Elemente des Hauses (I. 10), die Eigenschaften der Baustoffe (II.), die Fundamente (III. 1, 2, 4 und 5), das Mauerwerk (III. 6 bis 10), Deckenkonstruktionen (III. 12 bis 14), Dachkonstruktionen (III. 15), die Anlage einer Stadt (IV. 2 bis 5), Brückenbau (IV. 6), Kanäle (IV. 7) und Häfen (IV. 8). Im X. Buch behandelte Alberti Fragen der Wiederherstellung von Bauwerken ausgehend von einer Diskussion möglicher Baufehler. Der Architekt, schrieb er, sei derjenige, „der gelernt hat, mittels eines bestimmten und bewundernswerten Planes und Weges sowohl in Gedanken und Gefühl zu bestimmen, als auch in der Tat auszuführen, was unter der Bewegung von Lasten und der Vereinigung und Zusammenfügung von Körpern den hervorragendsten menschlichen Bedürfnissen am ehesten entspricht und dessen (möglichste) Erwerbung und Kenntnis, unter allen wertvollsten und besten Sachen nötig ist." [2.34.] Architektur war für ihn das Ergebnis wissenschaftlicher Arbeit: „Einen hohen Geist, unermüdlichen Fleiß, höchste Gelehrsamkeit und größte Erfahrung muß jener besitzen und vor allem eine ernste und gründliche Urteilskraft und Einsicht haben, der es wagt, sich Architekt zu nennen. – Denn in der Baukunst gilt als oberstes Lob, genau beurteilen zu können, was not tut. Denn gebaut zu haben ist ein Ding der Notwendigkeit; passend gebaut zu haben, ist sowohl von der Notwendigkeit als von der Nützlichkeit abhängig. Jedoch so gebaut zu haben, daß es die Vornehmen billigen, die Bescheidenen aber nicht von sich weisen, das geht nur von den Erfahrungen eines gebildeten, wohlberatenen und sehr überlegten Künstlers aus." [2.35.]

Offensichtlich wurde die Vereinigung künstlerischer, wissenschaftlicher und technischer Fähigkeiten in einer Person als selbstverständlich empfunden. Die Vielseitigkeit des Baumeisters der Renaissance wurzelte noch in den handwerklichen Traditionen des Mittelalters. Sie erhielt aber durch die übergreifende Rolle der Theorie eine allgemeingültige Basis, die eine neue Art von Vielseitigkeit durch Überwindung handwerklicher Tradition, durch Verselbständigung des Entwurfs von der Ausführung ermöglichte.

So, wie es Maler wie Giotto di Bondone oder Raffaelo Santi gegeben hat, die sich in der Architektur ein neues Wirkungsfeld erschlossen, konzentrierten sich andere wiederum mehr auf ingenieurtechnische Probleme. Zu ihnen gehörte wahrscheinlich Fra Giocondo. Bramante, seit 1506 Chefarchitekt von St. Peter in Rom, schrieb über ihn in einem Brief: „Mir hat er (Leo X.) zum Genossen einen äußerst erfahrenen Mönch gegeben, der über achtzig Jahre alt ist; der Papst sieht, daß er nicht mehr lange leben kann, und da hat sich seine Heiligkeit entschlossen, ihn mir zum Genossen zu geben, indem er ein sehr berühmter und weiser Mann ist, damit ich von ihm lernen könne, wenn er etwa ein schönes Geheimnis in der Architektur besitzt, und dadurch immer vollkommener in dieser Kunst werde; er heißt Fra Giocondo." [2.36.]

Wahrscheinlich hat Fra Giocondo die von Bramante zu knapp bemessenen Fundamente der Vierungspfeiler von St. Peter verstärken lassen. In seinen letzten Lebensjahren baute er für Ludwig XII. von Frankreich zwei Brücken über die Seine. Ebenfalls werden ihm Vorschläge zum Schutz der Lagune von Venedig zugeschrieben.

Dem Florentiner Maler Taddeo Gaddi, bedeutendster Schüler Giottos und vor allem bekannt durch seine Fresken aus dem Marienleben in Sta. Croce in Florenz, gelang wohl zum ersten Male in Europa mit dem Entwurf des Ponte Vecchio über den Arno die Überwindung des römischen Halbkreisbogens. Gaddi spannte Segmentbögen zwischen die Brückenpfeiler mit etwa 32 m Spannweite und einem Pfeilverhältnis von 1:6,5. Erst 200 Jahre später wählte der manieristische Bildhauer und Architekt Bartolomeo Ammanati aus Ehrgeiz, den Ponte Vecchio an Kühnheit noch zu übertreffen, für die neue Arno-Brücke, den Ponte Sta. Trinitá, Korbbögen mit

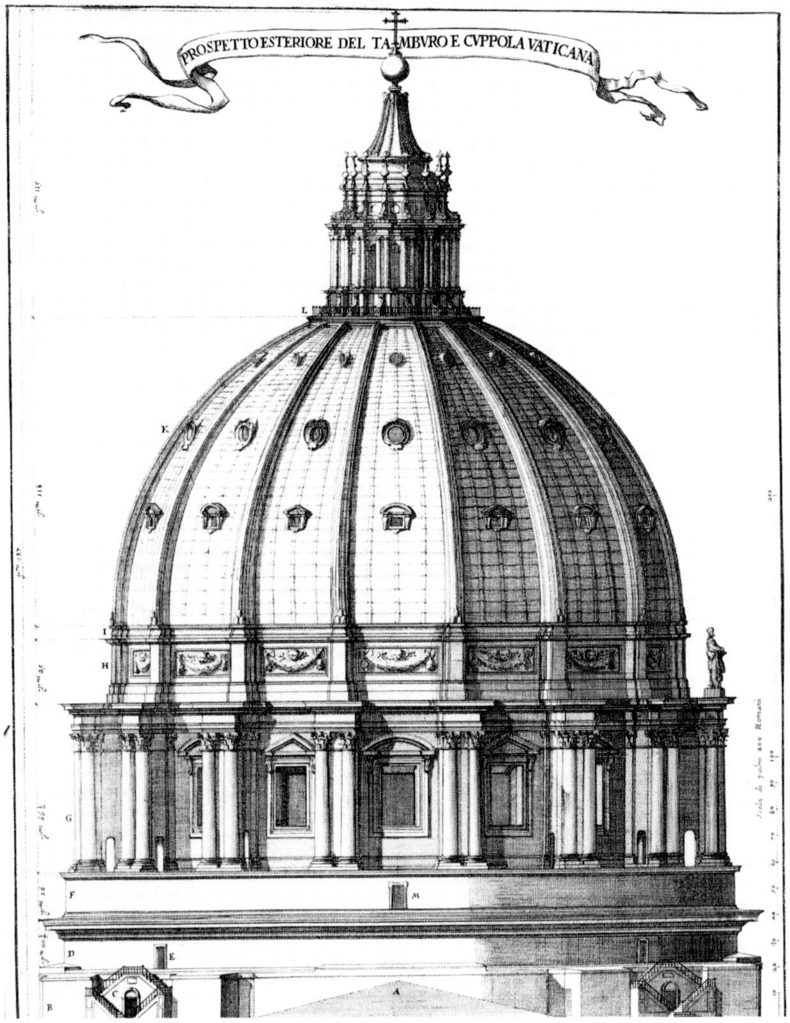

St. Peter, Rom, Kuppel, bis 1593, Michelangelo und Giacomo della Porta, innerer Durchmesser 41,44 m
aus: Carlo Fontana: Il Tempio Vaticano e sua origine, Roma 1694

St. Peter, Rom, Schnitt durch die Kuppel mit eingetragenem Schnitt durch das Ulmer Münster im gleichen Maßstab, Zeichnung von Josef Durm
aus: J. Durm: Baukunst der Renaissance in Italien, a. a. O.

„... das Gerüste soll nicht geradezu weg genommen, sondern von Tag zu Tag allmählich gelockert werden, damit nicht das noch frische Mauerwerk nachfolge, wenn du es vorzeitig entfernst. Nach einigen Tagen aber, je nach der Größe der Wölbung, lockere es immer noch ein bißchen. Und fahre dann sofort, bis sich die steinernen Keile an dem Gewölbe zu einander passen und das Mauerwerk erhärtet."

Leon Battista Alberti: De Aedificatoria, III. 14

dem damals Aufsehen erregenden Pfeilverhältnis von 1:7, die ganz barockem Geschmack entsprechend einen noch organischeren Übergang vom Pfeiler in das Brückengewölbe ermöglichten.

An der Schwelle zum Barock hat Domenico Fontana seinen Bauherrn und Gönner, Papst Sixtus V., nicht nur solche Bauten wie die Vatikanische Bibliothek und den päpstlichen Palast am Damasushof entworfen und gemeinsam mit Giacomo della Porta die Kuppel des Petersdomes nach dem Entwurf Michelangelos vollendet, vor allem hat er die ehrgeizigen Pläne des Papstes verwirklicht, der Stadt Rom das Gepräge der Hauptstadt der Christenheit zu geben. Wie Schneisen schlug er durch die dicht überbauten mittelalterlichen Stadtviertel die neuen Prachtstraßen. Die Gestaltung der Piazza del Popolo und der Piazza di S. Maria Maggiore mit den strahlenförmig von ihnen ausgehenden Straßen wurden zum Leitbild städtebaulicher Komposition bis in die Gegenwart. Als optische Höhepunkte für die neuen Plätze und Straßenkreuzungen nutzte er die ägyptischen Obelisken, die römische Kaiser über tausend Jahre zuvor als Siegeszeichen nach Rom bringen ließen. Das waren Monolithe mit einer Länge bis zu 25 m und einer Masse bis zu 300 t. Auch noch am Ende des 16. Jahrhunderts gehörte ihre Umsetzung zu den spektakulärsten ingenieurtechnischen Meisterleistungen. Fontana verfügte nur über die zu seiner Zeit traditionellen einfachen „Maschinen": Hebel, Rolle, Winde und Flaschenzug. Wie er aber seine Aufgabe rechnerisch zu erfassen suchte, das Tragegerüst konstruierte und schließlich die über hundert Pferde und vielen hundert Arbeiter koordinierte, beweist, daß er eine der herausragenden Ingenieurpersönlichkeiten seiner Zeit war. Den unmittelbar unter dem Gerüst Arbeitenden befahl er, Sturmhauben zum Schutz gegen herabfallende Gegenstände aufzusetzen. Bis zum Tode Sixtus V. hat er insgesamt vier Obelisken umgesetzt. [2.37.]

In dem Maße, wie sich seit der Mitte des 14. Jahrhunderts landesfürstliche Herrschaft vor allem nach der Niederschlagung der frühbürgerlichen Revolution festigen konnte, gewann alles Militärische bei deutlicher Behinderung wirtschaftlicher Entwicklung in den deutschen Ländern an Übergewicht. Hinzu kam seit der zweiten Hälfte des 15. Jahrhunderts, nach der Eroberung Konstantinopels durch die Türken, eine wachsende Angst vor deren weiteren Eroberungszügen.

Albrecht Dürer schrieb 1527, zwei Jahre vor der ersten türkischen Belagerung Wiens, in der Widmung zu seinem Traktat „Etliche underricht zu befestigung der Stett, Schloß und flecken": „Nachdem sich itzt bei unseren Zeiten viel fremder Sach begeben, gedunkt mich von Nöten sein, zu bedenken, wie Befestigung gebaut, daraus sich Künig, Fürsten, Herrn und Städt verwahren möchten, nit allein, dass ein Christ vor dem anderen beschützt, sonder auch die Länder, so dem Türken gelegen sind, sich vor desselben Gewalt und Geschoss erretten möchten ... Darum müssen solch Mauren fest gebaut werden. Und ob man sagen wollt, es wurde viel kosten, so gedenk man an die Künig in Egipten, welche grossen Kosten an die Pyramiden gelegt haben, die doch nicht nütz gewest ist, so doch dieser Kosten sehr nütz ist. Haben die Herrn viel armer Leut, die man sunst mit dem Almusen erhalten muß, den geb man Taglohn für ihr Arbeit, so dörfen sie nit betteln und werden destminder zu Aufruhr bewegt. Es ist auch besser, ein Herr verbau ein gross Geld, auf dass er beleibe müge, dann dass er in einer Jähe von seinem Feind übereilt und aus seinem Land vertrieben würde, wie das ein Iglicher geringes Verstandes leichtlich abzunehmen hat." [2.38.]

Hier fließen Erfahrungsschatz der mittelalterlichen Bauhütten und durch Vitruv übermittelte spätantike Wissenschaft zusammen in Hinblick auf die Lösung neuartiger Bauaufgaben. Der zünftige Baumeister, wie er im Grunde Handwerker bleibend, im Dienst seiner Stadt oder des Landesherren sich von der Zunft zu lösen begonnen hatte, gewann ein neues Profil als Unternehmer und Bauingenieur, sozusagen die Nahtstelle zwischen den mechanischen und den freien Künsten einnehmend. Für ihn gewann die Mathematik einen höheren Stellen-

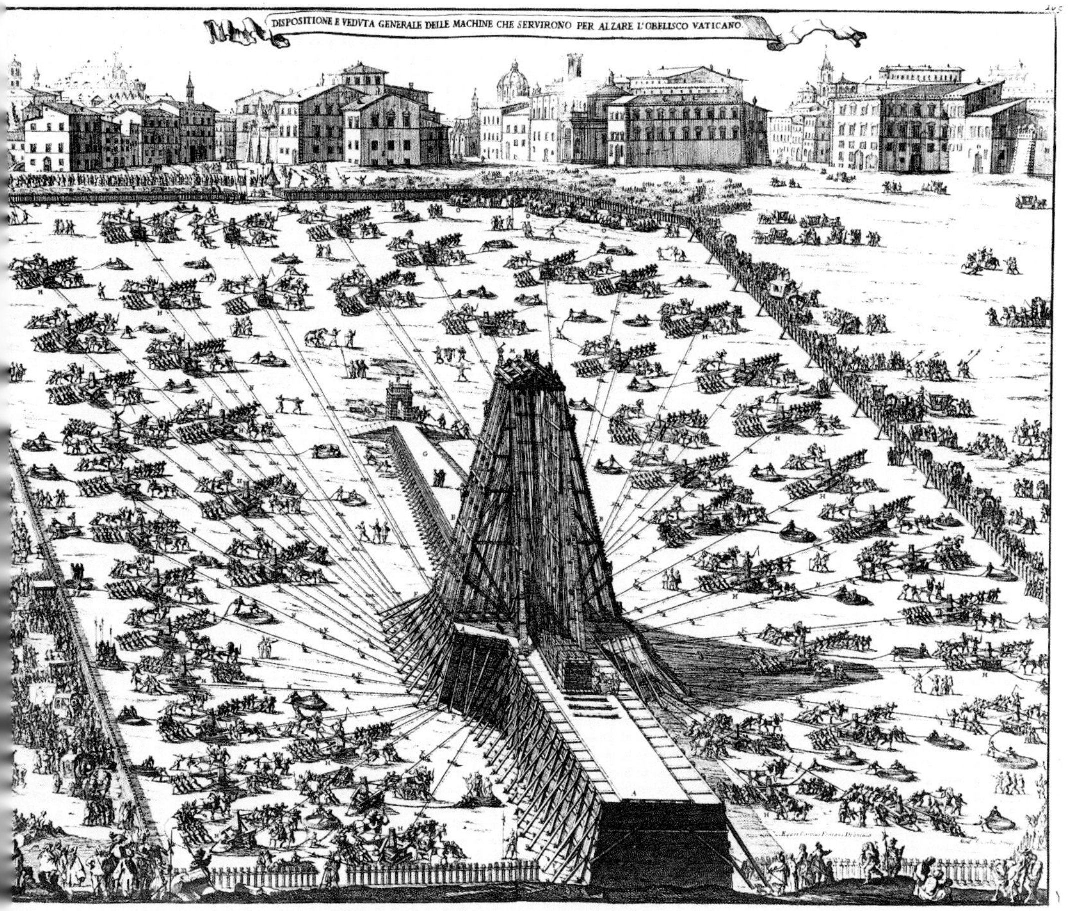

Aufrichtung des Obelisken auf dem Platz vor St. Peter in Rom, 1586, Stich von Specchi aus Carlo Fontana, a. a. O.

wert. Die geometrischen Methoden der Bauhütten wurden durch Rechenoperationen ersetzt. Das betraf vorrangig Planungs- und Bemessungsverfahren beim Bau von Festungsanlagen, die jetzt der feindlichen Artillerie standhalten mußten.

Eine der herausragenden Persönlichkeiten in Deutschland war der aus der Nähe von Florenz gebürtige Rochus von Lynar. Auf abenteuerliche Weise kam er nach Frankreich und wurde dort mit 25 Jahren Generalkommissar aller königlichen Festungen. Sein Hauptwerk war die Anlage der Festung Metz. Er nahm aktiv an Feldzügen teil und leitete 1567 den gescheiterten Hugenottenaufstand in Metz. Er floh in die Pfalz und gelangte schließlich von dort nach Dresden. Hier ließ er 1569 den Zwingerwall bis zur Elbe anlegen. 1578 trat er in brandenburgische Dienste als kurfürstlicher Generaloberst der Artillerie, Zeug- und Baumeister und leitete den Bau der Spandauer Zitadelle, reorganisierte die Salinen von Weißenfels und Artern und erhielt ein kaiserliches Generalprivileg für Salzwerke nach dem Gradier- und Destillationsverfahren.

Neue Vorschläge für die Anlage von Festungen verbanden Festungsbauingenieure meist mit Idealstadtkonzeptionen. Daniel Speckle, als Baumeister in Wien, Straßburg, Düsseldorf, Regensburg und Ingolstadt tätig, unternahm zwei Reisen nach Antwerpen, um neueste Festungstechnik zu studieren. In ihrem Ergebnis schrieb er ein viel benutztes Handbuch: „Architectura von Vestungen". [2.39.] In seinen Idealstadtentwürfen gehen die Straßen radial von einem zentralen Platz aus oder sind nach einem Quadratraster geordnet, so daß die Befestigungsanlagen mit ihren regelmäßig verteilten Bastionen mit der räumlichen Struktur der Stadt eine festgefügte Einheit ergeben. Die Lehre des Festungsbaus wurde im ausgehenden 16. Jahrhundert ein Hauptanwendungsgebiet der Mathematik. Die gerade im Bauwesen von altersher zu beobachtende Tendenz, Rechnen durch mechanische Hilfsmittel zu vereinfachen, führte zur Erfindung verschiedener Zeicheninstrumente. Der Ulmer Ingenieur und Rechenmeister Johann Faulhaber bot ein „Fortifikationslineal" an, das in der Form eines Gliedermaßstabs die regelmäßige Anordnung von Bastionen eines Befestigungsgürtels um eine Stadt von beliebiger Form ermöglichte.

Ingenieuroffiziere an den Fürstenhöfen

Die absolutistische Regierung ordnete Bautechnik stets ihrem Streben nach Machtausweitung, nach Verherrlichung des Herrschers und nach Belustigung der Hofgesellschaft unter. Erst mit dem in England wesentlich durch William Petty (1623–1687) begründeten Merkantilismus, mit Colberts (1619–1683) Wirtschaftspolitik seit

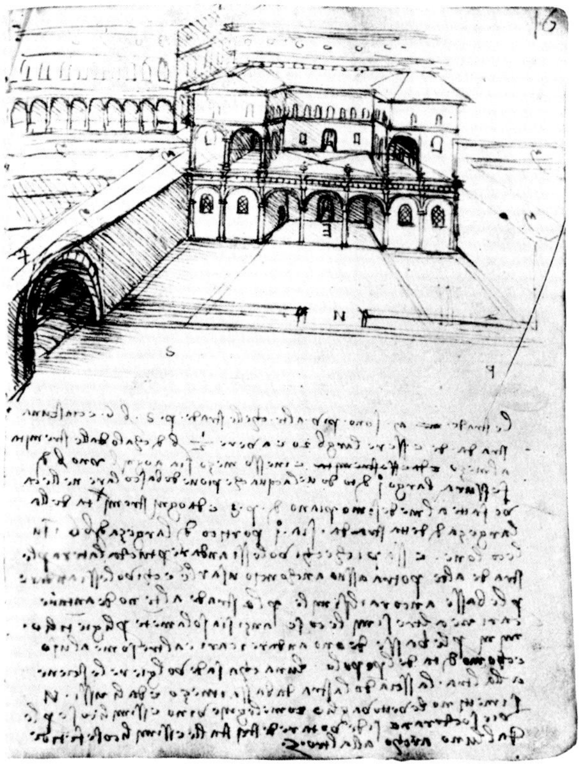

Entwurf einer Idealstadt mit unterirdischem Verkehrssystem und Kanalisation, Leonardo da Vinci, Federzeichnung um 1490, Paris, Inst. de France, Ms. B 16R
aus: L. H. Heydenreich: Leonardo da Vinci, Basel 1954

1665 in Frankreich und rund 100 Jahre später mit der Politik des Rétablissements nach dem siebenjährigen Krieg 1763 in den deutschen Ländern stellten Handel, Verkehr und sich ausdehnende Manufakturproduktion neue Bauaufgaben, die unmittelbar in die Entwicklung des Bauens für die industrielle Revolution überleiteten.

In der zweiten Hälfte des 17. Jahrhunderts stand noch der Bau von Festungen im Vordergrund. Der Marquis de Vauban, dessen Karriere mit 22 Jahren als „ingénieur ordinaire du Roi" begann, als Marschall von Frankreich ihren Höhepunkt hatte und kurz vor seinem Tode wegen sozial gedachter Vorschläge zur Verbesserung des Steuersystems in Ungnade endete, legte in Frankreich etwa 33 neue Festungen an und ließ über dreihundert alte Anlagen modernisieren. Die gelegentlich schon im Mittelalter verwendete Bezeichnung „Ingenieur" führte er als offizielle Standesbezeichnung für die wissenschaftlich gebildeten, im Staatsdienst stehenden Fachleute ein, deren Tätigkeitsgebiet nach italienischer Tradition „Architectura militaris" genannt wurde. Er gründete das „Corps des ingénieurs du génie militaire". Etwa im Jahre 1720 führte die von den rasch anwachsenden Bauaufgaben und den sich stetig ausweitenden wissenschaftlichen Grundlagen geförderte fachliche Differenzierung zu einem militärischen und einen zivilen Zweig des Ingenieurwesens. Letzterem entsprach die Gründung des „Corps des ingénieurs des ponts et chaussées" im Jahre 1720 in Paris. Zur Sicherung des Nachwuchses für dieses Corps, dessen Bedeutung mit der sich abzeichnen-

„Das Bauen ist ein Teufelsding; wenn man einmal angefangen, kann man darnach nicht aufhören."

Franz Georg von Schönborn

„Der Maler erfindet seine Formen nicht, sie sind schon in der Natur vorhanden; aber der Baumeister muß sie erschaffen."

Johann Georg Sulzer

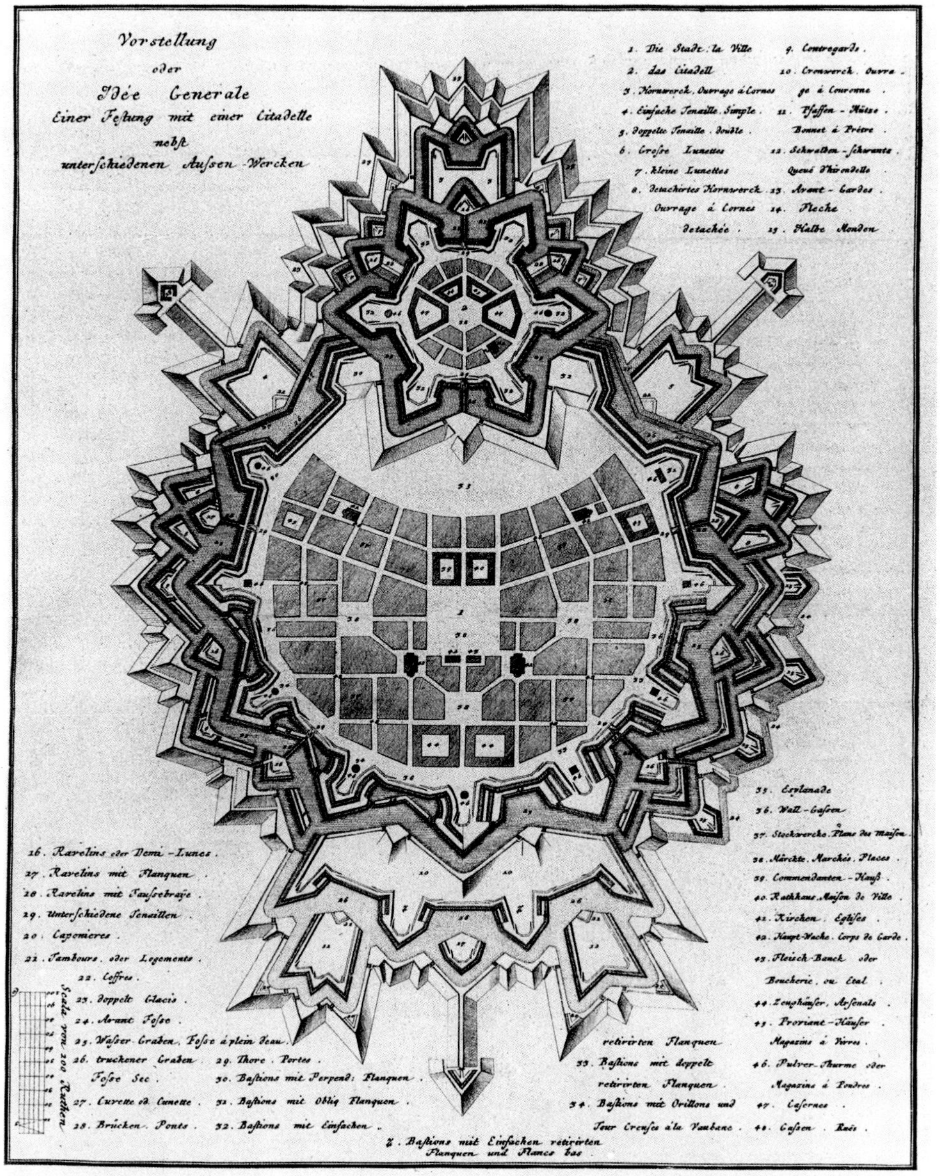

Vorstellung oder Idee Generale einer Festung mit einer Citadelle,
aus: J. R. Fäsch: Kurtze jedoch grund- und deutliche Anfangsgründe zu der FORTIFICATION ..., Nürnberg 1725
Herzog August Bibliothek Wolfenbüttel

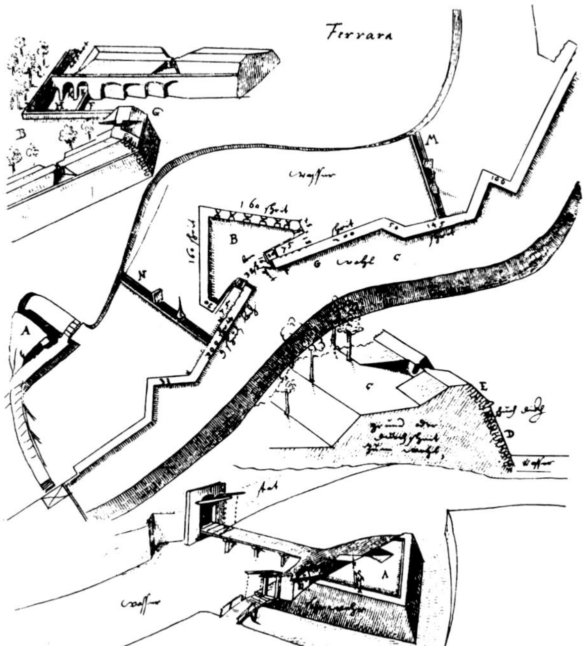

Ferrara, Teil der Stadtbefestigung, Reiseskizze von Heinrich Schickhardt, um 1600
aus: H. Schickhardt: Handschriften und Handzeichnungen, Stuttgart 1902

den industriellen Revolution in Frankreich immer deutlicher erkennbar wurde, richtete Trudaine 27 Jahre später eine spezielle Ausbildungsstätte ein, die École des Ponts et Chaussées.

Den Bedürfnissen der Feudalherrschaft entsprechend vervollständigten in Nachahmung des großen Vorbildes Ludwigs XIV. auch an den kleineren deutschen Höfen Ingenieuroffiziere die fein abgestufte, farbenprächtige Hierarchie des höfischen Offizierskorps. In Dresden wurden sie 1697 zum ersten Mal genannt. 1702 befehligte Graf Wackerbarth das sächsische Ingenieuroffizierskorps, dem auch Johann Rudolf Fäsch und Johann Christoph Naumann angehörten. In seinen Aufgabenbereich fielen nicht nur die Festungen und alle anderen militärischen Bauten. Häufig mußten auch die Repräsentations- und Wohnbauten für die hohen Offiziersränge übernommen werden. Die Nachwuchsausbildung im Korps begann 1742.

Bevor sich die endgültige Differenzierung in die Berufe des Bauingenieurs und des Architekten Bahn brach, prägten Persönlichkeiten das Bauen an den Höfen, in denen sich noch einmal hohe künstlerische Befähigung mit der Rationalität des Ingenieurs verband, häufig noch ergänzt mit einem gehörigen Anteil von Unternehmergeist und Geschäftssinn. Johann Balthasar Neumann* gehört zu ihnen, der Schöpfer der ehemaligen Fürstbischöflichen Residenz in Würzburg, der als Kanonengießer ausgebildete Artillerieoffizier, der Baumeister von Festungen, Straßen, Brücken, Dämmen vor allem in den Bistümern Würzburg, Bamberg, Mainz und dem Erzbistum Trier. Darüberhinaus befaßte er sich mit der Konstruktion von Maschinen, Waagen, Pumpen, mit der Anlage von Wasserleitungen, dem Bau von Mühlen und Fragen der Stadtplanung. [2.40.] Er errichtete eine Glasfabrik und betrieb eine Pulvermühle. Wie weit er – wohl mehr intuitiv-empirisch als theoretisch – in statische Probleme einzudringen vermochte, davon zeugen die kühnen Konstruktionen der großen Treppenhäuser in seinen Schloßbauten. Niemand wagte, die von ihm entworfene Kuppel der Abteikirche zu Neresheim nach seinem Tode auszuführen. Auf dem Gipfel seines Schaffens beherrschte er das gesamte militärische und bürgerliche Bauwesen der Fürstenhäuser in Würzburg und Bamberg.

Auch an den anderen deutschen Fürstenhöfen wirkten solche universellen Baumeister, Künstler und Ingenieure. In Dresden:

- Wolf Kaspar von Klengel (1630–1691).
  Generalwachtmeister und Oberinspektor aller Fortifikationsgebäude, einer der ersten Baumeister des Dresdner Barock, Lehrer Friedrich August I. (August der Starke) in „Architectura civilis et militaris".
- Jean de Bodt (1670–1745).
  Anfangs Leiter der brandenburgischen Schloß- und

Militärbauten und Kommandant von Wesel, seit 1728 Generalintendant des sächsischen Bauwesens und Chef des Ingenieurkorps in Dresden.

In Berlin:

- Johann Arnold Nering (1659–1695).
  Oberst im brandenburgischen Generalstab und kurfürstlicher Baudirektor, erster Baumeister des Zeughauses in Berlin und Planer des ersten Bauabschnitts der Berliner Friedrichstadt.

Gleichzeitig zeigen sich Grenzen: Die Kühnheit konzipierter Konstruktionen überforderte die Fähigkeit zu rationaler Erfassung der Kräfte in den Tragwerken. Davon zeugte in Berlin das Münzturm-Debakel. 1706 ließ Andreas Schlüter die Reste des Münzturms, der bei einer Höhe von 70 m endgültig einzustürzen drohte, abtragen. In der nachfolgenden Untersuchung schätzte allein der Mathematiker Leonhard Christoph Sturm die besonderen Schwierigkeiten gerecht ein: „Er vermuthe, daß der Grund höchstens auf 15 Fuß Triebsand mit Lehm vermengt und weiter hinunter ein fetter Grund von grauem Thone sei, und man müsse gestehen, daß ein solcher Grund von allen bösen Gründen am geschicktesten sei, einen Architekten in die Schule zu führen." [2.41.]

Er ergänzt: „An dem Thurm selbst waren folgende harte Postulate: 1) sollte er 300 (?) Fuß hoch; 2) ganz bis an die Spitze klar von Stein gebaut, und mit frei stehenden Säulen und mit durchsichtigen Arkaden an der oberen Hälfte reich aufgeführt werden; 3) sollte ein Wasserkanal entweder hart daran vorbei oder gar darunter weggehen, ein Mühlenrad, und dadurch eine große Wasserkunst und Münze treiben." [2.42.]

Eosander von Göthe dagegen, der Schlüter aus dem Amt des königlichen Oberbaudirektors zu drängen trachtete, bezeichnete ihn in einem anonymen Leserbrief in der Zeitschrift „Theatrum Europäum" als einen „unwissenden Bildhauer". Er habe „zwar einen Riß machen können, aber nicht verstanden, was in der Ausübung möglich sei." [2.43.]

Jacques-Germain Soufflot, Intendant général des Bâtiments du Roi, hatte, sich von dem großen Vorbild des Petersdoms in Rom leiten lassend, für die Kirche Ste-Geneviève in Paris eine kühne dreischalige Kuppel vorgesehen, die von zu knapp bemessenen Eckpfeilern getragen werden sollte. Nach Soufflots Tod führten Brébion und Rondelet den Bau weiter. Eine heftige Diskussion entbrannte damals um die Tragfähigkeit der Pfeiler, in der schließlich bezweifelt wurde, ob die Mathematik überhaupt in der Lage sei, die Tragfähigkeit von Baukonstruktionen nachzuweisen. Schließlich erzwang der drohende Einsturz sorgfältige Festigkeitsuntersuchungen, die von Rondelet und Gauthey angestellt wurden, und eine Verstärkung der Konstruktion. Die hier in dieser Zusammenarbeit des Architekten mit Ingenieuren gesammelten Erfahrungen faßte Rondelet in der „L'art de bâtir" zu-

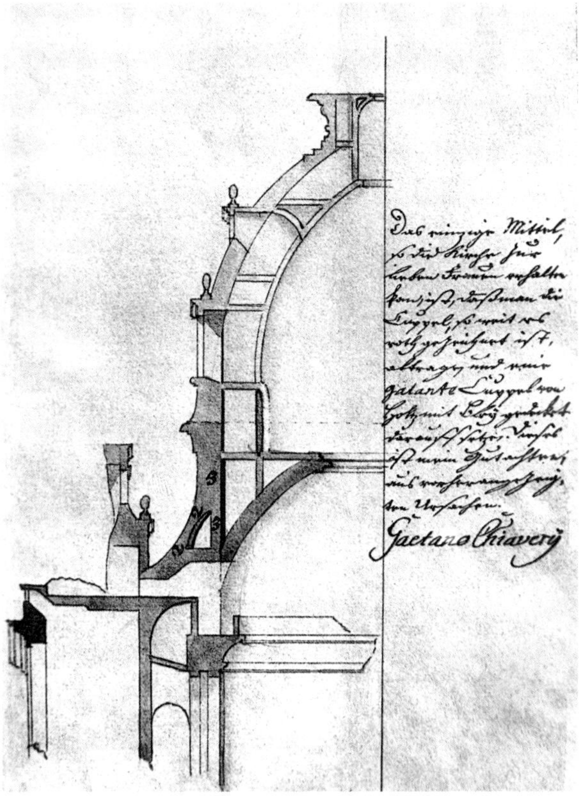

Frauenkirche in Dresden,
1726–1743, George Bähr, Außenansicht
Sächsische Landesbibliothek Dresden, Abt. Deutsche Fotothek
und das Gutachten Gaetano Chiaveris über die massive Kuppel von 1737
aus: Jean Louis Sponsel: Die Frauenkirche zu Dresden, Dresden 1893
Dieses erste Gutachten Chiaveris lautet:
„Das einzige Mittel so die Kirche zur lieben Frauen erhalten kann, ist, daß man die Kuppel so weit es rot gezeichnet ist, abtragen und eine galante Kuppel von Holz mit Blei gedecket darauff setzt. Dieses ist mein Gutachten, aus vorher angezeigten Ursachen."

sammen, einem Kompendium, das vor der endgültigen Trennung von architektonischer Gestaltungstheorie und Bauingenieurwissenschaft zum letzten Male alle Aspekte der Baukunst erfaßte: Kunst und Statik, Architektur und Bauingenieurwesen. [2.44.]

Bis zum 18. Jahrhundert blieb der Holzbau, die Konstruktion von Dachstühlen und von Brücken die Ägide des Zimmermeisters. Aber auch hier erwuchsen aus dem Handwerk ingenieurtechnische Leistungen und unternehmerische, enge Zunftbande sprengende Initiativen vor allem dann, wenn nach Bränden ganze Stadtviertel wiederaufzubauen waren. Die Söhne des Teufener Zimmermeisters Ueli Grubenmann, Jakob, Johannes und Hans Ulrich durchbrachen mit der Vielzahl der von ihnen gebauten Brücken und Häuser in der Nordostschweiz die engen Grenzen zünftlerischen Werkens. Dank straffer Arbeitsorganisation gelangen ihnen trotz heftigem Widerstands der Zünfte überraschend kurze Bauzeiten. Für Kirchen benötigten sie sechs bis acht Monate. Nach dem Stadtbrand in Bischofszell (St. Gallen) errichteten sie 13 Patrizierhäuser binnen acht bis zehn Monaten. Sie hatten die städtebauliche Planung des Wiederaufbaus ausgearbeitet, übernahmen die Bauaufträge als Generalunternehmer und montierten schließlich noch die Uhren und Glocken. Ihre Brückenkonstruktionen übertrafen alle bisher in der Schweiz und Süddeutschland gebauten. Am Anfang stand die Linth-Brücke von Ziegelbrücke (1742/43), ein klassisches Spreng-Hängewerk. Später bevorzugten die Grubenmanns Stabpolygone. Aufsehen erregte die von Hans Ulrich Grubenmann entworfene Brücke über den Rhein bei Schaffhausen. Er schlug vor, beide Ufer durch einen einzigen Bogen von 119 m Spannweite zu verbinden. Der Stadtrat lehnte erschrocken ab und forderte die Nutzung des von der alten Brücke erhaltengebliebenen Strompfeilers. Hans Ulrich Grubenmann baute daraufhin zwei polygonale Strebenzüge mit je 60 m Spannweite (1755/58). Französische Truppen brannten sie bei ihrem Rückzug 1799 ab. Der Übergang zum Ingenieurholzbau gelang Hans Ulrich Grubenmann mit der Limmatbrücke bei Wettingen 1764/66. Aus je sieben sorgfältig miteinander verzahnten Kanthölzern (30 × 30 cm) bildete er je 2 m hohe Bogenträger mit unterstützendem Hänge-Sprengwerk, die 60 m überspannten. In der Nachfolge der Grubenmanns versuchten Zimmermeister diese Konstruktionsart immer weiter zu vereinfachen. Am Ende dieser Entwicklung stehen die leichten Bogenbrücken Carl Friedrichs von Wiebeking in Bayern.

Universelles Künstlertum und handwerkliche Ausbildung reichten immer weniger zur Bewältigung neuer Bauaufgaben aus, wie sie sich insbesondere aus der Entwicklung der Manufakturen seit der Mitte des 18. Jahrhunderts ergaben. Immer drängender wurde die alte Forderung Vitruvs nach dem allseitig gebildeten Baumeister als Anspruch an seine mathematischen Fähigkeiten interpretiert. Die „Arithmetic oder Rechenkunst" ist „gleichsamt die Mutter und das Fundament aller Künste, derowegen ohne dieselbige keine Kunst vollkommen, noch derselben entpehren kann ..." [2.45.] „Weil die Mathematique sichere Kennzeichen von der Vollkommenheit eines Dinges gewähret, und die Vernunfft das Vermögen hat, nach der Ordnung der menschlichen Gedanken alles geschickt zu verknüpffen, was in deren Begriffen, Urtheilen und Schlüssen möglich ist ... was in der ingenieusen Bau-Kunst seinen ausreichenden Grund behalten soll, ohne der edlen Arithmetic, Geometrie, Sta-

Brücke zu Briançon, Schweiz
aus: C. C. Schramm, a. a. O.

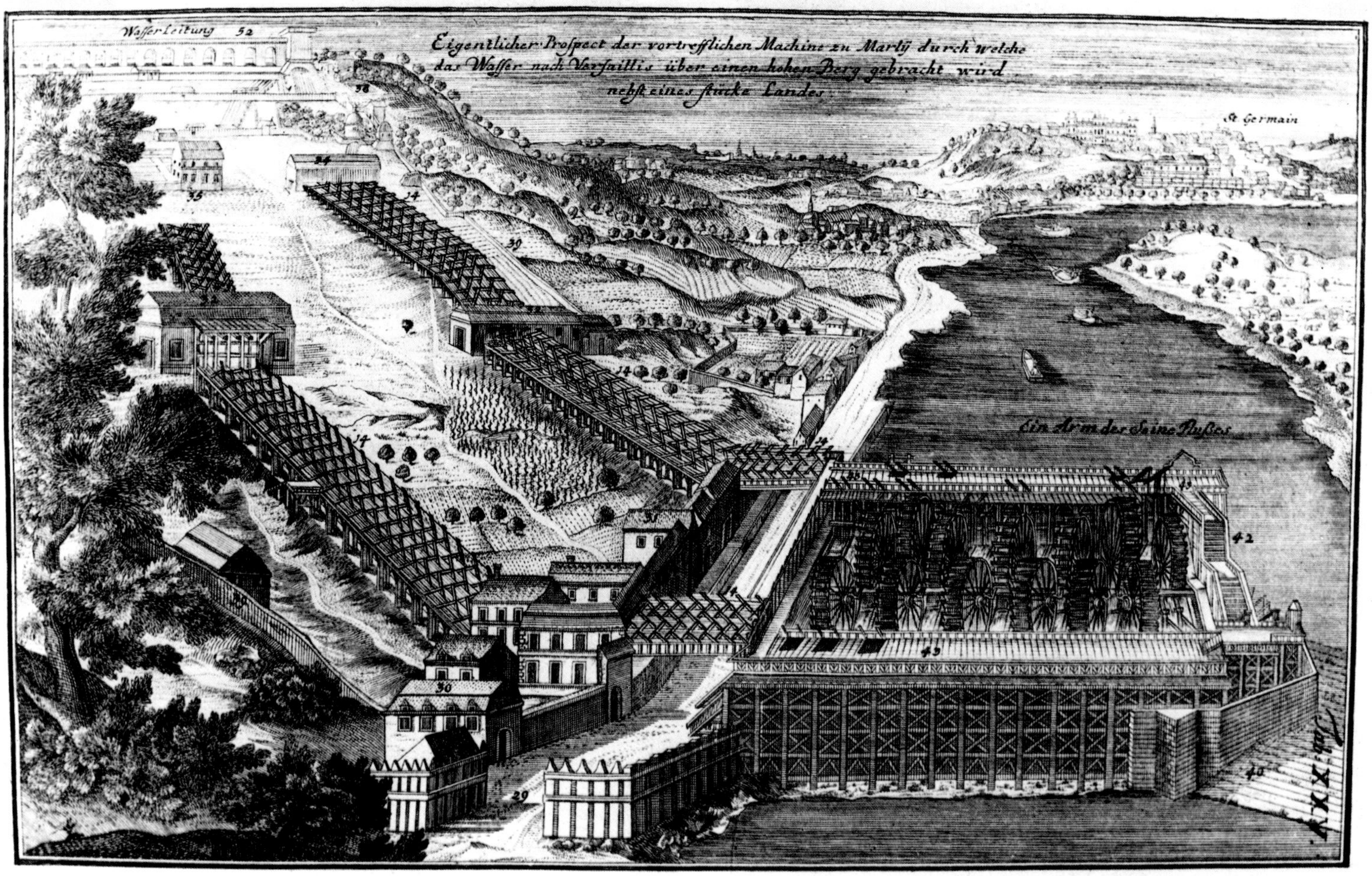

tic und Mechanic nicht bestehen kann und alle möglichen Erfindungen nach dem Einfluß und Zusammenhang der soliden Wissenschafften zu achten sind." [2.46.]

Regeln der Konstruktion und der Austeilung der Fassaden nach den überlieferten Proportionen fanden in mathematischen Verfahren ihren allgemeinen, formalisierten Ausdruck. Der Theatinermönch Guarino Guarini, der Arzt Claude Perrault, der Vitruv ins Französische übersetzte, und sein Nachfolger Nicolas Blondel, die Mathematikprofessoren Nikolai Goldmann und Leonhard Christoph Sturm erhoben zwar die „Mathesis" zur Mutter der Künste, die Lösung statisch-konstruktiver Aufgaben mit Hilfe der Mathematik jedoch setzte die Verbindung von Infenitesimalrechnung und Mathematik, beginnend mit Newton, Leibniz, Leonhard Euler und Robert Hooke voraus. Erst das Aufgreifen physikalischer Gesetzmäßigkeiten durch französische Ingenieuroffiziere konstituierte die Bauingenieurwissenschaft.

Auf dem Höhepunkt der absolutistischen Hofgesellschaft waren Schöpfertum und ingenieurtechnisches Wissen in erster Linie Mittel zu Repräsentation des Herrschers und höfischer Unterhaltung. Dafür ist die berühmte Wasserhebemaschine an der Seine bei Orly ein Symbol. Sie hatte die Wasserspiele im Park von Versailles zu versorgen. Der holländische Ingenieur Rannequin baute sie (1681–1685). Forest de Bélidor beschrieb sie als ein technisches Wunderwerk: 14 Wasserräder mit je 12 m Durchmesser trieben über Stangenwerke insgesamt 221 Pumpen, die das Wasser in drei Stufen insgesamt um 160 m gehoben haben. Die Gesamtleistung der Maschine wurde auf etwa 59 kW geschätzt, von denen jedoch höchstens 6–7 % ausgenutzt worden seien. [2.47.]

In Frankreich hatte sich dem Bauingenieur seit der Mitte des 18. Jahrhunderts vor allem im Rahmen der Colbertschen Wirtschaftspolitik ein eigenes Tätigkeitsgebiet erschlossen, der Straßen und Brückenbau. In Großbritannien dagegen befaßten sich die Ingenieure anfänglich mit dem Bau von Mühlen und Maschinen. Smeaton, der Erbauer des Eddystone-Leuchtturmes bei Plymouth, konstruierte gleichzeitig eine atmosphärische Dampfmaschine zur Wasserhaltung in einer Kohlengrube.

Das Ideal vom universellen Baumeister blieb zwar bis in die Gegenwart lebendig, ließ sich aber vor dem Hintergrund der nun heraufziehenden industriellen Revolution immer weniger verwirklichen. Zwei unterschiedliche Berufsgruppen begannen sich zu profilieren: Architekt und Bauingenieur.

Wassermaschine zu Marly
für die Speisung der Fontänen und Brunnen im Park von Versailles
aus: Bélidor: Architectura hydraulica, Nürnberg 1743

„Die Spuren der Geometrie sind in der Welt ausgedrückt, wie wenn die Geometrie gleichsam der Archetyp des Kosmos wäre."

Johannes Kepler

3.

BAUEN FÜR DIE INDUSTRIELLE REVOLUTION

Die industrielle Revolution begann in den einzelnen europäischen Ländern, abhängig von den konkreten politischen, wirtschaftlichen und sozialen Bedingungen, zu unterschiedlichen Zeiten und nahm einen für jedes Land charakteristischen Verlauf. [3.1.] In Großbritannien begann sie nach der „glorreichen" Revolution von 1688/89, gefördert durch die Politik der *Whigs* und eng mit dem Wirken *Robert Walpoles* am Anfang und *William Pitts d. Ä.* in der Mitte des 18. Jahrhunderts verbunden. Sie führte zuerst in der Textilindustrie, dann auch in der Hüttenindustrie und im Bergbau zu grundlegenden Umwälzungen, die mit der Einführung der Arbeitsmaschine und schließlich der Dampfmaschine verknüpft sind. Am Ausgang des 18. Jahrhunderts hatte sich Großbritannien in kurzer Zeit zur mechanischen Werkstatt der Welt entwickelt.

Die verhältnismäßig frühe Befreiung von feudalen Hemmnissen, die Aufhebung der mittelalterlichen Zunftordnung, die Ausdehnung der Handelsschiffahrt auf der Grundlage der Navigationsakte von 1651, die Gründung der Bank von England 1694 bildeten den Nährboden. Die wichtigsten technischen Impulse entstanden aus der Umstellung der Verarbeitung von Schafwolle auf Baumwolle seit 1750, aus der Substitution des immer knapper werdenden Holzes durch Koks und vor allem aus dem Ersatz der Pferde- und Wasserkraft durch die Dampfmaschine. Daraus ergab sich eine sprunghafte Entwicklung der britischen Industrie:

	1760	1830
Eisen	20 000	700 000 t
Kohle	4,3	115 Mio t
Rohbaumwolle verarbeitet	4	270 Mio Pfd.

Die sich mit dem Ansteigen der Produktion verbessernde Lebenssituation, insbesondere die Senkung der Sterblichkeitsziffer, führte zu einer raschen Bevölkerungsentwicklung:

um 1750: 6,5 Mio
1801: 8,9 Mio (Ergebnis der ersten Volkszählung)
1837: 19,0 Mio

Aus der Entwicklung der britischen Industrie, des Handels und aus der Bevölkerungskonzentration in den Industriestädten entsprang ein außerordentlicher Anspruch an die Leistungsfähigkeit der Straßen- und Wasserwege. Der Ausbau der Flüsse – 1724 waren etwa 1 768 km schiffbar – stieß bald auf natürliche Grenzen. Der nächste Schritt war der Bau von Kanälen als Verbindung zwischen den Flußhäfen. Der entscheidende Durchbruch im britischen Kanalbau, der etwa fünf bis sechs Jahrzehnte später als auf dem Kontinent begann, gelang der ersten Generation der großen britischen Ingenieure.

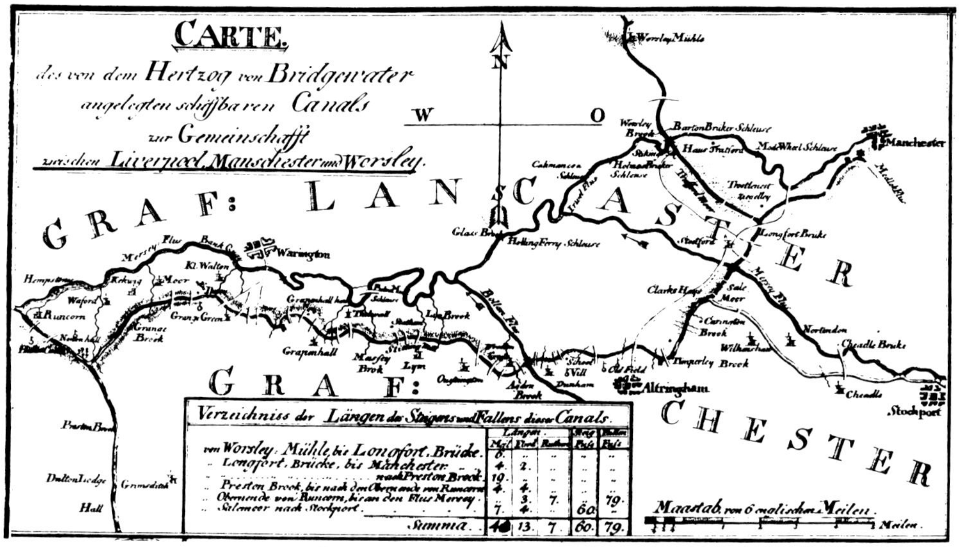

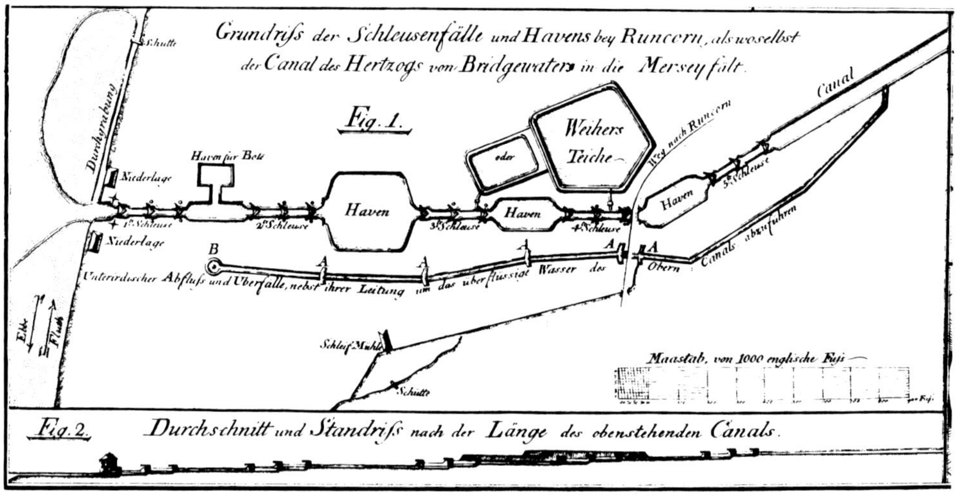

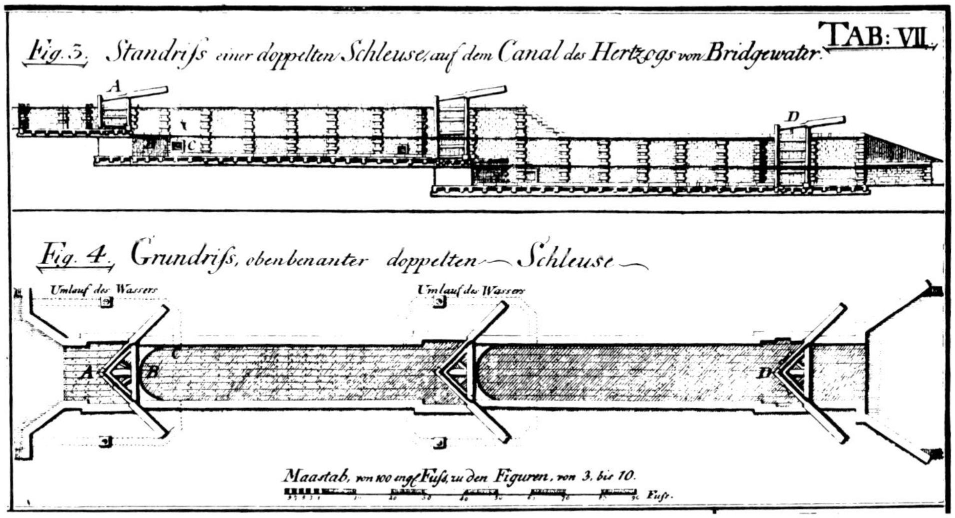

Schleusen und Hafen von Runcorn
aus: J. L. Hogrewe: Beschreibung …, a. a. O.

Bridgewaterkanal, England, 1716–1772, James Brindley, Gesamtplan
aus: J. L. Hogrewe: Beschreibung der in England seit 1759 angelegten und jetzt größtentheils vollendeten schiffbaren Kanäle ..., Hannover 1780

Die französischen Kanalbauten, wie der 1667–1681 unter der Leitung des Salzpächters *Pierre Paul Riquet* gebaute Canal du Midi zwischen Sète und Toulouse, gehörten zu den obligatorischen Besichtigungsobjekten auf den Bildungsreisen der Söhne des britischen Hochadels. Wahrscheinlich besichtigte ihn *Francis Egerton,* 3. Duke of Bridgewater, 1753. Nach seiner Heimkehr ließ er von *John Gilbert,* seinem Verwalter, einen Plan für einen Kanal ausarbeiten, durch den er unter Verwendung des Wassers aus den Gruben von Worsley die geförderte Kohle, ohne umladen zu müssen, zu den Verbrauchern in Manchester transportieren konnte. Als Ingenieur engagierte der Duke *James Brindley,* der diesen ersten der etwa 365 britischen Kanäle baute. [3.2.]

Anschließend baute Brindley den Grand Trunck, ein gewaltiges Kanalkreuz, das die Flüsse Trent, Mersey, Severn und Themse miteinander verband und so den Schiffsverkehr zwischen Hull, Liverpool, Bristol und London ermöglichte.

Am Ende des Jahrhunderts folgte der Bau des Grand Junction Canal zwischen Braunston am Oxford Canal und Brentford an der Themse. Die Angaben über die bis zur Mitte des 19. Jahrhunderts in Betrieb genommenen Kanäle, als der Siegeszug der Eisenbahn begann, differieren. Es kann angenommen werden, daß nicht ganz 3 000 km schiffbare Flüsse und weit über 3 000 km Kanäle für den Schiffstransport zur Verfügung standen. Die Suche nach einer günstigen Streckenführung behinderten allerdings sowohl die Großgrundbesitzer als auch die Kanalgesellschaften. Die einen erzwangen Umwege, um für sich hohe Nutzungsgebühren herauszuschlagen, die anderen drängten auf die Vermeidung teurer Kunstbauten, wie Kanalaquädukte, Tunnel und größere Durchstiche und Schleusen. Die besondere Problematik des Kanalbaus ergab sich vor allem aus den für den Erdaushub erforderlichen Massen von unqualifizierten Erdarbeitern, den Navvies, die weit ab von den Städten anzuwerben und unterzubringen waren.

„Ich kann Euch nicht sagen, wie ich es machen werde, aber ich sage Euch, daß ich es machen werde."

George Stephenson

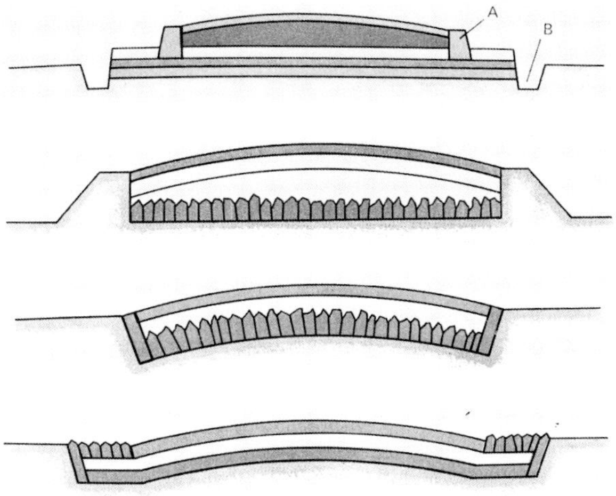

Historische Straßenprofile
Römisch: Als Unterbau mehrere insgesamt bis 1 m dicke Steinschichten auf verdichtetem Boden, z. T. in Mörtel, Nutzschicht aus Pflastersteinen in Kiesbett, seitliche Bordsteine und Entwässerungsgräben
Trésaguet (1716–1796): Drei Steinschichten, Steinformate von unten nach oben abnehmend, auf gewölbtem Grund
Telford (1757–1834): Zwei Steinschichten mit Wölbprofil auf einem Unterbau aus großen Steinen, Deckschicht aus Kies
McAdam (1756–1836): Drei je etwa 5 cm dicke Steinlagen auf verdichtetem, gewölbten Grund

Weniger spektakulär verlief der Ausbau des Straßennetzes. Auch hier stand nach dem endgültigen Mißlingen des Plans der Stuarts 1746, über Schottland wieder in England Fuß zu fassen, der Bau strategischer Straßen in Schottland im Vordergrund. Die wichtigsten Anstöße zur Verbesserung der Straßenbautechnik kamen aus Frankreich. *Hubert Gautier,* unter *Colbert* Inspektor der Straßen und Brücken, hatte schon vor 1700 Richtlinien für den Straßenbau herausgegeben. [3.3.] Ausgehend von den alten römischen Straßen schlug er als Grundschicht eine Packlage vor und forderte eine bessere Entwässerung der Oberfläche durch ein steileres Dachprofil und seitliche Straßengräben. In seiner Nachfolge verbesserte *Pierre Trésaguet,* der von 1775–1777 Direktor der École des Ponts et Chaussées war, die Grundschicht und führte die Klassifizierung der französischen Straßen ein. [3.4.]

Problematisch blieb weiterhin die Festigkeit der einzelnen Schichten und vor allem der Straßenoberfläche. Wenn auch *Jakob Leupold* schon 1725 im Theatrum machinarum eine Straßenwalze abgebildet hatte [3.5.], so ließ doch ihre Einführung in den Straßenbau noch 60 Jahre auf sich warten. Erst *Cessart* baute eine 3,5-Tonnen-Walze. Der britische Straßenbau, der unmittelbar die Fortschritte der französischen Straßenbautechnik verwertete, erreichte kurz nach 1800 durch das Wirken von *John London MacAdam* und seiner Söhne eine neue Qualität. Seine technische Konzeption hatte er in: „Remarks on the precent System of road-making", Bristol 1816, und in: „A practical Essay on the scientific repair and preservation of public roads", London 1819, beschrieben. Sie bestand vor allen Dingen in einer wirksameren Entwässerung des Bodens, den er höher zu legen empfahl, sowie in einer mit etwa 25 cm verhältnismäßig dünnen Schicht aus gleichgroßem, kantigen Schotter, der frei von Erdbeimengungen sein mußte und in mehreren Lagen aufzubringen war. Das bedeutete eine erhebliche Material- und Arbeitszeiteinsparung bei höherer Festigkeit der Oberfläche und damit längerer Lebensdauer. Von 1819–1829 wurden allein in England und Wales rd. 1 000 Mls. nach diesem Prinzip gebaut. Ein wesentlicher Grund für die hohe Qualität der britischen Straßen lag wohl im Prinzip der „turnpike road". Die Straßen wurden von Gesellschaften gebaut und bewirtschaftet, die an den durch Schranken markierten Grenzen Nutzungsgebühren erhoben.

Der älteste in der Generation der großen britischen Ingenieure, der Generation der Gründer des Bauingenieurberufs, war *James Brindley,* der leitende Ingenieur des Bridgewater Canal. Als Sohn eines armen Bauern konnte er mit 24 Jahren noch nicht lesen und schreiben. Auch bei anderen dieser ersten Bauingenieure wird in der Literatur gern ihre meist bäuerliche Herkunft und der mühselige Beginn hervorgehoben. Darin liegt die Gefahr, zu übersehen, daß diese Ingenieure mit Fleiß und Zähigkeit alle sich bietenden Gelegenheiten zur Vervollkommnung ihrer Bildung genutzt haben. Ihnen stand lediglich ein konfektioniertes Studium nicht zur Verfügung. Die mathematischen, naturwissenschaftlichen und technischen Grundlagen beherrschten sie so universell, daß sie, weit über das Land verstreut, entsprechend dem Credo der britischen Ingenieure „learning by doing" die umfangreiche Palette der anfallenden Arbeiten ganz allein auf sich gestellt bewältigen konnten.

Zu dieser ersten Generation britischer Ingenieure gehörte Robert Mylne, der noch in Rom eine Ausbildung als Architekt genossen hatte. John Smeaton, Thomas Telfort und John Rennie haben nach der Lehre bei Handwerksmeistern an den Universitäten Edinburgh und London Naturwissenschaften studiert. Dort lernten sie auch den Nutzen des Experiments kennen, das ihre Arbeit bis ins hohe Alter beeinflußt hat.

Thomas Telford begann seine Laufbahn mit der Bewerbung um die Stelle des Bauleiters am Ellesmere Canal. Er bekam sie mit einem Jahresgehalt von 500 Pfund, mußte aber einen Sicherungsbetrag von 5 000 Pfund hinterlegen. Sein gesamtes Lebenswerk ist kaum zu überblicken. Sein Biograph Alexander Gibb nennt 36 Kanäle, 146 Brücken und Aquädukte, 68 Docks, Piers und Häfen, fünf Wasserwerke, 12 Projekte zur Flußregulierung und Melioration, 89 Straßenbauvorhaben, sieben Eisenbahnlinien und 51 Hochbauten, in erster Linie Kirchen, an denen er als leitender Ingenieur, Projektant oder mindestens als Gutachter und Berater tätig war. Sein Entwurf einer gußeisernen Bogenbrücke über den Londoner Hafen mit einer Spannweite von 183 m scheiterte – zum Glück für ihn – an fehlenden Grundstücken für den Bau der Widerlager. In Anbetracht ihres hohen Eigengewichts hätte die Brücke nie vollendet werden können. [3.6.]

Dank *Telfords* außerordentlicher Autorität und seiner Bemühungen um die fachliche Kommunikation und um die Ausbildung des Nachwuchses verehrten ihn die Bauingenieure weit über die Grenzen Großbritanniens hinaus geradezu als Vaterfigur. Die Profilierung des Bauingenieurberufs konnte nur im Spannungsfeld von mathematisch fundierter Theorie und pragmatischer Arbeitsweise, zwischen Ingenieur, Bauherr und Bauunternehmer erfolgen. Telford behielt sein Leben lang eine tiefe Abneigung gegen abstrakte mathematische Rechnungen. Theoretische Ansätze erkannte er nur an, wenn sie am konkreten Experiment überprüft waren.

In den ersten Jahrzehnten der industriellen Revolution beherrschten britische Ingenieure den Maschinenbau und den Ingenieurbau gleichermaßen. Mit 27 Jahren begann *John Smeaton* erste Modelle von unter-, mittel- und oberschlächtigen Wasserrädern zu bauen. Er maß Wasserfluß und erzeugte Kraft der verschiedenen Konstruktionen und setzte die Ergebnisse seiner Versuchsreihen in eine Vielzahl von Verbesserungen um. Als beratender Ingenieur der Carron Company's Ironworks in Falkirk bei Glasgow hatte Smeaton Gelegenheit, Gußeisenteile in Wasserrädern zu erproben und an der Konstruktion von Newcomen-Dampfmaschinen zu arbeiten. 1772 stellte er eine Tabelle der günstigsten Proportionen ihrer einzelnen Teile auf. Eine von ihm erfundene Zylinderbohrmaschine erreichte jedoch noch nicht die erforderliche Genauigkeit.

Mit dem Bau des Eddystone-Leuchtturms bei Plymouth

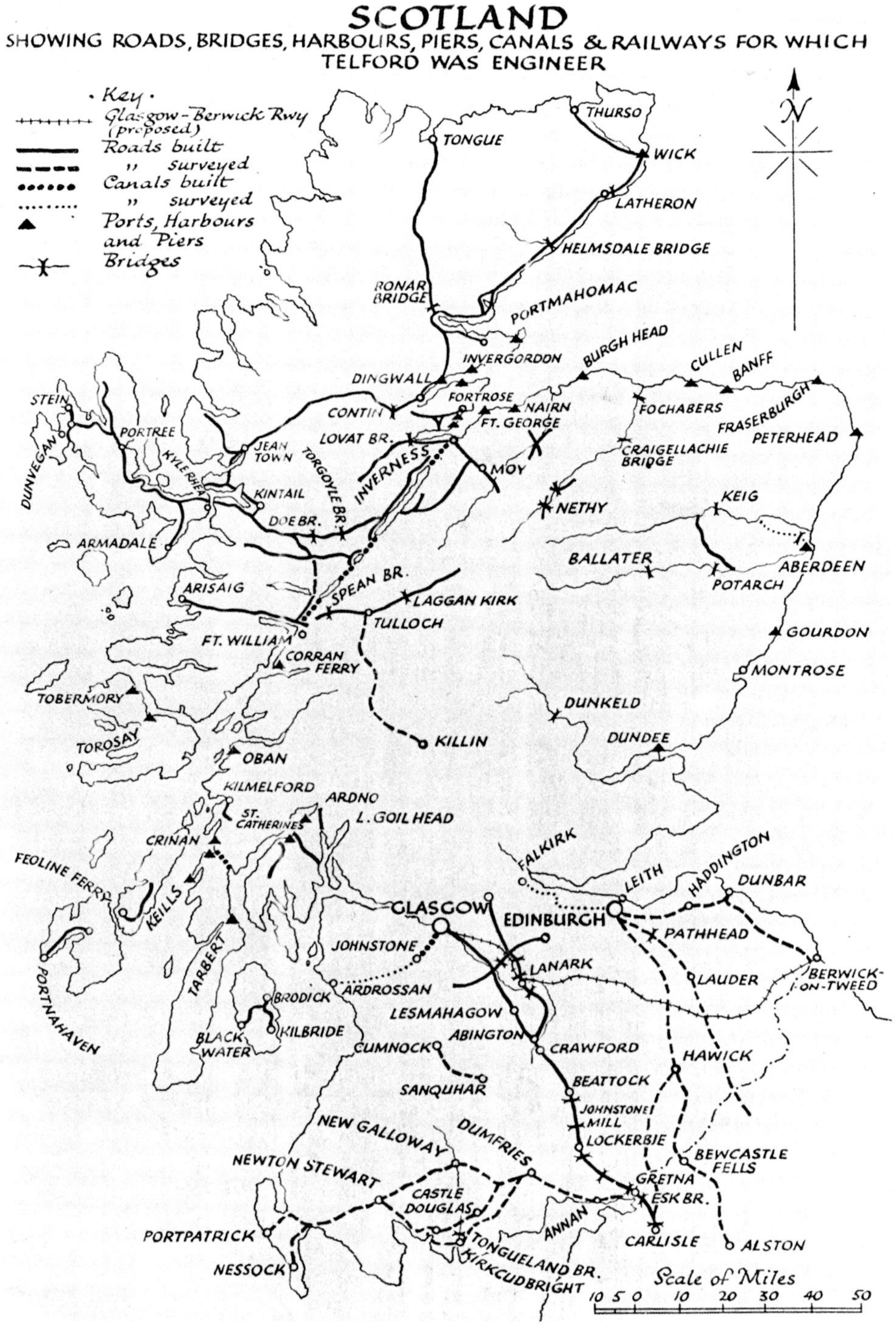

Übersicht über die von Telford 1757–1834 in Schottland gebauten Straßen, Brücken, Häfen, Kanäle und Eisenbahnen
aus: A. Gibb: The story of Telford, London 1935

Hängebrücke über die Menai Strait, Caernarvonshire,
Längsschnitt und Konstruktionsdetails
aus: Jean Rondelet: Traité théorique et pratique de l'art de bâtir, Paris 1802–1817

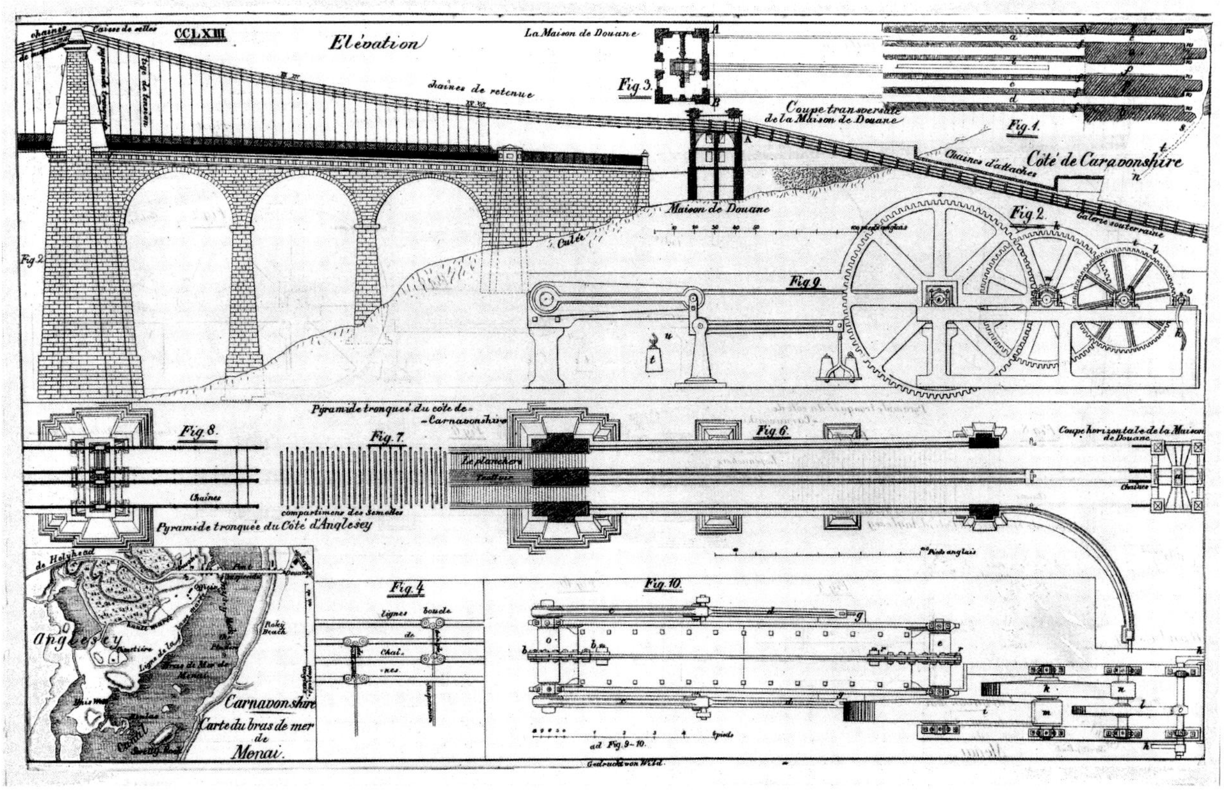

„Ich habe mich immer zu den Umständen beglückwünscht, die mich zwangen zu beginnen, mit meinen eigenen Händen zu arbeiten und so frühe Erfahrungen über die Lebensweise und die Gefühle der Arbeiter zu erwerben. Für den Bauingenieur ist es ebenso wichtig wie für Kapitäne oder Offiziere, durch alle Stufen ihres Berufs gegangen zu sein."

Thomas Telford

hat Smeaton auch dem Ingenieurbau wesentliche Impulse gegeben. Er konstruierte 1755 einen massiven, 70 Fuß (etwa 21 m) hohen Turm, dessen geschwungenes, sich nach oben verjüngendes Profil den Eindruck vermittelte, als ob der Turm organisch aus dem Riff herauswüchse. In jeder Schicht griffen die Werksteine so ineinander, daß ein in sich fester Ring entstand. In Bohrungen über mehrere Schichten eingetriebene eichene Dübel verstärkten den vertikalen Verbund. Im Ergebnis systematischer Versuche fand Smeaton, daß Tonbeimengungen von 12 bis 13 Prozent dem Mörtel hydraulische Eigenschaften gaben. Entsprechend dem in England gern benutzten Kalkstein aus Portland nannte er ihn „Portland Cement". Mit der Veröffentlichung seiner Erfahrungen gab er der Suche nach einem Ersatz der bisher aus Italien importierten Puzzolan-Erde Antrieb und Richtung.

Der Leuchtturm trotzte der schweren, vom Atlantik in den Ärmelkanal drückenden See, bis er schließlich 1877 nicht etwa wegen Baufälligkeit, sondern wegen Unterspülung der Klippe abgebrochen werden mußte. Sein oberer Teil wurde als Denkmal in der Nähe des Hafens von Plymouth wieder aufgebaut.

Auch *John Rennie* hatte im Handwerk als millwright, als Mühlenbauer, begonnen. Gemeinsam mit Professor Robison, bei dem er in Edinburgh studiert hatte, veröffentlichte er mehrere wissenschaftliche Abhandlungen. In Anbetracht der traditionellen Beziehungen der schottischen Universität mit Paris nimmt es nicht Wunder, daß *Robison* die Arbeiten von *Parent* und *Coulomb* kannte. Rennie lernte ebenso wie Telford französisch, um die berühmten ingenieurtheoretischen Werke im Original lesen zu können. *Rennies* ehrgeizigster Plan bestand im Bau einer gußeisernen Brücke über die Menai Strait mit 450 Fuß (etwa 138 m) Spannweite. Glücklicherweise kam der Plan nicht zur Ausführung, da er technisch nicht realisierbar war und sicher zu einer Katastrophe geführt hätte. Bereits im Alter von 33 Jahren hatte *Rennie* die Leitung über den Bau von drei Kanälen in verschiedenen Landesteilen mit einer Gesamtlänge von 170 Mls. übernommen. Um gleichzeitig mehrere solcher Aufgaben bewältigen zu können, setzte er eine straffe Arbeitsorganisation durch, betrieb ein eigenes Zeichenbüro und vergab die in Lose geteilte Bauausführung an mehrere Un-

Hängebrücke über die Menai Strait, Caernarvonshire,
1819–1826, T. Telford, 176,60 m größte Spannweite
aus: Ebda.

ternehmer. Es bürgerte sich ein, daß die principal engineers, die berühmten und dementsprechend teuren Chefs, Gehilfen, resident engineers oder assistants, beschäftigten, die sie auf die Baustellen schickten, während sie selbst nur die Planung machten und kontrollierten [3.7.].

Isembard Kingdom Brunel hatte offensichtlich Anlaß, seinen Standpunkt zu dieser Arbeitsteilung genauer zu definieren. Er schrieb am 30. Dezember 1851 in einem Memorandum an seinen Auftraggeber: „Nun, ich habe mich niemals mit einer Ingenieuraufgabe befaßt, ausgenommen als leitender Ingenieur, der unter den Direktoren die alleinige Verantwortung und Leitung der Arbeiten hat und deshalb ‚Der Ingenieur' ist. Ich habe immer gegen den Begriff ‚beratender Ingenieur' Einspruch erhoben." [3.8.]

Seinen ganzen Ehrgeiz setzte er darein, alleiniger und zuverlässiger Ratgeber seines Auftraggebers zu sein, der sich mit dessen Zielen völlig identifizierte. Das war der Schlüssel zu *Brunels* außerordentlichen Erfolgen und zu dem hohen Ansehen, das er genoß.

In Frankreich gaben ebenfalls strategische Interessen die ersten Impulse zum Ausbau des Straßennetzes. Die Kriege *Ludwigs XIV.* und nach der Revolution die Feldzüge *Napoleons* erforderten ein leistungsfähiges Straßennetz. Ein Dekret vom 24. Februar 1811 hob fünf internationale Hauptverkehrstrassen hervor:

1. Paris – Hamburg – Baltikum,
2. Paris – Amsterdam,
3. Canal du Nord,
4. Paris – Mainz,
5. Paris – Aix – Italien.

Weiter enthielt das Dekret eine Reihe offener Projekte, die näher geprüft werden sollten. Das betraf unter anderem die Anlage eines Hafens in Wesel oder in Mainz, die detaillierte Projektierung einer Verbindung von Paris nach Saragossa und die Verlängerung des Kanals von Cher de Vierzon nach Nevers über Bourges. Selbst aus dem Quartier aus Moskau kam ein Dekret vom 21. September 1812, in dem die Mittel zur Ausbesserung von Straßen in verschiedenen Departements detailliert bestimmt sind.

Über diese militärischen Impulse hinaus entwickelte sich auch in Frankreich seit der zweiten Hälfte des 18. Jahrhunderts das Manufaktur- und Verlagswesen, stabilisierte sich ein nationaler Markt und dehnte sich der Außenhandel mit der Ausweitung des Kolonialbesitzes weiter aus. In der Regierungszeit *Ludwigs XIV.* war der Bau des Canal du Midi (Languedoc Kanal) unter der Leitung des Ingenieurs *Riquet de Bonrepos* eine der hervorragenden Ingenieurleistungen in Europa. Mit einer Gesamtlänge von 240 km verband er das Mittelmeer bei Sète über die Garonne mit dem Atlantikhafen Bordeaux. Vierundsiebzig Schleusen überwanden die Hö-

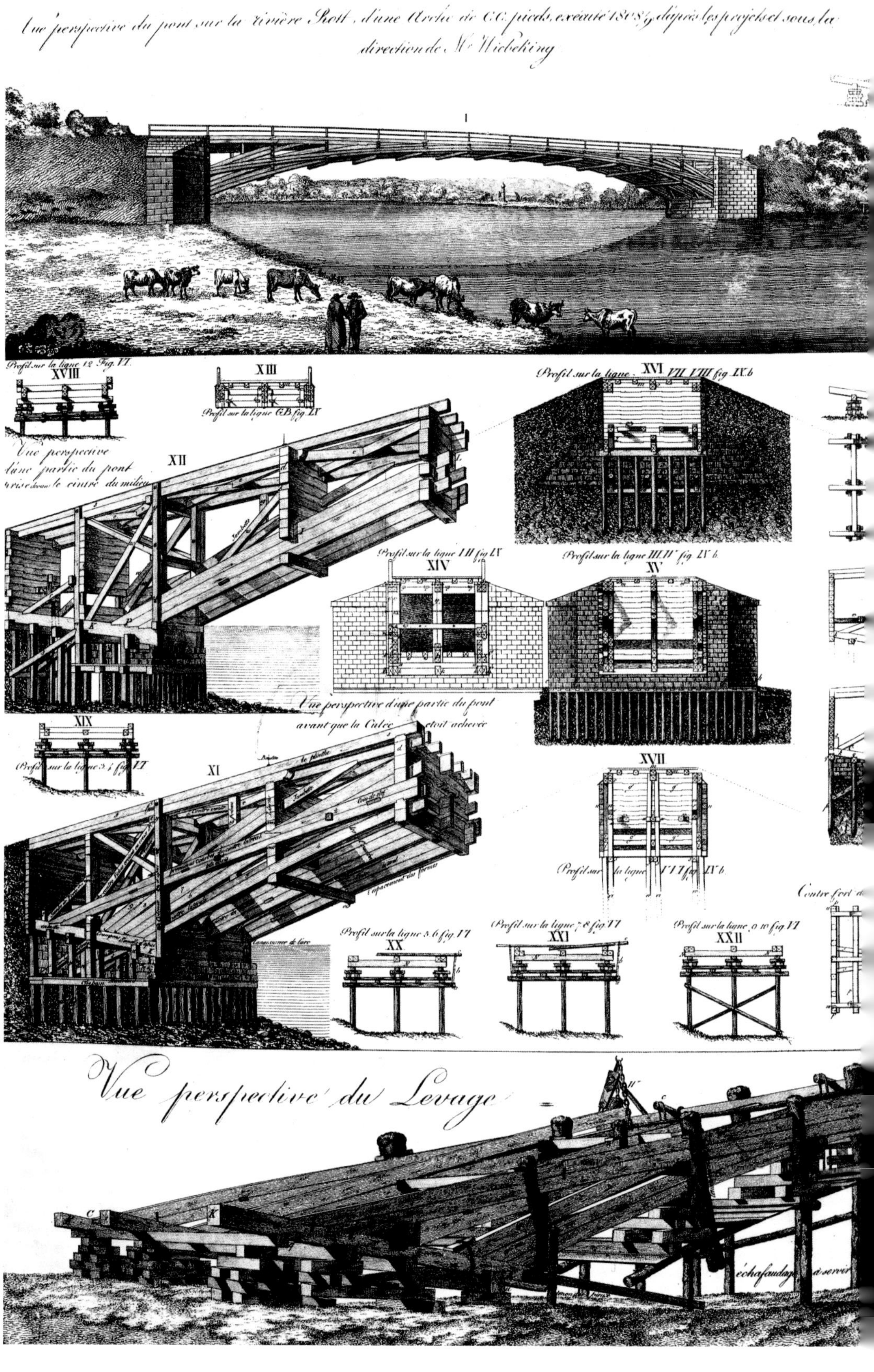

Wiebeking-Träger, Herstellung der Krümmung des aus Bohlen bestehenden Trägers vor der Montage
aus: C. F. Wiebeking: Architecture civile théorique et pratique …, Atlas, 2. Bd., Munic 1831

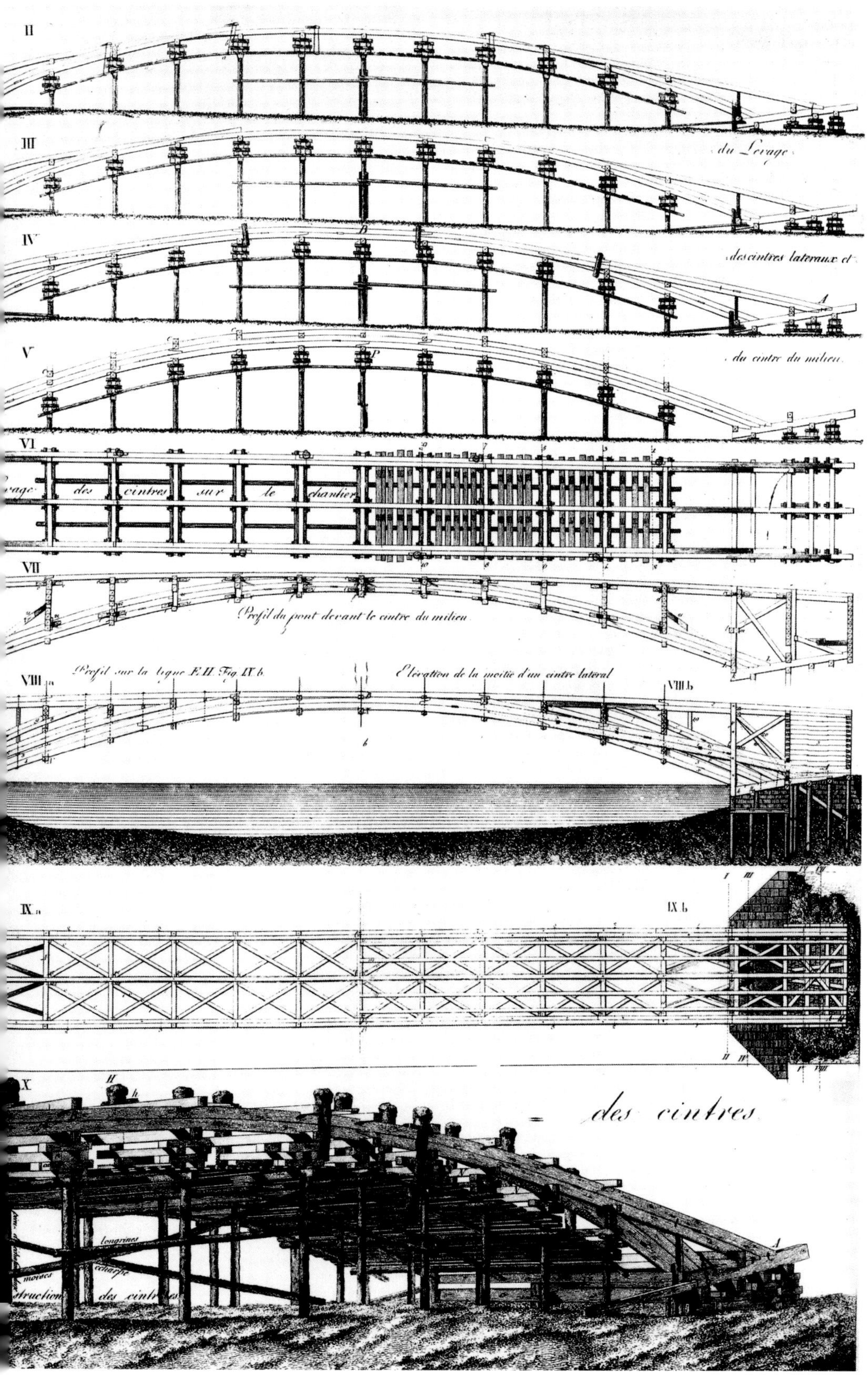

hendifferenz vom Mittelmeer bis zum Scheitel bei 190 m über dem Meeresspiegel, 26 Schleusen vermittelten den Abstieg zur Garonne. Für die erforderliche Wasserhöhe sorgten in Dürrezeiten mehrere Speicherbecken. Bewundernd schrieb *Voltaire* damals im „Siècle de Louis XIV.": „... aber das durch seine Nützlichkeit, seine Größe und seine Schwierigkeit ruhmreichste Denkmal wird der Languedoc-Kanal sein, der zwei Meere miteinander verbindet." [3.9.] In Frankreich entwickelte sich die industrielle Revolution unter den Bedingungen der sich verschärfenden Krise des Absolutismus. Die Opposition des „Dritten Standes" fand ihren geistigen Ausdruck in einer breiten Palette philosophischer, sozialer und ökonomischen Theorien, die unter dem allgemeinen Begriff der Aufklärung zusammengefaßt werden. Das führte von vornherein zu einer spezifischen Verbindung von Praxis und Theorie in der Tätigkeit der französischen Ingenieure, die beim Ausbau der Häfen und Flüsse, bei der Erweiterung des Kanal- und Straßennetzes eingesetzt waren.

Für den Bau der Straßen und Brücken und für ihre Instandsetzung – eine Aufgabe von militärischer und handelspolitischer Bedeutung – wurde 1715 in Frankreich eine besondere Aufsichtsbehörde eingesetzt. Wenig später erfolgte die Gründung des Corps des Ponts et Chaussées und 1747 die Gründung einer speziellen Ingenieurschule. Nach den Reformen von *Perronet* 1760 und der umfassenden Neuordnung des Schulwesens unter *Lazare Carnot* während der Revolution profilierte sie sich zum Zentrum der französischen Ingenieurwissenschaften und zur Wiege der wissenschaftlichen Ausbildung von Bauingenieuren in der ganzen Welt. Mit dem kaiserlichen Dekret vom 7. fructidor des Jahres 12 (August/September 1804) erfolgte die rechtliche Regelung der Einordnung von Corps und École in die Eroberungsstrategie *Napoleons*. Die Größe des Corps wurde mit 537 Mann angegeben.

Im einzelnen waren das:

5	inspecteurs généraux
15	inspecteurs divisionnaires
2	adjoints
134	ingénieurs en chef, davon 89 1. Klasse
	und 45 2. Klasse
306	ingénieurs ordinaires, davon 139 1. Klasse
	und 167 2. Klasse
15	aspirans
477	ingénieurs [3.10]
60	élèves
537	

Das Territorium des Kaiserreichs wurde in 15 Gebiete (divisions) eingeteilt. Unter dem Kommando eines inspecteurs divisionnaires standen die Ingenieure für den ordentlichen Dienst, den außerordentlichen Dienst (Kanal- und Hafenbau, unvorhergesehene Projekte und Arbeiten) und für den Dienst in der Kriegsmarine. 15 Absolventen der École dienten als Aspiranten in den Gebiets-Büros. Fünf Generalinspekteure und fünf ausgewählte Gebietsinspekteure bildeten den Generalrat für Brücken und Straßen (conseil général des ponts et chaussées), dem die Prüfung der Projekte und die Kontrolle der gesamten Arbeiten oblag. Die jährlichen Bezüge staffelten sich von 700–900 fr. für Eleven, 2500–2800 fr. für einfache Ingenieure bis zu 12 000 fr. für die Generalinspektoren.

Das Dekret regelte weiter die Arbeitsweise der Schule, die unter der Aufsicht des Generaldirektors von einem der Generalinspektoren geleitet wurde. Die Schule bestand aus drei Klassen mit je 20 Schülern. Sie waren kaserniert und uniformiert. Aufgenommen wurden lediglich Absolventen der École Polytechnique. Insgesamt regelte das Dekret in einundachtzig Positionen auch die kleinsten Einzelheiten. [3.11.]

In den deutschen Ländern setzte sich die industrielle Revolution erst ein halbes Jahrhundert später als in Großbritannien und Frankreich durch. In den besetzten Gebieten hatte die französische Verwaltung wesentliche Impulse gegeben, wie

- den Beginn der Trockenlegung des Donaumoors und der Regulierung der Isar,
- die Verbindung von Donau und Main durch einen Kanal [3.12.],
- die Regulierung des Oberrheins,
- der Bau von Fernverkehrsstraßen.

Bis ins 17. Jahrhundert reichten in Preußen die Bemühungen um die Melioration des Oderbruchs und

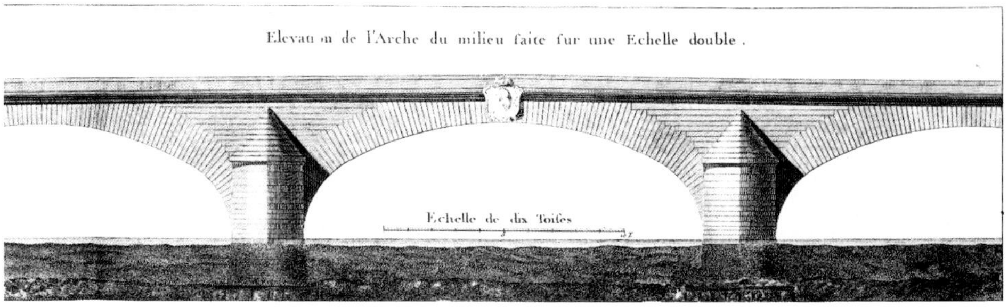

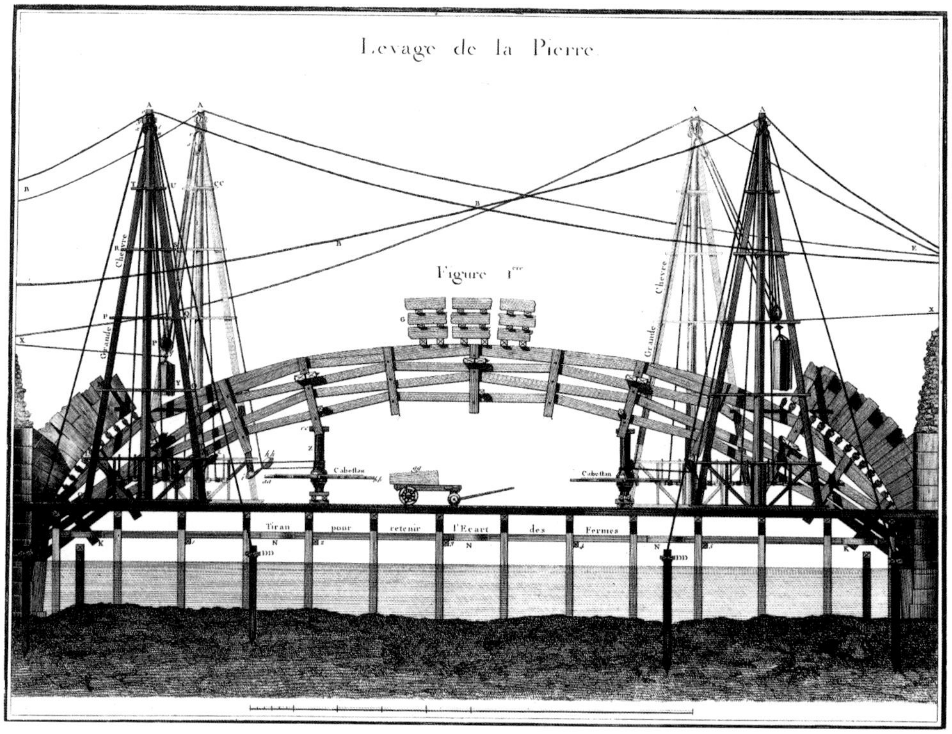

Seinebrücke in Neuilly bei Paris, Baustelle mit Wasserhaltung
aus: Ebda.

Seinebrücke in Neuilly bei Paris, Ansicht
aus: J. R. Perronet: Descriptions des Projets et de la Construction des Ponts de Neuilly, de Nantes, d'Orléans ..., Paris 1788

Seinebrücke in Neuilly bei Paris, Mauern der Brückenbögen
aus: Ebda.

Seinebrücke in Neuilly bei Paris, Aufsicht auf die Baustelle eines Brückenkopfes
aus: Ebda.

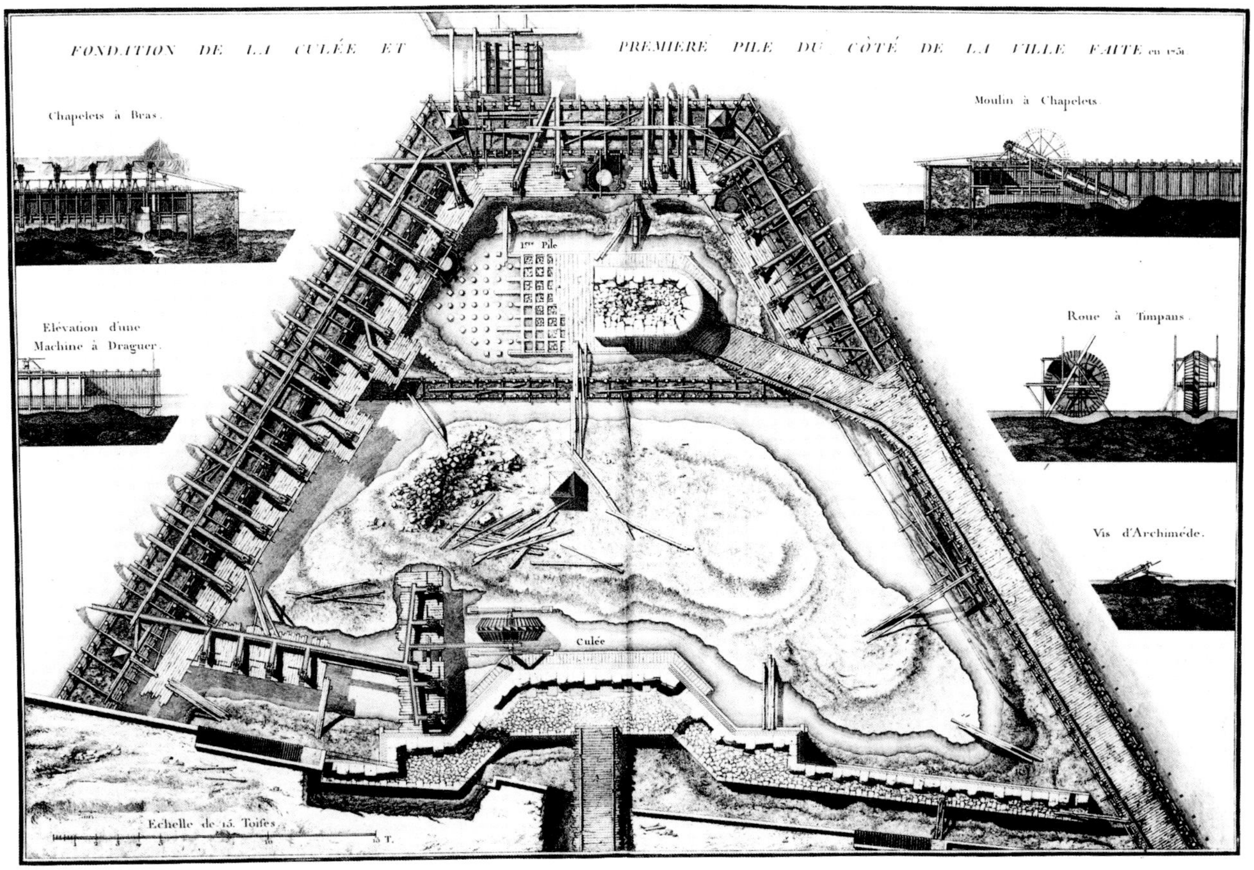

den Ausbau der Wasserstraßen durch neue Kanäle. Unter der Regierung *Friedrichs II.* leitete der Oberkonsistorialrat *Johann Esaias Silberschlag* als erster Oberbaurat des Wasserfachs in Preußen das Referat für Maschinenwesen und Wasserbau im neu eingerichteten Oberbaudepartement. In seinem zweibändigen Werk „Ausführlichere Abhandlung der Hydrotechnik oder des Wasserbaus" versuchte er, die mit vielen Unwägbarkeiten belasteten Wasserbauarbeiten durch systematische Betrachtung aller Einflußfaktoren überschaubarer zu machen. Im § 297 schrieb er z. B.: „In der Theorie kann man oft durch eingebildete Ideen große Wahrheiten entdecken. In der Geometrie laufet fast alles auf Einbildungen hinaus. Der geometrische Punct, Linie, Fläche und der geometrische Raum sind in einer wirklichen Welt unmögliche Dinge, und dennoch demonstriren sie tüchtig darauf los. Aber in der Ausübung hat man sich für nichts mehr zu hüten, als für eingebildete Kräfte und Wirkungen, die zu Maßregeln verleiten können, welche von dem, was sie wirken sollten, das Gegenteil hervorbringen." [3.13.] *Silberschlags* Wirken bildete die Grundlage, auf der seine Nachfolger Albert Eytelwein und vor allem *Gotthilf Hagen* die Berliner Wasserbauschule begründeten.

Nach der Niederlage Preußens bei Jena und Auerstädt, 1806, betrieb der Reichsfreiherr *Heinrich Friedrich Karl vom und zum Stein* (1757–1832), der 1807 erneut zum Minister ernannt worden war, die Förderung der Wirtschaft durch zielgerichtete Maßnahmen des Staates. Die merkantilistische Politik, deren Höhepunkt unter der Regierung *Friedrichs II.* erreicht worden war, hatte unter seinen Nachfolgern nicht zur Erweiterung der Produktion geführt. Das durch die Freihandelslehre *Adam Smiths* beeinflußte, gebildete Beamtentum in Preußen – und sicher gab es in den anderen deutschen Ländern vergleichbare Erscheinungen – förderte die Industrialisierung und ersetzte in gewisser Weise die unzureichende Aktivität des noch wenig entwickelten Bürgertums. *Stein* versuchte, durch seine Reformen wirtschaftliche Aktivität und Gemeingeist der Bürger zu fördern. Dazu sollten auch die aus Bürgern gebildeten Sachverständigen Parlamente (Deputationen) dienen, die zur fachlichen Beratung der sich aus dem Adel rekrutierenden politischen Beamten herangezogen wurden. Durch die Gründung der Deputation für Handel und Gewerbe erhielt *Peter Christian Beuth* das Wirkungsfeld, durch das er zu einer der führenden Persönlichkeiten der industriellen Revolution in Preußen wurde. Seit 1814 vortragender Rat im Gewerbedepartement gründete er 1820 den Verein zur Gewerbeförderung, der seine Aktivitäten auch auf das Bauwesen ausdehnte.

Die Pflichten des Staates bei Ablösung der merkantilistischen Politik durch die Freihandelslehre formulierte *Beuth* ganz im Sinne *Steins*: „Ein Staat, der wie der preußische seinen Fabrikanten nicht durch Einfuhrverbote oder abnorme Eingangsabgaben Prämien bewilligt, die es überflüssig machen, sich viel um sie zu bekümmern, der sie viel mehr dem Wind und Wetter der Konkurrenz aussetzt, hat auch meines Erachtens die Pflicht, sie mit den Mitteln bekannt zu machen, die Konkurrenz siegreich zu bestehen." [3.14.]

Beuth orientierte sich auf folgende vier Säulen der Gewerbeförderung:

- die Technische Deputation für Gewerbe als Institution des Staates,
- den Verein zur Förderung des Gewerbefleißes,
- das Gewerbeinstitut als höhere Ausbildungsstätte,
- das weitverzweigte gewerbliche Schulwesen.

Der Kern aller seiner Bestrebungen war für Beuth die Förderung der Wissenschaften und ihre Anwendung in der Produktion: „Wo die Wissenschaft nicht in die Gewerbe eingeführt ist, da gibt es kein sicher gegründetes Gewerbe, da gibt es kein Fortschreiten." [3.15.]

Eine Dienstanweisung vom 26. September 1809 mit Zusätzen aus dem Jahr 1810 regelte die Tätigkeit der Oberbaudeputation. Sie prüfte die Projekte und Bauten, erteilte Gutachten und machte Änderungsvorschläge. Ihr oblag die Prüfung aller Baubeamten und Feldmesser. Zeitweilig gab sie auch eine eigene Zeitschrift heraus, die „Sammlung nützlicher Aufsätze und Nachrichten die Baukunst betreffend", die ursprünglich zu einem Lehrbuch zusammengefaßt werden sollte. Schließlich hatte die Oberbaudeputation die Maße und Gewichte im Lande zu kontrollieren. Fünf Oberbauräte vertraten folgende Ressorts: Wasserbau; Landbau in den Provinzen Churmark, Neumark, Pommern und Preußen; Land- und Wasserbau in Schlesien; Vermessungssachen, Maße und Gewichte; schließlich auch den Ästhetischen Teil der Baukunst. Diese Aufgabenstellung spiegelt die inzwischen vollzogene Spezialisierung in das Bauingenieurwesen und die Architektur wider.

Mag auch in Preußen nach den Befreiungskriegen das Bestreben dominant gewesen sein, die neuen Provinzen Rheinland, Pommern und Schlesien durch ein ausgebautes Straßennetz miteinander über die Hauptstadt des Königreichs, Berlin, zu verbinden, so folgte dem Straßenbau bald die Ansiedlung neuer Fabriken. *Gotthelf Hagen*, einer der Pioniere des Wasserbaus in Preußen, schrieb am 22. April 1824 noch ziemlich skeptisch an einen Freund: „Wir stehen hier in Preußen gegen das ganze übrige Europa so weit zurück, daß der Nutzen von Chausseen und Kanälen noch gar nicht eingesehen wird." [3.16.] In Anbetracht des Mangels an Ingenieuren und der fehlenden technischen Voraussetzungen begannen deutsche Unternehmer englische Ingenieure zu engagieren und eigene Fachleute zum Studium, aber sicher auch zur Werkspionage, nach England zu schicken.

Johann Andreas Schubert, der Pionier des sächsischen Maschinenbaus und einer der Väter der Technischen Universität Dresden, studierte 1834 in englischen Betrieben Spinn-, Web- und Druckmaschinen. Nach seiner Rückkehr regte er sächsische Unternehmer an, englische Maschinen nachzubauen und baute selbst die erste deutsche Lokomotive „Saxonia" nach dem Vorbild der von Rockwell & Co. gekauften „Komet" in der Übigauer Maschinenbauanstalt. [3.17.]

Wie unterschiedlich auch die Bedingungen in den einzelnen Ländern waren: Straßen mußten in Linienführung und in Qualität der Oberflächen den Anforderungen des rasch wachsenden Warentransports entsprechen. Tragfähigere Brücken mußten gebaut, Flüsse miteinander durch Kanäle zu einem Wasserstraßennetz verbunden werden. Die entscheidende Aufgabe für das Bauwesen in der industriellen Revolution ergab sich aus dem Siegeszug der Dampflokomotive, der in Großbritannien bereits am Ende der 20er Jahre begonnen hatte. Aus der atmosphärischen Dampfmaschine als Hilfsmittel für eine wirksamere Wasserhaltung in den Bergwerken entstand die als universelle Kraftmaschine einsetzbare Kolbenmaschine mit Doppelwirkung, wie sie *James Watt* 1782 zum ersten Male gebaut hatte. *Richard Trevithick* schuf dann die erste auf Schienen fahrende Lokomotive, die sich in kurzer Zeit gegen die Konkurrenz der Kanalschiffahrt und des Pferdefuhrwerks durchsetzen konnte.

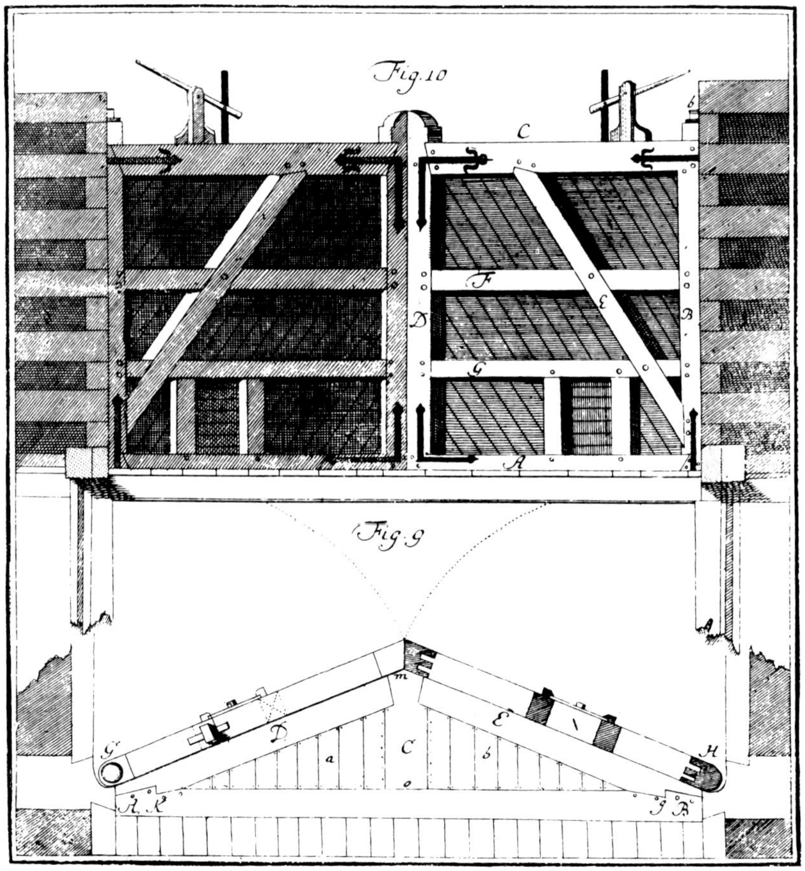

Schleusentor, optimaler Winkel der Torflügel:
$m - o = \frac{1}{6} AB$, Messingbeschläge
aus: J. E. Silberschlag: Ausführliche Abhandlung der Hydrotechnik oder des Wasserbaus, Bd. 2, Paris 1773

Nagelbinder zur Nutzung kurzer Brettstücken nach dem Vorschlag von Philibert de l'Orme, 1510/15–1570 aus: D. Gilly: Handbuch der Landbaukunst, Braunschweig 1822

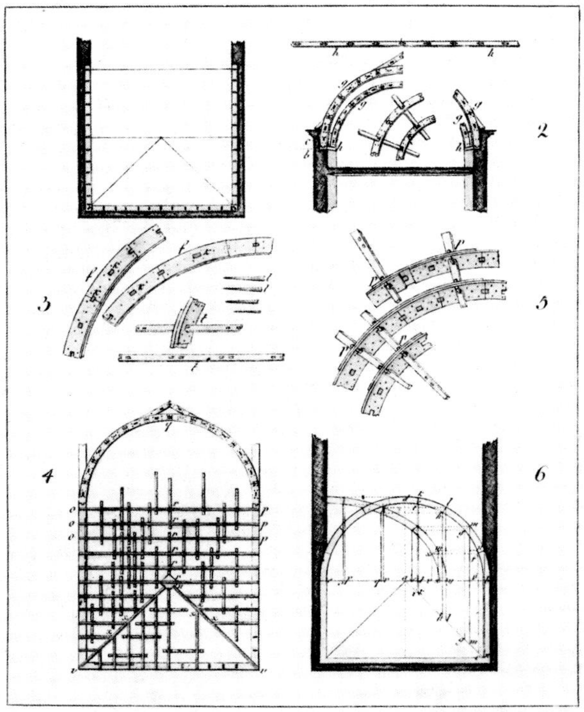

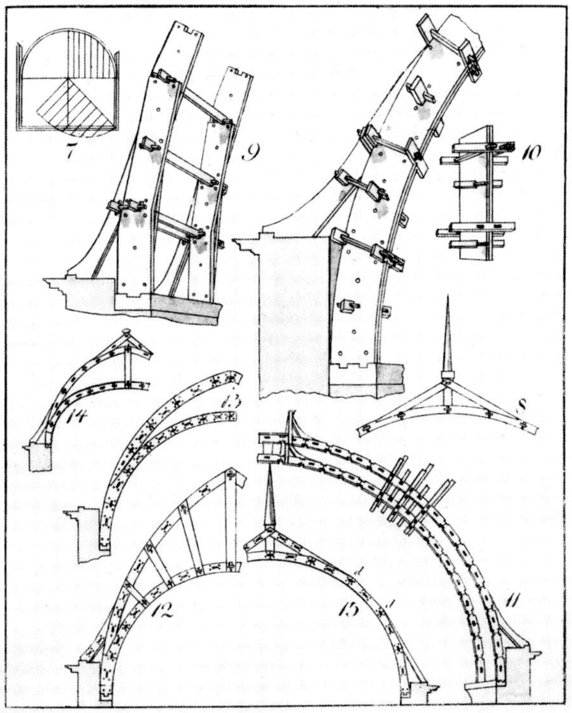

„... man weiß, daß ein Rennie und Telford ... mit gleicher Auszeichnung wie die ersten Staatsmänner behandelt wurden, weil jedem Engländer wohl bekannt ist, wie viel der hohe Wohlstand seines Vaterlandes den Arbeiten solcher Ingenieure verdankt. In Deutschland dagegen bemühen sich die meisten jungen Leute, welche die technischen Lehrkurse absolviert haben, lediglich um Staatsanstellungen, und dadurch sind unsere technischen Behörden schon so überfüllt worden, daß die Aussichten bei denselben auf ein angemessenes Fortkommen immer geringer werden, während Fabrikanten und Hüttenwerksbesitzer ihre technischen Geschäftsführer noch häufig aus Frankreich und England kommen zu lassen genöthigt sind."

Franz Joseph Ritter von Gerstner: Handbuch der Mechanik, Wien 1834, Bd. 3

Den Anfang machte die erste Kohlenbahn zwischen Stockton und Darlington. Ihr folgte die Bahn zwischen dem Baumwollhafen Liverpool und dem Verarbeitungszentrum Manchester, für die *George Stephenson* die erste betriebstüchtige Lokomotive, die „Rocket", baute. Bis 1837 hatten sich schließlich 88 Eisenbahngesellschaften in Großbritannien gebildet. Sie verfügten bis 1840 bereits über einzelne Strecken mit einer Gesamtfläche von 1500 km. Nach zehn Jahren waren bereits 10000 km in Betrieb. [3.18.]

Robert Stephenson (1803–1859), der Sohn des berühmten Lokomotivbauers, leitete den Bau der Strecke Liverpool–Manchester. Die größten Schwierigkeiten bereiteten ihm dabei der Damm durch das Chat Moor, der Tunnel unter Liverpool, die Einschnitte durch den Edge Hill und den Mount Olive mit 16 m–21 m Tiefe, der 13 m hohe Damm bei Broad Green, das Lankey Viadukt und die Brücke über den Irwell. Sie mußten in Kauf genommen werden, um die Steigungen der Strecke in Anbetracht der noch geringen Leistungsfähigkeit der Lokomotiven so gering wie irgendmöglich zu halten.

Zu den Pionieren des britischen Eisenbahnbaus gehörten der gebürtige Franzose *Marc Isambard Brunel,* sein Sohn *Isambard Kingdom Brunel* und *John Locke,* der beim Bau der „Grand Junction" zwischen Birmingham und der Linie Manchester–Liverpool einen neuen Standard hinsichtlich der Präzision der Kostenanschläge und Ausschreibungen durchsetzte. Britische Eisenbahningenieure bauten bald in Europa, Amerika und Asien. *Robert Stephenson* wurde als Berater beim Bau von Eisenbahnlinien in der Schweiz, in Belgien, Schweden, Dänemark, Italien, Deutschland, Kanada, Ägypten und Indien engagiert. [3.19.] Der junge *Brunel* übernahm den Bau von Strecken in Italien und *John Locke* in Holland, Frankreich und Spanien. Während aber die *Stephensons,* noch ganz in der Tradition der Kanaltrassierung stehend, die Leistungsfähigkeit der Lokomotiven insbesondere bezüglich des Reibungseffektes skeptisch beurteilten und dementsprechend größere Steigungen stets zu vermeiden suchten, wählte *Locke* den kürzesten Weg, der zwar einen höheren Aufwand beim Streckenbau, aber geringere Kosten der Geländebeschaffung und des Betriebs mit sich brachte.

Mit erheblicher Verzögerung verlief der Bau der Eisenbahnlinien in Deutschland. *Friedrich List* gibt folgende Strecken an:

1835,	7. Dezember	Nürnberg–Fürth (Obering. *Denis*)	6,04 km
1836,	29. Oktober	Berlin–Potsdam (Oberbaurat *Crelle*)	26,12 km
	1. Dezember	Braunschweig–Wolfenbüttel	11,85 km
1839,	7. April	Leipzig–Dresden (Hauptmann *Kunz*)	115,42 km
1840,	19. Mai	Frankfurt/M.–Wiesbaden	41,82 km
	18. August	Magdeburg–Leipzig (Major *Gruson*)	119,10 km
	4. Oktober	München–Augsburg	61,85 km
1841,	1. Juli	Berlin-Dessau–Köthen	153,91 km
	3. September	Düsseldorf–Elberfeld	26,60 km
1842,	1. Mai	Bergedorf–Hamburg	14,39 km
	23. Oktober	Berlin–Frankfurt/O.	81,20 km

[3.20.]

Im Vordergrund der Diskussionen um den Bau neuer Strecken standen wirtschaftliche Überlegungen. In ihrem Reisebericht „Über Schienenwege in England" schätzten *C. von Oeynhausen* und *H. von Decken* die Verwendbarkeit des Dampfwagens sehr zurückhaltend ein: „... indessen selbst an den günstigsten Punkten hat man die vorteilhafte Anwendbarkeit noch nicht genügend dargethan und sie (die Dampfwagen – H. R.) werden gegenwärtig noch immer nur unter gewissen eingeschränkten Bedingungen gebraucht werden können." [3.21.] In dem insgesamt 250 Druckseiten umfassenden Bericht stehen die Kosten des Baus und Betriebes von Eisenbahnlinien eindeutig im Fordergrund. Ein französischer Bericht klingt noch abweisender: „Wollte man sich ihrer (der Dampfwagen – H. R.) überall bedienen, so wäre es, vergleichsweise, etwa so, als wenn man immer und überall auf Stelzen gehen wollte: auch da, wo man besser einfach bloß mit den Beinen fortkommt." [3.22.] Die Skepsis gegenüber dem Dampfwagen und die fehlenden technischen Voraussetzungen mögen auch dazu geführt haben, daß die erste Schienenbahn auf dem Kontinent, die *Franz Ritter von Gerstner* zur Verbindung von Moldau und Donau zwischen Budweis und Linz 1824–1832 baute, noch mit Pferden betrieben wurde. [3.23.]

Neben die erste Generation der Bauingenieure, deren Verdienste im Straßen- und Kanalbau lagen, trat nun eine neue Generation, deren Werk unmittelbar mit der Dampflokomotive verbunden war. Das führte zu Widersprüchen. Die britische „Institution of Civil Engineers", ihr erster Präsident war Thomas Telford, lehnte den Aufnahmeantrag des Autodidakten George Stephenson ab, falls er nicht mit einer schriftlichen Arbeit seine Befähigung als Ingenieur nachweisen würde. Daraufhin gründeten die opponierenden Eisenbahningenieure am 27. Januar 1847 ihre eigene Vereinigung, die „Institution of Mechanical Engineers" und wählten George Stephenson zu ihrem Präsidenten. [3.24.]

Der Ersatz der ursprünglich zur Verhüttung von Eisenerz verwendeten Holzkohle durch Steinkohlenkoks am Ende des 18. Jahrhunderts in England rettete nicht nur die Reste der Wälder, vor allem schuf er die Voraussetzung für die geradezu explosionsartige Steigerung der Eisenproduktion. Henri Cort verbesserte mit der Einführung des Puddelns die Qualität des Eisens so, daß es als vielseitig verwendbarer Baustoff zunehmend auch im Hochbau verwendet wurde. Die Vorstellung allerdings, man könne aus ihm feuerfeste Konstruktionen herstellen, erwies sich sehr bald als verhängnisvoller Irrtum. Aber: Eisen war billiger als Holz. Man prophezeite sogar: „... die teilweise Verdrängung des bisher üblichen Baumaterials, namentlich des Holzes durch das Eisen." [3.25.]

John Wilkinson, Hüttenmeister bei Abraham Darby in Coalbrookdale, schrieb in Anbetracht der nun erreichten Menge und Qualität des Eisens, daß bald die Zeit kommen würde, wo man in eisernen Häusern wohnen und in eisernen Schiffen die Meere befahren könne. [3.26.] Den Auftakt für die jetzt einsetzende Welle der Konstruktion von Brücken aus Gußeisen bildeten die Brücke über den Severn im Coalbrookdale, 1779, und die Wearbrücke in Wearnmouth bei Sunderland, 1793–1796, mit 72 m Spannweite.

Die Industrie und die von ihr im Sinne effektiverer Kapitalverwertung genutzte Wissenschaft und Technik förderten die Herausbildung des Ingenieurs als neuen Beruf, dem die Entwicklung der Produkte und die Organisation der Produktion übertragen wurde, der einerseits konzipierend und disponierend nach neuen konstruktiven und technologischen Lösungen suchte und andererseits Verantwortung für eine effektive Arbeitsorganisation und die optimale Nutzung der Arbeitskraft zu übernehmen hatte. In diesem Spannungsfeld neuer Möglichkeiten und Anforderungen entfernte sich der Bauingenieur in dem Maße vom traditionellen Profil des universellen Baumeisters, wie Bauunternehmer handwerkliche Produktionsweise überwanden. Allerdings charakterisierte nicht das in den neuen Erfindungen repräsentierte Niveau wissenschaftlicher Erkenntnis das Wesen dieses revolutionären Prozesses, sondern die Neuartigkeit der Mechanisierung von Teilprozessen, die ebenso aus der Fähigkeit zu wissenschaftlichem Denken entsprang. Hier profilierte sich der Begriff von der Technologie als Bereich der Anwendung der Wissenschaften in der Produktion. [3.27.]

In einem Vortrag auf der 10. Versammlung der deutschen Architekten und Ingenieure im September 1858

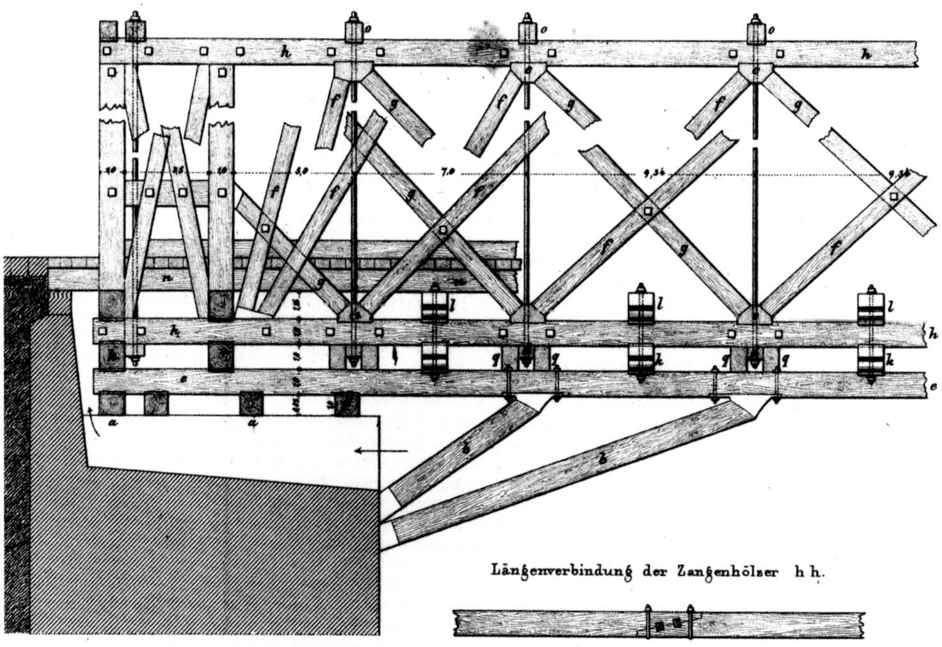

Howeträger, Holzgitterkonstruktion mit eisernen Zugstreben
aus: Allgemeine Bauzeitung, Wien 16 (1851)

Weidendammer Brücke in Berlin, 1824–1826, je acht zweiteilige Gußeisenbögen, fünf Öffnungen, Klappendurchlaß, Seitenöffnungen mit je 9,25 m lichter Weite, 1895–1897 ersetzt
aus: Die Straßenbrücken der Stadt Berlin, Berlin 1902

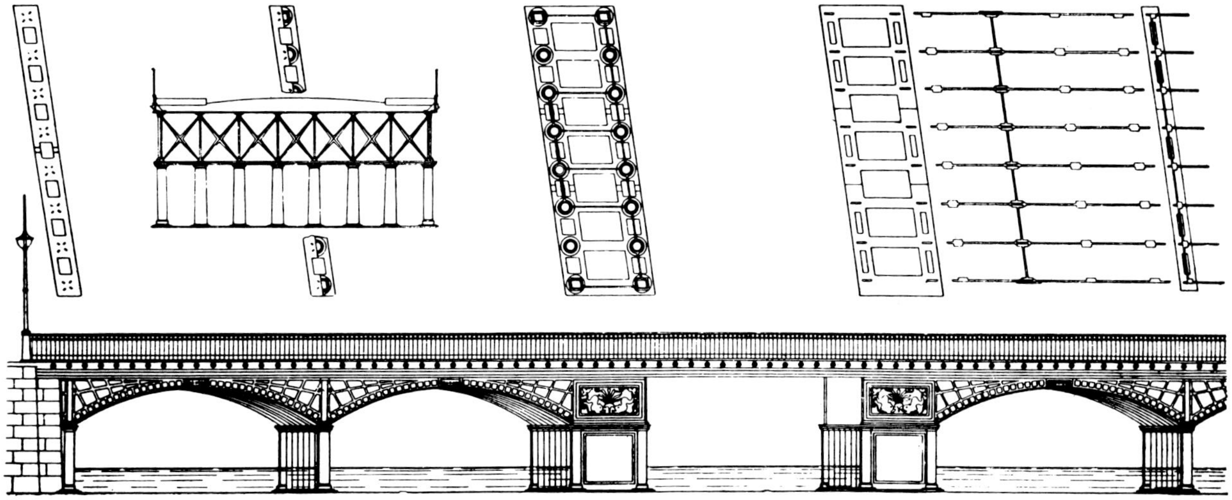

in Stuttgart schätzte Professor Wolff aus Kassel ein, daß die Ingenieurbaukunst zur Blüte gelangt sei durch

- die Erfindung des Eisengusses, die es ermögliche, Eisen als „Hauptmaterial" zu verwenden,
- die Vervollkommnung der Naturwissenschaften,
- den „Associationsgeist, der mittelst Aktienunternehmungen Werke ausführe, vor denen die größten Nationen des Alterthums zurückschrecken würden." [3.28.]

In den Vereinigten Staaten von Amerika setzten sich in den ersten Jahrzehnten des 19. Jahrhunderts in Anbetracht der noch fehlenden Hüttenindustrie und des Mangels an Fachleuten Holzkonstruktionen durch, bei denen die Knoten unter Zuhilfenahme schmiedeeiserner Teile hergestellt wurden. Eine der größten Brücken konstruierte Louis Wernway. Sie spannte sich in einem 100 m weiten Bogen über den Schuylkill bei Philadelphia. Die Höhe des Stichs betrug 6,10 m. Der Untergurt bestand aus sieben Balkenlagen. Mit der Brücke über den Connecticut bei Springfield führte William Howe eiserne Hängestangen in die Holzgitterträger ein. Er hatte diese aus sieben Feldern von je 58 m Spannweite bestehende Eisenbahnbrücke 1840 gemeinsam mit Amasa Stone gebaut. Wilhelm Ritter berichtete, daß 1890 im amerikanischen Eisenbahnnetz Holzbrücken, vorwiegend mit Howeträgern, mit einer Gesamtlänge von 200 km bestanden hätten. Vor allem wegen der übermäßigen Pressung des Langholzes an den Knoten konnte sich diese Konstruktion in Europa nicht durchsetzen. In Deutschland waren lediglich für die Eisenbahnbrücken bei Waltenhofen in Bayern und Wittenberge in Mecklenburg Howeträger verwendet worden. [3.29.] Einen Schritt weiter ging William Pratt, der auch für die Diagonalstreben Rundeisen einsetzte und sich damit an den Anfang einer Entwicklung stellte, die über Gitterträger zu den Standardfachwerkbrücken des ausgehenden 19. Jahrhunderts führte. [3.30.]

Während sich die gußeiserne Säule als leistungsfähiges und wirtschaftliches Konstruktionselement im Hochbau noch bis ins erste Jahrzehnt des 20. Jahrhunderts hielt, waren wegen einer Reihe von Einstürzen gußeiserne Brückenkonstruktionen in Verruf gekommen. Das hinderte jedoch nicht daran, für kleinere Brückenbauwerke Gußeisen bis in die siebziger Jahre hinein zu verwenden. Auf der Weltausstellung in Wien 1873 wurde ein Modell der Ohio-Brücke von Louisville, USA, mit Fink-Trägern gezeigt, deren Druckstäbe noch aus Gußeisen bestanden, die Zugglieder dagegen aus Schmiedeeisen.

Für größere Spannweiten blieb nur die von altersher bewährte, wenn auch wegen ihrer problematischen Steifigkeit gerade für Eisenbahnverkehr bedenkliche Hängekonstruktion. Welche Probleme zu überwinden waren, zeigt der komplizierte Weg, den Thomas Telford bei der Konstruktion der ersten Brücke über die Menai Strait zurücklegen mußte. Schwankend zwischen traditioneller Lösung mit Hängebrücke und moderner mit Gußeisenkonstruktion griff er schließlich doch auf eine Aufhängung der Fahrbahn an schmiedeeiserne Ketten zurück. Um völlig sicher zu gehen, ließ er über zweihundert Schweißversuche an bis zu 270 m langen Probeketten durchführen. Dennoch traten erste Schäden bereits unmittelbar nach der Einweihung der Brücke 1826 auf. [3.31.]

In Frankreich wurden in den ersten Jahrzehnten des 19. Jahrhunderts auf der Grundlage eines Berichts von Navier etwa fünfhundert Hängebrücken gebaut. Er empfahl sie als optimale Konstruktion: „Nach den Einsichten, zu welchen man durch eine mehrjährige Erfahrung und durch eine gründliche Prüfung gelangt ist, scheint dieses Bausystem Ökonomie und Solidität zu vereinigen. Ich glaube daher, daß die Dauerhaftigkeit dieser Konstruktionsart wenigstens jeder anderen Baulichkeit gleichkommen wird, über diese letztere Behauptung kann jedoch nur die Folge der Zeit selbst entscheiden; allein wie mir scheint, dürfte man sie heutzutage mit keinem triftigen auf den gegenwärtigen Stand der Wissenschaft sich fußenden Grunde anfechten ... Die Konstruktion dieser verschiedenen Gebäude [Hängebrücken – H. R.] eröffnet den Ingenieurwissenschaften ein neues Feld. Durch die Anwendung des Aufhängeprinzips erlangen diese Wissenschaften für Kommunikations-Herstellungen ein wirtschaftlicheres, leichteres und ausgedehnteres Verfahren. Alle Teile dieser neuen Bauwerke sind Regeln unterworfen, deren Willkür beschränkt ist, und welche durch die Geometrie und Mechanik vorgeschrieben sind. Die Form wird durch die natürlichen Gesetze des Gleichgewichts bestimmt, und die Launen des Geschmacks werden daher ihre Schönheit niemals ändern können." [3.32.]

Von dem zähen Ringen der Ingenieure um neue Lösungen, von der unabdingbar gewordenen Zusammenarbeit zwischen Ingenieuren und Wissenschaftlern, von dem unerbittlichen Zwang kommerzieller Interessen künden die Britannia Bridge über die Menai Strait und die Conway Bridge der Eisenbahnlinie zum Fährhafen Holyhead auf Anglesey. In Anbetracht der besonderen Schwierigkeiten, die sich aus den Forderungen der Admiralität ergaben, die freie Durchfahrt von Kriegsschiffen zu sichern, schlug George Stephenson damals vor, keine neue Brücke zu bauen. Vielmehr sollte die alte Telfordsche Hängebrücke dadurch weiter genutzt werden, daß jeder einzelne Eisenbahnwagen durch ein Pferd über die Brücke gezogen werden sollte.

Auch wenn es später zu Prioritätsstreitigkeiten kam, bleibt die Brücke das Ergebnis fruchtbarer Zusammenarbeit zwischen

- dem leitenden Ingenieur Robert Stephenson,
- dem Werftbesitzer und Lokomotivbauer William Fairbairn,
- dem Wissenschaftler Eaton Hodgkinson, Professor für technische Mechanik an der Universität London und erste Kapazität auf dem Gebiet der Balkentheorie,
- dem Architekt Francis Thompson, der die beiden mas-

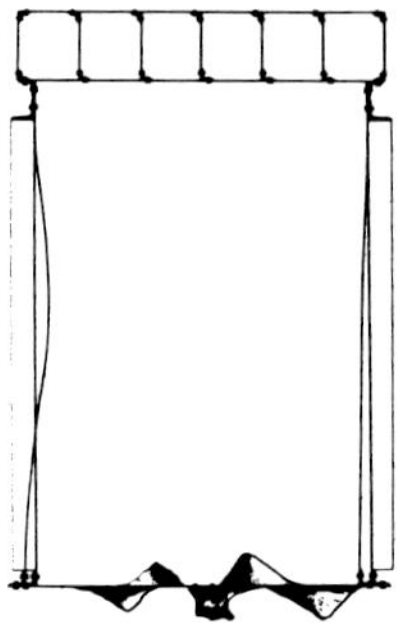

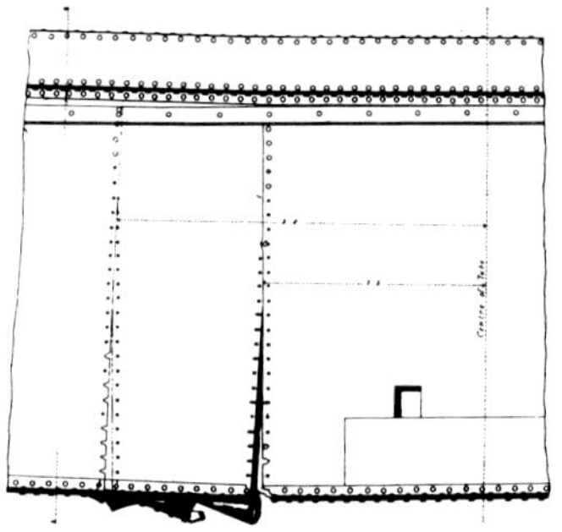

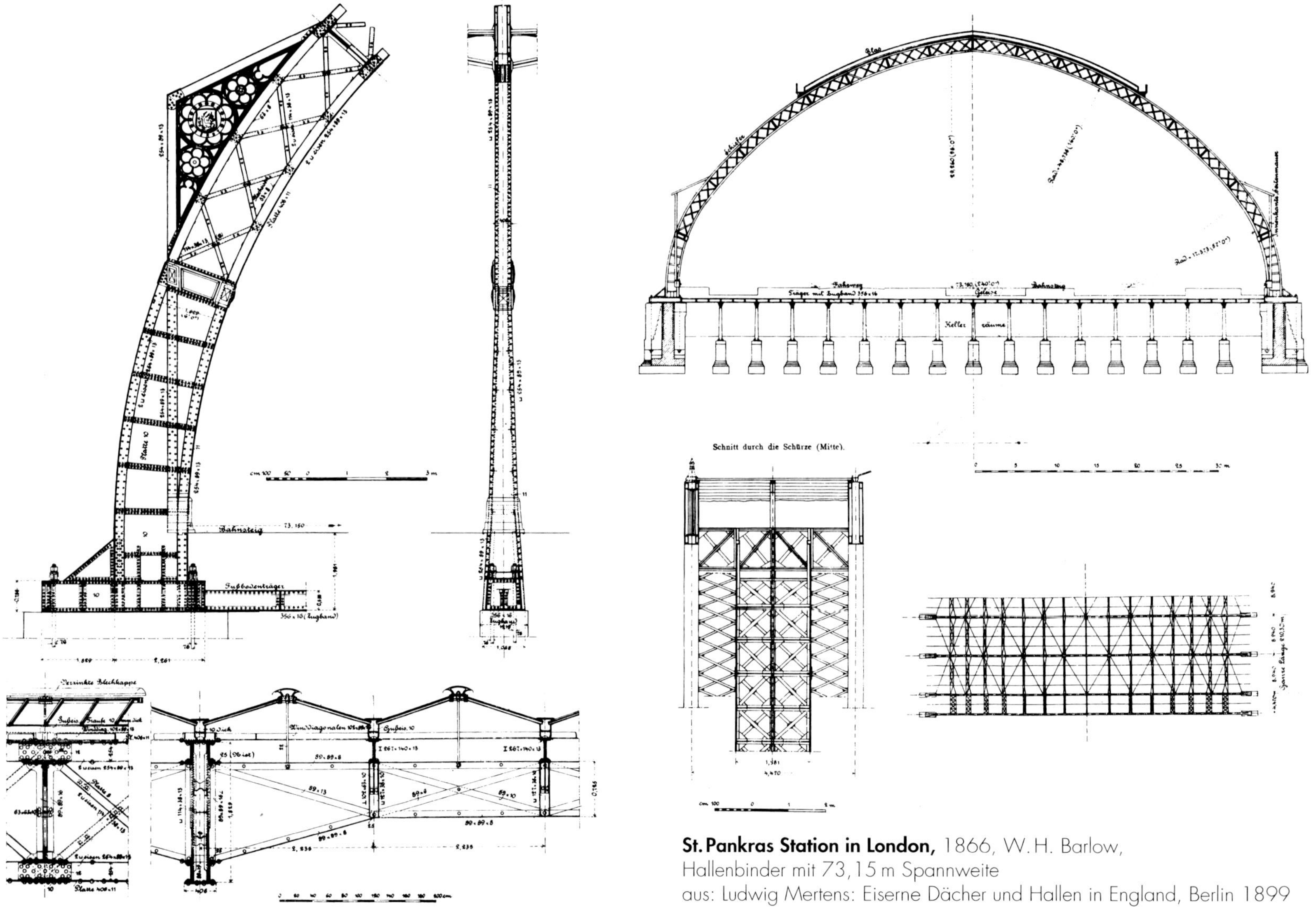

St. Pankras Station in London, 1866, W. H. Barlow,
Hallenbinder mit 73,15 m Spannweite
aus: Ludwig Mertens: Eiserne Dächer und Hallen in England, Berlin 1899

Britannia Bridge über die Menai Strait, Zerreißversuch an einer Modellröhre mit einfachem Untergurt
aus: W. Fairbairn: An account of the constitution of the Britannia and Conway tubular bridge, London 1849

Britannia Bridge über die Menai Strait, 1846–1850, R. Stephenson, W. Fairbairn, E. Hodgkinson, E. Clark, 121,92 m Spannweite, Ansicht und Details
aus: Allgemeine Bauzeitung, Wien 14 (1849)

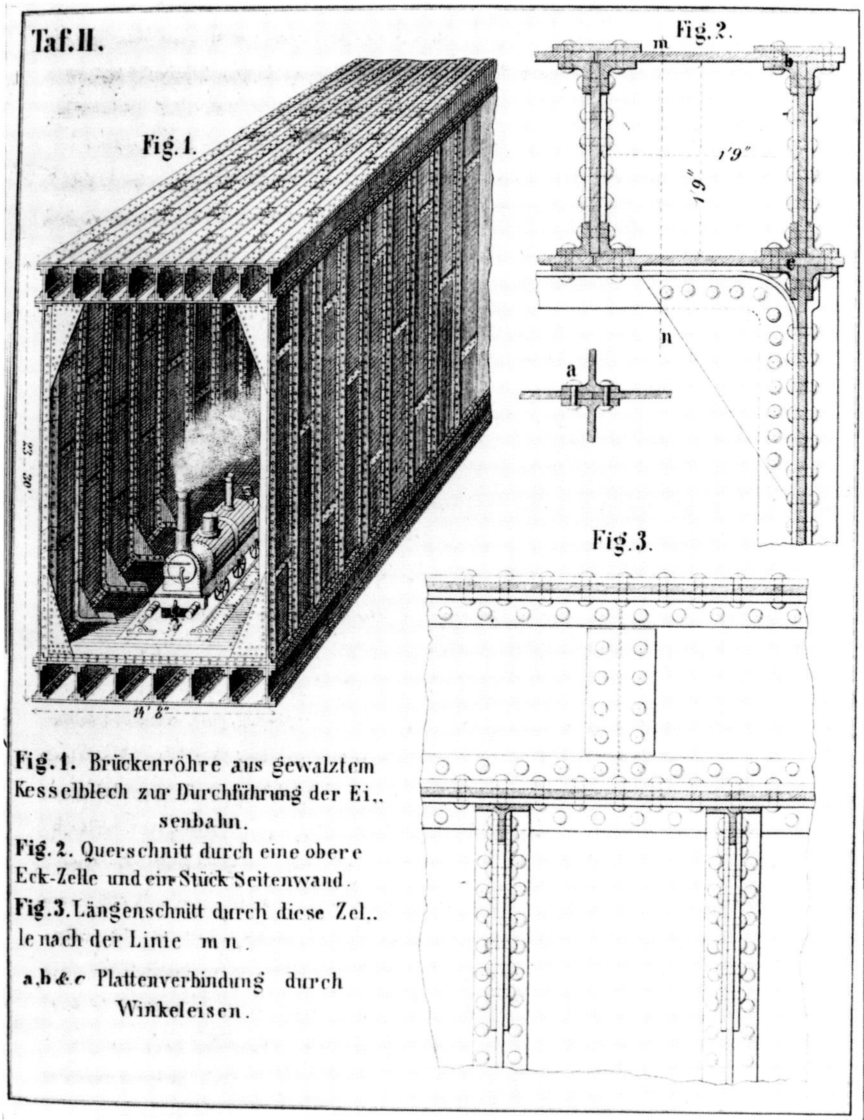

siven Spanntürme samt bekrönender Britannia und die Portallöwen entworfen hat,

– dem Bauleiter Edwin Clark, der den von Stephenson autorisierten Bericht über den Bau der Brücke veröffentlichte.

Nach Hodgkinsons Versuchsanordnung wurde auf Fairbairns Werft eine rechteckige Metallröhre im Maßstab 1:6 aufgebaut. Dadurch konnte man darüber Klarheit gewinnen, daß ein Rechteck-Querschnitt am günstigsten war und daß man auf die Aufhängung des Kastens an Ketten verzichten könne. [3.33.] Diese neuartige Lösung: ein aus schmiedeeisernen Platten genieteter Kasten, konnte nur auf der Basis einer bereits hoch entwickelten Niettechnik hergestellt werden, wie sie sich in der Produktion von Dampfkesseln und Schiffsrümpfen bewährt hatte. Fairbairn war offensichtlich ein kompetenter Eisenfachmann in Großbritannien. Er gehört zu den Gründern der British Association for the Advancement of Science, die 1831 aus Protest gegen den Konservatismus der Royal Society gegründet wurde. Er hatte 1835 in Millwall an der Themse eine Werft eingerichtet, die sich allerdings wegen der ungünstigen Lage bald als unrentabel erwies. In Manchester betrieb er eine Lokomotivfabrik, in der zwischen 1839 und 1862 392 Lokomotiven gebaut wurden. In seiner Selbstbiographie behauptete er, daß er 1 000 Brücken mit Spannweiten von 40 bis 300 ft. in Rohrkonstruktion nach seinem Patent gebaut habe. [3.34.]

Jedes der vier Rohre der Britannia Bridge wurde am Ufer montiert, auf Flößen zwischen die Pfeiler geschwommen und mit Hilfe hydraulischer Pressen auf die Auflager gehoben. [3.35.] Auch wenn *Culmann* in seinem Bericht kritisch anmerkt, daß die Experimente unnötig gewesen seien, da eine hinreichend genaue Be-

Weichselbrücke bei Dirschau, 1850–1857, K. Lentze, sechs Öffnungen mit je 121,13 m lichter Weite, 1941 teilweise gesprengt, provisorisch wiederhergestellt
aus: Zeitschrift für Bauwesen, Berlin 5 (1855)

rechnungsmethode bereits veröffentlicht gewesen wäre, würdigte er doch die außerordentliche Leistung: „Es ist überhaupt nicht die Konstruktion dieser Röhren, welche unsere Bewunderung erregt, sondern mehr die Art und Weise, wie sie ausgeführt worden sind; die schönen Maschinen, die hier zur Anwendung kamen, die Geschicklichkeit mit der diese 1587 Tonnen (3 555 880 Lbs.) schwere Eisenmasse bewegt, in nicht mehr als 5 Stunden Zeit von dem Ufer auf eine Entfernung von 2 000 Fuß zwischen die Pfeiler gebracht und dann 100' hoch gehoben wurden; dies sind die in der Geschichte der Brückenbauten einzig dastehenden Thaten, deren Schauplatz die Meerenge Menai war." [3.36.]

Für *Stephenson* hatten sich aber auch schwerwiegende Probleme aus den Terminstellungen der Holyhead Railway Company ergeben. *Fairbairn* gab in seinem Bericht über den Bau einen Brief wieder, aus dem hervorgeht, daß *Stephenson* zugunsten einer schnelleren Fertigstellung auch einen konstruktiven Mehraufwand in Kauf nehmen mußte: „Ich bedauere sehr den Standpunkt, den Sie einnehmen, aber in unserer Position als Ingenieur der Holyhead Railway Company, auf dem die Verantwortung der fristgerechten Fertigstellung der Conway-Brücke zur Eröffnung dieses Teilstücks besteht, müssen Sie die Schwierigkeiten einsehen unter denen ich arbeite. Die Direktoren haben sich den Aktionären gegenüber verpflichtet, diesen Teil der Linie bis zu einem bestimmten Zeitpunkt eröffnet zu haben, und ich bin verpflichtet anzufangen (auch unter der Gefahr, noch nicht die allerbeste Form des Rohres erreicht zu haben).

Sie werden sofort erkennen, daß die Folgen einer Verzögerung vom kommerziellen Standpunkt aus sowohl für die Direktoren, als auch für die Aktionäre zu einem ernsthaften Problem werden, nachdem über eine Million für die Fertigstellung der Arbeiten ausgegeben wurde, nicht nur für den Zins, sondern auch für den Verlust an Einkommen." [3.37.]

Die Fertigstellung des Mauerwerks der beiden Spanntürme für die Aufnahme der Ketten nach dem ursprünglichen Projekt, obwohl bereits erwogen wurde, auf die Ketten ganz zu verzichten, kann als ein Beispiel flexibler Planung unter Inkaufnahme von konstruktivem Mehraufwand betrachtet werden. Auf diese Weise konnte kontinuierlich weitergebaut werden, ohne auf die endgültigen Ergebnisse der Modellversuche warten zu müssen. [3.38.]

Die beiden Röhrenbrücken *Stephensons* stehen in unmittelbarem zeitlichen Zusammenhang mit zwei weiteren großen Brückenbauten, die für diese frühe Phase in der Entwicklung eiserner Brückenkonstruktionen und für die unterschiedlichen örtlichen Bedingungen charakteristisch sind:

- Die beiden Brücken über die Weichsel und die Nogat im Zuge der preußischen Ostbahn, konstruiert von *Lentze* und *Schinz*,
- die beiden Brücken über das Göltzsch- und das Elstertal im Zuge der sächsisch-bayrischen Eisenbahn.

Johann Andreas Schubert leitete die für Vorbereitung und Überwachung des Baus gebildete königlich sächsische Baukommission. In einem Vortrag vor der Ver-

„Wenn in England manche nützliche Einrichtung und Anordnung um ein oder zwei Jahrzehnte früher als z. B. in Deutschland ihre Anwendung gefunden hat, so ist dies weniger dem vorgeschritteneren Wissen und Können seiner Ingenieure als vielmehr den größeren finanziellen Mitteln und namentlich der freieren Selbstbestimmung der betreffenden Korporationen zuzuschreiben."

Ludwig Franzius

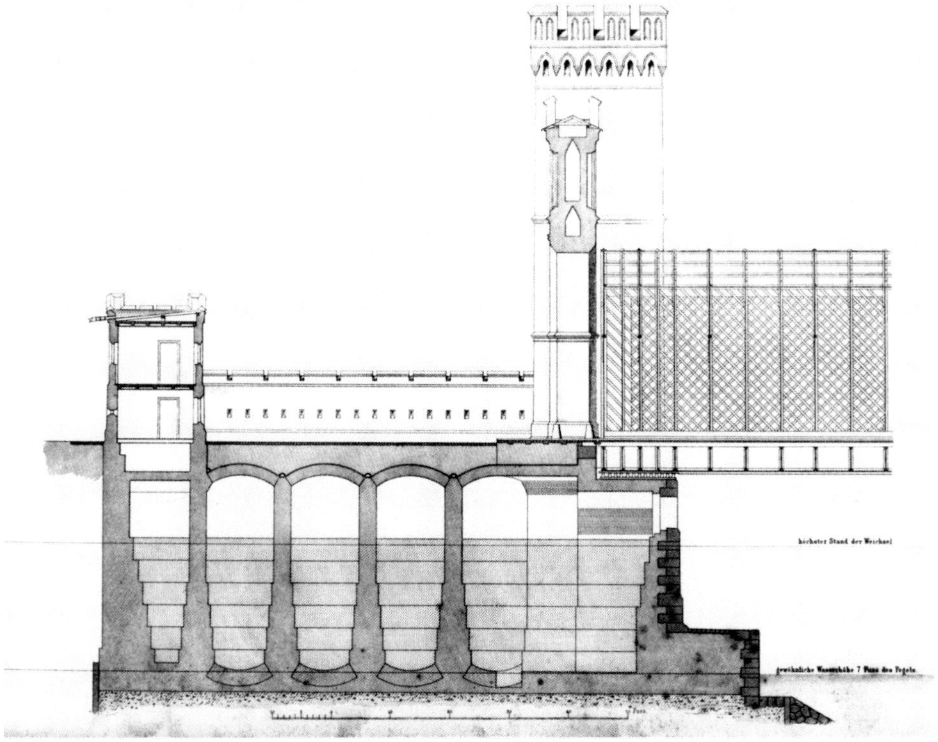

sammlung der deutschen Architekten und Ingenieure 1846 in Gotha gab er einen Einblick in die Exaktheit und Komplexität seiner Überlegungen. Ausgehend von den erforderlichen Abmessungen der Brücken (Göltzschtalbrücke: 2 000 Fuß Länge, 280 Fuß Höhe; Elstertalbrücke: 1 000 Fuß Länge, 240 Fuß Höhe) und den örtlichen Bedingungen für den Bau diskutierte er das Ergebnis des Wettbewerbs, zu dem über 80 Arbeiten eingereicht worden waren. Holzkonstruktionen wies er als unzulässig zurück, Eisenkonstruktionen seien für die erforderlichen Höhen noch unzureichend erprobt und Hängekonstruktionen für den Eisenbahnverkehr ungeeignet. Allein ein „Pfeilerbau mit Rundbögen" erfülle alle Bedingungen. Dann begründete er die Formgebung der Brücken im einzelnen: „Die innere Wölblinie der Brücken- oder Tragbögen nahm die Kommission als Halbkreis an, aber nicht etwa, weil sie diese Form als die empfehlenswerthe hinsichtlich ihrer Stützfähigkeit erkannte – in dieser Hinsicht gibt sie vielmehr den überhobenen Bögen entschieden den Vorzug – sondern nur, weil diese Gestalt die üblichste ist, weil sich für diese die Lehrgerüste bequemer als für überhobene Bögen anfertigen lassen und weil der aus derselben entspringende

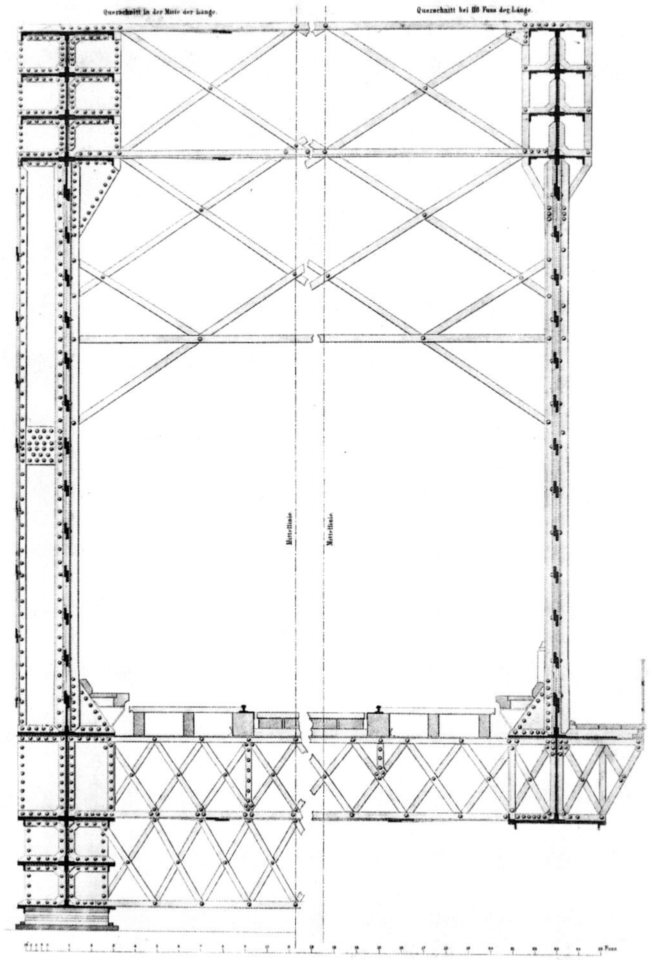

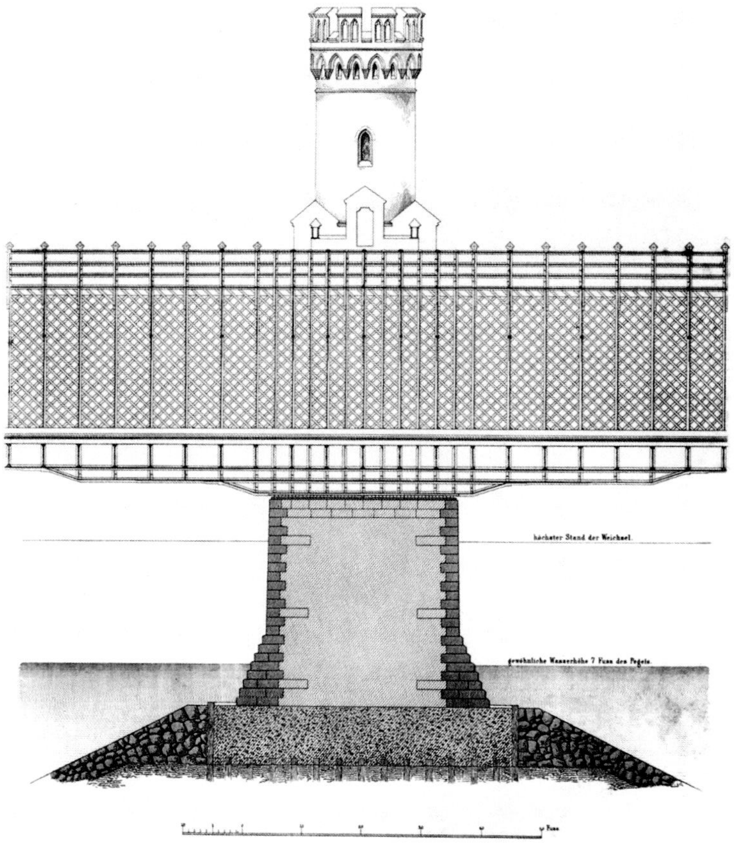

Horizontalschub gegen die Pfeiler im vorliegenden Entwurfe noch zulässig ist." [3.39.]

Die Berechnung der Brücken stellt einen bedeutsamen Beitrag *Schuberts* zur Gewölbetheorie dar. Er veröffentlichte dazu eine kleine theoretische Abhandlung: „Kurzgefaßte Theorie der Kreisrundbogen und Brückengewölbe", in der er von der Annahme ausging, daß beim Einsturz eines einzelnen Traggewölbes die Stabilität der Brücke gewährleistet sein soll. Er nannte dies das Prinzip der „Selbständigkeit der Bogen und Pfeiler". „Der Ingenieur wird durch die folgenden Gesetze in den Stand gesetzt, auszuführenden Brücken jene Dimension zu geben, welche sie bei dem disponiblen Baumaterial und der beanspruchten Festigkeit des letzteren notwendig haben müssen. Das Herausfühlen der Dimensionen, das bisher bei Brückenentwürfen in Gebrauch war, und die Ungewißheit über den Halt und über die wirkliche Tragfähigkeit solcher verschwindet ganz." [3.40.]

Den Bau der beiden Brücken leitete der Oberingenieur Robert Wilke (geb. 1804), ein Absolvent der Dresdner Militärakademie und Offizier im sächsischen Ingenieurkorps. Er setzte eine Reihe von Änderungen des Projekts durch, die die Bauarbeiten erleichterten. In einem Brief schrieb er 1847: „...ich habe nunmehr seit acht Tagen fast ununterbrochen gerechnet, so daß ich fast zahlendumm bin." [3.41.]

Lentze und Schinz verwendeten für die Brücken über Weichsel und Nogat Gitterträger mit eng gestellten Streben, eine Konstruktion, die noch ganz von der Konzeption des Rohrträgers ausgeht, jedoch weniger Material benötigt. Andererseits nahmen diese Gitterträger Traditionen des Holzbrückenbaus auf, wie er sich vor allem in den USA entwickelt hatte. *Lentze* hatte ein Besuch der Conway Bridge zu der Erkenntnis geführt, daß eine Rohrkonstruktion dieser Art zu teuer wäre. [3.42.]

Den in Neostilen gestaltenden Architekten kam die vielfältige Gestaltbarkeit des Gußeisens entgegen. Neben Säulen verschiedenster Art konnten regelrecht Fassadenplatten gegossen werden. Gußeiserne Formteile waren nicht nur billiger als Steinmetzarbeit, sie ließen sich auch mittels einfacher Bolzenverbindungen leicht montieren. Der New Yorker Unternehmer und Erfinder *James Bogardus* lieferte komplette Fassaden aus Gußeisen nach Chikago, San Franzisko und Havanna. [3.43.]

John Cragg von der Mersey Gießerei, unterstützt durch den Architekten *Thomas Rickman*, experimentierte 1813–1818 mit Gußeisen für Säulen, Arkaden, Dachkonstruktionen, Maßwerk und Fenster beim Bau von drei neogotischen Kirchen in Liverpool. Die Ergebnisse befriedigten insofern nicht, als die Säulen zu dünn und die Bögen zu eng wurden. Die neuen Technologien der Baumwollverarbeitung erforderten möglichst freie, zusammenhängende Produktionsflächen, eine höhere Tragfähigkeit und Stabilität in Anbetracht der größeren Masse der Maschinen und der zusätzlichen Kräfte aus der einseitigen Transmission und schließlich eine bessere Feuerbeständigkeit der Fabrikgebäude. *William Strutt* verwendete wohl zum ersten Mal gußeiserne Stützen für eine sechsgeschossige Baumwollspinnerei in Derby (1792/93). [3.44.] Später ersetzte man die hölzernen Unterzüge durch gußeiserne und schließlich durch schmiedeeiserne Profile. [3.45.] So entstand der Prototyp des modernen Industriebaus, der ohne wesentliche Veränderungen bis ans Ende des 19. Jahrhunderts die Industriegebiete der Großstädte beherrschte.

Die Beobachtung der Entwicklung des Bauens und der Tätigkeit der Ingenieure am Übergang vom 18. zum 19. Jahrhundert bestätigt die Einschätzung eines Zeitgenossen der industriellen Revolution, des *Sir Benjamin Thompson* (1753–1814), der als *Graf Rumford* in die Geschichte eingegangen ist: „Die industrielle Revolution braucht einen neuen Typ von Mechanikern, die sich auf Wissenschaft und nicht mehr auf die blinde Tradition stützen." [3.46.]

Stanley Mill im Stroud Valley, England 1813, gußeiserne Tragkonstruktion
aus: J. M. Richards: The functional Tradition in early industrial buildings, London 1958

4.

DIE GROẞEN BEWÄHRUNGS-FELDER DER BAUINGENIEURE SEIT DER MITTE DES 19. JAHRHUNDERTS

Der Stahlbau
Vom Gußeisen zum Normalprofil

Fast zur gleichen Zeit entwickelten *Carl Culmann* in Auswertung einer Studienreise in die Vereinigten Staaten von Amerika und der Berliner *Johann Wilhelm Schwedler* erste Konzepte zur Verbesserung der Konstruktion von Gitterträgern und ein handhabbares Berechnungsverfahren. Bereits für die im Zuge der preußischen Ost-Eisenbahn notwendige Brücke über die Weichsel bei Dirschau (Tczew) waren weitmaschige Gitterwerke vorgeschlagen worden, deren Streben und Knoten statisch präziser definiert werden konnten als bei dem ausgeführten engmaschigen Gitterwerk. *Culmann* nannte die neue Konstruktion zum ersten Mal „Fachwerk". [4.1.] Damit war der Konstruktionstyp gefunden, der fast hundert Jahre lang bis zum Siegeszug des geschweißten Kastenträgers mit Stahlbetonverbundplatte den Brückenbau dominierte.

Die gewaltigen Aufgaben des Brückenbaus seit der Mitte des 19. Jahrhunderts konnten nicht mehr von Handwerkern bewältigt werden. Leistungsfähige Eisenhütten, die sich immer mehr auf die Veredlung des anfangs aus England importierten Roheisens konzentrierten [4.2.] und Maschinenbaubetriebe verfügten allein über die Voraussetzungen, gleichmäßige Qualität des Eisens und Sicherheit der Konstruktion zu garantieren. Der Ehrgeiz der Ingenieure und die Bemühungen der Brückenbauanstalten um Wirtschaftlichkeit und Sicherheit zielten auf noch leistungsfähigere Konstruktionen bei maximaler Einsparung von Eisen. Damit die Gurtspannkräfte überall gleich blieben, wurden die Brückenträger linsenförmig hergestellt, wie es schon *Laves, Navier* und *Debia* vorgeschlagen hatten.

Gußeisen hatte sich für die Belastungen aus dem Eisenbahnverkehr als untauglich erwiesen. Auch die um die Jahrhundertmitte errichteten Gitterträger, Neißebrücke bei Guben (1846), Nogatbrücke bei Marienburg und Weichselbrücke bei Dirschau (1850 bis 1857) mit bis zu 130 m Stützweite, entsprachen nicht mehr den durch die neuen Berechnungsmethoden von Karl Culmann und Johann Wilhelm Schwedler eröffneten konstruktiven Möglichkeiten. Um die gleiche Zeit entwickelte der Münchener Oberbaurat F. A. von Pauli mit dem Ziel, die Gurtkräfte in Hinblick auf die wenigen verfügbaren Eisenprofile gleichgroß zu halten, einen Fischbauchträger, den er sich 1856 patentieren ließ. Zum ersten Male erprobte er ihn bei der Günzburger Brücke. Es war ein Fehlversuch. Wegen zu geringer Quersteifigkeit und fehlender Knicksicherheit der Druckgurte stürzte sie ein.

Pauli vervollkommnete die Konstruktion des Fischbauchträgers, der nach ihm auch „Pauli-Träger" genannt wurde, und hatte mit ihm bei der Isarbrücke von Großhesselohe in der Nähe von München seinen ersten großen Erfolg. Einen Teil der Winkeleisen, deren Profile von deutschen Hütten noch nicht gewalzt wurden, mußte er noch aus England beziehen. Die ungleichmäßige Eisenqualität erforderte umfangreiche Prüfungen des angelieferten Materials auf der Baustelle. Dazu diente eine vom technischen Direktor der Nürnberger Maschinenfabrik, Ludwig Werder, erfundene Materialprüfmaschine. Sie reckte das Eisen mit etwa 114 MPa, das gleichzeitig mit dem Hammer bearbeitet wurde. [4.3.]

In enger Zusammenarbeit mit Werder und von Pauli sammelte Heinrich Gerber als junger Bauführer seine ersten Erfahrungen, entwickelte er einen Grundzug seiner späteren Arbeit: das unbedingte Streben nach Ordnung und Übersichtlichkeit in Büro, Werkstatt und auf der Baustelle. Als erstes setzte er die Ablösung der bisher üblichen landschaftsgebundenen Maße durch. Tatsächlich

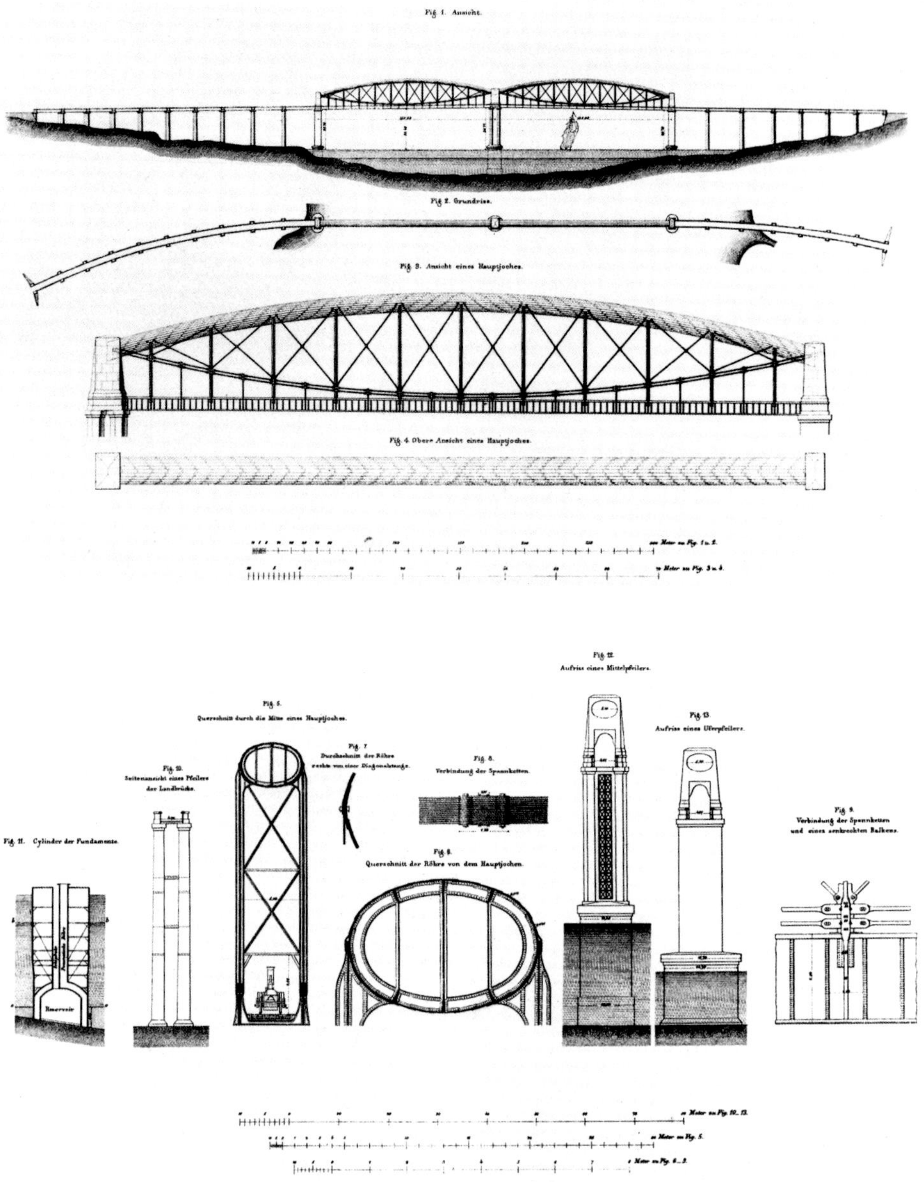

Eisenbahnbrücke über den Tamar bei Saltash,
1845–1859, I.K. Brunel
2 × 140 m Spannweite,
Gurte aus Eisenrohren, Ansicht und Konstruktionsdetails aus: Allgemeine Bauzeitung, Wien 22 (1857)

Isarbrücke bei Großhesselohe, Bayern, 1857, F. A. von Pauli, zwei mittlere Öffnungen mit je 52,24 m und zwei äußere Öffnungen mit je 26,56 m lichter Weite, 1909 Einbau neuer Halbparabelträger
aus: Allgemeine Bauzeitung, Wien 24 (1859)

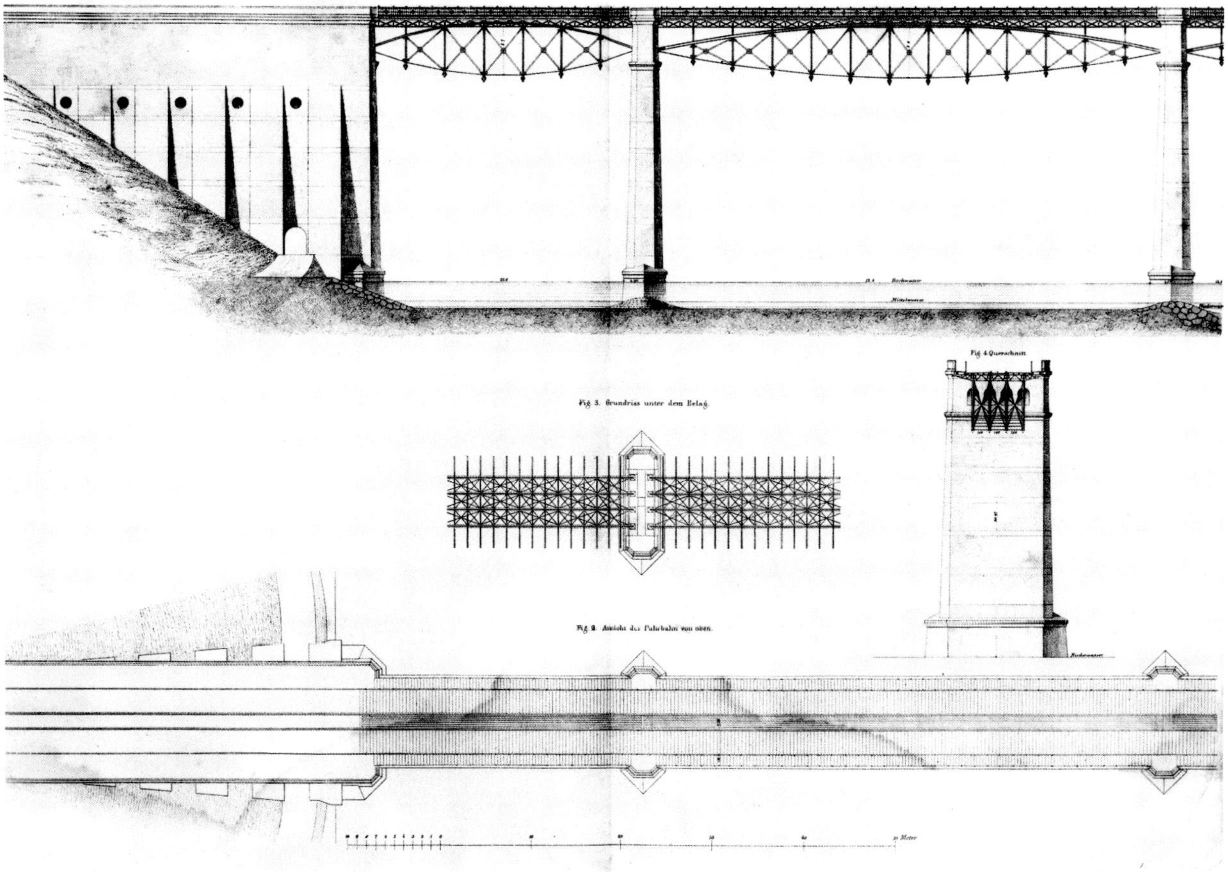

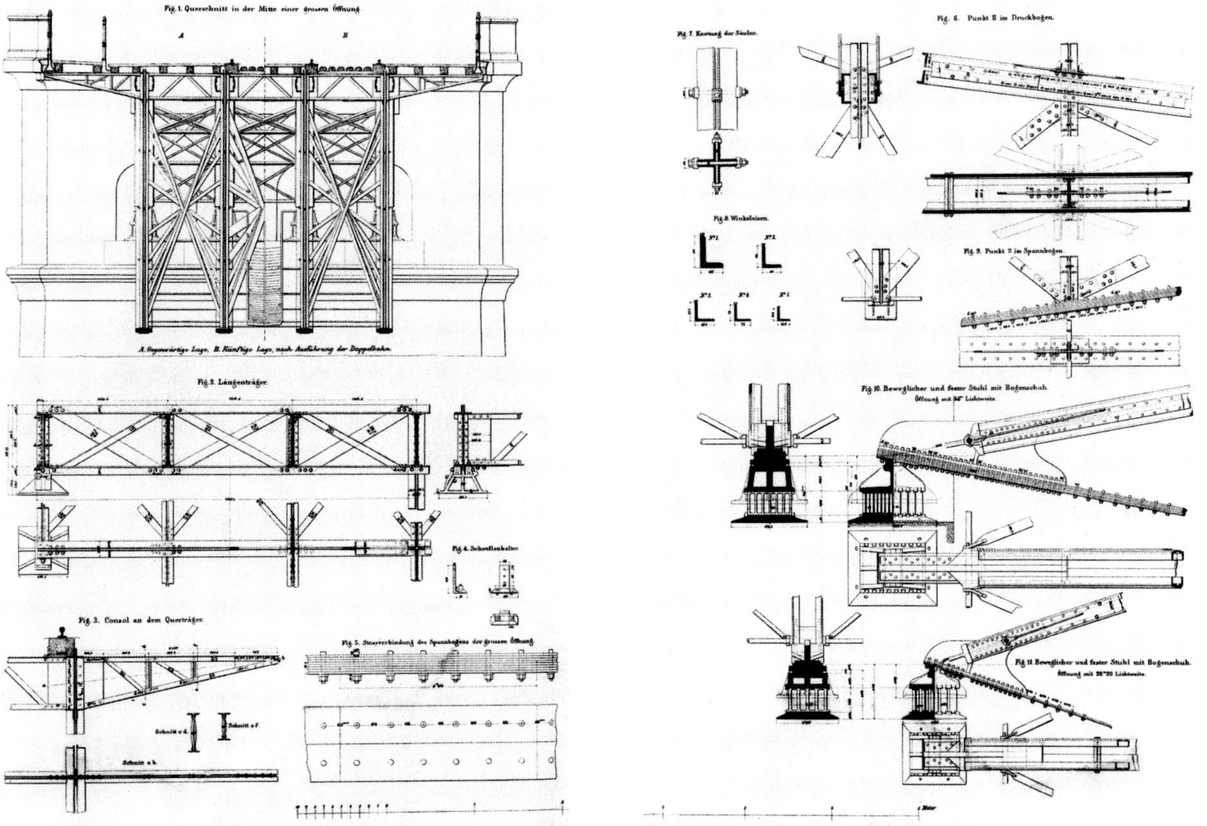

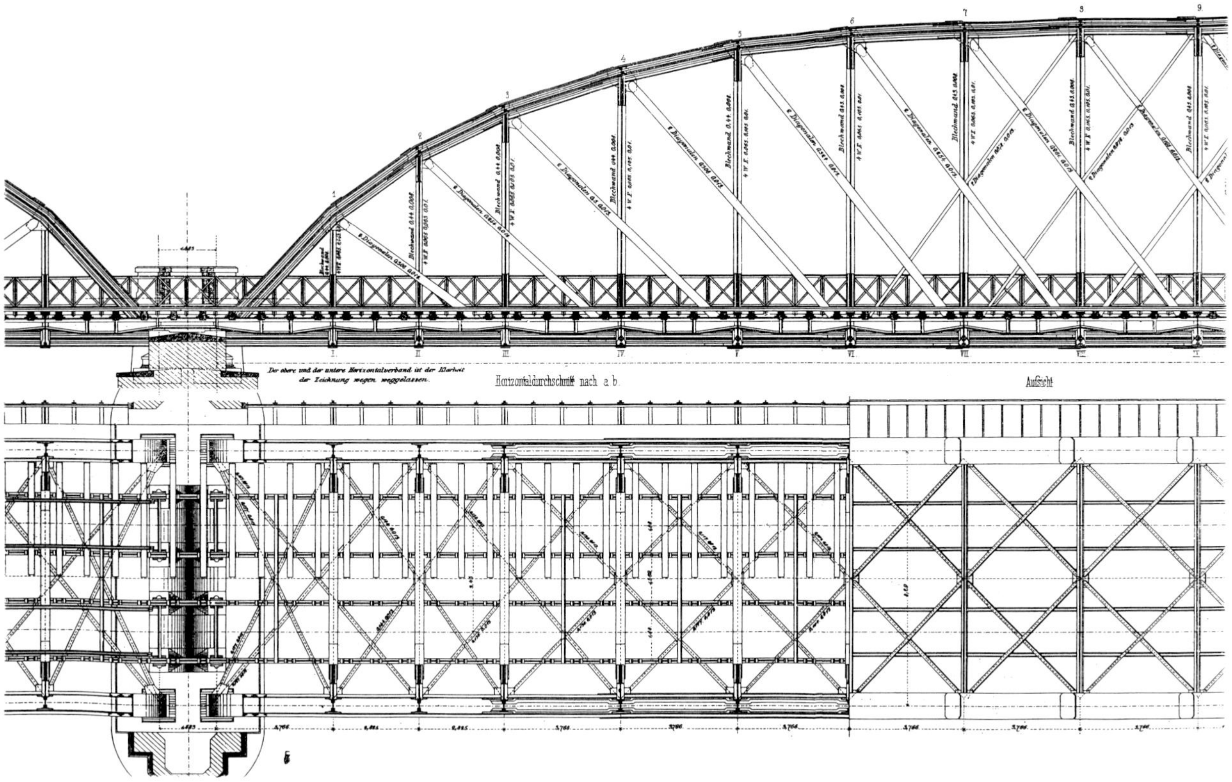

Elbebrücke bei Dömitz, 1878, Schwedlerträger, 16×34+4×67,8+4 ×34 m+ Drehbrücke mit 2×19,9 m Stützweite aus: Zeitschrift des Architekten- und Ingenieurvereins zu Hannover 22 (1876)

erfolgte anfangs die Prüfung des Walzmaterials mit einer Kraft von „250 bayer. Zentner(n) per Quadratzoll" und die Probebelastung der Brücke mit „20 Zollzentnern pro lfd. Fuß" (etwa 514 MPa je Gleis). Auch die Walzwerke zwang Gerber schließlich nach zähem Kampf, ihre Angebote in den Maßen des metrischen Systems abzugeben. Andere Angebote lehnte er ab.

Gerade diese Eigenschaften halfen ihm, sich der Herausforderung zu stellen, den Bau der Mainzer Rheinbrücke zu leiten. Dazu richtete er unmittelbar an der Baustelle in Gustavsburg die Brückenbauanstalt der Nürnberger Maschinenfabrik Klett & Co. ein. „Es wird allerdings noch von manchen Ingenieuren die Detaillirung der Verbindungen und sogar die Dimensionsbestimmung für Nebensache gehalten und finden sich daher häufig Knotenpunkte und ganze Stäbe falsch konstruirt; das einzige Argument, welches man zur Vertheidigung dieser Fehler hat, ist ‚Die Brücke hält' und sucht man hiermit jede weitere Diskussion abzuschneiden. Die Logik ist hier offenbar dieselbe, als ob man die Tragkraft einer Kette mit einzelnen schwächeren Gliedern nach den starken berechnete und, wenn keine Anspannung vorkam, welche die Festigkeit der schwachen Glieder überschritt, behauptete, daß die Rechnung genau genug sei." [4.4.]

Im Unterschied zu damaliger Gewohnheit suchte Gerber als Voraussetzung einer sicheren Bemessung, statt von gleichmäßig verteilter Last auszugehen, den ungünstigsten Lastfall aus der Überlagerung ständiger und beweglicher Lasten. Er zergliederte jeden Knotenpunkt mit dem Ziel, eine symmetrische Verteilung der Kräfte zu erreichen, um Biegespannungen zu vermeiden. Besondere Sorgfalt widmete er auch der Knicksicherheit gedrückter Stäbe.

Im Ergebnis systematischer Versuche bestimmte er die projizierte Mantelfläche von Nieten mit 4/10 ihrer Scherfläche. Dank seiner Nietnormen gab es in seinen Konstruktionen keinen Niet zu viel oder zu wenig und keinen an der falschen Stelle. Mit der gleichen Sorgfalt befaßte er sich mit der Technologie und Organisation der Werkstatt- und Montagearbeiten. „Die practische Ausführung solcher Gurtungen stößt jedoch auf große Schwierigkeiten und muß man sich mit einer absatzweisen Veränderung der Querschnitte begnügen, wodurch man nicht unbedeutende Materialmassen in die Construction bekommt, die getragen werden müssen, ohne selbst mitzutragen. Es mußte daher nach einer Form des Trägers gesucht werden, die in den Gurtungen nach der ganzen Länge gleiche Kräfte ergibt und daher auch gleiche Querschnitte der Gurtungen nach der ganzen Länge des Trägers bedingt." [4.5.]

Der Berliner Ingenieur Johann Wilhelm Schwedler entwickelte eine extreme Lösung, indem er einen Bogensehnenträger so formte, daß alle Diagonalen nur auf Zug beansprucht wurden und so eine sparsame Bemessung ermöglichten. Die Krümmung des Obergurtes bestimmten Hyperbeläste, die in der Mitte in einer nach unten gerichteten Spitze zusammenliefen. Schwedler ersetzte sie durch eine horizontale Tangente. Zum ersten

„Vorstehende Bemerkungen (zur Fachwerktheorie) sind nur gemacht worden, um anzudeuten, wie eine Theorie, die auf bestimmten Voraussetzungen basirt ist, nicht auf Bauausführungen angewendet werden kann, bevor man geprüft hat, ob auch sämtliche Voraussetzungen bei dem Bauwerk gemacht werden können. Es wird sich im Gegentheil finden, daß die Theorie für jedes Bauwerk, je nach dem Material, dessen Elasticität, den Querschnitten der Theile, den Detailverbindungen, und noch mancherlei anderer Sachen besonders rectificirt werden muß, wenn man nicht in Fehler verfallen will. Die Theorie giebt nur im Allgemeinen ein Schema, nach welchem die Stabilität des Bauwerks durchdacht werden soll, dem einzelnen Baumeister bleibt es danach überlassen, in jedem besonderen Falle dieses Schema mit seinen Gedanken auszufüllen."

Johann Wilhelm Schwedler: Theorie der Brückenbalkensysteme, 1851

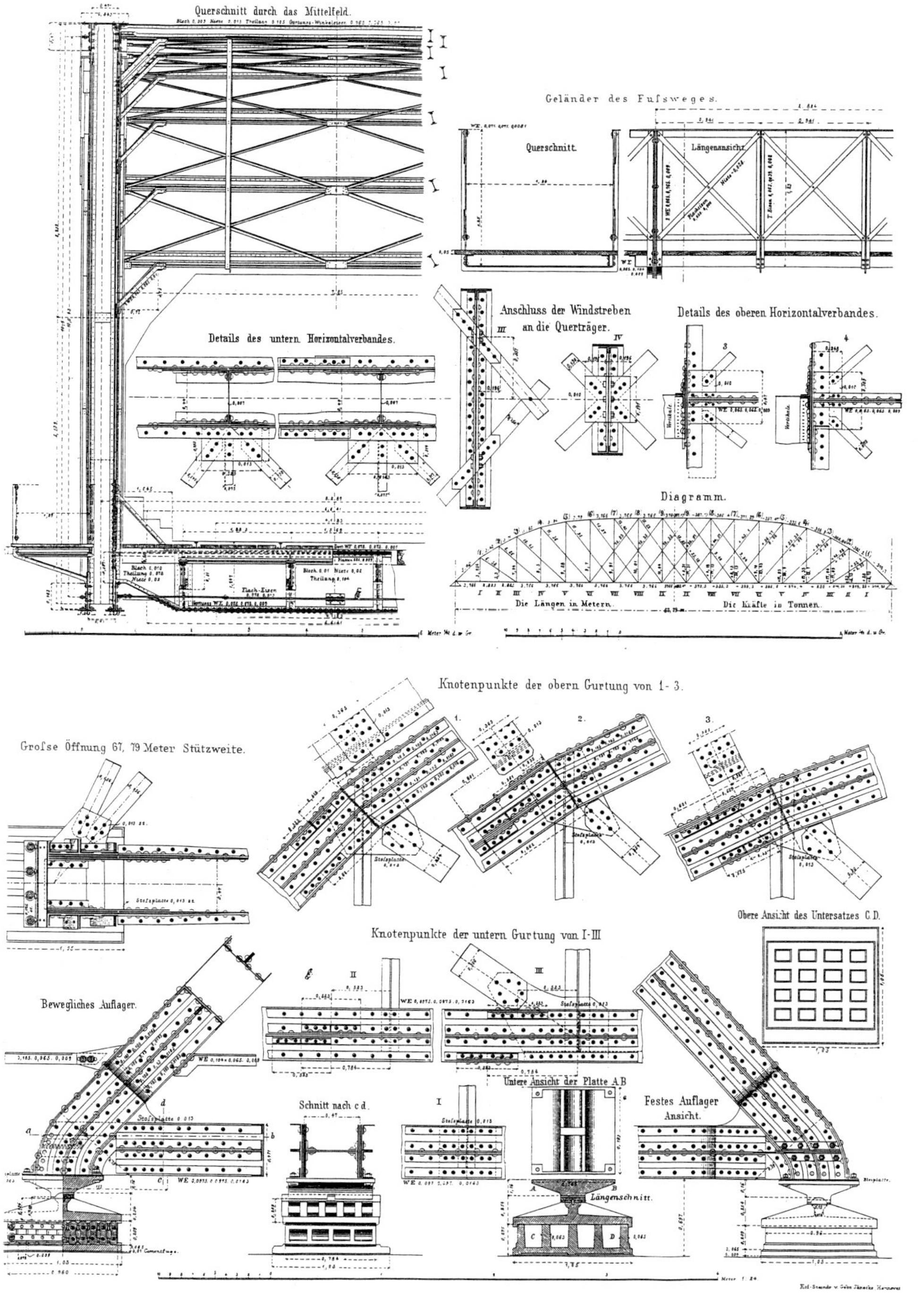

„Wenn man vom Bauingenieur allgemein sagen kann, daß er an dem Althergebrachten fester hält, als es notwendig wäre, so gilt das besonders vom Stahlbauingenieur ... Schon auf Grund seiner Erziehung ist der Bauingenieur mit der Tradition fester verbunden als seine Kollegen der anderen Fakultäten."

O. Bondy

Mal konnte er diese Lösung 1864 beim Bau der Weserbrücke bei Höxter verwirklichen. [4.6.] Ihr folgten 1867 die Oderbrücke bei Stettin und 1868 die Elbbrücke bei Hämerten mit je 65 m weiten Stromöffnungen. Wie häßlich diese statisch und ökonomisch so günstige Lösung wegen des Sattels der Obergurte in Brückenmitte wirkte, sah Schwedler letztlich selber ein: „Es wird nicht unerwähnt bleiben dürfen, daß eine so exakte Ermittlung der Kurve der oberen Gurtung, wie sie hier vorgenommen wurde, nicht von großem Wert ist. Die Diagonalen werden auf Zug nur wenig mehr in Anspruch genommen werden und die Doppeldiagonalen werden wenig mehr Felder umfassen, wenn man aus ästhetischen Rücksichten Korblinien oder halbe Ellipsen und dergleichen Kurven wählt, welche durch ihre Krümmungsverhältnisse wohlgefälliger ins Auge fallen." [4.7.]

Der Fachwerkträger ermöglichte auf die entsprechend den Bedingungen des Baugrunds und den Erfordernissen des Schiffsverkehrs verteilten Widerlager und Pfeiler für jeden Träger eine wirtschaftliche Höhe zu ermitteln und sie ohne Rücksicht auf das Gesamtbild zu einer Brücke zusammenzusetzen. Die Zusammenfassung zu einem formalen Ganzen blieb dann der „Architektur" der Portale und Pfeileraufbauten vorbehalten. Zugleich bedeutete ein solches Konstruktionsprinzip die Bevorzugung statisch bestimmter Systeme. Das war in Hinblick auf die noch unvollkommene Niettechnik verständlich. Der Streit um die Vor- und Nachteile statisch bestimmter und unbestimmter Systeme im Brückenbau erhielt vor allem mit der Einführung des billigeren Druckluftnietens neue Nahrung. In seinem Buch „Dach- und Brückenkonstruktionen" hatte August Ritter darauf aufmerksam gemacht, daß eine große Materialersparnis erreicht werden könne, „wenn man einen Durchlaufträger verwendet und die Kontinuität mittels Angeln unterbricht." [4.8.] Er wies aber ebenso wie Christian Otto Mohr 1862 kritisch darauf hin, daß Durchlaufträger, deren Berechnung Clapeyron 1857 ermöglicht hatte, gegen Senkung der Stützen empfindlich seien und warnte vor der Überschätzung statisch unbestimmter Systeme. James Barton hatte bereits 1855 die Stöße im Obergurt eines durchlaufenden Trägers an den Wendepunkten der elastischen Linie, an denen das Biegemoment gleich Null ist, geöffnet und festgestellt, daß keinerlei Bewegung auftrat. Für ihn war das jedoch nur ein Hilfsmittel für die Bemessung der Träger. Wenig später erhielt William Henry Barlow ein Britisches Patent auf eine Gelenkkonstruktion, das er jedoch nicht nutzte. A. J. Sedley ließ sich 1861 und 1864 die Konstruktion von Auslegerbrücken mit einer Verankerung der Ausleger an den Ufern patentieren.

Heinrich Gerber gelang es schließlich, angeregt durch den Entwurf einer Bosporusbrücke vom Baudirektor der Österreichischen Staatsbahnen Ruppert aus dem Jahre 1864, der die Verwendbarkeit des Durchlaufträgers für große Spannweiten nachzuweisen suchte, eine konstruktive Lösung des Auslegerträgers zu finden, die er sich 1866 patentieren ließ. Ein Jahr später wandte er sie bei der Regnitzbrücke in Bamberg an. Die Gelenke waren noch unvollkommen, denn der Obergurt lief durch. Drehungen bewirkten ein Verbiegen der Elemente. In den folgenden Jahren bemühte sich Gerber, die Gelenke, vor allem ihre Seitensteifigkeit, weiter zu verbessern und den Brückenträgern eine möglichst ökonomische Form zu geben. [4.9.]

Elbebrücke bei Barby, 1875–1877, sechs Halbparabelträger mit je 65,5 m Stützweite der Strombrücke und zehn Parabelträger mit je 33,8 m Stützweite und sechs mit je 25,2 m Stützweite für die Flutbrücke
aus: Zeitschrift für Bauwesen, Berlin 33 (1883)

Brücke über die Norderelbe in Hamburg, 1884–1888, F. A. Meyer, W. Hauers, A. Pieper, drei je etwa 103 m lange Fischbauchträger nach H. Lohse
aus: Hamburg und seine Bauten, Hamburg 1890

Im Ergebnis langer Versuchsreihen und beharrlicher Kontrolle der rechnerischen Verfahren am tatsächlichen Verhalten der Konstruktion konzipierte Gerber die Brückenträger so, daß die Gesamtspannung infolge ständiger Last und der ψ-fachen Verkehrslast die mit $\sigma = 1{,}6\ t/cm^2$ angenommene Elastizitätsgrenze des Eisens gerade erreicht. Daraus entwickelte er die als „Gerberformel" bekannt gewordene Funktion: Je größer die ständige Last, um so größer die zulässige Spannung; je größer die Spannweite, um so kleiner der Einfluß aus Stoßwirkungen auf die Dimensionierung.

Erst in den siebziger Jahren konnten die Eisenhütten Walzprofile in allen erforderlichen Größen zur Verfügung stellen. Das ermöglichte, vom Pauli-Träger abzugehen und, beginnend mit der Lechbrücke bei Füssen 1876, die Konstruktion ökonomisch günstigerer Trapezträger mit Diagonalstreben. Die bereits in Großhesselohe erprobten Bolzen brachten zwar keine günstigere Ausbildung der Gelenke, aber wesentliche Erleichterungen bei der Montage der bis zu 12 m langen vorgefertigten Trägerabschnitte – eine besonders für Exporte von Brücken günstige Technik.

„Gerber zu eigen waren peinlichste Ordnung, scharfe Beobachtung der Naturvorgänge und sorgfältigste Erwägung des Zwecks aller Konstruktionsglieder. Für alle Einzelheiten verlangte er dem Zweck entsprechenden statischen Nachweis, der es ermöglichte, die wirtschaftlichsten Formen anzuwenden. Seine in gedrängtester Form gegebenen Konstruktionszeichnungen und Eisenverzeichnisse sind gleichsam handliche klassische Werke der Eisenbaukunst. Sie ermöglichen rascheste, sichere Orientierung über alle Einzelheiten des Bauwerks und der in ihm wirkenden maßgebenden Kräfte. Ähnlich waren seine Bestimmungen und Anordnungen für Bureau, Werkstätte und Bauplatz in aller Kürze mit zwingender Schärfe abgefaßt." [4.10.]

Die günstige Auftragslage Anfang der siebziger Jahre hatte zur Herauslösung der Brückenbauanstalt Gustavsburg aus der Nürnberger Maschinenfabrik unter Gerbers Leitung geführt. In der auf die Gründerzeit folgenden Krise jedoch sank das Produktionsvolumen auf ein Drittel. Wegen des Auftragsmangels und steigender Lohnkosten neigte Gerber dazu, die Brückenbauanstalt zu schließen. Sein Ehrgeiz, nur Brücken zu bauen, deren Konstruktion er selbst durchgearbeitet hatte, und die Vorstellung, daß es nach den von ihm eingeführten Neuerungen keine weiteren Fortschritte im Stahlbrückenbau geben könne, hatten sicher zur Krise beigetragen. Dank der Bemühungen seines Schülers Anton Rieppel konnte die Brückenbauanstalt nach ihrer erneuten Einordnung in die Nürnberger Maschinenfabrik gerettet werden.

In seiner Eloge auf Gerber zeichnete L. Freytag den bescheidenen, ganz seinem Werk verpflichteten Bauingenieur: „Gerber war ein ebenso liebenswürdiger wie edeldenkender als einfacher und anspruchsloser Mann, der seine Befriedigung in der Arbeit und im Studium fand und nicht sonderlich viel an die Öffentlichkeit trat. Er war deshalb auch wenig bekannt außerhalb Bayern und Hessen, den Hauptstätten seines Wirkens. Um so mehr war er hier geschätzt. Bei seinen Fachgenossen genoß er als Eisenkonstrukteur unbegrenztes Vertrauen." [4.11.]

Die wohl gewaltigste, wenn auch aus ästhetischen Gründen häufig kritisierte Auslegerbrücke konstruierten die drei britischen Ingenieure John Fowler, Benjamin Baker und William Arroll in der Nähe von Edinburgh über den Firth of Forth am Ende des 19. Jahrhunderts. Für diese Brücke, deren größte Spannweite 521 m beträgt, wurden 54 000 t Siemens-Martin-Stahl eingesetzt.

Die betriebstüchtige Wattsche Dampfmaschine hatte John Wilkinsons Zylinderbohrmaschine vorausgesetzt. Die ersten Schritte zur Entwicklung der Fachwerkträger durch Culmann, Schwedler und Gerber setzten kalibrierte Walzenstühle voraus, welche die Herstellung kontinuierlich gewalzter Winkelprofile von gleichbleibender Qualität ermöglichten. Das Schweißeisen verdrängte das Gußeisen und wenig später verdrängte das Flußeisen das Schweißeisen. Die letzten großen aus Schweißeisen gebauten Brücken waren die drei Rheinbrücken bei Koblenz (1864), Rheinhausen (1873) und Koblenz (1879), sowie die beiden Brücken über den Nord-Ostsee-Kanal bei Grünenthal (1892) und Leven-

„Wo es keine Beispiele gibt, ist der erfolgreiche Ingenieur der, welcher die wenigsten Fehler macht."

Benjamin Baker

Brücke über den Firth of Forth, Schottland, 1882 bis 1890, J. Fowler, B. Baker, W. Arroll, Gesamtlänge 1 625,65 m, größte Spannweite 521,55 m, größte Höhe 105 m
The Institution of Civil Engineers, London

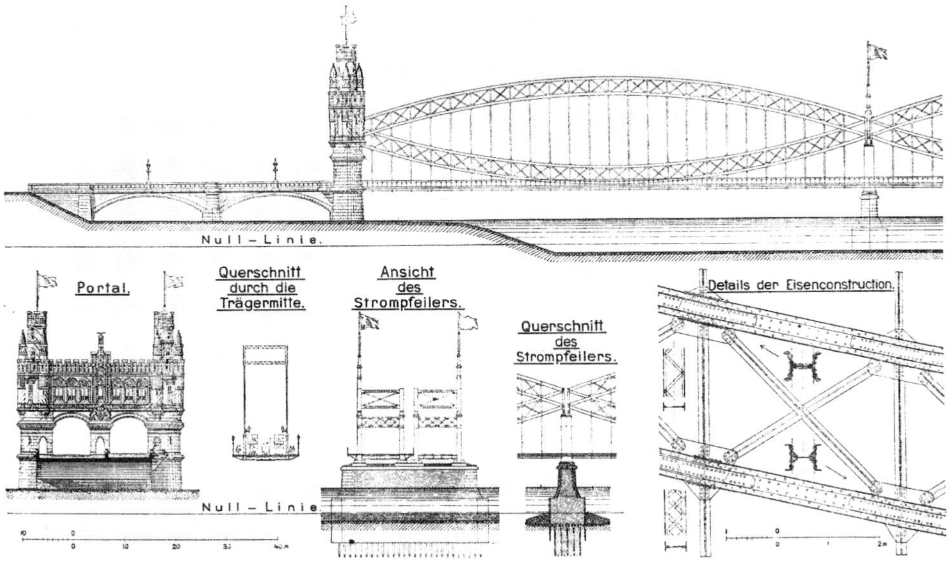

sau (1893), die ersteren mit etwa 100 m, die letzteren mit etwa 165 m Spannweite.

Das nach dem Bessemer-Verfahren (Patent von 1855) hergestellte harte, saure Flußeisen bewährte sich im Bauwesen nicht. Erst nach vielen Rückschlägen konnte schließlich das im Thomasverfahren hergestellte zähere und in der Qualität gleichmäßigere basische Flußeisen (Patent von 1878), später als St 37 bezeichnet, eingesetzt werden. Die erste Brücke aus diesem Material baute die Gesellschaft Harkort in Sumatra. [4.12.] Entscheidend für den Brückenbau war die Garantie einer gleichbleibenden Stahlgüte, die erst eine exakte Bemessung der Konstruktionsglieder ermöglichte. Hier begann wesentlich auf Betreiben von Bauschinger die Standardisierung der Stahlsorten und -profile, die dann in den „Deutschen Normalbedingungen für die Lieferung von Eisenkonstruktionen" von 1892 gipfelte. [4.13.] Georg Christoph Mehrtens hatte zusammen mit der Gesellschaft

Harkort beim Bau der neuen Weichselbrücke in Dirschau erste Versuche mit Flußeisen angestellt. Da es aber noch nicht in erforderlicher Menge und gleichbleibender Qualität beschaffbar war, mußte er auf Schweißeisen zurückgreifen. Erst die zweite Weichselbrücke bei Fordon, 1890–1893, für deren Konstruktion Mehrtens verantwortlich zeichnete, konnte aus dem neuen Material hergestellt werden. [4.14.]

Die ältesten deutschen Brücken aus Flußeisen sind:

- die Wupperbrücke bei Müngsten von 1897, 170 m Spannweite,
- die Rheinbrücke bei Bonn von 1898, 188 m Spannweite,
- die Rheinbrücke bei Düsseldorf, 2 × 181 m Spannweite.

Entsprechend den örtlichen Bedingungen bewährten sich Fachwerke mit parallelen Gurten, Bogensehnenträger, eingespannte Sichelbögen und Bögen mit als Zugband ausgebildeter Fahrbahn. Den wichtigsten Grund aber für die Erfolge des deutschen Eisenbrückenbaus sah Mehrtens nicht so sehr in der Entwicklung neuartiger Konstruktionssysteme, sondern in der einheitlichen Leitung des Baus, angefangen vom Entwurf bis hin zur Bauleitung durch den in das Bauunternehmen integrierten Bauingenieur. Der Niedergang des britischen Eisenbrückenbaus sei dagegen wesentlich durch das Prinzip des „consulting engineer" verursacht worden.

Eine der elegantesten Sichelbogenbrücken war zweifellos die von *Gustav Eiffel* konstruierte Truyère-Brücke bei Garabit im französischen Zentralmassiv, 1880–1884. Durch ungleichmäßige Materialqualität, durch die erst sehr grob den tatsächlichen Kraftverlauf erfassende statischen Berechnungen, vor allem durch die sich aus konstruktiv und technologisch bedingten Abweichungen vom idealen System ergebenden Nebenkräfte, und nicht zuletzt durch den erheblichen Termindruck wuchs die Gefahr, daß Brückenbauwerke einstürzten. Auch *Eiffel* blieb von einer Katastrophe nicht verschont: die von seiner Firma gebauten Münchensteinerbrücke bei Basel stürzte 1891 ein. Zehn Jahre vor der Katastrophe führte ein Hochwasser zur Vertiefung der Flußsohle und dadurch zum Umkippen eines Brückenwiderlagers. Trotz der danach erfolgten Verstärkung der Konstruktion stürzte die Brücke bei Überfahrt eines Zuges ein: 75 Tote, 130 Verletzte. Jetzt begannen eingehende Untersuchungen. *Wilhelm Ritter* und *Ludwig Tetmajer* wiesen als Ursachen nach: ungleichmäßige Eisenqualität, zu schwache Mittelstreben, die exzentrische Befe-

Elbbrücke in Dresden-Loschwitz, 1891–1893, K. Köpcke, größte Spannweite 141 m
Aufn.: S. Ricken, Berlin

Wupperbrücke bei Müngsten, 1894–1897, A. von Rieppel, E. Carstanjan, gelenkloser Bogen mit 170 m Spannweite und 70 m Scheitelhöhe
Deutscher Stahlbauverband, Köln

Truyère-Brücke bei Garabit, Südfrankreich, im Bauzustand
Musée d'Orsay, Paris, Fond Eiffel, Foto: Doc. phot. de la Union des Musées nationaux, Paris

Truyère-Brücke bei Garabit, Südfrankreich, 1880–1884, G. Eiffel, Ansicht
Aufn.: L. Hervé, Paris

Hängebrücke über den St. Lorenzstrom bei den Niagarafällen, USA, 1854, J. A. Roebling, 246,30 m Spannweite, Durchbiegung in Brückenmitte bis 25 cm, 1880 Erneuerung des Überbaus, 1886 der Türme, 1897 durch Fachwerkbogenbrücke ersetzt
aus: Schaechterle, Leonhardt: Hängebrücken, Berlin 1941

stigung der Streben in den Knoten und deren ungenügende Sicherung durch einen Windverband. *Föppl*, *Gerber* und *Engesser* beteiligten sich an der in der europäischen Fachpresse geführten Diskussion. *Tetmajer* entwickelte nach umfangreichen Versuchen seine Formel für Knickstabilität. *Ritter* formulierte seine Theorie der Nebenspannungen. *Föppl* wies darauf hin, daß der Einsturz erfolgt sei, obwohl die Brücke nur zu einem Fünftel bis einem Viertel der rechnungsmäßigen Bruchlast belastet worden wäre, „weil sie als räumliches Tragwerk betrachtet, labil war, und nicht hinreichend gegen schwingende Bewegung des Obergurtes geschützt war". Er fühlte sich in seinen Bemühungen um die Erfassung der räumlichen Wirkung eines Tragwerks bestätigt:

„Unsere Fachwerke sollen sich im dreidimensionalen Raum bewegen und es genügt daher nicht, sie ausschließlich nach den hergebrachten Methoden der ebenen Fachwerktheorie zu behandeln." [4.15.]

Neue Bestimmungen zur Berechnung und Prüfung eisener Brücken- und Dachkonstruktionen in der Schweiz, Deutschland, Österreich und Ungarn berücksichtigten die neuen Erkenntnisse, in denen auch einer Forderung *Ritters* entsprechend betont wurde, daß nur ausgewiesene Fachleute, die eine einwandfreie Ausführung gewährleisten, Eisenkonstruktionen übernehmen sollten. Nicht von vorhandener Theorie ausgehend konstruierten die Bauingenieure neue leistungsfähigere Tragwerke, sie entstanden vielmehr in einem langwierigen von Rückschlägen gekennzeichneten Prozeß, dessen Ergebnisse dann in der Theorie ihren Niederschlag fanden.

In dem unermüdlichen Drängen der Ingenieure, durch kühne Konstruktionen neue Spannweiten im Brückenbau zu erreichen, geriet die Hängekonstruktion nie in Vergessenheit, auch wenn sie in der ersten Hälfte des 19. Jahrhunderts kaum noch für die erheblich höheren Belastungen durch die Eisenbahn in Frage zu kommen schien. Das klassische Material für die Hängekonstruktion waren geschmiedete Ketten, über massive Türme gespannt und in den Widerlagern verankert. *John Finley* baute etwa 50 solcher Brücken in den Vereinigten Staaten von Amerika. *Samuel Brown,* Ingenieur und Kapitän der britischen Marine, verwendete für den Bau der Union Bridge über den Tweed bei Berwick statt geschmiedeter Kettenglieder durch Bolzen verbundene Flacheisen. Allerdings stürzte die 135 m weit gespannte Brücke bereits sechs Monate nach ihrer Einweihung ein. *Telford* überspannte die Menai Strait bei Bangor, Anglesey, 1819–1826, mit einer Spannweite von 175 m durch vier übereinander liegende Kettenstränge aus mit Bolzen verbundenen 3 m langen Hauptgliedern.

Navier hatte bereits 1823 im „Rapport à Monsieur Becquey, conseiller d'état, Directeur général des Ponts et Chaussées et des Mines et Mémoire sur les Ponts Suspendus" die wichtigsten Konstruktions- und Bemessungsregeln veröffentlicht. Er behandelte den Einfluß der Brückenlasten auf die Form und Spannung der Ketten, das Gleichgewicht der Brückenpfeiler, Formen der Kettenverankerung, Beanspruchungen aus Wind und Temperaturänderungen, diskutierte das Problem der Schwingungen und die Begrenzung der Spannweite. Seine Theorie bildete einen wichtigen Ausgangspunkt für die Arbeiten *Clapeyrons, Culmanns, Maxwells, Mohrs* und *Müller-Breslaus.* Die letzte große Kettenbrücke auf dem europäischen Kontinent war die Budapester Donaubrücke, die 1839–1849 unter Leitung des englischen Ingenieurs *Clark* errichtet wurde. Mit einer Spannweite von 203 m kennzeichnete sie einen anscheinend nicht mehr zu überbietenden Höhepunkt der Hängebrückenkonstruktion. Wahrscheinlich hatte *Telford* zuerst den Vorschlag gemacht, statt der Ketten für die Mersey Brücke bei Runcorn Seile zu verwenden, die aus 36 dünnen Quadrateisen hergestellt werden sollten. [4.16.] *Marc Séguin* und *Henri Dufour* erreichten mit Drahtseilen bereits 1822/23 eine Spannweite von 2 × 40 m in Genf. Sie verwendeten ein Seilbündel, das mit geglühtem Draht umwickelt war und einen Rostschutz aus Firnis erhielt. Die Fahrbahn der 1825 bei Tournon gebauten Rhonebrücke hing an sechs Seilen aus je 112 Drähten von 3,4 mm Dicke. Die erforderliche Steifigkeit garantierte ein kräftiger Fachwerkträger. Die Drahtseilbrücke über die Saane bei Freiburg in der Schweiz, von Joseph Chaley 1832–1834 gebaut, erreichte bereits eine Spannweite von 273 m.

In Nordamerika hatte ein Drahtseilfabrikant 1816 einen 45 cm breiten Fußgängersteg über die Schuylill-Fälle in Fairmont bei Philadelphia über 145 m gespannt. Der Steg hing an zwei aus je drei Messingdrähten bestehenden Kabeln, die auf dem einen Ufer an zwei Bäumen befestigt waren. [4.17.]

Den entscheidenden Beitrag zur Entwicklung der modernen Hängebrücke leistete der aus Mühlhausen stammende Drahtseilfabrikant und Ingenieur John Augustus

Brooklyn Bridge über den East River in New York, 1869–1883, J. A. und W. A. Roebling, 486 m Stützweite, Höhe der Pylone über Bausohle 107 m, historische Aufnahme während der Bauarbeiten
USIS Bonn

„Ihre Briefe vom 2. und 3. sind richtig eingegangen. In dem letzten sagen Sie, Frau Roebling & das Kind seien wohlauf. Das überrascht mich, denn ich bin über die Niederkunft von Frau R. überhaupt nicht unterrichtet worden. Oder was meinen Sie damit?" [Es handelt sich um seinen 4. Sohn Edmund, geboren am 1. Januar 1854]

J. A. Roebling

Roebling. Im Unterschied zur französischen Konstruktionsweise verringerte er die Anzahl der Hängeseile und führte die Drähte parallel, um eine gleichmäßige Spannungsverteilung auf alle Drähte zu erreichen. Er führte das von L. J. Vicat bereits 1836 vorgeschlagene Luftspinnverfahren [4.18.] ein, durch das die ausgespannten Drähte zu Tragseilen verbunden wurden. Nach seiner Erprobung beim Bau einer Kanalbrücke über den Alleghany Fluß bei Pittsburgh 1844/45 gelang ihm bei der Brücke über den Niagara 1854 durch zusätzliche Schrägseile der Nachweis, daß Hängebrücken auch für den Eisenbahnverkehr genügend versteift werden können. *Schwedler* hatte zwar schon 1850 den Wettbewerb um den Bau einer Rheinbrücke bei Köln mit dem Entwurf einer versteiften Hängebrücke gewonnen. Für seine Verwirklichung bestanden jedoch noch keine Voraussetzungen. Die für Straßen- und Eisenbahnverkehr ausgelegte zweigeschossige Fahrbahn der Niagara Brücke hing an vier Kabeln von je 25 cm Durchmesser, aus je 3 640 Drähten bestehend. Ihre Spannweite betrug 246,3 m. Während des Baus dieser Brücke, der weltweit Aufsehen erregte, schrieb *Robert Stephenson* an *Roebling:* „Wenn Ihre Brücke gelingt, dann sind meine Riesendummheiten gewesen." [4.19.]

Der qualitative Unterschied zwischen beiden Brücken wird aus einem Vergleich der Massen deutlich: *Stephensons* Brücke über die Menai Strait wog bei 140 m Spannweite etwa 3 000 t, *Roeblings* Niagara Brücke bei fast 250 m Spannweite dagegen nur etwa 1 000 t. Die erforderliche Steifigkeit hatte *Roebling* durch Seilverspannungen und durch einen aussteifenden Verband zwischen den beiden Fahrbahnen erreicht. 1855 fuhr der erste Eisenbahnzug über diese Brücke. Nach diesem Erfolg machte sich *Roebling* anheischig, Hängebrücken mit jedem verlangten Maß an Steifigkeit zu bauen.

Den Höhepunkt seines Schaffens bildete die East River Bridge in New York mit etwa 487 m Spannweite. [4.20.] Die Fahrbahn hängt an vier im Luftspinnverfahren hergestellten Kabeln aus je 5 282 Drähten von 39 cm Durchmesser. Verwendet wurde 4,7 mm dicker, kalt gezogener, verzinkter Stahldraht mit einer Zugfestigkeit von 1 150 MPa. Die Lastübertragung erfolgt über Hängestangen, die an den Querträgern der Fahrbahn befestigt sind. Die Aussteifung bewirken vier Fachwerkträger und 27 Schrägseile an jeder Turmseite. Konservativer Geschmack führte zur Ausführung der Spanntürme aus Mauerwerk mit je zwei spitzbogigen Durchfahrtsöffnungen in neogotischer Manier. Eine eiserne Konstruktion wäre sicher billiger gewesen. Der Bau dieser damals mit Abstand größten Brücke der Welt verlief äußerst dramatisch. Ihre beiden Erbauer, John Augustus Roebling und sein Sohn Washington Augustus opferten für sie ihr Leben. Der Vater starb am 22. Juli 1869 an den Folgen eines Arbeitsunfalles. Bei der Inspektion des im Bau befindlichen Brooklyner Brückenpfeilers quetschte ihm ein Fährboot, das bei hohem Wellengang gegen die Spundwand gedrückt wurde, den rechten Fuß ein. Trotz sofortiger Amputation starb er sechzehn Tage später an Wundbrand.

Sein Sohn Washington Augustus übernahm die Leitung der Bauarbeiten. Bei Löscharbeiten im brennenden zweiten Caisson, einer mächtigen, 51,20 × 34,10 × 6,70 m großen Holzkonstruktion mit 4,6 m dicker Decke, war der junge Roebling weit über die zulässige Zeit unten geblieben. Dadurch hatte er sich die gefürchtete Caisson-Krankheit zugezogen, die schnell zu völliger Lähmung führte. Elf Jahre lang leitete er den Bau vom Krankenlager aus, unterstützt von seiner Frau, die zwischen ihm und der Baustelle vermittelte. Um dies wirkungsvoll tun zu können, hatte sie noch ein Bauingenieurstudium begonnen. An der Seite der Roeblings standen zuverlässige und engagierte Mitarbeiter wie der beratende Ingenieur Horatio Allen und die Ingenieure Martin, Paine, MacNulty, Collingwood, Probasco, Hildenbrandt und Farrington. Nach 16 Jahren Bauzeit und mit einem Gesamtaufwand von 15 Millionen Dollar konnte die Brücke am 24. Mai 1883 eingeweiht werden. Washington Augustus Roebling konnte die Feier mit Hilfe eines Fernrohrs nur vom Krankenlager aus verfolgen.

Werk und Leben der beiden *Roeblings* stehen für die charakteristischen Persönlichkeitseigenschaften des Ingenieurs im 19. Jahrhundert, in denen sich hohe Arbeitsdisziplin mit Ideenreichtum, Geschäftssinn mit Enthusiasmus, Exaktheit mit Kühnheit bis zur Selbstaufopferung verbanden. *Benjamin Baker,* einer der Ingenieure der Firth of Forth Bridge, formulierte das Charakterbild dieser Ingenieurgeneration mit einer eigentümlichen Mischung von Bescheidenheit und Selbstbewußtsein: „Der Wert des Entwurfs, falls es ihn gibt, liegt nicht in der Neuheit des ihm zugrunde liegenden Prinzips, sondern in der konsequenten Anwendung wohl erprobter mechanischer Gesetze und der Resultate von Experimenten auf das ziemlich schwierige Problem, das sich aus der Konstruktion einer so großen Brücke über einen so ungeschützten Meeresarm wie den Firth of Forth ergibt... Wo kein Vorläufer existiert, ist der erfolgreiche Ingenieur der, der die wenigsten Fehler macht." [4.21.]

Um 1900 zeigte sich ganz allgemein im Brückenbau die Tendenz, Brücken bewußt schön zu gestalten. Das trifft auch auf den Bau von Hängebrücken in den letzten fünfzig Jahren zu. Als Leitbilder wirkten solche Konstruktionen wie die 1931 eingeweihte Hängebrücke über den Hudson in New York. Konstruiert von den Ingenieuren *O. H. Amman* und *Gustav Lindenthal* spannt sich das 32,30 m breite Fahrbahndeck über eine etwa 1000 m weite Mittelöffnung. [4.22.] Nur wenig später wurde sie von der Golden Gate Bridge bei San Francisco mit fast 1500 m Spannweite übertroffen. In der Tradition der *Roeblings* stehen die berühmten amerikanischen Brückenkonstrukteure wie *Joseph Baermann Strauß,* er vollendete die Golden Gate Bridge und baute fast 500 bewegliche Brücken, *Leon Solomon Moisseiff,* der aus der Analyse des Einsturzes der Tacoma Bridge, 1940, neue Lösungen zur Erhöhung der Stabilität von Hängebrücken ableitete, und *David B. Steinmann,* der 1958 die über einen Kilometer gespannte Brücke über die Straits of Mackinac konstruierte. [4.23.] Und *Franz Dischinger* schlug nach dem Zweiten Weltkrieg Schrägseilbrücken für Spannweiten bis 2000 m vor. [4.24.]

Basierend auf neuen Erkenntnissen in der Stabilitäts- und Elastizitätstheorie nahm der Stahlbrückenbau nach dem Zweiten Weltkrieg einen beachtlichen Aufschwung. Nun werden nicht mehr die einzelnen Elemente der Konstruktion für sich betrachtet und bemessen, sondern das gesamte Gefüge des Bauwerks als komplexes Tragwerk. Die Schweißtechnik ersetzte seit den dreißiger Jahren des 20. Jahrhunderts das Nieten. Die Fahrbahnen bestehen aus Stahlbetontafeln, die schubfest mit den meist aus Stahlplatten geschweißten Kastenprofilen verbunden werden. [4.25.]

Wie im Brückenbau bestimmte auch im Hochbau die Verbesserung der Stahlqualität die Entwicklung der Konstruktionssysteme. Die seit der Mitte des 19. Jahrhunderts verfügbaren Walzprofile ermöglichten Fachwerkkonstruktionen im Industriebau von bisher unbekannten Abmessungen. Am Anfang hatten gußeiserne Konstruktionen gestanden wie die Kuppel der „Halle au blé" in Paris, der Kornhalle. Sie geht auf einen Entwurf *Philibert de l'Ormes* zurück. Erbaut aber wurde sie erst 1809–1811. An Stelle eines 1802 abgebrannten Bohlendachs konzipierte *Belanger* eine Kuppel mit 40 m Durchmesser, bestehend aus elf gußeisernen Rippen, die

Kuppel der Nikolaikirche in Potsdam, Entwurf: K. F. Schinkel, 1843–1848, Persius und Stüler, gußeiserne Elemente von Borsig, Berlin, unterer Durchmesser rd. 23 m, 56 durchbrochene gußeiserne Rippen, rd. 18 m und 12,8 m lang auf Rollen gelagert, Schnitt durch den Fußpunkt und Detail eines Knotens
aus: E. Brandt: Lehrbuch der Eisenkonstruktionen, Berlin 1865

„Für meine Begriffe liegt die Begrenzung des Leichtbaus in der Begrenztheit unseres Wissens. Wir kennen echte Leichtbaustrukturen noch gar nicht genug. Noch zwei bis drei Generationen intensiver Arbeit sind nötig, um die Minimalstrukturen soweit zu kennen, um überhaupt sinnvoll selektieren zu können. Für meine Begriffe hat man um 1860 aufgehört, diese Probleme zu erforschen. Wir wären z. B. mit unseren Bauten im vorigen Jahrhundert gar nicht aufgefallen. Für meine Begriffe haben wir die Tradition des vorigen Jahrhunderts nur ein bißchen wieder aufgefrischt."

Frei Otto, 1976

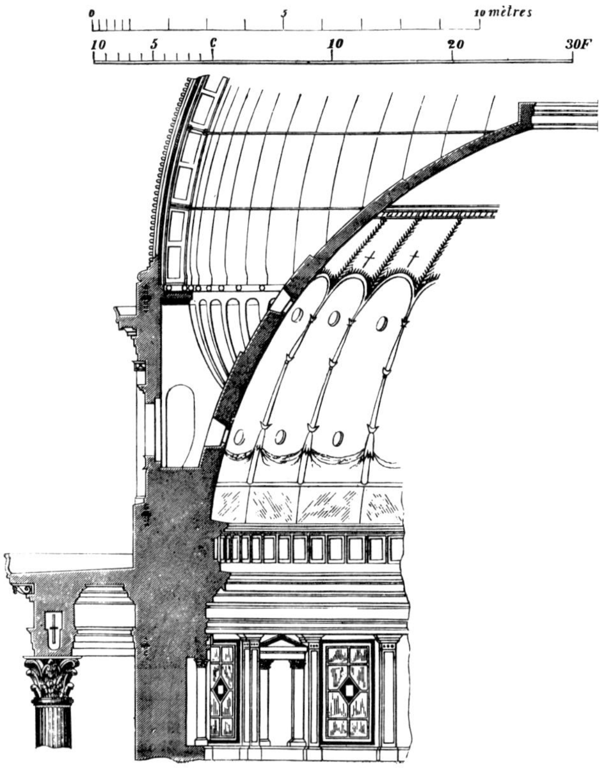

Neue Synagoge in der Oranienburger Straße, Berlin, E. Knoblauch, Konstruktion der Kuppel: J. W. Schwedler, M. Nohl
Gemälde von E. P. J. de Cauwer, 1865
Märkisches Museum, Berlin

Schwedlers Kuppelkonstruktion
aus: L. Klasen: Handbuch der Hochbauconstructionen in Eisen und anderen Metallen, Leipzig 1876

mit Kupferblech abgedeckt wurden. Die Berechnung fertigte der Ingenieur *Brunet* an. [4.26.] Die Kuppel der Nikolaikirche in Potsdam, für die *Karl Friedrich Schinkel* ursprünglich eine Holzkonstruktion vorgesehen hatte, wurde ebenfalls aus eisernen Elementen zusammengesetzt, die in Berlin bei Borsig gegossen worden waren. Ihre 22,48 m Durchmesser nahmen sich recht bescheiden aus. [4.27.]

Der Durchbruch zu einer leichten Kuppelkonstruktion aus Winkelprofilen gelang *Johann Wilhelm Schwedler* erst 1863 bei der Überdachung der Gasometer der Berliner Gasanstalt mit 32 m Durchmesser. [4.28.] Den Höhepunkt in der Entwicklung dieser neuen Kuppelkonstruktionen bildete die von *Scharowski* und *Seifert* 1873 entworfene Kuppel der Wiener Rotunde mit 105 m Durchmesser. Die Idee zu dieser konischen mit Blechtafeln bedeckten Kuppel geht auf den englischen Schiffsbauingenieur *Scott Russel* zurück. [4.29.] Besser entsprach dem Charakter des Konstruktionsmaterials die einen quadratischen Grundriß überdeckende, eigentlich ein vierteiliges Klostergewölbe darstellende Kuppel auf dem Reichstagsgebäude in Berlin. *Hermann Zimmermann* hatte sie als ein räumliches Fachwerk konstruiert. [4.30.]

Entscheidende Fortschritte erreichte der Stahlhochbau, als für die Eisenbahnstationen weit gespannte Hallen notwendig wurden. Die erste Bahnhofshalle mit bedeutenden Abmessungen war Limestreet Station in Liverpool, 1851. Die Spannweite der Binder betrug 47 m. Ihr folgte 1852–1854 die Bahnsteighalle von Paddington Station II. [4.31.] Für die Victoria Station, ebenfalls in London, konstruierte *John Fowler* Binder mit 2 × 39 m Spannweite, deren Zugbänder er aus Kettengliedern herstellen ließ. Die Hallenbinder der von *Barlow* und *Ordish,* 1863–1876 gebauten St. Pankraz Station in London erreichten eine Spannweite von 73 m. *Schwedler* konstruierte die ersten Dreigelenkbinder über den Retortenhäusern der Imperial Continental Gas Association in Berlin mit fast 33 m Spannweite und die Hallenbinder des ehemaligen Ostbahnhofs 1866/67 mit 37,66 m Spannweite.

Einen willkommenen Anlaß, neue Konstruktionsideen zu verwirklichen, boten die Weltausstellungen, diese Heerschauen der modernen Industrie, die seit 1851 veranstaltet wurden. Den Auftakt bildete der Kristallpalast im Londoner Hydepark von *Joseph Paxton*, dem Gärtner und Vertrauten des *Grafen von Devonshire.* [4.32.] Begonnen hatte es mit einem von der königlichen Ausstellungskommission ausgeschriebenen Wettbewerb. Keiner der 233 eingereichten Entwürfe, davon 179 aus Großbritannien, 27 aus Frankreich und drei aus Deutschland, entsprach den Anforderungen. Fast alle zeigten massive, mit den Emblemen historischer Stile geschmückte Fassaden, die als plump und zu teuer abgelehnt wurden. Vor allem aber ließen sie sich weder in der vorgesehenen Bauzeit errichten, noch nach der Ausstellung demontieren und im Vergnügungspark von Sydenham, südlich von London, wieder aufbauen. Lediglich die Architekten *Turner* aus Dublin und *Hektor Horeau* aus Paris, die in ihren Entwürfen von Erfahrungen im Gewächshausbau ausgegangen waren, wurden ehrenvoll erwähnt. Als schließlich das ebenfalls unbefriedigende Ergebnis des von Mitgliedern der Ausstellungskommission, *Wyatt, Wild* und *Jones,* ausgearbeiteten Vorschlags bekannt geworden war, veröffentlichte *Paxton* seinen Entwurf in der „Illustrated London News". Er stützte sich auf das von ihm früher entwickelte Faltdachprinzip für Gewächshäuser und auf seine reichen Erfahrungen beim Bau eines Gewächshauses für die kurz vorher aus den Amazonas-Urwäldern nach England gebrachte Victoria Regia gemeinsam mit dem Architekten *Decimus Burton,* 1836/40. Der erfahrene Eisenbahningenieur *William Henry Barlow* hat wahrscheinlich die ersten statischen Berechnungen für den Kristallpalast gemacht. Aber erst als *Paxton* nachweisen konnte, daß der Bau im Rahmen der vorgegebenen Baukosten und Termine bleiben würde, erhielt er gegen den Protest der britischen Architekten den Auftrag mit der Auflage, das bisher dem Entwurf zugrunde liegende 20-Fuß-Raster zu vergrößern. Damit begann eine konzentrierte Zusammenarbeit von Ingenieuren, Architekten, Künstlern und Unternehmern, die allein ein solches Bauwerk realisierbar machte und immer deutlicher zu einer charakteristischen Erscheinung des Bauens im 19. Jahrhundert wurde.

Joseph Paxton hat die Gesamtkonzeption ausgearbeitet. *William Henry Barlow* berechnete auf einem besonderen Blatt des insgesamt sechs Blatt umfassenden Vorentwurfs die gesamte Konstruktion. Gesichert war das Projekt jedoch erst, als sich die Firma *Fox & Henderson,* in Großbritannien bekannt durch den Bau mehrerer Eisenbahnlinien, bereit erklärt hatte, den Bau innerhalb des Finanzierungs- und Terminplanes fertigzustellen. *Charles Fox* hatte die erste Stadtbahn in London zwischen Camden Town und Euston Square mit überdachter Strecke, Eisenbahnen in Frankreich, Kanada, Australien und Südafrika, eine Schmalspurbahn in Indien und nicht zuletzt die Berliner Wasserwerke gebaut. In sieben Wochen, bei 18 Stunden Arbeitszeit am Tage, fertigte er die gesamten Konstruktionszeichnungen an. Sein Compagnon *Henderson* erarbeitete die Unterlagen für die Ablaufplanung, koordinierte die Materiallieferungen und überwachte die Bauarbeiten. Er soll den von *Paxton* akzeptierten Vorschlag gemacht haben, das mittlere Querschiff mit einer Tonne zu überdecken, die allerdings in einer besonderen Holzkonstruktion ausgeführt werden mußte. Dadurch konnten drei auf dem Baugelände stehende Ulmen in das Innere der Halle einbezogen werden.

Der Architekt des königlichen Hofes, *Sir Charles Barry,* überarbeitete den gesamten Entwurf im 24-Fuß-Raster und korrigierte damit die gesamten Proportionen, wie sie im Vorentwurf konzipiert worden waren. Er überzeugte *Paxton,* daß eine Längstonne dem Bau eine noch größere Monumentalität geben würde. *Paxton* verwirklichte diesen Vorschlag allerdings erst bei der Errichtung der zweiten Fassung des Kristallpalastes in Sydenham. Schließlich fertigte der Maler *Owen Jones* eine Farbstudie an, in der er vorschlug, die horizontalen Konstruktionselemente rot, die vertikalen blau, die vorspringenden Teile gelb und alle übrigen Flächen weiß zu streichen. Der Glasfabrikant *R. L. Chance* aus Smethwick sicherte die Lieferung des Glases, die etwa ein Drittel der britischen Jahresproduktion betrug.

Am 26. September 1850 wurde die erste Säule aufgerichtet. In der phantastisch kurzen Zeit von sieben Monaten verbauten bis zu 2 260 Arbeiter 4 500 t Guß- und Schweißeisen, etwa 20 000 m³ Holz und 300 000 Stück bis zu 4 Fuß lange Glasscheiben. Die extrem leichte Konstruktion erwies sich als wenig stabil, so daß es geradezu an ein Wunder grenzte, wenn während der Ausstellung keine größeren Schäden auftraten. Das Dach konnte nie vollständig abgedichtet werden. Die zu langen Holzsprossen warfen sich und zerbrachen die Glasscheiben. Deshalb erhielten einzelne Ausstellungsabschnitte provisorische Schutzdächer aus Wachstuch. Hier eine kritische Betrachtung eines Zeitgenossen über die gefährliche Labilität der gußeisernen Skelettkonstruktion des Kristallpalastes: „Wir hatten selber aber Gelegenheit, an einem frühen Nachmittag, einem der heißesten Sommertage von 1851, mit einiger Genauigkeit die Auswirkungen der Ausdehnung unter Sonnenwärme auf

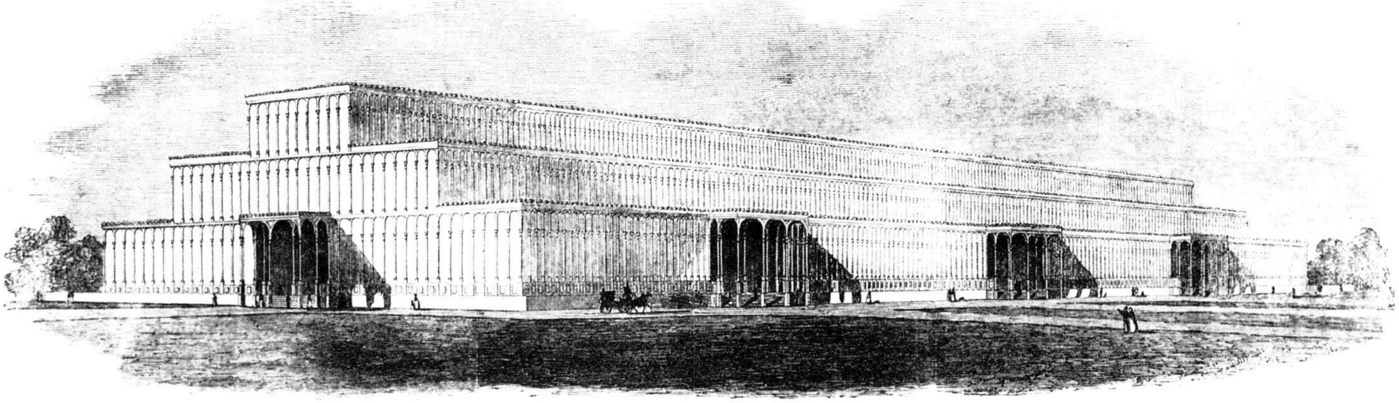

Kristallpalast in London,
erster Entwurf von J. Paxton
aus: Illustrated London News,
6. July 1850

das Skelett des Bauwerks zu untersuchen. Wir können die Tatsache bezeugen, daß am äußersten Ende im Westen, sowie in den Vorderteilen der Galerien im Schiff, dort nämlich, wo die Säulen am längsten sind und am stärksten erhitzt waren, sie allein schon in der Höhe des ersten Stockwerks um ca. zwei Zoll von der Senkrechten abwichen… Als wir in diese westlichen Galerien hinaufblickten, die dicht mit Menschen bepackt waren, und über die ganze Breite des Schiffs, das ebenso dicht bevölkert war, und an die gewaltigen Querkräfte dachten, die in jenem Augenblick in unsichtbarem Spiel das spröde Gestell der Gußeisenstruktur belasteten, fühlten wir deutlich, daß Unwissen ein Segen war." [4.33.]

Allein aus diesem Bauwerk lassen sich wie im Spektrum eines Prismas die wichtigsten Fortschritte des Bauens um die Mitte des 19. Jahrhunderts erkennen:

- die Tendenz zur Minimierung der stützenden und überspannenden Konstruktionen durch den Einsatz gewalzter Eisenprofile in weitgespannten Gitterkonstruktionen, gestützt auf gußeiserne Säulen und überspannt mit großen Glasflächen,
- die unmittelbare Zusammenarbeit von Ingenieuren, Architekten, Unternehmern und bildenden Künstlern in Anbetracht der außerordentlichen Abmessungen des Bauwerks, der Notwendigkeit, die zu erwartenden Belastungen und Formänderungen der Konstruktion so genau wie möglich zu erfassen, vorgegebene Baufristen und Kostenlimits einzuhalten und eine optimale ästhetische Qualität zu erreichen,
- die wachsende Bedeutung der Technologie, die Ausarbeitung eines Harmonogramms des Bauablaufs und die Rationalisierung der einzelnen Arbeiten durch den Einsatz von Maschinen, die von *Paxton* eigens für den Bau erfunden wurden.

In *Joseph Paxton* manifestierte sich eine bemerkenswerte Mischung aus kühnem Neuerungsstreben und architektonischem Traditionalismus, aus Wissenschaftlichkeit und skrupelloser Geschäftstüchtigkeit. Die im British Institute of Architects vereinigten freischaffenden Architekten protestierten energisch gegen die Art und Weise, wie *Paxton* sich den Auftrag erobert hatte, und prinzipiell gegen den „Gärtner" als Architekten. Selbst in den Nachrufen nach seinem Tode wurden entsprechende Anwürfe wiederholt. Sie hatten eigentlich nur in der Zeit nachgelassen, in der *Paxton* Landvillen ganz in der Auffassung des viktorianischen Historismus zu entwerfen begonnen hatte. Welches Aufsehen der Kristallpalast in der Welt erregte, vermittelt ein kritischer Bericht von *Bucher:* „Ich hatte den Eindruck…, daß der derbe Stoff, mit dem die Baukunst arbeitet, völlig von der Farbe verzehrt ist. Das Gebäude ist nicht mit Farben geschmückt, sondern aus Farben aufgebaut… Wir sehen ein feines Netzwerk symmetrischer Linien, aber ohne irgendeinen Anhalt, um ein Urtheil über die Entfernung desselben von dem Auge und über die wirkliche Größe seiner Maschen zu gewinnen. Die Seitenwände stehen zu weit ab, um sie mit demselben Blick erfassen zu können, und anstatt über eine gegenüberstehende Wand streift das Auge an einer unendlichen Perspektive hinauf, deren Ende in einem blauen Duft verschwimmt." [4.34.]

In Bewältigung dieser für die expandierende kapitalistische Industrie repräsentativen Aufgabe entstand durch die Ausnutzung der in ganz anderen Bereichen als dem Bauwesen vollzogenen technischen Entwicklung nicht nur schlechthin ein neuer Bautypus, sondern vielmehr ein Leitbild moderner Architektur. Dem Londoner Kristallpalast folgte der Münchner Glaspalast von *Voith,* 1854. [4.35.] Diese leichten Skelettkonstruktionen mit ihren transparenten Wänden und weitgespannten Dächern eigneten sich geradezu ideal für die in den Großstädten benötigten Kaufhäuser und Markthallen. So entstanden die vor wenigen Jahren abgerissenen „Halles centrales" in Paris, 1851–1858, Passagen als überdachte Kaufhöfe und moderne Warenhäuser wie „Au bon Marché" in Paris, dessen Stahlkonstruktion von *Gustave Eiffel* entworfen worden war. Die Pariser Markthallen, entworfen von *Victor Baltard,* bestanden aus zwölf Pavillons verbunden durch überdachte Zufahrts- und Verbindungsstraßen. Der Seinepräfekt *George Eugène Haussmann* berichtet als Bauherr selbstgefällig in seinen Memoiren wie *Kaiser Napoleon III.* den anfänglich in traditionellen Architekturvorstellungen befangenen Ar-

Kristallpalast in London,
Montage der Hallenbinder
aus: G. Friemert: Die gläserne Arche, Dresden 1984

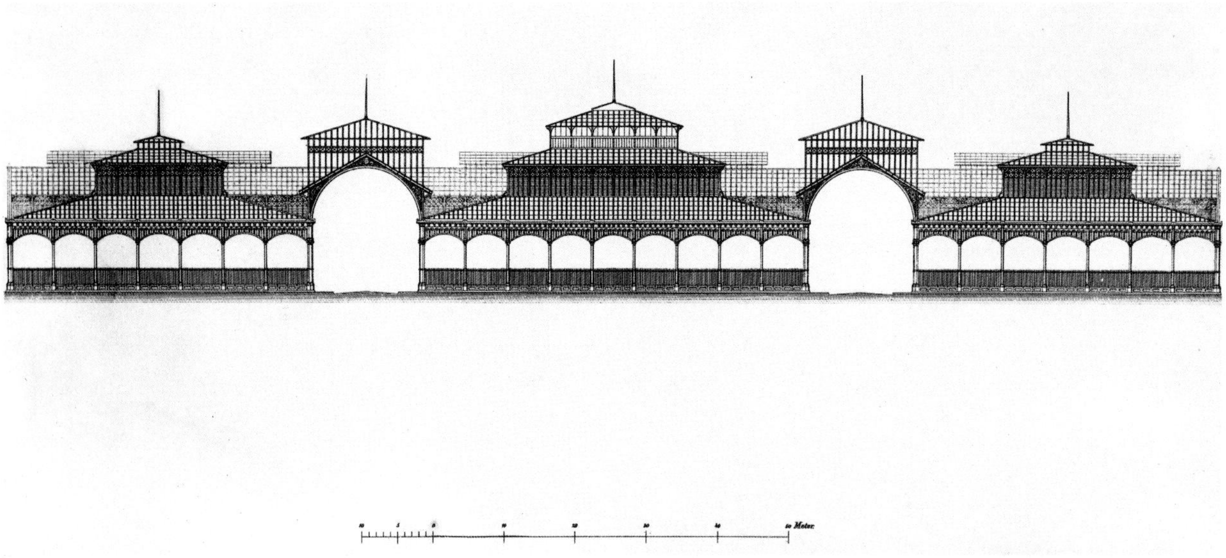

„Jede aus Dreiecken zusammengesetzte Mantelfläche, die einen einfach zusammenhängenden Raum vollständig umschließt, liefert im allgemeinen, wenn man die Kanten als Stäbe und die Ecken als Knotenpunkte auffaßt, ein stabiles und statisch bestimmtes Fachwerk, das man ein Flechtwerk nennt."

August Föppl: Vorlesungen über technische Mechanik

Pariser Markthallen, ab 1851, V. Baltard, Ansicht und Querschnitt aus: Allgemeine Bauzeitung, Wien 24 (1859)

Galerie des Machines, Weltausstellung Paris 1889, Dutert und Contamin, Dreigelenkbinder mit rd. 115 m Spannweite, Innenansicht Sächsische Landesbibliothek Dresden, Abt. Deutsche Fotothek

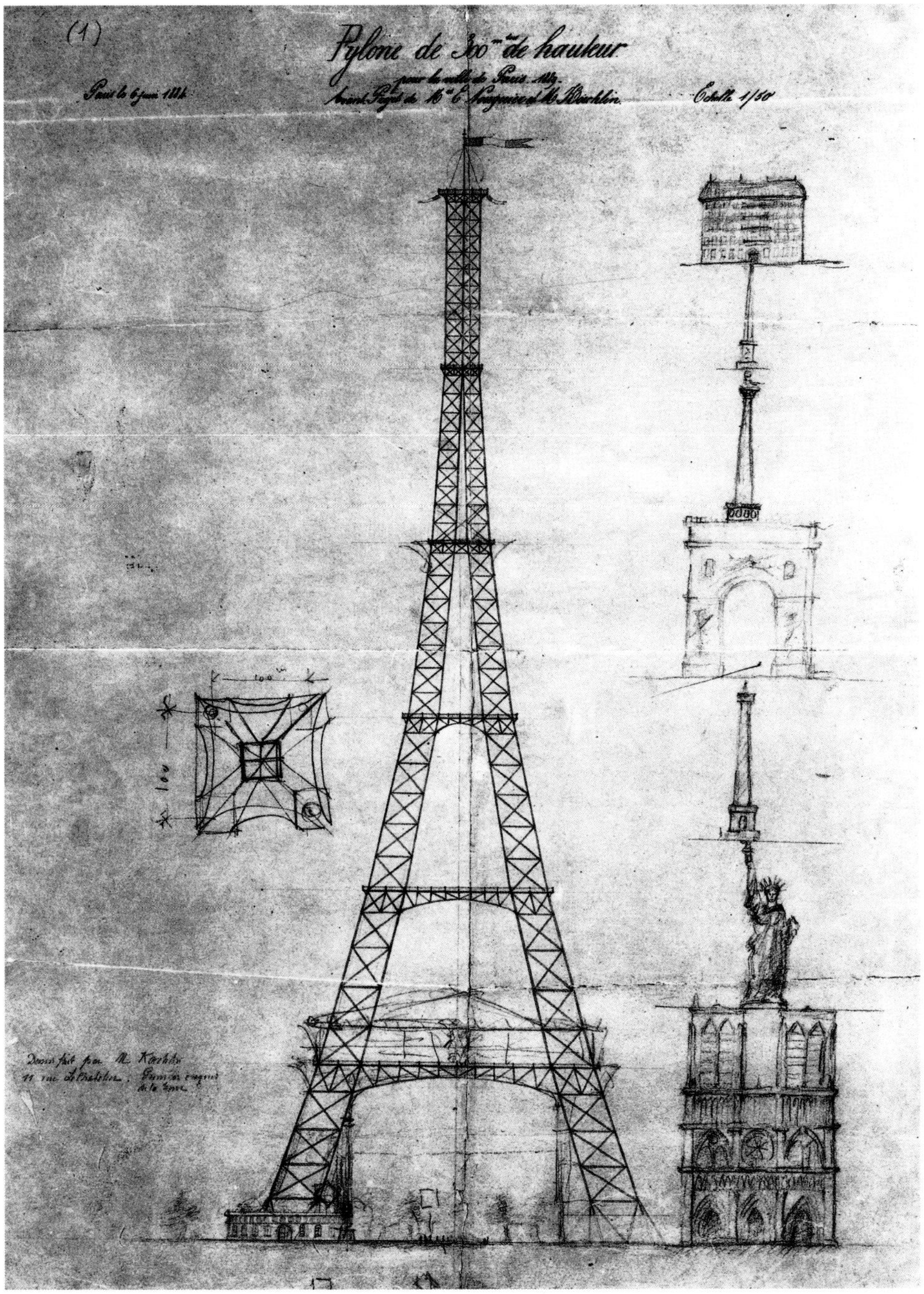

Eiffelturm, erste Entwurfszeichnung von Maurice Koechlin, 1884
Eidgenössische Technische Hochschule Zürich, Wissenschaftshistorische Sammlungen

Eiffelturm in Paris, 1889, M. Koechlin, G. Eiffel, 300 m hoch
Aufn.: H. Ricken, Berlin

chitekten zu dieser neuartigen Lösung gezwungen hätte. Anderthalb Jahre nach der Grundsteinlegung kritisierte der Kaiser den schon weit fortgeschrittenen Bau als zu massiv und monumental. Er brauche lediglich „weite Regenschirme, ... mehr nicht." Nach Vorlage eines Entwurfs, dessen Grundkonzeption auf dem Prinzip des ausgefachten Fachwerks basierte, habe er *Haussmann,* der gerade zum Seinepräfekten ernannt worden war, gefragt, ob er einen neuen Architekten habe. Nein, habe *Haussmann* gesagt, der Architekt sei der selbe, der Präfekt sei ein anderer. [4.36.]

Vor allem bewährten sich verglaste Hallenbauten auf den insgesamt 18 Weltausstellungen, die in London, Paris, Melbourne, Brüssel, Chikago und anderen Weltmetropolen veranstaltet wurden. Einen Höhepunkt bildeten zweifellos die Bauten der aus Anlaß des 100. Jahrestages der Französischen Revolution 1889 in Paris stattfindenden Weltausstellung: der Eiffelturm und die Galerie des Machines. [4.37.]

Der 300 m hohe Eiffelturm war das Ergebnis der gemeinschaftlichen Arbeit von Ingenieur und Architekt. Darüber sprach auch *Gustave Eiffel,* als er am 20. März 1885 den Turmentwurf in einer Versammlung der Société des Ingénieurs Civils vorstellte: „... que ses collaborateurs, M. Nouguier et Koechlin, ingénieurs de sa maison, on été conduit à l'idée d'édifier une tour en fer par les études faites en commun sur les hautes piles métallique des viaducs. La partie architecturale a été étudie par M. Sauvestre, architecte ..." [4.38.] Eine solche Konstruktion in einer das Stadtbild von Paris beherrschenden Größe empfand man geradezu als abscheulich. Jacob Burkhard schrieb darüber: „... der Riesenturm ... als Reklame für die gedankenlosesten Tagediebe von ganz Europa, Amerika etc. zu wirken bestimmt..." [4.39.]

Der Komponist Charles Gounod, der Architekt der Pariser Oper Charles Garnier, der Historienmaler und Bildhauer Meissonier, die Schriftsteller Alexandre Dumas fils und Guy de Maupassant, der Dramatiker Victorien Sardou und andere berühmte Pariser Künstler wandten sich in einem Protestschreiben an den Pariser Baudirektor Al-

phand: „Die Seele Frankreichs, Schöpferin von Meisterwerken, leuchtet aus dieser erhabenen, in Stein gehauenen Blütenfülle hervor. [gemeint ist die Stadt Paris – H. R.] Wollen wir denn alles dies entweihen lassen? Wird denn die Stadt Paris in Zukunft sich dem Schrullenhaften verbinden, den kaufmännischen Plänen eines Maschinenbauers, um sich unwiderruflich zu entstellen und entehren?

Es genügt übrigens, um sich von dem, was wir behaupten, Rechenschaft zu geben, sich einmal einen schwindelhaft lächerlichen Turm zu denken, welcher, einem riesigen schwarzen Fabrikschornstein gleich, Paris überragt, mit seiner rohen Masse Notre-Dame, Saint-Chapelle, den Turm von St-Jacques, das Louvre, den Dom der Invaliden, den Triumphbogen erdrückt, alle unsere Denkmäler erniedrigt, alle unsere Architekturen verkleinert, die in diesem betäubenden Traum verschwinden werden." [4.40.]

Mit der Bereitstellung von genormtem Profilstahl durch die Stahlindustrie stand in den siebziger Jahren der Stahlskelettbau für die Aufgaben der Industrie als ideale Bauweise zur Verfügung. Neue Impulse gaben vor allem die Einführung des Elektroschweißens seit 1927 und des St 52 seit 1929, der etwa 40 % Materialersparnis gegenüber St 37 ermöglichte. Allerdings führten auch bei diesen tiefgreifenden Neuerungen erste Rückschläge zu präziseren Bestimmungen der Stahllegierungen und der Schweißtechnik. Das Tragwerk des zehngeschossigen Home Insurance Building in Chicago von *William le Baron Jenney* bildete noch einen „Käfig" aus Gußeisensäulen und Schweißeisenträgern mit gemauerten Kappen. Den nächsten Schritt demonstrierten in Chicago das Rand-McNally-Building (1889) und vor allem das Reliance Building (1890–1894) von *Daniel Burnham* und *John Wellburn Root* als erste Stahlskelettbauten. Den Höhepunkt dieser Entwicklung stellte zweifellos das Empire State Building in New York von *Shreve, Lamb* und *Harmon* dar, das mit seinen 102 Geschossen alle damaligen Höhenrekorde brach.

Fair Store, Chicago, während des Baus, 1890, W. le Baron Jenney
aus: Inland Architect and News Record, Chicago 18 (1891)

Lifestock Pavillon in Raleigh, North Carolina, USA, 1952/53, M. Nowicki mit Severud, Elstad und Krüger
aus: M. Sanchez-Arcas: Form und Bauweise der Schalen, Berlin 1961

Empire State Building, New York, 1930–1932, Shreve, Lamb and Harmon, Höhe ohne Antennenmast 333 m
aus: Baugilde, Berlin 12 (1930)

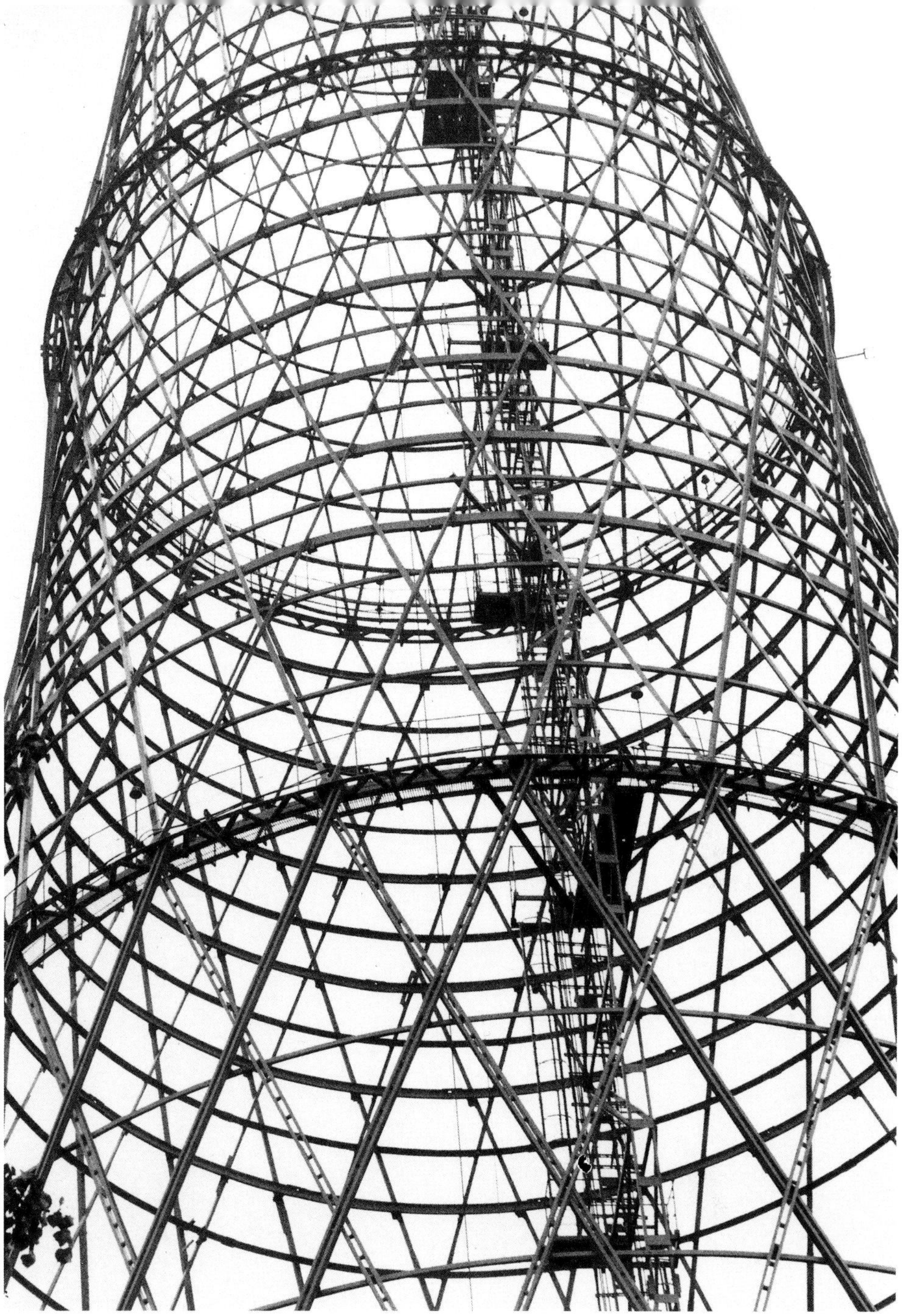

Sendeturm von Radio Moskau auf der Schabalowka,
Moskau, 1922,
W. G. Schuchow, 150 m hoch
APN-Nowosti, Moskau

Über diese klassische Skelettkonstruktion hinausweisende Ideen für weitgespannte und für turmartige Konstruktionen erprobten *Alexander Graham Bell* durch Zusammenfügen von Tetraedern aus normierten Stäben und *Wladimir Grigorewitsch Schuchow* mit hyperboloiden Gitterwerken. [4.41.] *Walter Bauersfeld* konstruierte für das Zeiß-Planetarium 1925 Kuppeln aus gleichmäßigen zu einem Gitterwerk verbundenen Stäben als Bewehrungssystem der ersten Stahlbetonkuppelschalen. Nach ähnlichen Prinzipien kombinierte *Richard Buckminster Fuller,* im Bemühen mit der geringsten Konstruktionsoberfläche einen größtmöglichen Raum zu umfassen, Tetraeder- und Oktaederelemente zu geodätischen Kuppeln. [4.42.]

Die materialtechnischen Grundlagen für leichte Stahlkonstruktionen nach dem Zweiten Weltkrieg bildeten kalt profilierte Formstäbe aus dünnen Breitflach- und Bandstählen. So entstand eine ganze Reihe von Leichtbau-Tragsystemen, zu der verschiedene Arten von Gitterkonstruktionen, Seilnetz-Hängedächern und zeltartig gespannten Flächentragwerken gehören. Pioniere dieser neuartigen Konstruktionen, deren rechnerische Bewältigung nur unter Ausnutzung moderner mathematischer Theorien möglich wurde, waren *Bernard Laffaille,* der den französischen Pavillon in Zagreb mit einer Paraboloid-Hyperboloid-Schale aus dünnem Blech abdeckte, *Robert de Ricolais,* der in den vierziger Jahren von Studien über Kristall- und Radiolarienstrukturen räumliche

Tragwerke entwickelte, *Matthew Nowicki,* der gemeinsam mit *William H. Deitrick* und *Severud* die Arena in Raleigh, North Carolina, entwarf (1952/53), *Frei Otto,* der Konstrukteur und Gestalter kühner Zeltdächer oder *Fazlur Khan,* der Schöpfer der modernen Hochhauskonzeption in den USA.

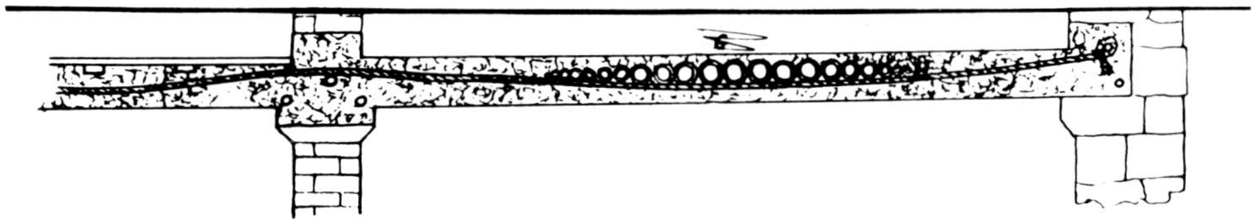

Stahlbetonpatent von Wilkinson, 1854
aus: A History of Technology, Bd. 5, Oxford 1958

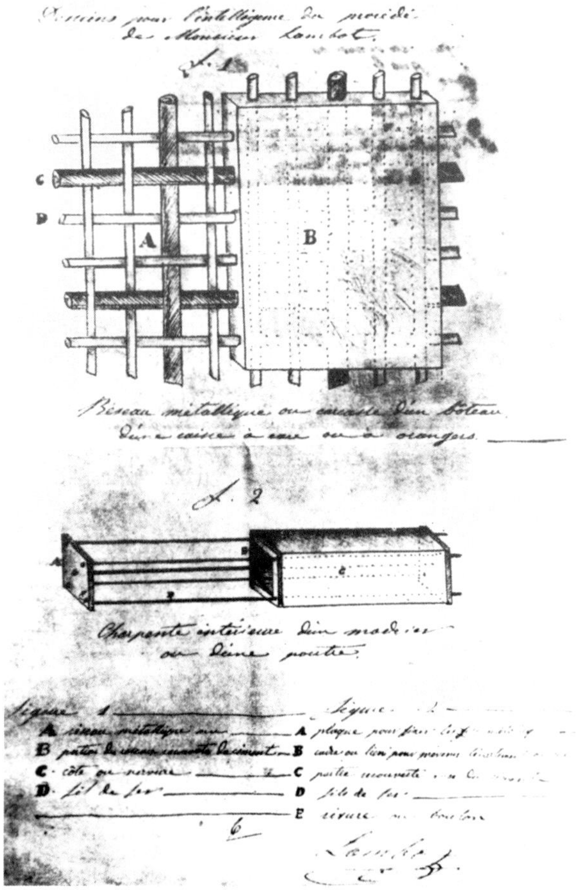

Stahlbetonpatent von Lambot, 1855
aus: Vom Caementum zum Spannbeton, Bd. 1, Wiesbaden 1964

Der Betonbau Von der „Dreckpastete" zum Spannbeton

„Ohne jeden Zweifel stellt die Vereinigung von Beton und Eisen etwas dar, das zunächst verwirrend erscheint und man behauptet wohl nicht zuviel, wenn man feststellt, daß ein *Ingenieur* wohl niemals auf diese Idee verfallen wäre." [4.43.] Das schrieb der Ingenieur *Paul Christophe* rückblickend auf die wohl wichtigste Erfindung für das Bauen im 19. Jahrhundert. Das Wort „Ingenieur" ließ er zur Betonung kursiv setzen – zweifellos aus der Überraschung, daß tatsächlich als Erfinder dieser aus Zementmörtel und Rundeiseneinlagen kombinierten Bauweise kein Ingenieur verzeichnet ist.

Der Stukkateurmeister *William Bouthland Wilkinson* ließ sich 1854 eine feuerbeständige Deckenkonstruktion aus mit Drahtseilen bewehrtem Zementbeton patentieren. Er versuchte auf diese Weise das klassische Problem des frühen britischen Industriebaus, die geringe Feuerbeständigkeit der Gußeisenkonstruktionen, zu bewältigen. Die Bewehrung ordnete er bereits unterhalb der Mittelachse des Querschnitts an. Aus dem Text seines Patents von 1854 wird deutlich, daß sich *Wilkinson* über die Verbundwirkung grundsätzlich klar ist: „Entsprechend der angestrebten Stärke der Decke legt man dann eiserne Bügel in Abständen von zwei Fuß, oder auch in größeren oder kleineren, in den Mittelteil der Decke und in voller Länge quer über sie. Der Unterflansch der Eisenbügel liegt in der Höhe der Schalung oder nur wenig höher, damit die Bügel mit um so höherer Kraft als Zugstäbe auf die Geschoßdecke einwirken können." [4.44.]

Der Gutspächter *Joseph Louis Lambot* ersetzte im gleichen Jahr das feuchtigkeitsgefährdete Holz seines Angelkahns durch Zementmörtel, den er mit Hilfe eines Drahtnetzes in die gewünschte Form zu bringen suchte. Er hatte übrigens auch Versuche mit Teer unternommen. In seinem Patentanspruch nannte er den neuen Baustoff, den er als „Holzaustauschwerkstoff" anbot, „Ferciment". Deshalb formulierte er in der Patentschrift von 1855: „Meine Erfindung hat ein neues Erzeugnis zum Gegenstand, das dazu dient, das Holz im Schiffsbau und überall dort zu ersetzen, wo es feuchtigkeitsgefährdet ist, wie bei Holzfußböden, Wasserbehältern, Pflanzkübeln etc … Ich gebe diesem Netz [aus Drähten oder Stäben – H. R.] eine Form, die im bestmöglichen Maße dem Gegenstand angepaßt ist, den ich herstellen will und bette es anschließend in hydraulischem Cement oder ähnliches wie Bitumen, Teer oder ihren Gemischen und verstreiche damit auch etwaige Fugen." [4.45.]

Der Handelsgärtner *Joseph Monier* erhielt 1867 sein erstes Patent für ein Verfahren zur Herstellung beweglicher Kübel und Behälter für den Gartenbau aus Eisen und Zement. Er wollte – ähnlich wie *Lambot* – die leicht verrottenden hölzernen Pflanzkübel ersetzen. Unerklärlicherweise ließ er 1876 dieses Patent und die später dazu erteilten Zusatzpatente verfallen. 1877 beantragte er ein neues Patent auf die Herstellung von Eisenbahnschwellen. Erst die hierzu 1878 erteilten Zusatzpatente sind dann als die sogenannten „Monier-Patente" in die Geschichte der Bautechnik eingegangen. [4.46.] Das historische Verdienst *Moniers* lag nicht so sehr in der bewußten Ausnutzung der Verbundwirkung, als vielmehr in der Ausnutzung des internationalen Interesses an dieser Bauweise durch Vergabe von Lizenzen und damit in der Initiierung der weltweiten Auseinandersetzung mit ihr.

„Während die ganze Welt aus seiner Erfindung Nutzen zieht, sieht sich der achtzigjährige Greis in Not und Bedrängnis und außerstande, sein Los aus eigener Kraft zu bessern."

Zeitungsnotiz zum 80. Geburtstag Moniers

„Mehr als jeder andere habe ich an dieses Material geglaubt … Ich gab mich, meine Familie und meine Freunde ihm zur Gänze hin … Beton hat mich nicht nur einen großen Teil meines Vermögens gekostet, es hat mein Leben zur Qual gemacht …"

François Coignet

Stahlbetonpatent von Hyatt, 1871 und 1874
aus: Vom Caementum zum Spannbeton, a. a. O.

Stahlbetondecke aus dem Monier-Patent von 1881
aus: F. Emperger: Handbuch für Eisenbetonbau, Bd. 1, Berlin 1930

Moniers Deutsches Patent vom Dezember 1880, DRP Nr. 14673
Deutsches Patentamt, Außenstelle Berlin

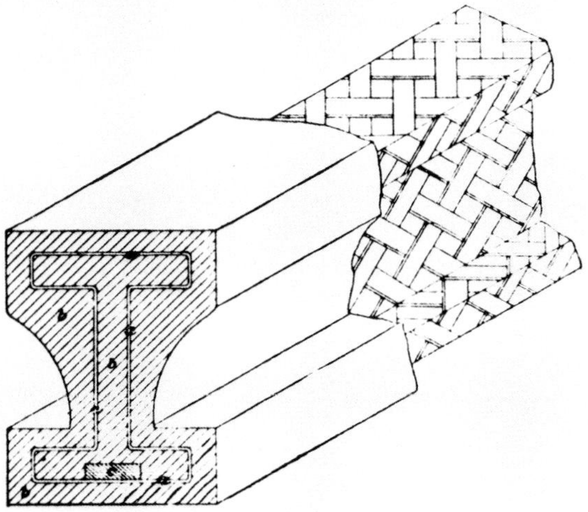

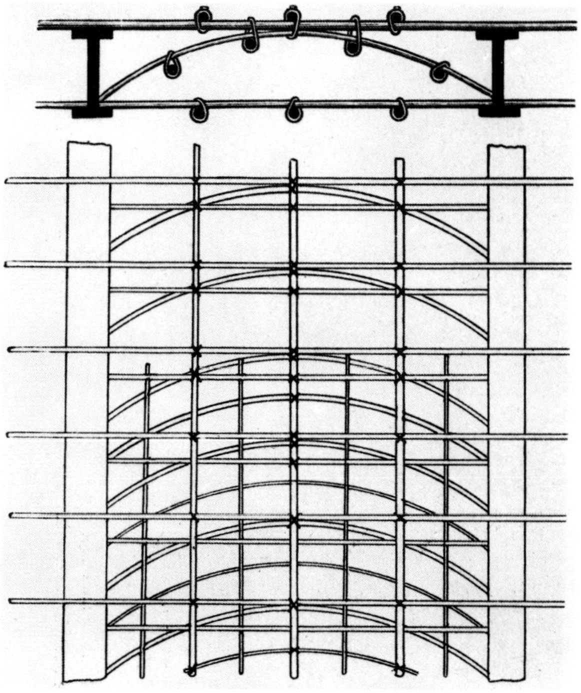

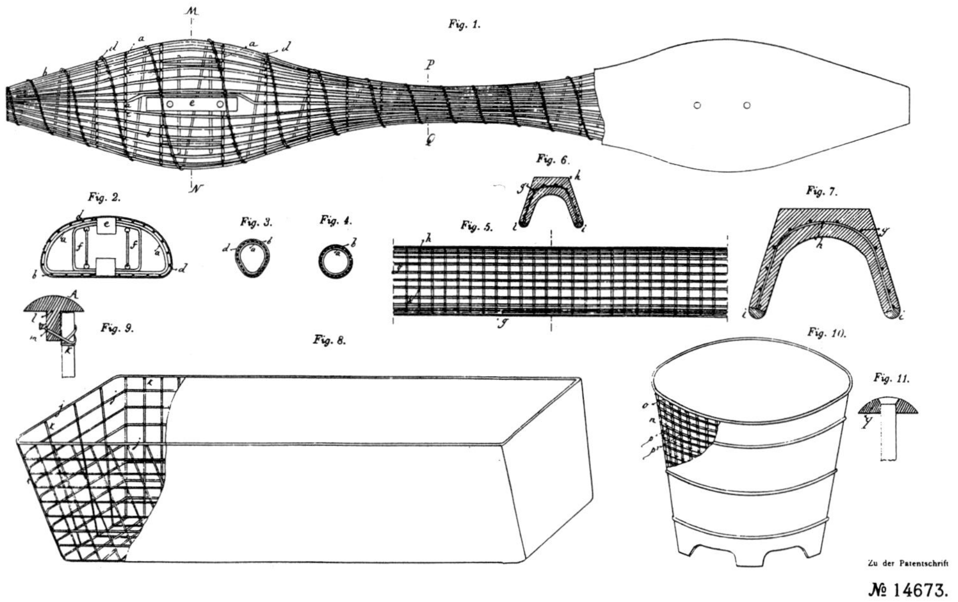

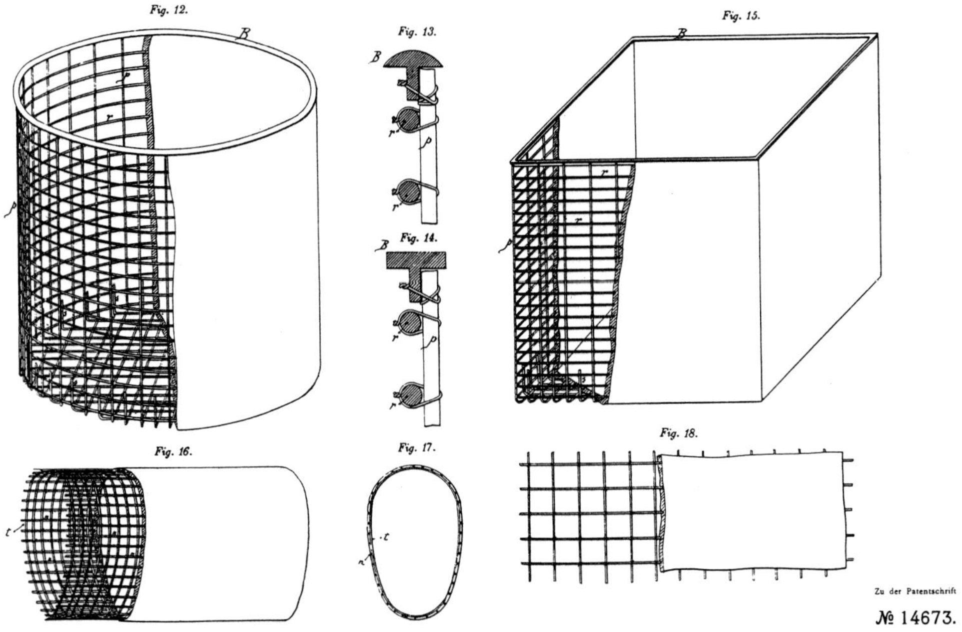

Die Verbreitung des Stahlbetons in Deutschland begann 1884 mit dem Kauf der Verwertungsrechte für Süddeutschland durch *Freytag & Heidschuch,* Neustadt a. d. Hardt und für Frankfurt/M. und Umgebung durch *Martenstein & Josseaux* in Offenbach, die ihre Vorkaufsrechte ein Jahr später an *Gustav Adolf Wayss* abtraten.

Der amerikanische Rechtsanwalt *Thadeus Hyatt* schrieb in seinem Stahlbetonpatent unmißverständlich vor, daß die Eisenbewehrung in die Zugzone zu legen sei: „Zementbeton wird mit Band- und Rundeisen zu Platten, Trägern oder Gewölben so verbunden, daß das Eisen nur auf der Zugseite Verwendung findet." [4.47.] Seine seit 1855 betriebenen Versuche führten zu 30 Patenten, darunter 1874 ein Patent für die Herstellung von Betonsäulen mit Spiral- und Vertikalbewehrung.

Der erste Ingenieur, der aus seinen Erfahrungen mit dem Betonstampfbau heraus in der Bewehrung ein Mittel zur Verbesserung der Tragfähigkeit von Betonkonstruktionen sah, war der Bauunternehmer *François Coignet.* Im Zusatzpatent von 1855 hob er deshalb hervor: „Bisher wurden Eisenträger als Unterzüge, jedoch nicht als Zugstangen (tirants) verwendet. Unter den Bedingungen, unter denen ich sie verwende, erfüllen sie den Zweck, monolithische Konstruktionen zu verwirklichen." [4.48.]

Den Anlaß für die vielfältigen Versuche mit Beton hatte eigentlich die industrielle Herstellung eines hydraulischen Bindemittels gegeben, das plastisch leicht zu verarbeiten, nach dem Erhärten eine steinharte Masse ergab. *Smeaton* hatte bereits für den Bau des Eddystone-Leuchtturms umfangreiche Versuche angestellt mit Mischungen

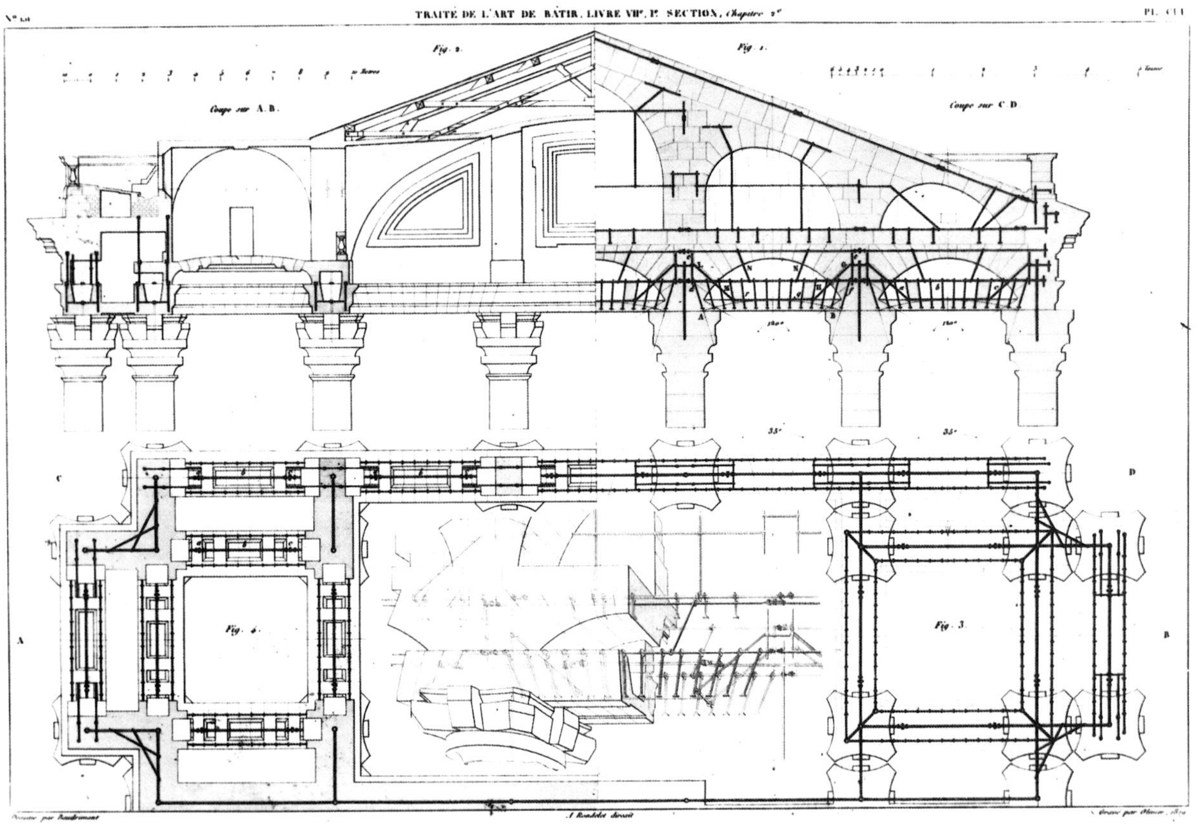

St. Geneviève, Paris, Schnitt durch den Portikus, 1764 bis 1790
aus: Rondelet, a. a. O.

aus Kalk aus den Brüchen von Aberthaw, dem seit der Antike als hydraulischer Zuschlagstoff bekannten Tuff aus Pozzuoli (Puteoli) und Ton. Er fand, daß etwa 12–13% Tonbeimengungen dem Mörtel hydraulische Eigenschaften gaben und benannte ihn nach dem in England gern benutzten Kalkstein aus Portland: Portlandzement.

Das war der Auftakt für eine systematische Suche nach einem leicht herstellbaren Ersatz für Puzzolan-Erde. *Parker* ließ sich 1796 einen Zement patentieren, der Beimengungen aus Tonmehl enthielt. *Joseph Aspdin* aus Leeds erhielt 1824 ein Patent auf ein Verfahren zur „Herstellung künstlicher Steine" aus einem Gemenge, das Straßenstaub, d. h. im wesentlichen Kalksteinabrieb, enthielt. *J. C. Johnson* führte 1844 das Sintern des Gemischs ein. Dieses neue Material bildete die Grundlage einer rasch expandierenden Kunststeinindustrie. Platten, Rohre und Formsteine ließen sich nun in großen Serien herstellen. Schließlich konnten in Weiterführung der Traditionen des Lehmstampfbaus ganze Häuser aus Beton geschüttet und gestampft werden. *Thomas Alva Edison,* der am Ende des 19. Jahrhunderts in Orange, N. J., eine Zementfabrik betrieb, stellte Gußbeton-Wohnhäuser unter Verwendung einer Stahlblechschalung her.

Es lag auf der Hand, daß sich Drahtgewebe anfangs als Mittel zur Stabilisierung der Mörtelmasse anboten. Der Berliner Maurermeister *Rabitz* hatte diese vielseitig verwendbare Materialkombination schon beim Bau des *Schinkel*schen Alten Museums in Berlin genutzt, um leichte Zwischenwände zwischen zwei Mauern zu spannen. Auch der Bauunternehmer *G. A. Wayss* kaufte das Monierpatent von 1877 ursprünglich nur, um die formstabilisierenden Eigenschaften der in Zementmörtel eingebetteten Drahtnetze nutzen zu können. *Wayss* hatte deshalb auch große Mühe, sich gegen die gerichtliche Klage von *Rabitz* zu verteidigen. Auch nachdem in einem Gutachten die neue Qualität des im *Monier*-Patent beschriebenen Stahlbetons gegenüber der *Rabitz*-Wand geklärt werden konnte, dürfte *Wayss* erst durch die von *Matthias Koenen* angestellten Versuche überzeugt worden sein, daß sich hier eine völlig neue Bauweise anbot. Jetzt wurde *Wayss* zu einem enthusiastischen Verfechter des Stahlbetons.

Ohne Bauingenieure, ohne ihre systematischen Versuche und ohne ihre beharrlichen Bemühungen um die Klärung des Materialverbundes und um eine den inneren Kräften angemessene Bemessung der Querschnitte wäre aus diesen ersten Patenten niemals die das moderne Bauen dominierende Stahlbetonbauweise hervorgegangen. Die Fähigkeit des Holzes und des Eisens im Mauerwerk Zugkräfte aufzunehmen und damit Rißbildungen einzuschränken, kannten die Baumeister seit Jahrhunderten. Davon zeugen die durch Zuganker stabilisierten Gewölbe des Mittelalters und die Ringanker um die Kuppeln des Florentiner Doms und von St. Peter in Rom. *E. M. Gauthey* und *J. B. Rondelet* ließen die aus Werkstein gefertigten Architrave des Portikus von Ste-Ge-

Testbalken von J. B. White
auf der Londoner Weltausstellung von 1851

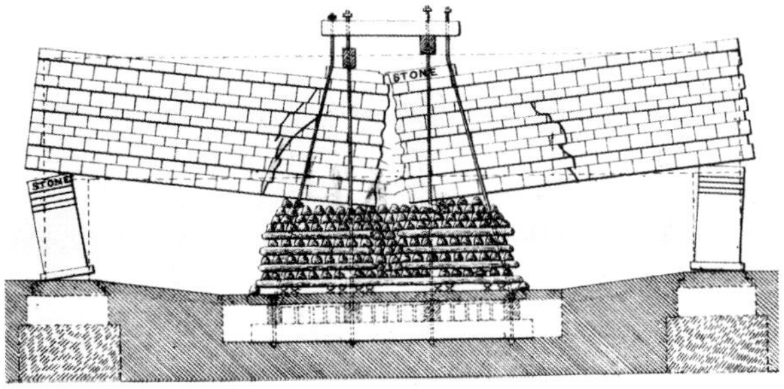

nevième in Paris regelrecht mit schmiedeeisernen Stäben bewehren.

Die in Wien erscheinende Allgemeine Bauzeitung berichtete 1838, daß *I. K. Brunel* bereits 1835 erste Balkenversuche mit bewehrtem Mauerwerk unternommen habe. In ihrem Ergebnis schlug er damals Bandeisen als Bewehrung vor. Er warf aber auch die Frage nach der Haftfähigkeit des Eisens im Mörtel auf, die noch näher untersucht werden müsse. Er hegte bereits die auch später immer wieder erhobenen Bedenken wegen der Rostgefahr, der am besten durch den Einsatz mit Teer getränkter Hölzer begegnet werden könnte. [4.49.]

Erst seit den siebziger Jahren verbreitete sich die Verwendung des Stahlbetons für bauliche Zwecke. Rezepturen, konstruktive Details und Erfahrungen bei seiner Verarbeitung hüteten die Bauunternehmer als Geheimnisse. Jeder hatte sein eigenes System. *François Coignet,* dem bereits 1855 ein britisches Patent auf eine kreuzweise bewehrte Deckenplatte erteilt worden war, errang seine spektakulären Erfolge eigentlich nur durch die Verbesserung der Technologie. Er hatte als erster erkannt, daß ein günstiger Wasser-Zement-Faktor, kontinuierliches Mischen, sorgfältiges Stampfen und eine möglichst oft wiederverwendbare Schalung über kurze Ausschalfristen und eine hohe Betongüte entscheiden. Die Spezialität seiner Firma, die vor allem vom Aufschwung der Bautätigkeit während der Umgestaltung von Paris profitierte, war die Herstellung vollständig aus Beton bestehender Häuser. Über den Bau der Pfarrkirche St-Margarethe von le Vesmet bei Paris nach dem System Coignet schrieb damals *Viollet-le-Duc:* „Coignet hat den neuen Baustoff zur Reife gebracht und ihm eine wesentliche Aufgabe im Bauwesen zugedacht; dank seiner fortschrittlichen Experimente ist es möglich geworden, ihn an die Stelle von Ziegel- und Naturstein, Eisen und Holz zu setzen." [4.50.]

Ähnlich wie der Stahlbau konnte auch der Stahlbetonbau nicht mehr von kleinen Handwerksbetrieben ausgeführt werden. Beide Bauweisen setzten den großen, spezialisierten und leistungsfähigen Betrieb voraus und forcierten seine Expansion auf Kosten des Handwerks. Die Herstellung der Projektunterlagen und die technologische Vorbereitung führten zur Bildung von Ingenieur-

Leuchtturm von Bell Rock,
Ansicht, Schnitt, Grundrisse aus: Abbildungen zu Dupins Reisen ..., 3. Abt., Stuttgart 1825/26

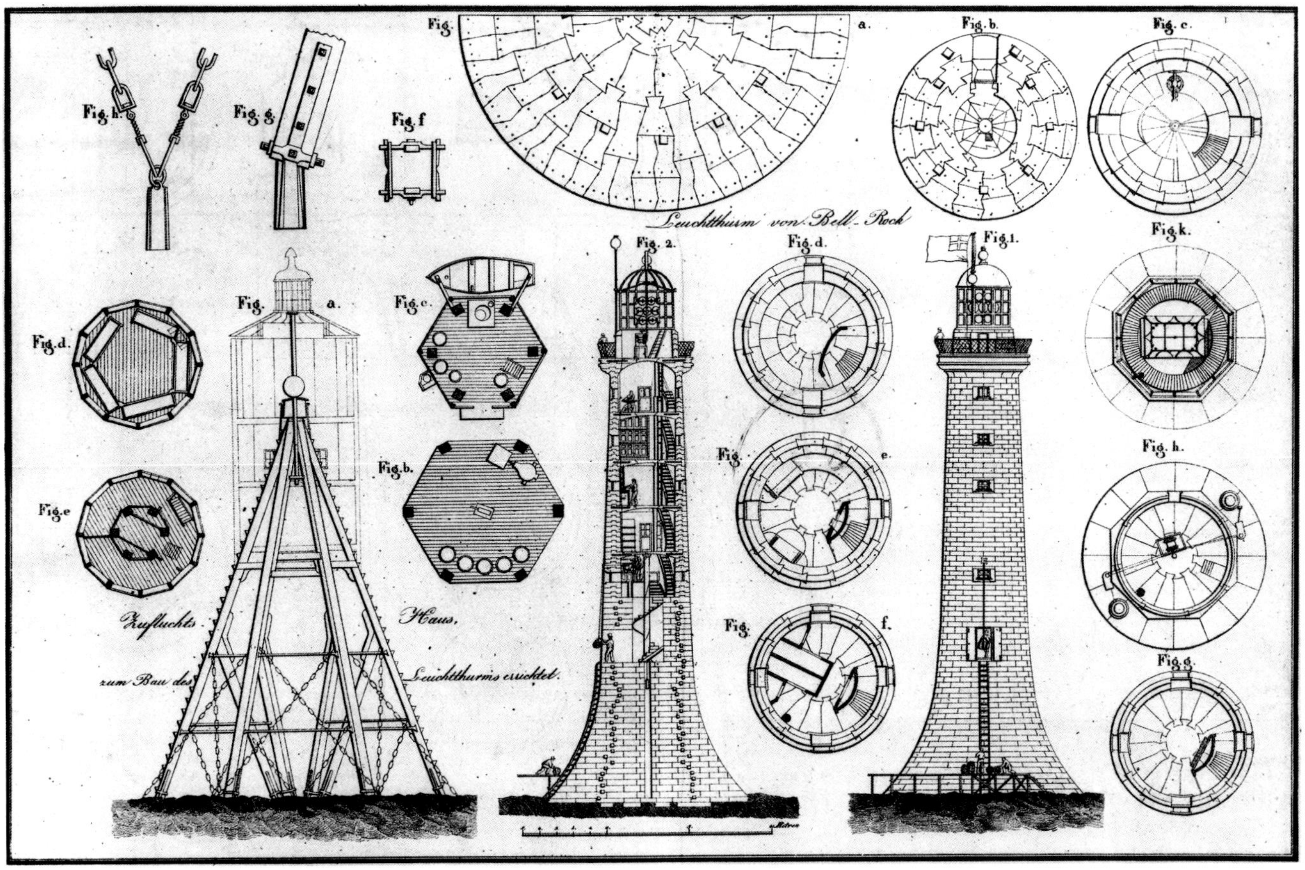

büros innerhalb der Baubetriebe und als selbständige beratende Unternehmen. *François Hennebique*, einer der führenden Stahlbetoningenieure Frankreichs, hatte ein solches Ingenieurbüro gegründet. Er übernahm selbst keine Bauarbeiten, sondern vergab an etwa 500 Firmen in der ganzen Welt Konzessionen für die Anwendung seiner patentierten Konstruktionen, unter seinem Lieblingsmotto

„Discuter, c'est Vaincre!"

führte er mit seinen Mitarbeitern und Konzessionären regelmäßig Betonkongresse durch und gab am Ende der neunziger Jahre eine eigene Zeitschrift „Le Beton Armé" heraus. Wenn auch seine Patente später wegen ihrer Ähnlichkeit mit den Monier-Patenten als nichtig erklärt worden sind, ist ein wichtiger Beitrag von *Hennebique* in der Konstruktion des Plattenbalkens sowie der Anordnung von Bügeln und aufgebogenen Bewehrungseisen zur Aufnahme von Schubkräften zu sehen. [4.51.]

Fritz von Emperger, einer der wirkungsvollsten Propagandisten der Stahlbetonbauweise vor allem in den USA, schätzte die Verdienste *Hennebiques* realistisch ein: „Abgesehen davon, daß er den Boden schon vorbereitet fand, ist seine Formel, wie alle großen Lösungen, sehr einfach. Wo die andern alle Arbeit selbst machen und sich so den ganzen Unternehmergewinn sichern wollten und das Geschäft in das Halbdunkel von Geschäftsgeheimnissen hüllten, um sich die Alleinherrschaft am Markt zu hohen Preisen zu wahren, hat Hennebique gerade umgekehrt eine ‚Combine' von Unternehmern organisiert und durch Heranziehen der weitesten Kreise einen Massenartikel mit entsprechend billigen Preisen zu schaffen gewußt." [4.52.] Diesem Geschäftsprinzip verdankte *Hennebique* seinen Aufstieg, allerdings auch seinen Untergang. Mangelhafte Ausführungsqualität führte zu Einstürzen einiger Bauten, die letztlich seinen Ruin besiegelten.

Für die Verbreitung des Stahlbetons in Deutschland war entscheidend, daß die Baufirma Freytag & Heidschuch in Neustadt a. d. Hardt im Jahre 1884 das Monier-Patent von 1877 für den süddeutschen Raum erworben hatte. Das Vorkaufsrecht für die Nutzung des Patents im Raum Berlin trat sie ein Jahr später an den Unternehmer *Gustav Adolf Wayss* ab, der daraufhin in Berlin die Beton- und Monierbau A. G. gründete. *Wayss* wandte sich 1885 an den für die Bauleitung des Reichstagsgebäudes zuständigen Bauführer im preußischen Ministerium für öffentliche Arbeiten, *Matthias Koenen,* um ihn zur Verwendung von „Monier-Wänden" zu veranlassen. *Koenen* hatte anfänglich Bedenken wegen der Gefahr des Rostens und der unklaren Haftung des Eisens im Zementmörtel. Deshalb ließ er Probekörper herstellen, die drei Monate lang in *Bauschingers* Versuchsanstalt in München in Luft, Wasser und Jauche gelagert wurden. Das Ergebnis überzeugte: in allen drei Probekörpern ließ

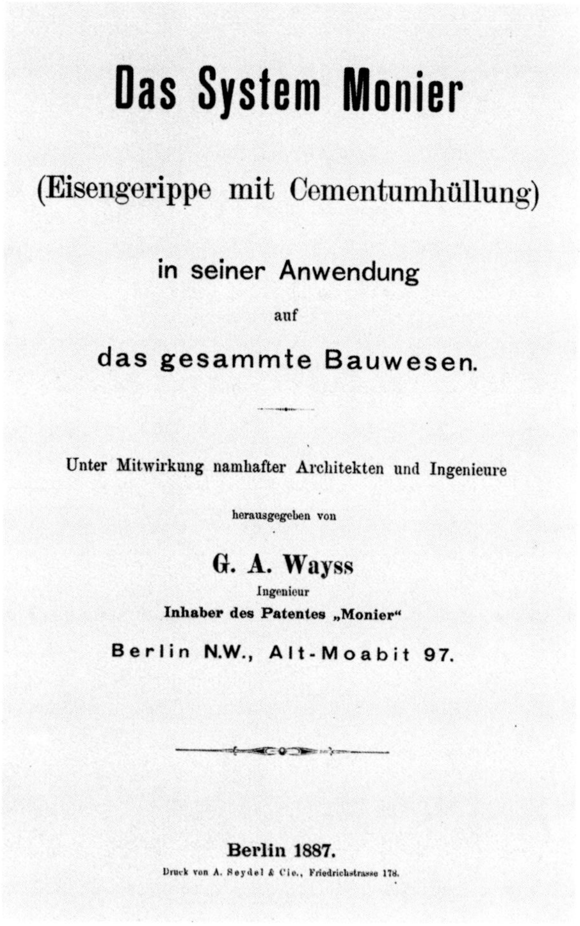

Das System Monier

(Eisengerippe mit Cementumhüllung)

in seiner Anwendung

auf

das gesammte Bauwesen.

Unter Mitwirkung namhafter Architekten und Ingenieure

herausgegeben von

G. A. Wayss

Ingenieur

Inhaber des Patentes „Monier"

Berlin N.W., Alt-Moabit 97.

Berlin 1887.

Druck von A. Seydel & Cie., Friedrichstrasse 178.

Aus der „Monierbroschüre"
a) Titelblatt
b) Seite aus dem Versuchsbericht
c) isometrischer Schnitt durch ein Lagerhaus
d) Systemskizze mit Angabe der Vorspannungen
aus: F. Düll, R. Gerhart: Die Echelsbacher Brücke, Berlin 1931

sich an den Eisen kein Rost nachweisen. [4.53.] *Koenen* ermittelte damals in weiteren Versuchen die Haftfähigkeit des Eisens mit 4 MPa und schlug vor, biegesteife Körper herzustellen. Der Vergleich zwischen einer unbewehrten und einer mit einem Eisenquerschnitt von 3 cm^2 bewehrten Platte ergab eine fast sechsfache Tragfähigkeit des Stahlbetons. Darauf folgten 1887 umfangreichere Versuche, die *Koenen* als nebenamtlicher Mitarbeiter von *Wayss* durchführte. Ihr Ergebnis, das er durch ein erstes einfaches Bemessungsverfahren ergänzte, veröffentlichte *Wayss* unter dem Titel „Das System Monier in seiner Anwendung auf das gesamte Bauwesen", aus dem noch die Überraschung *Koenens* über die kaum vermuteten Eigenschaften des Stahlbetons zu spüren ist.

Zurückschauend berichtet er selbst:

„Von diesem Augenblick an war ich entschlossen, der Sache meine volle Aufmerksamkeit zu widmen, da ich mir voll bewußt war, nunmehr die Grundbedingungen für eine neue Bauweise vor mir zu haben; denn neben dem gedrückten Betonbaukörper sah ich nicht nur die Möglichkeit, gezogene Stäbe und Wandungen, sondern vor allem auch biegungsfeste Baukörper zu gestalten; man hatte ja nur nötig, die ungenügende Zugfestigkeit des Betons ganz wesentlich zu erhöhen durch

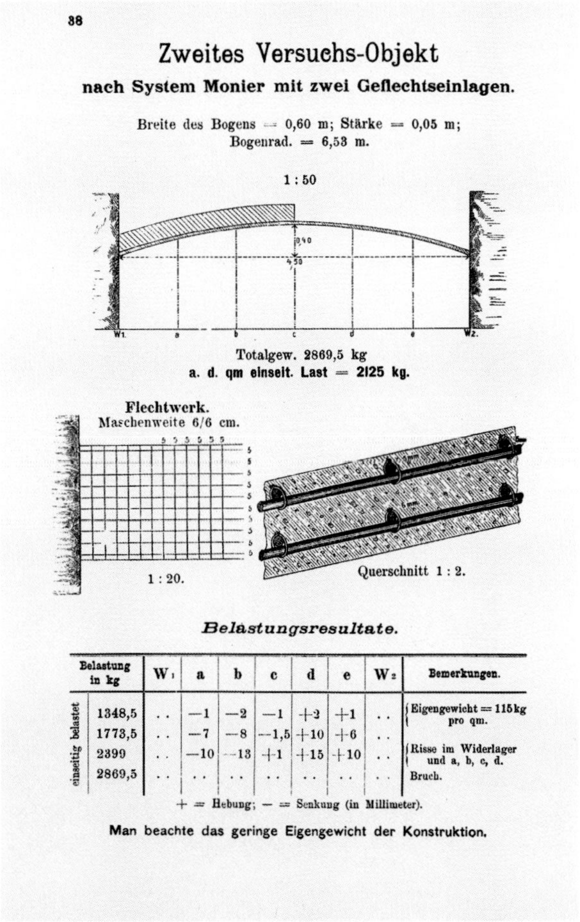

38

Zweites Versuchs-Objekt

nach System Monier mit zwei Geflechtseinlagen.

Breite des Bogens = 0,60 m; Stärke = 0,05 m; Bogenrad. = 6,53 m.

Totalgew. 2869,5 kg
a. d. qm einseit. Last = 2125 kg.

Belastungsresultate.

	Belastung in kg	W1	a	b	c	d	e	W2	Bemerkungen.
einseitig belastet	1348,5	. .	—1	—2	—1	+2	+1	. .	Eigengewicht = 115 kg pro qm.
	1773,5	. .	—7	—8	—1,5	+10	+6	. .	
	2399	. .	—10	—13	+1	+15	+10	. .	Risse im Widerlager und a, b, c, d.
	2869,5	. .	. .	. .	. .	. .	. .	. .	Bruch.

+ = Hebung; — = Senkung (in Millimeter).

Man beachte das geringe Eigengewicht der Konstruktion.

75

Dazu sei bemerkt, dass die zweckmässigsten Plattenstärken für freitragende Fussböden aus einem Stück in den Grenzen von 4—7 cm liegen. Darüber hinaus ist es ökonomischer, bei grossen Belastungen die Spannweiten zu vermindern, also die Menge des Trägermaterials zunehmen zu lassen, oder zur Anwendung von Moniergewölben überzugehen.

Lagerhaus mit Monier-Zwischendecken und Dach.

(In ähnlicher Weise ist das hier nicht zu veröffentlichende Marine-Bekleidungs-Magazin in Wilhelmshaven ausgeführt worden, mit Verwendung freitragender Monier-Fussböden.)

„Zum Schluß seien nur die Vortheile der Bauweise in Cement und Eisen noch einmal kurz aufgezählt: die Dauerhaftigkeit der Monier-Konstruktionen und ihre Widerstandsfähigkeit selbst gegen unberechenbare Angriffe, ihre geringe Massigkeit, ihre in sich stabile Form, die schnelle Benutzungsfähigkeit, ihre hygienischen Vorzüge und endlich die Tauglichkeit der Objekte für die ästhetische Ausbildung und deren reiche Gestaltungsfähigkeit."

Monierbroschüre, 1887

Einlegen einer angemessenen Zahl Eisenstäbe in die Zugzone, die ja durch den nunmehr bekannten Gleitwiderstand am Beton bei der Durchbiegung und Bildung des Widerstandsmoments zur Mitarbeit herangezogen werden konnten." [4.54.]

Aufschluß über *Koenens* Urheberschaft bei Abfassung der Monierbroschüre gibt sein Aufsatz im Jahrgang 1929 in der Zeitschrift „Der Bauingenieur":

„Ich glaubte durch eine Veröffentlichung der bisher festgelegten Tatsachen und der statischen Berechnungen, die ich inzwischen auch auf Gewölbe, Behälter usw. ausdehnte und bei der Berliner Baupolizei als maßgebend durchgesetzt hatte, in dem amtlichen ‚Zentralblatt der Bauverwaltung' dem Fortschritt der Sache zu nützen. Aber Wayss bat mich dringend, in Anbetracht der leichten Angreifbarkeit des Patents, diese Erkenntnisse möglichst lange für sein Geschäft zu bewahren und namentlich mit der Veröffentlichung der Berechnung zurückzuhalten. Das geschah auch bis auf die vorangegangene grundlegende, aber in dieser Hinsicht kaum schädliche Mitteilung in genanntem Blatt von 1886. Erst ein Jahr später, als nach mancherlei Ausführungen und den von G. A. Wayss in großem Maßstab durchgeführten Versuchen mit Platten, Gewölben, Röhren und Wasserbehältern, zu denen ich die Entwürfe und wissenschaftlichen Vorarbeiten lieferte, eine weitere Geheimhaltung doch zwecklos gewesen wäre, wurden durch die von mir angeregte und in ihren Hauptteilen verfaßte sogenannte Monier-Broschüre alle damaligen Erfahrungen der Öffentlichkeit übergeben: aber auch hier noch sind die statischen Berechnungen absichtlich so allgemein und so rein wissenschaftlich gehalten, daß auch der geschulteste Praktiker von damals sie schwerlich hätte verwerten können, während sie dem mehr theoretisch gebildeten Baubeamten, für den diese Druckschrift hauptsächlich bestimmt war, genügen konnten." [4.55.]

Er betonte ausdrücklich, daß er damals dem Wunsch von *G. A. Wayss,* als Verfasser zu zeichnen, nicht entsprechen konnte, da dies mit seiner Stellung als Staatsbeamter unvereinbar gewesen wäre. Erst am 1. Juni 1886 trat *Koenen* als technischer Leiter in die Berliner Beton- und Monierbau AG. ein, die er nach der Verbindung von *Wayss* mit *Freytag* in Neustadt an der Hardt ab 1891 allein leitete.

Koenen hatte aus den ersten Stahlbetonversuchen das klassische Berechnungsverfahren abgeleitet, in dem die Zugkräfte ausschließlich dem Eisen zugeordnet werden. Erst acht Jahre später schlugen auch *Coignet* und *de Tedesco* ähnliche Verfahren vor. Die Monier-Broschüre,

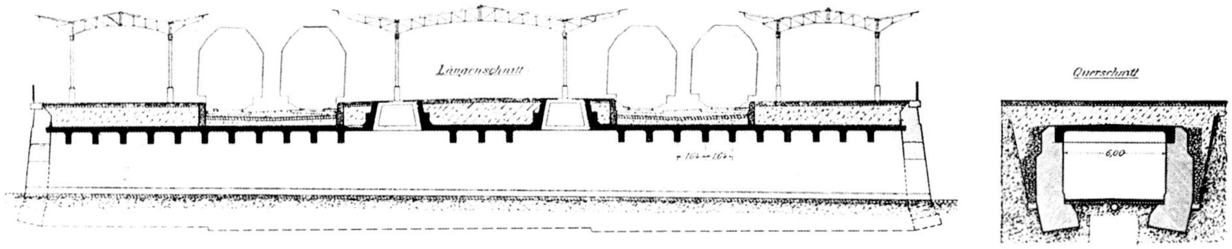

Bahnsteigunterführung im Bahnhof Feuerbach, 1908, E. Mörsch
aus: E. Mörsch: Brücken aus Stahlbeton und Spannbeton, Bd. 1, Stuttgart 1958

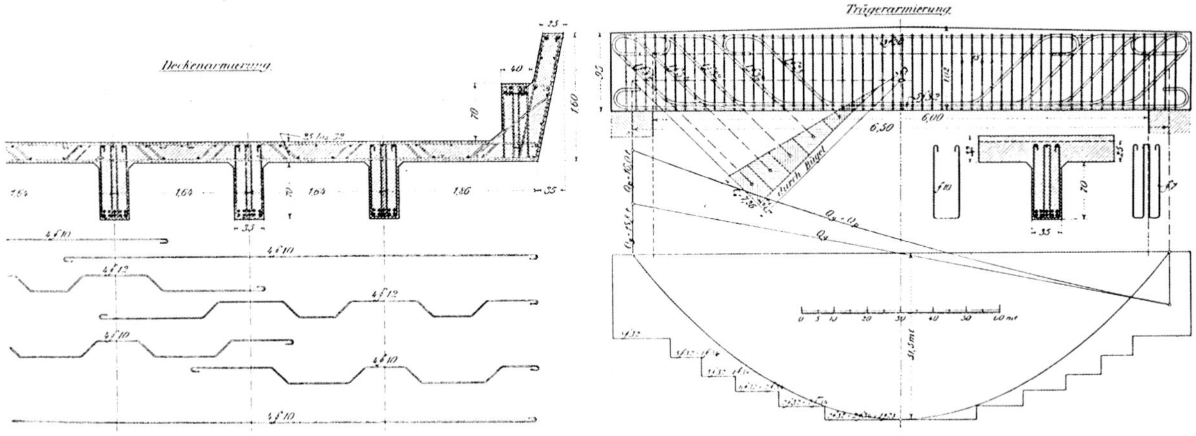

Echelsbacherbrücke, 1928/29, Spangenberg, Bauweise Melan, Bogen mit 130 m Spannweite, Pfeilhöhe 31,8 m
a) Ansicht und Draufsicht
b) Übersicht über die Eisenkonstruktion

das erste Handbuch des Stahlbetonbaus in deutscher Sprache, entkräftete die drei wichtigsten Einwände gegen den Stahlbeton:

„**1.** daß das Eisen durch den naß angetragenen Zement roste;
2. daß der Cement an dem verhältnismäßig glatten Eisen nicht hafte und derselbe somit nicht mit dem Eisen gemeinsam wirke;
3. daß bei Temperaturveränderungen das Eisen sich anders als der Cement bewege, entweder sich herausschiebe oder denselben sprenge." [4.56.]

In der Broschüre werden die Versuchsanordnungen und die Ergebnisse der Versuche präzise dargelegt und nachgewiesen, daß sämtliche bisher geäußerten Bedenken gegenstandslos seien und daß die neue Bauweise hinsichtlich ihrer Dauerhaftigkeit, insbesondere gegenüber Feuer und Wasser, wegen ihrer großen Tragfähigkeit bei geringer eigener Masse und geringer Konstruktionshöhe, wegen der Schnelligkeit der Ausführung, ihrer Billigkeit und ihrer hygienischen Vorzüge alle bisherigen Bauweisen überträfe. [4.57.]

Bereits in dieser frühen Phase der Anwendung des Stahlbetons wurden die neuen Anforderungen deutlich
- an eine wissenschaftliche Theorie, Versuchs- und Prüftechnik,
- an die Leistungsfähigkeit und Solidität der Baubetriebe,
- an die wissenschaftliche Qualifikation der Ingenieure und an das Können der Bauarbeiter, Poliere und Meister.

Die anfängliche Geheimnistuerei der Unternehmer konnte die Verbreitung von Versuchsergebnissen, Erfahrungen und ersten Theoremen nicht aufhalten. Ähnlich wie *Koenen* äußerte sich *Emil Mörsch,* der technische Leiter von Wayss & Freytag: „Von vornherein überzeugt, daß jedes ‚System' zur Schablone werden muß und sich dann überlebt, war die Firma bestrebt durch die im vorhergehenden Abschnitte beschriebenen Versuche, namentlich über den Einfluß der Schubkräfte, die zweckmäßigsten Armierungseisen zu finden. In uneigennütziger Weise hat sie die Ergebnisse in den verschiedenen Auflagen dieses Buches preisgegeben und die Allgemeinheit hat nicht gezögert, davon Gebrauch zu machen. [4.58.]

Und an anderer Stelle: „Wenn heute in Deutschland mit reichlichen Mitteln des Staates und der Industrie durch den Ausschuß für Eisenbeton in vorbildlicher Weise die wissenschaftliche Erfassung des Eisenbetons mit Hilfe der Materialprüfungsanstalten gefördert wird, so darf man wohl behaupten, daß das Interesse an dieser Sache durch die erwähnten Vorarbeiten der Industrie geschaffen wurde." [4.59.]

Das Ergebnis dieser Bemühungen bildeten die vorläufigen preußischen Stahlbetonbestimmungen von 1904, die Materialqualität, Lastannahmen, Berechnungsverfahren, Verarbeitung und Kontrolle der Ausführung eindeutig vorschrieben. [4.60.] Sie förderten eine breite Anwendung von Stahlbetonkonstruktionen und garantierten den Bauherren eine hohe Sicherheit. Aus derartigen Vorschriften ergab sich aber auch die Gefahr, die Anwendung neuer wissenschaftlicher Erkenntnisse in der Baupraxis zu behindern. Um dies zu ver-

„Dieser Erfolg und die schnelle, durch meine eifrige Mithilfe und meine Vorträge in Fachvereinen usw. geförderte Verbreitung und Anwendung der neuen Bauweise in Staats-, insbesondere Festungsbauten, Fabrikgebäuden …, bei sonstigen Hochbauten aller Art, bei Wasserbehältern, Röhren, Brücken usw., mit deren Entwürfen und Berechnungen ich 2½ Jahre hindurch den größten Teil meiner freien Zeit neben meiner Lehrtätigkeit und als Ingenieur des Reichstagsbaues aufwandte, bewogen mich endlich, dem lange gehegten und mir fast täglich vorgetragenen Wunsche des Herrn Wayß nachzugeben, in sein Geschäft als technischer Leiter einzutreten, obwohl ich dabei die günstigen Aussichten im Staatsdienst preisgab."

Matthias Koenen

meiden fügten die Schweizer Ingenieure ihren provisorischen Stahlbetonvorschriften eine besondere Klausel hinzu: „Mit Rücksicht auf die Neuheit dieser Bauart sind Abweichungen von verschiedenen Normen zulässig, wenn sie durch eingehende Versuche und Urteile kompetenter Persönlichkeiten begründet sind." [4.61.]

Die Herausbildung einer wissenschaftlichen Theorie als Handlungsgrundlage für den Bauingenieur stand anfangs hinter der Methode des Probierens und der iterativen Näherung zurück, so daß letztlich die persönliche Verantwortung des Fachmanns den Ausschlag geben mußte. Die Überwindung dieser Entwicklungsphase durch eine wissenschaftlich fundierte Stahlbetontheorie und damit auch die Beseitigung der behördlichen Zweifel an der Sicherheit von Stahlbetonkonstruktionen ist in Deutschland vor allem Emil Mörsch zu verdanken. Sein Schüler und späterer Nachfolger bei Wayß & Freytag, Hermann Bay, berichtet in seinen Lebenserinnerungen, daß Mörsch die Personifizierung der Konstruktions- und Berechnungsprinzipien von Wayß & Freytag gewesen sei. Im Berliner Büro hätten die Konstruktionsregeln mit Mörschs Unterschrift als Anschlag ausgehangen. Bay berichtet weiter: „Trotzdem schätzte Mörsch die Mathematik, weil er wußte, was an Logik in ihr steckt. Er hat sie in einfachen Theoremen praktiziert, selbst bei so schwierigen Problemen wie Kriechen und Schwinden. Überspitzte mathematische Formulierungen lehnte er so lange ab, als die Grundlagen eines Problems schwankend waren. Aber dann, nach mathematischer Deduktion in einfachster Form, in Statik und Eisenbetontheorie, unterließ er es nicht, jedesmals zu fragen: ‚Stimmt das Ergebnis der Rechnung mit dem Versuch überein?' Umgekehrtes Vorgehen, Empirie mit daraus abgeleiteten formalen Ansätzen unter Verwendung von Parametern aller Art, war ihm fremd." [4.62.]

Dem entsprach auch die Standardformel im „Eisenbetonbau": „Die Versuche bestätigen die von uns angewandte Berechnung." Allerdings relativierte Mörsch diesen Primat der Theorie selbst: „Die Erfahrung zeigt, daß die mathematische Beherrschung der Formeln noch keinen Eisenbetoningenieur macht, und daß nur derjenige schwierige Bauten verantwortbar entwerfen kann, der das Verhalten der Baustoffe unter den verschiedenen statischen Einwirkungen gründlich versteht. Nachdem allgemeingültige Vorschriften für Eisenbeton vorhanden sind, besteht die Gefahr, daß blindlings nach ihnen gerechnet und die Versuchsforschung außer acht gelassen wird." [4.63.]

Immer mehr erwies sich der Stahlbetonbau als eine echte Alternative zum Stahlbau. Die Ingenieure aus beiden Lagern, die ja auch immer in entgegengesetzte geschäftliche Interessen eingebunden waren, wetteiferten um die kühnsten wie wirtschaftlichsten Lösungen insbesondere der großen, den Ingenieurbau wesentlich repräsentierenden Aufgaben des Brücken-, Industriehallen- und Großbehälterbaus. Die Modellierung des Kraftverlaufs in Tragwerken näherte sich immer besser den realen Verhältnissen. Lange Zeit gab es heftige Diskussionen, ob die Spannungsverteilung in auf Biegung beanspruchten Balken parabolisch oder hyperbolisch verlaufe, ehe sich die Annahme ihrer Geradlinigkeit als hinreichend genau durchgesetzt hatte. Vor dem Ersten Weltkrieg konnte die inzwischen etablierte Materialfor-

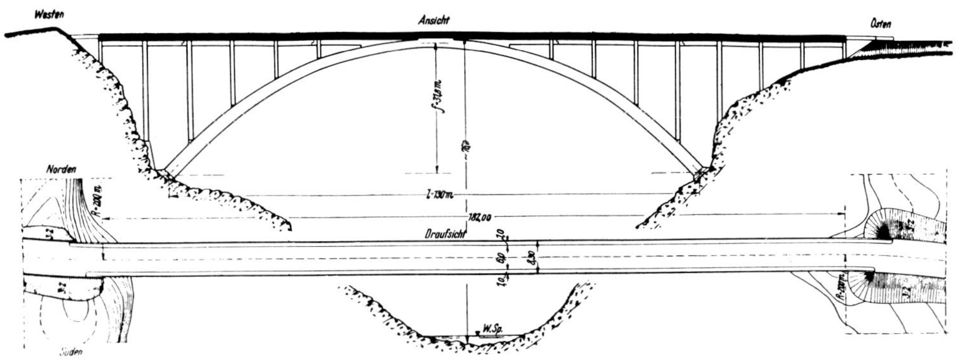

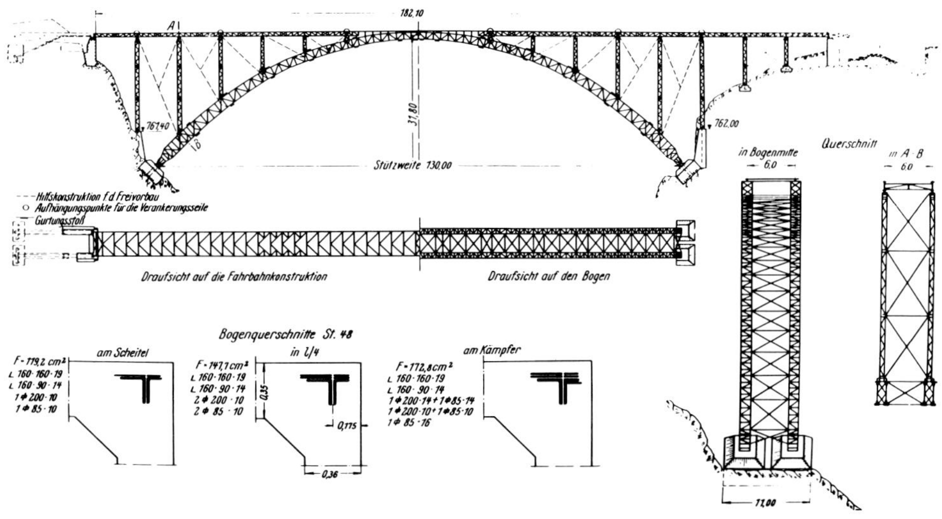

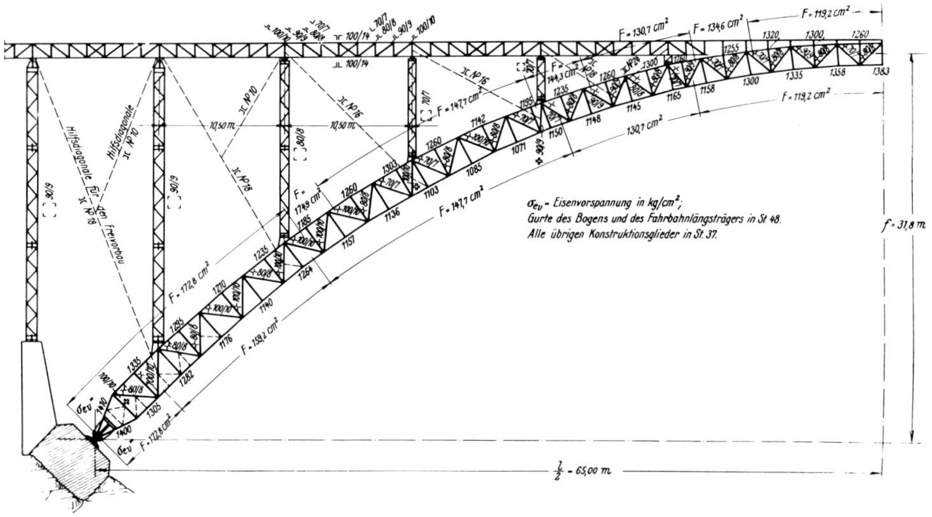

Jahrhunderthalle in Breslau, 1913 ff., Berg, Trauer, Gehler, Tragbogen mit 42,136 m Spannweite und 16,73 m Pfeilhöhe, Druckring 14,40 m Durchmesser, 32 Bogenbinder mit 16,10 m Pfeilhöhe Dyckerhoff & Widmann AG, München

schung, vor allem Bauschinger in München, Martens in Berlin, Carl von Bach in Stuttgart, wichtige Beiträge zur erheblichen Verbesserung der Betonqualität und zur Erkenntnis des Verhaltens der Konstruktionen leisten.

Die Verflechtung theoretischer und praktischer Probleme im Stahlbetonbau bestimmte das Wirken des österreichischen Pioniers der Stahlbetonbauweise Fritz Edlen von Emperger. [4.64.] Mit 28 Jahren ließ er sich als Consulting Engineer in New York nieder, baute in den USA die ersten Stahlbetonbrücken nach der Methode Melan [4.65.], für die er den Zement noch aus Deutschland importieren mußte, und warb seine amerikanischen Kollegen voller Enthusiasmus für die neue Bauweise.

Ausgehend vom unbedingten Zusammenhang theoretischer Überlegungen, systematischer Versuche und pragmatischer Berücksichtigung der Baustellenbedingungen wirkte er nach seiner Rückkehr weit über Österreichs Grenzen hinaus als ideenreicher Konstrukteur, beharrlicher Forscher und eloquenter Vortragsredner. Er setzte die in New York begonnenen Versuche mit Stahlbetonbalken fort und untersuchte nach Klärung der beiden Hauptspannungen die Haftfestigkeit des Eisens und die Wirkung der Einspannung auf das Biegemoment, schließlich die Knickfestigkeit von Säulen aus einbetonierten, umschnürten Gußeisen- und Stahlprofilen.

Schon vor der Jahrhundertwende konnte Emperger den Nachweis erbringen, daß bei einem Bewehrungsanteil von $^{1}/_{75}$ der Beiwert $E_e/E_b = n = 15$ eine günstige Ausnutzung des Betons und der Bewehrung bei ausreichender Sicherheit ermöglicht. Damit half er das klassische Bemessungsverfahren für Stahlbetonkonstruktionen durchzusetzen, das praktisch über ein halbes Jahrhundert angewendet wurde. [4.66.]

Es läßt sich kein Anwendungsgebiet des Stahlbetons denken, für das Emperger nicht in Zeitschriftenaufsätzen oder auf Kongressen Vorschläge gemacht hätte. Er äußerte sich nicht nur über Betonstraßenbau, die Herstellung von Eisenbahnschwellen, Leitungsmasten, Senkbrunnen und Druckröhren, sondern auch über den Bau von Schiffen und Wagen aus Stahlbeton. Mit dem Handbuch für Eisenbetonbau, der Zeitschrift „Beton und Eisen" und dem Betonkalender schuf er für die Baupraxis wie für die Ingenieurwissenschaft unerschöpfliche Kompendien, in denen er den profiliertesten Fachleuten des Stahlbetonbaus Raum für die Mitteilung ihrer neuesten Erfahrungen und Erkenntnisse gab.

Bis zum Beginn des Ersten Weltkriegs war die Stahlbetonbauweise so weit vervollkommnet, daß Konstruktionen von bisher unbekannter Kühnheit entstanden. Als eine der hervorragendsten Leistungen ging die große Festhalle in Breslau in die Geschichte der Bautechnik wie der Architektur ein. Sie wurde an der Stätte der Erhebung Preußens gegen Napoleon zur Erinnerung an die Völkerschlacht bei Leipzig 1813 auf Initiative der schlesischen Großindustrie errichtet. Die den Saal mit 10 000 Plätzen überspannende Stahlbetonrippenkuppel ruht mit 67 m Durchmesser auf vier gewaltigen Stahlbetonbögen. Der geniale Entwurf des Stadtbaurats Max Berg fand in den Ingenieuren Trauer und Meyer kongeniale

Konstrukteure und in Willi Gehler, der damals die Dresdener Filiale von Dyckerhoff & Widmann leitete, einen Bauleiter, der die komplizierten technologischen Probleme meisterte. Der Betontransport erfolgte über eine Kabelkrananlage mit einem 52 m hohen Turm in Kuppelmitte und zwei je 14 m hohen Türmen die auf einem Gleis mit 100 m Radius um den gesamten Bau verfahrbar waren. Pneumatische Rüttler gewährleisteten die erforderliche Verdichtung des Betons. Für besonders beanspruchte Bauteile ließ Gehler Granitschotter aus dem Pflaster von Breslauer Straßen verwenden. [4.67.]

Die Brücken des Schweizer Ingenieurs Robert Maillart zeichnen sich durch die konsequente Ausnutzung der spezifischen Möglichkeiten des Stahlbetons und zugleich durch eine hervorragende Gestaltung aus, so daß sie mit schöner Selbstverständlichkeit in der Geschichte der modernen Architektur als maßstabsetzende Kunstwerke geführt werden. [4.68.] Eigentlich verdanken sie ihr Entstehen eher der Armut der Gemeinden in den Schweizer Hochtälern, die zum Bau der ihr Tal erschließenden Brücken verpflichtet, auf geringste Baukosten achten mußten, und nicht zuletzt den engen Kurven der Straßen und Eisenbahnlinien, die den Transport überlanger Brückenbauteile nicht zuließen. Steile Berghänge erzwangen darüberhinaus sparsamste Schalungsgerüste. Hier bot der Stahlbeton die günstigsten wirtschaftlichen und konstruktiven Voraussetzungen für die schmalen und meist nur bis zu 40 m überspannenden Brücken. In Anbetracht der zu Beginn dieses Jahrhunderts noch unzureichenden theoretischen Grundlagen, der unsicheren konstruktiven und technologischen Erkenntnisse und der außerordentlichen topografischen Schwierigkeiten der Baustellen bewährte sich Maillarts Grundsatz: Einfachheit, Klarheit und Übersichtlichkeit der Konstruktion, der Bemessung und auf der Baustelle. Es dürfte kaum übertrieben sein, wenn erzählt wird, daß er die Statik der Brücke über den Val Tschiel 1925 auf der Rückseite alter Briefumschläge gerechnet habe. [4.69.]

Die statische Bestimmtheit des Dreigelenkbogens zog er stets einer Einspannung vor. Das Gewölbe löste er in schmale, durch Querriegel miteinander versteifte Streifen auf und ermöglichte so eine mehrfache Nutzung der Schalungsgerüste, die er durch die Integration der Fahrbahn – oft unter Ausnutzung der seitlichen Brüstungen – als Balkenträger in das Tragwerk so schlank und leicht wie irgendmöglich ausbildete. Leidenschaftlich wandte er sich gegen die gerade in den Anfängen des Stahlbetonbaus herrschende Unsitte, Sicherheit der Konstruktion durch Massigkeit erreichen zu wollen. Das Prinzip der Einbeziehung aller Konstruktionsglieder in das Tragwerk – häufig wird hier vom „System Maillart" gesprochen – erprobte er zuerst 1901 an der Innbrücke in Zuoz, Engadin, und 1903 an der Thurbrücke bei Billwill, St. Gallen, gekennzeichnet durch: Dreigelenkbögen und aus Gewölben, Längswänden und Fahrbahnen bestehende Kastenträger. Später gab er den Bögen, auf die sich die Fahrbahnen mittels schmaler Stützen abstützten, die Form eines Polygons. Mit diesem Konstruktionssystem, das die Eigenschaften des Stahlbetons konsequent nutzte, gelangen Maillart Brücken von bis dahin nicht gekannter Kühnheit, die sich harmonisch in die Landschaft einordneten.

Für Maillart bildeten Berechnung, Experiment und Modellversuch eine Einheit. Materialkenntnis und -gefühl seien unabdingbare Voraussetzung für das Konstruieren. Bei der Betrachtung der durch exzentrische Belastung gefährdeten dünnwandigen Querschnitte schlug er die Einführung eines Schubmittelpunktes vor. [4.70.] Er kritisierte die Bemessung von Stahlbetonquerschnitten nach dem von Hookes Gesetz über das elastische Verhalten

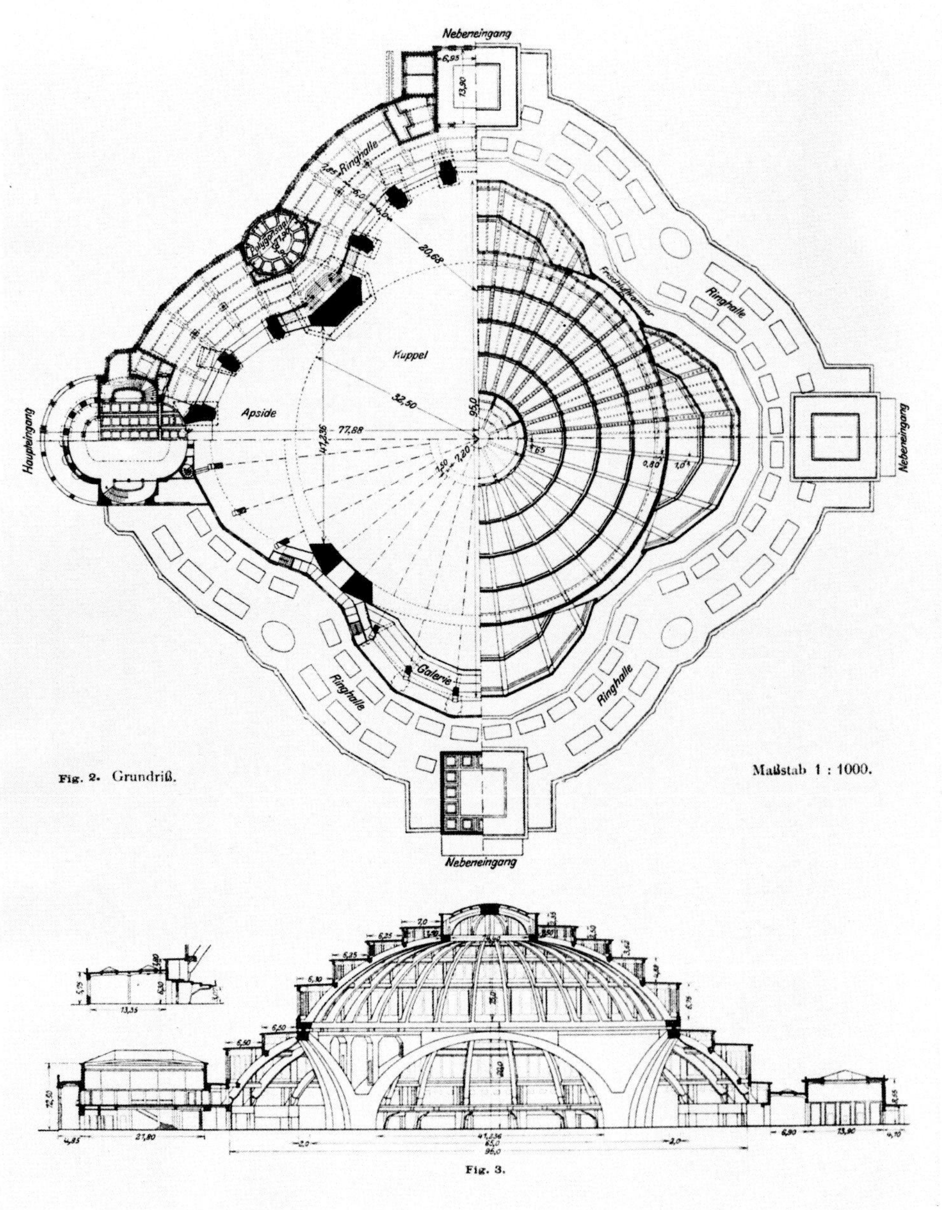

Fig. 2. Grundriß. Maßstab 1 : 1000.

Fig. 3.

Jahrhunderthalle in Breslau, Grundriß und Querschnitt aus: Trauer, Gehler: Die Jahrhunderthalle in Breslau, Berlin 1914

Zeißplanetarium in Jena, 1924/25, Bauersfeld, Dischinger, Rotationsschale mit 25 m Spannweite, Aufnahme während des Betonierens Dyckerhoff & Widmann AG, München

„... so besprach ich dieses Projekt [Planetariumskuppel in Jena] bei Gelegenheit eines Besuches mit Herrn Ing. Mergler von der Niederlassung Nürnberg der Baufirma Dyckerhoff & Widmann in Biebrich, die für die Firma Zeiß bereits eine Reihe von Bauten ausgeführt hatte. Herr Mergler gab sofort einen Weg an, der alle Schwierigkeiten mit einem Schlag löste; nämlich das Aufspritzen einer Betonmischung nach dem Torkretverfahren."

Walter Bauersfeld, 1942

der Materialien abgeleiteten n-Verfahren und nach zulässig erklärten Spannungen und forderte, von dem tatsächlichen Kraftverlauf und Verhalten des Tragwerks auszugehen. Theoretische Unsicherheiten suchte er stets durch Messungen an Versuchsobjekten zu beseitigen. Dieses letztlich auf Einfachheit, Übersichtlichkeit und Wirklichkeitsnähe zielende Herangehen Maillarts an konstruktive Probleme führte auch zu einer effektiven Lösung der Pilzdeckenkonstruktion, die er im Unterschied zur Vierbahnen-Bewehrung des amerikanischen Ingenieurs Turner mit nur zwei Bahnen bewehrte. Gleichzeitig erreichte er einen harmonischen Übergang zwischen Säule und Decke.

Robert Maillart hat zum außerordentlichen Aufschwung der Stahlbetonbauweise in der ersten Hälfte des 2. Jahrhunderts einen wesentlich durch die topografischen und wirtschaftlichen Bedingungen in der Schweiz geprägten, originellen Beitrag geleistet. Am 12. November 1937 bekannte er sich zu den neuen, durch den Stahlbeton eröffneten Möglichkeiten der Konstruktion und zu ihrer Schönheit: „Möge sich also der Ingenieur von den durch die Tradition der älteren Werkstoffe gegebenen Formen lösen, um in voller Freiheit und mit dem Blick aufs Ganze die zweckmäßigste Materialausnützung zu erzielen. Vielleicht erreichen wir dann wie im Flugzeug- und Automobilbau auch Schönes, einen neuen, materialgemäßen Stil. Dann könnte es eintreten, daß sich auch der Geschmack des Publikums derart abklärt, daß es die traditionsgemäß ausgebildeten Eisenbetonbrücken ähnlich beurteilt, wie die Automobile der Jahrhundertwende, deren Vorbild noch das Pferdefuhrwerk war." [4.71.]

Voller Abneigung gegen starre Regelwerke orientierte Maillart auf ein tiefes Verständnis des tatsächlichen Kraftverlaufs und des Zusammenwirkens aller Elemente eines Tragwerks und forderte einen exakteren theoretischen Ansatz: „Die jetzt übliche Berechnungsweise beruht auf dem Hookeschen Gesetz, einem sogenannten ‚Festwert' n, der jedoch in weiten Grenzen veränderlich ist, und auf sogenannten ‚zulässigen Spannungen', die einen der Sicherheit entsprechenden Bruchteil von Streckgrenze und Betonfestigkeit darstellen sollen, was dadurch widerlegt wird, daß der Biegebruch allgemein nicht beim Erreichen eines bestimmten Mehrfachen der ‚zulässigen Spannung' eintritt. Die gegenwärtige Berechnungsmethode ist also praktisch unzulänglich und zu dem pädagogisch unerwünscht, da sie unrichtige Vorstellungen über das wahre Verhalten eines auf Biegung beanspruchten Betonquerschnitts vermittelt." [4.72.]

Am 23. Februar 1925 berichtete Franz Dischinger,

Salginatobelbrücke bei Schiers, Schweiz, 1930, R. Maillart, 133 m lang, Stützweite 90 m, Pfeilhöhe rd. 13 m, Konstruktionszeichnung
aus: M. Bill: Robert Maillart, Zürich 1955

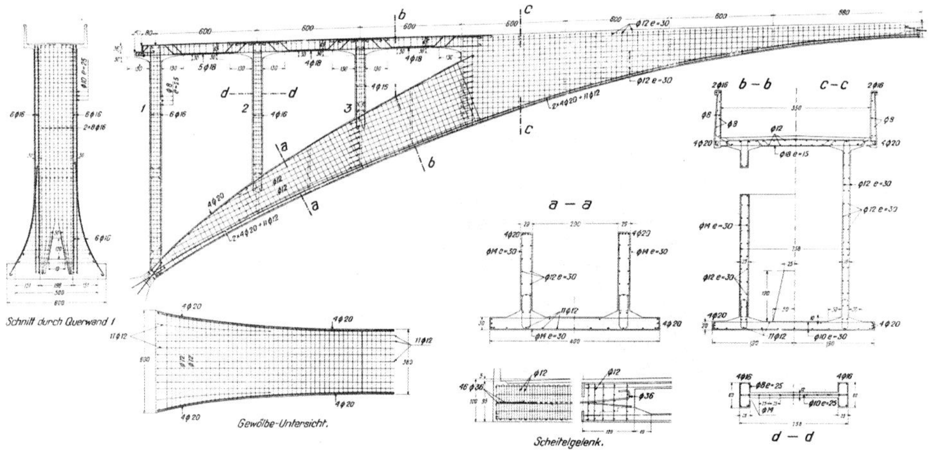

Oberingenieur bei Dyckerhoff & Widmann, auf der 28. Hauptversammlung des Deutschen Betonvereins über eine neue Konstruktionsweise, die es ermögliche, mit geringstem Materialaufwand große Räume zu überdecken: Die Stahlbetonschale. Dischingers Behauptung, daß die Schalendicke lediglich 1/600 der Spannweite betragen müsse, erregte ungläubiges Staunen. „Viel geeigneter wie Rippenkuppeln sind die Schalenkuppeln für die Herstellung großer Spannweiten in Massivkonstruktionen, weil in Schalenkuppeln mit geringer Wandstärke und bei sachgemäßer Wahl der Randbedingungen fast keine Biegungsmomente senkrecht zur Schale auftreten. Infolge des Wegfalls dieser Biegungsmomente kann man mit sehr geringen Schalenstärken auskommen und die Druck- und Zugfestigkeit des Eisenbetons in sehr wirtschaftlicher Weise ausnützen." [4.73.] Der Anlaß zur Erfindung dieser leistungsfähigen Konstruktion war wie so oft zufällig. Der Leiter des Entwicklungsbüros der Zeiss-Werke in Jena, Dr. *Bauersfeld,* hatte 1922 eine Projektionsapparatur für ein Planetarium erfunden und benötigte nun eine Kugelinnenfläche von höchster Präzision als Projektionsfläche. Aus verschieden langen Flacheisenstäben, die er mit einer einfachen Kupplung zu einem System gleichseitiger Dreiecke verband, setzte er eine Netzkuppel zusammen. Als zweite Voraussetzung für den Bau der Kuppel bot sich das gerade erfundene Torkretverfahren an, das von *Dischinger* zur Herstellung einer ersten Probekuppel von 16 m Durchmesser eingesetzt wurde. Die Torkretierung erfolgte von außen gegen eine Schalung, die mit Hilfe eines im Kuppelzentrum beweglich gelagerten Arms leicht und präzise verschoben werden konnte.

Dischinger erkannte sofort die neuen Möglichkeiten dieser Konstruktion:

„Es handelt sich hierbei weniger um eine neuartige statische Auffassung dieser räumlichen Konstruktion, als um ein neuartiges Herstellungsverfahren mittels des von Herrn Dr. *Bauersfeld,* dem bekannten Erfinder des Zeiss-Planetariums geschaffenen Zeiss-Netzwerkes (DRP 420 825), mit dessen Hilfe es gelang, Kuppelbauten von einer Kühnheit auszuführen, die bis zur Einführung dieser Bauweise unbekannt waren. Es sei nur an die Schott-Kuppel in Jena erinnert, die bei einer Spann-

„Ich habe ihm [Dischinger] zunächst widersprochen, weil ich mich von der Vorstellung nicht frei machen konnte, daß eine Dachhaut doppelter Krümmung eine ganz andere Steifigkeit besitzen müßte wie eine solche einfacher Krümmung. Aber ich entschloß mich doch zu dem Versuch, die Grundgesetze einer Membrantheorie für zylindrische Schalen zu entwickeln. Die Rechnung gestaltete sich viel leichter, als ich erwartet hatte. Es ließen sich bequem allgemeine Formeln für die mannigfaltigsten Profilformen aufstellen, wenn man nur die Profilkurve nicht in der üblichen Weise durch kartesianische oder durch Polarkoordinaten darstellte, sondern in der Weise, daß der Krümmungsradius als Funktion der Neigungswinkel ausgedrückt wird. Das Resultat dieser Rechnungen bestätigte in jeder Hinsicht die Behauptungen Dischingers. Nicht unerwähnt möchte ich lassen, daß sich verwandte Gedankengänge bereits bei August Föppl (1854–1924) im Jahre 1896 finden."

Walter Bauersfeld, 1942

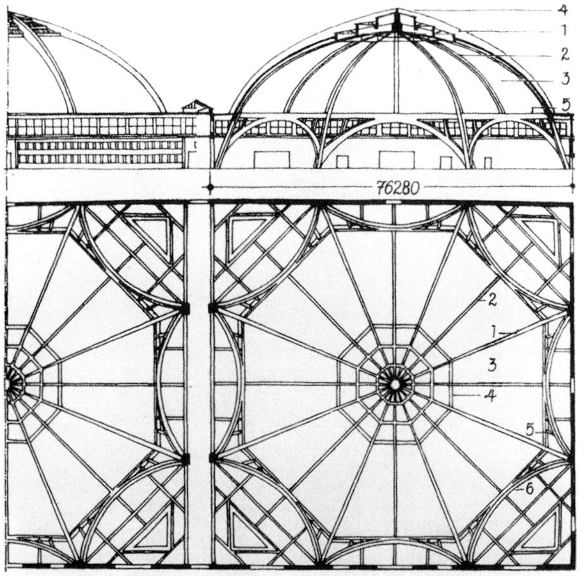

Großmarkthalle in Leipzig, Grundriß und Schnitt aus: O. Büttner, E. Hampe: Tragwerk, Tragstruktur, Bd. 1, Berlin 1977

Großmarkthalle in Leipzig, 1927, H. Ritter, F. Dischinger, zwei achteckige Rippenkuppeln mit je 75,96 m Spannweite, Gesamtansicht Dyckerhoff & Widmann AG, München

Großmarkthalle in Leipzig, aus der Dokumentation des Baufortschritts
a) Einrüstung außen, 1. August 1928
b) Einrüstung innen, 17. Dezember 1928
c) Einschalung außen, 21. Mai 1929
d) Abbau der Rüstung innen, 17. Oktober 1929
Archiv des ehemaligen Bau- und Montagekombinats Süd, Leipzig

weite von 40 m und 7,87 m Stich mit einer Schalenstärke von nur 6 cm ausgeführt wurde." [4.74.]

Dischinger entwickelte einen Übergangsbogen von der Schale zum Zugring, der es ermöglichte, Randbiegespannungen vollständig zu vermeiden. [4.75.] Damit war der Weg zu ungewöhnlichen, Aufsehen erregenden Lösungen offen. Der Siegeszug der Schale begann mit weiteren sphärischen Kuppeln wie der des Planetariums auf dem Haus des Hannoverschen Anzeigers, der Kuppel der Elektrizitätswerke in Frankfurt am Main mit nur 4 cm Dicke bei 26 m Spannweite und 3,5 m Stich oder den beiden mit Rippen verstärkten Kuppeln der Großmarkthalle in Leipzig mit je 75 m Spannweite.

In Erkenntnis der wirtschaftlich nur geringen Bedeutung der Kuppelschale hatte *Dischinger* bereits 1923 nach einer Lösung gesucht, ein Rechteck mit einer Schale zu überdecken. Er fand sie durch eine doppelte Krümmung, deren Erzeugende zwei Ellipsen sind. Die Schalen wirken wie Träger mit extrem großen Trägheitsmoment. Bis Mitte der dreißiger Jahre veröffentlichten auch *F. Aimond* und *Bernard Lafaille* Berechnungsmethoden für beliebig geformte Schalen. Nach dem Zweiten Weltkrieg entstand schließlich eine kaum mehr überschaubare Vielfalt von Schalenformen für die unterschiedlichsten Zwecke, die wesentlich das Bild der modernen Architektur prägte. [4.76.]

Mit der Schale stand ein fast ideales räumliches Tragwerk zur Verfügung, das unter bestimmten Bedingungen auch in großen Serien industriell herstellbar war. [4.77.] *Ulrich Finsterwalder* dokumentierte dies bereits in den dreißiger Jahren mit Entwürfen für eine Bahnhofshalle in München mit einer Kuppel von 270 m und für eine noch

weit größere Kuppel als Bestandteil einer megalomanen Konzeption zur Gestaltung der „Reichshauptstadt" Berlin in der Zeit nationalsozialistischer Herrschaft. [4.78.] Realisiert wurde eine derartige Spannweite jedoch erst 1958 mit der Ausstellungshalle des Centre Nationale de l'Industrie et de la Technique in Paris. Nach dem Entwurf der Architekten *Camelot* und *Zehrfuß* konstruierte *N. Esquillan* eine Doppelschale über einem gleichseitigen Dreieck mit 218 m Kantenlänge. [4.79.]

Den großen Sportpalast, der für die Olympischen Spiele in Rom, 1960, von *Pier Luigi Nervi* konstruiert worden ist, überdeckt eine verhältnismäßig flache sphärische Kuppel, die aus trogförmigen Ferrozement-Elementen zusammengesetzt wurde. Diese Konstruktion, die zugleich die Möglichkeiten der Vorspannung nutzte, ist zwar im strengen Sinne keine Schale mehr, stellt aber für die Entwicklung des Montagebaus eine vorwärtsweisende Lösung dar.

Die ersten Ideen, in die Bewehrungseisen Zugkräfte vor dem Betonieren einzuleiten, um auf diese Weise nach dem Erhärten praktisch die Zugzone im Beton-

querschnitt aufzuheben, entstanden schon verhältnismäßig früh:

1886 von *P. H. Jackson* in den USA
1888 von *W. Doehring* in Deutschland
1896 von *J. Mandl* in Österreich
1905/1907 von *J. G. Lund* in Norwegen [4.80.]

Sie führten jedoch noch nicht zu praktischen Ergebnissen, da die eingeleiteten Kräfte zu gering waren und durch das noch nicht mittels geeigneter Meßverfahren erfaßte Schwinden und Kriechen des Betons wieder aufgehoben wurden. Erst in den dreißiger Jahren standen die theoretischen und technischen Voraussetzungen für den Spannbeton bereit.

Einer seiner Pioniere ist Eugène Freyssinet. Bereits 1906 entwickelte er ein Projekt für ein vorgespanntes Zugband für 2 500 t Horizontalkraft. Zwei Jahre später konnte er seine Idee an einer 50 m weit gespannten Versuchsbogenbrücke erproben. Das Zugband bestand aus einzelnen Drähten aus gehärtetem Stahl, die er nach dem Erhärten des Betons paarweise anspannte und mit Keilen verankerte. Er erreichte damit im Bogenquerschnitt eine Vorspannung von 18 MPa. Die Untersuchung von Einsenkungen des Bogens führte ihn zu der Entdeckung des Kriechens, das er als „Leben" des Betons interpretierte.

Nach der Unterbrechung der Arbeiten während des Ersten Weltkriegs gelang Freyssinet 1926 zeitgleich mit den Amerikanern Faber und Glanville die Klärung der Betonverformung. Franz Dischinger, der immer zuerst nach einem theoretischen Modell suchte, das der Realität weitestgehend entspricht und sich nicht mit Näherungslösungen zufrieden geben wollte, gelang es schließlich Jahre später die elastischen und plastischen Verformungen des Stahlbetons mathematisch zu erfassen. [4.81.] Parallel zur Theorie des Spannbetons er-

Palazetto dello Sport in Rom, 1958–1960, Architekt: A. Vitellozzi, Konstrukteur: P. L. Nervi, Außenansicht und Blick in die Kuppel
Aufn.: O. Savio, Rom

„Was Freyssinet intuitiv entworfen hat, braucht nicht nachgerechnet zu werden."

Bemerkung seiner Mitarbeiter

„Sobald ich die Gesetze der langsamen Formänderungen genügend kannte und die Gewißheit hatte, daß sie sich mittels einer beständigen Vorspannung neutralisieren lassen, beschloß ich, alles zu riskieren, was ich an Vermögen, Ansehen und Kräften hatte, um aus der Idee der Vorspannung eine Realität zu machen."

Eugène Freyssinet

„Ich bin geborener Konstrukteur. Die Materie so zu formen, wie es meiner Vorstellung entspricht, ist mir gebieterisches Bedürfnis und unerschöpfliche Quelle der Freude."

Eugène Freyssinet

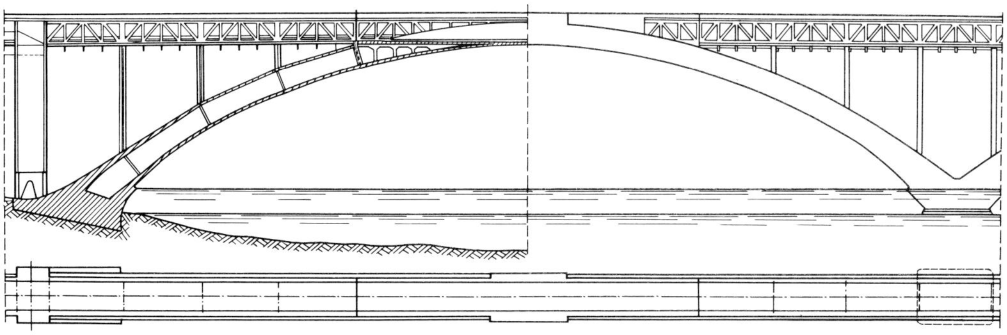

Brücke über die Elorn-Mündung bei Plougastel, Bretagne, 1926–1929, E. Freyssinet, drei Bögen mit je 172 m Spannweite, 1944 teilweise zerstört, wiederhergestellt, Ausschwimmen der Schalung nach dem Betonieren des ersten Bogens, Gesamtansicht und Schnitt aus: L'Architecture Vivante, Paris 1931

fand Freyssinet die erforderlichen Hilfsmittel, wie Pressen, Verankerungen, Maschinen zum Kaltrecken und Aufwickeln von Stahldraht. Eine erste hydraulische Presse aus Spannbeton – damit dessen Leistungsfähigkeit eindrucksvoll nachweisend – baute er 1929. Er hat durch seine Beiträge zur Theorie, seine Erfindungen und nicht zuletzt durch seine Bauten die Entwicklung der Spannbetontechnik in den dreißiger und vierziger Jahren geprägt. Die erste große Bewährungsprobe löste er 1933/35 mit der Unterfangung der absinkenden Bauten des Seebahnhofs von Le Havre. *Freyssinets* Schrift „Une Révolution dans les Techniques du Béton", in der er neben dem Prinzip der Vorspannung die kritischen Formänderungen durch Schwinden und Kriechen und die Möglichkeiten zur Herstellung eines frühhochfesten Betons diskutierte, stieß noch in den vierziger Jahren auf die Skepsis der Fachleute. Mit der Konstruktion der Brücke über den Elorn-Fluß bei Plougastel wies er dem Stahlbetonbrückenbau insbesondere hinsichtlich der Berücksichtigung der Nebenspannungen neue Wege. [4.82.] Beeindruckend ist *Freyssinets* von Bescheidenheit und hohem Berufsethos zeugende Einschätzung der eigenen Arbeit:

„Diese Ideen mögen für einen Mathematiker, der die Natur nur durch eine Wolke aus x und y sieht, erstaunlich erscheinen. Für einen Praktiker, der das Material zwischen seinen Fingern geprüft, der mit eigener Hand Fugen vermörtelt und Putze geglättet hat, waren sie einfach." [4.83.]

Parallel zu Freyssinet entwickelten Franz Dischinger und Ulrich Finsterwalder Vorspannverfahren. Beim Bau der Saalebrücke in Alsleben 1927/28 erreichte Dischinger durch ein vorgespanntes Zugband die Formtreue des Bogens. Bei der Bahnhofsbrücke in Aue erprobte er zwei Jahre später ein Spannverfahren ohne Verbund nach dem Prinzip des unterspannten Balkens. [4.84.] Diese Konstruktion ließ er sich 1934 patentie-

Luftschiffhallen von Orly, 1916–1924, E. Freyssinet, etwa 80 m Spannweite, 62,5 m hoch, 300 m lang, 1944 zerstört
aus: L'Architecture Vivante, Paris 1931

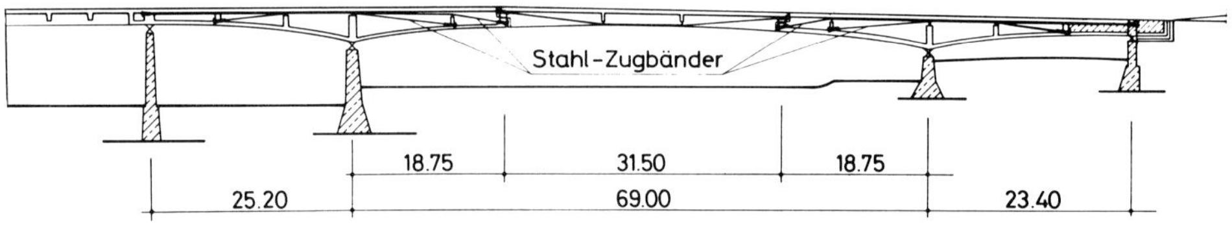

Bahnhofsbrücke von Aue, 1936/37, F. Dischinger, unterspannter Gerberträger, größte Spannweite 69 m, Systemskizze und Details
aus: Schönberg, Fichtner: Die Bahnhofsbrücke in Aue, in: Bautechnik, Berlin 17 (1939)

ren. Im Wettbewerb um den Bau der Drei-Rosen-Brücke in Basel hatte er vorgespannte Kragträger mit Gelenk in der Mitte des Mittelfeldes vorgeschlagen. Damals jedoch schien dem Preisgericht diese Idee zu riskant und lehnte sie ab. [4.85.]

Mit der Vorspanntechnik hatte eine neue Phase in der Entwicklung des Stahlbetons begonnen, in der Untersuchungen der Formänderungen und ihre Auswirkungen auf die Spannungen zu rationelleren und kühneren Konstruktionen und Technologien vor allem beim Bau von Brücken und weitgespannten Industriehallten führten. In den dreißiger Jahren entwickelte Finsterwalder Fachwerkträger mit vorgespannten Zuggliedern für große Hallenbauten, wie etwa für die Festhalle in Weimar 1936 mit 45 m Spannweite.

Für Fertigteile bis zu einer Länge von 25 m bewährte sich die Vorspannung mit sofortigem Verbund. Hierzu hatte Wettstein bereits 1919 mit der Verwendung von Klaviersaiten als Bewehrung einen entscheidenden Schritt getan. Der Spannbetonbalken in abgestuften Regellängen avancierte zu einem vielseitig einsetzbaren Bauelement, das in großen Mengen industriell hergestellt werden konnte. Aus derartigen Balken wurde 1953 mit der Brücke über die Tampa Bay in Florida, bestehend aus 349 Öffnungen mit je 14,60 m Spannweite, montiert aus 2 094 Fertigteilen, die mit 57 000 m^2 flächenmäßig größte Brücke der Welt gebaut.

Für größere Bauwerke erwies sich die Vorspannung mit nachträglichem Verbund als vorteilhaft. Freyssinet hatte dafür 1939 mit der Rundkeilverankerung eine probate Technik entwickelt. Jetzt war es möglich, Brücken im freien Vorbau ohne aufwendige Baugerüste zu montieren. Nachdem bereits 1930 mit dem Bau einer Straßenbrücke über den Rio Peixe in Südbrasilien der erste Freivorbau noch mit schlaffer Bewehrung gelungen war, bildete die von Spangenberg konstruierte Ammerbrücke bei Echelsbach südlich von München einen weiteren Höhepunkt. Für den 130 m überspannenden Bogen wandte Spangenberg das System Melan an, das die Bewehrung zum Tragen der Schalung nutzt und so teure Einrüstung einspart. Eine Vorspannung erzeugte er dadurch, daß eine Kieslast auf die Bewehrung aufgebracht wurde, die zügig mit Fortschreiten des Betonierens entfernt werden konnte. Damit hielt Spangenberg den Beton von Spannungen aus dem Eigengewicht der Konstruktion frei. [4.86.]

Den Vorsprung der Freyssinetschen Spanntechnik in Deutschland, Lizenznehmer war Wayss & Freytag, einzuholen, gelang schließlich nach dem Zweiten Weltkrieg dem Verfahren von Baur und Leonhardt, das sich beim Bau großer Brücken in Freivorbauweise, wie der Nibelungenbrücke in Worms und der neuen Moselbrücke in Koblenz, bewährte. Kennzeichen für die weltweite Bedeutung der Spannbetontechnik dürfte die Gründung der Fédération Internationale de la Précontrainte 1952 gewesen sein, die beginnend mit ihrem 1. Kongreß 1953 in London, die Verbreitung neuer wissenschaftlicher Erkenntnisse und Erfahrungen fördert. Großes Aufsehen erregte nach dem Zweiten Weltkrieg die von Ricardo Morandi entworfene Spannbetonbrücke über den Maracaibo-See in Venezuela. In ihrer Gesamtlänge von 8 678 m sind fünf Mittelöffnungen mit je 235 m Spannweite enthalten. Die Verwendung von Spanndrähten immer größeren Durchmessers und aus immer besserer Stahlqualität, bis 12 mm Durchmesser aus St 140, machten schließlich Spannglieder mit einer Masse bis zu 160 t möglich. Die neuesten Erkenntnisse und technischen Möglichkeiten nutzend hatte Ulrich Finsterwalder eine Spannbandbrücke über den Bosporus bei Istanbul mit drei Feldern von 396, 408 und 396 m Spannweite vorgeschlagen. Er dachte sie aus dicht nebeneinander zu einem Spannband verbundenen vorgespannten Stäben aus hochfestem Stahl herstellbar, deren Zwischenräume ausbetoniert werden sollten. [4.87.] Gebaut wurde jedoch eine vergleichsweise traditionelle Hängebrücke, die mit ihren 1 074 m Spannweite die weitest gespannte Brücke in Europa ist.

Der Tiefbau Im Kampf mit Fels, Erdmassen und Wasser

Der in der industriellen Revolution rasch wachsende Verkehr zu Wasser und zu Lande hatte dem Tiefbau Aufgaben von bisher nicht gekannter Größenordnung und Schwierigkeit gestellt. Die ersten Schritte bestanden darin, vorhandene Flüsse für die Schiffahrt mit immer größeren Lastkähnen auszubauen, Fluß- und Seehäfen wettersicher und leistungsfähiger zu machen, Flüsse durch Kanäle zu verbinden und auf Überschwemmungsflächen durch Melioration landwirtschaftliche Kulturen zu ermöglichen. Die Wasser- und Erdbauten der industriellen Revolution wirkten als Schule, aus der die großen Wasserbauingenieure des 19. Jahrhunderts hervorgingen, die den Grundstein zur wissenschaftlichen Fundierung der klassischen „Wasserbaukunst" gelegt haben.

Tiefbauarbeiten kannte schon das Altertum. Für ihre Bewältigung bildeten Heere unqualifizierter Arbeiter die

Ambachtalbrücke bei Burg, Dillkreis, Freivorbau in einer Richtung mit Abspannung der Kragarme über Hilfspylone Wayß & Freytag AG, Frankfurt a. M., Aufn.: Miesel

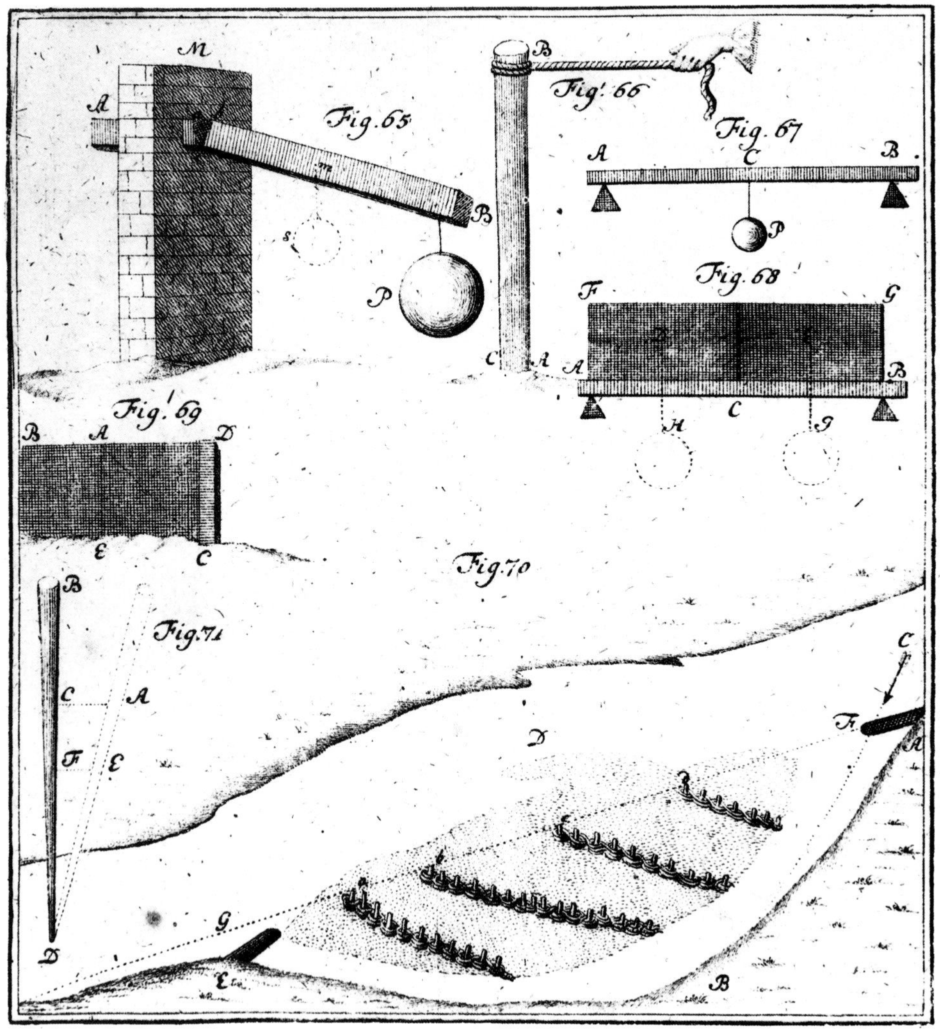

Vorschlag zur Begradigung eines Flußlaufs
aus: J. E. Silberschlag, a. a. O.

Voraussetzung. Seit der Wende zum 19. Jahrhundert aber begannen Maschinen den Handarbeiter zu ersetzen. Sie erforderten jedoch eine sichere wissenschaftliche Voraussicht, weil vor dem Wirksamwerden systematischer Flußbauforschung „wohl kaum auf einem anderen Gebiet menschlicher Betätigung so viel Arbeit unnütz aufgewendet und so große Summen ohne Erreichung des angestrebten Zieles ausgegeben wurden und auch heute noch ausgegeben werden, wie gerade auf dem Gebiet des Wasserbaues." [4.88.]

Bei der Konzipierung und Leitung der Fluß- und Hafenbauten des 19. Jahrhunderts profilierte sich eine Reihe herausragender Ingenieurpersönlichkeiten:

- *Reinhard Woltmann* (1757–1837), der Direktor der Strom- und Uferwerke und der Kanäle von Hamburg,
- *Carl Friedrich Wiebeking* (1762–1842), der Leiter der Flußkorrektionen in Bayern, Konstrukteur zahlreicher Holzbrücken und Verfasser des Buchs „Von dem Einfluß der Bauwissenschaften",
- *Johann Albert Eytelwein* (1765–1848), der Leiter der Regulierungsarbeiten an den Flüssen des östlichen Preußens und der wichtigsten preußischen Ostseehäfen, Lehrer des Wasserbaus an der Bauakademie in Berlin,
- *Johann Gottfried Tulla* (1770–1828), der Schöpfer der Rheinkorrektion und Leiter der Verkehrsbauten im Großherzogtum Baden,
- *Gotthelf Heinrich Ludwig Hagen* (1797–1884), der Nachfolger *Eytelweins* an der Berliner Bauakademie,
- *Ludwig Franzius* (1832–1903), der Schöpfer der Unterweserkorrektion,
- *Johann Friedrich Bubendey* (1848–1919), der Leiter des Ausbaus des Hamburger Freihafens und Wasserbaudirektor in Hamburg,
- *Hubert Engels* (1854–1945), der Nestor des wasserbaulichen Versuchswesens in Deutschland und damit der wissenschaftlichen Grundlagen des Wasserbaus.

Mit *Hubert Engels* begann praktisch eine neue Entwicklungsetappe des Wasserbaus. Er war im Alter von 36 Jahren auf den Lehrstuhl für Wasserbau der TH Dresden berufen worden. 1897 richtete er die „erste ständige Flußbau-Versuchsanstalt" ein. Dafür standen ihm damals 8 000 Mark für die Anschaffung einer Versuchseinrichtung und ein jährlicher Etat von 700 Mark zur Verfügung. Sein Wirken kennzeichnete die Wende von einem wesentlich auf Erfahrung und freier Interpretation der stark divergierenden hydraulischen Theorien gestützten Wasserbau zu einer eigenständigen Disziplin der technischen Wissenschaften, in der auf spezifische Weise der Modellversuch im Mittelpunkt stand. [4.89.]

Aus der Fülle von Kanalbauten der zweiten Hälfte des 19. Jahrhunderts, ragen vor allem zwei Bauwerke heraus, die für den geradezu fanatischen Glauben an die alle Schwierigkeiten überwindende Kraft des Menschen dieser Zeit Symbolbedeutung erhielten: der Suezkanal (1859–1869) und der Panamakanal (1881–1914).

Die Vorgeschichte des Suezkanals geht bis auf *Napoleon*s Ägyptenexpedition zurück. Chefingenieur *Lepère*, Mitglied des wissenschaftlichen Ausschusses des Generalstabs, begann 1798 mit den ersten Studien. Nachdem *Metternich* und der ägyptische Vizekönig von der Bedeutung eines Kanals zwischen Mittelmeer und Rotem Meer überzeugt worden waren, konnte 1846 eine erste Studiengesellschaft gegründet werden, an der sich Frankreich, England und eine deutsch-österreichische Gruppe beteiligten. Der österreichische Eisenbahningenieur *Alois Negrelli* faßte damals sämtliche Vorarbeiten in einem ersten Projekt zusammen, das einen schleusenlosen Kanal vorsah. [4.90.]

Aber erst *Ferdinand de Lesseps*, französischer Unternehmer und Diplomat, gelang es nach Übernahme der Leitung der Kanalgesellschaft alle Widerstände, vor allem der nun gegen den Bau opponierenden Engländer

„Die Ausführung der Bauten läßt sich überhaupt nicht aus Büchern, sondern nur in persönlicher Erfahrung auf der Baustelle erlernen."

Hubert Engels

„Wer sich nun der Wasserbaukunde widmet, aber blos einige ihrer Zweige studirt, der bleibt eben so mittelmäßig als der Bürgerliche-Baumeister und der Militair-Ingenieur, welcher nicht mit zu dem Studium des von ihm gewählten Faches der Bauwissenschaft auch das Studium derjenigen Abtheilungen der Wasserbaukunde, welche darauf einen entschiedenen Einfluß haben, vereinigt, wo er sich jedoch seinem eignen Fache vorzugsweise mit Anstrengung widmen muß."

Carl Friedrich von Wiebeking, 1817

zu überwinden. Wie eindeutig strategische Interessen dominierten, unterstrich *Lord Palmerstone* mit den Worten: Entweder baut England den Kanal oder er wird überhaupt nicht gebaut. Am 27. April 1859 begannen die Bauarbeiten, die *Negrelli* fünf Monate bis zu seinem Tode leitete. *Lesseps* erwarb von dessen Witwe sämtliche Unterlagen, einschließlich des Briefwechsels, und verschaffte sich so die Voraussetzungen, daß der Name des Schöpfers dieses damals noch als zu kühn gewerteten Projekts schnell vergessen worden ist. Wie die Sklaven altägyptischer Pharaonen hoben 40 000 Fellachen den Vorkanal aus. Der tschechoslowakische Historiker *Zamarowski* hat etwa 120 000 Tote, je km Kanal 748 Tote, ermittelt. Das seien mehr als auf einem Kilometer Kampflinie vor Verdun während des Ersten Weltkrieges. [4.91.]

Um den ständigen, insbesondere von England ausgehenden Anklagen gegen die unmenschlichen Arbeitsbedingungen aus dem Wege zu gehen, begann unter Nutzung des Vorkanals der Einsatz technischer Großgeräte. Schwimmende Eimerkettenbagger mit Eimern bis zu 1500 l Inhalt und 70 m langen seitlichen Auslegern übernahmen, gesteuert von wenigen Maschinisten, die Arbeit. [4.92.] Am 16. November 1886 konnte der inzwischen notdürftig befahrbare 164 km lange Kanal eingeweiht werden.

Nach dem Erfolg des Suezkanal-Baus betrieb *Ferdinand de Lesseps* als nächstes Projekt den Bau des Panamakanals. Er mußte allerdings 1889 Bankrott anmelden, in dessen Sog damals auch *Gustav Eiffel* gerissen wurde, der umfangreiche Arbeiten zur Herstellung von Schleusentoren übernommen und vorfinanziert hatte. In Erkenntnis der überragenden strategischen Bedeutung dieses Kanals für die Vereinigten Staaten von Amerika schuf deren damaliger Präsident, *Theodore Roosevelt*, die diplomatischen und finanziellen Voraussetzungen für die Weiterführung der Arbeiten unter US-amerikanischer Flagge. Der Arzt *William Gorgas* machte erst durch die erfolgreiche Bekämpfung des Gelbfiebers das Bauen in den Sumpfwäldern Panamas möglich. *John F. Stevens* organisierte die Erdarbeiten. Drei Millionen Kubikmeter Erde mußten bewegt werden. Sein Nachfolger, der

Canal du Midi, Schleusentreppe bei Fonserrannes, 1666–1691, P. P. Piquet, F. Andreossy, ursprünglich acht Schleusenkammern, Höhendifferenz 13,60 m, daneben eine moderne schiefe Ebene
aus: A. Föhl, M. Hamm: Die Industriegeschichte des Wassers, 1986

Wasserbauingenieur Oberst *George W. Goethals* aus dem Generalstab leitete den Bau bis zur Fertigstellung und residierte anschließend als erster Gouverneur der Kanalzone. Für den 81,5 km langen Kanal mit einem Scheitelpunkt von 25,9 m über mittlerem Meeresspiegel, mit drei Schleusen bei Gatun auf der Atlantikseite und drei Schleusen bei Miraflores und Pedro Miguel auf der Pazifikseite, mußten insgesamt 1,15 Mio m^3 Beton verarbeitet werden. Beim Bau waren 4 000 gelernte, 1 500 ungelernte Arbeiter und 10 000 einheimische Hilfskräfte eingesetzt. [4.93.]

Von altersher gehörten die Schleusen unabdingbar zum Kanalbau. Sie erst ermöglichten die Kanalschiffahrt. Allerdings genügten gegen Ende des 19. Jahrhunderts weder Hubhöhe noch Schleusungszeit dem angestiegenen Schiffsverkehr. Auch Schrägaufzüge, wie sie in Nordamerika zwischen zwei Kanälen mit größerer Höhendifferenz eingebaut wurden, konnten sich wegen der erheblichen Aufwendungen für den Bau der Aufzugsrampen nicht durchsetzen. Allein das Schiffshebewerk versprach hier Abhilfe, da es Platz und Wasser sparte. Es ist eins der vielen besonderen Ingenieurbauwerke, die in Anbetracht der zu beherrschenden Kräfte an die Meisterschaft der Bauingenieure und die Leistungsfähigkeit der Bauindustrie außerordentliche Anforderungen stellte.

Nach einem Entwurf aus dem Ende des 18. Jahrhunderts verband ein Doppelhebewerk mit zwei hölzernen Trögen am Grand Western Canal Themse und Severn für Kähne mit 8 t Ladefähigkeit. Die beiden gegenläufigen Tröge hingen an Ketten, die über drei Räder liefen. Immerhin konnten so 14 m Hub erreicht werden. Für die Erzeugung der für den Hub erforderlichen Kräfte entwickelten die Ingenieure vielfältige Lösungen: Doppelhebewerke mit Druckwasserzylindern, die nach dem Prinzip der hydraulischen Waage arbeiten (La Louvière, Frankreich), mit Schwimmkörpern (Henrichenberg, 1895), Dreh- und Waagebalken (Vorschlag von MAN für Niederfinow) oder Schwinghebel (Vorschlag von Haniel und Lueg für Niederfinow). Für das Schiffshebewerk Niederfinow am Oder-Havel-Kanal sah der Entwurf des Neubauamtes Eberswalde der Reichswasserstraßenverwaltung von 1926 einen Stahltrog vor, der mittels Gegengewichten gehoben und gesenkt wird und so 1 000 t-Kähnen die Überwindung der 36 m Höhendifferenz ermöglicht. Die Montage des gewaltigen Stahlbaues begann 1930. In einem 60 m hohen, bis 20 m tief gegründeten Stahlgerüst bewegt sich der Trog mit 1600 t-Konstruktionsmasse und 2 600 t Wasserlast, die über 256 Drahtseile mit 192 Schwerbetongewichten verbunden sind. Die Hub- und Senkbewegungen ermöglichen vier Elektromotore, deren Ritzel in Zahnstangen greifen.

Eine Gemeinschaft von zehn Firmen unter Federführung der DEMAG, Duisburg, bewältigte das gesamte Vorhaben. Die Stahlbauarbeiten, an denen die Gute-Hoffnungs-Hütte, Oberhausen, und die Mitteldeutschen Stahlwerke, Lauchhammer, beteiligt waren, koordinierte Klönne, Dortmund. Insgesamt erforderte das Schiffshebewerk, einschließlich der oberen Kanalbrücke 1,5 Mio m^3

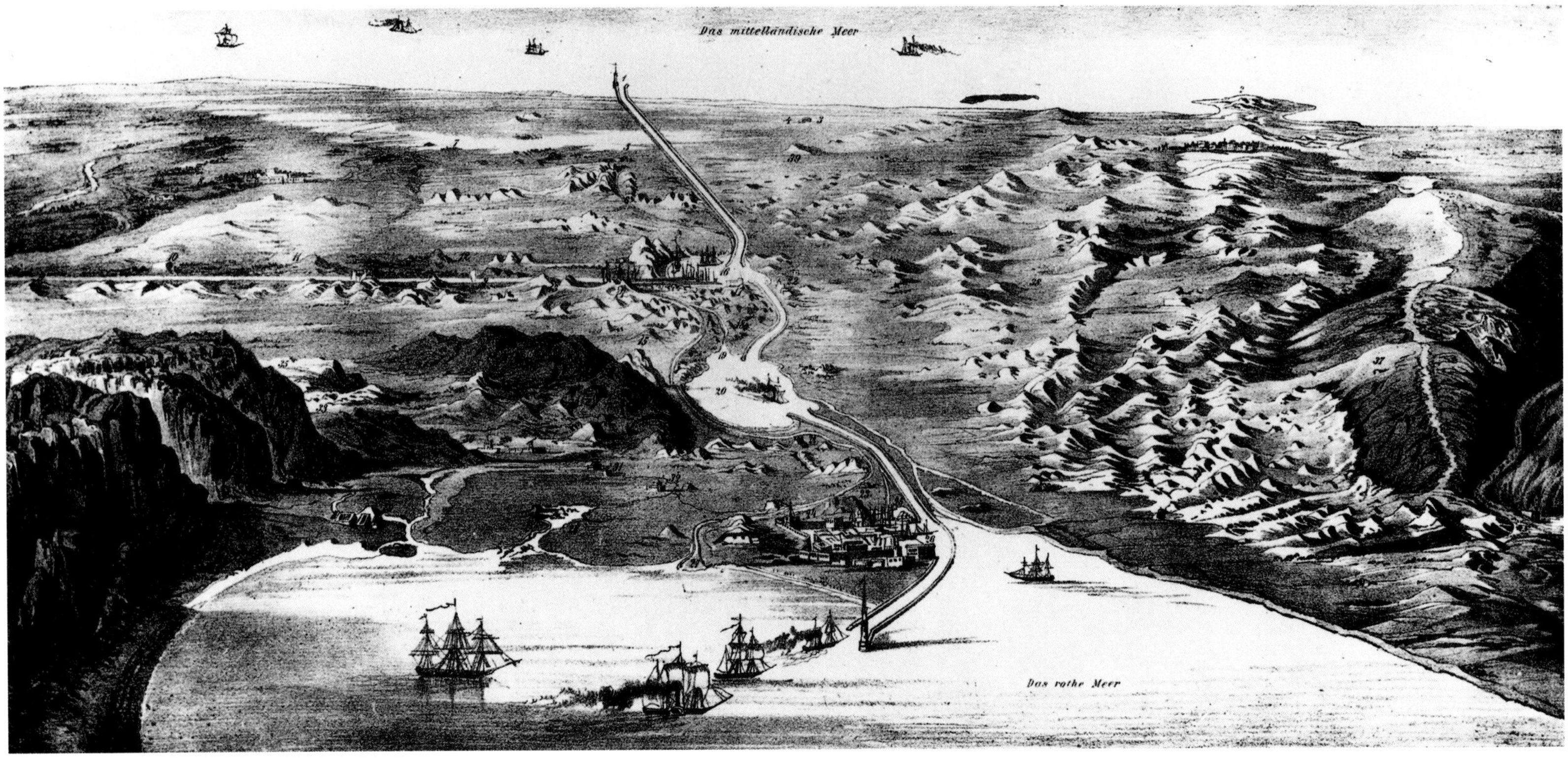

Suezkanal, 1859–1869, A. Negrelli, F. de Lesseps, einschl. der ausgebaggerten Zufahrtsrinnen 173,1 km lang, von Küste zu Küste 160,9 km, davon 40 km durch Seen, ursprüngliches Profil: Breite des Wasserspiegels 58 bis 100 m, Breite der Sohle 22 m, Wassertiefe 7,90 m, Panorama aus: Allgemeine Bauzeitung, Wien 22 (1857)

Portal des Tunnels bei Oberau der Eisenbahnlinie Leipzig–Dresden, 1837 bis 1839, 515,30 m lang, 1934 aufgegraben, Tunnelportal, Stich von Carl Gregor Täubert
Sächsische Landesbibliothek Dresden, Abt. Deutsche Fotothek, Aufn.: Richter

Erdbewegungen, 72 000 m³ Beton und rd. 12 000 t Stahl, St 52 für den Tog und St 37 für das Gerüst. Seine Konstrukteure blieben anonym. Sie waren Beamte der Reichswasserstraßenverwaltung und Angestellte der beteiligten Firmen, an die eine aus Anlaß der Einweihung am 21. März 1934 am oberen Umgang angebrachte Tafel erinnert. [4.94.]

Der Ausbau des Eisenbahnnetzes seit 1830 initiierte auch die Durchtunnelung von Bergen, die durch die geringe Steigleistung der Lokomotiven erhebliche Umwege gefordert hätten oder deren Überwindung wie etwa in den Alpen nicht anders möglich war. Die ersten beiden deutschen Eisenbahntunnel wurden 1837 im Zuge der Linie Köln–Aachen bei Königsdorf und Leipzig–Dresden bei Oberau gebaut. Letzteren haben fünfhundert Bergknappen aus Freiberg von beiden Enden und vier Luftschächten aus abgeteuft. Die Wasserhaltung sicherte eine Harkortsche Hochdruckdampfmaschine. Kaum hundert Jahre nach seiner Eröffnung 1839 wurde der 513,3 m lange Tunnel aufgegraben, so daß heute nur noch ein Gedenkstein an ihn erinnert.

Der erste große Alpentunnel unter dem Col de Fréjus (Mont Cenis) ermöglichte die Eisenbahnverbindung zwischen Lyon und Turin. Auf der Grundlage erster Vorschläge und Gutachten von *G. F. Medail, Heinrich Mauss* und *Sismonda* arbeiteten der Schweizer Ingenieur *Germain Sommailler* und der Italiener *Grattoni* das endgültige Tunnelprojekt aus. Die Genauigkeit des Triangulationsprojekts mutet auch heute noch geradezu phantastisch an. Bei 65 km Entfernung zwischen den beiden äußersten Meßpunkten betrug der Meßfehler nach der Seite lediglich 40 cm und in der Höhe 60 cm. Im Unterschied zu bisherigen Tunnelbauten konnten in Anbetracht des bis zu 2 000 m hohen Bergmassivs keine Zwischenschächte abgeteuft werden. Die Arbeiten begannen fast gleichzeitig am Süd- und Nordausgang. Um einen möglichst hohen Baufortschritt zu erreichen, setzte *Sommailler* zum ersten Mal die von *Thomas Bartlett* erfundene Steinbohrmaschine ein, die nach einem von dem Genfer Professor *Jean-Daniel Colladon* erfundenen Verfahren mit Preßluft angetrieben wurde. Gemeinsam mit *Grandis* und *Grattoni* entwickelte *Sommailler* ein überraschend einfaches System zur Erzeugung von Preßluft mit Hilfe wassergetriebener Luftpumpen unter Ausnutzung des Wasserdrucks aus Hochbehältern, die im Gebirgsmassiv unmittelbar über den Tunnelportalen angelegt wurden. [4.95.] Das ermöglichte die ursprünglich geringe Vortriebleistung von nur 0,75 m am Tage auf 3 m zu erhöhen. Zum Sprengen stand damals lediglich Schwarzpulver zur Verfügung.

Arbeiter im Mont-Cenis-Tunnel
aus: Dolezalek: Der Tunnelbau, 1889ff.

Wie bei fast allen großen Ingenieurbauten des 19. Jahrhunderts überschätzte man am Anfang die Möglichkeiten der kaum im Ansatz vorhandenen neuen Technik und unterschätzte die Schwierigkeiten sowohl bei der Überwindung des Berges als auch bei der Finanzierung. Die Bohrmaschinen leisteten kaum mehr als Handarbeit. Infolge der schlechten Lüftung konnten die Verbrennungsgase des Schwarzpulvers nicht abziehen. Aber der Tunnel versprach eine rasche Amortisation. Ganz Italien verfolgte den Bau als Symbol der nationalen Einigung unter der Führung des *Conte di Cavour*, des Ministerpräsidenten des Königreichs Piemont-Sardinien, mit leidenschaftlichem Interesse. *Sommailler* starb am 11. Juli 1871 kaum 56 Jahre alt, an Erschöpfung. Bei der feierlichen Eröffnung zwei Monate später erinnerte keiner der Festredner mehr an seine Leistung und sein Opfer.

Die Fortsetzung der Fréjus-Tragödie fand wenig später unter dem St. Gotthard statt. Das Projekt erarbeiteten *A. Bach* aus Stuttgart und *Robert Gerwig*, ehemaliger badischer Baudirektor aus Karlsruhe, unter Verwendung des ersten Plans des Schweizer Ingenieurs *Wetli*. In der Leitung des Baus folgten 1875 *Konrad Hellwig* und bereits drei Jahre später der Schweizer Ingenieur *Gustav Bridel*. Mit seinen fast 15 km Länge bildete der Tunnel den Höhepunkt einer außerordentlichen ingenieurtechnischen Leistung, zu der eine Nordrampe, über 7 km lang mit 22 kleineren Tunneln, und eine Südrampe, 8 km lang mit 15 Tunneln, gehören.

Der Bauunternehmer *Louis Favre* aus Genua übernahm den Auftrag im Glauben, daß er sich dank der ihm zur Verfügung stehenden verbesserten Technik auf einen Vereinbarungspreis von knapp 56 Millionen Schweizer Franken bei Übernahme des vollen Risikos und einer fixierten Bauzeit von acht Jahren einlassen könne. Er stimmte sogar einer Rückzahlungsklausel bei Terminüberschreitung zu, da sie ihm bei vorfristiger Fertigstellung entsprechende Prämien zusicherte. *Colladon* und eine große Zahl erfahrener italienischer Tunnelarbeiter kamen direkt vom Fréjus-Tunnel *Favre* zu Hilfe. Als Sektionsingenieure übernahmen *E. von Stockalper* die Nord- und *Edouard Bossi* die Südseite. Mit leistungsfähigeren Bohrern von *Ferroux* und *Brandt*, den Kompressoren von *Colladon* und dem seit 1878 verwendeten Dynamit erreichten die Tunnelbauer tatsächlich mit 5 m/Tag einen erheblich höheren Baufortschritt. [4.96.] Dennoch führten vor allem Wassereinbrüche zu erheblichen Verzögerungen, so daß *Favre* schließlich wegen Terminüberschreitung über 12 Millionen Schweizer Franken verlor. 1879 erlag er im Tunnel einer Herzattacke. Seine beiden Sektionsingenieure *von Stockalper* und *Bossi* setztens seine Arbeit fort, bis schließlich am 23. Mai 1882 der Tunnel eingeweiht werden konnte. Er hatte 310 Tote gefordert und 877 Arbeiter zu Krüppeln gemacht. Auch eine durch Militär unterdrückte Revolte der Tunnelarbeiter Ende Juli 1875 hatte keine Veränderung der Arbeitsbedingungen, insbesondere der hygienischen Verhältnisse, gebracht. Die Ursachen für den tragischen Verlauf der Tunnelarbeiten bestanden vor allem in der unzureichenden energetischen Basis und in den überhaupt noch nicht erkannten arbeitshygienischen Erfordernissen. 70 Prozent der Tunnelarbeiter an der Nordseite litten nach den Berichten an einer anämischen durch Darmschmarotzer verursachten Erkrankung. Dennoch: der mit zahlreichen Opfern erkaufte Sieg über den Berg ermöglichte eine enorme Verkürzung der Reisezeit von 27 auf $5^1/_2$ Stunden.

Den von 1880–1884 währenden Bau des etwas über 10 km langen Arlberg-Tunnels erleichterte die von dem Hamburger Ingenieur *Alfred Brandt* erfundene hydraulische Drehbohrmaschine. Sie lief zwar langsamer als die pneumatische Schlagbohrmaschine von *Ferroux*, benötigte aber weniger Arbeitskräfte und forderte weniger Reparaturen. Der am 1. Juli 1906 eröffnete Simplontunnel schlug mit 19 803 m Länge alle Rekorde. Seine Bauzeit betrug sechs Jahre und zehn Monate. Mit ihm hatte eine neue Entwicklungsetappe des Tunnelbaus begonnen. Jetzt wurden als erstes an beiden Tunnelportalen umfangreiche Sozialbauten errichtet. Auch beim Bau dieses Tunnels traten Probleme mit druckführenden Schichten auf, die jedoch durch den Einsatz schwerer Stahljoche gelöst werden konnten. Mit 39 Toten, 5 500 Verletzten, davon 133 Arbeitsunfähigen waren die Opfer, die der Tunnel forderte, im Verhältnis zu den bisherigen verhältnismäßig gering. Die durch Dynamit verursachten Unfälle häuften sich jetzt. Zu den Opfern des Tunnels gehörte auch der Ingenieur *Brandt*, der am 29. November 1899 einem Herzversagen erlag.

Den vorläufigen Höhepunkt im Bau der Alpentunnel bildete der 11,6 km lange Mont-Blanc-Tunnel, dessen Bau nach einem Projekt von *Zignoli*, Turin, 1958 an der Südseite und 1959 an der Nordseite begonnen wurde. [4.97.] Dreietagige Bohrkombines, die von 18 bis 21 Arbeiter bedient wurden, ermöglichten den Ausbruch eines hufeisenförmigen Profils mit rd. 7 m Basisbreite und rd. 10 m Höhe. Aber auch hier gab es im Stollen Verzögerungen durch Wassereinbrüche und Zerstörungen an den Portalbauwerken durch Lawinen, so daß in der Zeit von April bis Oktober 1961 nur ein Baufortschritt von etwa 1,5 m/Tag erreicht wurde. Der Durchbruch erfolgte schließlich am 14. August 1962.

Gehörte schon der Bau von Tunneln durch festes Gestein zu den Heldentaten der Bauingenieure und der Tunnelarbeiter, so potenzierten sich die Probleme beim Bau von Tunneln in weichem Boden. Auch hier konnten ganz im Gegensatz zur Situation im Hochbau die zu erwartenden Kräfte an den Rändern des Tunnelprofils auf der Grundlage geologischer Untersuchungen mehr erahnt

„Endlich umfassen jene Einheitspreise auch das Einstehen des Unternehmers auf seine Rechnung und Gefahr für alle Zufälligkeiten und unvorhergesehenen Schwierigkeiten, welche sich beim Vollzuge der Arbeiten in Folge der Beschaffenheit des Gesteines oder des Gebirges überhaupt in Folge außerordentlich starken Wasserdranges, in Folge von Elementarereignissen oder aus ähnlichen Gründen irgendwelcher Art ergeben möchten."

aus dem Vertrag der Gotthardtunnel-Gesellschaft mit Louis Favre

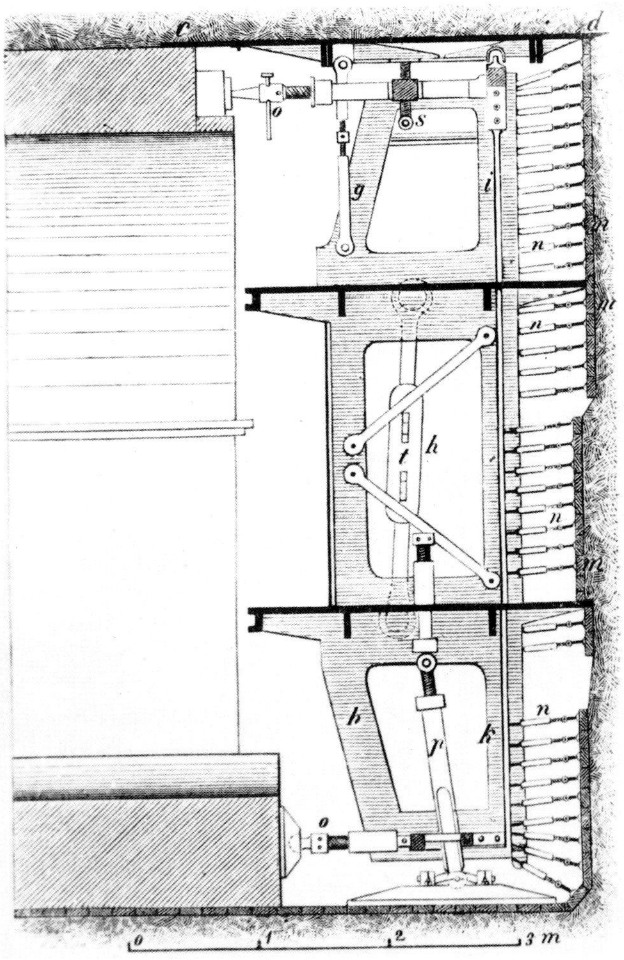

Brunels Vortriebsschild, Systemskizze aus: M. Overmann: Straßen, Brücken, Tunnel, Stuttgart 1969

Erster Londoner Themsetunnel, J. K. Brunel, Darstellung des projektierten Tunnels zu Werbezwecken Ackermann & Co., London 1835, aus: F. D. Klingender: Kunst und industrielle Revolution, Dresden 1974

als berechnet werden. Nicht vorhersehbare Einbrüche von Lockergestein, Wasser und Schlamm machten die Arbeiten im Tunnel zu einem lebensgefährlichen Vabanque-Spiel. An der Schwelle von der Tunnelbaukunst zur Tunnelbauwissenschaft standen *Franz Ritter von Rziha,* der 1871 sein „Lehrbuch der Tunnelbaukunst" veröffentlichte, und *Karl Anton Dolezalek.* Zum ersten Mal gelang die Durchtunnelung sandigen, druckreichen Gesteins beim Bau des 1098 m langen Tunnels bei Tronquois im Zuge des Kanals von St-Quentin. Mit der Entwicklung der Großstadt London entstanden immer wieder Pläne, wie man das Nord- und Südufer der Themse verkehrsgünstiger als durch Fähren miteinander verbinden könne. Nach dem Scheitern solcher Brückenprojekte wie der gußeisernen Bogenbrücke von *Telford,* 1801, traten wieder Tunnelprojekte in den Vordergrund. *Richard Trevithick* griff 1807 auf eine Idee aus dem 18. Jahrhundert zurück und begann mit dem Bau eines Tunnels. Dieser Versuch, der sich praktisch ohne technische Hilfsmittel wesentlich auf den Enthusiasmus der Londoner stützte, mußte aber bald aufgegeben werden, da immer wieder Wasser einbrach.

Marc Isembard Brunel erfand – angeblich nach dem Vorbild des Schiffsbohrwurms teredo navalis – einen Schild zum Schutz der Tunnelarbeiter gegen einbrechende Schlamm und Wassermassen. [4.98.] Im Patent von 1818 beschreibt er den Schild als „a casing or cell to be forced forward before the timbering which is generally employed to secure the work." [4.99.] Der Schild ist ein Gestell aus Gußeisen und Holz mit rechteckigem Querschnitt, das aus 12 unabhängig voneinander verfahrbaren, aber eng miteinander verbundenen Gerüsten mit je drei übereinander angeordneten Arbeitsbühnen besteht. In jeder der Zellen des Schildes konnten bis zu drei Arbeiter eingesetzt werden. Das einzelne Vorrücken der Arbeitsbühnen ermöglichte, den Tunnel verhältnismäßig sicher vorzutreiben und Seitenwände wie Decke ohne Verzug auszumauern.

Am 16. Februar 1825 begannen die Arbeiten unter der Leitung von *Isembard Kingdom Brunel,* dem Sohn *Marc Isembards.* Allerdings konnte der Schild trotz eines geringen Baufortschritts von 12 cm/Tag Einbrüche der Themse in den Tunnel nicht verhindern, da die Deckschicht nur 4 m betrug. Insgesamt kam es zu elf Wasser- und Schlammeinbrüchen. Sie hatten 1827 und 1828 solch katastrophale Ausmaße, daß die Arbeiten eingestellt werden mußten. In seinem Tagebuch hat *Brunel* den Kampf der Tunnelbauer gegen den Schlamm der Themse beschrieben und in vielleicht naiven, aber zugleich seinen Enthusiasmus enthüllenden Skizzen illustriert. Erst 1835 gelang es, wieder so viel Geld zu beschaffen, daß die Arbeiten fortgesetzt werden konnten. Acht Jahre später feierte ganz London die Eröffnung des Tunnels, der zwar wegen der nicht vollendeten Eingangsbauwerke nur für Fußgänger benutzbar war, für die Londoner Bürgerschaft aber als ein Wahrzeichen der Stadt galt. Der Tunnel ist 400 m lang und besteht aus zwei parallelen mit Klinkern in Roman-Zementmörtel ausgemauerten Röhren mit einer Basis aus 3 Zoll dicken Ulmen-Bohlen. Seine Breite beträgt 4,30 m, seine Höhe etwa 5,20 m.

In der Nähe des Towers wurde 1869 mit dem Bau eines zweiten Themsetunnels begonnen, der wesentlich erfolgreicher verlief. [4.100.] *P. W. Barlow* hatte dafür einen neuen Schild konstruiert, der das gußeiserne Tunnelrohr wie der Deckel einer Büchse umschloß. Vor dem Schild lag der Arbeitsraum. Hydraulische Pressen, die an der Stirn der Tunnelröhre ansetzten, preßten den Schild gegen das Erdreich. Mit dem Vorrücken des Schildes ließ sich ein weiterer Tübbing an die Tunnelröhre anbauen. Mit diesem Schild von *Barlow* war der Prototyp einer Tunnelbautechnik gefunden, der sich bis in die Gegenwart bewährte. Als Chefingenieur leitete der aus Südafrika stammende *J. H. Greathead* den Tunnelbau. Er verbesserte das Schildvortriebsverfahren durch Mechanisierung des Erdaushubs und -transports, sowie durch Einblasen von Druckluft in den Arbeitsraum vor dem Schild. Der überzeugende Erfolg trat 1886 mit dem Beginn des Baus der City and Southwark Subway in London ein, deren Tunnel fast 20 m unter dem Straßenpflaster liegen. Allerdings erlebte *Greathead* diesen Triumph nicht mehr. Er starb im Alter von 52 Jahren. Die Londoner Metro bildete das Vorbild für die Untergrundbahnen in Budapest (begonnen 1894), Paris (begonnen 1898) und New York (begonnen 1902).

Neben dem Tunnelvortriebsverfahren behauptete sich die „Cut and Cover Bauweise", die zwar an vorhandene Straßenzüge gebunden war, aber wegen der Bauarbeiten in offener Baugrube geringere Kosten verursachte.

Am vorläufigen Ende des Tunnelbaus steht der 53,85 km lange Seikan-Tunnel, der die japanischen Inseln Honshu und Hokkaido miteinander verbindet. Nach über 20 Jahren Bauzeit konnte 1987 der Eisenbahnverkehr in dem aus einem Haupt-, einem Pilot- und einem Servicetunnel bestehenden System aufgenommen werden. Wenn auch inzwischen die volkswirtschaftliche Bedeutung des Tunnels bezweifelt wird, bleibt er zumindest ein beeindruckendes Zeugnis des Könnens japanischer Ingenieure und der Leistungsfähigkeit moderner Tunnelbautechnik. Um die drei Tunnel etwa 100 m unter dem Meeresgrund zu bohren, mußten 2 860 t Sprengstoff eingesetzt und 6,33 Millionen m^3 Abraum herausgebracht werden. Inzwischen haben die Bauarbeiten an einem ähnlichen Rekordtunnel für Europa begonnen, dem „Chunnel", dem Kanal-Tunnel zwischen Dover und Calais. Die Geschichte der Tunnelprojekte umfaßt nahezu 200 Jahre:

1801 Albert Mathieu-Favier: gemauerter Tunnel,
1803 Mottray: eiserne Röhre auf vorbereiteter Gründung auf dem Meeresboden,
1833 Thomas Aimé de Gamond: Damm mit Drehbrücke, Damm mit kurzer Fährstrecke, Stahlbrücke, Eisenrohre auf dem Meeresgrund, Eisenbahntunnel mit Kanalstation
1852 Gamond: Tunnel, gebaut unter Einsatz der Payerne-Tauchglocke,
1855 James Wylson: schwimmende Röhre,
1856 Étoile de Varne,
1856 Abbé Angelin: Röhre in 58 m Tiefe,
1860 Hector Horeau: elliptische Röhre, Lüfterpavillons,
1867 Gamond, William Lowe, Brunel und Brunlee: Projekte anläßlich der Pariser Weltausstellung,
1876 Tunnelbaugesellschaft: Probestollen auf französischer Seite 1577 m, auf englischer Seite ab 1881 zwei Stollen von 1860 m und 730 m, Beaumont-Schild mit mechanischem Erdabbaugerät, elektrische Baustellenbeleuchtung, 1882 Einstellung der Arbeiten,
1869 Bateman; C. E. Joung: Röhre in halber Meereshöhe verankert; Saint Anne: Viadukt,
1882 Kanalgesellschaft: Brücke mit 72 Feldern,
1886 Sir John Fowler: Ponton-Brücke,
1887 Schneider & Herbert: Vergrößerte Firth of Forth Brücke (Ausleger-Brücke) mit 55 Feldern,
1907–1913 Fox und Sartraux,
1929 Flett,
1947 Baschevant,
1958/59 Tunnel-Studiengruppe,
1972/74 Vorbereitungsarbeiten,
1974/75 erneuter Versuch,
1979 British Rail und Französische Eisenbahnen (SNCF): projektierte Fahrzeitverkürzung London–Paris von sechs bis sieben Stunden auf drei Stunden 40 Minuten
1980 Studie: zwei Verkehrstunnel, ein Servicetunnel [4.101.]

Skizzen M. I. Brunels vom Wassereinbruch im Themsetunnel, aus seinem Tagebuch aus: C. Noble: The Brunels, London 1938

In bergigen Ländern mit Wasserläufen geringer Kapazität bemühten sich die Bewohner der Städte schon im Mittelalter, durch das Absperren der Täler mittels Erd- und Steindämmen Wasservorräte aufzustauen, um Felder und Gärten zu bewässern, Trink- und Löschwasser verfügbar zu haben und Mühlen zu betreiben. Die französische Theorie des Staudammbaus im 18. Jahrhundert knüpfte an die Tradition dieser einfachen Bauwerke an und betrachtete für die Ermittlung des Mauerquerschnitts das Kippen um die unterste landseitige Kante als kritisch. Erst in der Mitte des 19. Jahrhunderts zeigte sich, daß diese Annahme nicht ausreichte, da sie weder die zulässige Beanspruchung der Vorderkante noch die Sicherheit gegen Gleiten berücksichtigte. Dies erfolgte erst beim Bau der Talsperre des Furens, eines Nebenflusses der Loire bei St-Etienne, 1861–1866, durch *Graeff* und *Delocre*. [4.102.] Der Querschnitt der Mauer, die im Grundriß bogenförmig verläuft, ist zur Krone hin stark verjüngt (barrage français). Im Mittelpunkt der weiteren Untersuchungen standen die Klärung der Gewölbewirkung in der Längsachse und die Ermittlung des zweckmäßigsten Querschnitts. *Delocre* nahm noch eine Gewölbewirkung an, wenn die Mauer so dick war wie ein Drittel des Radius der wasserseitigen Begrenzung.

Rankine und *Intze* entwickelten auf rechnerische und geometrische Weise Querschnitte, die von logarithmischen Kurven begrenzt werden. Binnen zwei Jahrzehnten baute *Otto Intze,* der erfolgreichste deutsche Talsperrenbauer folgende Anlagen im Rheinland und in Westfalen:

Dampfbagger von Ruston Proctor & Co.
aus: Zeitschrift des Architekten- und Ingenieurvereins zu Hannover 24 (1878)

Metro in London
aus: Universal Illustrated, London 1867

Eschbach-Talsperre bei Remscheid, während der Einweihung, 1889–1891, O. Intze, Stadtwerke Remscheid GmbH

	Inhalt T m3	Fläche ha	Staumauer: Höhe m	Länge m	Gesamtkosten T M
1. Lennep	117	3,2	12,5	100	105
2. Ronsdorf	300	4,08	23,9	180	510
3. Heilenbecke	450	8,5	19,5	162	280
4. Fuelbecke	700	7,85	27	145	328
5. Jubach	1000	11,3	27,8	152	630
6. Remscheid	1065	13,4	75	160	536
7. Versetal	1500	16,57	29,1	166	600
8. Haspertal	2000	18,3	33,7	260	1360
9. Glörbachtal	2000	21,0	32	167	780
10. Herbringhausen	2500	25,65	34	205	2000
11. Lingese	2600	38,8	24,5	183	1070
12. Oestertal	3000	24,09	36	227,5	1150
13. Solingen	3000	23,6	43	178	1690
14. Bever	3300	52,3	25	235	1430
15. Hennetal	9500	76,3	37,9	369	2300
16. Ennepetal	10000	87,24	40,9	270	2600
17. Urft	45000	216,0	58	228	4000

[4.103.]

Einen weiteren Fortschritt im Talsperrenbau brachte *Hugo Ritter,* der 1913 vorschlug, die Sperrmauer als ein Gewebe aus vertikalen, einseitig eingespannten Trägern und horizontalen Bögen aufzufassen. Vor allem hat der Beton einen neuen Entwicklungsabschnitt des Staudammbaus eingeleitet. Die erste aufgelöste Staumauer in Deutschland baute Dyckerhoff & Widmann unter Leitung des Ingenieurs Maier aus Karlsruhe 1923/24 für die Vöhrenbachtalsperre im Ostschwarzwald. Die Masse der aus 13 schrägen Tonnengewölben zwischen den Widerlagern und 12 Dreieckspfeilern mit 10,80 m Achsabstand bestehenden Mauer betrug nur $^1/_5$ eines traditionellen geschütteten Damms. [4.104.] Heute gibt es etwa 30 000 Staumauern und -dämme mit über 15 m Kronenlänge, die meisten aus der Zeit nach 1945 und über die Hälfte in China. [4.105.]

In den USA begann die systematische Ausnutzung der großen Flüsse zur Energieerzeugung in Verbindung mit dem Ausbau der Wasserwege, Flußregulierungen, Landkultivierung und Bodenbewässerung mit dem Bau des Shoeshone Damms (jetzt Buffalo Bill Damm), der 1910 vollendet wurde. 1920 erzeugten Wasserkraftwerke etwa 40 % der amerikanischen Elektroenergie. Anfang der dreißiger Jahre folgten der im Zuge des Boulder Canyon Projekts gebaute Hoover Damm und als wichtigstes Bauwerk des Columbia Bassin Projekts im Nordwesten der Grand Coulee. Dieser 1941 vollendete, da-

Bleilochtalsperre bei Saalfeld, Thüringen, Aufnahmen von der Baustelle am 14. Mai 1931 und nach der Einweihung am 18. Juni 1934
Aufn.: Foto König, Lobenstein

mals größte Staudamm der Welt bildete die Energiebasis für den Bau der ersten beiden Atombomben.

Zu den gewaltigen amerikanischen Bauvorhaben der dreißiger Jahre gehören ebenso die Bauten der Tennessee Valley Authority mit 16 größeren neuen und fünf rekonstruierten Staudämmen, das Central Valley Projekt in Californien und das Missouri River Bassin Projekt mit etwa 20 Dämmen. Diese Bauvorhaben hatte Herbert Clark *Hoover,* Präsident der USA von 1928 bis 1932, initiiert. Sein Werk setzte sein Nachfolger Franklin Delano *Roosevelt* im Rahmen des New Deal fort. Die Aufgabe der Tennessee Valley Authority bestand im Ausbau einer etwa 1 000 km langen Binnenschiffahrtsstraße zwischen Knoxville und der Mündung des Tennessee River in den Ohio. Das erforderte Hochwasserspeicherdämme in den Zuflüssen, Staudämme und Schiffahrtsschleusen, die Regulierung des Hoch- und Niedrigwassers, die Nutzung der Wasserkraft, die Bewässerung des landwirtschaftlich genutzten Bodens, die Verhütung der Bodenerosion, die Schaffung neuer Standortmöglichkeiten für die Industrie und nicht zuletzt neuer Fremdenverkehrszentren und Erholungseinrichtungen. Die Bauten erfaßten ein Territorium von insgesamt mehr als 100 000 km². Die Gestaltung dieses Tales, eine in

Größe und Komplexität bisher unbekannte Aufgabe, wurde verwirklicht durch die Gemeinschaftsarbeit einer Generation amerikanischer Ingenieure und Wissenschaftler aller Fachgebiete. [4.106.]

Eine ähnlich die Kultur eines ganzen Landes verändernde Leistung der Ingenieure stellte nach dem Zweiten Weltkrieg die Verwirklichung des Delta-Plans in Holland dar. Nachdem 1953 während einer Sturmflut fast 2000 Menschen ertrunken waren, begannen die sich über zwei Jahrzehnte hinziehenden Baumaßnahmen mit dem Sturmflutwehr bei Krimpen an der Ijssel 1954. Mit Ausnahme der Zugänge zu den Häfen von Antwerpen (Westerschelde) und Rotterdam (Neuwe Waterweg) sah das Projekt die Absperrung aller Seearme im Südwesten Hollands vor. Das konstruktiv aufwendigste Bauwerk ist die Sperre des Haringvliets mit Entwässerungsschleuse, fließen doch hier etwa 60 % der Abflußmengen von Rhein und Maas ins Meer. Diese Aufgabe bewältigt ein Bauwerk mit 17 Öffnungen von je 56,5 m Lichtweite zwischen 18 Pfeilern, bestückt mit 34 Segmentschützen, die an einem im Profil dreieckigen Spannbetonträger hängen [4.107.]

Je präziser aber die Erfassung der inneren Kräfte dieser Bauwerke und der Dimensionierung ihrer Elemente gelang, um so lauter wurde die Kritik, nicht so sehr gegen den außerordentlich umfangreichen Rechenaufwand, der sich seit den fünfziger Jahren mit Hilfe von Computern immer leichter bewältigen ließ, sondern gegen die scheinbare Objektivität der Rechenergebnisse, die leicht über die Fülle der nicht erfaßbaren natürlichen Bedingungen hinwegtäuschen würde. *Oberti Mailand,* der Konstrukteur kühner Staudämme in den Alpen, empfahl deshalb Modellversuche, weil sie am rationellsten Klarheit über das Kräftespiel der in den unregelmäßig geformten Bergkörper nachgiebig eingespannten und nach oben freien gekrümmten Staudammschale bringe. [4.108.] *Hermann Grengg,* der Altmeister des österreichischen Talsperrenbaus, betonte noch pointierter die sich gegen das Eindringen der Wissenschaft verschließende Spezifik der Auseinandersetzung des Bauingenieurs mit der Natur: „Doch wäre es ein Irrtum zu glauben, der konstruktive Wasserbau sei selbst eine Wissenschaft. Viel eher wird er in seiner stärksten Steigerung den Rang einer Kunst erreichen." [4.109.]

Vöhrenbachtalsperre im Schwarzwald, 1923/24, Maier, Karlsruhe, Stahlbeton-Staumauer aus 12 Dreieckspfeilern mit verbindenden Tonnengewölben, Kronenlänge 145 m, größte Höhe 28,9 m, Blick vom Unterlauf der Linach auf die Staumauer Dyckerhoff & Widmann AG, München

Der kommunale Tiefbau Lebensadern für die Stadt

Bis zum Beginn der industriellen Revolution war Städtebau in Anbetracht des nur geringfügigen Anwachsens der Bevölkerungszahlen in den Städten fest in die Traditionen feudaler Ordnung eingebunden. [4.110.] Mit dem Streben des absolutistisch regierenden Souveräns, die Demonstration seiner Allmacht mit dem Bild vom treu sorgenden Landesvater zu verbinden, erlebten zumindest die Residenzstädte eine städtebauliche Blüte, in die – wenn auch nur am Rande – bestimmte kommunalhygienische Aspekte einbezogen wurden. [4.111.] die Planungen *Karl von Fischers, Leo von Klenzes* und *Friedrich Bürkleins* für München, die Residenzstadt der Wittelsbacher, *Friedrich Weinbrenners* Karlsruher Plan oder *Georg Mollers* Darmstädter Plan in den ersten Jahrzehnten des 19.Jahrhunderts bildeten bereits den Versuch einer Synthese aus den Interessen des Herrschers und der Bürger. [4.112.]

Am Ende des 18. Jahrhunderts begann zögernd, bis zur Mitte des 19. Jahrhunderts aber immer rascher der Prozeß der Zusammenballung von Menschenmassen in den Industriestädten neue Maßstäbe zu erreichen. In Manchester bereits in der zweiten Hälfte des 18. Jahrhunderts: Um 1750: 12000 Einwohner
1800: 95000 Einwohner
1850: 400000 Einwohner

Die größten Zuwachsraten verzeichneten nicht die traditionellen Großstädte, sondern bisher fast unbedeutende Kleinstädte, in denen sich die neue Industrie ansiedelte. Das zeigt folgende Übersicht:

	1800	1850	1870	1900	
Berlin	172	415	825	1889	TEW
Hamburg	100	170	240	706	TEW
München	40	100	169	500	TEW
Leipzig	30	63	107	456	TEW
Düsseldorf	10	27	69	214	TEW
Essen	4	19	522	·/.	TEW
Dortmund	4	11	44	143	TEW
Bochum	2	5	21	102	TEW

[4.113.]

Die Errichtung von Fabriken und die rasche Erweiterung des Eisenbahnnetzes führte zu einer Zentralisation der Bevölkerung in den Städten. Hatte noch am Anfang des 19. Jahrhunderts der weitaus größte Teil der Bevölkerung in Deutschland auf dem Lande gelebt, so betrug nach hundert Jahren der Anteil der in der Stadt Wohnenden mehr als die Hälfte. Die Städte dehnten sich, oft unter Eingemeindung der umliegenden Dörfer, in ihr Umland aus. Die nun hinderlich gewordenen mittelalterlichen Befestigungsanlagen wurden geschleift und die frei werdenden Flächen zur Anlage von Ringstraßen, Grünanlagen und zum Bau von repräsentativen öffentlichen Bauten genutzt. Neue Verkehrsmittel wie die Pferdebahn, Mietskasernen und kommunale Bauten machten die Stadt für die Arbeitermassen bewohnbar und schufen zugleich günstige Bedingungen für die Ansiedlung neuer Fabriken.

Dnepr-Staudamm bei Saporoshje, Ukraine,
1929–1931
APN-Nowosti, Moskau

Aus dieser Wechselwirkung, die bis in die Gegenwart Agglomerationen in allen Industrieländern der Welt längs der Verkehrsmagistralen entstehen ließ, ergaben sich völlig neuartige, komplizierte Aufgaben, die letztlich zu neuen Wissenschaftsdisziplinen führten, die das Berufsprofil des Bauingenieurs wesentlich erweiterten.

Die Wohnungsnot nahm entsetzliche Ausmaße an. Reinhard Baumeister hat die um 1870 in einigen Städten entstandene Einwohnerdichte zusammengestellt:

Bebaute Fläche je Einwohner in:

Hamburg	1874, innere Stadt ohne Wälle, Alster und Hafen	18 m^2
Hamburg	1874, St. Georg	80 m^2
Hamburg	1874, St. Pauli	40 m^2
Berlin	1873, dichtester Stadtteil, Spandauer Revier	17 m^2
Berlin	1873, innerhalb der ehemaligen Stadtmauer	35 m^2
Berlin	1873, ganzes Weichbild	66 m^2
Prag	1874, Judenstadt (wohl der dichteste Stadtteil in Europa)	7 m^2
Prag	1874, Altstadt	21 m^2
Prag	1874, Neustadt	36 m^2
Prag	1874, Kleinseite	41 m^2
Prag	1874, ganze Stadt innerhalb des Festungsterrains	35 m^2
Paris	Kern, innerhalb des inneren Boulevards	14 m^2
Paris	Zone zwischen inneren und äußeren Boulevards	31 m^2
Paris	Zone zwischen äußeren Boulevards und der Stadtmauer	90 m^2

[4.114.]

Um das Jahr 1871 war eine Kleinwohnung in Berlin, bestehend aus Zimmer und Küche, im Durchschnitt mit 7,2 Personen belegt. *Heiligenthal* schätzte die ökonomischen und sozialen Ursachen folgendermaßen ein:

„Die Stadt des 19. Jahrhunderts war eine Produktionsstätte schlechthin. Der Gütererzeugung für den Weltmarkt dienten die schrankenlose Ausnutzung des Bodens, die Ansammlung mächtiger Produktionskapitalien und die ungeheuerliche Zusammendrängung der Menschen, welche nur als dritter Produktionsfaktor gewertet wurden. Groß und gewaltig waren in dieser Stadt die für die Gütererzeugung bestimmten Bauten und Anlagen, klein war der dem einzelnen zugewiesene Lebens- und Betätigungsraum und armselig waren trotz äußeren Reichtums die Erholungsstätten des Volkes." [4.115.]

Unter diesen Bedingungen genügte ein Städtebau nicht mehr, der sich in künstlerischen Kompositionen von Prachtstraßen erschöpfte. *Reinhard Baumeister* erkannte damals völlig neue Aufgaben. Die Anlage von Straßen, Kanalisationsnetzen, Sicherung der Trinkwasserversorgung, der Gas- und später auch der Elektrizitätsversorgung, der Abwasserableitung, der Müllabfuhr standen auf der Tagesordnung. Wirtschaftsinteressen bestimmten in erster Linie die städtebaulichen Lösungen. Der Neoliberalismus erkannte Stadtplanung als notwendiges Instrument zur ökonomischen Bewältigung des Wachstums der Städte, zur Sicherung einer gehörigen Rendite und des Immobilienmarktes. Erweiterungsplanung beschränkte sich deshalb anfangs auf Fluchtlinienplanung als Kompromiß zwischen der nach Eigentümerinteressen ausgelegten Parzellierung und der nach kommunalen Interessen ausgelegten Straßennetze.

In den dreißiger Jahren des 19. Jahrhunderts stieg die Sterblichkeit in den britischen Industriestädten rapide an. 1838 gab es einen ersten Bericht des Arztes *Southwood Smith* aus Whitechapel über die Ursachen von Epidemien in 20 Londoner Stadtbezirken, die in einem Jahr zu 40 000 Toten geführt hatten.

Gemeinsam mit dem Bürgermeister *Ehrhardt* gelang es *Max von Pettenkofer* 1872 in München, die Zahl der jährlichen Typhustoten von etwa 400 auf elf zu senken. In Preußen hatte die Cholera in der Zeit von 1848 bis 1859 170 000 Tote gefordert. Wie *Pettenkofer* in München setzte sich in Berlin *Rudolf Virchow* für eine Verbesserung der hygienischen Bedingungen insbesondere für den Bau von Abwasserleitungen ein. Nur langsam setzte sich die Erkenntnis durch, daß „... Hilfe bei der Wissenschaft des Bauingenieurs gesucht werden muß und nicht vom Arzt, der sein Werk getan hat, wenn er auf die ungesunden Verhältnisse hingewiesen hat, die aus der Vernachlässigung angemessener administrativer Maßnahmen entstanden sind." [4.116.]

„‚Städtebau' heißt, die Stadt so zu bauen, daß die Einwohner gesund und froh und leistungsfähig heranwachsen und bleiben."

Karl Höpfner

Im „Economist" vom 13. Mai 1848 konnte man jedoch noch lesen: „Leiden und Übel sind Mahnungen der Natur. Sie sind nicht auszuschalten und die ungeduldigen Versuche der Philanthrophen, sie ohne Einsicht in ihren Sinn und Zweck durch Gesetzgebung aus dieser Welt zu verbannen, haben stets eher zum Bösen als zum Guten geführt." [4.117.]

In Großbritannien bildete schließlich die 1875 beschlossene Magna Charta of Public Health die Grundlage für den Bau von Wasser- und Abwassernetzen. Später setzte sich für den ganzen Komplex baulicher Maßnahmen die Bezeichnung „städtischer Tiefbau" durch. Sie erfaßte zuerst nur den Bau der Kanalisation, später wurden einbezogen: Straßen- und Brückenbau, Trinkwasserversorgung und alle damit zusammenhängende Anlagen wie Pumpwerke, Speicher, Aquädukte, Kläranlagen, Faulbehälter, Gasometer etc.

Reinhard Baumeister sah die sozialen Probleme, zu deren Lösung Städtebau beitragen müsse:

„Daraus folgt, daß bei Stadterweiterungen nicht allein die Prunksucht in großen öffentlichen und Privatgebäuden, nicht allein die Spekulation in Mietskasernen, sondern das Bedürfnis aller, auch der niederen Klassen bedacht werden muß." [4.118.] Die technischen Voraussetzungen für einen modernen, der außerordentlichen Konzentration von Menschenmassen gerechtwerdenden Städtebau schufen die Bauingenieure. Musterbeispiele für ihre Leistungen sind die stadttechnischen Bauten um die Mitte des 19. Jahrhunderts in London, die deutschen Großstädten als Beispiel dienten.

In London übernahm *Joseph Bazalgette* das Metropolitan Board of Works als Chefingenieur. Unter seiner Regie wurden in London etwa 130 km Abwasserkanäle unter Verwendung von Betonrohren gebaut. Ein anderer englischer Bauingenieur, der junge *William Lindley*, hat sich neben *Alexis de Chateauneuf*, dem Vorsitzenden der technischen Kommission zum Wiederaufbau Hamburgs, um die Löschung des Stadtbrandes von 1842, den Wiederaufbau der Innenstadt und die Anlage eines Sielsystems verdient gemacht. Nach Londoner Vorbild entstand von 1845 bis 1853 die erste Schwemmkanalisation in Deutschland, die das Wasser allerdings noch ohne Kläranlage direkt in die Elbe leitete. [4.119.]

Arbeiten an einem städtischen Abwasserkanal

Berlin hatte um die Mitte des 19. Jahrhunderts etwa 450 000 Einwohner. Die hygienischen Verhältnisse waren so katastrophal, daß man sich nach langem Zögern schließlich entschloß, in Auswertung englischer und französischer Erfahrungen eine Kanalisation zu bauen. Der Berliner Baurat *Friedrich Eduard Salomon Wiebe* studierte gemeinsam mit dem jungen Baumeister *James Hobrecht* und dem Zivilingenieur *Veitmeier* die neuen Anlagen in England und Frankreich. Im Ergebnis der Reise verfaßte *Wiebe* 1861 einen Bericht „Über die Reinigung und Entwässerung der Stadt Berlin". Der Kern seines Vorschlags bestand im Bau je eines Hauptsammlers nördlich und südlich der Spree mit einer Pumpstation in Martinikenfeld. Allerdings wäre die Spree für die Aufnahme derartig konzentrierter Abwassermengen zu klein gewesen. *James Hobrecht* stützte sich in seinem Gegenvorschlag auf den Hinweis *Virchows*, das Abwasser zu verrieseln, und sah eine dezentrale Anlage mit 12 Sektoren und zugeordneten Rieselfeldern vor (insgesamt 16 000 ha). Erst nach zehnjährigem über Kosten und Wirkungsweise der verschiedenen Systeme geführten Streit konnte mit dem Bau der Anlage nach *Hobrechts* Plan begonnen werden. [4.120.]

Die Wasserversorgung Berlins über ein Druckwassernetz und damit die Abschaffung der alten Pumpen ermöglichte das erste Wasserwerk vor dem Stralauer Tor, das 1856 eine englische Firma baute. Ihm folgten die Wasserwerke in Tegel 1877 und Friedrichshagen 1886. Wenn sich auch in Berlin der Wasserverbrauch bis 1900 auf fast 30 m^3/Kopf und Jahr erhöht hatte, so verfügten doch nur wenige Wohnungen über einen eigenen Wasseranschluß. In Neukölln gab es um diese Zeit erst 700 Wohnungen mit Bad und 5100 mit Wasserklosett.

Bereits 1873 hatte ebenfalls eine englische Gesellschaft eine Konzession zum Betreiben einer Gasanstalt erhalten, die 1829 Gaslampen betrieb. Im Jahre 1838 ließ die Stadt eine Gasanstalt mit eigenem Netz von dem Ingenieur *Blochmann* bauen. Kaum zehn Jahre später kamen zwei weitere Gasanstalten in der Gitschiner Straße und am Stralauer Platz hinzu. Nach 1900 betrieb die Stadt neben der ersten englischen Gasanstalt weitere sechs.

Die erste Maßnahme, den rasch wachsenden Verkehr in der Hauptstadt des sich weit über das Deutsche Reich spannenden Königreichs Preußen auf effektivere Art zu bewältigen, bestand in einer Pferdebahn zwischen Charlottenburg und dem Kupfergraben seit 1865. [4.121.] Bereits zwei Jahre später fuhren 206 Omnibusse auf 27 Linien. Die Verkehrsbelastung der Friedrichstraße wuchs auf 350 Wagen/Stunde, d. h. in Spitzenzeiten betrug der Abstand zwischen zwei Wagen nur noch 20 m. Der Ausbau Berlins zur Metropole des unter Preußen geeinigten Reichs forcierte auch den Ausbau des Nahverkehrsnetzes. Nach 1881 erfolgte die Umstellung der Straßenbahnen auf elektrischen Antrieb. Im Jahre 1906 gab es schließlich sechs Verkehrsunternehmungen, die ein Netz von 350 km Länge (730 km Gleise) mit 1750 Motorwagen und 2 920 Anhängern befuhren. Hinzu kam die am 7. Februar 1882 eröffnete Stadtbahn, die nach einem Vorschlag des Architekten *August Orth* unter der Leitung von Regierungs- und Baurat *Ernst August Dircksen* gebaut wurde. Ihre Elektrifizierung erfolgte in den Jahren 1927–1929.

Der Bau der Untergrundbahn begann mit der Genehmigung zum Bau der Teilstrecke Warschauer Brücke – Nollendorfplatz am 22. Mai 1893. [4.122.]

Der zunehmende Fahrverkehr führte zu einer grundlegenden Veränderung des Straßenprofils: Statt der bisher in Straßenmitte angeordneten Gerinne wurden jetzt seitlich an den Hauswänden erhöhte „Bürgersteige" gepflastert. Rinnsteige begrenzten sie und leiteten das Wasser ab. Die Oberfläche erhielt eine Asphalt-Decke.

Die weitere Ausdehnung der Stadt nach Norden regulierte der von dem im Berliner Polizeipräsidium angestellten *James Hobrecht* angefertigte und am 18. Juli 1862 genehmigte Bebauungsplan. Er galt offiziell als „... eine Sammlung ortspolizeilicher Anordnungen, durch welche festgesetzt wird, welche auf dem Weichbild der Stadt gelegenen Grundstücke mit Gebäuden besetzt werden können, und welche als zu öffentlichen Straßen und Plätzen bestimmt, unbebaut gelassen werden sollen." [4.123.]

Hobrecht verwirklichte in dem Plan mit seinen schematischen Straßenrastern das neoliberalistische Konzept, in dessen Mittelpunkt allein die ökonomische Nutzung des Grundbesitzes stand. Neben diesem Plan und der Kanalisation verdanken die Berliner *James Hobrecht* die Kanalisierung der Unterspree und die damit in Zusammenhang stehende Erneuerung der Berliner Brücken in der Zeit von 1876 bis 1896. Ihm war die Bedeutung stadttechnischer Maßnahmen für die Gesunderhaltung der Bevölkerung wohl bewußt. [4.124.] In einem Aufsatz „Über öffentliche Gesundheitspflege im Staate" schrieb er 1868: „Wenn wir uns vor Arbeitervierteln hüten wollen, so müssen wir bei unserem Prinzip stehen bleiben, es nicht verwerfen, sondern verbessern. Es kann hier nicht meine Aufgabe sein, im Speziellen anzugeben, wie und wodurch wir unsere Wohnverhältnisse verbessern, wie wir das empfehlenswerte Durcheinander (der verschiedenen Klassen und sozialen Schichten – H. R.) beibehalten können, ohne dabei unseren Häusern Kasernencharakter zu belassen, aber das ist als hauptsächlichstes Postulat kurzweg hinzustellen, daß mehr Luft und mehr Licht den Gebäuden zu geben ist. Fort mit den Kellerwohnungen, die gut sind für Fässer und

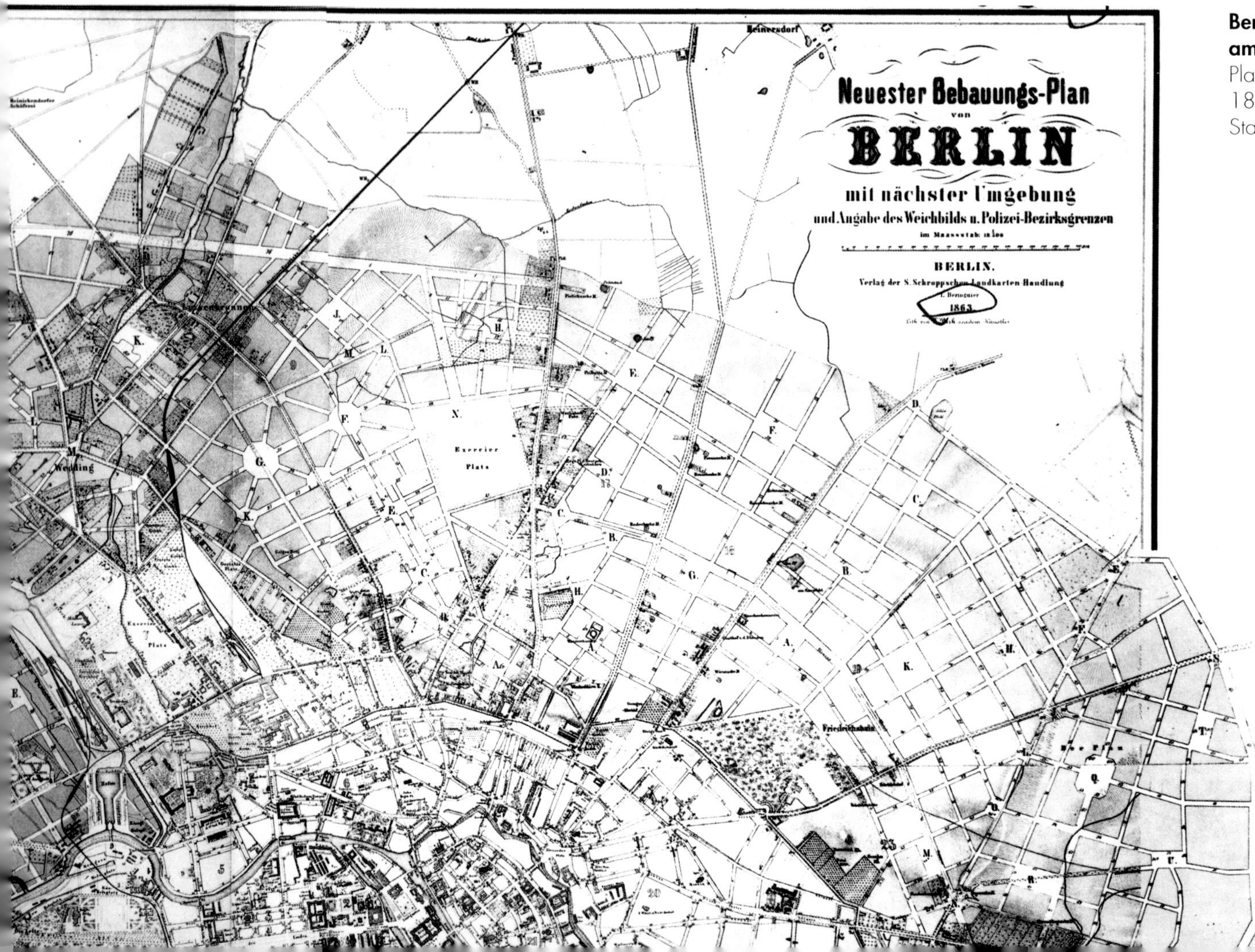

Berlin, Erweiterungsgebiet am Nordrand der Stadt,
Plan von James Hobrecht, 1863
Stadtarchiv Berlin

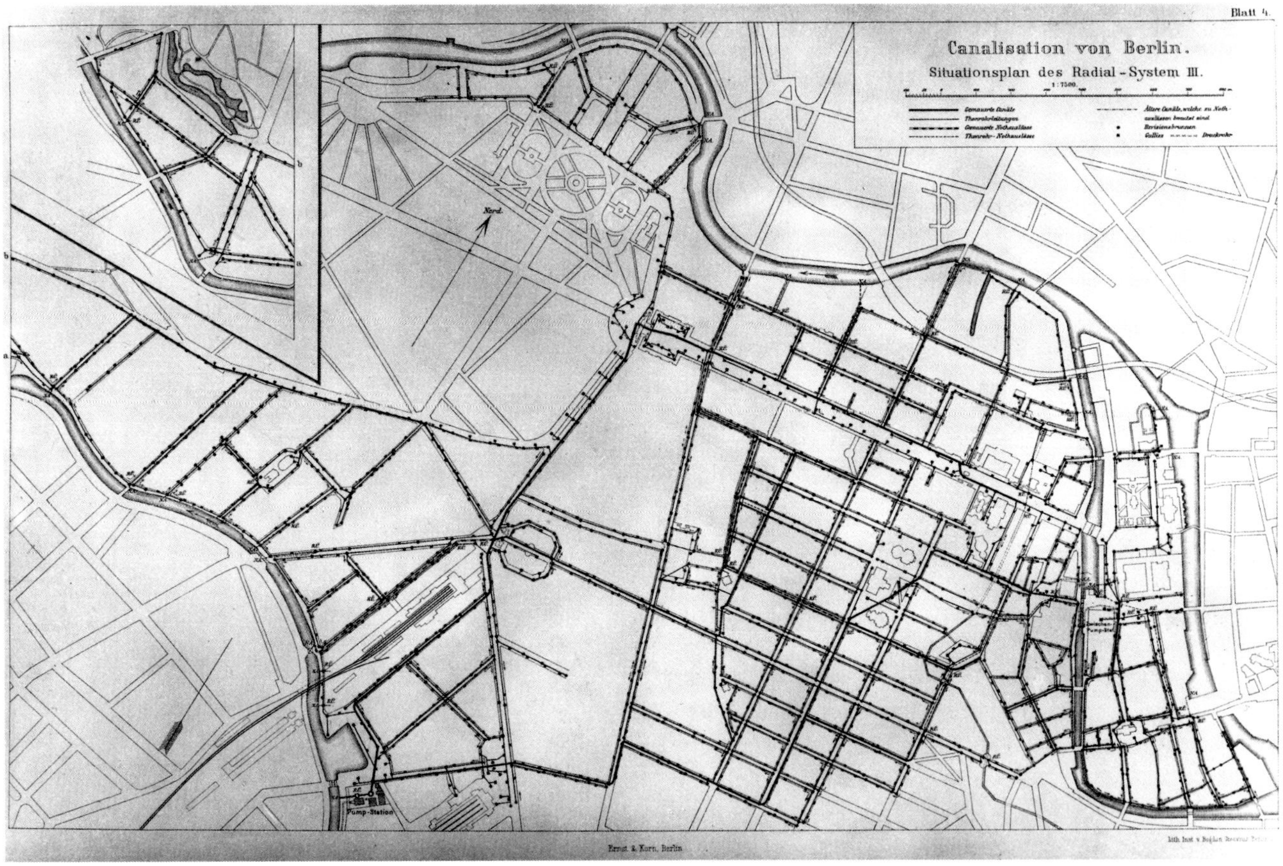

Entwurf der Abwasserkanalisation für Berlin, James Hobrecht, Situationsplan des Radial-Systems III zwischen Schloß und Tiergarten aus: Die Canalisation von Berlin ... entworfen und ausgeführt von James Hobrecht, Berlin 1884, Museum für Produktionsgeschichte der Wasserwirtschaft, Berlin-Friedrichshagen

Kartoffeln und Gemüse, aber nicht für Menschen! Das Vierfache der Dimensionen, welche die Berliner Baupolizeiverordnung verlangt, das Achtfache des Raumes, den die Stettiner Häuser übrig lassen, ist nicht zuviel, ist kaum genug, wenn wir für unserer Hinterzimmer noch Sonne, Licht und Luft in genügender Qualität und Güte behalten wollen. Hier helfe uns die öffentliche Gesundheitspflege zu besseren, zu erträglichen Verhältnissen! Sie kann es auch!" [4.125.]

Alle diese Bemühungen um eine geordnete Entwicklung der Stadt konnten nicht verhindern, daß sich städtisches Wachstum mit der Vehemenz eines Naturereignisses durchsetzte. In den Zentren der Großstädte mußten historische Bauwerke repräsentativen Geschäftshäusern weichen. Schneisen wurden durch alte Stadtviertel geschlagen. Der Raum, der durch das Schleifen alter Befestigungsanlagen entstanden war, bot neue Möglichkeiten zur Einordnung öffentlicher Bauten am Rande des alten Stadtzentrums. Die Vorstädte wurden immer dichter mit Miethäusern bebaut. Die zufällige Führung ehemaliger Feldwege gab der Wohnbebauung an den Rändern der Stadt den Anschein historischer Kontinuität. Als städtebauliches Ordnungsprinzip dominierte das Rastersystem der Wohnstraßen kombiniert mit diagonal geführten Sammelstraßen. [4.126.] In den Metropolen Europas standen nun nicht mehr die Residenzen des Hochadels, sondern die neuen Prachtbauten bürgerlicher Demokratie im Mittelpunkt des Interesses, die Rathäuser, Börsen, Theater und Bahnhöfe.

Vom Generalbebauungsplan *Verniquets* für Paris aus den siebziger Jahren des 18. Jahrhunderts ausgehend verband die Umgestaltungskonzeption *Napoleons III.* das Streben nach repräsentativer Gestaltung der Stadt als Weltmetropole im Sinne imperialer Politik des Kaisers mit der Ausgestaltung des Stadtzentrums entsprechend den Bedürfnissen der Bourgeoisie mit der dringend gewordenen Verbesserung der Wasserversorgung und Abwasserbeseitigung und nicht zuletzt mit der Befriedung der im Zentrum gelegenen Arbeiterviertel, von denen bisher stets die revolutionären Bewegungen ausgegangen waren. Die Arbeiten leitete der Seine-Präfekt, Baron *Eugène Haussmann.* Er gründete das „Office du Plan de Paris" und Direktionen für Wasserwesen und Kanalisation. Sein Chefingenieur war *Belgrand,* Leiter der Planung der Vermessungsingenieur *Deschamp.* Die großen Parkanlagen gestaltete der 1854 als „ingénieur en chef des embellissements" eingestellte *Jean Charles Adolphe Alphand,* den Bois de Boulogne, den Bois de Vincennes im Osten der Stadt und den Parc des Buttes-Chaumont im Norden. *Napoleon III.* wollte dieses großzügige Grünanlagen als Ausdruck der Fürsorge für die Arbeiter von Paris gerühmt wissen. *Belgrand* ließ das gesamte Wasserleitungsnetz verdoppeln und die Kanalisation von 146 auf 560 km erweitern. Im alten Zustand blieben lediglich 15 km. Abwassersammler, die bei Asnières und Clichy in die Seine mündeten, verhinderten deren unmittelbare Verunreinigung im Weichbild der Stadt. 32320 Gaslaternen beleuchteten die Straßen und Plätze. Im Laufe von 18 Jahren ließ *Haussmann* 27000 Häuser abreißen und 102500 neu bauen oder modernisieren. Die historischen Viertel der Innenstadt durchschnitten breite Prachtstraßen. Die Umgestaltung des Stadtzentrums führte zwangsläufig zur Abdrängung der Proletariermassen in die Vorstädte.

In seinen Memoiren gab *Haussmann* einen Überblick über die Finanzierung der Arbeiten:

Straßenbau	1430 Mio fr.
Architektur und Kunst	283 Mio fr.
Ausstattung von Straßen und Parks	178 Mio fr.
Wasserleitungen und Kanalisation	154 Mio fr.
Verschiedenes	70 Mio fr.
	2116 Mio fr.

Davon – so rühmte er sich – seien lediglich 100 Millionen Francs vom Staat gegeben worden. Alles andere habe er nicht durch überhöhte Steuern, sondern allein durch die höheren Einnahmen erwirtschaftet, die sich aus der Werterhöhung der Grundstücke und Gebäude ergeben hätten. [4.127]

Die Umgestaltung von Paris beeinflußte als das große Vorbild ähnliche Maßnahmen in anderen europäischen Großstädten wie die Gestaltung des Wiener Rings 1858–1888 durch *C. F. L. Förster, Karl von Hasenauer* und *Gottfried Semper*, die Planung von *Poggi* für Florenz 1864–1877 oder die repräsentative Verbindung des Nord- und Südbahnhofs von Brüssel 1867–1871. Die komplizierte Verflechtung wirtschaftlicher, politischer, juristischer und technischer Probleme, das Aufeinanderprallen der Interessen der Besitzbürger und der Bevölkerungsmassen machten ein schrittweises Abgehen von den ursprünglichen radikalliberalistischen Konzeptionen und die Festlegung neuer Grundsätze notwendig, auf deren Grundlage die verschiedenen Parteien zu einem Kompromiß veranlaßt werden konnten. *Reinhard Baumeister,* Professor am Polytechnikum in Karlsruhe, der Pionier einer wissenschaftlich begründeten Stadtplanung legte „Grundsätze für Stadterweiterungen nach technischen, wirtschaftlichen und polizeilichen Beziehungen" auf der Versammlung des Verbandes Deutscher Architekten- und Ingenieurvereine 1874 vor, in denen er die Verkehrstrassen als grundlegendes Ordnungssystem einer Stadt hervorhob:

„**1.** Die Projektierung von Stadterweiterungen besteht wesentlich in der Feststellung der Grundzüge aller Verkehrsmittel: Straßen, Pferdebahnen, Dampfbahnen, Kanäle, die systematisch und deshalb in einer beträchtlichen Ausdehnung zu behandeln sind.

2. Das Straßennetz soll zunächst nur die Hauptlinien enthalten, wobei vorhandene Wege tunlichst zu berücksichtigen, sowie solche Nebenlinien, welche durch lokale Umstände bestimmt vorgezeichnet sind. Die untergeordnete Teilung ist jeweils nach dem Bedürfnis der näheren Zukunft vorzunehmen oder der Privattätigkeit überlassen.

3. Die Gruppierung verschiedenartiger Stadtteile, soll durch geeignete Wahl der Situation und sonstiger charakteristischer Merkmale herbeigeführt werden, zwangsweise nur durch sanitarische Vorschriften über Gewerbe.

4. Aufgabe der Baupolizei ist die Wahrung notwendiger Interessen der Hausbewohner, der Nachbarn und der Gesamtheit gegenüber dem Bauherrn. Solche Interessen sind: Feuersicherheit, Verkehrsfreiheit, Gesundheit (einschl. Zuverlässigkeit der Konstruktion gegen Einsturz). Dagegen sind alle ästhetischen Vorschriften verwerflich ..." [4.128]

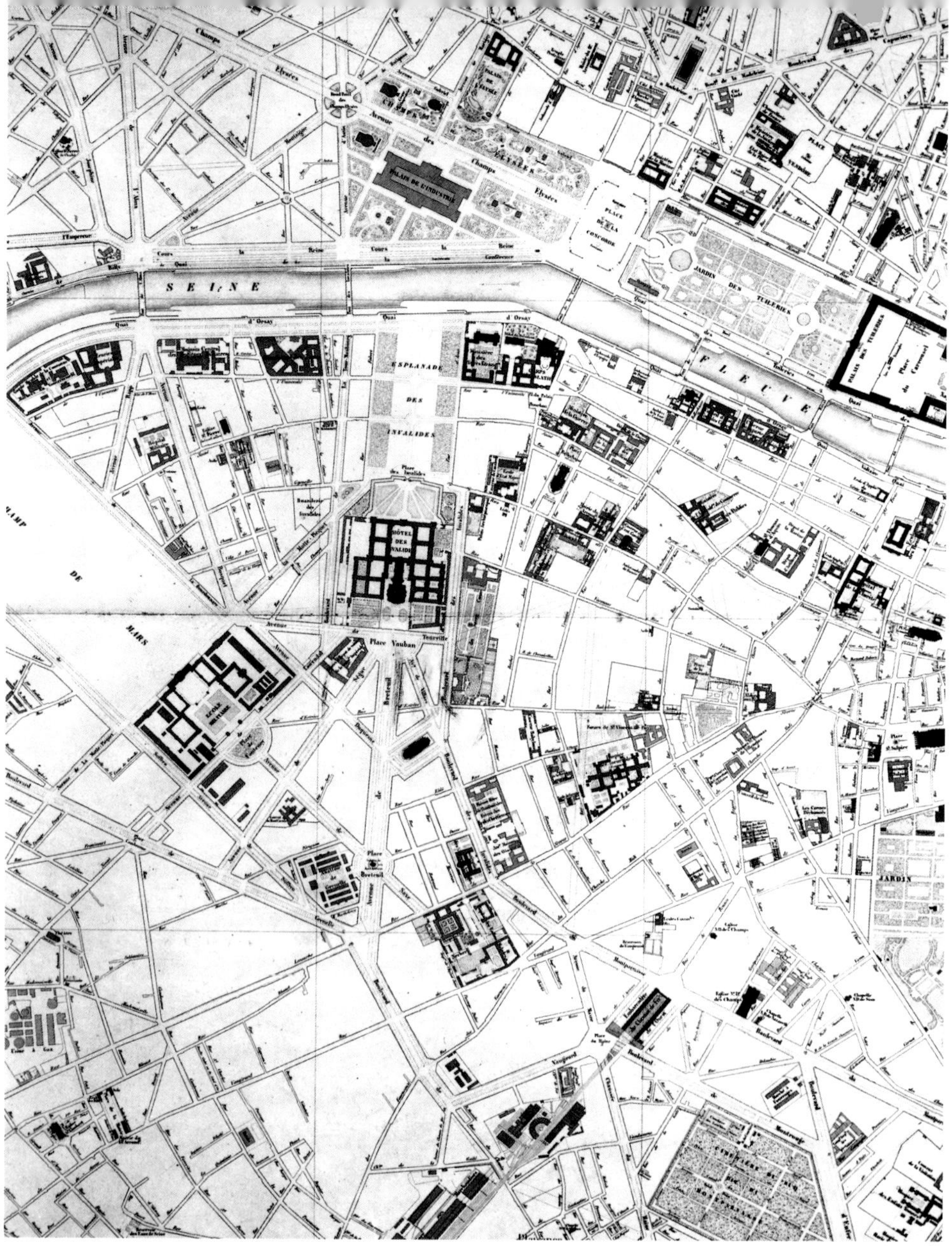

Plan Général de la Ville de Paris et de ses Environs ... d'apres les ordres de M. le Baron G. E. Haussmann, 1866, Ausschnitt
Exemplar des kgl. preußischen Generalstabs, Berlin 1870, Deutsche Staatsbibliothek, Berlin, Kartenabteilung

„Der Beruf des Ingenieurs in seiner ganzen Zusammenfassung ist die Gestaltung der körperlichen Welt zur Hebung des Kulturzustandes der Menschheit, d. h. deren Leistungsfähigkeit. Der Architekt will in dieser Richtung auf die Menschen wirken, indem er das ‚schön' macht, was gemacht werden muß. Das, was gemacht werden muß, liefert und gestaltet der Maschinen- und Bauingenieur."

Karl Höpfner

„Die Fehlleistung, die sich Städtebau nennt, beruht nicht auf einem Versagen der Techniker, sondern auf einem Versagen der Laien; sie überlassen sich den Technikern. Nun ist es aber so: Die Aufgabe stellt der Laie, der Fachmann hat sie zu lösen. Oder so müßte es sein. Wir brauchen den Fachmann: aber als Fachmann auf seinem Gebiet, als Architekt, als Konstrukteur, nicht als Ideologe, nicht als Entwerfer der Gesellschaft. Kommt es dazu, weil die Gesellschaft sich nicht selbst entwirft und den Fachmann nicht einsetzt als Diener der Gesellschaft, übernimmt er eine Verantwortung, die ihm nicht zukommt, er übernimmt sich."

Max Frisch

Der anfängliche Versuch, Gebiete für Industrie, Geschäftsleben und ruhige Wohnungen zu differenzieren, wurde ebenso verworfen wie ästhetische Vorschriften, die *Baumeister* noch ganz der Praxis feudalistischer Stadtpflege zuwies und als unzulässige Beschränkungen bürgerlicher Freiheiten ablehnte. [4.129]

Fünfzehn Jahre später bedauerte *Camillo Sitte* in seiner berühmt gewordenen Schrift „Der Städtebau nach seinen künstlerischen Grundsätzen" diese Einschränkungen:

„In dieser Annahme, daß der Zufall auch heute ganz von selbst Schönes zu stande bringen würde, wie in alter Zeit, steckt aber ein gewaltiger Irrtum. Es war eben nicht der Zufall oder Laune der einzelnen, wenn einstens schöne Stadtpläne und ganze Anlagen auch ohne Parzellierungsplan, ohne Konkurrenz, ohne äußerlich sichtbare Mühewaltung zustande kamen in allmählicher Fortentwicklung; denn diese Entwicklung war eben keine zufällige, der einzelne Bauherr folgte eben nicht seiner Willkür, sondern alle zusammen folgen unbewußt der künstlerischen Tradition ihrer Zeit, und diese war eine so sichere, daß zuletzt immer alles zum besten ausschlug." [4.130.]

Diese Tradition erwies sich als eine romantische Illusion. Wenn Stadtplanung die expandierenden Städte als menschenwürdigen Lebensraum gestalten wollte, mußte sie sich auf eine eigene Wissenschaft stützen können. Bei ihrer Herausbildung seit den letzten beiden Jahrzehnten des 19. Jahrhunderts wirkten im wesentlichen drei Aktivitäten:

- Städtebauausstellungen und -kongresse
  Die bedeutendsten Ausstellungen nach 1900 fanden in Dresden (1903), Boston (1909), Berlin (1910), Düsseldorf (1912), Genf und Leipzig (1913), Lyon (1914) statt. [4.131.]
- Städtebauzeitschriften
  Bereits 1897 erschien die Zeitschrift „Ciudad Lineal", herausgegeben von der Compania Madrilena de Urbanisacion. Ab 1904 redigierte *Theodor Goecke* die Zeitschrift „Der Städtebau".
- Städtebauseminare an den Technischen Hochschulen
  J. Brix und *F. Genzmer* veranstalteten 1907 das erste Berliner Städtebauseminar. In Dresden fand, geleitet von *E. Genzmer* und *C. Gurlitt*, im Jahre 1912 ein Städtebauseminar an der Technischen Hochschule mit 200 Teilnehmern statt. Es wurde anläßlich der Internationalen Baufachausstellung 1913 in Leipzig wiederholt. Die breiten Raum einnehmende Diskussion ausgeführter Bebauungspläne unter Leitung von Ewald Genzmer ergänzten Vorträge über Straßenverkehr *(C. Gurlitt, G. Lucas, R. Wuttke)* und über rechtliche Fragen *(K. Diestel, F. Schäfer)*. [4.132.]

Die Aufgaben des modernen Städtebaus boten dem Bauingenieur ein neues Betätigungsfeld, das schließlich in einer fast achtzigjährigen Entwicklung zur Herausbildung eines besonderen Berufsprofils führte, des Stadtplaners. „Zum Aufbau einer Stadt", schrieb *Eugen Faßbinder* 1912, „dieser größten und mannigfaltigsten Schöpfung der Kultur, müssen die verschiedensten Kräfte zusammenwirken ... Vornehmlich haben mitzuwirken: Vermessungswesen, Hochbau und Tiefbau, Straßen- und Wasserbau, Eisenbahn- und Brückenbau, Gartenkunst, Bildhauerkunst und auch Malerei; weiters Gesetzgebung, Hygiene, Volkswirtschaft, Socialpolitik und Verwaltungswesen." [4.133.]

Damit begannen die Versuche mit einer den neuen Aufgaben entsprechenden Ausbildung und der bis in die Gegenwart geführte Streit zwischen den Vertretern generalistischer und spezialistischer Konzepte. Karl Hoepfner, der Nachfolger Reinhard Baumeisters in Karlsruhe, hob die neue Qualität hervor, die der Stadtplaner haben müsse, die aber nicht mit traditionellen Mitteln erreicht werden könne: „Es scheint mir nichts kläglicher, als dieser zuweilen gerade kindische Streit, ob der Architekt oder Bauingenieur oder sonst jemand zum ‚Städtebau' berufen sei. Meinetwegen kann jemand von Haus aus sein, was er will. Jedermann wird aber erst im Städtebau etwas Rechtes leisten, wenn er sich mit heißem Bemühen darzu vertieft und, was er auch bis dahin getrieben haben mag, erst einmal ‚Städtebauer', d. h. etwas Neues und Besonderes wird gegenüber seiner früheren Tätigkeit." [4.134.]

Die Abwasser der Industrie und der übervölkerten Städte gefährdeten in zunehmendem Maße nicht nur die Gesundheit der Bevölkerung, sie wurden zu einer Bedrohung des weiteren Lebensraumes, der Landschaft. Die Emscher, ein kleiner Rheinnebenfluß im Ruhrgebiet, war um 1900 durch die ungeklärt in ihn eingeleiteten Abwässer der Industrie und der Städte zu einem Jauchekanal und unerträglichen Krankheitsherd geworden. In Geländeeinbrüchen, einer Folge des extensiv betriebenen Bergbaus, hatten sich stinkende Abwasserteiche gebildet. Eine Änderung konnten die Städte und Industriewerke des Emschergebiets nur erreichen, wenn sie gemeinsam vorgingen. Ihre Vertreter gründeten deshalb 1904 die Emschergenossenschaft. Zwei Jahre später übernahm der damals 30 Jahre alte Bauingenieur *Karl Imhoff* kurz nach seiner Promotion an der TH Dresden die technische Leitung. [4.135.] Die geradezu der Quadratur des Kreises entsprechende Aufgabe, mit den geringen Mitteln der Genossenschaft in kürzester Frist Abhilfe zu schaffen, entledigte er sich auf geniale Weise: offene Abwasserableitung, Beseitigung der Hausklärgruben und Bau zentraler Klärwerke. Die Konstruktion der Faulkammern verbesserte Imhoff so, daß das Abwasser nicht mehr durch den Faulraum fließen und Faulstoffe mit sich führen konnte. Er nannte diesen neuen Klärbrunnen „Emscherbrunnen". Bereits 1911 hatten ihn

70 deutsche Städte eingeführt. Schnell fand er weltweit Verbreitung. Mit dem 1914 gebauten Pumpwerk Duisburg-alte Emscher hat Imhoff eines der größten Stahlbetonbauwerke in Deutschland konzipiert. Zum Schutz gegen Auftrieb und Bergbauschäden steht es auf einer 5 m dicken Fundamentplatte und wird von einer Rippenkuppel mit 41 m Durchmesser überdeckt.

Angeregt durch Imhoffs Gutachten über die Reinhaltung der Ruhr gründete sich 1913 der Ruhrverband, dessen Geschäftsführer er 1922 wurde. Weiter initiierte er die Gründung des Rawa-Verbandes im Oberschlesischen Kohlegebiet 1911, des Wupperverbandes 1916 und der Wassergenossenschaft „Weiße Elster" 1929. Mit der Verwirklichung des Ruhrreinigungsplans begann Imhoff 1927 mit der Anlage des Hengsteysees bei Hagen am Zusammenfluß der saure, eisenhaltige Abwässer führenden Lenne und der alkalische Papierfabrikabwässer führenden Ruhr. Die jährlichen Hochwasser konnten den im See ausfallenden Schlamm abschwemmen. Insgesamt hatte Imhoff acht Stauseen als Absatzbecken und zur natürlichen Reinigung des Wassers geplant, von denen bis 1979 fünf verwirklicht worden sind. Damit entstand gleichzeitig eine Landschaft in dieser Industrieagglomeration mit hohem Erholungswert.

	Jahr des Einstaus	mittlere Tiefe m	Oberfläche km^2	Stauinhalt im Jahr des Einstaus Mio m^3
Hengstey	1929	1,90	1,70	3,3
Harkort	1930	2,30	1,40	3,2
Baldeney	1932	3,40	2,45	8,3
Kettwig	1949	2,60	0,56	1,4
Kemnade	1979	2,40	1,25	3,0

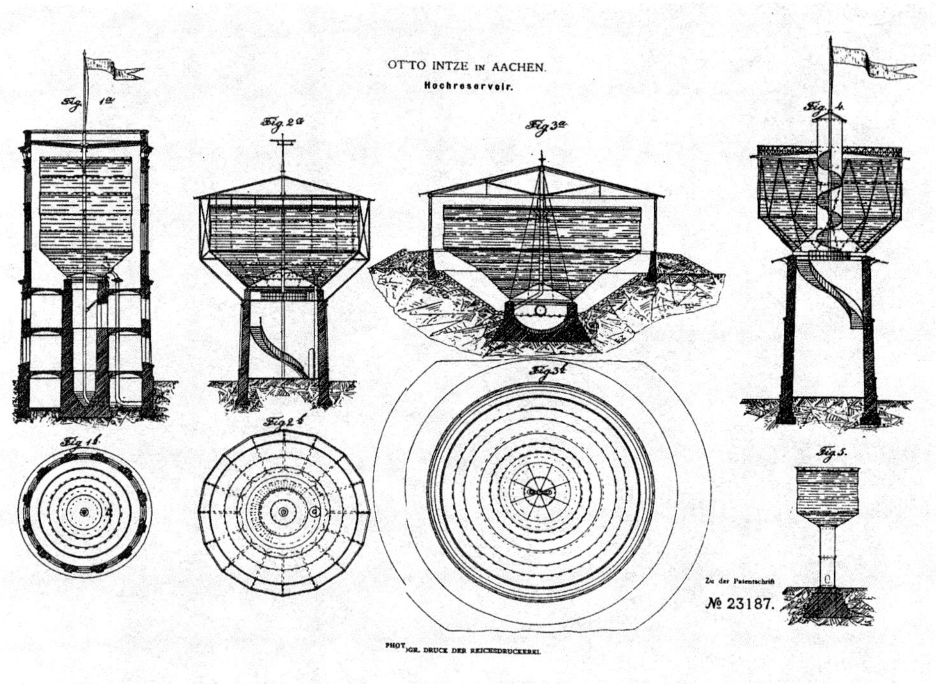

Konstruktion eines Wasserhochbehälters von Otto Intze, Deutsches Reichspatent Nr. 23 187 vom 4. Februar 1883
Deutsches Patentamt, Außenstelle Berlin

Gerade die Arbeiten Karl Imhoffs weisen auf die neuen Größenordnungen hin, welche die Aufgaben des Bauingenieurs im Bereich des Tiefbaus gewonnen haben. Als Mitgestalter baulicher Umwelt und der Landschaft hat er sich dem Anspruch zu stellen, den Bedarf zu definieren, die Verwirklichungsbedingungen zu vervollkommnen, wirtschaftliche Lösungen zu erarbeiten, die erforderlichen Konstruktionen und Bauverfahren zu entwickeln und mit höchst möglicher Effektivität zu verwirklichen.

Abwasser-Großklärwerk Berlin-Stahnsdorf, 1931, max. Kapazität bis 200 000 m^3/d, historische Aufnahme
Museum für Produktionsgeschichte der Wasserwirtschaft, Berlin-Friedrichshagen

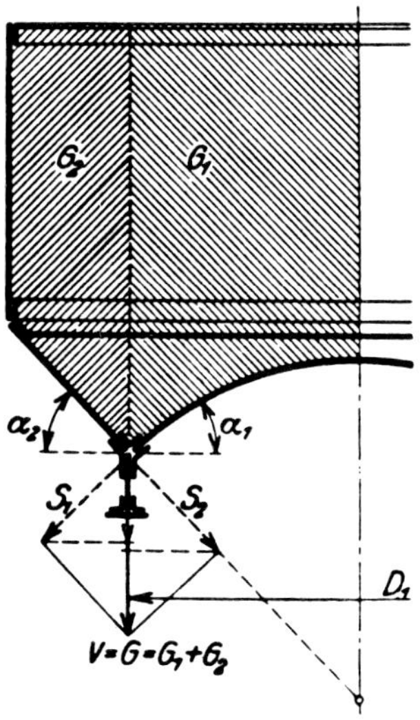

Zusammenwirken der Kräfte am Auflagerring des Intzebehälters:

$G = G_1 + G_2$	=	Wasserlast und Eigengewicht des Behälters
α_1, α_2	=	Neigungswinkel
D_1	=	Auflagerdurchmesser
K	=	Druckkraft im Auflagerring

$$K = \frac{1}{2\pi}\left(\frac{G_1}{\operatorname{tg}\alpha_1} - \frac{G_2}{\operatorname{tg}\alpha_2}\right);$$

wenn $\frac{G_1}{\operatorname{tg}\alpha_1} = \frac{G_2}{\operatorname{tg}\alpha_2}$,

dann K = O; der Druckring ist also spannungsfrei.

„Die einzige Industrie, die nicht funktioniert, ist die Bauindustrie."

Jean Prouvé

„In der Industrialisierung des Bauwesens sehe ich das Kernproblem des Bauens unserer Zeit. Gelingt es uns, diese Industrialisierung durchzuführen, dann werden sich die sozialen, wirtschaftlichen, technischen und auch künstlerischen Fragen leicht lösen lassen."

Ludwig Mies van der Rohe

Die Industrialisierung Für rationelles Bauen und wirtschaftlichen Erfolg

Das Entstehen leistungsfähiger und spezialisierter Bau- und Baustoffbetriebe im letzten Drittel des 19. Jahrhunderts berechtigt, von einer neuen Entwicklungsstufe des Bauens zu sprechen, in der neue Ansprüche an die Meisterschaft des Bauingenieurs gestellt wurden: die Industrialisierung. Wenn auch eingeschränkt werden muß, daß dieser Prozeß entsprechend den unterschiedlichen ökonomischen Bedingungen in den einzelnen Ländern und Baubranchen ganz unterschiedlich verlief. Bis in die Gegenwart blieb jedoch ein großer Teil der Baubetriebe auf der Stufe des Handwerks und der Manufaktur. Als Merkmal für industrielle Unternehmungen galten:

„**1.** Arbeitsteilung zwischen der vorwiegend leitenden und kaufmännischen Tätigkeit des Unternehmers und der Tätigkeit der Arbeiter,
2. größere Arbeiterzahl,
3. Arbeitsteilung unter den Arbeitern,
4. erhebliche Verwendung von Maschinen,
5. große Ausdehnung der Betriebsräume,
6. großer Umsatz und Vorhandensein erheblicher Betriebsmittel,
7. technische und kaufmännische Organisation,
8. Eintragung der Betriebe im Handelsregister. [4.136.]

Dagegen galt für Handwerksbetriebe:

„**1.** Der Unternehmer bzw. der Geschäftsleiter ist gelernter Handwerker und nimmt – von Ausnahmefällen abgesehen – an der Arbeit der Gehilfen teil,
2. die Gehilfen sind – von Handlangern usw. abgesehen – Handwerksgesellen, die im Handwerk ihre Lehrzeit durchgemacht haben,
3. Arbeitsteilung ist, wenn überhaupt, so doch nicht in dem Maße durchgeführt, daß auf handwerksmäßige Ausbildung verzichtet werden könnte; die Erzeugung muß vielmehr in der Hauptsache auf der Arbeit handwerksmäßig ausgebildeter Arbeitskräfte beruhen,
4. es findet handwerksmäßige Lehrlingsausbildung statt." [4.137.]

Daraus ergibt sich, daß der Inhalt der Industrialisierung des Bauens nicht hinreichend durch Begriffe wie Montagebau oder Vorfertigung geklärt wird. Im wesentlichen bestimmten drei Bedingungen Tempo und Verlauf des Industrialisierungsprozesses:

1. Der Bedarf

Die neue Dimension der Aufgaben des Verkehrswegebaus, des Industrie- und städtischen Tiefbaus, etwa beim Bau der Kanalisationsnetze in Hamburg, Frankfurt/M. und Berlin, hatten den Rationalisierungsschub und Konzentrationsprozeß im Bauwesen ausgelöst, der zur Industrialisierung führte. Vor allem aber ist die Geschichte des Industriebaus einerseits eine Geschichte der Rationalisierung der Produktionsprozesse, beginnend mit dem getrennten Bau von Kraft- und Produktionsanlagen, verbunden durch eine Transmission, bis hin zu modernen kompakten Anlagen. Andererseits ist sie eine Geschichte der Industrialisierung des Bauens selbst, ein Prozeß des schrittweisen Eindringens getypter, vorgefertigter Konstruktionen und ihrer Montage.

Auch im Wohnungsbau setzte Industrialisierung zuerst einen massenhaften Bedarf voraus, der durch Bauwerke mit möglichst gleichförmiger Raumstruktur abgedeckt wurde, die in ihren Abmessungen weitestgehend vereinheitlicht werden konnten. Er entstand zuerst dort, wo etwa beim Treck der Siedler von der Ostküste Nordamerikas nach Westen schnell und ohne Fachkräfte Siedlungen errichtet werden sollten, im kalifornischen Goldrausch von 1848, in den europäischen Kolonien in Ostasien, Neuseeland und Australien, aber auch durch Kriegszüge, wie etwa im Krimkrieg, 1853–1856. Dieser Bedarf trug jedoch nur episodischen Charakter und konnte keine nachhaltigen Wirkungen auf die Industrialisierung des Bauens ausüben. Mit der Konzentration von Arbeitermassen in den Industriestädten Europas und Nordamerikas entstand eine außerordentliche Wohnungsnot und damit ein neuer Markt, von dem wesentliche Impulse zur Industrialisierung ausgingen. [4.138.] Einen besonders vehementen Industrialisierungsschub verursachte der Wiederaufbau nach den beiden Weltkriegen. [4.139.]

2. Die Mechanisierung und Technisierung

Solange menschliche Arbeitskraft billiger war als Maschinenarbeit, entstand auch kein Bedürfnis zur Mechanisierung von Bauprozessen. Die nach 1840 eingesetzte „Dampfschaufel" löste die „Navvies", die Erdarbeiter der frühen englischen Kanal- und Eisenbahnbauten nur sehr zögernd ab.

Die Philipp Holzmann AG. begann ihren für die deutsche Bauindustrie in der zweiten Hälfte des 19. Jahrhunderts typischen Aufschwung mit Arbeiten für die Main-Neckar-Bahn und für die Frankfurter Kanalisation. Die vertikale Organisation des Unternehmens mit Ziegeleien, zwei Sandsteinbrüchen, Steinschneidewerk, Sägewerk, einer „Baufabrik" für Schlosser- und Tischlerarbeiten, einem Maschinen- und Fuhrpark und die Gliederung in fünf Fachbereiche ermöglichte die Übernahme einer breiten Auftragspalette, die vom Hochbau (Opernhaus Frankfurt, Hamburger Rathaus) über Brückenbau (zwischen 1876 und 1894 16 Brücken) bis zu solch spektakulären Tiefbauarbeiten wie die Holtenauer Schleuse des Nord-Ostsee-Kanals und dem Hamburger Elbtunnel reichte. Bei einem Jahresumsatz von etwa 6,5 Millionen Mark verfügte die Philipp Holzmann AG. 1873 über Grundmittel im Wert von 524 000 Mark.

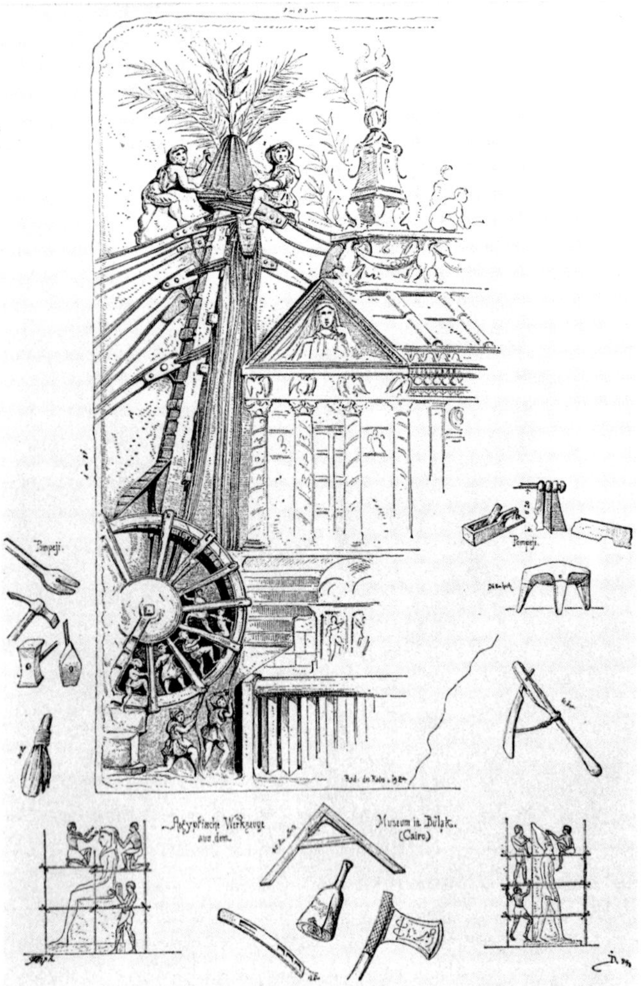
Pompeji.
Pompeji.
Ægyptische Werkzeuge aus dem
Museum in Bulak.
(Cairo)

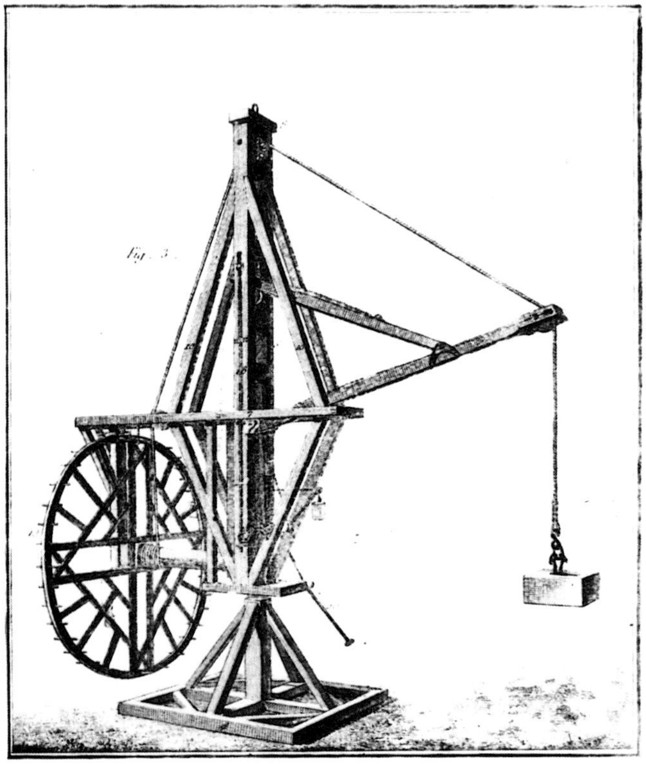
Fig. 3.

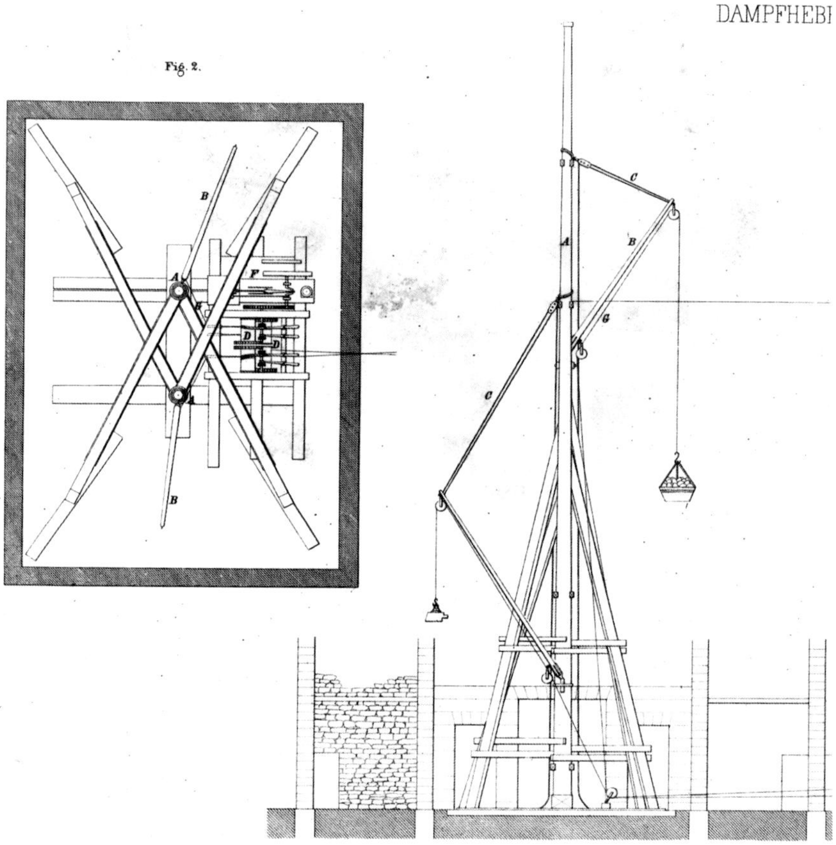
DAMPFHEBI
Fig. 2.
A
B
C
D
F
G

Arbeitsstudien
aus: Neue Architektura Hydraulika von Herrn Prony, 1. Theil, 1. Bd., Frankfurt a. M. 1794

„Industrialisierung ist die am höchsten entwickelte Form der Technisierung, gekennzeichnet durch totale Verplanung des Entwurfs und der Ausführung, durch totale Vorfertigung der Bauelemente, durch weitgehende Verwendung von Typenlösungen beim Entwurf, durch weitgehende Automatisierung der Fertigung; allgemein: durch Verwissenschaftlichung von Planung und Ausführung."

Robert von Halasz

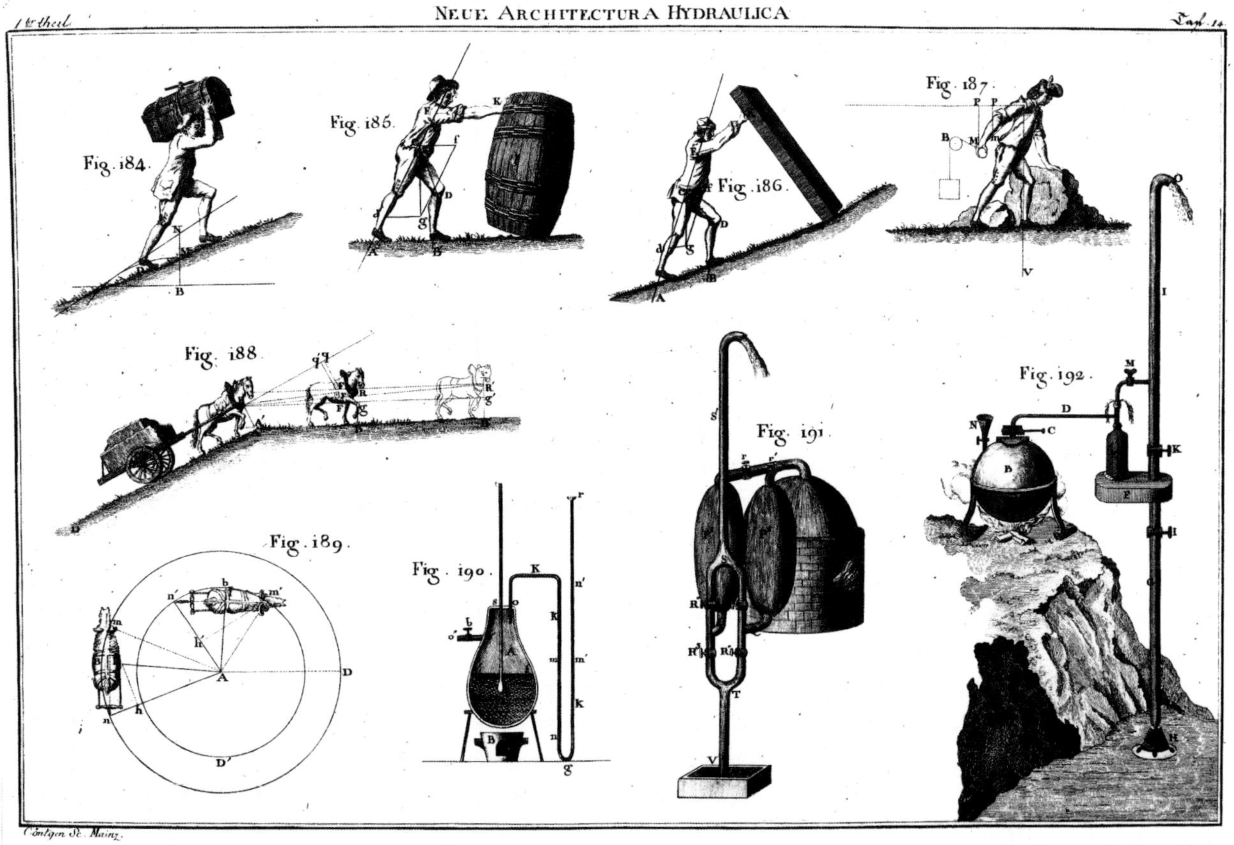

Historische Hebezeuge
a) Römischer Einbaumkran mit Flaschenzug und Tretantrieb, schwenkbar, Anfang 2. Jahrhundert, aus dem Grabmal der Hatterier, Rom
aus: J. Durm: Baukunst der Griechen, Leipzig 1910
b) Mittelalterlicher Kran mit Tretradantrieb, Ende 14. Jahrhundert, aus der Weltchronik des Rudolf von Ems, Württemberg, Landesbibliothek Stuttgart,
aus: Deutsche Kunst und Denkmalpflege 1934
c) Kran, verwendet beim Bau von St-Geneviève, Paris 1757,
aus: Rondelet, a. a. O.
d) Kran mit Dampfantrieb, Marseille, Mitte 19. Jahrhundert
aus: Allgemeine Bauzeitung, Wien 14 (1859)

Neben einer großen Anzahl von Pferden und Fuhrwerken gehörten dazu: sieben Lokomobile für den Antrieb von Kreiselpumpen, acht Lokomotiven, zwei Krane und ein Bagger. Die gesamte Maschinenleistung betrug lediglich 170,6 kW. Das entspricht bei 1800 Beschäftigten 95,6 kW. [4.140.] Erst mit der Übernahme der Arbeiten zum Bau des Nord-Ostsee-Kanals änderte sich der Mechanisierungsgrad des Betriebes. Der Gerätepark erreichte jetzt einen Wert von rd. 4,7 Millionen Mark. Aber immer noch bildete nicht der Erdaushub, sondern der Erdtransport und die Wasserhaltung der Baugruben den Schwerpunkt.

Für Baustellen geeignete Krane hatte bereits *Perronet* nach klassischen mechanischen Prinzipien mit Gegengewichten konstruiert. Die entscheidenden Impulse zur Mechanisierung der Bauarbeiten kamen aber erst von den großen technischen Neuerungen im Kraftmaschinenbau, nach der Dampfmaschine der Verbrennungsmotor und schließlich der Elektromotor. Elektrisch angetriebene Krane zeigte die Baumaschinenindustrie zum ersten Mal im Jahre 1900 auf der Pariser Weltausstellung. In den ersten Jahrzehnten dieses Jahrhunderts stieg deshalb die motorische Kraft im deutschen Bau- und Baunebengewerbe rasch an:
1907: 116 800 kW, davon 17 652 kW Elektromotore
1925: 165 340 kW, davon 98 200 kW Elektromotore
1933: 296 800 kW, davon 275 150 kW Elektromotore

Seit den letzten Jahrzehnten des 19. Jahrhunderts hatte sich die Baumaschinenindustrie als ein Sondergebiet des Maschinenbaus profiliert. Die immer leistungsfähigeren und teureren Maschinen forderten nicht nur einen höher qualifizierten Bauarbeiter. Ihren rationellen Einsatz mußten nun Betriebsingenieure sichern, die nicht mehr nur als Bauleiter operativ tätig sein konnten. Sie nahmen jetzt zunehmend in den technischen Büros neben den Konstruktionsingenieuren langfristig die technologische Vorbereitung der Bauarbeiten in die Hand.

3. Die Arbeitsorganisation

Erste arbeitswissenschaftliche Studien führten sicher noch vor dem Ersatz der Handarbeit durch Maschinenarbeit zu Rationalisierungseffekten. Vor allem aber ergaben sich neue Ansprüche an die Arbeitsorganisation aus der Verarbeitung von Stahl und Beton unter den Bedingungen des Konkurrenzkampfes innerhalb der Bauwirtschaft. Nur wenige Bauunternehmungen konnten den Konzentrationsprozeß erfolgreich bestehen, aufwendige Technik produktiv nutzen und durch Weiterentwicklung der Arbeitsteilung ökonomische Effekte erzielen.

Bereits am Ende des 18. Jahrhunderts hatte *Coulomb* die Frage aufgeworfen, wie Ermüdungserscheinungen bei Bauarbeitern durch geringfügige Verringerungen der zu transportierenden Last vermieden und so die Gesamtleistung erhöht werden könne. Die fristgemäße Fertigstellung des Londoner Kristallpalastes in einer Bauzeit von rund neun Monaten wurde nur möglich, weil *Fox* und *Henderson* als Auftragnehmer den gesamten Bauablauf in einem Harmonogramm fixiert hatten, das auch die Leistung der von *Paxton* erfundenen Mehrfunktionsmaschinen zur Vorfertigung von Rahmenelementen berücksichtigte.

Mechanisierung, Arbeitsorganisation, stabile Auftragslage und Vorfertigung montagefähiger Bauelemente bedingen sich gegenseitig. Bauingenieure, die Konstruktion und Produktion als ihr komplexes Bewährungsfeld verstanden, wie *Heinrich Gerber*, gingen in ihren Arbeiten stets vom Zusammenwirken dieser Faktoren aus. Einen bisher wenig beachteten Beitrag zur Entwicklung einer wissenschaftlich begründeten Bauorganisation leisteten die beiden Amerikaner *Frederick W. Taylor* und *Frank B. Gilbreth*. In den ersten beiden Jahrzehnten des 20. Jahrhunderts propagierte *Taylor* die Überwindung der Handwerkelei auch im Bauwesen in den Aufsätzen „Beton und Eisenbeton" und „Kosten der Betonarbeiten". Er forderte:

1. die Wissenschaft jedes Arbeitselements zu entwickeln und die alten Handwerks- und Faustregeln zu ersetzen,
2. die Arbeiter anzulernen, ihnen den einschlägigen Teil der neuen Wissenschaft beizubringen,
3. mit dem Arbeiter ständig eng zusammenzuarbeiten, damit die neue Wissenschaft möglichst verwertet und erneuert wird und
4. so dem Arbeiter jenes Stück geistige Arbeit abzunehmen, für das der Techniker ausgebildet ist, der ja auch für das finanzielle Ergebnis des Betriebes Verantwortung trägt. [4.142.]

Während sich aber *Taylor* auf die Messung der für die einzelnen Arbeitsschritte verbrauchten Zeit konzentrierte, erfaßte *Gilbreth* mit Hilfe einer Filmkamera den Bewegungsablauf und bemühte sich um die Berücksichtigung psychischer Bedingungen. Darüberhinaus wertete er, der selbst als Maurer seine berufliche Karriere begonnen hatte, eigentlich nur die Erfahrungen aus, die jeder gute Bauleiter macht, und setzte ein effektives Baustellenregime durch: exakte Dokumentation des Baufortschritts auf der Basis von Fotografien und regelmäßiger Rapporte, Stimulierung von Neuerervorschlägen, Übernahme schlüsselfertiger Industriebauten zu Festpreisen, denen eine vereinbarte Zielprämie bei Vertragserfüllung zugeschlagen werden konnte, bildeten die wichtigsten Neuerungen, durch die sein Betrieb bald Aufträge nicht nur in den USA, sondern auch in Europa erhielt. Organisatorische Regelungen und technische Erfindungen gingen Hand in Hand. Als wesentliche Voraussetzungen für die Industrialisierung des Betonbaus konstruierte Gilbreth einen Betonmischer. Schließlich mündeten seine Arbeiten in dem Streben, auf wissenschaftlicher Grundlage, also durch exakte Messung, das „Eine Beste Verfahren" zu schaffen. Nicht allein das Zeitmaß sei entscheidend, sondern die Zweckmäßigkeit des einzelnen Arbeitsschritts: die „Eine Beste Art der Arbeitsverrichtung". Nach Vergleich vieler Bewegungsstudien fixierte er sie in einem Drahtmodell, das er als Lehrmittel verwendete, um „höchste Automatizität, also gepflegte Gewohnheitsbildung" zu erreichen. [4.143.]

Elementare Voraussetzung industrieller Produktion bildete die Bestimmung der Materialgüte, die Vereinheitlichung der Maße, der Werkzeuge und der Fertigteile und nicht zuletzt der Grundlagen des Konstruierens und Montierens bis hin zur technischen Sprache und zu Unfallverhütungsvorschriften. [4.144.]

Das durch merkantilistische Politik im 18. Jahrhundert geförderte „Oeconomie-Bauwesen" setzte bereits eine auf einzelne Arten von Wirtschaftsgebäuden gerichtete und bis zu Liefervorschriften für Baumaterialien gehende Normung voraus. In Preußen führte das 1770 als höchste innere Landesbehörde gegründete Ober-Bau-Departement Vorschriften über die Lieferung von Baumaterial, die Größe und Ausstattung der Wirtschaftsgebäude, über „Normalzeichnungen" und „Normal-Holzanschläge" ein. [4.145.] Als Mitglied des Ober-Bau-Departements setzte sich David Gilly für die Vereinheitlichung der unterschiedlichen Ziegelformate ein und forderte sorgfältigere Methoden zur Prüfung ihrer Qualität. [4.146.] In dieser Zeit erwies sich staatlicher Zwang als wirksamstes Mittel. Mit der Einführung der sächsischen Ziegelnorm 1833 mußten alle von ihr abweichenden Ziegel zerschlagen werden. Die vielfältigen Bemühungen um ein einheitliches Ziegelformat in den deutschen Ländern führten allerdings erst 1870 mit der Einführung des sogenannten „Reichsformats" mit den Maßen 250 × 120 × 65 mm zum Erfolg. [4.147.]

Der außerordentliche Aufschwung der Bautätigkeit im letzten Drittel des 19. Jahrhunderts warf neue Fragen der Qualitätssicherung gerade von Massenbaustoffen und von Eisen auf. Unter Ausnutzung der in dieser Zeit stürmischen Entwicklung der Chemie und Physik entstanden an den technischen Hochschulen Materialprüfungsämter, deren Anfänge mit dem Wirken solcher Persönlichkeiten wie Bauschinger, von Bach und Möller verbunden sind. In München initiierte Johann Bauschinger die Koordinierung der Forschungsarbeiten in den deutschen Materialprüfanstalten und Laboratorien und setzte sich erfolgreich für die Klassifizierung der Baumaterialien mit eindeutig definierten Eigenschaften und hoher Gleichmäßigkeit ein. Gemeinsam mit Tetmajer in Zürich gründete er 1895 den Internationalen Verband für die Materialprüfung der Bautechnik, von dem sich bald ein deutscher Verband abzweigte. Ziel war die Entwicklung einheitlicher Prüfverfahren zur Ermittlung der technischen

Titelseite des Deutschen Normalprofilbuchs für Walzeisen, 4. Aufl., Aachen 1889

Deutsches Normalprofil-Buch für Walzeisen

Im Auftrage und im Namen der vom
Verbande deutscher Architekten- und Ingenieur-Vereine
und vom
Vereine Deutscher Ingenieure
niedergesetzten
Kommission zur Aufstellung von Normalprofilen für Walzeisen
bearbeitet und herausgegeben von
Dr. F. Heinzerling und O. Intze,
Professoren an der technischen Hochschule in Aachen.

Vierte vermehrte Auflage.

Aachen 1889.
Druck und Verlag von Jos. La Ruelle

Eigenschaften der Baustoffe. Im Ergebnis des Wirkens dieser Prüfanstalten, der verschiedenen technischen Vereine und der Hütten- und Baustoffindustrie entstanden die ersten Vorschriftenwerke wie die Lieferbedingungen für Eisen und Stahl von 1881, die Normen für gußeiserne Druckmuffenrohre und Abflußrohre von 1882, die Normalbedingungen für die Lieferung von Eisenkonstruktionen für Brücken und Hochbau von 1904, die Norm für die einheitliche Lieferung und Prüfung von Portlandzement und Eisenportlandzement von 1910, sowie im gleichen Jahr der Vorschlag des Vereins deutscher Brücken- und Eisenbaufabriken über einheitliche Nietstärken und Nietbezeichnungen für den deutschen Brücken- und Eisenhochbau.

Es fällt auf, daß sich Vereinheitlichungstendenzen erst nach der Mitte des 19. Jahrhunderts durchzusetzen begannen und nicht schon in den ersten Jahrzehnten, in der Zeit des Aufbruchs der industriellen Revolution. Selbst in der Maschinenindustrie, die weit früher als das Bauwesen zur Vereinheitlichung von Werkstoffen, Maßen, Bezeichnungen, Maschinenelementen und Werkzeugen schritt, hielt sich zäh die Auffassung, daß Normung die schöpferische Initiative des einzelnen behindere. Die Initiative von J. Whitworth zur Normung der Schraubengewinde von 1841 konnte sich kaum durchsetzen und stand stets unter heftiger Kritik. Heinrich Gerber blieb mit seinen Bemühungen, einheitliche Bezeichnungen und vor allem das metrische System im Brückenbau durchzusetzen, noch allein. Auch der Verein Deutscher Ingenieure, der seit seiner Gründung die Normenbewegung zu fördern suchte, konnte kaum mehr als ständig mahnen und anregen.

Charakteristisch für die Widersprüchlichkeit dieser Situation sind die Schwierigkeiten bei der Durchsetzung einheitlicher Walzprofile. Erste Anregungen formulierte bereits Nack 1869 in der 11. Hauptversammlung des VDI. Darauf reagierte die Hüttenindustrie jedoch noch nicht. Erst acht Jahre später überlegte der Technische Verein für Eisenhüttenwesen in Anbetracht einer drohenden Absatzkrise „Maßnahmen zur Erweiterung des Eisenverbrauchs". Dann erst konnten die beiden Aachener Professoren *Friedrich Heinzerling und Otto Intze* mit der Vereinheitlichung der Walzprofile beginnen. Ihr Buch „Deutsche Normalprofile für Walzeisen", Berlin 1880, enthält nur noch 172 Profile mit 445 Abmessungen. Zusätzlich mußten nachträglich auf Betreiben der Schiffsbauindustrie die von ihr verwendeten Profile aufgenommen werden. [4.148.]

In England hatte die Normenarbeit weit früher begonnen als in Deutschland. Abgesehen von der Veröffentlichung der Gewindenormung von Whitworth und dem zugunsten des englischen Zollsystems ausgegangenen Streit mit dem Meter begann der britische Normenausschuß (Main Engineering Standard Comittee) am 26. Februar 1901 mit der Arbeit. In Anbetracht des Rückgangs der eigenen Produktion und der immer spürbareren amerikanischen Konkurrenz kam der wichtigste Impuls aus dem nicht ganz freiwilligen Bestreben der Industrie, Normen als marktwirksame, aber rechtlich unverbindliche Empfehlungen zu fixieren. In Erkenntnis der Gefahr, durch Normen technischen Fortschritt zu hemmen, erfolgte nachdrücklich ihre jährliche Überprüfung. Noch vor dem ersten Weltkrieg erschienen die Normalprofile (1903), die Zementnormen (1904) und die Normen für Brückenbaustahl und Eisenkonstruktionen (1906).

In den Vereinigten Staaten von Amerika bildeten sich vor dem Hintergrund der in Gang gekommenen Massenproduktion für die Normung so entscheidende Schlagworte wie „efficiency, specialization, standardization". Die American Society of Mechanical Engineers veröffentlichte 1885 erste Normen für Leistungsvergleiche an Dampfkesseln. Am 1. Juli 1901 wurde das „Bureau of Standards" gegründet.

Die offensichtlichen Vorzüge der nach der Mitte des 19. Jahrhunderts erfundenen Stahlbetonbauweise, aber auch die spezifischen konstruktiven und technologischen

Erfordernisse erzwangen normative Regelungen. Als Träger ihrer Vorbereitung und Durchsetzung entstand 1903 im Rahmen der Jubiläumsstiftung der deutschen Industrie der Unterausschuß für Eisenbeton, der sich ab 1907 Deutscher Ausschuß für Eisenbeton nannte. Er veröffentlichte 1904 die „Vorläufigen Vorschriften für den Entwurf und die Ausführung von Eisenbetonbauten in Preußen", denen 1915 die „Bestimmungen für Ausführung von Bauwerken aus Eisenbeton" folgten, die noch als Grundlage für die spätere DIN 1045 dienten. Dieses für die Verbreitung der Stahlbetonbauweise entscheidende Vorschriftenwerk basierte auf den Arbeiten von Matthias Koenen und Emil Mörsch.

Die außerordentlichen Materialforderungen der deutschen Heere im Ersten Weltkrieg, im letzten Kriegsjahr im sogenannten Hindenburg-Programm fixiert, veranlaßten die Industrie, sich mit größerer Konsequenz der Normenarbeit zu widmen. An ihrem Anfang stand eine bisher kaum in der Geschichte der Technik beachtete Persönlichkeit: Heinrich Schaechterle. Nach Schlosserlehre und Studium an der Fachschule für Maschinenbau in Stuttgart lernte Schaechterle in den USA die Massenproduktion in der Maschinenbauindustrie kennen. Nach seiner Rückkehr zum Militärdienst einberufen, verfaßte er 1915 mehrere Denkschriften an die Leitung der Gewehrfabrik in Spandau mit Vorschlägen zur Rationalisierung der Produktion von Heeresgerät durch Vereinheitlichung der Produktionsunterlagen.

Davon beeindruckt richtete das königliche Waffen- und Munitionsbeschaffungsamt in Spandau im Herbst 1916 das „Bureau Schaechterle" ein, das wenig später zum königlichen Fabrikationsbureau Spandau erweitert wurde. Schaechterle fand in Waldemar Hellmich, dem stellvertretenden Direktor des VDI einen aktiven Bundesgenossen, der nach Schaechterles frühem Tod die Initiative ergriff und die Vertreter der Heeresverwaltung, der Reichspost, des Eisenbahnzentralamtes, der Kaiserlichen Normal-Eichungskommission, der physikalisch-technischen Reichsanstalt, der Industrie und des VDI zu der berühmten Gründungsberatung des Normalienausschusses der deutschen Industrie am 18. Mai 1917 einlud. Er wollte die bereits in den einzelnen Wirtschaftszweigen gültigen Normen zu einem einheitlichen Werk zusammenfassen. Diese Normen sollten als DIN-Normen gekennzeichnet werden. Später entstand daraus das weltbekannte Symbol DIN.

Es stellte sich bald heraus, daß Aufgabengebiet und Mitgliedschaft des Ausschusses erweitert werden mußten, wenn die anspruchsvollen Ziele erreicht werden sollten, die sich über die unmittelbaren Kriegserfordernisse hinaus stellten: die Wiedererlangung der Weltmarktfähigkeit deutscher Produkte durch äußerste Materialausnutzung, rationelle Betriebsorgansation und effektive Serien- und Massenproduktion. Im Ergebnis der Erweiterung der Mitgliedschaft und der Reorganisation des Normalienausschusses erfolgte am 22. Dezember 1917 die Gründung des „Normenausschusses der Deutschen Industrie" (NADI). Den Vorsitz übernahm Baurat Neuhaus. Einer der Teilnehmer an dieser Beratung, Dr. Heilandt, erinnerte sich 50 Jahre später: „Als 1917 an einem Militärfahrzeug eine Schraubenmutter verlorengegangen war, die nirgends zu kaufen war, lud man mich als Vertreter der AEG und einen Herrn von Ludwig Loewe zu einer Besprechung nach Spandau ein. Zugegen war auch ein Ingenieur Hellmich, dem ich die Notwendigkeit nachwies, daß gleiche Normen für alle Firmen geschaffen werden müßten. Es müsse zur Schaffung und Verbreitung der Normen ein Verein geschaffen werden, der die Normen seinen Mitgliedern vermittele und die Einführung vorschriebe. So kam es zur Gründung im VDI auf persönliche Veranlassung von Herrn Hellmich, der Vorsitzender wurde. Ich wurde auch Mitglied und 1917 Vorsitzender des Zeichnungsausschusses und der Vorsitzende der Normenprüfstelle, deren Einrichtung ich vorgeschlagen hatte." [4.149.]

Ehemalige Riebeck-Brauerei in Leipzig, Stahlbetonkonstruktion der Fa. Pommer, Leipzig, mit Hennebique-Lizenz, Außenansicht und Blick in einen Fabrikationsraum mit Rippendecke
aus einem Katalog der Fa. Pommer, Leipzig 1908

Aus der Erkenntnis, daß die Anwendbarkeit der Normen und ihre Gültigkeitsdauer ständig von unabhängigen Arbeitsausschüssen geprüft werden müssen, entstanden die von Heilandt erwähnte Normenprüfstelle und der Ausschuß für wirtschaftliche Fertigung, der die technologischen und ökonomischen Vor- und Nachteile der Normenanwendung in der Produktion untersuchen sollte. Die vom NADI herausgegebenen Normenblätter, das erste war DINorm-1 über die Vorzugsabmessungen von Kegelstiften, das im März 1918 als verbindlich erklärt wurde, ergaben ein schnell wachsendes Sammelwerk. Die DINorm-5 und 6, welche die Blattformate, Zeichnungsmaßstäbe, Farben und die Anordnung der Ansichten und Schnitte auf den Zeichnungen regelten, erhielten auch für das Bauwesen grundlegende Bedeutung. Der NADI legte seiner Arbeit folgende Prinzipien zugrunde:

1. enge Zusammenarbeit von Behörden, Wissenschaft, Produzenten und Abnehmern
2. straffe Organisation, jedoch ohne behördliche Befugnisse
3. regelmäßige Prüfung der Normen, um eine Erstarrung der Technik zu vermeiden
4. Ablehnung jeden Zwanges zur Einführung von Normen

Zuerst wandte sich der NADI der Normung der Materialien, ihrer Eigenschaften, Liefer- und Prüfbedingungen zu, darauf aufbauend folgten Werkzeuge, einfachste Fertigteile wie Schrauben u. ä. und schließlich Fertigerzeugnisse. Darüberhinaus erfaßte die Normung das Wirken des Menschen im Produktionsprozeß: Vermessungsgrundlagen, technische Sprache, Arbeitsorganisation, Unfallverhütung und Vertragsgestaltung.

In dem Maße, wie sich für die einzelnen Bereiche der Wirtschaft Normenausschüsse bildeten, profilierte sich der NADI zu einer die gesamte Normenarbeit koordinierenden Zentrale. Am 16. Mai 1918 gründeten Vertreter der Bauwirtschaft und der Bauwissenschaft unter Vorsitz des damaligen Chefs der Bautenprüfstelle im Stab des Berliner Kriegsamtes, Willi Gehler, den Fachnormenausschuß Bau. [4.150.] Er wirkte als Pionier einer sowohl wissenschaftlich fundierten wie praktikablen Normung im Bauwesen und gehörte fast 30 Jahre dem Präsidium des NADI an. Vielseitigkeit, Intensität und Umfang seiner Forschungen zeigen sich vor allem in den Veröffentlichungen des Deutschen Ausschusses für Stahlbeton. Die von Gehler verfaßten „Erläuterungen zu den Bestimmungen des Deutschen Ausschusses für Stahlbeton" erschienen in insgesamt 6 Auflagen und wurden in mehrere Sprachen übersetzt. [4.151.]

Die ersten Normenblatt-Entwürfe hatte damals die von Otto Kramer geleitete Normenstelle in Dresden vorbereitet. Entsprechend der wirtschaftlichen Situation nach dem ersten Weltkrieg und der traditionellen Dominanz von Handwerk und Kleinunternehmen in der Bauwirtschaft stand die Suche nach sparsamen Konstruktionen und Ersatzbauweisen im Vordergrund. So kam es, daß die ersten Fachnormen für das Bauwesen nicht die Aufgabenbereiche der großen Bauunternehmen betrafen, die sich schon längst über Vorschriften des Stahl- und Stahlbetonbaus verständigt hatten. Die erste Baunorm war die DINorm 104 „Die Holzbalkendecke eben und unten verputzt". Bis März 1919 folgen die DINormen 105 bis 112 über Fenster, Türen und Treppen des Kleinhauses. [4.152.] Normen für Stahlbetontragwerke folgten erst 1920. [4.153.]

Aus dem Massenwohnungsbau kamen in den zwanziger Jahren wesentliche Anregungen zur Erweiterung der einheitlichen Vorschriften für das Bauwesen, von denen man sich eine Senkung der Baukosten versprach. Zur Förderung der wissenschaftlichen Arbeiten zur Rationalisierung des Kleinwohnungsbaus wurde der Deutsche Ausschuß für wirtschaftliches Bauen e.V. gegründet, der die 1917 durch den Ausschuß zur Förderung des Kriegssiedlungswesens durch sparsame Bauweisen begonnenen Arbeiten fortzusetzen suchte. Die in seiner Nachfolge gegründete Reichsforschungsgesellschaft für Wirtschaftlichkeit im Bau- und Wohnungsbau (RfG), die durch die Förderung solcher Siedlungsbauvorhaben wie Dessau-Törten oder Frankfurt/M.-Praunheim zur Entwicklung rationeller Wohnungstypen und Konstruktionslösungen beitragen wollte, scheiterte schließlich an der Weltwirtschaftskrise 1931.

Im Bauwesen stieß die Normenarbeit auf spezifische Schwierigkeiten: im Unterschied zur ortsunabhängigen Maschine mußte das ortsfeste Bauwerk den topografischen und klimatischen Bedingungen entsprechen. Nicht zuletzt spielten landschaftsgebundene bauliche Traditionen eine Rolle. Die Landesbaunormen widersprachen sich häufig erheblich und mußten in oft kontroversen Debatten koordiniert werden. In ihrer Gesamtheit bildeten sie die „Reichshochbaunormung". Die Beton- und Stahlbetonnormen und die „Einheitlichen technischen Baupolizei-Vorschriften" (ETB) dagegen konnten von zentralen Arbeitsausschüssen bearbeitet werden.

In den zwanziger Jahren erweiterte sich die Normenarbeit über ihr ursprüngliches Aufgabengebiet, die Industrieproduktion, hinaus auf die Hauswirtschaft, Gesundheitswesen und andere Gebiete gesellschaftlicher Aktivität. Daraufhin änderte der NADI seinen Namen in: Deutscher Normenausschuß (DNA). In den dreißiger Jahren hatte sich der Normengedanke im Bauwesen allgemein durchgesetzt. Norm blieb jedoch stets als Ausdruck des Standes von Forschung und Technik eine Empfehlung an Hersteller und Anwender. Lediglich aus Gründen des Gemeinwohls, Unfallschutz und Sicherheitstechnik betreffend, erreichten Normen in zunehmendem Maße Rechtsverbindlichkeit. Generell fehlte es jedoch an einem übergeordneten, alle Einzelheiten: die Maßsysteme, Passungen und Berechnungsansätze umfassendes System. Ernst Neufert, bis 1930 Professor an der Weimarer Hochschule für Handwerk und Baukunst und nach dem Krieg an der TH Darmstadt, propagierte als Grundlage für die Normen im Bauwesen das Oktametersystem, von dem ausgehend er in den vierziger Jahren erste Vorschläge zum Wiederaufbau in seiner „Bauordnungslehre" veröffentlichte. [4.154.]

Bereits im Oktober 1946 genehmigte der Alliierte Kontrollrat, daß der DNA seine Arbeit wieder aufnahm. In gewissenhafter Fortsetzung der Traditionen deutscher Normenarbeit beteiligten sich bis 1961 die Vertreter der Industrie und der Wissenschaft aus der Bundesrepublik und aus der DDR an der Arbeit der Normenausschüsse. 1954 trat der DNA in die neue, 1946 in Genf gegründete „International Organization for Standardization" (ISO) ein. Sie setzte die Arbeit der 1928 in Prag gegründeten „Internationalen Föderation der nationalen Normenausschüsse" (International Federation of the National Standardizing Associations – ISA) fort, die es sich zur Aufgabe gemacht hatte, die Standardisierung in der Welt zur Förderung des Handels und des Austauschs von Dienstleistungen zu koordinieren und durch ständigen Erfahrungsaustausch zur Verständigung auf wissenschaftlichem, technischem und wirtschaftlichem Gebiet beizutragen. Von herausragender Bedeutung sind die ISO-Empfehlungen über Vorzugszahlen (ISO-R 3) und über Toleranzen und Passungen (ISO-R 286).

Im Gegensatz zur BRD, in der die Normenarbeit in der Tradition des DNA fortgesetzt wurde, unterlag in der DDR die Normenarbeit den Grundsätzen staatlich gelenkter Wirtschaftsplanung und -leitung. Dementsprechend erfolgte 1954 die Verordnung über die Einführung staatlicher Standards und die Gründung des Amtes für Standardisierung. Die Mitarbeit im Deutschen Normenausschuß wurde 1961 eingestellt.

Für die Bauindustrie gab es selbstverständlich eindeutige Kriterien für die Mechanisierung der Bauarbeiten:

- Bauzeiteinsparung,
- Lohneinsparung,
- Gewährleistung der geforderten Qualität,
- Bewältigung bisher nicht lösbarer Aufgaben. [4.155.]

Als erstrebenswerte soziale Konsequenz folgerte Georg Garbotz, der Altmeister der Baumechanisierung in Deutschland: „Die Verringerung der Zahl der Facharbeiter sowie der Arbeiter überhaupt macht aber die Bauleitung auch wesentlich weniger abhängig von den Forderungen der Belegschaft, da ja bei hoher Arbeiterzahl auch die Streikgefahr groß ist." [4.156.]

Von altersher war bei noch unzureichend entwickelten technischen Hilfsmitteln das Holz der ideale Baustoff für die Herstellung vorgefertigter Bauelemente. Die Voraussetzungen für die Ablösung traditionell abgebundener Holzkonstruktionen und das Vordringen des Ingenieurholzbaus bildeten wirksamere Mittel und Verfahren zur Überwindung der materialtypischen Mängel, Brennbarkeit, Schädlingsbefall, Schwinden, und zur Vermeidung der die tragenden Querschnitte einschränkenden Zimmermannsverbindungen. Philibert de l'Orme hatte bereits um 1561 vorgeschlagen, aus kurzen Brettstücken bogenförmige Dachbinder zu nageln. David Gilly griff am Ende des 18. Jahrhunderts diesen Vorschlag im „Handbuch der Landbaukunst" auf und erprobte ihn selbst bei einigen seiner Bauten auf dem Lande. Ihm folgte nach dem Ersten Weltkrieg der Stadtbaurat von Merseburg, Fritz Zollinger, der für die Dächer seiner Gußbetonhäuser auf die Lamellenkonstruktion Gillys zurückgriff. Den nächsten Schritt bildeten die von Emy erfundene Lamellenbauweise und der Hallenbinder Paul Ardants. Wiebekings Versuche mit gebogenen Leimbindern setzte Otto Hetzer in Weimar fast 100 Jahre später fort. Er ließ sich 1906 einen „gebogenen Holz-Bauteil für vereinigte Dach-Pfosten und -Sparren patentieren, den er aus mit Kaseinleim verleimten Langholzstäben in Großserien herstellte. [4.157.]

Die Montage von Wohnhäusern aus Holztafeln begann schon im 17. Jahrhundert. Englische Siedler brachten damals ein vorgefertigtes Holzhaus nach Amerika mit. [4.158.] Skandinavische Firmen exportierten im 19. Jahrhundert Blockhäuser. Eine Schiffswerft in Wolgast baute 1884 Plattenelemente mit Rahmen aus Pitchpine, das damals als Ballast von den aus Amerika zurückkehrenden Schiffen mitgebracht wurde. Ein von der belgischen Regierung 1885 ausgeschriebener Wettbewerb um eine transportable Lazarettbaracke erwies sich

„Das individuelle Haus ist heute Dilettantismus genau so wie die individuelle Industriehalle."

István Szabó

für die weitere Entwicklung des industriellen Holzbaus als Schlüsselereignis. Von den insgesamt 60 eingereichten Vorschlägen erhielt der Däne *Doecker* den ersten Preis. Die Lizenz für die Döckersche Baracke kaufte *Christian Ferdinand Christoph,* der gemeinsam mit *Axel Unmack* in den neunziger Jahren des vorigen Jahrhunderts in Niesky/OL die industrielle Produktion montagefähiger Holzhäuser in großem Stil aufnahm. Einen typisch amerikanischen Beitrag zur Entwicklung einer leichten Holzbauweise stellte die Erfindung des „Balloon Frame" 1830 dar, der auf der Grundlage einheitlicher, verhältnismäßig schwacher Holzprofile und Nagelverbindungen aus der Not des Mangels an Zimmerleuten eine Tugend machte. Nach 1900 setzte dann die Großproduktion von Holzhäusern unter Verwendung von Spanplatten in Nordamerika und Europa ein.

In der Zeit, als Gußeisen zu niedrigen Preisen und schlechter Qualität angeboten wurde, die Herstellung von Profileisen jedoch noch Schwierigkeiten machte, lieferten Eisenhütten Fassadenplatten, so wie sie früher Ofenplatten gegossen hatten. Das älteste gußeiserne Haus soll um 1830 in Tripton Greene, Staffordshire, England, errichtet worden sein. [4.159.] E. T. Bellhouse & Co. in Manchester lieferte komplette Wohnhäuser in Einzelteilen um die Mitte des 19. Jahrhunderts nach Kalifornien und nach dem Abklingen des Goldfiebers nach Australien. Die Häuser bestanden aus einem Gerüst schmiedeeiserner Flachstäbe auf einem hölzernen Fundamentrahmen. Verzinktes Wellblech diente als leicht montierbare Außenhaut und Dachdeckung. Ausbauelemente aus Holz, Tapeten und Teppiche – alles für den Schiffstransport in Kisten verpackt – komplettierten den Montagesatz. [4.160.] Auf ähnliche Weise versorgte *James Bogardus* von New York aus die Siedler im Westen der USA.

Den größten und dauerhaftesten Erfolg erzielten die Eisengießereien mit der gußeisernen Säule, die vor allem im Industriebau vielfältig anwendbar war und zugleich durch ihre Gestaltung im Stile griechischer Antike oder deutscher Renaissance dem Geschmack des ausgehenden 19. Jahrhunderts ideal entsprach. Den Grundstein für die massenhafte Produktion von Walzprofilen als Ausgangsmaterial für Fachwerkträger und Skelettbauten, diesem Basismaterial für die Industrialisierung eines ganzen Zweiges der Bauwirtschaft, legte die einheitliche Tabelle für Normalprofile, die unter der Federführung von Intze und Heinzerling erarbeitet worden war. [4.161.]

Der Berliner Ingenieur Heilemann konstruierte 1889 ein zweigeschossiges Versuchshaus in Berlin-Weißensee mit einer 15 cm dicken Außenwand, die aus Eisenblech als tragender Außenhaut, Dämmplatte und innerer Holzverkleidung bestand. Er nannte diese Bauwerke „Isothermal-System". Abgesehen von den bauphysikalischen Problemen konnten die Eisenhäuser kaum den traditionellen Mauerbauweisen Konkurrenz machen. Nur während einer Absatzkrise wie etwa unmittelbar nach dem ersten Weltkrieg neigte die Stahlindustrie dazu, in den Baumarkt einzudringen. Ihr Interesse erlosch aber sofort, als der Bau des ersten Panzerkreuzers für die deutsche Kriegsmarine die Wiedereröffnung eines für sie traditionellen und lukrativeren Marktes signalisierte. Am Ende des 19. Jahrhunderts bewährte sich der Beton sowohl in Form großformatiger noch von Hand versetzbarer Hochlochblöcke als auch in der traditionellen Technologie des Stampfbaus. Bereits vor dem Ersten Weltkrieg stellten Baufirmen in den USA Stalbeton-Elemente her. Die Edison Portland Cement Co. in New Village, N.Y., betonierte 1906 Deckenplatten im Stapel mit Karton-Zwischenschichten. Besonders im Industriebau führte die Montage vorgefertigter Deckenelemente zu deutlichen Kostensenkungen. Gemeinsam mit den Ingenieuren *Harms* und *Small* entwickelte die gleiche Firma eine Gußbetonbauweise, um für den als Hauptprodukt der Firma erzeugten Zement einen neuen Absatzmarkt zu erschließen. Unter Verwendung von Stahlblechschalungen gelang die Herstellung von 144 Wohnhäusern im Jahr. Die ersten vorfabrizierten und montierten Betonhäuser soll die Baufirma Lippmann, Schneckenburger & Cie. in Paris schon 1860 exportiert haben. [4.162.] Der amerikanische Ingenieur *Ernest H. Ransome* wendete erfolgreich eine vorgefertigte Stütze-Riegel-Konstruktion an, bei der die Riegel als Schalungsträger zur Herstellung einer Plattenbalkendecke dienten. 1904 montierte er nach diesem Prinzip eine Halle für eine Textilmaschinenfabrik in Reading, Pa.

Schließlich stellte in den Vereinigten Staaten *Grosvenor Atterbury* – allerdings erst nach der Jahrhundertwende – zweischalige, $2{,}5 \times 1{,}8 \times 0{,}23$ m große Wandplatten in Stahlformen her. Sie bestanden aus zwei Schwerbetonschalen mit einer durch Rippen gegliederten Luftschicht. Der Transport vom Hersteller bis zur Baustelle erfolgte mit Lastkraftwagen. Erste Bauten in Forest Hills, Long Island, in den Jahren 1910 und von 1913 bis 1918 erwiesen sich aber als ökonomisch nicht tragfähig.

Nach Patentstreitigkeiten mit *Edison* gingen *Harms* und *Small* in die Niederlande und entwickelten dort gemeinsam mit dem Architekten *H. P. Berlage* unter Nutzung der amerikanischen Erfahrungen die Occident-Bauweise. Ihr Hauptelement bildete eine zwei Geschoß hohe Drei-Schichten-Platte mit 15 m^2 Fläche.

Auf Initiative des damaligen Berliner Stadtbaurats 'Martin Wagner baute die Occident-Deutsche-Bau G.m.b.H. in Berlin Friedrichsfelde 138 Wohnungen. Die in Holzschalung auf der Baustelle gefertigten Platten, bis zu 11 m breit, 3 m hoch, 25 cm dick und 7,5 t schwer, bestanden aus einem Stahlbetonrahmen mit

Frankfurt a. M., Vorfertigung von Stahlbetonfertigteilen für den sozialen Wohnungsbau, E. May, Blick in die Produktionshalle
aus: Sonderheft 4 der Reichsforschungsgesellschaft für Wirtschaftlichkeit im Bau- und Wohnungswesen e. V. 1928

einer 4 cm dicken äußeren Schwerbetonschale, 15 cm Schlacke und inneren 6 cm dicken Schlackenbeton. Auch dieses Verfahren setzte sich nicht durch. Die Baufirma mußte 1928 Konkurs anmelden. Offensichtlich brachte das amerikanische Prinzip, möglichst große und dementsprechend schwere Platten herzustellen, keinen Rationalisierungseffekt, weil es auf Baustellenfertigung angewiesen war. Zugleich zeigte sich ein weiteres Problem: die wirtschaftliche Nutzung der gegenüber den traditionellen Mauerbauweisen bedeutend umfangreicheren Produktionsmittel.

Der Gedanke, den Wohnungsbau zu industrialisieren, als Voraussetzung für die Überwindung der Wohnungsnot und damit als Beitrag zur Entspannung der sozialen Widersprüche, faszinierte fortschrittliche Architekten bereits vor dem Ersten Weltkrieg. *Walter Gropius* sandte 1910 dem damaligen Chef der AEG, *Walter Rathenau,* eine Denkschrift mit dem Titel „Programm zur Gründung einer allgemeinen Hausbaugesellschaft auf künstlerisch einheitlicher Grundlage". [4.163.] Als Vorteile der „auf Vorrat" hergestellten Häuser hob er „beste Qualität der Rohmaterialien und der Arbeit und billigen Preis" hervor, ohne jedoch über Material und Konstruktion genauere Auskunft zu geben. Nicht die Häuser, wohl aber die Elemente, aus denen sie zusammengesetzt werden, seien zu typisieren und industriell zu fertigen. Damals interessierte sich die Industrie für diesen Vorschlag nicht. Nach dem Ersten Weltkrieg baute *Walter Gropius* seinen Gedanken weiter aus: „... fabrikmäßige Herstellung von Wohnhäusern in Großbetrieb auf Vorrat, die nicht mehr an der Baustelle, sondern in montagefähigen Einzelteilen erzeugt werden müssen." [4.164.]

Nachdem bereits 1917 ein „Ausschuß zur Förderung des Kriegssiedlungswesens durch sparsame Bauweise" sich um die Einführung von Behelfsbauweisen bemüht hatte, konstituierte sich gestützt auf ein vom Reichstag bewilligtes Darlehen in Höhe von 10 Millionen RM 1926 der „Reichstypenausschuß". Unter Vorsitz von *H. P. Riepert,* Geschäftsführer des Zementbundes, nannte er sich seit dem 29. Juni 1927 „Reichsforschungsgesellschaft für Wirtschaftlichkeit im Bau- und Wohnungswesen e. V." (Rfg). Sie existierte bis zum 5. Juni 1931. Ihre wirksamsten Aktivitäten bestanden in der Herausgabe ausführlicher Berichte über verschiedene Siedlungsvorhaben wie Dessau-Törten und die Frankfurter Siedlungen und durch die Förderung der von *Walter Gropius,* damals Vizepräsident der Rfg, geplanten Siedlung Spandau-Haselhorst, bis schließlich die Weltwirtschaftskrise jede weitere Tätigkeit im sozialen Wohnungsbau unmöglich machte.

Das einzige größere Vorhaben in Deutschland, das

einen Anteil in industrieller Bauweise hergestellte Wohnhäuser umfaßte, waren die Siedlungen in Frankfurt/M. Gestützt auf die wohnungspolitische Konzeption des sozialdemokratischen Oberbürgermeisters *Ludwig Landmann* und als Leiter des Baudezernats plante *Ernst May* eine Reihe von Siedlungen am Rande der Stadt, durch die im Laufe von 10 Jahren endlich die Wohnungsnot überwunden werden sollte. [4.165.]

Durch systematische Rationalisierungsmaßnahmen gelang es bis 1930 jährlich bis zu 3500 Wohnungen zu bauen. Im ersten Bauabschnitt bestanden sie in der industrialisierten Produktion von Ausbauelementen wie eisernen Türzargen, Doppelfenstern mit einer Scheibe in Eisenrahmen und der Kücheneinrichtungen. In einem zweiten Schritt versuchte *Ernst May* auch den Rohbau zu industrialisieren. Er verwarf das amerikanische Prinzip, möglichst große Elemente auf der Baustelle herzustellen, und ließ anfangs in einer Messehalle Großblöcke unter Verwendung von Bimskies aus dem Neuwieder Becken herstellen. Aus der Dreiteilung einer Geschoßhöhe ergaben sich die Blockabmessungen: 1,10 m hohe Brüstungs- und Fensterschaftblöcke und 0,40 m hohe Sturzblöcke, je 3 m breit und 20 cm dick. Die Beibehaltung manueller Fertigung ermöglichte anfangs die Beschäftigung von Arbeitslosen. Später verkürzte maschinelle Verdichtung des Betons die Fertigungszeit auf drei Minuten je Block. Die Montage erfolgte unter Einsatz eines Krans. Gleichmäßige Lagerfugen sicherten 4 cm hohe Betonklötzchen. Lagerfugen und die versetzten Stoßfugen wurden mit Bimsmörtel ausgefüllt. Für die Decken ließ May Stahlbetonhohlbalken nach dem System Visintini herstellen. [4.166.]

Im Bewußtsein des mit diesem Experiment eingeschlagenen neuen risikoreichen Weges schätzte *Ernst May* ein: „Wir stehen heute noch an der Wiege der Mechanisierung des Wohnungsbaues. Fortschritte werden nur erzielt werden durch zielbewußte Weiterführung der bisherigen Versuche, durch fortgesetzte Verbesserung der Fabrikationsmethoden auf Grund der praktischen Erfahrungen, die von einer bestimmten Stufe systematischer Klärung ab nicht länger durch theoretische Erwägungen und Berechnungen ersetzt werden können." [4.167.] Auch wenn schließlich ein Wohnhaus in $1\frac{1}{2}$ Tagen montiert werden konnte – für den damaligen Stand der Technik eine einmalige Leistung – konnte der soziale Wohnungsbau ab 1931 von der Stadt Frankfurt/M. nicht mehr finanziert werden. Der Berliner Bauunternehmer *Adolf Sommerfeld* baute 1928/29 über 1000 Wohnungen in Bad Dürrenberg in Schüttbauweise unter Verwendung von Schlackenbeton und einer horizontal verschiebbaren Wandschalung. Bei einem Wohnungsbauvorhaben in Berlin-Zehlendorf setzte er eine auf Gleisen zwischen den Häusern fahrbare Mischanlage ein, die damals als „Sommerfeldsches Bauschiff" bezeichnet wurde.

Wie die Erfahrungen in Dessau, Frankfurt/Main, Berlin-Spandau und Stuttgart-Weißenhof zeigten, blieben alle Bemühungen um eine gegenüber traditionellen Mauerbauweisen konkurrenzfähige Industrialisierung in Ansätzen stecken. Die Wirtschaftskrise erzwang den Abbruch aller Experimente, die jedoch auch eindeutig zeigten, daß in Anbetracht der höheren Anlagekosten industrielle Bauweisen nur bei hinreichender jährlicher Produktion und entsprechend langfristig gesicherten Aufträgen wirtschaftlich waren. In die Zukunft weisende Ergebnisse brachten lediglich die Bemühungen um die Typisierung der Kleinwohnung, um die rationelle Gestaltung der Küchen, um die industrielle Produktion einzelner Bauelemente und um die Einführung der Fließfertigung.

Industriehallen und ähnliche leicht zu typisierende Bauwerke bewährten sich seit dem Ende des Ersten Weltkrieges ebenso wie verhältnismäßig leichte Fertigteile aus schlaff bewehrtem oder aus Spannbeton. 1918 hatte der Deutsche Ausschuß für Eisenbeton auf Wunsch der Regierung Versuche über die „Berechnung, Konstruktion und Ausführung von Bauten mit teilweise fertigen und dann zusammengesetzten Eisenbetonteilen" aufgenommen. Dieses Versuchsprogramm führte jedoch bis zum Ende der zwanziger Jahre zu keinen greifbaren Ergebnissen. Das besagt nicht, daß nicht einzelne Firmen im Industriebau mit Montagebauweisen gegen monolithische Bauweisen konkurrieren konnten. So entwickelte Dyckerhoff & Widmann eine „Universalhalle" mit Fachwerkträgern und genormten Schalenelementen, die eine breite Anwendung fand.

Im Grunde hatten sich für den Montagebau in Stahlbeton zwei Konzepte durchgesetzt:
– die Vorfertigung möglichst großer und damit schwerer (bis zu 40 t) Elemente auf der Baustelle oder in

Siedlung Praunheim, Frankfurt a. M., E. May, Großblockbaustelle
aus: Ebda.

Baustellennähe, so daß ein Bauwerk aus wenigen Elementen hergestellt werden konnte. Diese Bauweise bot sich vor allem im Brückenbau (Visintini-Träger) und im Industriebau (Hallenbinder) an. Nach dem Zweiten Weltkrieg erregten ungarische Ingenieure mit der Vorfertigung und Montage schwerer Elemente für die großen Bauvorhaben im Rahmen des Industrialisierungsprogramms des Landes internationales Aufsehen,

- die Vorfertigung kleiner, leicht herstellbarer und montierbarer Elemente, wie sie sich schon seit der Jahrhundertwende bewährt hatten.

Der entscheidende Durchbruch der Industrialisierung des Bauens gelang in der Phase des Wiederaufbaus der vom Zweiten Weltkrieg betroffenen Länder. Während in den kapitalistischen Staaten verschiedene miteinander konkurrierende Bausysteme immer nur einen verhältnismäßig geringen Anteil am gesamten Bauvolumen erringen konnten, wurde in den sozialistischen Ländern die Stahlbetonskelett-Montagebauweise und im Wohnungsbau speziell die Großplattenbauweise als ausschließliche technische Basis für den Wiederaufbau systematisch entwickelt. In der Sowjetunion konnten Stahlbetonfertigteile zum ersten Mal beim Bau des Swir-Kraftwerks, 1928–1934, eingesetzt werden. Im Wohnungsbau folgten Experimente in Moskau, Charkow und Leningrad. Mitte der dreißiger Jahre begann in Moskau der Bau von Wohnhäusern aus Großblöcken. [4.168.]

Die Vorfertigung von Bauelementen in hochmechanisierten Werken ist unabdingbarer Bestandteil der Industrialisierung des Bauens. Sie setzt die langfristige Planung und Projektierung bis ins letzte Detail und in den kleinsten Arbeitsschritt voraus. Aber: sie bleibt immer nur Mittel zu dem Zweck, Raum für das Leben vom Menschen zu schaffen. Die Bauingenieure faszinierten vor allem die vielfältigen Vorteile des Montagebaus:

„**1.** Ersparnis von Schalung und Rüstung,
2. Einsatz ungelernter Kräfte bei der Montage,
3. Vorfertigung unabhängig von der Witterung,
4. leichtere Kontrolle sichert Betongüte,
5. Tragkonstruktionen nach Montage voll belastbar,
6. Bau bleibt ‚trocken',
7. Einfluß des Schwindens ausgeschaltet, keine Auswirkungen von Temperaturveränderungen,
8. wirtschaftliche Effekte durch ‚Schematisierung' und Normung,
9. leichte Montage mit Hebezeug, geringer Arbeitskräftebedarf,
10. leichter Abbruch und mögliche Wiederverwendung der Elemente.
Einziger Nachteil: kein Monolith." [4.169.]

So schätzte sie *Adolf Kleinlogel* Ende der zwanziger Jahre ein. Mit der Planung optimaler Strategien zur Bewältigung des perspektivischen Bedarfs über die Entwicklung effektiver Montagebauweisen und der für sie erforderlichen Produktionskapazitäten bis hin zur konkreten Gestaltung der Bauwerke haben sich für den Bauingenieur Bewährungsfelder neuer Dimension und höheren Kompliziertheitsgrades herausgebildet. Über das traditionelle Berufsbild der Bauingenieure hinausgehende Ansprüche ergeben sich insbesondere

- aus den neuen Bedingungen und Erfordernissen der Zusammenarbeit von Architekt, Entwurfsingenieur und Technologe von Beginn der Entwurfsarbeit an,
- aus der Problematik der Typung der einzelnen Elemente der Bauwerke bei minimalem Aufwand an Formen, geringem Einheitsgewicht, optimaler Größe und effektiver Lösung der Verbindung,
- aus der optimalen Lösung der Konstruktion unter Einsatz wissenschaftlicher Erkenntnisse,
- aus der Notwendigkeit, die Effektivität der Fertigungswerke, der Vorfertigungstechnologien und eine hohe Produktionskapazität zu erreichen.

Schaltwerkfabrik Gyöngyös, Ungarn, Montage der auf der Baustelle vorgefertigten Zweigelenkrahmen mit rd. 20 m Spannweite, 8,78 m Höhe und 32,8 t. Masse, G. Matrai, K. Passzty, IPARTERV, Budapest
Aufn.: IPARTERV, Budapest

5.

DIE WISSENSCHAFT DER BAUINGENIEURE ZWISCHEN ERFAHRUNG UND THEORIE

An die elementaren Bedingungen der Baustelle gebunden blieben die Traditionen antiker Geometrie und Mechanik weit über die Renaissance hinaus beim Bauen lebendig. Als Ausdruck der allgemeinsten, den Aufbau des Weltalls bestimmenden Gesetzmäßigkeiten banden sie magisch den Segen der Gottheit an den Bau. Gestalt und Konstruktion des Bauwerks ergaben sich folgerichtig aus kultischer Regel und standen zugleich in Übereinstimmung mit den technologischen Bedingungen des Bauens. Die pythagoreische Zahlenmystik ist der früheste historisch faßbare Ausdruck dieses Architektur konstituierenden Synkretismus.

Die Wissenschaft vom Bauen begann mit dem Aufheben von Werkerfahrung in religiösen Lehrsprüchen, bis sich schließlich über die ersten von *Aristoteles* erkannten Gesetze und die mathematisch-physikalische Betrachtungsweise des *Archimedes* die technische Mechanik entwickelte und die Anwendung der Hebelgesetze erste Betrachtungen über das Gleichgewicht von Konstruktionselementen zueinander ermöglichte. Die Mechanik des Heron (um 75 n. Chr.), in der er die fünf einfachen Maschinen beschrieb, Winde, Hebel, Rolle, Keil, endlose Schraube, war bereits ein Taschenbuch für Ingenieure. Die zehn Bücher des *Vitruv* sind das einzige aus der Antike erhaltene komplexe Kompendium über das Bauen. Er geht von der Arbeitsteilung in den ausführenden und der disponierenden Arbeit der Baumeister aus. Das entsprach der Abhebung der sieben freien Künste von den banausischen Tätigkeiten und bildete so die subjektive Voraussetzung für die Anwendung und Fortschreibung der Wissenschaft vom Bauen.

Pappos von Alexandria (280–340 n. Chr.), der sich unmittelbar auf *Heron* stützte, beschrieb die Mechanik in ihrer übergreifenden Bedeutung als Lehre von der Stabilität und der Bewegung der Körper im Raum und um ihren Schwerpunkt. Auch er unterschied nach antiker Tradition den Bereich des Herstellens, „fabrica", und den des Disponierens, „ratiocinatio" und entwickelte daraus eine Unterscheidung der Berufe: „Die Mechaniker der Schule des Heron sagen, daß die Mechanik in einen theoretischen und einen praktischen Teil unterteilt werden kann. Der theoretische Teil setzt sich zusammen aus Geometrie, Arithmetik, Astronomie und Physik, der praktische Teil aus Metallarbeiten, Baukonstruktion, Holzbau und der Kunst des Malens sowie der praktischen Ausübung auf diesen Gebieten. Der Mann, der von Jugend an in den genannten Wissenschaften ausgebildet und den genannten Künsten (**τεχναις**) geübt ist und darüber hinaus einen vielseitigen Verstand hat, der wird – sagen sie – der beste Erfinder von mechanischen Hilfsmitteln und Baumeister." [5.1.]

Diesen universellen Ingenieur bezeichnete *Pappos* als „Mechanikos". Derjenige jedoch, der nicht alle Gebiete beherrsche, sei ein Baumeister, ein Architekt.

Die Herausbildung der Bauingenieurwissenschaft gründet sich im wesentlichen auf ein zweifaches Erbe der antiken Naturwissenschaften:

- auf ersten Ansätzen einer experimentellen Methode, die davon ausgeht, daß künstliche, gewollt ablaufende Prozesse Aussagen über Verlauf und Ergebnisse natürlicher Prozesse zulassen, sie jedoch nicht im Sinne der Magie verändern oder gar ersetzen. [5.2.]
- auf der Möglichkeit der Abstraktion bis zur mathematischen Modellierung.

Im Mittelalter vollzog sich eine intensive Verarbeitung spätantiker Wissenschaft. Sie beschränkte sich allerdings auf eine Sammlung von Regeln für den Bau von Kirchen und Klöstern. Gelehrte Mönche interpretierten die erhaltenen Vitruvmanuskripte, aber auch die aus arabischen Quellen übersetzten Werke des *Aristoteles, Euklid, Platon* oder *Ptolemäos,* aus mittelalterlicher Wissenschaftsauffassung, die rationale Erkenntnis stets aus christlicher Heilslehre abzuleiten suchte. [5.3.]

Im Mittelpunkt mittelalterlicher Bauwissenschaft stand die Geometrie, die abgeleitet aus antiken Schriften, sich in der Entwurfspraxis der Baumeister zu bewähren hatte. Erste Erfahrungen verallgemeinerte *Jordanus Nemorarius* in den „Elementa de ponderis", um 1237, in denen er u. a. die Wirkungsweise des Hebels beschrieb. Sicherlich lieferten die „benediktinischen mathematischen Entwurfszentren" auch für entfernter liegende Bauvorhaben die erforderlichen Pläne. [5.4.]

Die Anlage der Bauwerke und die Bemessung ihrer einzelnen Elemente lag im hohen Mittelalter in der Verantwortung der Hüttenmeister. Sie gaben die durch Tradition, also durch Erfahrung von Generationen gesicherten geometrischen Regeln direkt an ihre „Diener", die Meisterschüler, weiter. Die Risse, sorgfältig gehüteter Besitz der Bauhütten, blieben praktisch bis ans Ende des Mittelalters die einzigen Zeugnisse geometrischer Entwurfsmethodik. Deshalb kommt den wenigen „Skizzenbüchern" einiger Hüttenmeister, vor allem dem des

„Man muß der Beobachtung mehr Glauben schenken, als der Theorie, und dieser nur, wenn sie zu den gleichen Resultaten führt wie die Erscheinung."

Aristoteles

„Es ist eitel, etwas mit mehr zu erreichen, was mit weniger erreicht werden kann."

Wilhelm von Ockham

„Die Wissenschaft der Mechanik, mein lieber Hermodorus, hat im praktischen Leben viele Anwendungsgebiete. Sie wird von den Philosophen der höchsten Wertschätzung wert gehalten und von den Mathematikern eifrig studiert, weil sie bei der Beschäftigung mit der Natur der materiellen Elemente des Weltalls an erster Stelle steht ... Denn sie befaßt sich im allgemeinen mit der Stabilität und Bewegung der Körper über ihrem Schwerpunkt sowie ihrer Bewegung im Raum. Sie untersucht nicht nur die Ursachen von denen, die sich kraft ihrer eigenen Natur bewegen, sondern die andere gegen ihre eigene Natur von ihrem Platz in Bewegung setzen: und sie ermöglicht dies durch die Anwendung von Theoremen, die dem Gegenstand angemessen sind."

Pappos von Alexandria

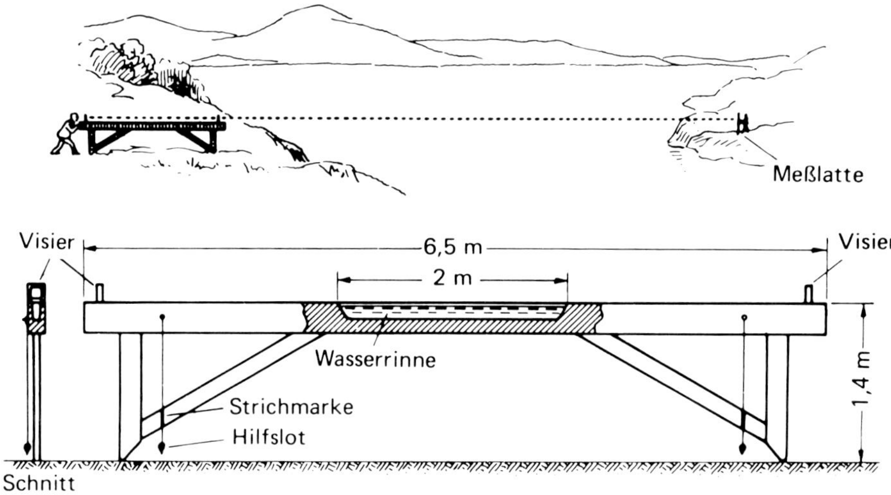

Villard de Honnecourt, geometrische Regeln, Tf. 39 seines Skizzenbuchs, zwischen 1230 und 1240
aus: H. H. Hahnloser: Kritische Gesamtausgabe des Bauhüttenbuchs ms fr. 19093 der Pariser Nationalbibliothek, Wien 1935

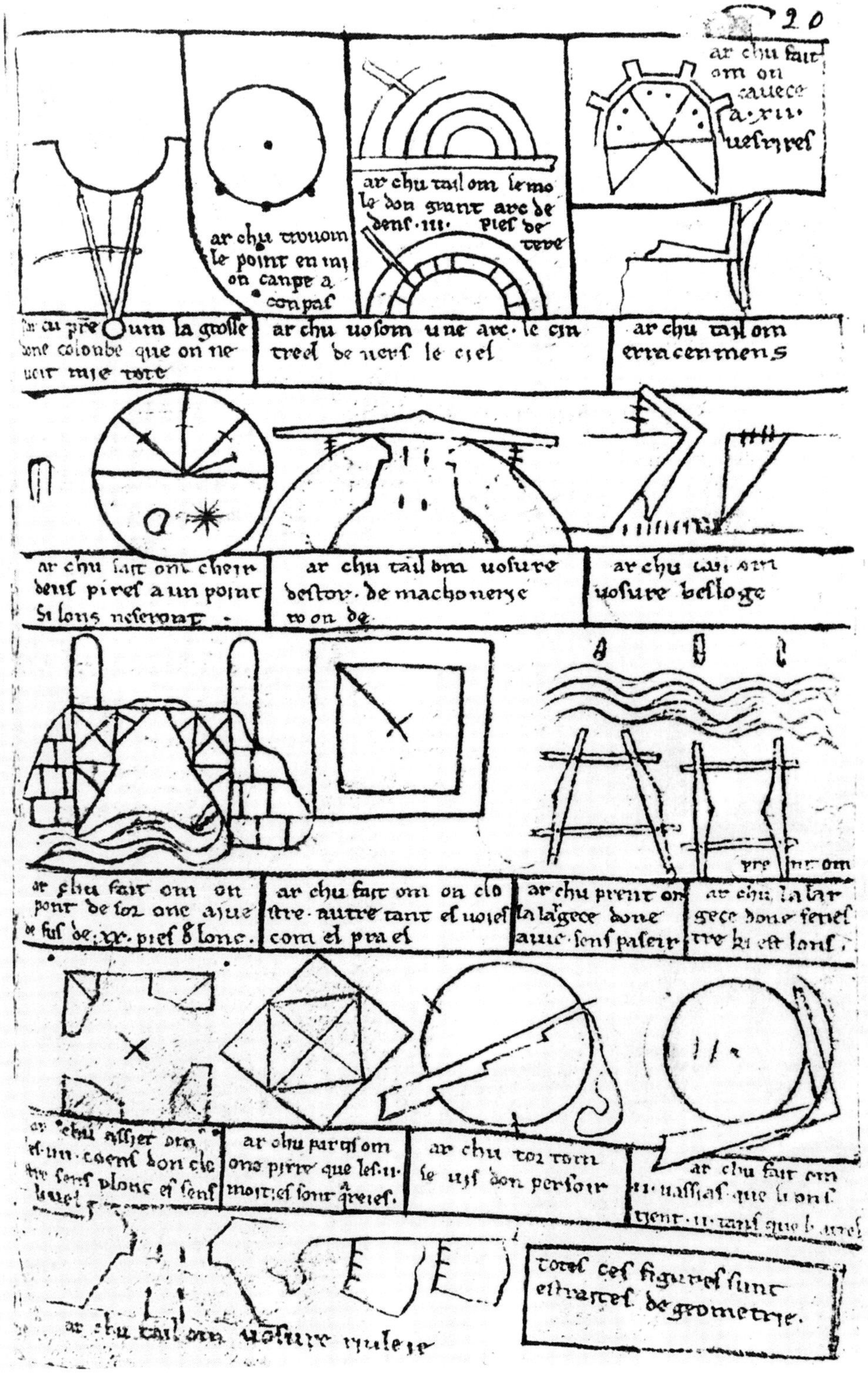

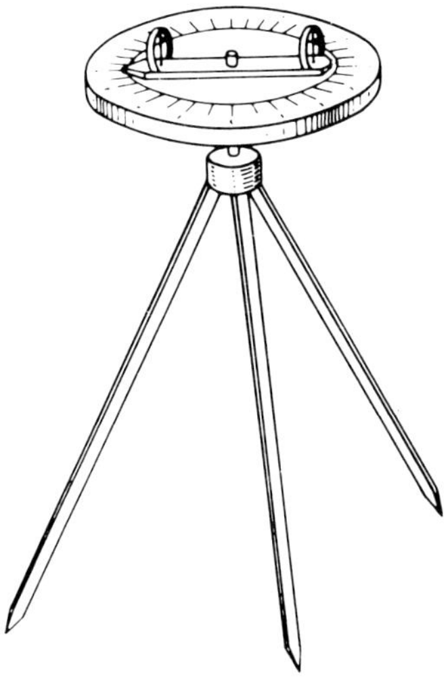

Dioptera, römisches Meßgerät mit festem Gradkreis und drehbarem Visier, nach den Angaben Vitruvs
aus: F. Kretzschmer, Bilddokumente römischer Technik, Düsseldorf 1958

Chorobates, etwa 20 Fuß langes Richtscheit mit Wasserwaage und Lot, nach den Angaben Vitruvs
aus: F. Kretzschmer, a. a. O.

aus der Picardie stammenden *Villard de Honnecourt,* eine Schlüsselfunktion für das Verständnis mittelalterlicher Entwurfsmethodik zu. Allerdings muß eingeschränkt werden, daß ein Vergleich seiner Skizzen, die von zwei anonym gebliebenen Nachfolgern ergänzt worden sind, mit den gebauten Meisterleistungen seiner französischen Kollegen Zweifel über seine Qualifikation aufkommen läßt. Die letzten Hüttenmeister veröffentlichten ihre Erfahrungen in gedruckten Traktaten. *Matthäus Roritzer* (von 1462–1492/93 tätig) schrieb in seinem „Büchlein von der Fialen Gerechtigkeit" über die Grundlagen seiner Entwürfe: „So doch eine jede Kunst Materie, Form und Masse hat, so habe ich es unternommen, etwas berührter Kunst und Geometrie zu erläutern und diesmal zuerst den Anfang des ausgezogenen Steinwerks, wie und in welchem Mass das aus dem Grunde der Geo-

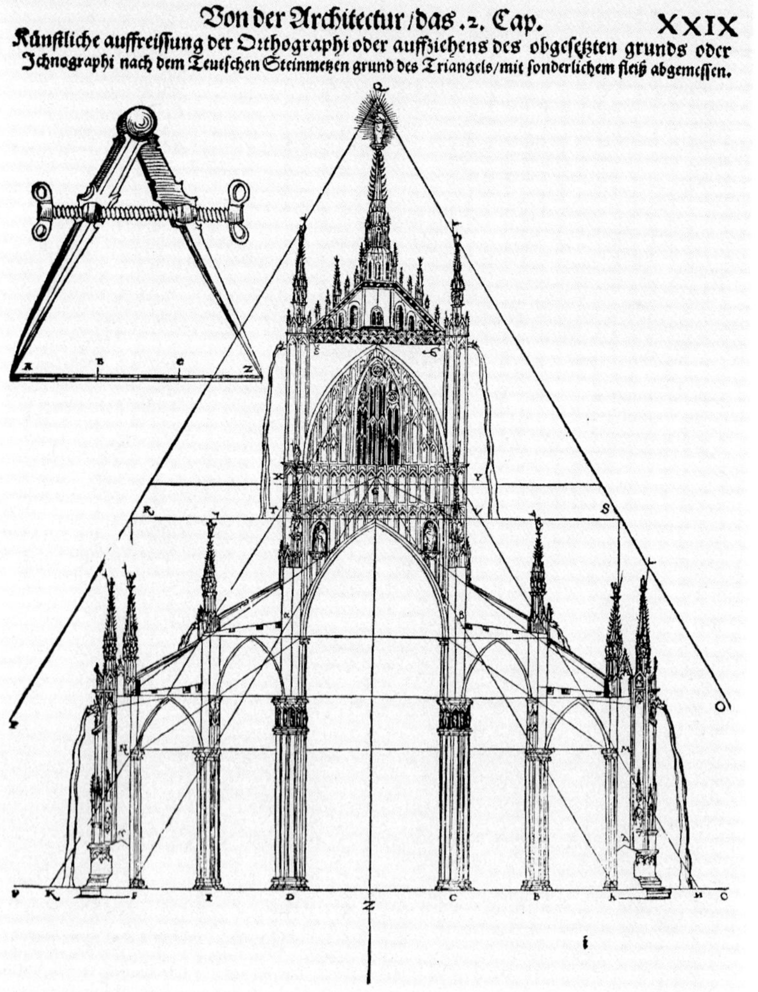

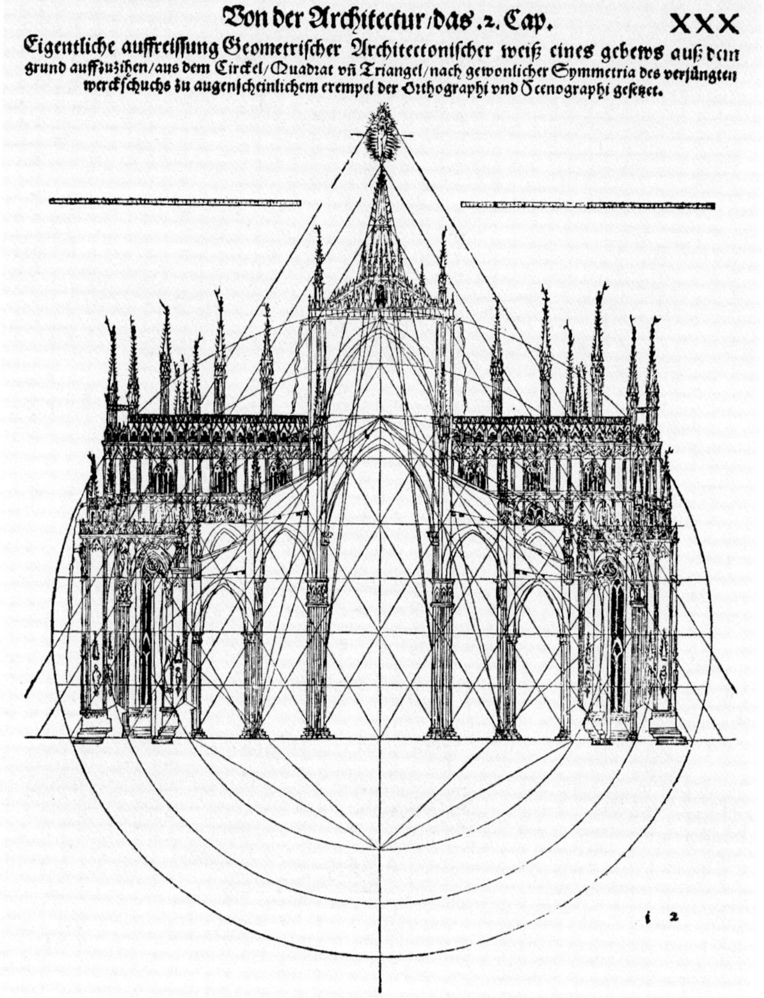

Quadratur und Triangulatur des Mailänder Doms

aus: W. Rivius ... Marci Vitruvij Pollionis Zehen Bücher von der Architectur und künstlichen Bauen ..., Basel 1614

metrie mit Ausleihung des Zirkels hervorkommt und in die rechten Masse gebracht werden soll." [5.5.]

Ein Blatt des Bauhüttenbuchs des *Villard de Honnecourt* verdeutlicht einerseits die umfassende Rolle der Geometrie für das Bauen im Mittelalter, andererseits aber auch die naive Weise ihrer Anwendung. Auf einer Tafel stellte *Villard* verschiedene geometrische Rezepte zusammen, die der Herausgeber und Kommentator des Werkes, *Hans R. Hahnloser,* in folgende Gruppen einteilte:

1. Entweder primitiv-selbstverständliche, völlig mißverstandene oder praktisch wertlose Scheinprobleme, die nie vorkommen,
2. Umgang mit üblichen Meßwerkzeugen,
3. Hilfskonstruktionen für die praktische Ausführung der Risse als Ersatz für rechnerisch-konstruktive Methoden durch einfache Messungen,
4. bauliche Beispiele für den entwerfenden Baumeister. [5.6.]

Die abstrakten Aussagen griechischer Geometrie, etwa der Elemente des *Euklid,* die ganz platonischer Philosophie entsprechend keine Anwendungsprobleme kennen, treten hier in praktische Aufgaben eingekleidet auf. Ihrer Lösung galt im Mittelalter das Interesse des Baumeisters, nicht aber den Methoden. Sein Bildungsgrad war verglichen mit dem der berühmten Baumeister der Spätantike wie *Anthemios von Tralles* oder *Isidorus von Milet d. Ä.* ungleich niedriger. Ihm standen das regelmäßige Achteck (Quadratur), das gleichseitige Dreieck (Triangulatur) oder später das Pentagramm als geometrischer Schlüssel für den Blindriß zur Verfügung. Er wendete sie entsprechend den Traditionen seiner Hütte und seinen eigenen Erfahrungen an.

Bauen konnte nur innerhalb einer Tradition erfolgen, in der die Erfahrungen von Generationen aufgehoben waren. Neuerungen setzten sich zögernd durch: „... und hab solich auß mir selber mit erfunden, sunder von vil andern großren barumbte(n) maisteren. Als die Junckhern von Prage. Maister ruger. Niclas von straspurgk." [5.7.] Erst die Baumeister der italienischen Renaissance strebten wieder danach, Bauen wissenschaftlich zu begründen und die Bemessung der Konstruktionselemente in die umfassende Aufgabe, die Harmonie des Bauwerks, einzuordnen. Die Vielseitigkeit der Renaissance-Baumeister

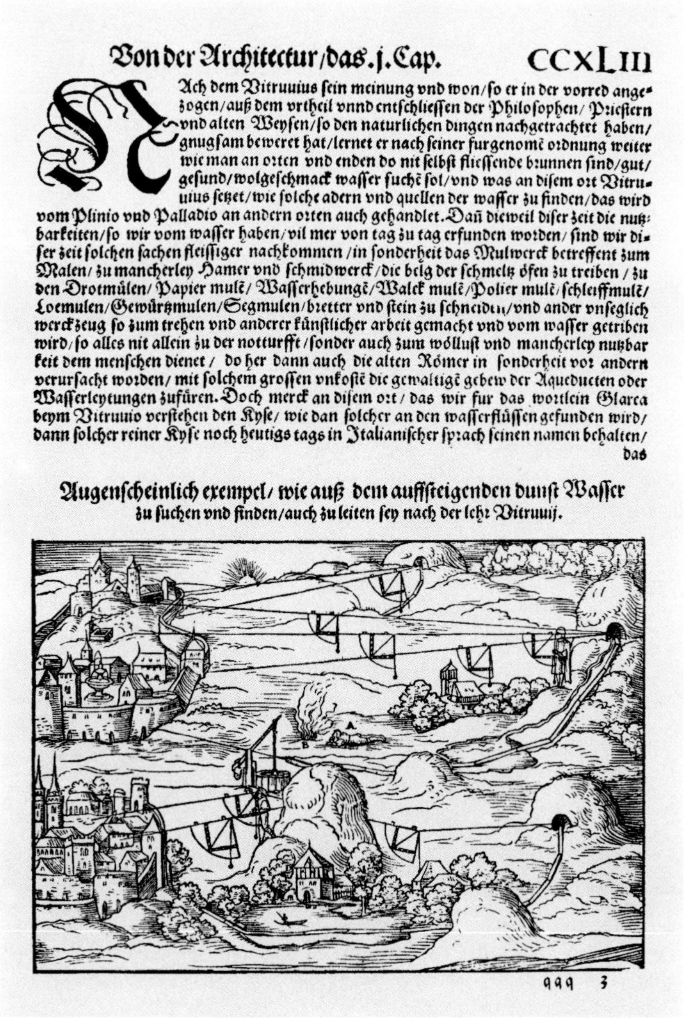

Von der Architectur/das.j.Cap. CCXLIII

NAch dem Vitruuius ſein meinung vnd won/ſo er in der vorred angezogen/auß dem vrtheil vnnd entſchlieſſen der Philoſophen/ Prieſtern vnd alten Weyſen/ſo den naturlichen dingen nachgetrachtet haben/ gnugſam beweret hat/lernet er nach ſeiner furgenomē ordnung weiter wie man an orten vnd enden do nit ſelbſt flieſſende brunnen ſind/gut/ geſund/wolgeſchmack waſſer ſuchē ſol/vnd was an diſem ort Vitruuius ſetzet/wie ſolche adern vnd quellen der waſſer zu finden/das wird vom Plinio vnd Palladio an andern orten auch gehandlet. Dañ dieweil diſer zeit die nutzbarkeiten/ſo wir vom waſſer haben/vil mer von tag zu tag erfunden worden/ ſind wir diſer zeit ſolchen ſachen fleiſſiger nachkommen /in ſonderheit das Mulwerck betreffent zum Malen/ zu mancherley Hamer vnd ſchmidwerck/die belg der ſchmeltz öfen zu treiben / zu den Drotmülen/ Papier mulē/ Waſſerhebungē/Walck mulē/Polier mulē/ſchleiffmulē/ Loemulen/Gewürtzmulen/Segmulen/bretter vnd ſtein zu ſchneiden/vnd ander vnſeglich werckzeug ſo zum trehen vnd anderer künſtlicher arbeit gemacht vnd vom waſſer getriben wird/ſo alles nit allein zu der notturfft/ſonder auch zum wölluſt vnd mancherley nutzbarkeit dem menſchen dienet / do her dann auch die alten Römer in ſonderheit vor andern verurſacht worden/ mit ſolchem groſſen vnkoſtē die gewaltigē gebew der Aqueducten oder Waſſerleytungen zufüren. Doch merck an diſem ort / das wir fur das wortlein Glarea beym Vitruuio verſtehen den Kyſe/ wie dan ſolcher an den waſſerflüſſen gefunden wird/ dann ſolcher reiner Kyſe noch heutigs tags in Italianiſcher ſprach ſeinen namen behalten/ das

Augenſcheinlich exempel/ wie auß dem auffſteigenden dunſt Waſſer zu ſuchen vnd finden/auch zu leiten ſey nach der lehr Vitruuij.

qqq 3

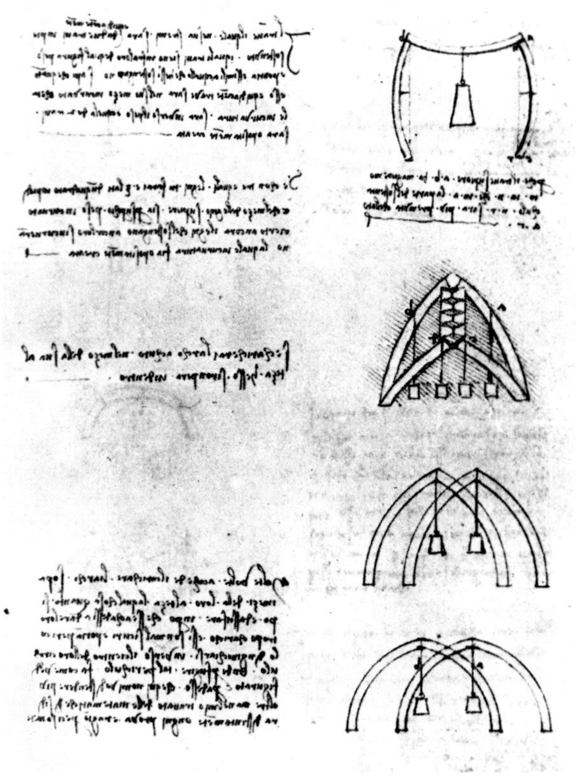

Nivellement für den Bau einer Wasserleitung nach Vitruv
aus: Ebda.

Leonardo da Vinci,
Überlegungen über die Festigkeit von gemauerten Bögen, Blatt 139v aus den Codices Madrid aus: Reprint von 1974

„Aber erst werde ich einige Versuche machen, ehe ich weiter vorgehe, weil meine Absicht ist, zuerst das Experiment vorzubringen und dann mit der Ursache zu zeigen, weshalb selbiges Experiment gezwungen ist, in solcher Weise zu wirken. Und dieses ist die wahre Regel, wie die Erforscher der Wirkungen der Natur vorgehen müssen, und wenngleich die Natur mit der Ursache beginnt und mit dem Experiment endet, wir müssen den entgegengesetzten Weg verfolgen, d. h. beginnen, wie ich oben sagte, mit dem Experiment und mit diesem die Ursache untersuchen."

Leonardo da Vinci

wurzelte einerseits in den handwerklichen Traditionen des Mittelalters, andererseits erhielt sie durch die übergreifende Bedeutung der Theorie eine umfassendere Basis. Sie entsprach der Vorstellung vom idealen Menschen der Renaissance, dem „uomo universale". Naturwissenschaftler und Künstler, wie *Mariano Taccola*, der als Archimedes von Siena" gerühmt wurde. [5.8.], der Festungsbaumeister Francesco di Giorgio Martini [5.9.] oder Guido Ubaldi standen am Anfang der Bauingenieurwissenschaft. Sie entwickelten erste Gedanken zum Parallelogramm der Kräfte und zum Prinzip der virtuellen Verschiebungen aus komplexer Anschauung natürlicher Phänomene.

Vor allem aber Leonardo da Vinci bemühte sich, praktisch-konstruktive Arbeit durch Quantifizierung der Einflußgrößen sowie geometrische und arithmetische Verfahren wissenschaftlich zu durchdringen: „Eitel und voller Irrtum ist alle Wissenschaft, die nicht von der Erfahrung, der Mutter aller Gewißheit, getragen wird, die nicht geprüft wird durch Erfahrung." [5.10.]

Lapidare Kommentare mit Vergleichen und der Ableitung von Regeln stehen neben Skizzen. Wenn auch nur episodisch andeutend und nie zu Ende führend betrachtete Leonardo die Formänderung belasteter Balken, das Knicken gedrückter Stäbe, den Gewölbeschub und die Festigkeit verschiedener Materialien, zu deren Prüfung er Vorrichtungen erfand. Zur Darstellung des statischen Moments benutzte er die Grundform eines Seilpolygons, wie es Varignon fast zweihundert Jahre später vorschlug. Für die Überbrückung des Goldenen Horns von Istanbul entwarf er einen massiven Bogen von 600 Ellen Spannweite. [5.11.]

Leonardo suchte stets Klarheit über die Grundkategorien der Mechanik: „Kraft und Gewicht sind in vielen Fällen so ähnlich, daß sie fast ein und dasselbe zu sein scheinen; ... Worin sie sich unterscheiden, ist, daß die Kraft sich selbst verbraucht, wie man an den Armbrüsten sieht, die lange Zeit von der Kraft gebogen bleiben. Das Gewicht ist in der Luft immer gleich. Die Schwere hat Gewicht. Die Kraft ist geistig, denn eine Armbrust wiegt ebensoviel, wenn sie unter Kraft steht, wie wenn sie entladen ist. Das Streben des Gewichtes richtet sich gegen den Mittelpunkt; die Kraft indes will auf der Linie zurückkehren, von der sie ausging." [5.12.] Über die Verformung von Balken stellt *Leonardo* folgende Überlegungen an: „Wenn du mit drei gleichen hölzernen Balken die drei Seiten eines aufrecht gestellten Quadrates aufbaust, wobei die Mitte des oberen Holzes durch übermäßiges Gewicht gekrümmt sei, dann biegen sich auch die Hölzer, die es stützen, mit entgegengesetzter Krümmung." [5.13.]

Das Experiment hob *Leonardo* aus der Sphäre des handwerklichen Probierens durch das Postulat der Wiederholbarkeit und das Variieren der Randbedingungen heraus. Aber seine Erkenntnisse blieben ungenutzte Fragmente, soweit sie sich nicht in den Machtkämpfen der Mächtigen verwerten ließen. Sein Bewerbungsschreiben, das er um das Jahr 1480 an Lodovico il Moro, den Herzog von Mailand, entworfen hatte, entbehrt nicht der Tragik. [5.14.]

Seit der Mitte des 17. Jahrhunderts drängte die sich ausbreitende Manufakturproduktion auf eine Erweiterung der energetischen Basis und auf technischen Fortschritt. Die Maschinerie bediente sich mathematischer und physikalischer Erkenntnisse wie über die Kraft, über Beschleunigung und Trägheit. Physikalische, astronomische und geologische Phänomene forderten wissenschaftliche Erklärungen, wenn sie für die Produktion genutzt werden sollten. Auf der Suche nach ihnen nahm das Experiment eine zentrale Stelle ein. Die aus antiker Philosophie herrührende Verachtung des Handwerks ist spätestens in den Auffassungen *Galileo Galileis* und *René Descartes* (1596–1650) überwunden. Der Eingriff des Menschen in Naturvorgänge bedeutete nun keinen magischen Akt mehr, sondern rationale, zielstrebige Veränderung der Welt. Am Ende seines „Discours de la méthode" (1637) schrieb *Descartes*: „... daß man eine Erfahrung erwerben kann, durch die wir – wenn wir die Kraft und die Wirkung des Feuers, der Luft, der Gestirne, der Himmel und aller anderen Körper, die uns umgeben, ebenso genau kennen würden, wie wir die verschiedenen Künste unserer Handwerker kennen – sie in gleicher Weise für alle Zwecke benutzen könnten, zu denen sie geeignet sind, und uns so gewissermaßen zu Herren und Besitzern der Natur machen könnten." [5.15.]

Unter den Gelehrten, die im 17. und 18. Jahrhundert die Grundlagen der modernen Statik und Festigkeitslehre legten, befindet sich kein Baumeister. Es waren Physiker, Mathematiker und Geodäten, die dank immer genauerer Meßverfahren, systematischer Experimente und Berechnungen Auskünfte über den mutmaßlichen Kraftverlauf in Baukonstruktionen und über Materialfestigkeiten zu geben vermochten. Der niederländische Mathematiker und Physiker *Christian Huygens* schrieb über den Schweizer Mathematiker *Jakob Bernoulli*: „All das, was er gefunden hat, scheint mir ohne Nutzen und eher ein schöner und scharfsinniger Zeitvertreib zu sein, zu dem man kommt, wenn man nichts hat, worauf man die Mathematik nutzbringend anwenden kann." [5.16.]

Nach seiner Verurteilung durch die Heilige Inquisition 1633 konzentrierte sich *Galilei* auf Probleme der Mechanik. Er korrigierte die fehlerhaften Hypothesen des *Aristoteles*, daß schwere Körper schneller fielen und daß ein geschleuderter Körper seine Bahn nur durch Mitwirkung der gleichfalls in Bewegung geratenen Luftteilchen

Galileo Galileis Kragarmversuch aus den Discorsi,
Leyden 1638

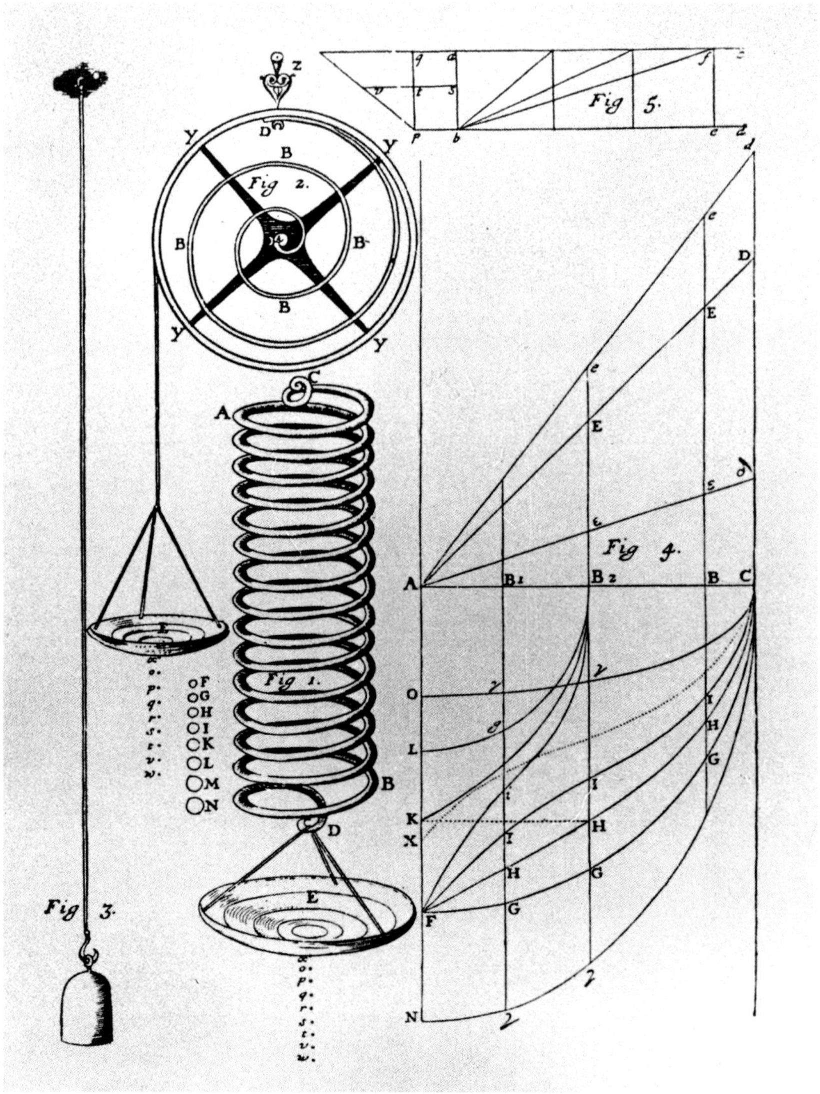

Hookes Elastizitätsversuche,
in: Lectures de potentia restitutiva, or spring explaining the power of springing bodies, London 1678
aus: C. Truesdell: Essays in the History of Mechanics, Berlin, Heidelberg, New York 1968

„Nihil est in intellectu, quod non pius fuerit in sensu."

John Locke

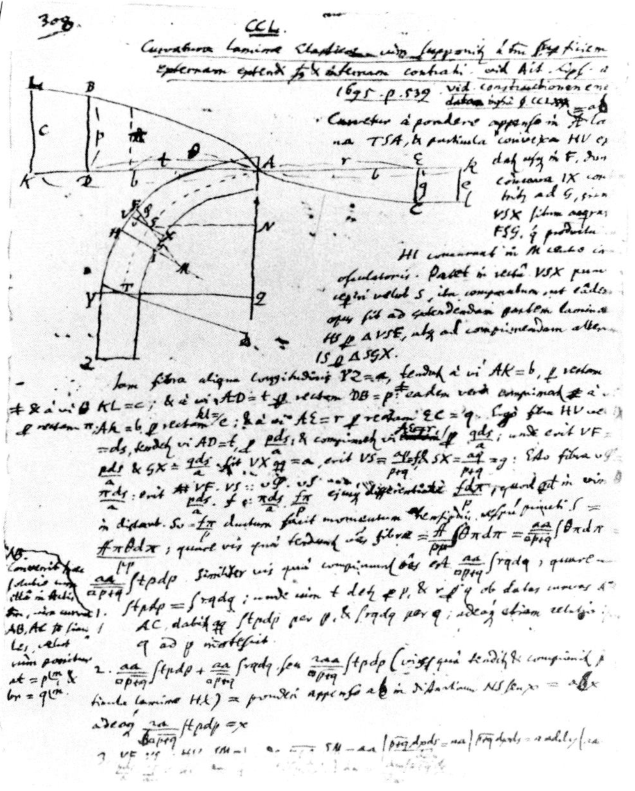

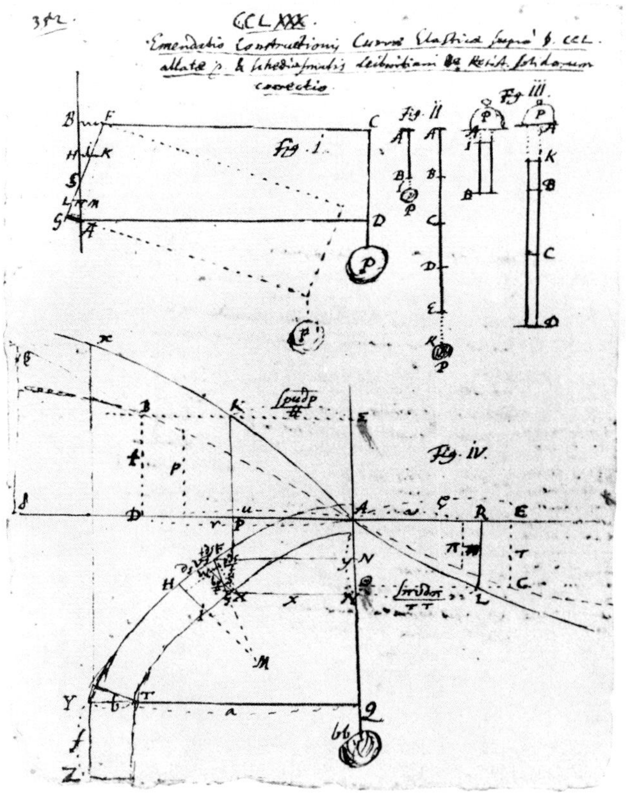

Zwei Seiten aus dem Notizbuch Jakob Bernoullis mit dem zweiten und dem letzten Versuch, die neutrale Faser zu bestimmen, etwa 1687 und 1704
Handschriftenabteilung der Universität Basel,
aus: C. Truesdell, a. a. O.

fortsetzt. Als erster warf er die Frage nach der Biegefestigkeit eines einseitig eingespannten Balkens auf – eine Fragestellung, die erst *Coulomb* und *Navier* rund hundert Jahre später zu lösen vermochten. Für die charakteristische Art des Denkens *Galileis* möge hier ein Abschnitt aus den berühmten „Discorsi" stehen, in denen er auf die Form des aristotelischen Dialogs zurückgriff. *Galilei* erläuterte so das statische Moment:

„Salviati:

Die absolute Zugfestigkeit des Prismas B D (die man bei gerader Streckung in Richtung B C findet, wobei die ziehende Kraft der widerstehenden gleich ist), verhält sich zu der durch die Wirkung des Hebels B O gekennzeichneten Bruchfestigkeit wie die Länge B C zu Hälfte von A B. ... Und das ist unser erster Satz. Es sei bemerkt, daß dasselbe auch bei Berücksichtigung des Eigengewichts des Körpers B D gilt, das wir bisher außer Acht gelassen hatten. Wenn wir das Eigengewicht von B D neben dem Gewicht E in Rechnung stellen wollen, so müssen wir die Hälfte des Gewichts von B D zu E hinzufügen, so daß, wenn z. B. B D zwei Pfund und E zehn Pfund wiegen, man elf Pfund bei E annehmen muß. ...

Simplicio: Und warum denn nicht zwölf Pfund?

Salviati: Das Gewicht E, Herr Simplicio, wirkt am Ende C entsprechend einem Arme B C mit einem Moment von zehn Pfund. Wäre der Körper B C in C angebracht, so hätten wir ein Moment von zwei Pfund; er ist über die ganze Strecke B C gleichförmig verteilt; so daß die näher bei B liegenden Teile weniger wirken. Wenn man das alles ausgleicht, so wirkt das Prisma, als ob es im Schwerpunkt konzentriert wäre, also wie das halbe Gewicht am Ende C." [5.17.]

Die Physiker *Philipp de la Hire* und *Antoine Parent* führten Untersuchungen über die Gleichgewichtsbedingungen in Gewölben durch. *Newton* formulierte 1687 als erster Axiome über das Gleichgewicht der Kräfte und über den Zusammenhang von Kraft und Bewegung. *Jakob Bernoulli* entwickelte eine Gleichung für die elastische Linie eines geraden Stabes: an jeder Stelle eines gebogenen, ursprünglich geraden Stabes ist der Krümmungsradius umgekehrt proportional dem an dieser Stelle auftretenden Biegemoment. Mit seinen Arbeiten über die Elastizitätstheorie trug er nicht nur zur Entwicklung der Infinitesimalrechnung bei, sondern gab bereits in der zweiten Hälfte des 17. Jahrhunderts methodische Regeln zur Lösung baustatischer Probleme. Sein Bruder *Johann* formulierte in der Nachfolge von *Galilei* und *Descartes* das Prinzip der virtuellen Verschiebungen.

Robert Hooke untersuchte die Beziehungen zwischen Spannung und Verformung elastischer Körper und erkannte, daß die Dehnung der auf sie wirkenden Kraft entsprach: „ut tensio sic vis". *Edmé Mariotte* wendete den Hookeschen Satz auf das Galileische Balkenproblem an und korrigierte 1686 dessen und auch seine eigene ursprüngliche fehlerhafte Annahme, daß die Gleichgewichtsachse des Balkens am unteren Ende des Querschnitts läge, durch ihre Fixierung in der Mitte. *Isaac Newton* und *Gottfried Wilhelm* Leibniz schufen fast gleichzeitig und unabhängig voneinander die Infinitesimalrechnung letztlich als Ergebnis ihres Strebens nach dem Erkennen des metaphysisch-theologischen Prinzips des Erreichens der größten Wirkung mit dem geringsten Aufwand und eröffneten so die mathematischen Voraussetzungen für die Erfassung des Tragverhaltens von Baukonstruktionen. Nicht die sich neu stellenden Probleme der Baupraxis, sondern neue mathematische Verfahren regten jetzt neue Lösungen mechanischer Probleme an. *Leonhard Euler,* der geniale Mathematiker, der 26 Jahre seines Lebens in Berlin verbrachte, beschrieb 1744 in: „Methodus inveniendi lineas curvas maximi minimive proprietate gaudentes ...“ das Verhalten gedrückter Stäbe. In „Sur la force des colonnes“, 1757, bestimmte er die Knickformel. Alle diese Mathematiker und Physiker sahen in den von ihnen erkannten Naturgesetzen das Walten eines zentralen göttlichen Prinzips. Ihr Abstraktionsvermögen wuchs ebenso langsam wie die Herausbildung stabiler, die reale Situation exakt erfassender Begriffe.

Die Anwendung des Prinzips der virtuellen Verschiebungen in einem Gutachten der Mathematiker *Le Seur, Jacquier* und *Boscovich* über die Risse in der Kuppel von St. Peter in Rom, 1742, ist die Geburtsurkunde der Baustatik. [5.18.] Im Vorwort entschuldigen sich die drei ausdrücklich, daß sie sich als Laien mit baulichen Fragen beschäftigen. Da sie die Bewegungen der einzelnen Kuppelteile abstrakt erfaßten, wiesen sie nach, daß die Kuppel längst eingestürzt sein müßte. Sie empfahlen das, was traditionsgemäß zur Sicherung einer Kuppel unternommen wurde: die Anbringung weiterer Zugringe. Unter Leitung von *Luigi Vanvitelli* wurden die Zugringe eingebaut. Der Venezianer *Giuliano Poleni,* der 1743 ebenfalls ein Gutachten vorlegte, sah zwar andere Ursachen für die Risse, kam aber zu den gleichen Empfehlungen. Aus seinen Untersuchungen entwickelte Poleni das Prinzip der Kettenlinie als optimales Bogenprofil. Erst *Joseph Louis de Lagrange* vervollkommnete in seiner „Mécanique analytique“ das Prinzip der virtuellen Verschiebungen zu einer der wichtigsten Grundlagen der Statik des 19. Jahrhunderts.

Mit dem Gutachten der gelehrten Fratres begann der wohl ewige Streit zwischen den „Praktikern“ und den „Theoretikern“, den später der englische Ingenieur *Thomas Tredgold* mit dem Sarkasmus würzte, daß die Standfestigkeit eines Gebäudes zur Gelehrsamkeit seiner Erbauer umgekehrt proportional sei. [5.19.] Sicher besagt diese Kontroverse nicht, daß die Entwicklung der Mechanik im 18. Jahrhundert ohne Einfluß auf das Bauen geblieben wäre. Vor allem erfreuten sich Handbücher mit dem gesammelten Erfahrungsschatz der Baumeister zunehmender Beliebtheit, wie zum Beispiel „Science des Ingénieurs“ von *Bernard Forest de Bélidor,* 1729 zum ersten Mal in Paris erschienen und bis 1830 mehrmals

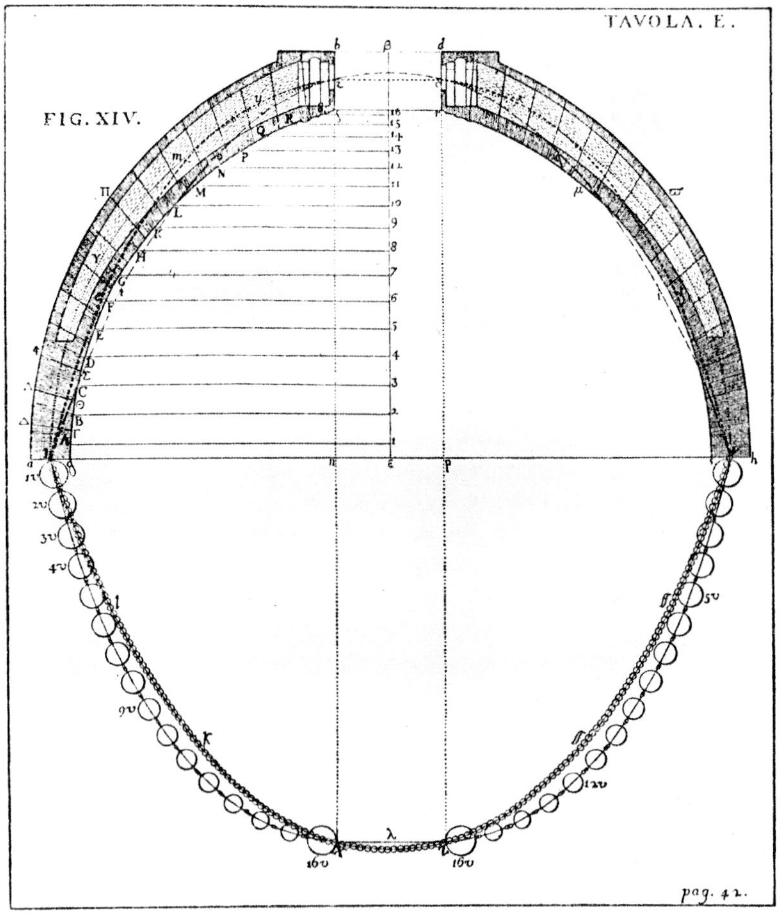

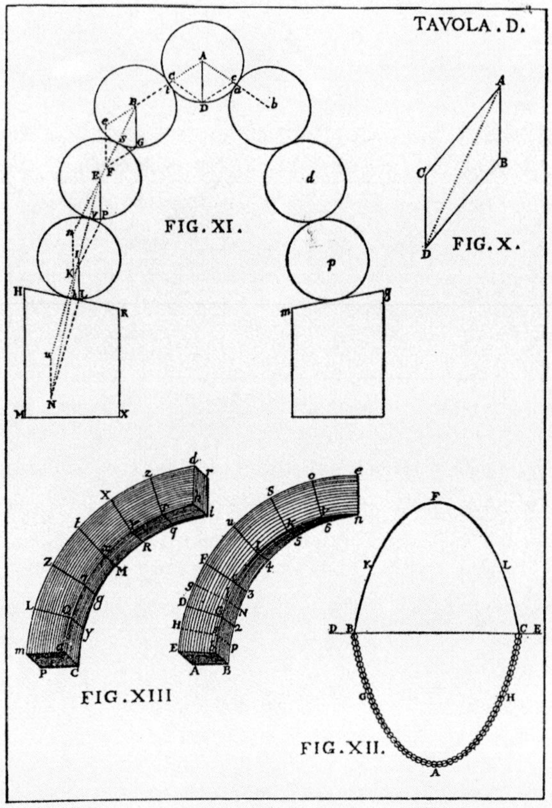

Theorie des Stützliniengewölbes und Konstruktion der Stützlinie als umgekehrte Kettenlinie von Poleni aus: Memorie istoriche della Gran Cupola del Tempio Vaticano, Roma 1748

„Wir sind vielleicht verpflichtet, uns zu entschuldigen bei den vielen, die nicht nur die Praxis der Theorie vorziehen, sondern die erste allein für notwendig und angebracht halten, die zweite dagegen vielleicht sogar für schädlich.“

Boskovich, Le Seur und Jacquier in der Einleitung ihres Gutachtens über die Risse in der Kuppel des Petersdomes in Rom

aufgelegt, oder des Leipziger Mechanikus *Jakob Leupold* mehrbändiges „Theatrum machinarum generale oder Schauplatz des Grundes der mechanischen Wissenschaften", Leipzig 1724ff. Diese Kompendien enthielten die bekannten konstruktiven Lösungen, berühmte Bauwerke, aber auch Tabellen über die Tragfähigkeit von Holzbalkenquerschnitten.

Am Ende dieses Entwicklungsabschnitts der Bauingenieurwissenschaft stand *Charles Augustin Coulomb*, dessen Beiträge zur Ingenieurtheorie und seine vielfältigen Erfindungen wie die einer Torsionswaage wichtige Anstöße zur Entwicklung der technischen Mechanik und der Elektrotechnik gaben. Als Angehöriger des Corps du Génie mit der Beaufsichtigung der Arbeiten zum Ausbau der französischen Antillenfestung Martinique beauftragt, hatte er mehr als Hilfsmittel für seine Arbeit theoretische Überlegungen notiert, die er 1773, ein Jahr nach seiner Heimkehr, unter dem Titel „Essay sur une application des règles de maximis et minimis à quelques problèmes de statique relatifs à l'architecture" der Pariser Akademie vorlegte. Er betrachtete den Balken nicht mehr als aus einem Bündel paralleler Fasern bestehend, sondern unter Beachtung von Reibung und Kohäsion als ein Ganzes. Daraus folgerte er die Existenz einer Zug- und einer Druckzone und von Schubkräften. Die kritische Null-Linie legte er in die Mitte des Balkenprofils.

Galilei, Mariotte, Leibniz, Varignon und Parent waren noch vom Bruch des unelastischen Balkens ausgegangen. Hooke, Jakob Bernoulli, Euler und Jakob II Bernoulli versuchten bereits die elastische Deformation des Balkens zu beurteilen. Coulomb schließlich verknüpfte die Gleichgewichtsbedingungen mit der Hypothese Bernoullis vom Ebenbleiben der Querschnitte und dem Hookeschen Gesetz von der Elastizität der Materialien. Diese erste Lösung des Galileischen Balkenproblems blieb für Coulomb jedoch lediglich ein gedankliches Experiment. Auch die Fachwelt nahm davon noch keine Notiz.

Für die Konstruktion von Gewölben führte Coulomb die Drucklinie ein, deren präzise Fixierung bis ins 19. Jahrhundert hinein eines der Standardprobleme der Baustatiker blieb. Schließlich führte er in die Berechnung des Erddrucks auf Stützmauern – gerade hier schlugen sich seine reichen Erfahrungen im Festungsbau nieder – die Gleitfläche des aktiven Erdkeils ein, die er noch als Ebene betrachtete. Für Unterwasserarbeiten schlug er die Verwendung von Druckluft vor und suchte nach den Faktoren, die den Wirkungsgrad menschlicher Arbeit beeinflussen. [5.20.] Beachtung fanden seine Beiträge zur Baumechanik, die trotz präziser mathematischer Ableitungen durch das Weglassen vermeintlich zu vernachlässigender Einflußgrößen nicht ohne Irrtümer blieben, bei seinen Zeitgenossen jedoch nicht. In der industriellen Revolution nahmen Dimension, Terminbindung und Risiko des Bauens, die Leistungsfähigkeit neuer Baumaterialien und ihre Kosten, die Kühnheit der Konstruktionen solche Maßstäbe an, daß auch die mathematische Modellierung des Kraftverlaufs, des Tragverhaltens der Konstruktionen und des Bauablaufs sowie die korrekte Erfassung der Kosten unabdingbar geworden waren.

Die britischen Ingenieure der ersten Generation waren noch Selfmademen. Sie lernten als Lehrlinge bei Baumeistern, deren Werk sie später übernahmen, und studierten Naturwissenschaften an den Universitäten Edinburgh oder London. In Frankreich verlief die Entwicklung grundsätzlich anders: Am Anfang hatte das 1720 gegründete Corps des Ingénieurs des Ponts et Chaussées gestanden. Organisiert nach dem Muster des älteren, auf Initiative des Kriegsministers Ludwigs XIV., Vauban, zurückgehenden Corps des Ingénieurs du Génie, übernahm es die Bauten, die durch die ausgedehnten Kriegs-

C. A. Coulomb, Figuren zur Diskussion der Spannung und der Scherkräfte in einem nicht verformten Träger,
in: Essai sur une application des règles de Maximis et Minimis ..., Paris 1773/76, Pl. I

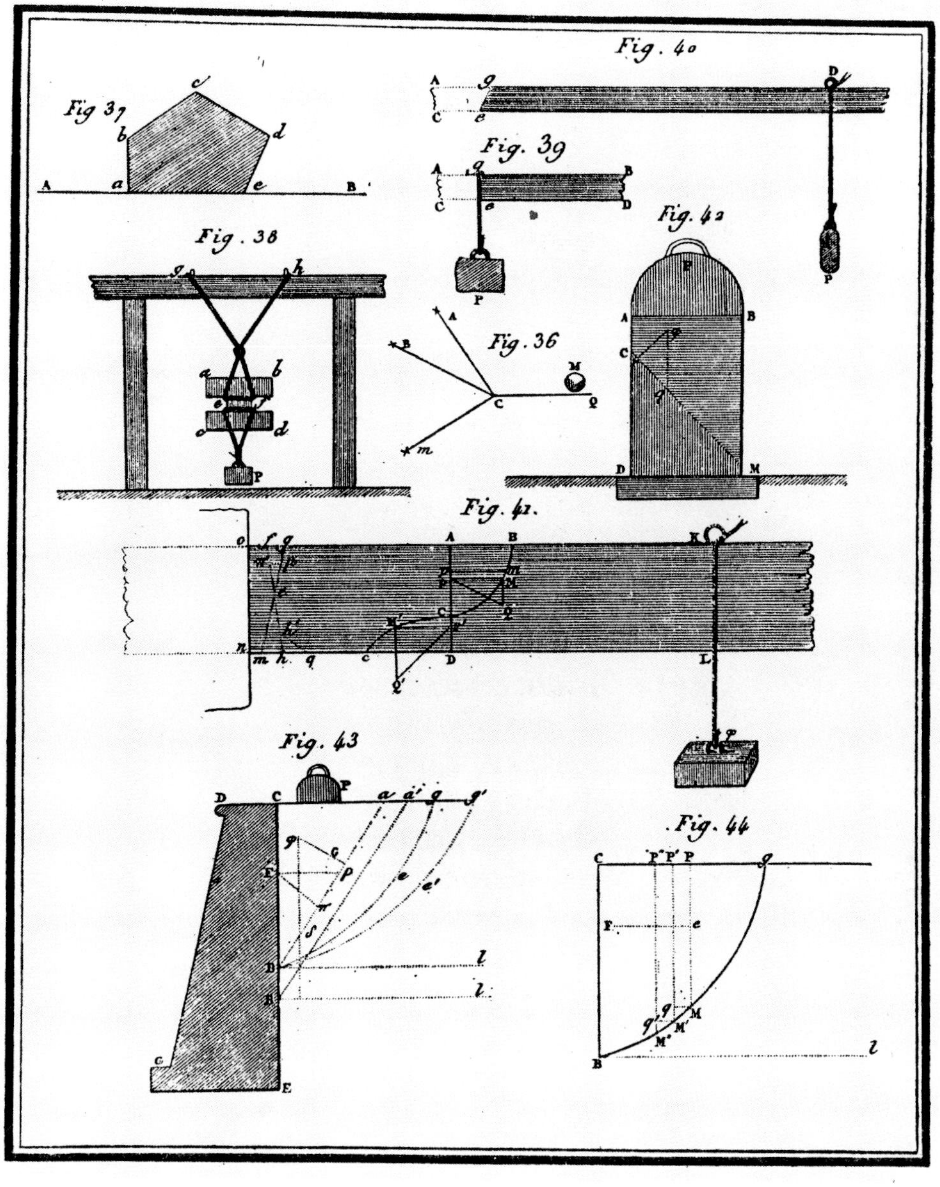

Thomas Tredgold

über die

Stärke des Gußeisens

und

anderer Metalle.

Praktische

Regeln, Tabellen und Beispiele,

auf eine Reihe neuer Versuche gegründet

und

mit Hülfe einer Vergleichung anderer Materialien mit Gußeisen auch auf diese anwendbar.

Nach

der zweiten, verbesserten und sehr vermehrten, englischen Originalausgabe ins Deutsche übersetzt.

Mit Holzschnitten und Kupfertafeln.

Leipzig, 1826.

Baumgärtner's Buchhandlung.

— 12 —

Erste Tabelle.

Art. 5. Tabelle über die Dimensionen von quadratischen Gußeisen-Stücken oder Stangen von verschiedener Länge, um Gewichte *) von Centner bis zu

Länge in Fuß.		4	6	8	10	12	14	16	18	20
Gewicht nach Tonnen.	Gewicht nach Pfunden	Seiten nach Zollen.	Seiten nach Zollen.	Seiten nach Zollen.	Seiten nach Zollen.	Seiten nach Zollen.	Seiten nach Zollen.	Seiten nach Zollen.	Seiten nach Zollen.	Seiten nach Zollen
$\frac{1}{20}$	112	1,2	1,4	1,7	1,9	2,0	2,2	2,4	2,5	2,6
$\frac{1}{10}$	224	1,4	1,7	2,0	2,2	2,4	2,6	2,8	3,0	3,1
$\frac{3}{20}$	336	1,6	1,9	2,2	2,4	2,7	2,9	3,1	3,3	3,4
$\frac{1}{5}$	448	1,7	2,0	2,4	2,6	2,9	3,1	3,3	3,5	3,7
$\frac{1}{4}$	560	1,8	2,2	2,5	2,8	3,0	3,3	3,5	3,7	3,9
$\frac{3}{10}$	672	1,8	2,2	2,6	2,9	3,2	3,4	3,7	3,9	4,1
$\frac{7}{20}$	784	1,9	2,3	2,7	3,0	3,3	3,6	3,8	4,1	4,2
$\frac{2}{5}$	896	2,0	2,4	2,8	3,1	3,4	3,7	3,9	4,2	4,4
$\frac{9}{20}$	1008	2,0	2,5	2,9	3,2	3,5	3,8	4,0	4,3	4,5
$\frac{1}{2}$	1120	2,1	2,6	3,0	3,3	3,6	3,9	4,2	4,4	4,7
$\frac{11}{20}$	1232	2,1	2,6	3,0	3,4	3,7	4,0	4,3	4,5	4,8
$\frac{3}{5}$	1344	2,2	2,7	3,1	3,5	3,8	4,1	4,4	4,7	4,9
$\frac{13}{20}$	1456	2,2	2,7	3,1	3,5	3,8	4,2	4,4	4,7	4,9
$\frac{7}{10}$	1568	2,3	2,8	3,2	3,6	3,9	4,2	4,5	4,8	5,0
$\frac{3}{4}$	1680	2,3	2,8	3,2	3,6	4,0	4,3	4,6	4,9	5,2
$\frac{4}{5}$	1792	2,4	2,9	3,3	3,7	4,0	4,4	4,7	5,0	5,2
$\frac{17}{20}$	1904	2,4	2,9	3,4	3,8	4,1	4,4	4,7	5,0	5,3
$\frac{9}{10}$	2016	2,4	3,0	3,4	3,8	4,2	4,5	4,8	5,1	5,4
$\frac{19}{20}$	2128	2,5	3,0	3,5	3,9	4,2	4,6	4,9	5,2	5,4
1	2240	2,5	3,0	3,5	3,9	4,3	4,6	4,9	5,2	5,5
$1\frac{1}{4}$	2800	2,6	3,2	3,7	4,1	4,5	4,9	5,2	5,5	5,8
Biegung in Z.		0,1	0,15	0,2	0,25	0,3	0,35	0,4	0,45	0,5

*) Das Gewicht der Last ist angenommen, daß es das Gewicht des Stückes mit einschließt. Um das Gewicht eines solchen Balkens zu finden, multiplicirt man die Größen der Durchschnittsfläche mit der Länge in Fuß und mit 3,2; dieß Produkt ist das Gewicht in Pfunden ausgedrückt.

— 13 —

500 Tonnen zu unterstützen, wenn die Enden aufgelegt, die Mitte aber belastet ist; die Biegung (Deflexion) darf nicht $\frac{1}{40}$ Zoll für jeden Fuß Länge betragen. *)

22	24	26	28	30	32	34	36	38	40	
Seiten nach Zollen.	Seiten nach Zollen.	Seiten nach Zollen.	Seiten nach Zollen.	Seiten nach Zollen.	Seiten nach Zollen.	Seiten nach Zollen.	Seiten nach Zollen.	Seiten nach Zollen.	Seiten nach Zollen.	Gewicht.
2,7	2,9	3,0	3,1	3,2	3,3	3,4	3,5	3,6	3,7	1 Cnt.
3,3	3,4	3,6	3,7	3,8	3,9	4,1	4,2	4,3	4,4	2 —
3,6	3,8	3,9	4,1	4,2	4,3	4,5	4,6	4,7	4,8	3 —
3,9	4,0	4,2	4,3	4,5	4,7	4,8	4,9	5,0	5,2	4 —
4,1	4,3	4,4	4,6	4,8	4,9	5,1	5,2	5,4	5,5	5 —
4,3	4,5	4,6	4,8	5,0	5,1	5,3	5,4	5,6	5,8	6 —
4,4	4,6	4,8	5,0	5,2	5,4	5,5	5,7	5,9	6,0	7 —
4,6	4,8	5,0	5,2	5,4	5,6	5,7	5,9	6,0	6,2	8 —
4,7	4,9	5,1	5,3	5,5	5,7	5,9	6,0	6,2	6,4	9 —
4,9	5,2	5,3	5,4	5,7	5,9	6,0	6,2	6,4	6,5	10 —
5,0	5,3	5,4	5,6	5,8	6,0	6,2	6,4	6,5	6,7	11 —
5,1	5,3	5,5	5,7	5,9	6,1	6,3	6,5	6,7	6,8	12 —
5,2	5,4	5,6	5,9	6,0	6,2	6,5	6,6	6,8	7,0	13 —
5,3	5,5	5,7	6,0	6,1	6,4	6,6	6,7	6,9	7,1	14 —
5,4	5,6	5,8	6,1	6,2	6,5	6,7	6,8	7,0	7,2	15 —
5,5	5,7	5,9	6,2	6,4	6,6	6,8	6,9	7,2	7,4	16 —
5,5	5,8	6,0	6,2	6,5	6,7	6,9	7,1	7,3	7,5	17 —
5,6	5,9	6,1	6,4	6,6	6,8	7,0	7,2	7,4	7,6	18 —
5,7	6,0	6,2	6,5	6,7	6,9	7,1	7,3	7,5	7,7	19 —
5,8	6,0	6,3	5,5	6,8	7,0	7,2	7,4	7,5	7,8	1 Ton.
6,1	6,4	6,6	6,9	7,2	7,4	7,6	7,8	8,0	8,2	$1\frac{1}{4}$ —
0,55	0,6	0,65	0,7	0,75	0,8	0,85	0,9	0,95	1,0	Bieg. in Zollen.

*) Diese Tabelle ist nach der Regel im Art. 257 berechnet.

züge und schließlich zur Förderung merkantilistischer Politik erforderlich waren. Die Ausbildung des Nachwuchses für das Corps erfolgte in der 1747 gegründeten École des Ponts et Chaussées. Ein höheres, den neuen Ansprüchen gerecht werdendes Niveau erreichte sie aber erst, als Perronet 1760 einen systematischen Unterricht einführte und schließlich nach der Revolution, als durch die Gründung der Ecole Polytechnique 1794 auf Initiative des Vorsitzenden des Wohlfahrtsausschusses Lazare Carnot ein vorbereitendes Studium möglich wurde. Als ihr erster Direktor wirkte der Mathematiker Gaspard Monge, ein Freund Carnots, der sich vor allem um die Entwicklung der Darstellenden Geometrie verdient gemacht und die Zweitafelprojektion eingeführt hat.

Die École des Ponts et Chaussées ermöglichte eine geradezu ideale Verbindung von systematischer Forschung, der Erprobung ihrer Ergebnisse an den großen Verkehrsbauten und der Ausbildung des Bauingenieurnachwuchses. Den wohl entscheidenden Beitrag zu ihrem Ruhm als erster Bauingenieurschule der Welt und führendem Zentrum der Bauingenieurwissenschaften in der ersten Hälfte des 19. Jahrhunderts leistete ihr Direktor Louis Marie Henri Navier. In seinem Schaffen verbanden sich wissenschaftliche Theorie, Vervollkommnung der traditionellen Konstruktionen und eine Generationen französischer Bauingenieure profilierende Lehre in exemplarischer Weise. Navier gelang die Synthese der Mechanik als Zweiggebiet der Mathematik und der bisher das Bauen beherrschenden empirisch bestimmten Bemessungsregeln.

Kurz vor dem Tode Naviers erschien die Zusammenfassung seiner Statikvorlesungen. [5.21.] Sie enthielten alle bisher gelösten Hauptaufgaben der Baumechanik, die klassische Biegungslehre, die Berechnung von Knickproblemen auch für exzentrische Belastungen und bereits statisch unbestimmte Systeme wie einseitig und beidseitig eingespannte Balken, drei- und mehrfach gestützte Balken und Zweigelenkbogen, auch eine erste Theorie der Bewegung zäher Flüssigkeiten. Unter der Annahme linearelastischen Materialverhaltens formulierte Navier Bemessungsverfahren unter Zugrundelegung zulässiger Spannungen. Die von ihm entwickelte Differentialgleichung des elastischen Balkens hat bis heute nichts von ihrer Gültigkeit verloren.

Navier verfolgte den Coulombschen Ansatz zur Be-

Thomas Tredgold: Über die Stärke des Gußeisens und anderer Metalle, Leipzig 1826,
Titelblatt und Tafeln II und III mit Figuren zur Diskussion des Gleichgewichts, der Verformung und der Ausbildung von Trägern

„Die meisten Constructeure bestimmen die Dimensionen der Theile von Bauwerken oder Maschinen nach dem herrschenden Gebrauch und nach dem Muster ausgeführter Werke; sie legen sich selten Rechenschaft ab über den Druck, welchen jene Theile aushalten müssen, und über den Widerstand, welchen sie demselben entgegensetzen. Dies mag wenig Nachtheile haben, so lange die ausführenden Werke denen analog sind, welche man zu je-

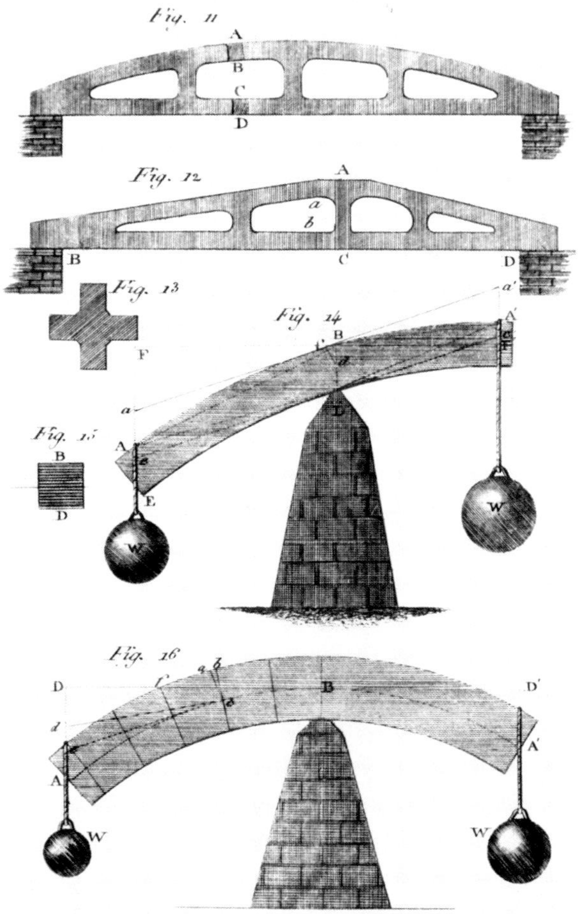

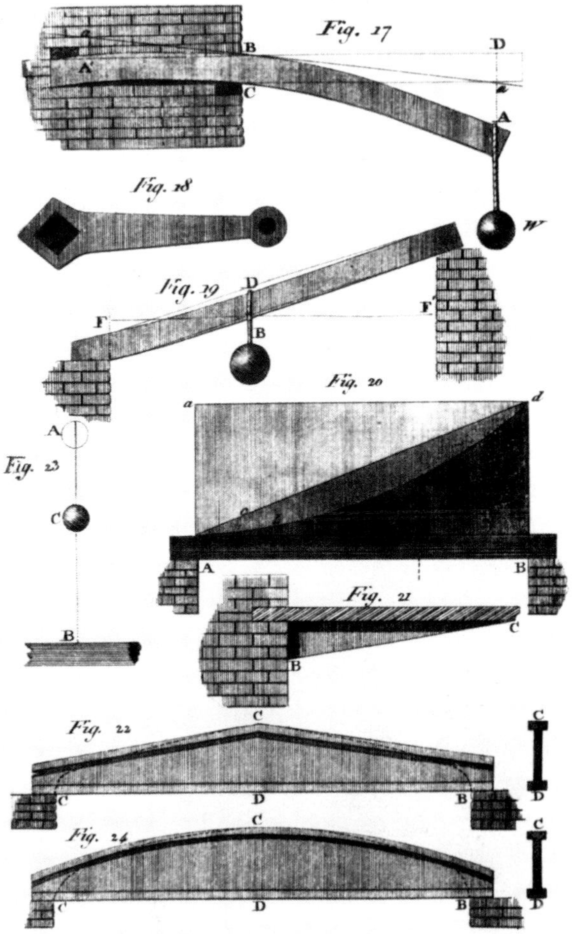

der Zeit errichtet hat, und sie, was die Dimension und die Belastungen anbetrifft, innerhalb der gewöhnlichen Grenzen bleiben. Aber man kann nicht mehr auf dieselbe Weise verfahren, wenn die Umstände dazu nöthigen, jene Grenzen zu überschreiten, oder, wenn es sich um Bauwerke ganz neuer Art handelt, über welche die Erfahrung noch keine Resultate gesammelt hat."

Louis Marie Henri Navier

stimmung der Stützlinie im Bogen weiter, dieses Grundproblem klassischer Baustatik, das schließlich J. V. Poncelet auf die lapidare Formel brachte: „Wenn es möglich ist, in den Gewölbestreifen eine Stützlinie einzuzeichnen, bei der im gegebenen Material des Gewölbes Gleichgewicht herrscht, dann wird sich eine solche Stützlinie wirklich ausbilden." [5.22.] Eine erste korrekte Berechnungsmethode bot allerdings erst 40 Jahre später Emil Winkler an. [5.23.]

Da Navier stets ein optimales Verhältnis von erforderlicher Genauigkeit und geringstem Rechenaufwand suchte und damit alle Rechnung den Bedürfnissen des Bauingenieurs in der Praxis anpaßte, wurde der „Abriß" seiner Vorlesungen zum heiligen Buch der Bauingenieure des 19. Jahrhunderts. Sein Prinzip war, sich darauf zu beschränken, „einfache und brauchbare Resultate aus Hypothesen abzuleiten, deren Richtigkeit durch zahlreiche Vergleichungen mit Beobachtungen bestätigt ist." [5.24.] Der schweizer Ingenieur Fritz Stüssi bezeichnete Navier deshalb als Prototyp des Technikwissenschaftlers: „Navier stellte sich auf den Boden der Erfahrung und der durch Versuche zu bestimmenden Grundlagen einer Baustatik, während vor und teilweise auch noch nach ihm die Baustatik lediglich als Theorie der Gleichgewichtsaufgaben betrachtet wurde, zu deren Lösung weder Erfahrung noch Versuche, sondern lediglich theoretische Überlegungen notwendig seien, ... Charakteristisch für den Ingenieur und Konstrukteur Navier ist auch die Beurteilung der Gültigkeitsgrenzen eines theoretischen Ergebnisses." [5.25.]

Navier begründete die Schule französischer Ingenieurtheorie, zu der Poisson, Poncelet, Polonceau, Clapeyron, Saint-Venant und viele andere mit Beiträgen zur Elastizitäts-, Gewölbe- und Erddrucktheorie gehören. Cauchy erarbeitete die mathematischen Grundlagen der Elastizitätstheorie und hielt mit der Einführung des Spannungsbegriffs Lösungen bereit, die erst später von der Bautechnik genutzt werden konnten. Henry Moseley, Professor der Mechanik am King's College in London, verbreitete mit seiner „Mechanik des Ingenieurwesens" von 1843 französische Ingenieurtheorie in Großbritannien. Ähnlich wirkten Gerstner, der eine „aus der Natur des Bauens selbst hergeleitete Mechanik" forderte, Eytelwein mit seinem dreibändigen „Handbuch der Statik fester Körper" von 1808/9, das ihn als den Franzosen ebenbürtig auswies, Woltmann mit den „Beiträgen zur hydraulischen Architektur" von 1797 und Wiebeking mit seiner komplex angelegten „Theoretisch-praktischen bürgerlichen Baukunst" von 1821/1826.

Die neue Qualität in der Entwicklung der Bauingenieurwissenschaft seit der Mitte des 18. Jahrhunderts sollte jedoch nicht mechanisch aus den Zwängen der Produktionssphäre allein begründet werden. Sie verband sich nicht weniger eng mit der gesamten geistesgeschichtlichen Entwicklung der Zeit unmittelbar vor der Bürgerlichen Revolution in Frankreich. Es war die Zeit, in der *Denis Diderot* und *Jean Baptiste d'Alembert* mit der Herausgabe der „Encyclopédie" begannen, in der *Voltaire* enttäuscht den Hof *Friedrichs II. von Preußen* verlassen hatte, *Immanuel Kant* die erste physikalische Theorie über die Entstehung der Welt schrieb und *Montesquieu* im „L'esprit des lois" nach den Gesetzmäßigkeiten gesellschaftlicher Entwicklung suchte. *Justus Liebig* bemerkte noch 1851 in seinen „Chemischen Briefen" ganz im Sinne dieser vom Glauben an die weltbewegende Kraft menschlichen Verstandes geprägte Zeit: „Die Kultur ist die Ökonomie der Kraft. Die Wissenschaft lehrt uns, die einfachsten Mittel zu erkennen, um mit dem geringsten Aufwand an organischer Kraft die größten Wirkungen zu erzielen und mit gegebenen Mitteln ein Maximum von Widerständen zu überwinden. Eine jede unnütze Kraftäußerung, eine jede Kraftverschwendung in der Agrikultur, in der Industrie, sowie in der Wissenschaft und natürlich im Staate charakterisiert die Roheit und den Mangel wahrer Kultur." Hier manifestierte sich der Glaube des Bürgertums an die Vernünftigkeit der Welt, der es ermöglichte, endgültig alles Mystische aus der Wissenschaft zu verbannen.

Nachdem noch am Anfang des 19. Jahrhunderts die Balken-, Gewölbe- und Erddrucktheorie im Vordergrund gestanden hatten, bevorzugten die Ingenieure in den fünfziger Jahren ausgehend von den neuen Ansprüchen des Eisenbaus bei der Bemessung der Fachwerkträger geometrische Methoden. Es hat den Anschein, als ob immer noch die Traditionen spätantiker Geometrie weitergelebt hätten. Schon am Ende des 16. Jahrhunderts hatte der Holländer *Simon Stevin* die Darstellung der Größe und Richtung von Kräften als Strecken eingeführt. Er stellte den Satz auf, daß drei auf einen Punkt wirkende Kräfte sich das Gleichgewicht halten, wenn sie parallel und proportional zu den Seiten eines rechtwinkligen Dreiecks gerichtet sind. Die Möglichkeit der graphischen Darstellung von Kräften hatte bereits *Leonardo da Vinci* gezeigt. Auch *Galilei* stellte ähnliche Überlegungen an. *Newton* konstruierte das Parallelogramm der Kräfte und zur gleichen Zeit *Varignon* das Kräfte- und Seilpolygon. Schließlich faßte *Gaspard Monge* unmittelbar nach 1800 alle bisherigen Erkenntnisse über die graphische Darstellung von Kräften in seiner „Darstellenden Geometrie" zusammen. Wenig später vervollkommnete *Jean*

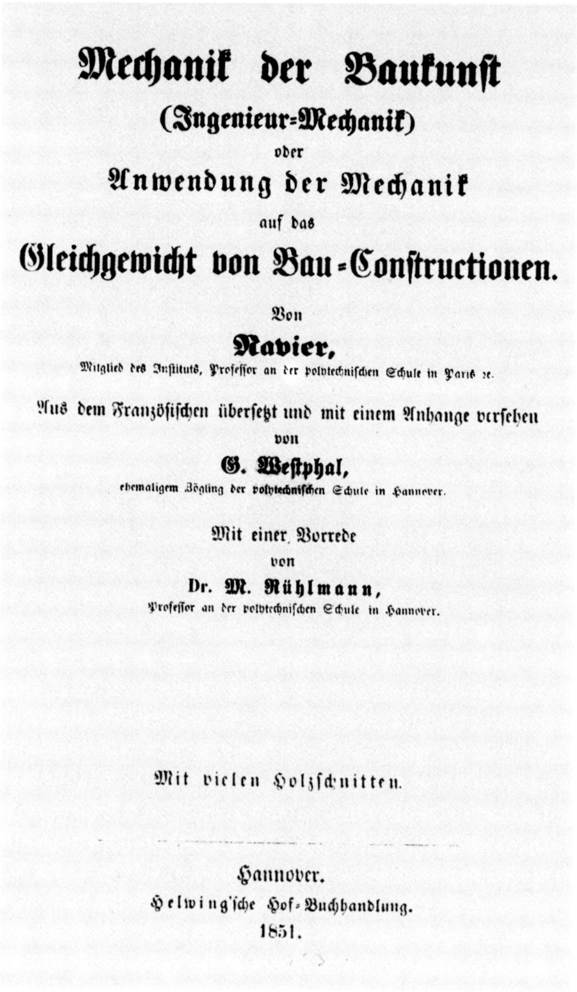

Mechanik der Baukunst
(Ingenieur-Mechanik)
oder
Anwendung der Mechanik
auf das
Gleichgewicht von Bau-Constructionen.
Von
Navier,
Mitglied des Instituts, Professor an der polytechnischen Schule in Paris ꝛc.
Aus dem Französischen übersetzt und mit einem Anhange versehen
von
G. Westphal,
ehemaligem Zögling der polytechnischen Schule in Hannover.
Mit einer Vorrede
von
Dr. M. Rühlmann,
Professor an der polytechnischen Schule in Hannover.
Mit vielen Holzschnitten.
Hannover.
Helwing'sche Hof-Buchhandlung.
1851.

L. M. H. Navier: Resumé des Leçons données à l'école des ponts et chaussées sur l'application de la mécanique a l'etablissement des constructions et des machines, Paris 1826, Titelblatt der deutschen Ausgabe, Hannover 1851

Victor Poncelet Monges System zur Geometrie der Lage. *Monge* ging von einer noch ganz in der Tradition der Newtonschen Mechanik stehende Definition der Kraft aus: „Wenn ein Körper in Ruhe ist, so kann er nicht in Bewegung kommen, und wenn er in Bewegung ist, so kann er weder die Bewegung noch die Richtung der Bewegung ändern, ohne die Einwirkung irgendeiner Ursache, welche man überhaupt mit dem Namen Kraft belegt." [5.27.]

In seinem Lehrbuch legte er nicht nur wesentliche Fundamente für die Naviersche Statik, es ist auch für die Geschichte der Technikwissenschaften von exemplarischer Bedeutung. In der Vorrede zur deutschen Ausgabe schrieb deshalb E. M. Hahn, ein Vertreter der Berliner Bauschule: „Wenn es auch bei einer Erfahrungswissenschaft zweckmäßig seyn mag, einen speziellen Fall zu untersuchen, und von diesem zu den allgemeinen Fällen überzugehen, so hat es unstreitig bey einer Erfahrungswissenschaft einen weit ausgebreiteteren Nutzen, die Wahrheiten derselben auf eine allgemeine Art darzuthun, da sich dann alle besonderen Fälle daraus beurteilen lassen." [5.28.]

Die massenweise Herstellung gewalzter Eisenprofile

„Ein weiteres Übel, und eins der schlimmsten, das aus der Trennung des theoretischen und praktischen Wissens entsteht, ist der Umstand, daß einer großen Zahl von Personen mit schöpferischer Denkart und beträchtlicher Geschicklichkeit in den manuellen Verfahren der praktischen Mechanik jenes Wissen um die wissenschaftlichen Grundlagen fehlt, um ihre Verwirrung über ihre eigene Genialität zu verhüten. Auch verschwenden solche Leute ihr Geld, vergeuden ihr Leben und verlieren möglicherweise ihren Verstand in der vergeblichen Verfolgung visionärer Erfindungen, da doch ein mäßiger Umfang an theoretischen Kenntnissen genügen würde, den Irrtum aufzudecken. Mancher, der ein nützliches und zufriedenes Mitglied der Gesellschaft hätte sein können, wird aus Mangel an solchem Wissen so, daß man schwerlich etwas elenderes zu finden vermag."

William John Macquorn Rankine, 1858

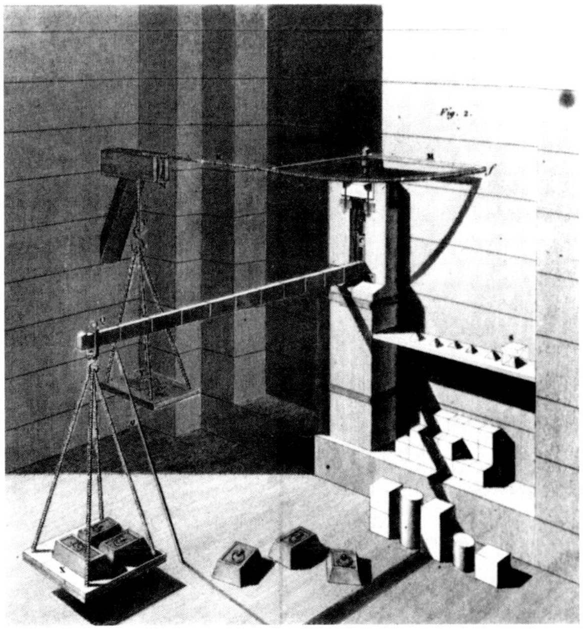

Materialprüfgeräte nach Soufflot, Gauthey und Rondelet
aus: Rondelet, a. a. O.

„Niemand, so kühn oder in seinem Beruf angesehen er auch sein mag, kann der lähmenden Wirkung der Regeln widerstehen, die durch die Autoritäten festgelegt wurden."

Isambard Kingdom Brunel am 13. März 1848

seit der Mitte des 19. Jahrhunderts ermöglichte erst die Konstruktion von Fachwerkträgern, durch die der sprunghaft angestiegene Bedarf an Brückenbauten für Eisenbahn und Straße ökonomisch günstig befriedigt werden konnte. [5.29.] *Karl Culmann* in Zürich und Johann Wilhelm Schwedler in Berlin schufen unter Anwendung des Kräftepolygons praktikable, wenn auch noch unvollständige Berechnungsverfahren. Nach einer Reise durch die USA berichtete Culmann in der Wiener Allgemeinen Bauzeitung 1851/52 über die verschiedenen dort üblichen Konstruktionsarten, insbesondere über Gitterträger aus Holz, und entwickelte aus der Kritik an ihnen seine „Theorie der Fachwerk-, Latten- und Bogenbrücken". Dem Seilpolygon Varignons fügte er die Schlußlinie hinzu und erhielt so die Auflagerkräfte, Momente, Längs- und Querkräfte eines Balkens.

Schwedler veröffentlichte seine Arbeiten zur Fachwerktheorie in der Berliner Zeitschrift für Bauwesen zur gleichen Zeit. Bereits einige Jahre früher hatten D. J. Jourawski in Rußland und S. Whipple in den USA ähnliche Berechnungsmethoden vorgeschlagen, die jedoch keine Beachtung fanden. [5.30.] Wieder zeigte sich, daß verschiedene Ingenieure unabhängig voneinander und zur gleichen Zeit statische und konstruktive Probleme, die durch neue Aufgaben und Baumaterialien aufgeworfen wurden, zu lösen versuchten. Das führte nicht nur zur raschen Entwicklung der Ingenieurtheorie, sondern ebenfalls zu oft widerwärtigen Auseinandersetzungen über Prioritäten der Lösungsansätze. [5.31.]

Der erst sehr groben Näherung an das Tragverhalten der Konstruktionen entsprach das Verfahren zur Prüfung einer Brücke. Dazu der Bericht des Bauleiters der Elbebrücke bei Wittenberge von Unruh 1854: „Von allen Versuchen war der 6te offenbar der am weitesten gehende; er enthielt eine Mißhandlung der Brücke, bei welcher eine Zerstörung des ganzen Systems nicht hätte auffallen können. Bekanntlich darf Infanterie nicht im taktmäßigen Tritt über große Brücken marschieren, weil die dadurch erzeugten Schwingungen dem Bauwerk gefährlich werden. Ein solcher Marsch von 240 Mann (eine Kompanie) blieb beim Versuch Nr. 7 fast ohne Wirkung. Die Durchbiegung betrug nur $2^1/_3$ Linie und die Erschütterung war unbedeutend. Man stellte aber die 240 Mann möglichst auf die Mitte der Brücke und ließ dieselben nach lautem Zählen taktmäßig hochspringen, vielleicht 20 bis 30 Sprünge.

Dieses Experiment wiederholte man 3mal. Die Durchbiegung nach unten betrug 9 Linien, aber die Brücke schnellte nach jedem Sprung nach oben, so daß die Schwingungen $2^2/_3$ Zoll betrugen. ... Der Stoß war derselbe, den eine Lokomotive von 360 Zentnern Gewicht (ohne Tender), mit derselben Geschwindigkeit von 6,8 Fuß ausgeübt. Wenn ein solcher Stoß 30–40 mal in 3 Pausen, also 120–160 mal wiederholt gegen die Mitte einer, auf 171 Fuß freitragenden hölzernen Brücke wirkt und dieselbe nicht zerstört, sondern sie dann noch 2000 Ztr. und 2 Lokomotiven trägt, so wird sich an der vollständigen Sicherheit und Festigkeit des Systems nicht zweifeln lassen." [5.32.]

Die weitere Entwicklung der Berechnung von Fachwerken ging in Richtung auf eine Vereinfachung der zeichnerischen Verfahren, wie sie Cremona in „Le figure reciproche nella statica grafica" 1872 vorschlug, und auf ihre Ausweitung auf bisher noch nicht beherrschte Aufgaben. Christian Otto Mohr entwickelte eine Methode, den Momentenverlauf in Durchlaufträgern grafisch zu bestimmen. [5.33.] Schließlich setzten sich jedoch rechnerische Verfahren gegenüber den grafischen

Theorie
der
Construction
steinerner
Bogenbrücken
von
Johann Andreas Schubert,
Professor der Ingenieur-Wissenschaften an der technischen Bildungs-Anstalt zu Dresden.

Erster Theil.
Nebst 22 Figurentafeln.

Dresden und Leipzig,
Arnoldische Buchhandlung.
1847.

durch. [5.34.] Nur Culmann vertrat hartnäckig die von ihm eingeführte geometrische Methode und mochte den neuen Weg nicht mehr mitgehen. [5.35.]

Christian Otto Mohr trug mit seinen „Abhandlungen aus dem Gebiet der Technischen Mechanik", vor allem durch die Konstruktion des Spannungskreises und der elastischen Linie eines Balkens sowie durch die Einführung der „Einflußlinien" zur weiteren Vervollkommnung der Fachwerktheorie bei. Unabhängig von Mohr versuchte Emil Winkler die statischen Werte eines über ein Fachwerksystem geführten Kräftezuges durch die Anwendung von Einflußlinien zu ermitteln.

Die Stützmomente des statisch unbestimmten Durchlaufträgers mit gleichen Spannweiten und bei gleicher Belastung soll Clapeyron 1851 zum ersten Mal bei der Berechnung der Seinebrücke bei Asnières unter Anwendung des Prinzips der virtuellen Verrückungen ermittelt haben. Mohr formulierte dann die universell anwendbare Dreimomentengleichung. [5.36.] James Clarke Maxwell berechnete 1864 beliebige statisch unbestimmte Systeme. [5.37.] Heinrich Müller-Breslau schrieb über Maxwells Beitrag zur Theorie des Fachwerks: „Er war der erste, welcher eine Beziehung zwi-

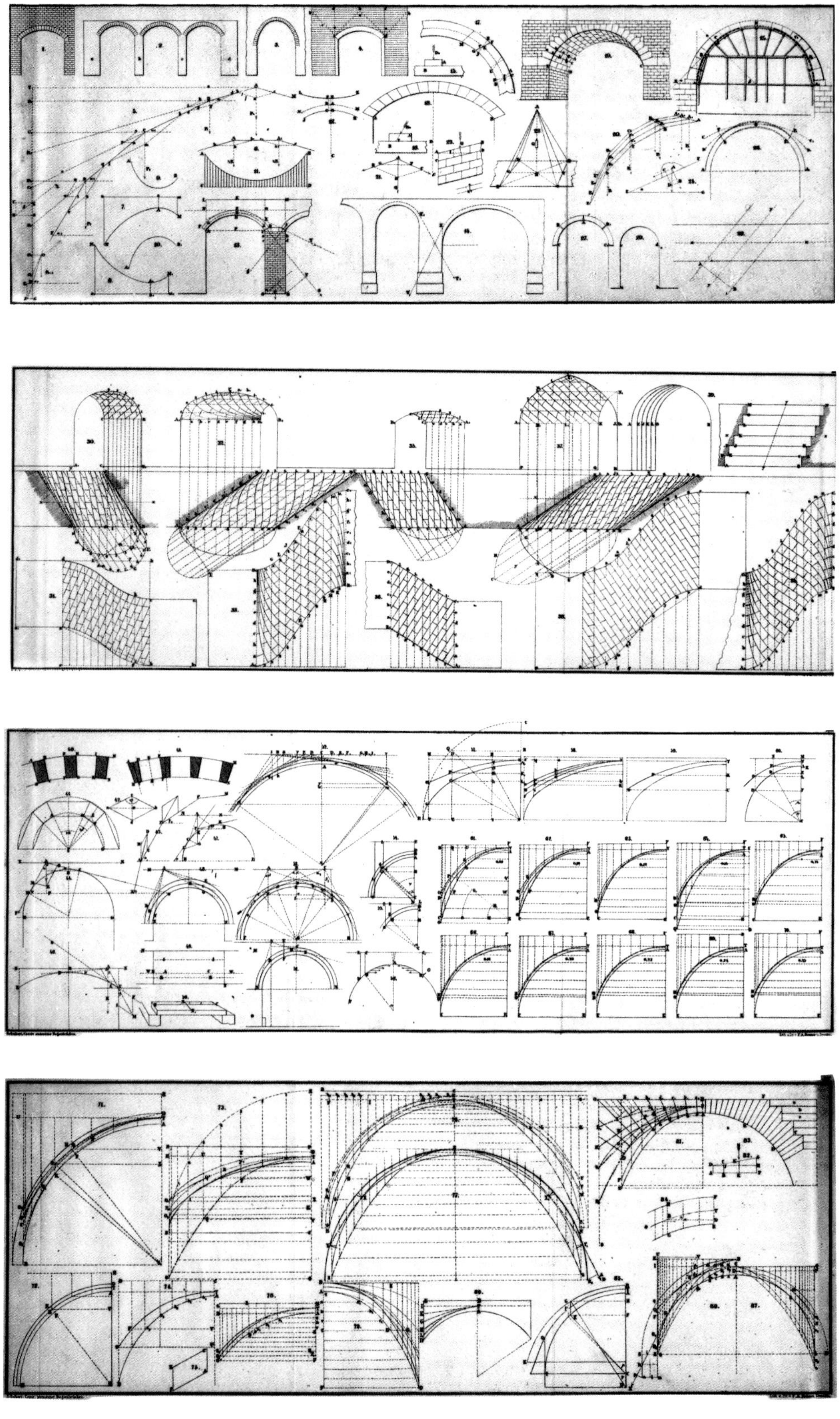

J. A. Schubert: Zur Theorie der Construction steinerner Bogenbrücken, Dresden und Leipzig 1824, Atlasband Sächsische Landesbibliothek Dresden

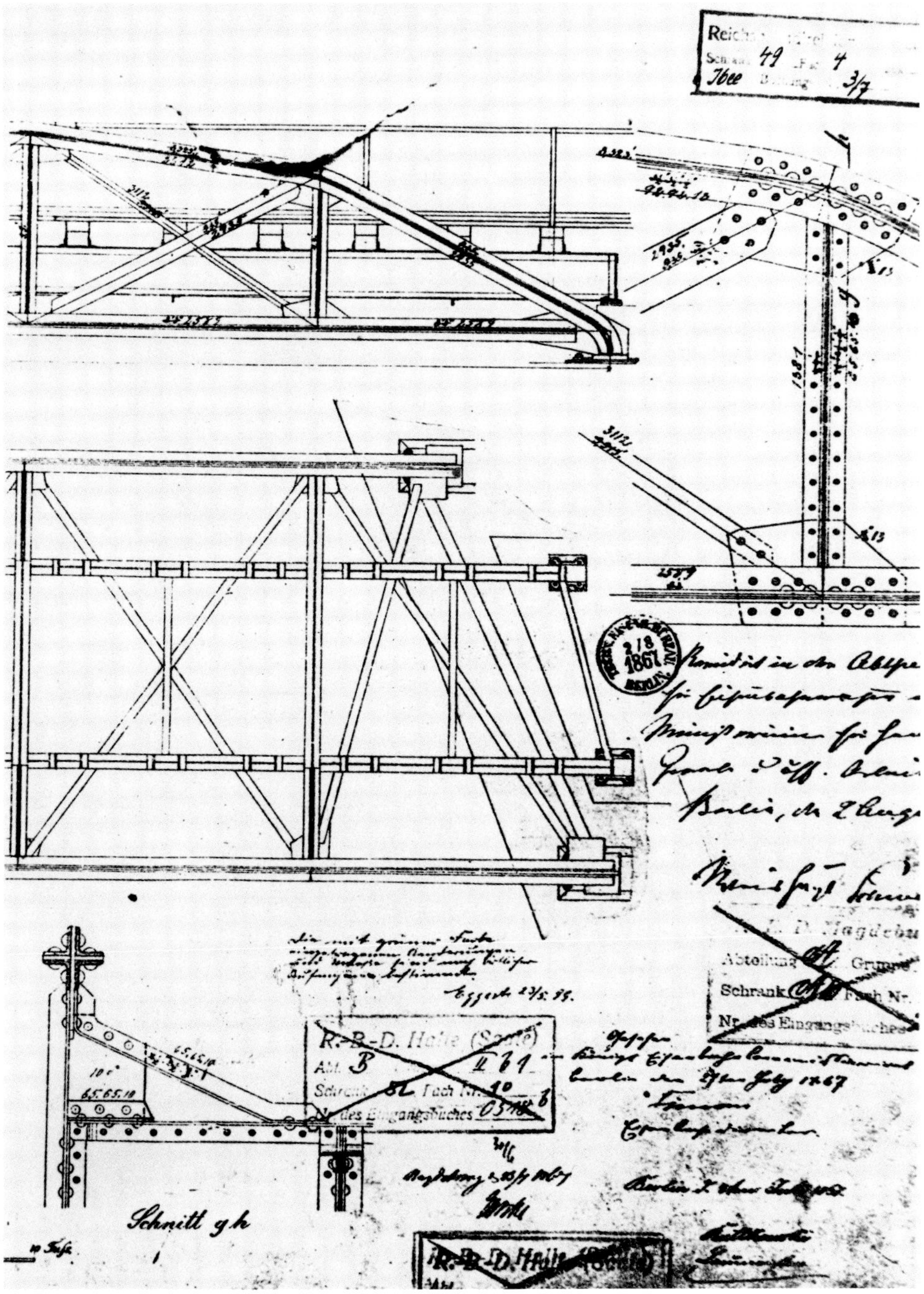

J. W. Schwedler, Konstruktionsskizze mit seiner Unterschrift
aus: Ph. Stein: 100 Jahre Gute Hoffnungshütte, 1951

schen der Längenänderung seines Stabes und der durch sie verursachten Verrückung eines Knotenpunktes in der Weise bestimmt, daß er das Fachwerk als eine Maschine auffaßt, mittels welcher eine treibende Kraft P einen Widerstand S überwindet." [5.38.]

Während Navier noch von „angewandter Mechanik" sprach, ging Emil Winkler, Professor für Statik der Baukonstruktionen und Brückenbau an der Berliner Bauakademie von vier Bestandteilen der Statik der Baukonstruktionen aus:

„1. Die Festigkeitslehre in ihren Grundlehren und in ihrer Anwendung auf Baukonstruktionen, 2. Die Statik der Stabsysteme in ihrer allgemeinen Auffassung und in ihrer Anwendung auf Baukonstruktionen, 3. Die Theorie des Erddrucks, 4. Die Statik der Steinkonstruktionen, insbesondere der Futtermauern und Gewölbe." [5.39.]

Die Unterschiedlichkeiten der Betrachtungsweisen der mehr auf die Erfahrungen des Konstrukteurs orientierten Ingenieure und der Theoretiker zeigt ein Vergleich der Auffassungen Carl von Bachs und Emil Winklers zur Elastizitätstheorie. Bach vertrat die Auffassung, „daß es nicht genügt, von dem Satze der Proportionalität zwischen Dehnungen und Spannungen allein ausgehend, das ganze Gebäude der Elastizität und Festigkeit auf mathematischer Grundlage aufzubauen, daß es vielmehr für den Konstrukteur ... notwendig erscheint, immer und immer wieder die Voraussetzungen der einzelnen Gleichungen, welche er benützt, im Spiegel der Erfahrungen ... sich zu vergegenwärtigen." [5.40.] Emil Winkler dagegen versuchte entsprechend dem Stand der experimentellen Festigkeitslehre das Tragverhalten von der Elastizitätstheorie her zu erschließen. Im Grunde blieb für ihn Festigkeitslehre lediglich ein Vergleich der mit einem Sicherheitskoeffizienten versehenen elastizitätstheoretisch begründeten Rechnungsresultate. [5.41.]

Winklers Nachfolger Heinrich Müller-Breslau, der um 1900 die klassischen Lehrbücher der Statik und Festigkeitslehre schrieb, gab als allgemeinsten Weg zur Berechnung statisch unbestimmter Fachwerke die Methode des Ersatzstabes an und räumte den Einflußlinien die zentrale Funktion in der statischen Berechnung ein. Mit seiner Lehrtätigkeit an der TH Berlin-Charlottenburg 1888–1924 begründete er den internationalen Ruf ihrer Fakultät für Bauingenieurwesen. Zur Förderung der Forschung richtete er die Versuchsanstalt für Statik und Baukonstruktionen ein. Hier konnte er im Ergebnis systematischer Versuche die klassische Erddrucktheorie Coulombs durch die Einführung gekrümmter Gleitflächen korrigieren. Schwedler war noch davon ausgegangen, daß die Knoten der Fachwerkträger als reibungslose Gelenke angenommen werden können. Er übersah, daß in Anbetracht der Verspannung der Stäbe in den Knoten Fachwerke eigentlich als hochgradig unbestimmt betrachtet werden müssen. Erst Friedrich Engesser und ebenso Mohr befaßten sich in den neunziger Jahren mit den Nebenspannungen. Mohr führte als Unbekannte den Knotendrehwinkel ein, den später der Däne Axel Bendixsen zur Entwicklung seines Drehwinkelverfahrens benutzte. Schließlich veröffentlichte Hardy Cross 1932 ein Iterationsverfahren, das weite Verbreitung fand.

Mit der Konstruktion von Kuppeln aus Stabeisen auf Berliner Gasometern und auf der Neuen Synagoge in der Oranienburger Straße hatte *J. W. Schwedler* mit der Konstruktion räumlicher Fachwerke begonnen. *August Föppl* verallgemeinerte die neue Konstruktionsweise unter der Bezeichnung „Flechtwerk": „Das Flechtwerk ist ein räumliches Fachwerk, dessen Knotenpunkte und Stäbe sämtlich auf einem Mantel enthalten sind, der einen einfach zusammenhängenden inneren Raum umschließt ... Jede aus Dreiecken zusammengesetzte Mantelfläche, die einen einfach zusammenhängenden Raum vollständig umschließt, liefert im allgemeinen, wenn man die Kanten als Stäbe und die Ecken als Knotenpunkte auffaßt, ein stabiles und statisch bestimmtes Fachwerk, das man ein Flechtwerk nennt." [5.42.]

Hermann Zimmermann entwickelte die Konstruktionsidee im Entwurf zur Kuppel für das Reichstagsgebäude, eigentlich eines vierteiligen Klostergewölbes, weiter und veröffentlichte 1888 eine Abhandlung über seine Berechnungsgrundlagen. [5.43.] Auf *Föppl* berief sich auch *Bauersfeld* bei der Berechnung des als Bewehrung für die erste Stahlbetonkuppelschale in Jena benutzten Stabwerks.

Entsprechend den Anforderungen der Bauaufgaben formierte sich, ebenfalls auf erste Überlegungen *Leonardo da Vincis* und *Galileis* zurückgehend, parallel zur Statik die Festigkeitslehre. *Wöhler* veröffentlichte im Jahre 1870 Ergebnisse seiner Festigkeitsversuche und teilte mit, daß die Arbeitsfestigkeit ‚a' eines Stabes bei wechselnder Belastung kleiner sei als die Bruchfestigkeit bei ruhender Belastung. Bei Schwingungen sei ‚a' am kleinsten [5.44.] Schließlich initiierte *Johann Bauschinger* die Koordinierung der vielfältigen Untersuchungen der deutschen Materialprüfanstalten und Laboratorien und setzte sich erfolgreich für eine Klassifizierung der Baumaterialien mit eindeutig definierten Eigenschaften und hoher Gleichmäßigkeit ein. Von Zürich aus trug *Ludwig Tetmajer* zur Gründung des „Internationalen Verbandes für die Materialprüfung der Technik" 1895 bei. Höhepunkte ihres Wirkens waren die Kongresse in Zürich 1895, Stockholm 1897 und Budapest 1901. Zuerst ging es um die Durchsetzung einer gleichbleibenden Qualität des Baustahls, die wesentlich erst mit der durch *Mehrtens* betriebenen Einführung des im Thomasverfahren gewonnenen basischen Stahls in das Bauwesen erreicht werden konnte.

Die Einführung der Stahlbetonbauweise warf für die Statik und Festigkeitslehre völlig neue Probleme auf. Sie ermöglichte bisher nicht herstellbare Konstruktionselemente wie Platten, Scheiben, Rippen- und Pilzdecken und erforderte wegen des Verbundes von Stahl und Beton systematische Materialforschung. In den sechziger Jahren des 19. Jahrhunderts begann die Stahlbetonbauweise noch ganz auf empirischer Basis. Armand Considère schrieb 1899: „Der erste Versuch wurde durch Praktiker unternommen, denen man nicht dankbar genug sein kann; denn es ist mehr als wahrscheinlich, daß ein Theorektiker niemals auf die Idee verfallen wäre, zwei ihrem Wesen nach so verschiedene Stoffe (wie Beton und Stahl – H. R.) zu einer Einheit zu verbinden." [5.45.]

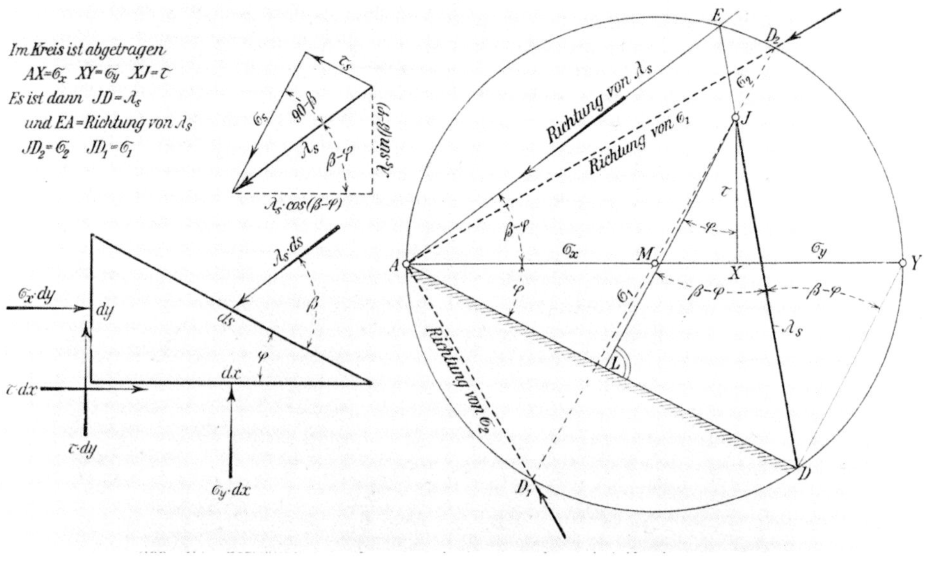

Weyrauchscher Spannungskreis
aus: E. Mörsch: Die Bemessung im Eisenbetonbau, Stuttgart 1950

Haftfestigkeit, Rost- und Feuerbeständigkeit waren Kriterien, denen Wayss, unterstützt durch Koenen, die ersten Versuche widmete. Noch im Jahre 1881 vertrat der Vorsitzende des Deutschen Betonvereins und Zementfabrikant Eugen Dyckerhoff die Auffassung, daß die Stahleinlagen rosten würden. Die weltweite und massenhafte Anwendung der neuen Bauweise setzte nicht nur das Sammeln und Aufbereiten aller Erfahrungen voraus. Sie erforderte systematische Versuchsreihen, neuartige Meßverfahren und -geräte. Die Voraussetzungen hierzu boten allein die technischen Büros der großen Bauunternehmen, die von solchen Ingenieuren wie Koenen und Mörsch geleitet wurden. Seit dem letzten Viertel des 19. Jahrhunderts jedoch übernahmen zunehmend die Lehrstühle für Stahlbeton- und Massivbau an den Technischen Hochschulen die langfristig ausgelegte Forschung.

Im Ergebnis der ersten Untersuchungen von Koenen und Mörsch gaben der Verband Deutscher Architekten- und Ingenieurvereine und der Deutsche Betonverein 1904 die „Vorläufigen Leitsätze für die Vorbereitung, Ausführung und Prüfung von Eisenbetonbauten" heraus. Es waren die ersten Vorschriften in Europa, durch die eine maximale Sicherheit von Stahlbetonkonstruktionen gewährleistet werden sollte. Sie enthielten genaue Festlegungen über Materialqualitäten, Materialverarbeitung, Bemessungsverfahren und konstruktive Details. Damit war dem Stahlbeton endgültig der Nimbus des Geheimnisvollen genommen und die erste Entwicklungsphase beendet, in der die einzelnen Unternehmer Konstruktion und Technologie möglichst geheim hielten. Aber auch dann blieb die ausschlaggebende Bedeutung persönlicher Erfahrung bewußt. Das führte zur Aufnahme einer entsprechenden Klausel in den Schweizer Stahlbetonvorschriften: „Mit Rücksicht auf die Neuheit dieser Bauart sind Abweichungen von vorstehenden

„Sein [des Bauingenieurs] Bestreben muß sein, je nach der Wichtigkeit und dem Umfange des Gegenstandes, sich weise Beschränkungen aufzuerlegen und mit der Zeit zu geizen, nicht unnötig feine und weitgehende Untersuchungen anzustellen, wo dieselben nicht angebracht sind; denn es kommt ja nicht darauf an, seine Kunst in der Beherrschung der Statik zu zeigen, sondern mit möglichst geringem Zeitaufwande brauchbare Resultate zu liefern."

Heinrich Müller-Breslau

August Föppl: Systemskizze zur Anwendung des Stabvertauschungsverfahrens aus: A. Föppl: Vorlesungen über technische Mechanik, Teil 2, Leipzig, Berlin 1922

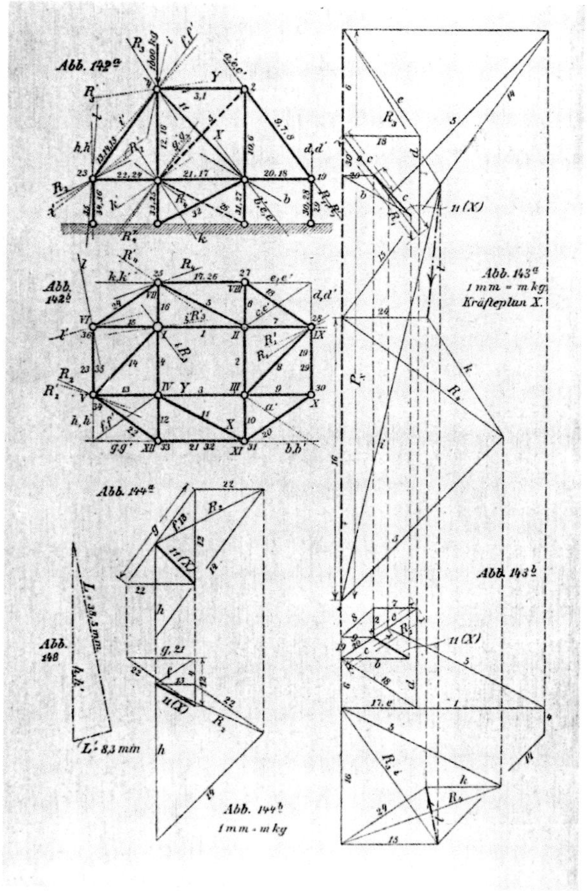

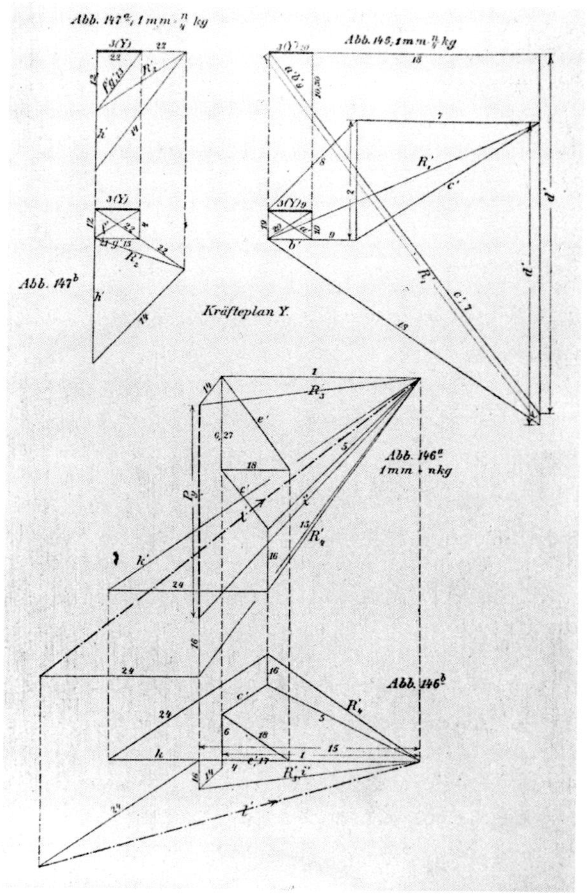

Normen zulässig, wenn sie durch eingehende Versuche und Urteile kompetenter Persönlichkeiten begründet sind." [5.46.]

Mit zunehmender Verbreitung der Stahlbetonbauweise und dem daraus entstehenden öffentlichen Interesse an der Solidität der Bauwerke bildeten sich Gremien aus Vertretern der Ministerien, der Industrie und der Wissenschaft, um unter Einsatz öffentlicher Mittel die Forschung voranzutreiben. Anläßlich der Jahrhundertfeier der TH Berlin-Charlottenburg am 18. Juni 1903 beschloß das Kuratorium der „Jubiläumsstiftung der Deutschen Industrie" die Einsetzung eines Unterausschusses für Eisenbeton, für den *Carl Bach* in Stuttgart und *Möller* in Braunschweig die ersten Forschungsaufgaben übernahmen. Dieser Unterausschuß, der sich seit 1907 als „Deutscher Ausschuß für Eisenbeton" bezeichnete, hatte seinen Sitz im preußischen Ministerium für öffentliche Arbeiten. [5.47.]

Die Eisenbetonrichtlinien stellten einen Kompromiß zwischen dem Wagemut der Unternehmer und dem Konservatismus der Baubeamten dar. Heftige Diskussionen entbrannten immer wieder über die Frage, wie weit Berechnungsverfahren in den Richtlinien fixiert werden sollten. Während die Baubeamten auf weitestgehende Festschreibung und damit leichte Kontrollierbarkeit der Rechnungen bestanden, warnten die Unternehmer davor, daß auf diese Weise Unqualifizierten die Bemessung von Stahlbetonkonstruktionen erleichtert würde. Die in diesem Zusammenhang geforderte Einstufung der Bauunternehmer in unterschiedliche Zulassungskategorien, sicher verschärft durch die Konkurrenz auf dem Baumarkt, blieb jedoch unerfüllt.

Der Widerspruch zwischen der Tendenz zu immer präziserer Erfassung der inneren Kräfte in komplizierter werdenden Konstruktionssystemen und der Notwendigkeit zu möglichst vereinfachter Rechnung als Voraussetzung für die massenhafte Anwendung rationeller Konstruktionen und der Widerspruch zwischen der Tendenz zu immer exakterer Bemessung der einzelnen Konstruktionselemente und den sich aus technologischen Bedingungen ableitenden Mindestabmessungen und Maßabstufungen beeinflußt die weitere Entwicklung der Statik und Festigkeitslehre. Noch komplizierter wurde die Situation dadurch, daß der Ehrgeiz viele Wissenschaftler verleitete, ihre eigene Methode beizusteuern, auch wenn der dadurch erreichte Fortschritt unerheblich blieb. Neue verfeinerte Berechnungsmethoden begründeten wissenschaftliche Reputation und die Herausgabe immer neuer „gebrauchsfertiger" Formeln und von Bemessungstafeln sicherte hohe Auflagen. *Adolf Kleinlogel* gab Rahmenformeln heraus, *Emil Winkler* und viele andere veröffentlichten Momententafeln, Tafeln für Trägheits-

und Widerstandsmomente und Bemessungstafeln für Stahlbetonquerschnitte. Nomogramme bewährten sich als „elegantes" Mittel, um komplizierte Beziehungen zwischen drei und mehr Veränderlichen ohne Rechenaufwand abzulesen. Die Bedeutung dieser Rationalisierungsmittel für die Ingenieurbüros und Baubetriebe bestand zweifellos in der Einsparung zeitaufwendiger Rechnungen, die dem Bauingenieur helfen konnte, mehr Kraft auf die erforderliche Synthese von freiem Gestalten, rechnerischem Erkennen und ökonomischem Bemessen zu verwenden.

Wissenschaftlich exakte Berechnungsmethoden drängten Faustformeln und Näherungsverfahren immer weiter zurück, wenn sie auch zu aufwendigen Rechnungen führten. Aber nur langsam überwand mathematisch begründete und durch systematische Versuchsreihen gestützte Ingenieurtheorie den klassischen Empirismus der Bauingenieure. Eindrucksvoll belegt das Schaffen *Emil Mörschs* diese historische Wandlung. *Hermann Bay,* sein Nachfolger als technischer Leiter von Wayss & Freytag, berichtet darüber: „Trotzdem schätzte Mörsch die Mathematik, weil er wußte, was an Logik in ihr steckt. Er hat sie in einfachen Theoremen praktiziert, selbst bei so schwierigen Problemen wie Kriechen und Schwinden. Überspitzte mathematische Formulierungen lehnte er so lange ab, als die Grundlagen eines Problems schwankend waren. Aber dann, nach mathematischer Deduktion in einfachster Form, in Statik und Eisenbetontheorie, unterließ er es nicht, jedesmal zu fragen: stimmt das Ergebnis der Rechnung mit dem Versuch überein? Umgekehrtes Vorgehen, Empirie mit daraus abgeleiteten formalen Ansätzen unter Verwendung von Parametern aller Art, war ihm fremd." [5.48.]

Mörsch selbst bestätigte die Einheit von Versuch und theoretischem Kalkül: „…, denn die Erfahrung zeigt, daß die mathematische Beherrschung der Formeln noch keinen Eisenbetoningenieur macht, und daß nur derjenige schwierige Bauten verantwortlich entwerfen kann, der das Verhalten der Baustoffe unter den verschiedenen statischen Einwirkungen gründlich versteht. Nachdem allgemeingültige Vorschriften für Eisenbeton vorhanden sind, besteht die Gefahr, daß blindlings nach ihnen gerechnet und die Versuchsforschung außer acht gelassen wird." [5.49.]

Franz Dischinger, einer der Initiatoren des modernen Stahlbetonbaus in Deutschland, ging prinzipiell nur dann an die Ausführung schwieriger Bauten heran, wenn die Theorie in einer Form vorlag, die den tatsächlichen Verhältnissen möglichst nahe kam. Damit unterschied er sich „wesentlich von den häufig im Ausland geübten Methoden einfacher Näherungsbedingungen bei gewagten Bauausführungen, es stellte aber den einzigen Weg dar, die vorhandenen Möglichkeiten voll auszuschöpfen." [5.50.]

Während noch bis zum Zweiten Weltkrieg die elastischen Zustände der Tragwerke unter Zugrundelegung der zulässigen Spannungen berechnet wurden, erfolgte danach die wissenschaftliche Formulierung der plastischen Verformungen, da dies die Ermittlung der statischen Traglast unter Berücksichtigung des unelastischen Materialverhaltens ermöglichte. Zum ersten Mal berücksichtigten Gabor Kazinczy und Kist 1914 und 1917 das plastische Verhalten statisch unbestimmter Tragwerke. Die theoretischen Grundlagen legten jedoch erst die Arbeiten von Hile, Drucker, Greenberg und Prager 1951/52, die mit dem statischen Grenzwertsatz die untere und mit dem kinematischen Grenzwertsatz die obere Begrenzung der Tragfähigkeit bestimmten. Ein durch die moderne Baustofforschung vertieftes Materialverständnis und der Einsatz des Computers, dessen Erfindung nicht von ungefähr einem Bauingenieur, Konrad Zuse, zu verdanken ist, ermöglichten die weitere Vervollkommnung der Bemessungsverfahren. Während die Annahme eines linear-elastischen Verhaltens für den Gebrauchszustand von Holz- und Stahlkonstruktionen hinreichende Sicherheit garantierte, konnte sie bei Stahlbetonkonstruktionen nur durch die Beachtung nichtlinearer Verformungen erreicht werden. Als Bemessungskriterien galten nun die Grenzzustände „Gebrauchsfähig-

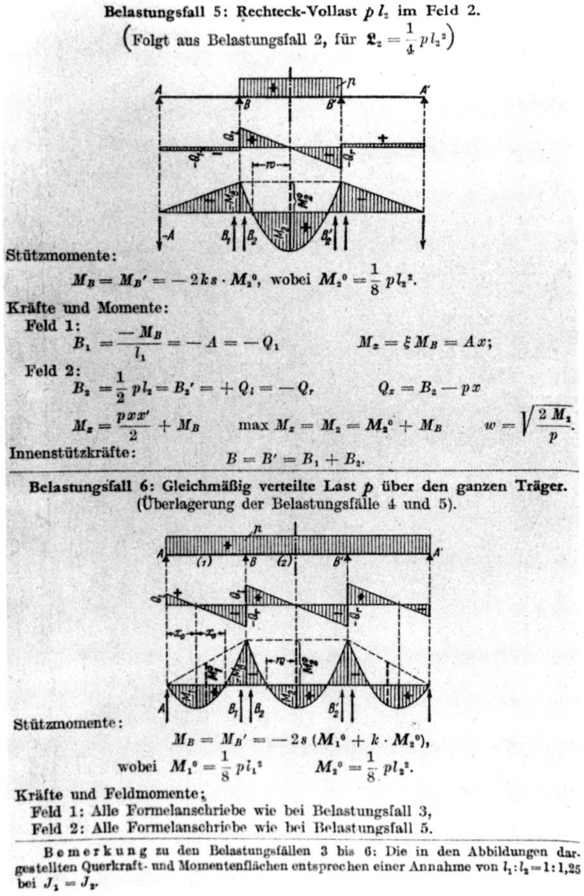

Belastungsfall 5: Rechteck-Vollast $p\,l_2$ im Feld 2.
(Folgt aus Belastungsfall 2, für $\mathfrak{L}_2 = \frac{1}{4} p l_2^2$)

Stützmomente:

$$M_B = M_{B'} = -2ks \cdot M_2^0, \text{ wobei } M_2^0 = \frac{1}{8} p l_2^2.$$

Kräfte und Momente:

Feld 1:

$$B_1 = \frac{-M_B}{l_1} = -A = -Q_1 \qquad M_x = \xi M_B = Ax;$$

Feld 2:

$$B_2 = \frac{1}{2} p l_2 = B_2' = +Q_l = -Q_r \qquad Q_x = B_2 - px$$

$$M_x = \frac{pxx'}{2} + M_B \qquad \max M_x = M_2 = M_2^0 + M_B \qquad w = \sqrt{\frac{2M_2}{p}}.$$

Innenstützkräfte: $B = B' = B_1 + B_2.$

Belastungsfall 6: Gleichmäßig verteilte Last p über den ganzen Träger.
(Überlagerung der Belastungsfälle 4 und 5).

Stützmomente:

$$M_B = M_{B'} = -2s\,(M_1^0 + k \cdot M_2^0),$$

$$\text{wobei } M_1^0 = \frac{1}{8} p l_1^2 \qquad M_2^0 = \frac{1}{8} p l_2^2.$$

Kräfte und Feldmomente;
Feld 1: Alle Formelanschriebe wie bei Belastungsfall 3,
Feld 2: Alle Formelanschriebe wie bei Belastungsfall 5.

Bemerkung zu den Belastungsfällen 3 bis 6: Die in den Abbildungen dargestellten Querkraft- und Momentenflächen entsprechen einer Annahme von $l_1 : l_2 = 1 : 1{,}25$ bei $J_1 = J_2$.

„Es hat also schon in dieser Hinsicht als Axiom zu gelten, daß unter sonst gleichen Umständen die Sicherheit eines Bauwerks um so größer wird, je mehr sein Gewicht sich ermäßigt. Darum frage man sich jedesmal, ob eine die Konstruktion ‚verstärkende' Massenvermehrung auch eine Erhöhung der Sicherheit bedeutete … Das Publikum mag also die Masse lieben. Je mehr Kubikmeter, Tonnen oder Eisenbahnzüge Material dafür verbraucht wurden, desto mehr wird der Bau von ihm bewundert werden. Auch der ausführende Unternehmer mag daran Freude haben; für ihn ist es interessant, Mittel und Wege zu finden, größte Massen in kürzester Zeit zu bewältigen. Der entwerfende Ingenieur dagegen soll der Masse feindlich gegenüberstehen. Schon aus wirtschaftlichen Gründen natürlich, sodann aber auch im Hinblick auf den Bestand des Bauwerks. Dieser verlangt die Anwendung des besten, wetterbeständigsten Materials, und dies kann man sich aus wirtschaftlichen Gründen nur dann leisten, wenn man an Masse möglichst spart."

Robert Maillart

Formeln für Dreifeldträger
aus: A. Kleinlogel, A. Dasselbach: Durchlaufträger, Bd. 1, Berlin 1949[7]

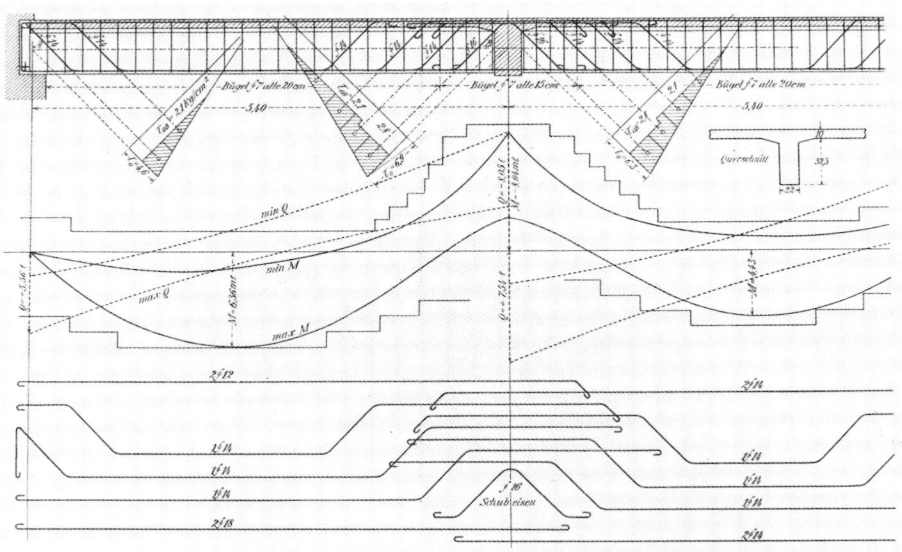

Schubsicherung und Momentendeckung bei einem direkt belasteten kontinuierlichen Balken von gleichbleibender Höhe
aus: E. Mörsch: a. a. O.

„Ich möchte jeden Entwurf im Büro in der Hand haben, denn ich habe herausgefunden, daß dies der einzige Weg ist zu lernen und mit allem, was vorgeht, in Fühlung zu bleiben."

Felix Candela

„Der Candela von heute, dessen intuitive Lösungen eines Problems richtig sind, ist der Erbe des Candela von gestern, der diesen Problemen alle Kräfte seiner scharfen Intelligenz widmete. Erst nachdem diese volle Kenntnis ein Teil von ihm geworden war, wurde die intuitive Einstellung in ihrem wortwörtlichen Sinne möglich: daß Vision und Kenntnis eins sind."

Betty Campbell

keit" und „Tragfähigkeit". Damit standen drei unterschiedliche Bemessungsverfahren zur Verfügung:

- das auf dem Hookschen Gesetz basierende klassische n-Verfahren mit vorgeschriebenen zulässigen Spannungen,
- das Traglastverfahren mit summarischem Sicherheitsfaktor,
- die Methode der Ermittlung der Grenzzustände mit differenzierten Sicherheitsfaktoren.

Die technischen Möglichkeiten und das wesentlich sich auf moderne mathematische Methoden wie die Finite-Elemente-Methode und auf hochentwickelte, zerstörungsfreie Prüfmethoden stützende Niveau der Ingenieurtheorie erreichten in der Gegenwart eine solche Vollkommenheit, daß Fazlur Khan, der geniale Konstrukteur spektakulärer Wolkenkratzer in den USA, behaupten konnte, daß wir „heute ohne echte Schwierigkeit ein 190 geschossiges Gebäude" errichten könnten. Das sei lediglich ein soziales Problem. [5.51.]

Während des gesamten 19. Jahrhunderts kam es immer wieder zu Rückschlägen mit oft katastrophalem Ausmaß, die das Vertrauen auf die Zuverlässigkeit der statischen Berechnungen erschütterten. Im Gewölbe des Panthéon in Paris zeigten sich noch während der Bauarbeiten gefährliche Risse. Der durch den Bau von Krankenhäusern bekannt gewordene Pariser Architekt Charles Viel veröffentlichte daraufhin eine Streitschrift mit dem vielsagenden Titel: „Über die Unfähigkeit der Mathematik, die Festigkeit der Bauwerke zu sichern." [5.52.]

Die sich häufenden Einstürze gußeiserner Bogenbrücken vor allem nach 1800 wirkten nach der ursprünglichen Euphorie über die vielfältigen Einsatzmöglichkeiten des neuen Materials ernüchternd. Hängebrücken stürzten ein, weil der Einfluß des Windes völlig unzureichend erkannt war. [5.53.] Aber solche Katastrophen gaben immer wieder neue Anstöße, nach noch höherer Sicherheit und präziserer Erfassung der zu erwartenden Beanspruchungen, des Kraftverlaufs und des Tragverhaltens zu streben. Als 1891 die erst 1874 von *Eiffel* konstruierte Münchensteinerbrücke einstürzte, erarbeiteten *W. Ritter* und *Tetmajer* Gutachten, die nicht nur auf Mängel in der Qualität des Eisens und auf zu schwach bemessene, exzentrisch angeordnete Mittelstreben hinwiesen, sondern wichtige Erkenntnisse über die Knicksicherheit der Druckstäbe und über die Erfassung von Neben- und Zusatzspannungen enthielten. Auf Initiative von *Willi Gehler* in Dresden begann der Deutsche Betonverein 1907 mit der statistischen Erfassung von Unglücksfällen und schuf so eine außerordentlich wichtige Voraussetzung für zunehmende Sicherheit der Bauwerke und des Bauens.

Unter den Bedingungen der industriellen Revolution und des Kapitalismus der freien Konkurrenz entwickelte sich die Bauindustrie stürmisch und stellte der Wissenschaft mehr Aufgaben, als sie zu lösen vermochte. Die Tätigkeit der Bauingenieure konnte in dieser Zeit nur in einer für ihren Gegenstand eigentümlichen Verflechtung von rein empirischen Vorgehen, von Anwendung naturwissenschaftlicher Erkenntnisse und beharrlichem Probieren bei der Suche nach neuen Lösungen von beginnender Verallgemeinerung praktischer Erfahrungen und Entwicklung einer wissenschaftlichen Theorie bestehen.

Das klassische Berufsverständnis des Ingenieurs, in dessen Mittelpunkt die funktionelle und konstruktive Komplexität der Technik steht, akzentuierte *Ferdinand Redtenbacher* um die Mitte des vorigen Jahrhunderts: „Mit den Prinzipien der Mechanik erfindet man keine Maschine, denn dazu gehört, nebst dem Erfindungstalent, eine genaue Kenntnis des mechanischen Prozesses, welchem die Maschine dienen soll. Mit den Prinzipien der Mechanik bringt man keinen Entwurf einer Maschine zustande, denn dazu gehört Zusammensetzungssinn, Anordnungssinn und Formensinn. Mit den Prinzipien der Mechanik kann man keine Maschine wirklich ausführen, denn dazu gehören praktische Kenntnisse der zu verarbeitenden Materialien und eine Gewandheit in der Handhabung der Werkzeuge und Behandlung der Hilfsmaschinen." [5.54.]

Max Eyth, beliebter Ingenieurschriftsteller um 1900, kritisierte die aufwendigen, noch ganz auf Probieren beschränkten Versuche *Robert Stephensons* und seiner Mitarbeiter vor dem Bau der berühmten Röhrenbrücken: „Viele Tausende werden alljährlich durch Versuche vergeudet, wo eine einfache Berechnung, eine richtige Anwendung physikalischer Lehrsätze die Frage sicher entschieden hätte. Oft genug führt dieser Weg des Experimentierens zum praktischen Ziel. Man muß aber reich sein, ihn zu gehen." [5.55.]

Es fällt auf, daß gerade profilierte Bauingenieure, die durch von ihnen konstruierte Bauwerke Meilensteine in der Geschichte gesetzt haben, in den Reflexionen über ihr Schaffen die Bedeutung mathematischer Methoden deutlich relativieren. Dies tat schon *Schwedler* in der „Theorie der Brückenbalkensysteme" 1851: „Vorstehende Bemerkungen (zur Fachwerktheorie – H. R.) sind nur gemacht worden, um anzudeuten, wie eine Theorie, die auf bestimmten Voraussetzungen basirt ist, nicht auf Bauausführungen angewandt werden kann, bevor man geprüft hat, ob auch sämtliche Voraussetzungen bei dem Bauwerk gemacht werden können. Es wird sich im Gegentheil finden, daß die Theorie für jedes Bauwerk, je nach dem Material, dessen Elasticität, den Querschnitten der Theile, den Detailverbindungen, und noch mancherlei anderer Sachen besonders rectificirt werden muß, wenn man nicht in Fehler verfallen will. Die Theorie giebt nur im Allgemeinen ein Schema, nach welchem die Stabilität des Bauwerks durchdacht werden soll, dem einzelnen Baumeister bleibt es danach überlassen, in jedem besonderen Fall dieses Schema mit seinen Gedanken auszufüllen." [5.56.]

Einen ähnlichen Standpunkt nahm *Eugène Freyssinet* in seinen Lebenserinnerungen ein: „Für mich gibt es nur zwei Informationsquellen: erstens die direkte, verstandesmäßige Wahrnehmung der Tatsachen und zweitens die Intuition, in der ich den Ausdruck und Widerschein aller von frühester Kindheit an im Unterbewußtsein angesammelten Erfahrung sehe. Die Intuition muß selbstverständlich von der Erfahrung kontrolliert werden. Wenn sie jedoch im Widerspruch zu dem Ergebnis einer Berechnung steht, so lasse ich diese Berechnung noch einmal durchführen, und meine Mitarbeiter versichern, daß letzten Endes stets die Berechnung unrecht hat.

Man verstehe mich richtig! Ich leugne nicht die Größe und Schönheit der Mathematik. Sie hat einem Einstein und de Broglie die Sprache verliehen, in der sie das grandioseste Epos geschrieben haben, das Menschen je erdacht haben. Ich bestreite noch weniger ihren praktischen Nutzen in unserem Beruf. Ich habe nicht darauf verzichtet, sie gelegentlich anzuwenden. Wir dürfen jedoch nie vergessen, daß sie nur die Mittel liefert, die Form der Gegebenheiten, die wir bereits in uns tragen, zu ändern, und daß wir, so groß auch das Interesse und der Nutzen solcher Umwandlungen sein mag, am Ende einer Berechnung stets nur das finden, was wir bei Beginn eingesetzt haben ... Ich glaube, daß die mathematische Folgerung, wenn sie der Unterstützung durch die Erfahrung beraubt ist, nur eine Fehlerquelle ist, die je anziehender um so gefährlicher ist." [5.57.]

Einstein hat dieses Grundproblem der Begrenztheit mathematischer Methode in einem Bonmot zugespitzt: „Soweit die Mathematik exakt ist, beschreibt sie nicht die Wirklichkeit, und so weit sie die Wirklichkeit beschreibt, ist sie nicht exakt." [5.58.]

Aber nicht nur erfolgreiche Praktiker, selbst *August Föppl*, der viele Generationen von Ingenieuren in technischer Mechanik ausgebildet und mehr noch zu systematischem technischen Denken erzogen hat, relativierte die Rolle der Mathematik in den Ingenieurwissenschaften. Im ersten Band der „Vorlesungen über technische Mechanik" schrieb er: „Die Mechanik macht ausgiebigen Gebrauch von den Hilfsmitteln der Mathematik. Bei aller Anerkennung dieser schätzenswerten Dienste darf man aber darum die Rolle, die die Mathematik in der Mechanik spielt, auch nicht überschätzen oder gar das mathematische Gewand, in das die Lehren der Mathematik gekleidet sind, als die Hauptsache betrachten. Je weniger Rechnung für die Lösung einer Aufgabe der Mechanik aufgewendet zu werden braucht, desto besser ist diese Lösung vielmehr." [5.59.]

Für Bauwerke, deren zweckmäßige und sichere Konstruktion einen tiefen Einblick in konkret an der Baustelle bestehende natürliche Bedingungen und Prozesse voraussetzen, wie im Wasser-, Grund- und Tunnelbau, ermöglichten erst systematische Versuche die Ableitung zuverlässiger Theorien und Bemessungsmethoden. Als Voraussetzung für Flußbauwerke und Flußregulierungen ging es für die Hydraulik um Klarheit über die Zusammenhänge zwischen Bettgestalt, Abflußmenge, Was-

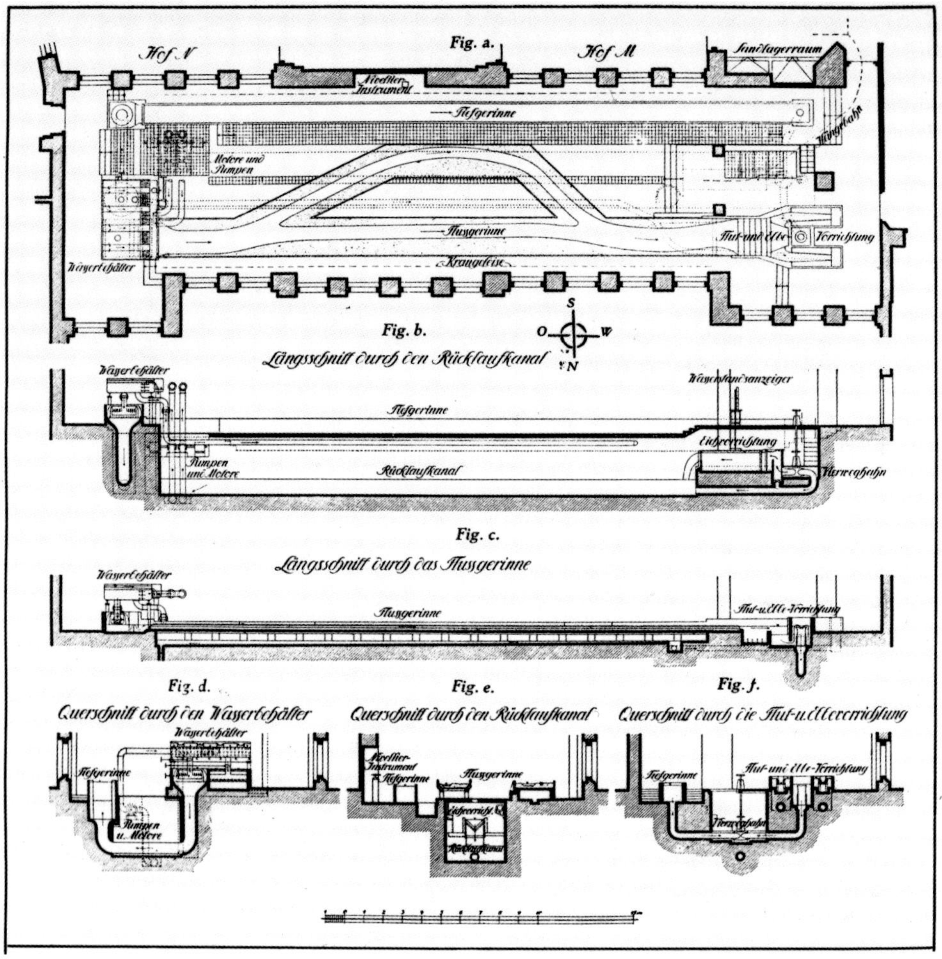

Hubert-Engels-Laboratorium der TU Dresden, Grundriß und Versuchsgerinne aus: Der Neubau der königlichen sächsischen Technischen Hochschule Dresden, in: Zirkel Monographien Bd. 1, 1914

„Die imposanten Steingewölbe gotischer Kathedralen und die kühnen Kuppeln der Renaissance wurden ohne die Hilfe der Differentialrechnung gebaut, statt dessen aber mit einem großen Gleichgewichtsgefühl und einer gesunden Kenntnis des Kräftespiels. Diese Eigenschaften sind wichtiger für einen wirklichen Baumeister als das verwickelste mathematische Wissen."

Felix Candela

serspiegellage, Verteilung der Geschwindigkeiten und des Drucks eines Flusses. Die anfangs mit Hilfe offensichtlich unzureichend begründeter Formeln errechneten Ergebnisse und die tatsächlich eintretenden Wirkungen unterschieden sich erheblich. Erst schrittweise entstand eine wissenschaftlich fundierte Hydraulik, gefördert durch französische Physiker und Ingenieure wie *M. Dubuat*, der nach zehnjährigen Versuchen die „Principes d'Hydraulique et de Pyrotechnique" herausgab. [5.60.], *Prony, d'Alembert, Bossut, Lesbros, Darcy, Bazin, Fargue*. Nach *Tulla* in Karlsruhe und *Eytelwein* in Berlin trugen vor allem *Julius Weisbach* in Freiberg durch die Veröffentlichung seiner Experimental-Hydraulique [5.61.] und *Gotthelf Hagen* mit seinem zehnbändigen Handbuch der Wasserbaukunst zur Entwicklung der Hydraulik bei. Von *Weisbach* gingen unmittelbare Impulse über seinen Schüler *Gustav Zeuner* bis zum Gründer der Flußbauversuchsanstalt an der Technischen Hochschule in Dresden, *Hubert Engels*.

Hagen beklagte, daß man sich bisher begnügt habe, „gewisse algebraische Ausdrücke mit einigen wenigen Messungen ungefähr in Übereinstimmung zu bringen". [5.62.] Ebenso wie andere Ingenieurwissenschaftler grenzte er die Rolle der Mathematik ein: „Die Mathematik, welche gemeinhin für das unterscheidende Kennzeichen einer Theorie gilt, ist, wie mich dünkt, keineswegs ein wesentlicher Teil derselben: sie ist vielmehr nur da notwendig, wo wegen der Verwirklichung der Umstände der bloße Verstand nicht mehr die Einwirkungen und Folgen der einzelnen Ursachen zu übersehen vermag." [5.63.]

Damit erinnert er an einen bereits von *Leonardo da Vinci* vertretenen Standpunkt: „Erinnere dich, wenn du das Wasser erklärst, erst das Experiment auszuführen, hierauf die Ursache". In der Vorrede zur ersten Auflage seines Handbuchs vom Dezember 1840 zog *Hagen* aus der bisherigen Unsicherheit der Theorienbildung im Wasserbau den Schluß: „Ihre Unhaltbarkeit ist die natürliche Folge ihrer Unvollständigkeit. Vor allem fehlte es bisher an genauen und vielseitigen Beobachtungen, die einer umfassenden Theorie zugrunde gelegt werden konnten; ..." [5.64.]

Zwangsläufig kam *Hagen* bei der Auswertung von Versuchsreihen zum Problem der Wahrscheinlichkeit aus der Theorie abgeleiteter Modellvorstellungen: „Vorliegende Grundzüge der Wahrscheinlichkeitsrechnung stellte ich 1837 zusammen, um die sichere Methode zur Verwertung von Messungen und Beobachtungen, die ich

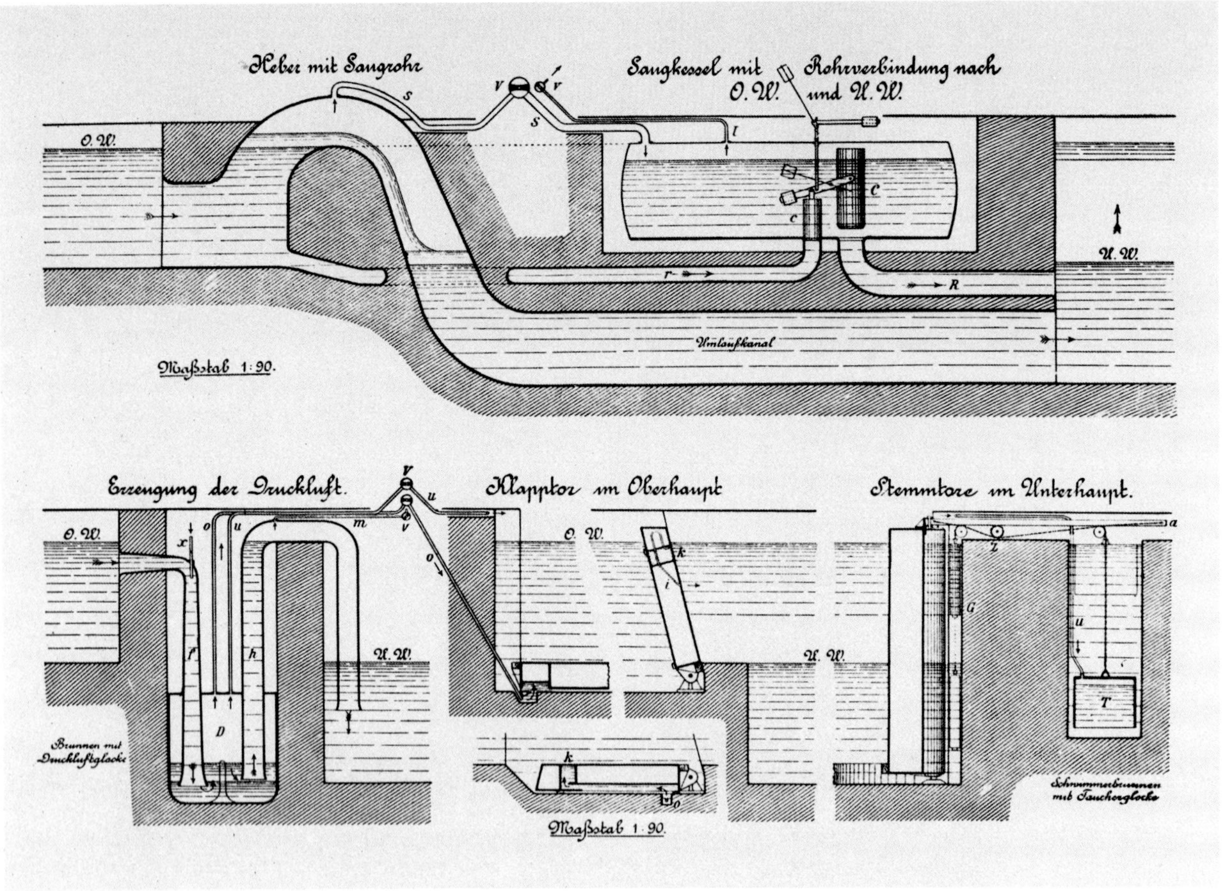

Das Füllen und Leeren der Schleusenkammer, das Öffnen und Schließen der Schleusentore
aus: H. Engels: Handbuch des Wasserbaus, Berlin 1914

bei längerer Beschäftigung mit astronomischen Studien und Rechnungen kennen gelernt hatte, in die Ingenieurwissenschaften einzuführen." [5.65.]

Aus der allgemeinen wissenschaftlichen Unsicherheit des Wasserbaus entstand dann 1897 die erste von Hubert Engels in Dresden ausgehende Initiative zur Einrichtung von Flußbaulaboratorien. Dafür mögen die Erfahrungen ausschlaggebend gewesen sein, die Engels seit seiner Berufung an die TH Dresden 1890 als Gast im hydraulischen Labor von Gustav Zeuner hatte machen können. [5.66.]

Die zentrale Bedeutung des Experiments, wie sie gerade nach 1900 im Wasserbau-Versuchswesen und in der bauphysikalischen Forschung [5.67.] deutlich wurde, ist für die Bauingenieurwissenschaft in ihrer Gesamtheit symptomatisch. Die auf das Ziel „Bauwerk" gerichtete Theorie konnte nur auf einem starken empirischen Fundament entstehen. Die Verarbeitung von Erfahrung auf immer höherer theoretischer Stufe umfaßt ein ganzes Bündel unterschiedlicher wissenschaftlicher Disziplinen, von der Chemie und Physik der Baustoffe angefangen bis hin zur Technologie der Vorfertigungs- und Montageprozesse und zu den Arbeitswissenschaften, die alle auf spezifische, von der Zielstellung bestimmte Weise zusammenwirken müssen und sich gegenseitig beeinflussen.

Im Bauen formte sich ein zweckmäßiges Verhältnis von Theorie und praktischer Erfahrung, geprägt durch die Bewältigung großer Massen von Baustoffen, durch die Auseinandersetzung mit den natürlichen Gegebenheiten der Baustelle, mit Naturgewalten. Weder läßt sich ein Bauwerk, noch der Ablauf des Bauens selbst vollständig in Projekt und Berechnung erfassen. Wert und Möglichkeiten wissenschaftlicher Durchdringung der Baukonstruktionen und Bauprozesse bleiben unbestritten. Dennoch erfordert ein Wesenszug des Bauingenieurberufs Aufmerksamkeit: Der Reiz, in nicht vorhersehbaren Situationen lebenswichtige Entscheidungen treffen und gegenüber der Natur den Willen zur Gestaltung menschlicher Umwelt behaupten zu müssen. Dies bedeutet nicht nur Risikobereitschaft, sondern ebenso kühles Abwägen, präzises Erfassen aller Faktoren, Infragestellen des bisher Erkannten, das Aufstellen wissenschaftlicher Hypothesen und vor allem auch das Wissen um den kulturellen Sinn der Bauaufgabe.

„Der Baumeister muß ferner darauf hingewiesen werden, daß die volle Schärfe, welche die abstrakte Mathematik charakterisiert, in den Erfahrungswissenschaften aufhört, und daß nicht nur die konstanten Faktoren, sondern auch die Gesetze, die man aus den Erscheinungen ableitet, mehr oder weniger unsicher sind. Er muß daher sich stets Rechenschaft geben, welchen Grad der Wahrscheinlichkeit das Resultat jeder Untersuchung hat. Bei dieser Auffassung des Sachverhältnisses stellt sich die beliebte Redensart, daß gewisse Ansichten theoretisch richtig, praktisch aber falsch sind, als ganz sinnlos heraus. Jede neue Erfahrung schließt sich entweder den bereits gefundenen Gesetzen an und bestätigt sie, oder sie widerspricht ihnen und zeigt dadurch, daß jene Gesetze noch der Berichtigung bedürfen."

Gotthelf Heinricht Ludwig Hagen, 1826

6.

BAUTECHNIK UND SCHÖNHEIT EINHEIT ODER GEGENSATZ?

Die klassische Auffassung, daß Nützlichkeit, Dauerhaftigkeit und Schönheit im Bauwerk als Einheit zu verwirklichen seien, hatte ihren Ursprung in den konstruktiven und technologischen Bedingungen traditionellen Baumaterials: Naturstein, Ziegelstein, Holz. Der römische Legionsbaumeister *Vitruv* formulierte sie in Wiedergabe griechischer Architekturtheorie in seinen zehn Büchern über die Architektur: „Diese Anlagen [Vitruv bezieht sich auf die vorher von ihm erwähnte Einteilung der Bauwerke in Stadtmauern und Gebäude für die Verteidigung, für die Gottesverehrung und den allgemeinen Nutzen, sowie Privatgebäude – H. R.] müssen aber so gebaut werden, daß auf Festigkeit, Zweckmäßigkeit und Anmut Rücksicht genommen wird. Auf Festigkeit wird Rücksicht genommen sein, wenn die Einsenkung der Fundamente bis zum festen Untergrund reicht und die Baustoffe, welcher Art sie auch sind, sorgfältig ohne Knauserei ausgesucht werden; auf Zweckmäßigkeit, wenn die Anordnung der Räume fehlerfrei ist und ohne Behinderung für die Benutzung und die Lage eines jeden Raumes nach seiner Art den Himmelsrichtungen angepaßt und zweckmäßig ist; auf Anmut aber, wenn das Bauwerk ein angenehmes und gefälliges Aussehen hat und die Symmetrie der Glieder die richtigen Berechnungen der Symmetrien hat." [6.1.]

In der Gotik halfen geometrische Schlüsselkonstruktionen die Übereinstimmung von Grund- und Aufriß, der einzelnen Bauglieder mit dem gesamten Bauwerk ebenso zu sichern, wie eine stabile Konstruktion. Zugleich aber bildeten sie die Grundlage für die Harmonie der Proportionen von Bauwerk und Raum. Auch *Leon Battista Alberti,* der Architekturtheoretiker der italienischen Frührenaissance, ging von dieser unbedingten Ganzheitlichkeit architektonischer Gestalt aus: „Doch der Kürze halber möchte ich die Definition geben, daß die Schönheit eine bestimmte gesetzmäßige Übereinstimmung aller Teile, was immer für einer Sache sei, die darin besteht, daß man weder etwas hinzufügen noch hinwegnehmen oder verändern könnte, ohne sie weniger gefällig zu machen... Daraus erhellt, meine ich, daß die Schönheit gleichsam den schönen Körper eingeboren ist und ihn ganz durchdringt, der Schmuck aber mehr die Natur erdichteten Scheines und äußerer Zutaten habe, als innerlicher Art sei." [6.2.]

Erst in der industriellen Revolution zerfiel dieser über die Jahrhunderte hinweg wirkende Grundgedanke allen Bauens. Jetzt beanspruchten Nutzen und Ökonomie das Primat. Die klassische Einheit von Funktion, Konstruktion und Gestaltung blieb zwar noch utopisches Ideal, ihre Unschuld aber hatte die Architektur unter den Bedingungen der Marktwirtschaft verloren. Erschrocken stand *Karl Friedrich Schinkel* während seiner Englandreise in Manchester vor den ungestalteten Ziegelrohbauten der Spinnereien und Webereien und notierte am 17. Juli 1826 in seinem Tagebuch: „Seit dem französischen Kriege sind in Lancashire vierhundert neue Fabriken etablirt worden; man sieht Gebäude stehen, wo vor drei Jahren noch Wiesen waren, aber diese Gebäude sehen schon so schwarz aus, als wären sie hundert Jahre im Gebrauch. Die ungeheuren Baumassen, blos von einem Werkmeister, ohne alle Architektur und nur für das nackteste Bedürfnis allein aus rothem Backstein aufgeführt, machen einen höchst unheimlichen Eindruck." [6.3.]

Das Nützliche und ökonomisch Notwendige, die Sphäre der Arbeit, das war der Bereich der niederen Zwänge, ja des Häßlichen, während das Schöne nur außerhalb des Nützlichen existieren konnte, außerhalb der proletarischen Massen. Theoretische Reflexionen über Architektur unterschieden nun ganz im Sinne *Kant*scher Ästhetik die „Kernform" des Bauwerks als Materialisierung des Raumes von der „Hüllform" mit ihrer symbolischen Qualität. [6.4.] Mit der Herstellung der raumbildenden Konstruktion aber, dem „Nicht-Architektonischen" befaßte sich der Bauingenieur.

„Eine reine Konstruktion darf sich sehen lassen wie der reine Bau der Pflanzen. Sichtbare Zweckmäßigkeit ist der Anfang aller architektonischen Schönheit."

Karl M. Heigelin

Die Kernform habe den Zweck, dem Tragen, Stützen, Bedecken etc. zu dienen. Sie müsse von einer Hülle bekleidet werden, deren Aufgabe es sei, die Funktionen der Elemente der Kernform mit Hilfe malerischen und plastischen Schmucks zu verdeutlichen, sinnlich erfaßbar zu machen. Die architektonische Hülle eben würde dadurch schön, daß sie entsprechend dem hohen künstlerischen Vermögen der Hellenen in der Lage sei, das Tragen und Getragenwerden, das Lasten und Schweben, das Verbinden und Begrenzen zu symbolisieren.

Weit über diesen vordergründigen Symbolismus hinausgehend stellte *Gottfried Semper* die Wechselwirkung von Idee und Stoff als Bedingung der Gestalt in den Mittelpunkt seiner Theorie: „Jedes Kunstwerk ist ein Resultat oder eine Funktion einer beliebigen Anzahl von Agenzien oder Kräften, welche die variablen Koeffizienten ihrer Verkörperung sind." [6.5.] Die im Bauwerk in Erscheinung tretende Idee, die seiner gesellschaftlichen Zweckbestimmung entspringt, dürfe dem Stoff nicht widersprechen. Ihre Gestalt sei vielmehr „Resultat des Stoffes, der bei der Produktion benutzt wird, sowie der Werkzeuge und Prozeduren, die dabei in Anwendung kommen." [6.6.]

Diese Vorstellung von der Harmonie von Zweck, Stoff und Idee im Bauwerk ordnete sich in der zweiten Hälfte des 19. Jahrhunderts in die Suche nach der im Symbol gipfelnden Wahrheit der architektonischen Gestalt ein. Sie spiegelte die sich differenzierende gesellschaftliche und berufliche Arbeitsteilung, aber auch die sozialen Widersprüche der kapitalistischen Gesellschaft wider. Daraus resultierend profilierten sich zwei voneinander immer klarer zu unterscheidende berufliche Wirkungsbereiche. Der eine blieb dem an den Regeln historischer Baustile ausgebildeten Architekten vorbehalten, der

Eugène Viollet-le-Duc, Vorschlag für eine Halle mit eiserner Stützkonstruktion aus: E. Viollet-le-Duc: Entretiens sur l'architecture, Bd. 1, Paris 1863

nach dem Stil suchte, welcher dem Bauwerk einen seiner Zwecksetzung entsprechenden Symbolgehalt verlieh. Der andere führte zum Beruf des Bauingenieurs. Im Gegensatz zum Historismus in der Architektur bestimmte der technische Fortschritt die Entwicklung des Ingenieurbaus.

Die bisher durch einen Beruf verwirklichte Komplexität des Bauens konnte nur noch aus der Zusammenarbeit zweier Berufe verwirklicht werden. Keineswegs darf aber die Situation so vereinfacht werden, als ob sich die Architekten mit Scheinproblemen im Bereich der dekorativen Gestaltung unter Anwendung historischer Stilformen und die Bauingenieure lediglich mit den durch neue Baumaterialien und Konstruktionsweisen aufgeworfenen technischen Problemen beschäftigt hätten. Vielmehr entstanden in dieser Zeit unter der Hülle der verschiedenen historischen Stilformen neue funktionelle Lösungen der Bauaufgaben, die sich mit der industriellen Revolution und ihren sozialen Auswirkungen gestellt hatten, wurden neue wissenschaftliche Ausgangspunkte und praktische Lösungen für leistungsfähigere Konstruktionen und Technologien gesucht. Über die Bedeutung neuer Konstruktionen für die Entwicklung der Architektur schrieb der hessische Oberbaudirektor *Georg Moller,* dem die spätklassizistische Gestaltung Darmstadts zu verdanken ist, im Vorwort einer Veröffentlichung seines Schülers *Hugo Ritgen:*

„Sehr wichtig dürfte die Ansicht sein, daß die Vervollkommnung der Constructionen einer der wichtigsten Hebel zum Fortschreiten der Architektur unserer Zeit ist, so daß dieselbe hierdurch weit sicherer, einen eigenthümlichen und wahren Charakter erhalten wird, als durch ein mißverstandenes Streben nach Schönheit, wobei meistens das Äußere und Innere der Gebäude in grellem Widerspruch stehen." [6.7.]

Die nun objektiv notwendige Zusammenarbeit von Bauingenieuren und Architekten konnte sich immer nur auf dem Hintergrund der konkreten gesellschaftlichen Beziehungen entwickeln. Die „neuen Constructionen" ermöglichten seit den fünfziger Jahren des 19. Jahrhunderts Stab-, Flach- und schließlich Profileisen und nicht zuletzt gußeiserne Stützen. Ihre Bedeutung für die Architektur wurde ebenso leidenschaftlich begrüßt wie verneint. Die schlanken Eisenkonstruktionen paßten nicht in die tradierten Schönheitsideale der Architekten. *John Ruskin,* der große britische Kunstphilosoph, lehnte die Verwendung von Eisen ab: „Wahrhafte Architektur läßt Eisen als Konstruktionsmaterial nicht zu." [6.8.] Ihm folgte der Kunstreformer *William Morris:* „Niemals wird es eine Eisenarchitektur geben. Alle Verbesserung der Maschinerie wird widerwärtiger und widerwärtiger bis sie den höchsten Grad der Widerwärtigkeit erreicht – die Forth Bridge." [6.9.]

Auch *Sempers* theoretisches Konzept bot keine Möglichkeit, das Eisen als gestaltbildendes Element in die Architektur zu integrieren: „Von einem eigenen monumentalen Stab- und Gußmetallstil kann nicht die Rede sein; das Ideal desselben ist unsichtbare Architektur! Denn je dünner das Metallgespinst, desto vollkommener in seiner Art." [6.10.]

Bemerkenswert ist, daß *Semper* eine solche Auffassung vertrat, nachdem er während seiner Emigration in London die beiden Versionen des Kristallpalastes *Joseph*

Paxtons im Londoner Hydepark und in Sydenham erlebt hatte. Welche Welten *Semper* von dieser Architektur trennten zeigt sein nicht ausgeführter Entwurf für ein Theater im Kristallpalast von Sydenham, das er ganz im Stil eines antiken Theaters gestaltete. Ausgehend von *Sempers* Auffassungen verband der Berliner Architekt *Wilhelm Boeckmann,* der gemeinsam mit seinem Partner *Hermann Ende* ein erfolgreiches Architekturbüro leitete, die architektonische Verwendung des Eisens mit der grundsätzlichen Frage nach der Beziehung von künstlerischer Gestaltung und konstruktiver Logik: „... ich glaube, daß in der Architektur des Eisens an und für sich eine Menge von Bedingungen liegen, die dasselbe außerordentlich schwierig für eine ästhetische Behandlung machen ... die reine mathematische Construction ist ebenso wenig eine fertige Leistung der Kunst als der menschliche Körper mit seinen offen liegenden Muskeln und Bändern, oder gar nur sein Gerippe ein lebensfähiges Geschöpf der Natur ist, und darum behaupte ich, die Schönheit der Bausysteme hat zum Teil darin ihren Grund, daß ein Überschuß an Masse über das zum Tragen notwendige Material vorhanden ist." [6.11.]

Schließlich gipfelte *Boeckmanns* Gedankengang in der Forderung: „... das Material muß einzig und allein im Dienste der Schönheit seine Pflicht zu erfüllen scheinen." Der Konflikt zwischen der Leistungsfähigkeit der Eisenkonstruktion und traditionellen Architekturvorstellungen führten gerade im Brückenbau zu ausgesprochen disharmonischen Lösungen, die späterer Kritik nicht mehr standhielten: „Der Ingenieur übernahm mit dem Nachweis der Zweckmäßigkeit des neuen Systems die alleinige Führung der Arbeiten. So kam es, daß die baukünstlerische Seite der Frage erst akut wurde, als man die Gitterträger über den Strom gelegt hatte und man merkte, daß sich das reine Ingenieurgebilde nicht so recht in das Bild fügte. Man erschrak vor seinem eigenen Werk und rief nun den Baukünstler zu Hilfe. Der kam dann auch und beklebte das Eisen mit ein paar Türmen vorn und hinten und gab zum Überfluß noch einige von diesen mittelalterlichen Stadtmauermotiven für die Strompfeiler als Beigabe hinzu." [6.12.]

Zweifellos zeigten sich bei Eisenkonstruktionen neuartige Gestaltungsmöglichkeiten, welche die Bildung gotischer oder maurischer Architekturformen erleichterten, weniger jedoch die Nachahmung griechischer Tempelgiebel. Von der erfolgreichen Auseinandersetzung mit dem neuen Material zeugen etwa solche Bauten wie der in einem indisch-gotischen Mischstil gestaltete königliche Pavillon in Brighton (1815–1823) von *John Nash,* die Decken über den großen Lesesälen der Bibliothèque St-Geneviève (1843–1850) und der Bibliothèque Nationale (1858–1868) von *Henri Labrouste* in Paris, auch das Pariser Kaufhaus „Au Bon Marché" von *L. A. Boileau,* dessen Eisenkonstruktion von der Fa. G. Eiffel errichtet worden ist, oder die Kuppel der neuen Synagoge in der Oranienburger Straße in Berlin von *E. Knoblauch* und *F. A. Stüler,* konstruiert von *J. W. Schwedler. Eugène Viollet-le-Duc* schließlich integrierte das Eisen in sein Konzept von einem nationalen französischen Stil, den er aus der Nutzung der inneren Logik gotischer Konstruktionen abzuleiten suchte.

Hier zeigte sich eine grundsätzlich neue Sicht, die jedoch in erster Linie Bauingenieure und eng mit ihnen zusammenarbeitende, nach Erneuerung der Baukunst strebende Architekten vertraten. Der elementar-ästhetische Wert eiserner Konstruktionen blieb auf die Dauer nicht

Gußeiserne Säule im großen Lesesaal der Bibliothèque Nationale, Paris,
1861–1869, H. Labrouste
Foto: Marburg

„Die Trennung von Ingenieur- und Hochbaukunst ist eine minderwertige moderne Erfindung. Die beiden Berufe waren früher eins, und nur die Vielfächerei unseres Schulwesens hat sie zu Unrecht auseinandergerissen. Die Entwicklung der Technik hat zu dem Glauben geführt, daß im Gebiet des Ingenieurbaus die ‚Kunst' keine Heimat habe. Das ist längst überwunden, und unsere Zeit sieht ein, daß jedes Werk menschlicher Konstruktion künstlerischen Charakter hat."

Friedrich Thiersch, 1907

unbeachtet. *Reinhard Baumeister* suchte in seiner 1866 erschienenen „Architektonischen Formenlehre für Ingenieure" noch einen Kompromiß: „..., so ist doch der gewöhnliche Typus von Schmiedeeisen-Constructionen flach, trocken und kahl. Man erkennt das Geizen mit den Mitteln zur Bearbeitung des harten Stoffes an der Abwesenheit von Schmuck, von detaillierterer Ausbildung, von reicheren Formen. Es ist also das traurige Geständnis abzulegen, dass wenn man nicht in Schmiedeeisen verhältnismäßig theurer als in anderen Materialien bauen, d. h. mehr Aufwand über das Nöthige hinaus machen will, das Streben nach charakteristischer Schönheit sich fast gänzlich auf die allgemeine Anordnung der Construction in den Grossformen, und auf die Beihülfe anderer Stoffe beschränken muss. Jenes bezieht sich dann namentlich auf die Formen, welche im Warmschmieden erzeugt werden, dieses auf Beifügung von Constructionstheilen und Verzierungen aus Gusseisen." [6.13.]

Ähnlich äußerte sich über ein Jahrzehnt später *Rudolf Redtenbacher* in seinen „Prinzipien der künstlerischen Gestaltung der Gebilde und Gefüge von Menschenhand, welche den Gebieten der Architektur, der Ingenieurfächer und der Kunstindustrie angehören": „Es hätte ferner wohl einen Sinn, namentlich bei Gitterbrücken, wenn man die Pfeilererhöhungen als eiserne Masten mit Mastkörben als Aussichtspunkte gestaltete und durch Fahnen, Kränze von kleinen Wimpeln bei Festen decorirte. Die Ketten und Drahtseile, welche angeordnet würden, um die Maste gegen Verschiebungen und Biegungen zu sichern, würden durch ihre schöne Übergangskurve von selbst den harten Eindruck der starren Brückenconstruction ein passendes Gegengewicht bieten." [6.14.]

So naiv wie diese Vorschläge anmuten, erfordert doch das Streben nach sinnvoller Verschönerung der rohen Ingenieurkonstruktion, nach Milderung der ursprünglich harten Linienführung ohne Rückgriff auf den in der zeitgenössischen Architektur aufbereiteten Vorrat an historischen Details Beachtung. Aber immer noch bleibt die Unvereinbarkeit von Konstruktion und Schönheit das ursprüngliche Dilemma, das lediglich durch eine sinnfällige und wirtschaftlich vertretbare Zierform kaschiert werden sollte.

Diese Diskrepanz zwischen historisierender Formensprache der Architektur und den ungewohnten Formen der sich aus logischem Kalkül ergebenden Ingenieurkonstruktionen führte in den Diskussionen zwischen Ingenieuren und Architekten, die offensichtlich durch die ursprüngliche Konkurrenzsituation geprägt war, zur Frage, ob und wenn ja, inwieweit Ingenieurkonstruktionen an sich auch schön sein können. Eine solche Über-

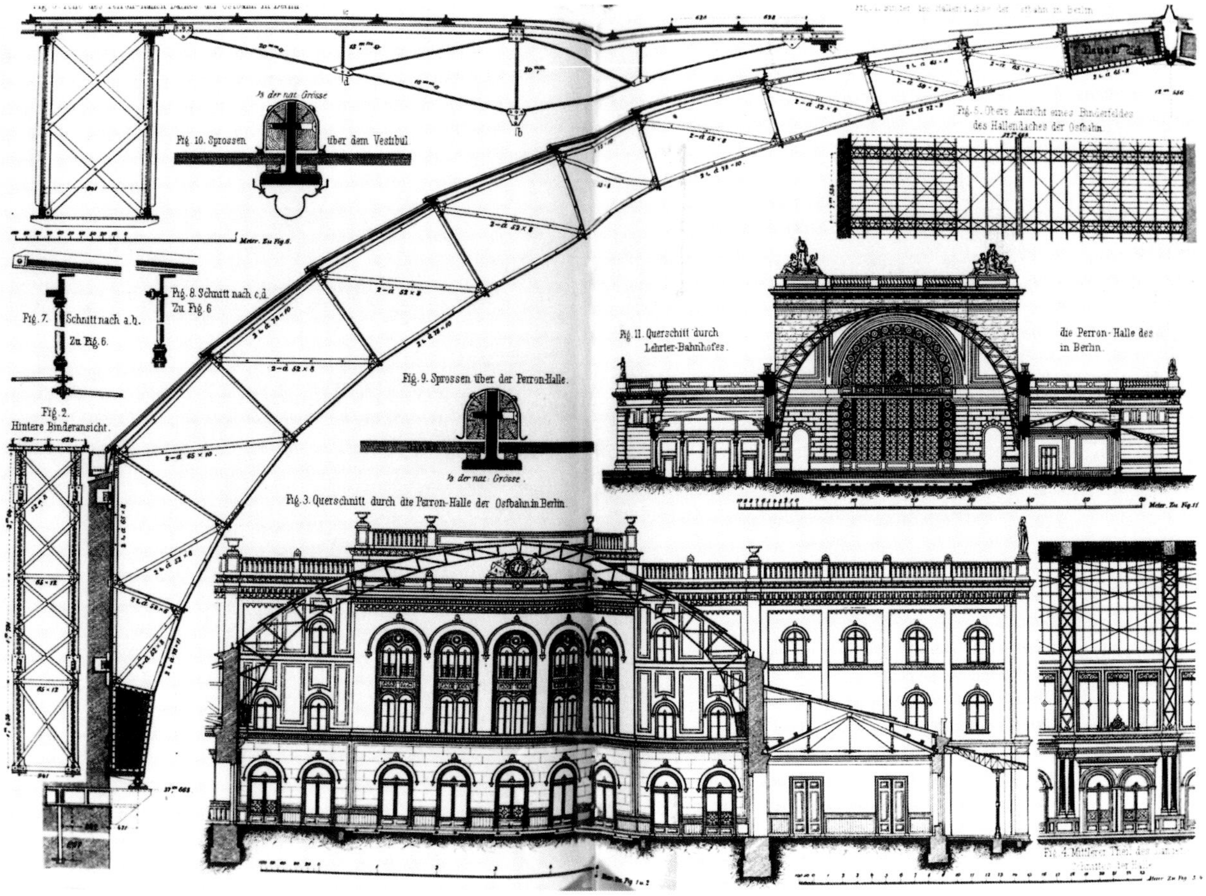

Ehemaliger Ostbahnhof in Berlin, Bahnsteighalle
aus: Klasen, a. a. O.

legung lag in den ersten Jahrzehnten des 19. Jahrhunderts in Anbetracht des außerordentlichen Fortschritts von Wissenschaft und Technik durchaus nahe. Warum sollte nicht die Allmacht menschlichen Verstandes über die Wahrheit der Wissenschaft und die Richtigkeit der Rechnung hinaus nicht auch zu einer neuen Schönheit finden, die man bisher im Rückgriff auf das historische Formenarsenal der Architektur vergeblich gesucht hatte?

J. W. Schwedler erkannte als formbildende Kraft allein die Wissenschaft an: „Die Konstruktion ist das Resultat der Wissenschaft, sie ist die Wahrheit am Bauobjekte. Die Einbildungskraft darf sich an dieser Wahrheit nicht vergreifen, sie darf sie veredeln aber nicht zerstören." [6.15.] Bei kritischer Betrachtung des von ihm entwickelten Fachwerkträgers, dessen Obergurt entsprechend dem Momentenverlauf die Form zweier Hyperbeläste erhielt, mußte *Schwedler* allerdings selbst einsehen, daß sich das Postulat vom ästhetischen Eigenwert der rechnerisch richtigen Konstruktion als durchaus problematisch erwies.

Natürlich entzündete sich die Diskussion vor allem an den Aufsehen erregenden Bauwerken des Jahrhunderts, etwa um den Eiffelturm in Paris. Auf die Entrüstung französischer Künstler reagierte *Eiffel* überzeugt von der künstlerischen Qualität seines Turmes: „Ich für meinen Teil glaube, daß der Turm von reiner Schönheit sein wird … Sind wahrhaftig die Bedingungen der Kraft immer in Übereinstimmung mit den geheimen Bedingungen der Harmonie? Die erste Bedingung architektonischer Ästhetik ist, daß die Hauptlinien eines Bauwerks bestimmt werden durch die vollendete Annäherung an seine Bestimmung … Ich behaupte, daß die Linien der vier Kanten des Bauwerks so, wie sie die Rechnung ergaben, die demgemäß von einer enormen und ungewöhnlichen Stärke an der Basis sind und sich zur Spitze hin verjüngen, einen gewaltigen Eindruck von Kraft und Schönheit ergeben." [6.16.]

Alfred Gotthold Meyer machte in seinem grundlegenden Werk über die Geschichte und Ästhetik der Eisenbauten auf den Entscheidungsspielraum aufmerksam, der *Eiffel* zur Verfügung stand und in dem sich auch ästhetische Kriterien – letztlich die individuelle Schönheitsvorstellung des Ingenieurs – auszuwirken vermögen: „Zwei prinzipielle Grenzen seines Angriffs (des Windes – H. R.) hat Eiffel bei dieser Berechnung vorausgesetzt und dadurch für den Verlauf zwei konkave Kurven erhalten. Zwischen diesen theoretischen Grenzlinien zog er die Mittelkurve und machte sie zur Leitlinie der Turmkanten." [6.17.]

Anfänglich erschien die Schönheit des Ingenieurbauwerks als etwas Hinzugefügtes, als künstlerisch-dekoratives Beiwerk zur rohen, unkünstlerischen Konstruktion. Diese Auffassung blieb noch ganz im Rahmen damaliger Kunstwissenschaft. *Heinrich Wölfflin* hatte noch die

Dekoration allein als Geburtsstätte eines neuen Stils bezeichnet. [6.18.]

Dann aber setzte sich, sicher mit zunehmender Gewöhnung an die so anders geartete Erscheinungsform der Ingenieurbauwerke, an das neue Verhältnis von geringer Masse zu ungewohnter Spannweite und Höhe, immer mehr die Anerkennung eines ästhetischen Eigenwerts der reinen Konstruktion durch. Auf der einen Seite standen die eigentlich nicht notwendigen Spanntürme der Britannia Bridge des Architekten *Thompson,* die massigen Brückentore der alten Weichselbrücke von Dirschau, gestaltet von *Stüler,* die einer Nibelungenburg nachempfundenen Brückenköpfe der Wormser Rheinbrücke oder die Empfangsgebäude vor den weitgespannten Bahnsteighallen. Ohne Zweifel wirkte es für einen an den Werken klassischer Architektur geschulten Geschmack verwirrend, wenn die gewaltigen Dreigelenkbinder der Maschinenhalle auf der Pariser Weltausstellung 1889, in der bequem das gesamte Schloß von Versailles Platz gefunden hätte, auf spitz zulaufenden Fußgelenken standen. [6.19.] Es nimmt deshalb nicht wunder, wenn ursprünglich gefordert wurde, die Fußgelenke bis auf 3 m Höhe massiv zu verkleiden.

In den letzten Jahrzehnten des 19. Jahrhunderts häuften sich Reflexionen über die stilbildende Kraft neuer Konstruktionen. Die Gestaltbarkeit der Stahlkonstruktionen rückte als wichtiger Faktor in der Bewegung zur Überwindung eklektischer Stilnachahmung in den Mittelpunkt der Untersuchungen. *Alfred Gotthold Meyer* beendete sein um diese Zeit geschriebenes Standardwerk über die Geschichte und Ästhetik der Eisenbauten mit dem Gedanken, daß die neuen Eisenbauten mehr Anrecht hätten als Kunst anerkannt zu werden als alle übrigen Bauten, „da ihre ungeheuren Dimensionen zu den monumentalen Werken der Gegenwart gehören, sich als Verkehrszentren gerade am eindrucksvollsten geltend machen und unbestreitbar einen Stimmungsgehalt besitzen, der mit den Bildern des modernen Lebens untrennbar verbunden ist." [6.20.]

Der durch die Konstruktion des nach ihm benannten Verbundträgers bekannt gewordene belgische Ingenieur *Arthur Vierendeel* brachte diese neue Wertung des Eisenbaus auf die knappe Formel: „Das Vernunftgemäße, das nicht schön ist, ist nicht das vollkommen Vernunftgemäße." [6.21.]

Es versteht sich, daß immer wieder in der Geschichte des Bauens bis in die Gegenwart Bauingenieure wirkten, die über eine hohe Sensibilität verfügten, so daß sie nicht nur die ästhetische Qualität von Ingenieurbauwerken zu erkennen vermochten, sondern sie auch in ihrer eigenen Arbeit anstrebten. Es ist nicht ohne Reiz festzustellen, daß sie dies in der Öffentlichkeit gern bemäntelten und das Wirken objektiver Gesetzmäßigkeiten vorschoben. Die Aussagen *Eugène Freyssinets* zur allgemein unbestrittenen Schönheit der Luftschiffhallen von Orly dürften kaum anders zu verstehen sein. An ihnen „war der Kontrast zwischen dem Fehlen künstlerischer Absichten und der Stärke der dennoch erzielten Wirkungen am augenfälligsten... Es handelte sich hierbei vor allem um die Empfindung von Gleichgewicht, Harmonie und Ordnung, eine spontane Gewißheit, daß jedes Detail genau so war, wie es sein mußte..." [6.22.]

Offensichtlich bedingt durch eine zunehmende Beherrschung der Konstruktion und Gewöhnung an ihre Kühnheit bildete sich um die Jahrhundertwende auch eine Sensibilität für die ästhetischen Werte der Bautechnik heraus. Da ein weit gespannter Brückenträger etwa das Naturgesetz zum Ausdruck bringe, müsse er zwangsläufig auch schön sein, denn Natur bilde nichts häßliches. Es ist bemerkenswert, daß diese Problematik profilierte Bauingenieure ebenso bewegte wie progressive Architekten. Das Bemühen um Klärung dieser Fragen und letztlich um die Förderung schöner Ingenieurkonstruktionen leitete den Verband Deutscher Architekten- und Ingenieurvereine bei der Initiierung einer Befragung unter den Mitgliedern von 16 Ingenieurvereinen. Die Frage lautete: „Welche Wege sind einzuschlagen, damit bei Ingenieurbauten ästhetische Rücksichten in höherem Grade als bisher zur Geltung kommen?"

Der Dresdner Oberbaurat *Hermann Klette,* nicht zuletzt bekannt geworden durch den Bau der Dresdner Kanalisation und die Konstruktion der von *Wilhelm Kreis* entworfenen neuen Elbbrücke, berichtete auf dem 1908 in Wien tagenden Architektenkongreß über das Ergebnis, das er in folgenden Sätzen zusammenfaßte: „Die

Hauptbahnhof in Köln,
1891–1894, Außenansicht und Blick in die Bahnsteighalle mit Wartesaalgebäude, Zustand um 1900
Kölnisches Stadtmuseum, Rheinisches Bilderarchiv

ästhetische Befriedigung bei den Schöpfungen des Ingenieurs liegt in der ausgesprochenen Zweckmäßigkeit; das Maß der Befriedigung hängt ab vom Maß des Verständnisses für die Funktion der einzelnen Teile des Bauwerks. Jetzt ist das Verstehen nur wenigen Sachverständigen beschieden. Das Stilgefühl muß geweckt werden, insbesondere bei dem Ingenieur, das ihn lehrt, die äußere Erscheinung seiner Bauten in Harmonie zu bringen mit ihrem Zweck, ihrem Material und ihrer Umgebung." [6.23.]

Ähnliche Gedanken äußerten auch die beiden Preisträger im Wettbewerb des VDAIV um die theoretische Durchdringung der Gestaltungsprobleme des modernen Ingenieurbaus aus dem Jahre 1913, *H. Jordan* und *E. Michel*. *Michel* schrieb in seinem Wettbewerbsbeitrag: „Keiner besonderen Auseinandersetzung bedarf es, daß über die vom Material gestellten Bedingungen hinaus für den Eisenbau dieselben Gesetze gelten wie für jedes künstlerische und insbesondere baukünstlerische Schaffen, nämlich die Regeln der Symmetrie, des Rhythmus und der Proportionalität, dann die Forderung, daß die Funktion klar zum Ausdruck kommen müsse, gelegentlich auch der Wunsch, durch Kontrast zu wirken." [6.24.] Das war damals ein neuer Gedanke: der Ingenieur, der sich ähnlich wie der Architekt auch als Gestalter begreifen soll. Hier wurde ein Ansatz zur utopischen Vorstellung von der Wiedergewinnung des universellen Baumeisters als des Erneuerers der Architektur formuliert. Diese sich stets nur in einzelnen Persönlichkeiten verwirklichende Hoffnung beeinflußte vor allem die Diskussionen um die Reform der Ingenieurausbildung bis in die Gegenwart.

Es versteht sich, daß fortschrittliche Architekten hoffnungsvoll die Impulse aus den neuen Baumaterialien, nach der Jahrhundertwende vor allem aus dem Stahlbeton, aber auch aus den sich dank immer perfekterer Bemessungsverfahren und Technologien ergebenden konstruktiven Möglichkeiten enthusiastisch aufgriffen. Das entsprach einem allgemeinen Trend zur Technisierung des Lebens. Ihr Symbol war die Maschine. Sie versprach Kontinuität und Effektivität in der Produktion und führte durch neue Ansprüche, die ihre Bedienung an die Arbeiter stellte, zu einem neuen Inhalt der Arbeit. Durch ihre Leistung versprechende Form wirkte sie als Ausdruck höchster Rationalität, ja, konnte sie als eine Art Ersatzvorstellung für gesellschaftlichen Fortschritt wirken. Ihre Produkte besaßen ganz bestimmte formale Eigenschaften wie Exaktheit der Kanten, Glätte der Oberflächen, Einfachheit der Grundform, die sie von handwerklichen Produkten unterscheiden ließ. Im technischen Fortschritt lösten sich anscheinend – bis zum Desaster der Weltwirtschaftskrise 1929/33 – alle sozialen und kulturellen Probleme. „Die Maschine gibt unserem Leben Pulsschlag und Rhythmus." [6.25.]

Wasserturm in Posen,
1910, H. Poelzig, Ansicht und Schnitt
aus: G. Platz: Die Baukunst der neuen Zeit, Berlin 1927

Im Bauen der zwanziger Jahre ging von der technischen Form, die, gleichgültig, ob sie das Ergebnis der Maschine war oder nur so aussah, eine neue Formsprache aus und die Ingenieure, ihre Urheber, avancierten in den Augen der Erneuerer der Architektur zu den eigentlichen Baukünstlern. *Henri van de Velde* feierte sie enthusiastisch: „Die Seele dessen, was diese Menschen (die Ingenieure – H. R.) schaffen, ist die Vernunft, ihr Mittel, die Berechnung; und die Folgen ihrer Anwendung von Vernunft und Berechnung kann die sicherste und reinste Schönheit sein!" [6.26.]

Noch emphatischer in den „Kunstgewerblichen Laienpredigten": „Es gibt eine Klasse von Menschen, denen wir den Künstlertitel nicht länger vorenthalten können. Ihr Werk stützt sich einerseits auf die Benutzung von Stoffen, deren Verwendung vorher unbekannt war, andererseits auf eine so außerordentliche Kühnheit, daß die Kühnheit der Erbauer der Kathedralen von ihnen noch übertroffen wird. Diese Künstler, die Schöpfer der neuen Architektur, sind die Ingenieure." [6.27.]

Diesen Enthusiasmus übertraf nur noch *Le Corbusier* in seiner Polemik gegen die im Historismus befangenen Architekten: „Der Ingenieur, belehrt durch das Gesetz der Sparsamkeit und geleitet durch die Berechnung setzt uns in Einklang mit den Gesetzen des Alls. Er erreicht die Harmonie." [6.28.]

Trotz aller grundlegenden Meinungsverschiedenheiten über die Konsequenzen der Industrialisierung des Bauens für das Schaffen der Künstler zwischen *van de Velde* und *Hermann Muthesius* gab es zwischen ihnen in der Würdigung des Ingenieurbaus als Ausdruck des technischen Zeitalters doch weitgehende Übereinstimmung. *Hermann Muthesius* schrieb im Jahrbuch des Deutschen Werkbundes 1913: „Einen Unterschied zu machen zwischen den Werken der Architektur und des Ingenieurbaus ist sinnlos. Die Ingenieurbauwerke entstehen gerade so wie die Werke des Architekten aus dem Wunsche, ein Bedürfnis zu decken. Auch bei ihnen ist wie bei den Werken des Architekten in allererster Linie ein Nützlichkeitsprogramm zu erfüllen, und die Erfüllung dieses Programms bildet den Ausgangspunkt der Gestaltung. Aber die Durchbildung selbst findet dann sofort unter dem ständigen kontrollierenden Einfluß des Schönheitsempfindens statt, das dahin strebt, das Unharmonische harmonisch zu machen, das Störende zu beseitigen, das Fehlende zu ergänzen und das so einen höheren Ordnungssinn darstellt, der unsere Leistungen erst zur menschlichen Arbeit im höheren Sinne erhebt." [6.29.]

Von 1900 bis 1930, unterbrochen durch den Ersten Weltkrieg, zeigte sich eine wesentliche Wandlung in der Einschätzung des ästhetisch-künstlerischen Wesens des Ingenieurbaus. Herrschte am Anfang die euphorische Betrachtung des Technischen, Lust an der Klarheit ingenieusen Denkens vor, die durch die wissenschaftliche Logik der Linien einer Konstruktion vermittelt werde, so suchte man in der Ausweglosigkeit der Krise Trost im Irrationalen. Der ursprünglich gefeierte Sinn des Ingenieurbauwerks, zur Harmonie des Lebens beizutragen, löste sich in nebelhaften Vorstellungen von der Schicksalsgebundenheit des Bauens und der Bedrohung des Lebens durch die Technik auf: „Die Form ist für uns Ingenieure nicht zufälliges Kleid, sondern Gegebenheitsweise eines Sinngehalts, bis ins letzte sinnotwendig, sinnbezogen. Der Sinngehalt liegt nicht hinter der Form, sondern in ihr." Es gelte deshalb, „durch Zusammenschweißen aller Kräfte zu einer Einheit der Schaffensgesinnung einen neuen Form- und Lebensstil zu erreichen." [6.30.]

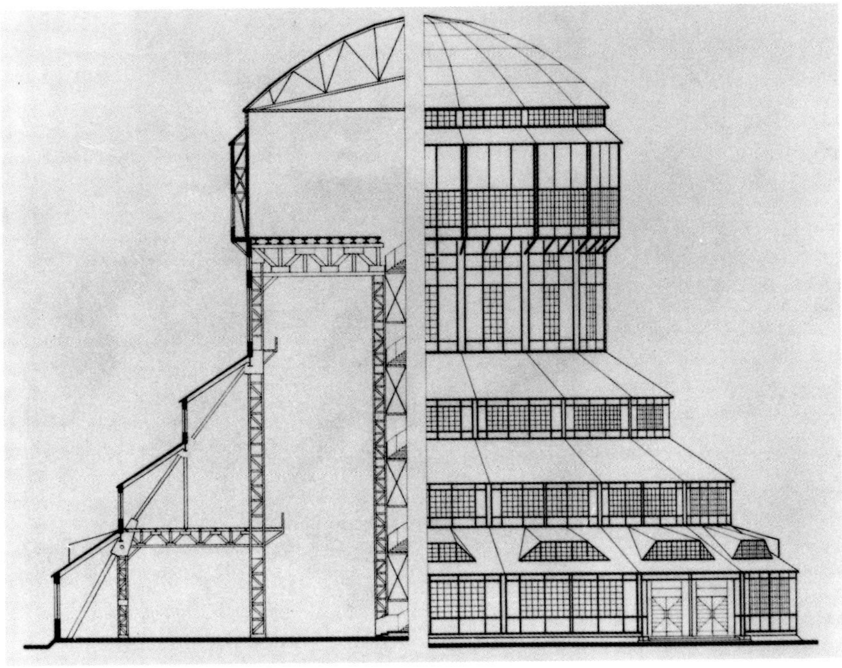

Charakteristisch für den Wandel der Auffassungen über die Bedeutung des Zweckmäßigen und des Technischen in der Architektur war der Weg des Architekten *Hans Poelzig* vom Wasserturm in Posen (Poznàn) 1911 bis zum Verwaltungsgebäude der IG-Farben in Frankfurt/M. 1928–1931, einem Stahlskelettbau mit handwerklich perfekter Werksteinverkleidung. Im Jahre 1911 schrieb er noch über den neuzeitlichen Industriebau: „Auf diesem Wege liegt der Stil der Zukunft: im Verzicht auf die schematische Anwendung überlieferter symbolischer Formen und in der Ausbildung von mannigfachen typischen Erscheinungen, die ihre Form gerade der konsequenten Durchbildung der erweiterten Konstruktionsmöglichkeiten verdanken. Zum Teil liegt die formale Unvollkommenheit der Nutzbauten unserer Zeit noch an der relativen Unvollkommenheit der Konstruktion, die den wirtschaftlichen Ansprüchen und Anforderungen zunächst nicht zu folgen vermochte. Durch die Entwicklung neuer Konstruktionsweisen – wie z. B. der des Betonbaus – wird die Freiheit des Schaffenden größer, die Möglichkeiten zu Gestaltungen immer gewaltiger." [6.31.]

In einer Rede vor der Generalversammlung der Salzburger Festspielgemeinde, 1921, rückte *Poelzig* von dieser realistischen Konzeption ab: „Nein, ich möchte, daß wir in dem Geist schaffen, in dem allein Kunst gedeihen kann und bisher gediehen ist – bei allen Völkern. Kunst hat nichts zu tun mit dem Zweck, sie ist zwecklos. Es ist immer noch besser, man vergewaltigt den Zweck und schafft ein wirkliches Kunstwerk, als daß man den Zweck, d. h. den kalten Verstand, triumphieren läßt." [6.32.]

Diese Position bekräftigte er schließlich in seiner Rede auf dem 28. Bundestag des Bundes Deutscher Architekten, 1931: „Der Ingenieur geht unbeirrt seinen Weg, aber seine Schöpfungen bleiben Natur, – sie werden nicht symbolhaft, sie werden nicht Stil... Für den Menschen handelt es sich um Vergeistigung und Verlebendigung der Materie, nicht um die Mechanisierung des

Lebendigen. Wir müssen wieder begreifen, daß eine große Kunst auch begeisternden Inhalt braucht und mit der Volksseele in enger Fühlung stehen muß, wenn sie nicht artistisch entarten soll." [6.35.]

Mag die vor dem Ersten Weltkrieg formulierte Position vom Ingenieur als Architekten einseitig und extrem gewesen sein, so blieb doch das Bewußtsein, daß die Verantwortung des Ingenieurs nicht mit der Standsicherheit eines Tragwerks beendet ist, sondern stets – sicher bei einzelnen Aufgaben unterschiedlich – auch auf die gestalterische Qualität des Bauwerks ausgedehnt werden muß. *Eduardo Torroja,* einer der Initiatoren der Stahlbetonschale verwies auf den Spielraum zwischen korrekter Konstruktion und ästhetisch-künstlerischer Gestaltung: „Die Kuppel von St. Peter in Rom war nicht imstande, nur durch das Gewicht ihrer Quader die Zugbeanspruchungen zu ertragen, die sich infolge der verwendeten Leitlinie in den Breitenkreisen der Mittelpartie ergeben. So mußte man sie zuerst mit eisernen Krampen und Ringen versehen, um die Quadersteine zu halten. Diese Ringe mußten später noch mehr, fast im Sinne eines Stahlbetonbaues verstärkt werden. Da diese Bauteile nach außen hin weder sichtbar sind, noch das betrachtende Auge sie erwartet, kann man nicht von einem gut getroffenen oder statisch getreuen Ausdruck sprechen. Der Schönheit dieser Kuppel tut dies jedoch keinen Abbruch." [6.34.]

Hinter *Torrojas* weiteren Überlegungen standen dann offensichtlich solche gestalterischen Mißgriffe wie der Schwedler-Träger: „Natürlich braucht die Form des gleichen Widerstandes keineswegs die künstlerischste zu sein. Ein Bogen müßte z. B. zur Ertragung seines Ei-

AEG-Turbinenfabrik, Berlin-Wedding, 1908/09, P. Behrens
a) Ansicht
Sächsische Landesbibliothek Dresden, Abt. Deutsche Fotothek
b) Querschnitt
aus: M. Major: Geschichte der Architektur, Bd. 3, Berlin 1984

Kraftwerk Klingenberg, Berlin-Rummelsburg, 1925 bis 1927, G. Klingenberg mit K. Klingenberg und W. Issel, Perspektive gezeichnet von W. Issel
aus: R. Laube: Das Großkraftwerk Klingenberg, Berlin 1927

gengewichtes an den Kämpfern rasch an Dicke zunehmen. Das wäre ein Resultat, das von allen Gesichtspunkten aus wenigstens heutzutage als unangenehm empfunden würde... Dies bezeugt uns, daß die mechanisch definierten Kurven nicht immer mit den ästhetischen Belangen übereinstimmen, und daß der Hand des Künstlers bei der Korrektur jener Linien noch ein weites Betätigungsfeld offen steht." [6.35.]

Am Ende seines Buches „Logik der Form", in dem *Torroja* seine Schaffensmethode offenlegte, zog er aus dem Anspruch an den Bauingenieur, die Dialektik von Konstruktion und Gestalt, von Technik und Schönheit zu bewältigen, Schlüsse, die letztlich die Persönlichkeitswerte des Bauingenieurs erfassen. Er forderte Geistesgegenwart und geistige Ruhe, die jedoch nicht zaghaft oder gar träge sein dürfe, berufliche Ehrlichkeit und keine Angst vor Verantwortung: „Schließlich kämpft der Ingenieur bei seiner Arbeit am Tragwerk ja mit den Kräften der Natur und kann daher nicht umhin, den Edelmut und die erdrückende Logik dieses Feindes anzuerkennen. Man muß ihn ritterlich grüßen, bevor man den Kampf aufnimmt, der mit sportlicher Gesinnung geführt sein will, und von vornherein alle die möglichen Folgen dieses Spiels in Kauf nehmen, das, wie alle andern auch, seine Regeln hat und die Möglichkeit bietet, dasselbe Ziel auf verschiedenen Wegen zu erreichen." [6.36.]

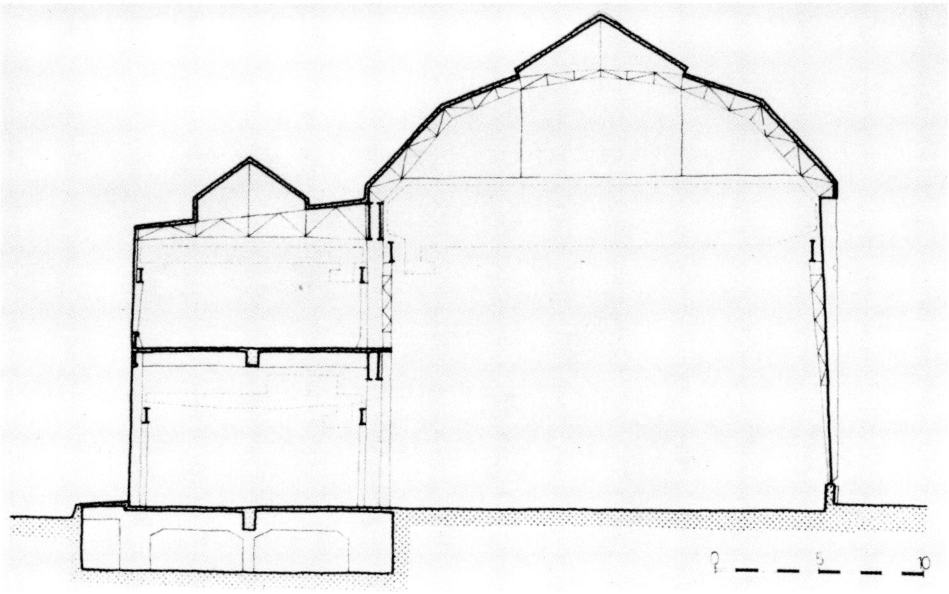

Zur Beherrschung der statischen und konstruktiven Probleme müsse vor allem „Formgefühl" hinzutreten, denn jeder Bauingenieur habe genügend Freiheit, eine konstruktive Konzeption zu entwickeln, in der „kein Widerspruch zwischen Form, Inhalt und Material weder vom technischen noch auch vom ästhetischen Standpunkt aus vorliegen." [6.37.]

Ähnlich argumentierten viele profilierte Bauingenieure, darunter *Friedrich Tamms* [6.38.] und *Fritz Leonhardt. Leonhardt* hat vor allem durch die von ihm entworfenen Brücken selbst den Beweis für die Richtigkeit vom künstlerischen Anspruch an den Bauingenieur erbracht. Er schrieb dazu: „Schönheit folgt eigenen Gesetzen, die nicht von selbst sich einbauen, sich wohl aber mit der technisch richtigen Lösung vereinbaren lassen. Die Harmonie von Form und Konstruktion wird aber nur bei bewußter Anwendung der Gesetze der Schönheit durch künstlerisch begabte Menschen erreicht." [6.39.]

Pier Luigi Nervi, dem es durch die Verwirklichung der Einheit von kühner Konstruktion, rationeller Fertigung und Schönheit gelang, Meilensteine für die Entwicklung der modernen Architektur zu setzen, reflektierte ähnlich über die Grundfragen seines Schaffens: „...der Anfang ist stets die Suche nach dem technisch und wirtschaftlich günstigsten Strukturschema, dann folgt ein mit Geduld und Hingabe betriebenes Ausarbeiten der verschiedenen strukturellen Elemente, das darauf abzielt, die Formen zu läutern und dabei dennoch die größtmögliche Rücksicht auf statische und konstruktive Erfordernisse walten zu lassen... Mein Vertrauen in die natürliche ästhetische Aussagekraft wurde nie enttäuscht, und ich habe bis heute in Gegenwart oder Vergangenheit kein Bauwerk gefunden, das hiervon eine Ausnahme machen würde. Ich glaube mich deshalb zu der Behauptung berechtigt, daß ein guter struktureller Organismus der im einzelnen wie im Gesamten mit Liebe ausgearbeitet wurde, die notwendige, ja vielleicht sogar einzige Voraussetzung für eine gute Architektur ist." [6.40.]

In seinem sechs Jahre später erschienenen Buch „Neue Strukturen" präzisierte *Nervi* diesen Grundgedanken seines Schaffens weiter: „Man könnte fast sagen, die technische Korrektheit bilde eine Art Grammatik des architektonischen Gesprächs und wie in der gesprochenen und geschriebenen Sprache sei es unmöglich, zu gehobeneren literarisch-künstlerischen Ausdrucksformen zu gelangen, ohne diese Gesetze uneingeschränkt zu respektieren... Die Baustoffe, die Statik, die Technologie der Konstruktion, die gute wirtschaftliche Rentabilität, die funktionalen Erfordernisse sind die Vokabeln des architektonischen Gesprächs. Es ist unmöglich, dieses Gespräch zur Poesie (Architektur) und nicht einmal zur direkten Prosa (gutes Bauen) zu erheben, ohne die perfekte Kenntnis solcher Vokabeln und ohne das Wissen um die Regeln der Grammatik und der Syntax (Technik), nach denen sie komponiert sein müssen." [6.41.]

Also keine sich automatisch aus korrekter Rechnung ergebende ästhetische Qualität, sondern ein dem Architekten analoger Auftrag zur Gestaltung. Die Rechnung bleibt dafür unverzichtbare Voraussetzung. Aus den Reflexionen erfolgreicher Bauingenieure wurde deutlich, daß sie bewußt einen Ermessensspielraum bei der Konzipierung von Tragwerken nutzen, der ihnen die Verwirklichung individueller Schönheitsvorstellungen ermöglicht. Eine Gestaltungskonzeption, die sich von antitechnischen Ressentiments leiten ließ, erschien hier ebenso verfehlt wie eine Technologiekonzeption, die das Ästhetische in Produkt und Prozeß des Bauens negiert. Schönheitsvorstellungen, Fähigkeit zur Gestaltung des Schönen und Schönheitsempfinden des Bauingenieurs entstanden und entstehen stets aus seiner Auseinandersetzung mit den konkreten Bedingungen zur Bewältigung einer Bauaufgabe. Der ständig neu zu lösende Widerspruch zwischen Technischem und Ästhetischem setzt die Bestimmung des Schönen als Qualität des Technischen voraus und damit die Möglichkeit, mit der Gestaltung des Ingenieurbauwerks Symbolwert zu erreichen, auch wenn dies offensichtlich zu den Sternstunden im Schaffen eines Bauingenieurs gehört.

Abgesehen von dem bis in die Gegenwart erkennbaren Wandel in den Auffassungen der Bauingenieure wie der Architekten, der sich auf dem Hintergrund des Wechsels von Technikoptimismus zu Technikpessimismus und wieder zurück zu neuen Euphorien in fast regelmäßigen Intervallen vollzog, blieb gesicherte Erkenntnis, daß die technische, also wesentlich auf rationalem Wege gewonnene Form mindestens über elementare ästhetische Potenzen verfügt, die realisiert werden können. In ihnen kommen letztlich das Können der Bauleute und der Stand der Produktionstechnik auch emotional wirksam zum Ausdruck, geben sie doch dem Rezipienten die Möglichkeit sich auf mehr oder weniger naive Weise mit erstaunlichen Leistungen der Wissenschaft und der Technik und damit mit denen, die sie hervorgebracht haben, zu identifizieren.

Bis in die Gegenwart blieb den Bauingenieuren die Schönheit der Ingenieurkonstruktionen als ihre ureigene Aufgabe bewußt. Eine der Thesen, über die auf dem 11. Weltkongreß der Internationalen Vereinigung für Brücken- und Hochbau 1981 in Wien diskutiert wurde, lautete: „Schönheit ist vom Bauingenieur so ernst zu nehmen wie Statik." [6.42.]

Seitdem kurz vor der Mitte des 19. Jahrhunderts die Bezeichnung Bauingenieur und Architekt zwei verschiedene Berufe meinte, die unterschiedliche Ausbildungswege durchlaufen hatten, reißt die Diskussion um ihr Zusammenwirken, ja um die wünschenswerte Zusammenführung der beiden Berufe, nicht ab. *Georg Christoph Mehrtens* setzte sich in seinen Vorlesungen über Ingenieurwissenschaften mit diesem Problem der Sicherung der Ganzheitlichkeit des Bauwerks unter den Bedingungen fortschreitender Arbeitsteilung auseinander: „Ein verständiger Architekt wird die gemeinsam mit dem Ingenieur festgelegten Umrisse des Eisenbaues aus rein ästhetischen Rücksichten nicht mehr wesentlich zu verändern trachten... Eine vom Ingenieur klar entwickelte Raumgestalt wird sich meist auch schon mit unserem ästhetischen Empfinden decken, denn sie ist wesenhafte Verkörperung eines strengen klaren Denkens, und trägt somit schon den Keim eines wesentlichen Bestandteils der Schönheit in sich." [6.43.]

Der Widerspruch zwischen konstruktiver Logik und künstlerischem Ausdruck personifizierte sich im Verhältnis von Bauingenieur und Architekt. In dem Maße, wie sich im Verlauf der industriellen Revolution der Ingenieurbau und die Wissenschaft von den Baukonstruktionen und Bauprozessen zu entwickeln begann, profilierte sich der Bauingenieur als eigenständiger Beruf neben dem Architekten. Der noch universell tätige Baumeister blieb auf die verhältnismäßig kleinen, landläufigen Aufgaben verwiesen, die mit traditionellen Mitteln auf dem Boden im wesentlichen handwerklicher Erfahrung gelöst werden konnten. Einerseits ermöglichte dieser Spezialisierungsprozeß, daß auf der Grundlage einer eigenen Bauingenieurwissenschaft, die nicht mehr allein in der

„Der Wille zur großen und reinen technischen Form bedarf einer nicht alltäglichen inneren Haltung."

Friedrich Tamms

„Das schlimmste ist, daß der Brückeningenieur oft gar nicht weiß, daß ihn die Vorsehung nicht nur zum Rechner und Konstrukteur, sondern auch zum Künstler bestimmt hat, daß er Künstler sein muß, mag er wollen oder nicht."

H. Rukwied

„Damals bestand unter Bauingenieuren, vor allem bei Brückenbauern, eine ausgesprochene Abneigung gegen Architekten … Diese Abneigung teilte auch mein ohnehin etwas amusischer Chef Schaechterle und mein immer etwas brummiger Lehrer Mörsch. Doch mit Bonatz verlief die Zusammenarbeit von vornherein anders. Er wollte die reine Ingenieurform schön gestalten."

Fritz Leonhardt

„Es scheint vergessen, daß es für jede Ingenieuraufgabe praktisch unbegrenzt viele Lösungen gibt und daß demzufolge die Auswahl niemals nach rein funktionellen Gesichtspunkten möglich ist, sondern notwendigerweise subjektiv getroffen werden kann."

Jörg Schlaich

„Der seit Beginn des Jahrhunderts von Architekten und Ingenieuren angenommene Grund für das Auseinanderstreben beider Berufe hat ein leeres Feld zwischen ihnen geschaffen. In diesem Niemandland kann man die Lösung des Hauptproblems der heutigen Architektur finden – das Streben nach einem zeitgenössischen Stil oder einer universellen Sprache, die uns mehr bieten kann als die Öde der gegenwärtig herrschenden Routine."

Felix Candela

Anwendung naturwissenschaftlicher Gesetze bestand, und eines entsprechenden mathematischen Instrumentariums Bauwerke von bisher nicht bekannter Kühnheit, Kompliziertheit und Abmessung konstruiert und gebaut werden konnten. Andererseits erhob sich die Gefahr der Vereinseitigung, der Einschränkung des Gesichtskreises durch Verlust des Wissens um das Bauen in seiner Einheit von Nützlichkeit, Festigkeit und Schönheit.

Aus der Überzeugung von der Notwendigkeit der Zusammenarbeit wirkten die gemeinsamen Berufsorganisationen, die örtlichen Ingenieur- und Architektenvereine und vor allem der 1871 gegründete Verband der Deutschen Architekten- und Ingenieurvereine. Divergenzen in den Auffassungen und Konfrontationen zwischen Bauingenieuren und Architekten entstanden nicht primär aus der Arbeitsteilung sondern aus der Konkurrenz zwischen freischaffenden und beamteten Bauingenieuren und Architekten. Erst am Anfang der 1920er Jahre werden mahnende Töne lauter, Trennungstendenzen innerhalb des Verbandes zu überwinden. Die 47. Abgeordnetenversammlung des VDAIV in Lübeck 1922 appellierte deshalb an die Ingenieure und Architekten, die durch die Spezialisierung der Ausbildung hervorgerufene Trennung der beiden Berufe in kollegialer Zusammenarbeit zu überwinden. [6.44.] Notwendige Voraussetzung dafür seien ein vertieftes Schönheitsempfinden des Bauingenieurs und ein technisch-wirtschaftliche Bereiche tiefer erfassendes Denken des Architekten. *Friedrich Thiersch* hatte in seiner Rektoratsrede am 7. Dezember 1906 an der TH München diese Spezialisierung in der Ausbildung tief bedauert: „Die Forderung des Künstlerischen ist auf das ganze Gebiet der Technik auszudehnen, und wie wir von einem Ingenieurbau, einer Brücke oder Halle erwarten, daß er schon im Kern künstlerisch konzipiert sei, so werden wir auch von architektonischen Konzeptionen verlangen, daß ihnen von Haus aus eine gewisse ingenieurmäßige Konstruktion zugrunde liegt." [6.45.]

Die Vollkommenheit eines universellen Ingenieur-Architekten erreichten in den letzten rund 150 Jahren nur wenige Persönlichkeiten, darunter *Henri Labrouste, Viktor Horeau, William le Baron Jenney, Louis H. Sullivan, Robert Maillart, Auguste Perret, Eugène Freyssinet, Pier Luigi Nervi, Eduardo Torroja, Jean Prouvé, Felix Candela* oder *Frei Otto*. Eine generelle Vereinigung beider Berufe aber blieb eine romantische Illusion.

Die Bemühungen, Bauingenieure und Architekten vom Studium an zu gemeinsamer Arbeit zu erziehen, kamen von beiden Seiten: „Der Ingenieur wird, wenn er sich selbst mehr als Hochbauer fühlt, die Gegensätzlichkeit zum Hochbauer verlieren, da er selbst in ihm aufgeht. Gewiß wird man auch später verschiedene Begabungen entwickeln müssen, vielleicht auch vorwiegend Konstruktionsingenieure. Durch eine gemeinsame Erziehung werden aber allein schon die heutigen hemmenden Gegensätze ausgeglichen und der Nährboden für Talente einer großen Eisenbaukunst innerhalb der Baukunst geschaffen, Talente, die uns heute noch fehlen. [6.46.]

Paul Bonatz setzte sich für eine engere, auf gegenseitigem Verständnis für die Aufgaben des jeweils anderen basierende Zusammenarbeit ein: „Es sind zwei verschiedene Schöpferkräfte der Seele, die einander ergänzen: die stärksten Kräfte rechnenden Verstandes und die stärksten Kräfte rhythmischen Gefühls. Nur derjenige Architekt ist zur Zusammenarbeit mit dem Ingenieur geeignet, der auch das Technische erfühlen kann. Ebenso ist nur der Ingenieur zur Zusammenarbeit und zur Gestaltung großer Aufgaben geeignet, der nicht lediglich aus der Rechnung, sondern aus einer starken Formvorstellung, also ebenfalls aus der Intuition heraus schafft." [6.47.]

Die Zusammenarbeit von Bauingenieur und Architekt konnte sich immer nur auf dem Hintergrund konkreter gesellschaftlicher Beziehungen entwickeln. Dementsprechend ergaben sich unterschiedliche Bedingungen, Gemeinschaftlichkeit und Konfrontation. So bewährte sich die Kollegialität der Bauämter, wie etwa der preußischen Oberbaudeputation mit *Johann Albrecht Eytelwein* und seinem Nachfolger *Karl Friedrich Schinkel* als Leiter, so entstand aber auch die Konkurrenz zwischen Freischaffenden und Beamten.

Natürlich findet sich eine Fülle negativer Beispiele. So schrieben Mitglieder der Société Centrale des Architectes anläßlich der Pariser Weltausstellung 1889 an ihre Berufskollegen, daß der Ingenieur keine ästhetischen Werte schaffen könne. Der Architekt *Frantz Jourdain* spitzte diese unhaltbare These weiter zu: „Der Ingenieur drängt vom Instinkt her zum Häßlichen wie die Ente zum Wasser." [6.48.]

Entscheidend jedoch bleibt, daß es tatsächlich bei der Projektierung der wichtigsten Bauten des 19. Jahrhunderts eine produktive Zusammenarbeit gab, sicher unterschiedlicher Intensität und sicher auch unterschiedlich durch Konflikte beeinträchtigt. Der Hofarchitekt *Sir Charles Barry* war wesentlich an der Überarbeitung des Vorentwurfs für den Londoner Kristallpalast beteiligt. *Sauvestre* arbeitete neben den Chefingenieuren *Nouguier* und *Koechlin* am Entwurf des Eiffelturms mit. Der Entwurf für die Galerie des Machines auf der Pariser Weltausstellung von 1889 hat neben dem Architekten *Dutert* den Ingenieur *Contamin* zum Autor.

Die Gestaltung der großen Brücken für die preußischen Eisenbahnen beeinflußten grundsätzlich Architekten. *F. A. Stüler* entwarf die Torbauten der alten Weichselbrücke bei Dirschau, beim Bau der neuen Brücke wirkte der Chefarchitekt des Berliner Stadtbahnbaus *Johann Eduard Jakobsthal* mit. Die bedeutenden Bauwerke der Neuzeit sind mit den Namen von Bauingenieuren verbunden, auch wenn sie in den einschlägigen Architekturgeschichten meist übergangen werden. Nach dem Ersten Weltkrieg war es üblich geworden, daß Baufirmen Architekten zur Mitarbeit an Wettbewerbsentwürfen für große Brückenbauten hinzuzogen. Es fällt auf, daß die Namen dieser Architekten als freie Mitarbeiter regelmäßig genannt werden, während die Bauingenieure als Angestellte in den technischen Büros der Baufirmen grundsätzlich anonym blieben. [6.49.]

Bei aller Würdigung der in der Zusammenarbeit geschaffenen Bauwerke und der daraus immer wieder neu abgeleiteten Forderung, sie zur Selbstverständlichkeit werden zu lassen, blieb bis in die Gegenwart ein nicht auflösbarer Rest aus Vorbehalten, Unkenntnis und Differenzen im Verständnis über das gemeinsame Ziel.

Stefan Polonyi verwies auf die entscheidende Ursache für die Vorurteile der Bauingenieure gegenüber den Architekten: „Sie liegen darin, daß die Ingenieure sich eine falsche, ihren Aufgaben nicht adäquate Wissenschaftsauffassung zu eigen machen. Der dieser Auffassung gemäß aufgebauten Basiswissenschaft der Ingenieure – der Baumechanik-Statik – wurde eine übergroße Bedeutung zugemessen. Daraus resultiert die Verständigungsschwierigkeit zwischen Architekt und Bauingenieur, weil der Architekt natürlich in Konstruktionen denkt und der Ingenieur in statischen Systemen." [6.50.]

7.

DER BAUINGENIEUR DIE KONSTITUIERUNG EINES BERUFS

Die Beziehung der Bauingenieure zur Gesellschaft

Der Berufsstand der Bauingenieure begann sich in der Phase des Übergangs von einer kameralistisch organisierten Wirtschaft zur industriellen Revolution zu konstituieren. Sein von ihm stets empfundener und von seinen profiliertesten Vertretern immer wieder betonter Anteil an der kulturellen Entwicklung bestimmte auch seine Beziehungen zur Gesellschaft. Hier zeigen sich gravierende Unterschiede zu den Ingenieuren des Maschinenbaus und der Elektrotechnik, die nicht nur aus den unterschiedlichen Wurzeln der Berufe, sondern vor allem aus der spezifischen Zielstellung erklärt werden müssen, die sich in die übergeordnete Aufgabe der Gestaltung räumlicher Umwelt für den Menschen einordnet.

Die Beachtung der Beziehungen der Bauingenieure zur Gesellschaft erweist sich als unumgänglich, weil sich die Entwicklung von Wissenschaft und Technik nur über aktiv tätige Menschen durchsetzt und weil nicht nur das Vermögen des Bauingenieurs zu erkennen und zu handeln, sondern seine Motivation in der Berufstätigkeit wesentlich ist. Diese aber leitet sich aus der Fähigkeit des einzelnen ab, seine Arbeit in größere Zusammenhänge zu stellen. Da Natur- und Technikwissenschaften reines Verfügungs- aber nicht unbedingt Orientierungswissen bieten, bleiben auch für den Bauingenieur die Beziehungen zwischen Wert und Wahrheit wissenschaftlicher Erkenntnis grundlegend.

Das Entstehen eines neuen Berufs kann nicht von den politischen Ereignissen, von der wirtschaftlichen, sozialen und kulturellen Entwicklung am Übergang vom 18. zum 19. Jahrhundert abstrahiert werden, von den unmittelbaren Auswirkungen der französischen Revolution, den Befreiungskriegen und bürgerlichen Reformen, den Revolutionen von 1830 und 1848, der Expansion Preußens und der Bismarckschen Reichseinigung, von dem deutsch-französischen Krieg und der Kolonialpolitik der europäischen Großmächte.

Das „Oeconomie-Bauwesen" in den deutschen Ländern am Ausgang des 18. Jahrhunderts und schließlich in den dreißiger Jahren der beginnende Aufschwung des Eisenbahnbaus bildeten den Wirkungsbereich der Bauingenieure. Es zeigte sich, daß diese Aufgaben nicht. mehr allein aus Erfahrung zu lösen waren, sondern solide wissenschaftliche Grundlagen voraussetzten. Es seien nun „theoretische Gelehrte" notwendig, meinte Zitelmann in dem Aufsatz „Kurze Darstellung der Geschichte und Verfassung des Königlich-Preußischen Ober-Bau-Departements", „die eine gute Stärke in der höheren Mathematik hätten, zur Excellierung vornehmlich der Wasserbaukunst und der übrigen Theile, vermittels wechselseitiger Communication der Ideen, Speculationen und Erfahrungen beitragen könnten." [7.1.]

Karl Friedrich Schinkel kam in seinem Bericht über eine Inspektionsreise nach Schlesien, 1832, zu dem Schluß, daß eine Verbesserung des Bauens auf dem Lande möglich wäre, wenn künstlerisch und wissenschaftlich gebildete Beamte die Handwerksmeister anleiten und kontrollieren würden. [7.2.] Das entsprach dem seit 1800 rapide gestiegenen Bedarf an ausgebildeten Fachleuten für das „Oeconomie-Bauwesen".

Die deutschen Bauingenieure waren am Anfang ausschließlich und am Ende des Jahrhunderts noch in großer Zahl als Beamte in die strenge Hierarchie der Verwaltungen eingeordnet, in denen Juristen und Offiziere dominierten. Die Veränderung der Mitgliederstruktur des 1824 von einigen jungen Architekten gegründeten Berliner Architektenvereins in einen Verein der beamteten Bauingenieure charakterisiert diese Entwicklung. Von den insgesamt 714 Berliner Mitgliedern waren 1880 293 Bauführer, die sich auf die Regierungsbauführer-Prüfung vorbereiteten, etwa 100 Regierungs-Baumeister, die auf eine Anstellung als Beamte warteten, und etwa 140 Baubeamte verschiedenen Ranges. [7.3.]

Es liegt auf der Hand, daß diese Baubeamten gegenüber den Militärs und Juristen nicht gleichberechtigt waren. Mit bemerkenswerter Hartnäckigkeit kämpften sie um die Gleichberechtigung der technischen Beamten in den Stadt- und Länderverwaltungen wie in der Regierung, um die Beseitigung der politischen Entscheidungsbefugnisse von Laien in den technischen Ressorts und um die Übernahme von Funktionen in den leitenden Gremien. [7.4.]

Max Maria von Weber, Sohn des großen Komponisten, Eisenbahningenieur und begeisterter Verfechter der technischen Entwicklung schrieb über die neue Schicht der Ingenieure und über ihre Schwierigkeiten, in der Ständegesellschaft des ausgehenden 19. Jahrhunderts Fuß zu fassen: „Es gibt wie in der bürgerlichen Gesellschaft so auch im Völkerleben Emporkömmlinge. Dort sind es die Individuen, hier Berufsclassen. Dort wie hier, sind jene wie diese nicht wohl angesehen, oft werden sie gefürchtet, überall erlangen sie schwer und langsam Geltung und Ebenbürtigkeit. Ein solcher Emporkömmling im Völkerleben ist die Berufsclasse der Techniker. Die uralten Stände, der Nähr-, Lehr- und Wehrstand, wissen sie nicht recht in ihre Reihen einzurangieren, die Facultätswissenschaften betrachten sie als Eindringlinge, den Regierungen ist sie ein unbequemes Neu-Element im Staatsmechanismus. Alle nennen sie, im Herzen wenigstens, ein notwendiges Übel." [7.5.]

Auf der 18. Wanderversammlung des Verbandes Deutscher Architekten- und Ingenieurvereine im September 1908 in Danzig forderte Stadt-Oberbaurat *Wolff* aus Hannover, daß die Ämter in den Verwaltungen Akademiker aller Berufsrichtungen allein in Abhängigkeit ihrer Kenntnisse zugänglich gemacht werden sollten. Die

„Mögen daher die Techniker erkennen, daß es, um Techniker zu sein, nicht genügt, Techniker zu sein. Während sie sich mit ihren besonderen Aufgaben beschäftigen, zieht die Geschichte ihnen den Boden unter den Füßen fort."

José Maria Ortega y Gasset

„Der Einfluß des Ingenieurs auf das öffentliche Leben und seine Teilnahme daran im Vergleich zu anderen Berufsarten entspricht bei uns nicht der Wichtigkeit und dem Umfange der Beziehungen, die zwischen der Technik einerseits und der Gesetzgebung und Verwaltung andererseits bestehen."

C. Buschkiel

Technischen Hochschulen müßten aber auch ihre Absolventen besser befähigen, sich durch das Studium „soziologischer oder kultureller Wissenschaften" über die eigentliche technische Tätigkeit hinaus regelnd und leitend an der „Pflege und Hebung des nationalen Kulturzustandes" zu beteiligen. [7.6.] Vierzehn Jahre später schlug der Dresdner Oberbürgermeister *Blüher* auf der 25-Jahr-Feier des Dresdner Bezirksvereins des Vereins Deutscher Ingenieure vor, daß Ingenieure mehr Volkswirtschaft studieren und „die Kunst" lernen, „Menschen zu behandeln und organisatorisch zu verfügen". [7.7.]

Hier handelte es sich aber immer nur um einen ganz bestimmten Personenkreis innerhalb des gesamten Bauingenieurberufs: den höheren Baubeamten. Grundsätzlich warf der Verein Deutscher Ingenieure das Problem der sozialen Stellung des Ingenieurs auf und kritisierte dabei zugleich die politische Zurückhaltung der Mehrheit seiner Mitglieder. „Der Einfluß des Ingenieurs auf das öffentliche Leben und seine Teilnahme daran im Vergleich zu anderen Berufsarten entspricht bei uns nicht der Wichtigkeit und dem Umfang der Beziehungen, die zwischen der Technik einerseits und der Gesetzgebung und Verwaltung andererseits bestehen." [7.8.]

Als Gründe wurden damals hervorgehoben:

- Die meisten Ingenieure seien Betriebsbeamte und hätten für öffentliche Ämter keine Zeit.
- Den Zivilingenieuren ginge es nicht anders.
- Der Einstieg in die Parlamente erfordere ein politisches Bekenntnis (Zugehörigkeit zu einer Partei) – das widerspräche jedoch dem Standesethos der Ingenieure. Ingenieure würden auch sicher nicht gewählt, da sie niemand kennen würde.
- Öffentliche Ämter erforderten Idealismus, Ingenieure wären zu sehr auf das Materielle orientiert.

In den Mittelpunkt der Agitation im Kampf um einen größeren Einfluß der Ingenieure in den Ämtern rückte immer mehr ihr Dienst am „Gemeinwohl" als wechselseitige Verpflichtung von Staat und Technik. [7.9.]

Die politische Grundhaltung der Bauingenieure zeigte stets mehr oder weniger stark ausgeprägte liberalistische Tendenzen. *Gotthilf Hagen* in Berlin und *Johann Andreas Schubert* in Dresden dienten aktiv in Bürgerwehren der 48er Revolution wie sicher viele hundert andere Ingenieure auch. Einen Einblick in seine politischen Gedanken gewährte *Schubert* selbst durch seine „Offene Erklärung" vom 27. April 1848: „Meine politischen Bestrebungen, die ich hiermit für jene darlege, die mich nicht persönlich kennen, sind gerichtet auf die Herstellung eines einigen und freien Deutschlands, auf die Erhaltung und zeitgemäße Fortbildung der konstitutionellen Monarchie auf breitester demokratischer Grundlage, auf Beschaffung des materiellen Wohlstandes Aller durch unmittelbare und mittelbare Förderung des Wissens, des Handels, der Gewerbe, der Industrie und der Kunst, auf Beseitigung der demoralisierenden Einwirkung unserer Gesetzgebung, auf Abstellung der Verwaltung solcher Staatsämter durch Juristen, für welche sie – gemäß ihres Bildungsganges – nicht bloß entbehrlich, sondern laut vieljähriger Erfahrung – gemeinschädlich sind, auf Herstellung solcher Verhältnisse, die jeden Staatsangehörigen nur dann die Betreibung irgendeines Geschäftes oder die Verwaltung irgendeines Amtes gestatten, wenn er sich über das erforderliche Wissen und Können in Wahrheit ausgewiesen hat." [7.10.]

Es ist sicher, daß fortschrittliche Bewegungen des Bürgertums in dieser Zeit voller Patriotismus und Einigungsstreben die aktive Mitwirkung von Ingenieuren fanden. So folgte einer nüchternen Begründung des Mittellandkanal-Projekts der patriotische Appell: „Es ist unsere Aufgabe, die nationale Bedeutung dieses Projekts hervorzuheben; nur die Teilnahme Aller wird es möglich machen, entgegenstehende Interessen zu besiegen ... Deutschland ist dann im Besitz einer Welt-Handelsstraße, der Traum der alten Hansa ist erfüllt." [7.11.] Angeregt durch kommunale Bauvorhaben, Eisenbahn- und Straßenbauten entstanden nach der Mitte des 19. Jahrhunderts große Baubetriebe, die in zunehmendem Maße Bauingenieure für Projektierung und Bauleitung suchten. Immer häufiger vertauschten Bauingenieure die traditionelle, nicht besonders gut bezahlte, aber sichere Beamtenlaufbahn mit der risikovolleren, allerdings wirtschaftlich attraktiveren Arbeit in den technischen Büros der großen Bauunternehmungen. Die Grenzen zwischen Unternehmer, Beamten und Wissenschaftler waren damals so flexibel, daß solch ein Wechsel noch nicht schwer fiel.

Das soziale Ansehen der Bauingenieure in den einzelnen europäischen Ländern war unterschiedlich. Allgemein beneidete man die britischen Ingenieure ob ihrer Leistungen und nicht zuletzt auch ihrer Popularität. In der britischen „National Biography" fehlt kaum ein erwähnenswerter Ingenieur. In der „Allgemeinen Deutschen Biographie" dagegen fanden noch nicht einmal die wichtigsten Ingenieure Aufnahme. Während die deutsche Fachpresse um 1900 in regelmäßigen Abständen die Forderung der Ingenieure nach Aufwertung ihrer sozialen Stellung widergab, brachte *Samuel Smiles* in seiner seit 1861 herausgegebenen groß angelegten Biographie der berühmten britischen Ingenieure den Stolz auf ihre Leistungen zum Ausdruck: „Unsere Ingenieure müssen in mancherlei Hinsicht als die Schöpfer der modernen Zivilisation betrachtet werden ... Sind nicht jene Männer, welche die Dynamik dieses Landes geschaffen und die Produktivkräfte erheblich gesteigert haben, die Menschen, die vor allen anderen dieses Land zu dem gemacht haben, was es ist." [7.12.] Dementsprechend differierten auch die Einkünfte. Unterschiedliche Währungsparitäten, Lebenshaltungskosten und nicht zuletzt undurchsichtige Gehaltsregelungen lassen Vergleiche nicht zu. Neben Jahres- und Monatsgehältern erhielten manche Bauingenieure auch objektbezogene Vergütungen. Mitunter vergaben zum Beispiel Eisenbahngesellschaften in Anbetracht mangelnder Barmittel Aktien als Honorare. [7.13.]

Über das Verhältnis zwischen britischen und französischen Bauingenieuren gibt es widersprüchliche Angaben. Sicher haben in dieser politisch bewegten Zeit auch nationalistische Strömungen mitgewirkt, die sich mit fachlichem Wettbewerb und kommerzieller Konkurrenz überlagerten. Während die einen behaupten, daß britische Ingenieure grundsätzlich die Fortschritte in den französischen Ingenieurwissenschaften nicht zur Kenntnis genommen hätten, berichten andere davon, daß sie Französisch gelernt hätten, um die neuesten ingenieurtheoretischen Werke studieren zu können. [7.14.]

Aufschlußreich dürfte hier die Position *Thomas Telfords* sein, der noch 1808 und 1813 für die Fahrten zu den Beratungen über den Bau des Götha-Kanals in Schweden britische Kriegsschiffe benutzen mußte. Etwa 6 Wochen vor der hunderttägigen Herrschaft *Napoleons* in Frankreich schrieb er am 24. Januar 1815 an *William Little* aus seinem Büro am Ellesmere Canal: „Ich wünschte, ich wäre in der Lage, die Unterlegenheit der französischen und italienischen Kanäle, Brücken und Häfen aus eigener Beobachtung zu beschreiben, von denen ich nach ihren eigenen Angaben nun weiß, daß sie existieren. Aber was wurde uns durch die überschwenglichen Berichte der Franzosen und die leeren Einbildungen ignoranter Engländer als Wunder der Kunst und Vollkommenheit aufgeschwatzt. Wenn sie meine Auffassung entdecken, werde ich wahrscheinlich die Ehre haben, zum Schutze des Anspruchs der Grande Nation auf Überlegenheit ermordet zu werden." [7.15.] Hier ist natürlich auch Stolz auf die eigene Leistung im Spiele.

In den Verhaltens- und Denkweisen der Bauingenieure wirkten damals eine ganze Reihe von Widersprüchen. Das waren vor allem die Widersprüche zwischen

- Praktikern und Theoretikern,
- Bauingenieuren und Architekten,
- Beamten, Freischaffenden und Unternehmern,
- technischen Beamten und Juristen in den Verwaltungen.

Als ein Ergebnis gesellschaftlicher Arbeitsteilung entstanden unterlag der Bauingenieurberuf selbst der Tendenz zu weiterer Differenzierung beruflicher Arbeitsteilung. In der zweiten Hälfte des 19. Jahrhunderts prägten sich bereits zwei verschiedene Spezialisierungen aus: der Eisenbahningenieur und der Ingenieur für kommunalen Tiefbau. Dementsprechend diskutierte die „Jahresversammlung der deutschen Architekten und Ingenieure zu Cölln", 1853, den Vorschlag, vier Sektionen zu bilden: Hochbau, Eisenbahnbau, Wasserbau und Wegebau. [7.16.] Bis zur Mitte des 19. Jahrhunderts hatte sich nach einem etwa hundert Jahre währenden Prozeß der Bauingenieurberuf so weit konsolidiert, daß folgende Grundbedingungen für einen Beruf erfüllt waren:

1. Es genügte jetzt, nur in einem bestimmten Teilbereich der ursprünglichen Berufe Baumeister, Architekt oder Militäringenieur tätig zu sein. Diese Tätigkeit vermochte einen Menschen voll auszufüllen und erlaubte ihm ein mindestens im traditionellen Durchschnitt liegendes Lebensniveau.

2. Es entwickelten sich spezielle Ausbildungsrichtungen und -institutionen, in denen Spezialisten als Lehrer wirkten und zugleich durch systematische Forschung die theoretischen Grundlagen schufen. Das Absolvieren einer Schule bildete die Voraussetzung für die Aufnahme der Berufstätigkeit.

3. Die Angehörigen des neuen Berufs bildeten – anfänglich innerhalb traditioneller Berufsverbände – spezielle Gruppen, die sich später als eigene Verbände konstituierten.

Die Funktion dieser Verbände ergab sich aus den Bedingungen des Kapitalismus der freien Konkurrenz und bestand im wesentlichen in

a) Weiterbildung der Mitglieder durch regelmäßigen Erfahrungsaustausch, Ausschreibung von Wettbewerben, Informationen über neue theoretische Erkenntnisse, ausgeführte Bauten und Standesfragen,

b) Anpassung der Ausbildung in Niveau und Inhalt an die berufstypischen Aufgaben,

c) Sicherung der öffentlichen Anerkennung und des Schutzes der Berufsbezeichnung und der akademischen Grade,

d) Ausarbeitung berufsethischer Grundsätze und Überwachung ihrer Einhaltung, wie Wettbewerbsgrundsätze und ähnliches,

e) Sicherung der Existenz der Berufsangehörigen durch Kampf um das Monopol in den beanspruchten Auftragskategorien.

Wenn auch nach 1900 die Forderungen, die soziale Stellung der Bauingenieure zu verbessern, nicht nachließen, zeigte sich ein neuer, alle weiteren Bemühungen erschwerender Umstand: in den großen Baubetrieben blieben die Bauingenieure anonym. „Man kann sich des Staunens nicht erwehren, in wie hohem Grade dieses hundertjährige Vorwärtskämpfen in einer tiefen und stolzen Anonymität versinkt. [7.17.] „Vom unbekannten Konstrukteur weiß keiner etwas. Der sitzt hinter seinem Reißbrett, rechnet und zeichnet und buhlt nicht um den Beifall der Menge. Das soll er auch nicht. Aber anerkannt soll er werden als Kulturschaffender, der er ist... Sie (die Ingenieure – H. R.) wollen dagegen, daß ihr Tun geachtet wird als das, was es ist, als Kultur allerersten Ranges ... Die Kulturschaffenden sind die deutschen Techniker." [7.18.]

Die Diskussion um die gesellschaftliche Bedeutung des Bauingenieurs stützte sich vor allem auf die Interpretation der Technik als Kulturfaktor. „Die Technik als solche zu schaffen und zu entwickeln, ist die Arbeit der Architekten und Ingenieure des 19. Jahrhunderts gewesen. Die Technik auch als Kulturfaktor, das heißt in ihren sozialen und geistigen Beziehungen und Wirkungen zu beobachten und zu regeln, ist die Aufgabe, die für die Architekten und Ingenieure des 20. Jahrhunderts hinzutreten muß." [7.19.]

Hier wurden Mängel bewußt, die sich aus der Abgrenzung der Technik von den Natur- und Geisteswissenschaften, zwischen Technischen Hochschulen und Universitäten ergeben hatten. Bis in die Gegenwart blieben Wege zu ihrer Überwindung in Diskussion. Erläuterungen zu den drei Hauptsätzen der Abgeordneten-Versammlung des VDAIV von 1908 zogen aus dieser Erkenntnis Schlußfolgerungen nicht nur hinsichtlich der Arbeitsweise in den kommunalen Verwaltungen, sondern ebenso in Richtung auf notwendige Veränderungen im gesellschaftlichen Bewußtsein der Ingenieure. „Architekten und Ingenieure erkennen selbst an, daß sie in der Lust des technischen Neuschaffens ihre Aufgabe fast nur im Konstruieren und Bauen erblickt haben, die Weiterentwicklung und Ausnützung ihrer Werke aber fremden Händen überlassen und infolgedessen die Beziehungen ihres Handelns zu der Gesamtheit unseres Kulturlebens oft aus den Augen verloren haben." [7.20.]

In Erkenntnis der sozialen und kulturellen Schäden durch Technik, in fürchterlicher Dimension im ersten Weltkrieg erlebt, beschwor man um so mehr die gesellschaftliche Verantwortung des Ingenieurs. Gesellschaftliche Aktivität und wirksamere soziale Handlungskompetenz sollten ein zukünftiges Desaster vermeiden helfen. *Friedrich Engesser* riet seinen Kollegen, in Volksvertretungen mitzuwirken. [7.21.] Dahinter stand durchaus die Vorstellung, daß der Ingenieur als Schöpfer der Technik auch ein Mitspracherecht hinsichtlich ihrer Verwendung habe. Der Reichsbund Deutscher Technik, der aus der nach dem ersten Weltkrieg entstandenen Staatsbürgerlichen Ingenieurvereinigung entstanden war, wollte als alle Ingenieurberufe erfassende Organisation der berufständischen Spezialisierung und den politischen Divergenzen entgegenwirken. Er rief seine Mitglieder zu politischer Aktivität auf: „Techniker, besinnt Euch auf Eure staatsbürgerlichen Pflichten gegen die Volksgemeinschaft. Verlangt von den Parteien Berücksichtigung der Technik und technische Kandidaten und geht zur Wahl!" [7.22.]

Das ursprüngliche Verständnis von der Kulturfunktion der Technik schlug vor dem Hintergrund der Weltwirtschaftskrise in seine Entgegensetzung um. [7.23.] Technischer Fortschritt gefährde menschliche Kultur und führe letztlich lediglich zu Zivilisation: „Wir müssen der Seele die Oberhoheit über den Intellekt einräumen." [7.24.] Technik blieb ein jenseits der Politik begriffener Dienst an der Gesellschaft. Von vaterländischer Pflicht ist nun die Rede, von „Dienst am Volk" und vom Ringen um eine neue Lebensgestaltung. Die letzte Stufe der Perversion bildete schließlich das Bekenntnis zu „nordischem Rassegeist" als Grundlage technischen Schaffens. Daß derartige Parolen mehr in der Zeitschrift des Vereins Deutscher Ingenieure als in der Bauzeitung, der Zeitschrift des Verbandes Deutscher Architekten- und Ingenieurvereine, zu lesen sind, hat möglicherweise Ursachen in der Spezifik der verschiedenen Fachbereiche. Unterschiede in politischen Positionen sollten nicht daraus abgeleitet werden. „Der Verein Deutscher Ingenieure, in dem sich die deutsche Technik eine der Tagespolitik entrückte, geistige Pflegestätte von großem Ansehen geschaffen hat, ist durchdrungen von der vaterländischen Pflicht, in tätiger Mitarbeit unserem Volk bei seinem Ringen um eine neue Lebensgestaltung beizustehen. Er vertraut hierbei auf die Unbestechlichkeit sachlichen Denkens und geistiger Unabhängigkeit, die bisher die deutschen Ingenieure als ihr wertvollstes Gut gehütet haben." [7.25.]

Die nationalsozialistische Machtergreifung fand einen politisch anpassungsbereiten Ingenieur, der nur zu gern auf den demagogischen Trick hereinfiel, daß die technische Intelligenz die berufene Gestalterin der „kommenden großen Staats- und Wirtschaftsaufgaben" sei. [7.26.] Das Gesetz über den Bau der Reichsautobahnen vom 27. Juni 1933 diente zumindest den Bauingenieuren dafür als willkommene Bestätigung. [7.27.] Der Staat und die durch ihn verwirklichten Machtverhältnisse schienen auch den Bauingenieuren dagegen zweitrangig zu sein. „Welche Form der Staat hat, ist dem Ingenieur höchst gleichgültig, genau so gleichgültig wie die Frage, ob das Maschinenhaus mit weißen oder grünen Kacheln ausgelegt ist, wesentlich ist, daß die Maschine arbeitet, und zwar mit anständigem Wirkungsgrad." [7.28.]

Deshalb konnte *Albert Speer,* in den letzten Kriegsjahren schließlich Herrscher über die gesamte deutsche Kriegswirtschaft, rückblickend voller Zynismus erklären: „Den Erfolg unserer Arbeit verdanken wir tausenden Technikern, die sich bis dahin durch besondere Leistungen hervorgetan hatten und die wir nun mit der Verantwortung ganzer Sparten der Rüstung betrauten. Das weckte ihren verschütteten Enthusiasmus, mein unorthodoxer Führungsstil steigerte ihr Engagement. Im Grunde nutzte ich das Phänomen der oft kritiklosen Verbundenheit des Technikers mit seiner Aufgabe aus. Die scheinbar moralische Neutralität der Technik ließ bei ihnen die Besinnung aufs eigene Tun gar nicht erst aufkommen. Je technischer unsere vom Krieg diktierte Welt wurde, um so gefährlicher wirkte sich dieses Phänomen aus, das dem Techniker keine direkte Beziehung zu den Folgen seines anonymen Tuns vermittelte." [7.29.]

Mit der „Neuordnung der Technik" 1937 wurde der für die Ingenieure ausgelegte Köder eines ständischen Aufbaus zurückgezogen. Es war das Jahr, in dem die Rüstung bereits 70 Prozent der Gesamtinvestitionen verschlang. Jetzt sollten die „Mitglieder zur Gewährleistung des Einsatzes der deutschen Technik gemäß den Anforderungen von Volk und Staat" erzogen werden. [7.30.] Damit vollendete sich die ideologische Gleichschaltung der Ingenieure in die unmittelbare Vorbereitung des Zweiten Weltkrieges. [7.31.]

Das deutsche Bauwesen, das in den Jahren des Krieges durch den Bau unterirdischer Rüstungsfabriken und von Befestigungsanlagen an der verbrecherischen Kriegsführung beteiligt war, hatte nach dem Sieg der Antihitlerkoalition und der Befreiung vom Faschismus vorerst elementare Lebensbedürfnisse zu sichern: Beseitigung der Trümmer von den Straßen, Abriß oder Sicherung von Ruinen, Nutzbarmachung teilweise zerstörter Häuser, Errichten von Behelfsbauten aus Baumaterial, das aus den Trümmern geborgen werden konnte, Bau von Notbrücken über gesprengte Brückenfelder.

Für die Bauingenieure bedeutete diese Bewältigung bisher unbekannter Aufgaben einen Neubeginn nicht nur durch den Zwang, mit primitivsten Mitteln auszukommen, sondern vor allem durch die Erkenntnis, daß sie dem Ethos ihres Berufs nur gerecht werden, wenn sie zugleich ihre Verantwortung erkennen, über ihre fachliche Arbeit hinaus an der Gestaltung einer humanistischen Gesellschaft mitzuwirken. In dieser Atmosphäre entstand die Idee, ähnlich dem Eid des Hippokrates der Ärzte ein Bekenntnis des Ingenieurs zur Grundlage berufsethischer Erneuerung zu machen:

„Bekenntnis des Ingenieurs

Der Ingenieur übe seinen Beruf in Ehrfurcht vor den Werten jenseits von Wissen und Erkennen und in Demut vor der Allmacht, die über seinem Erdendasein waltet.

Der Ingenieur stelle seine Berufsarbeit in den Dienst der Menschheit und wahre im Beruf die gleichen Grundsätze der Ehrenhaftigkeit, Gerechtigkeit und Unparteilichkeit, die für alle Menschen Gesetz sind.

Der Ingenieur arbeite in der Achtung vor der Würde des menschlichen Lebens und in der Erfüllung des Dienstes an seinem Nächsten, ohne Unterschied von Herkunft, sozialer Stellung und Weltanschauung.

Der Ingenieur beuge sich nicht denen, die das Recht eines Menschen gering achten und das Wesen der Technik mißbrauchen; er sei ein treuer Mitarbeiter an der menschlichen Gesittung und Kultur.

Der Ingenieur sei immer bestrebt, an sinnvoller Entwicklung der Technik mit seinen Berufskollegen zusammenzuarbeiten; er achte deren Tätigkeit so, wie er für sein eigenes Schaffen gerechte Wertung erwarte.

Der Ingenieur setze die Ehre seines Berufsstandes über wirtschaftlichen Vorteil; er trachte danach, daß sein Beruf in allen Kreisen des Volkes die Achtung finde, die ihm zukommt." [7.32.]

Das „Bekenntnis" geriet schnell in Vergessenheit. Es nutzte nichts, eine allgemeine Verantwortung des Bauingenieurs vor Gesellschaft, Menschheit, Volk oder wem auch immer zu postulieren, wenn er nicht in der Lage oder auch nicht willens war, in Verwirklichung dieser Verantwortung in politische Meinungsbildungs- und Entscheidungsprozesse aktiv einzugreifen. In den sechziger Jahren schätzte der Soziologe Hans Paul Bahrdt den Ingenieur ein als „Teil der aufgeblähten, konturlos gewordenen bürgerlichen Intelligenz, die ihre revolutionären Absichten und Denkweisen preisgab und konservativ und epigonal wurde, als sie ein wenig Macht und Wohlstand erreicht hatte. Jetzt sollte sich die Welt nicht mehr verändern." [7.33.]

Die Diskussionen über die Gefährdung der Menschheit aus der Entwicklung von Wissenschaft und Technik mündeten in solche Forderungen wie nach „individuellen Bewegungsspielräumen", nach „neuen Tabus" und nach „Verbotsschildern", an denen in Gefahren führende Wege enden sollten. [7.34.] Appelle an das Verantwortungsbewußtsein der Ingenieure, Forderungen, die „Kompetenz des Könnens" über die „Redekompetenz" zu stellen, blieben unverbindlich und unwirksam. Letztlich bestätigte sich in den letzten Jahrzehnten eine Grundposition zur gesellschaftlichen Verantwortung des Ingenieurs, die der Deutsche Ausschuß für Technisches Schulwesen, den VDI und VDAIV gegründet hatten, bereits kurz vor dem Ersten Weltkrieg konstatiert hatte: „Wo immer der Einzelne auch stehen mag, wir sind alle von der Erkenntnis tief durchdrungen, daß Technik niemals mehr etwas anderes sein darf als eine ethische und kulturelle Aufgabe, für deren Erfüllung jeder Ingenieur verantwortlich ist." [7.35.]

Die Ausbildung der Bauingenieure

Die entscheidenden Voraussetzungen für die Entwicklung der wissenschaftlichen Grundlagen des Bauens durch systematische, mit der Praxis verbundene Forschung und für die Umsetzung ihrer Ergebnisse in dieser Praxis schuf eine speziell auf das Bauen zugeschnittene, wissenschaftlich fundierte Ausbildung. Die 1747 von *Trudaine* in Paris gegründete École des Ponts et Chaussées, das weithin wirkende historische Vorbild für die Bauingenieurausbildung, bildete den Nachwuchs für das Corps des Ponts et Chaussées aus, das die sich aus der militärischen und wirtschaftlichen Strategie des fran-

„Immer wieder und wieder müssen gerade wir betonen, daß die Lebensbedingung des technischen Fortschrittes wie jeder gesunden staatlichen Fortentwicklung in der bewußten Erziehung von Persönlichkeiten zu sehen ist."

Conrad Matschoß, 1911

„Die Berufsarbeit führt den Ingenieur mitten hinein in den Umkreis der sozialen Fragen; er wird zum Mittler großer Berufsschichten, deren einmütiges Zusammenarbeiten heute mehr denn je notwendig ist."

aus dem Aufruf des Vereins Deutscher Ingenieure, 1918

„Kein Ingenieur darf künftig mehr den Anspruch auf diesen Ehrennamen erheben, der die sittlichen Grundlagen menschlichen Handelns mißachtet."

W. Hellmich, 1949

„Der Bauingenieur befleißigt sich, von Managern angetrieben, einer knechtischen Geschäftigkeit."

Hermann Grengg

„Der Ingenieur reflektiert zu wenig die gesellschaftlichen Implikationen seines Tuns. Seine instrumentelle Vernunft fragt zu wenig danach, ob die eigentlichen Ziele technischen Handelns vernünftig sind."

aus den Thesen des 2. Intern. Kongresses für Ingenieurausbildung, Darmstadt 1978

„Einerseits haben die sogenannten gelehrten Schulen und die Hochschulen ihren Lehrstoff durch steigende Pflege der Naturwissenschaften und der angewandten mathematischen Fächer bereichert; von der anderen Seite sind, unmittelbar für die Zwecke der technischen Ausbildung, die Handwerkerschulen, Gewerbeschulen, Realschulen und polytechnischen Schulen geschaffen worden, deren Grundgedanke völlig außerhalb des Ideenkreises liegt, welchem man vor hundert Jahren huldigte, wenn von der Schule und geistiger Bildung die Rede war."

Karl Karmarsch, 1872

zösischen Absolutismus ergebenden zivilen Bauarbeiten zu leiten hatte. Erfahrene Ingenieuroffiziere berichteten während der Wintermonate vor den Eleven über ihre neuesten Arbeiten.

Jean Rodolphe Perronet reorganisierte die Schule 1760 und führte einen systematischen, nach Fächern gegliederten Unterricht ein. Als erste Bauschule der Welt gab sie die Möglichkeit, die vielfältigen, in der allgemeinen Mechanik und Mathematik formulierten Ansätze für die Entwicklung der Bauingenieurwissenschaften zu nutzen, den erreichten Erkenntnisstand zusammenzufassen und didaktisch aufzubereiten und durch Experimente weiter auszudehnen. Als hinderlich erwies sich dabei die unzureichende Vorbildung der Eleven.

Dieses Hemmnis konnte erst die umfassende Bildungsreform der Französischen Revolution beseitigen. Lazare Carnot, der Schöpfer des französischen Revolutionsheeres, initiierte 1794 ein Dekret des Konvents über eine Schulreform. Sie begründete ein dreistufiges Schulsystem mit Écoles Primaires, der École Polytechnique und den Ecoles Speciales, Fachhochschulen für einzelne Fachgebiete wie Bergbau, Artillerie oder Ingenieurbau. Bertrand Barère, Berichterstatter des Wohlfahrtsausschusses, hob in seinem Bericht an den Konvent die Bedeutung einer übergreifenden wissenschaftlichen Basis für die Ausbildung hervor: „Die verschiedenen Arbeiten im militärischen und zivilen Ingenieurbau und im Wasserbau bauen auf den gleichen Grundsätzen auf. Sie hängen alle von ein und derselben Theorie ab und fordern die gleichen vorbereitenden Studien." [7.36.] Da diese Schulen lediglich für den Bedarf des Staates ausbildeten, gründeten Privatleute 1829 die École Centrale des Arts et Manufactures mit vier Studienrichtungen. Mathematiker, Physiker und Ingenieure wie Gaspard Monge, Gaspard Prony, Louis Navier, Jean Victor Poncelet, Benoît Clapeyron, Louis Poinsot haben wesentlich das wissenschaftliche Niveau dieses Ausbildungssystems geprägt, aus dem die Dominanz der französischen Ingenieurtheorie in der ersten Hälfte des 19. Jahrhunderts entstand.

Es liegt nahe, daß die später einsetzende höhere technische Ausbildung in den deutschen Ländern sich auf den in Frankreich geschaffenen theoretischen und methodischen Vorlauf stützte, um das Zurückbleiben des Ingenieurbaus in Deutschland aufzuholen. Ein ausgedehntes und fein abgestuftes Ausbildungssystem in den deutschen Ländern, seit dem Ende der Befreiungskriege entstanden, schuf hierfür die Voraussetzungen. Erstaunlich ist, daß sich die anfänglichen, viel bewunderten Erfolge britischer Ingenieure auf autodidaktische Studien und ein fast mittelalterlich anmutendes Ausbildungssystem stützten, auf die Lehre bei einem Meister. Als ein hervorragendes Beispiel hierfür kann der Entwicklungsweg von *Thomas Telford* betrachtet werden. [7.37.] Der Sohn eines schottischen Schäfers kam 1780 als Steinmetz und Maurer nach Edinburgh. Schon früh interessierte sich der intelligente und aufgeweckte junge Mann für georgianische Architektur. Nach einem Aufenthalt in London, dort arbeitete er als Maurer auf der Baustelle des Somerset House, übernahm er den Bau des Hauses für den Commissioner im Dockyard von Portsmouth. Hier hatte er ausgiebig Gelegenheit, die Ingenieurbauten am Hafen zu studieren. Er notierte und skizzierte alles bis hin zu baulichen Details, was ihm wichtig schien. Als ihm die unterschiedliche Festigkeit von Mörtel auffiel, begann er sich mit Chemie zu beschäftigen.

1786, also sechs Jahre nach seinem Aufbruch aus der Heimat, ging er nach Shrewsbury am Severn. Dort lernte er *Sir William Pulteney* kennen, einen typischen puritanischen Unternehmer und „commoner" (d. i. ein nichtadliges Mitglied des Unterhauses). Zwischen beiden entwickelte sich eine Freundschaft, für die solche Bemerkungen *Telfords* charakteristisch sein dürften: „Wir streiten uns wie die Kesselflicker", oder „Man sagt, ich wäre ein junger Pulteney, ich wünschte, ich wär's". *Pulteney* unterstützte den inzwischen 30 Jahre alten *Telford* in seinen umfangreichen Studien der Architektur, Algebra, Mathematik, Philosophie, Poesie und Sprachen. Die Ausgrabung eines römischen Landhauses regte ihn zu näherer Beschäftigung mit römischer Geschichte an. Wenig später begann dann sein fast über Großbritannien ausgedehnte erfolgreiche Tätigkeit beim Bau von Straßen, Kanälen und Brücken. Bis zu seinem Tode aber blieb er offiziell Surveyor in Shrewsbury. Die berühmten britischen Bauingenieure bildeten Lehrlinge aus, die sie als ihre Assistenten einsetzen konnten. Das erklärt sicher auch den außerordentlichen Umfang des Werks einzelner, aber sicher auch manche Mängel in Anlage und Ausführung der Bauwerke.

Die Übernahme der Weiterbildung durch Ingenieurvereinigungen konnte die aus diesem System resultierende Tendenz zur Stagnation kaum überwinden. [7.38.] Sie erwuchs nicht zuletzt aus dem Beharren auf der Vorstellung von der Überlegenheit der britischen Ingenieure, die trotz fehlender wissenschaftlicher Grundlagen und Ausbildung während der ersten Jahrzehnte der industriellen Revolution im Bauwesen und Maschinenbau führend waren. Erst William John Macquorn Rankine gelang nach der Jahrhundertmitte die Einführung eines regulären Bauingenieurstudiums an der Universität Glasgow durch seine Berufung als Professor für „Civil Engineering and Mechanics". Während aber um die Jahrhundertmitte sich zuerst in Frankreich die Spezialisierung in Maschinenbau und Bauingenieurwesen durchgesetzt hatte, vertrat Rankine ein polytechnisches Profil des Ingenieurs. Eine ähnliche Pionierrolle spielten in Italien Castigliano und Cremona. In den USA begann ganz nach französischem Vorbild die Ausbildung von Ingenieuroffizieren 1802 an der Militärakademie von Westpoint. Das Massachussets Institute of Technology wurde erst 1861 gegründet.

Bis in die ersten Jahrzehnte des 19. Jahrhunderts bestand in den europäischen Staaten die Ausbildung der Bauingenieure noch in der Lehre bei einem erfahrenen Meister und in Studienreisen. Mitunter wurden auch ein oder zwei Semester an einer Universität, an der École Polytechnique oder an der bereits 1765 gegründeten Bergakademie in Freiberg in Sachsen studiert. Da gab es keine Regeln. Alles hing letztlich von einem mächtigen Gönner ab, der eine Studienreise finanzierte, von einem viel beschäftigten und erfahrenen Lehrmeister und nicht zuletzt von der Hartnäckigkeit des Lehrlings selbst.

So qualifizierten sich Johann Friedrich Tulla zum Pionier des Wasser- und Straßenbaus in Baden, Carl Friedrich Wiebeking zum Chefingenieur des Wasserbaus in Bayern, Reinhart Woltmann zum Direktor der Kanäle, der Strom- und Uferwerke von Hamburg oder Claus Kröncke zum Leiter des hessischen Straßen- und Wasserbaus. Claus Kröncke hatte bei Büsch in Hamburg und danach in Göttingen Mathematik studiert. Danach arbeitete er bei Büsch als Assistent. Mit Carl Friedrich Wiebeking ging er 1796 nach Darmstadt. Offensichtlich genügte seine erlangte Qualifikation, so daß er schon zwei Jahre später als Chaussée-Inspector und Wasserbaumeister in Gießen angestellt wurde. [7.39.]

Initiativen zur Gründung technischer Schulen gehen in den deutschen Ländern bis in die zweite Hälfte des 17. Jahrhunderts zurück. Sie entsprangen dem Bedarf an Straßen, schiffbaren Flüssen, Kanälen und Häfen zusammen mit den Theorien des Merkantilismus und aufklärerischer Pädagogik. Ihre Wirkung blieb meist zeitlich begrenzt. Als seiner Zeit zu weit voraus erwies sich die Idee des Kurfürsten *Friedrich Wilhelm I. von Brandenburg,* in Tangermünde ein wissenschaftliches Institut zur Verbreitung chemischer und physikalisch-technologischer Kenntnisse einzurichten. Der Plan, der von dem Schweden *Bengt Skytte* stammte, sah ein chemisches Labor, ein physikalisch-technologisches Institut, ein Haus für Wasserkünste, ein weiteres für Maschinen und Feuerspritzen und Fabriken vor. [7.40.]

In den ersten Jahrzehnten des 18. Jahrhunderts schlugen *Jakob Leupold,* Mathematikus und Mechanikus zu Leipzig und königlich sächsischer Bergwerkskommissar, und der königl. polnische und churfürstl.-sächsische Hof- und Kommerzienrat *Paul Jakob Marperger* die Gründung eines „Gymnasium Mathematico-Mechanicum" oder einer „Akademie der mechanischen Künste und Wissenschaften" vor. In der Vorrede von 1726 zum „Prodomus Bibliothecae Metallicae", herausgegeben von *Franz Ernest Bruckmann,* Wolfenbüttel 1723, entwickelte *Leupold* sein Konzept polytechnischer Ausbildung: „Denn es ist nicht genug, Schlegel und Eisen zu führen, und ein Metall zu schmelzen, oder alle Hand-Arbeit, die doch sehr vielfältig und mancherley ist, wissen und verrichten können, sondern es wird auch ein noch viel mehreres erfordert, maßen er auch ein guter und verständiger Chymicus seyn muß, worzu aber erst die physicalischen Wissenschaften nothwendig gehören; ferner ein wohlerfahrener Mechanicus und Marckscheider, dazu die Geometrie den Grund giebet; ein geübter Architectus, über oder unter der Erde feste und beständig zu bauen. Ja er muß auch der Berg-Rechte und der Historie von Berg-Wesen wohlberichtet seyn. Alleine alle diese Wissenschaften muß er meist bey vielen Personen und Orten zerstreuet hin und her zusammen suchen, und doch das meiste, weil der Neid und andere Umstände vieles verschlossen halten, aus eigener Erfahrung, worzu aber viel Zeit, Gelegenheit und baares Geld erforderlich wird, erlernen, daß also vieles, weil das menschliche Leben kurtz, zurück und unausgearbeitet bleiben muß." [7.41.]

Zu den Vorläufern der technischen Ausbildung in Deutschland gehörten die Realschule des Pfarrers *Christoph Semmler* in Halle 1708 und der physikalische Unterricht der Gebrüder *Johann Esaias* und *Johann Georg Silberschlag* im Pädagogium Kloster Berge bei Magdeburg. *Johann Esaias Silberschlag,* bekannt durch seine Wasserbauversuche, leitete später die Berliner Realschule. Nach dem Vorbild der École Polytechnique wurden 1806 das „Ständisch-polytechnische Institut" in Prag und 1815 das K. K. Polytechnische Institut in Wien gegründet. Das Prager Institut nahm 14 Jahre alte Bewerber auf, die drei aufeinander folgende Jahreskurse zu absolvieren hatten: 1. Mathematik und Zeichnen, 2. Mechanik, Maschinenlehre und Zeichnen, 3. Baukunst (Zivilbau, Straßenbau, Wasserbau) und Zeichnen. Zu dem Wiener Institut gehörten in den sechziger Jahren fünf Fachschulen, darunter eine für Hochbau und eine für Straßen- und Wasserbau. [7.42.] Das waren Zeichen für einen spürbaren Aufschwung der technischen Bildung, da offensichtlich die bisher aus privater Initiative betriebenen Zeichenschulen den Ansprüchen an technische Bildung ebensowenig genügten wie die vereinzelt an Universitäten eingerichteten Lehrstühle für Technologie. In dieser allgemeinen Bewegung lag auch die Initiative des Oberbaudepartements in Berlin, solche privaten Unternehmen wie die Zeichenschule *David Gillys* auf eine offizielle Grundlage zu stellen und systematischer in größerem Umfang den Personalbedarf des „Ökonomie-Bauwesens" zu decken. [7.43.] Staatsminister *Freiherr von Schrötter* resümierte die Situation: „Es ist bei der Academie (der schönen Künste – H. R.) eine Lehranstalt für Pracht-Bauten, wie aber eine Scheune, ein Viehstall, ein Brand-, Brau- und Wohnhaus – und endlich Schleusen und Brücken gebaut Pakwerke und Anlagen zu Canälen nivelliert und gegraben werden sollen, hierfür existiert nicht der geringste Unterricht, und die wenigen guten Bau-Bedienten so wir noch besitzen, haben sich bereits selbst formiert, teils sind sie aus der Brinkenhoffschen Schule." [7.44.]

In der „Sammlung nützlicher Aufsätze und Nachrichten, die Baukunst betreffend", der vom Oberbaudepartement herausgegebenen Zeitschrift, veröffentlichte *Heinrich August Riedel* den Plan „zu einer Bauschule, worinn angehende Baukünstler richtige Kenntnisse zu ihrem Metier öffentlich und systematisch erlangen können, um so weit zu kommen, daß sie zu minder wichtigen Baudiensten gleich gebraucht werden, zu wichtigern und höhern aber durch eigenen Fleiß in Büchern und Modellen und durch Aufmerksamkeit bey Aufführung wirklicher Gebäude, zu deren Beobachtung sie durch diese Anstalt nicht nur bereitet, sondern auch befördert werden sollen, sich selbst die nöthigsten Qualitäten verschaffen können." [7.45.]

Schließlich überarbeitete eine Kommission unter Vorsitz des Kanzlers und Geheimrats *von Hoffmann* den Antrag des Oberbaudepartements. Daran nahmen neben den Einreichern *Riedel, Gilly* und *Eytelwein* die Vertreter des Oberhofbauamtes, der Geh. Finanzrat *Boumann,* Kriegsrat *Langhanns d. Ä.* und Ober-Hofbaurat *Becherer,* und von der Akademie der Künste ihr Rektor, der Hofbildhauer *Schadow* und der Architekt und Kunstkritiker *Genelli* teil. Die überarbeitete Konzeption, die eine unmittelbare Angliederung der Bauakademie an die Akademie der Künste vorsah, genehmigte der König und gründete mit Wirkung vom 13. April 1799 die Bauakademie zu Berlin. *Eytelwein* stellte Ziele und Gliederung des Unterrichts in aller Ausführlichkeit dar: „Es ist größtentheils ein vergeblicher Wunsch der ersten Männer unsers Jahrhunderts gewesen, daß doch einmal Theorie und Praxis vereinigt, die nachtheilige Trennung beyder aufgehoben und durch wechselseitige Annäherung eine genaue Vereinigung entstehen möchte. Die schlimmen Folgen dieser Absonderung haben stets der Baukunde als Gegenstand der Wissenschaft und Kunst geschadet, weit mehr aber ihrer glücklichen Anwendung, zur Erreichung bestimmter Zwecke des gesellschaftlichen Lebens. Der Baumeister erhielt sehr oft seine Bildung, indem er die Baukunde vorzüglich als Gegenstand der schönen Kunst betrachtete, ohne sich um das mechanische derselben zu bekümmern. Er hielt es auch wohl unter seiner Würde, wenn er in das Detail der Ausführung gehen sollte, ohne welches es doch nicht möglich ist, zweckmäßige Baue anzuordnen und auszuführen. Der bloß praktische Baumeister, welcher zur Ausführung gebildet wurde, vernachlässigte sehr häufig den ästhethischen und wissenschaftlichen Theil, und es war ihm hinreichend, das, was er nicht wußte, mit dem Namen Theorie oder Studierstubensubtilität zu belegen. Von der wissenschaftlichen oder theoretischen Seite ging man auch darin zu weit, daß mathematische Abstraktionen, ohne hinlängliche Rücksicht auf Oertlichkeit, als unabänderliche Vorschriften ausgetheilt wurden, und der arme Praktiker zuweilen verächtliches Mitleiden fühlen mußte, weil er unfähig war, dergleichen Lehren zu verstehen, um sie anders als durch seine Erfahrungen widerlegen zu können. ... nur dem Baumeister fehlte es an einer zweckmäßigen Anstalt, wodurch er in den Stand gesetzt wurde, soviel Kenntnisse zu erlangen, als die Führung seiner Berufsgeschäfte erfordert, und wodurch er dem Staat und seinen Mitbürgern große Kosten ersparte, die ohne sein Verschulden verschwendet wurden, weil es ihm an Gelegenheit fehlte, die Baukunst zweckmäßig zu erlernen... Zur Erreichung dieses Ziels ist in nachstehenden Wissenschaften und Künsten in den vorgeschriebenen Gesetzen Unterricht zu erteilen. 1. Arithmetik, 2. Algebra, 3. Geometrie, 4. Optik und 5. Perspektive, 6. Feldmeßkunst und Nivellieren, verbunden mit Übungen auf dem Felde, 7. Statik fester Körper, 8. Hydrostatik, 9. Mechanik fester Körper, 10. Hydraulik, 11. Maschinenlehre, 12. Bauphysik, 13. Konstruktion der einzelnen Teile eines Gebäudes nebst der Lehre von den besonderen Arbeiten der Bauhandwerker, verbunden mit praktischem Unterricht auf den Baustellen, 14. Ökonomische Baukunst, 15. Stadtbaukunst, verbunden mit praktischem Unterricht auf der Baustelle, 16. Strom- und Deichbaukunst, 17. Schleusen-, Hafen-, Brücken- und Wegebaukunst, 18. Kritische Geschichte der Baukunst, 19. Unterricht im Geschäftsstil, 20. Freie Handzeichnung, 21. Architektonische Zeichnung, 22. Situations-Kartenzeichnung, 23. Maschinenzeichnung. Die Direktoren haben den Unterricht so zu leiten, daß vor allen Dingen die Bedürfnisse des Cameral-Bauwesens befriedigt und auf die Eigenheiten der verschiedenen Provinzen Rücksicht genommen werde." [7.46.]

Der Unterricht begann mit zehn Studenten. Bis zum Wintersemester 1801/02 hatte sich ihre Zahl auf 124 erhöht.

Die Aufnahmebedingungen für das auf vier Jahre ausgelegte Studium entsprachen dem damaligen Stand der allgemeinbildenden Schulen: „Ein jeder Eleve, welcher die Bauakademie besuchen will, muß ein Alter von 15 Jahren erreicht haben, und nur in außerordentlichen Fällen kann das Direktorium eine Ausnahme gestatten. Außerdem muß derselbe eine gute leserliche Hand schreiben, und über einen ihm zu bestimmenden Gegenstand einen orthographisch richtigen Aufsatz verfertigen können; eine Grundlage in der lateinischen und französischen Sprache besitzen; mit Fertigkeit alle Rechnungen des gemeinen Lebens verrichten können, übrigens aber sich den Gesetzen der Akademie unterwerfen." [7.47.] Absolventen der Provinzial-Kunstschulen konnten zu ihrer Weiterbildung einzelne ausgewählte Fächer kostenlos belegen.

Das erste Direktorat übernahm *Christian Friedrich Becherer, Eytelwein* lehrte Maschinenbau, *Riedel* Strombau, *David Gilly* Brücken-, Strom- und Hafenbau. Die Bauakademie setzte die vorbereitende Ausbildung an einer Schule voraus, die in Fortsetzung der Grundausbildung an örtlichen Zeichen- und Rechenschulen wirksam wurde. [7.48.] Diese Aufgabe erhielten in Preußen die Provinzial-Kunstschulen. Ihr Profil entsprach den in einigen Ländern zum Teil schon früher gegründeten Baugewerkschulen. Diese Schulen bildeten den Beginn der so erfolgreichen Entwicklung der vorwiegend auf örtliche Bedürfnisse orientierten Bauingenieurschulen. In diese Kategorie der mittleren technischen Ausbildung gehörten auch die auf Initiative von *Beuth* gegründeten preußischen „Provinzial-Gewerbeschulen", deren Absolventen an den Polytechniken ihr Studium fortsetzen konnten. [7.49.]

Die Kritik an der zu weitgehenden Zergliederung der Unterrichtsgegenstände und an den zu geringen Vorkenntnissen der Studenten führte schon 1802 zu einer ersten Reform der Bauakademie. Aber erst 21 Jahre später konnte sie endgültig von der Kunstakademie getrennt werden. *Christian Peter Beuth,* unter dessen Direktorat die Bauakademie in „Allgemeine Bauschule" umbenannt wurde, setzte eine Differenzierung der Ausbildungswege durch:

1. Wege- und Landbaumeister (später als Bauführer bezeichnet),
2. Bau-Inspektoren der Fachrichtungen,
  – Wasser- und Maschinenbau,
  – Stadt- und Prachtbau,
3. Bau-Inspektoren nach dem Studium beider Fachrichtungen.

Das entsprach der Kritik an der immer weniger erfüllbaren Forderung, daß von allen Kandidaten die gleiche Qualifikation in allen Zweigen der Baukunst gefordert würde. Dementsprechend erfolgte eine Veränderung des Prüfungswesens. In einem Immediatbericht vom 6. August 1831 hieß es dazu: „Das Fehlerhafte des bisherigen Zustandes bestand darin, daß man von allen Kandidaten eine gleiche und vollständige Qualifikation in allen Zweigen der Baukunst forderte; der Kandidat sollte das landwirtschaftliche Gebäude wie den Palast, den Straßen- und Hafenbau, den einfachen wie den schwierigsten Maschinenbau inne haben ... Alle ohne Unterschied, ohne Rücksicht auf Fähigkeiten und Neigung mußten einen großen Aufwand von Zeit, Geld und Kräften machen, um die höchsten Stufen der Wissenschaften zu erreichen, um Dinge zu lernen, von welchen sie bei den meisten Anstellungen in ihrem übrigen Leben nie einen Gebrauch zu machen Gelegenheit hatten." [7.50.]

Nach dem Rücktritt *Beuths* erfolgten in den vierziger Jahren weitere Veränderungen. Diesmal richtete sich die Kritik gegen das zu weit gehende Theoretisieren in den Hilfswissenschaften und die unzureichende künstlerische Ausbildung. In einer amtlichen Bekanntmachung, die auch über die Wiedereinführung der Bezeichnung „Bauakademie" berichtete, hieß es über neue Maßnahmen: „Nachdem des Königs Maj. die anderweite Organisation der Allgemeinen Bauschule, welche fortan die Benennung Königliche Bauakademie zu Berlin führen wird, zu genehmigen geruht haben, ist das Direktorium der Bau-Akademie dem Geh. Ober-Baurath Busse, dem Geh. Ober-Baurath Stüler und dem Ober-Baurath Hartwich übertragen und der Erstere zum ausführenden Vorstand bestellt worden. Das Direktorium der Bau-Akademie wird auch die Leitung der Bau- und Gewerbeschule ferner führen." [7.51.]

Immer entschiedener setzte sich jetzt die Trennung in eine Fachrichtung Hochbau (Architektur) und eine Fachrichtung Wasser- und Straßenbau (Ingenieurbau) durch. Die endgültige Trennung erfolgte jedoch erst mit der Konstituierung zweier selbständiger Abteilungen mit eigenen Vorständen im Jahre 1875 unter dem Direktorat von *Richard Lucae* und auf der Grundlage neuer Vorschriften über die Ausbildung und Prüfung für den Staatsdienst im Bau- und Maschinenfach von 1876. [7.52.]

Neben den ausschließlich auf die Beamtenlaufbahn orientierten Studien konstituierte sich eine neue Ausbildungsrichtung für Privat-Baumeister. Das Studium begann mit einem Kurs für Bauführer (früher Land- und Wegebaumeister) und teilte sich dann in einen einjährigen Baumeisterkurs für „Land und Schönbau" und einen ebenfalls einjährigen Kurs für „Wege- und Wasserbau", einschl. Eisenbahnbau. Jetzt gab es besondere Prüfungen für die Beamtenlaufbahn und für Privatbaumeister. Im einzelnen wurden vorgeschrieben:

– für die Bauführerprüfung:
  • mindestens zwei Jahre Lehrzeit,
  • Besuch des Zwei-Jahres-Lehrgangs für Bauführer,
  • Prüfungsarbeit, bestehend aus 30 Blatt mit verschiedenen Gegenständen,
  • mündliche Prüfung in Landbaukunst, Wasser-, Wege- und Eisenbahnbau, Maschinenbau, reiner und angewandter Mathematik und Naturwissenschaften,
– für die Baumeisterprüfung:
  • zwei Jahre Praxis nach der Bauführerprüfung,
  • mindestens zwei Jahre Studium an der Bauakademie oder die Zeugnisse der einzelnen Lehrer,
  • Probearbeit als Bedingung für die Zulassung zur Prüfung.
  Maximale Bearbeitungszeit zwei Jahre; Themen für solche Probearbeiten waren z. B. in „Pracht- und Landbau" die Gebäude einer großen Kranken-, Heilungs- und Verpflegungsanstalt für 800 Personen, in „Wasser- und Maschinenbaukunst" das Projekt zu einer

Schiffbrücke über einen Strom, welcher an der Stelle, wo die Brücke gebaut wird, 800 Fuß breit ist. [7.53.]

- Je eine Klausur in „Land- und Schönbau" und in „Wasser-, Maschinen-, Eisenbahn- oder Wegebau" von je einer Woche,
- eine mündliche Prüfung, die zwei bis drei Tage in Anspruch nahm.

Diese überraschend umfangreichen Prüfungen sollten die Entscheidung ermöglichen, ob der Kandidat qualifiziert wäre

A. für jede Staats-Baubeamten-Stelle,

B. für die Verwaltung einer Bau-Inspektor-Stelle vorzugsweise im „Land- und Schönbau" oder im „Wasser-, Maschinen-, Eisenbahn- oder Wegebau,

C. für die Verwaltung einer Kreisbaumeister-Stelle,

– für die Privat-Baumeister-Prüfung,

- Handwerkslehre, Prüfung als Handwerksmeister,
- drei Jahre Studium,
- eine Abschlußprüfung bestehend aus Probearbeit, Klausur und mündlicher Prüfung. [7.54.]

In Dresden begann die technische Ausbildung in einer Industrieschule, die seit 1814 an der Kunstakademie bestand, ihr folgte vier Jahre später eine Bauschule. Am 1. Mai 1828 erfolgte dann die Gründung der technischen Bildungsanstalt als Keimzelle der späteren Technischen Hochschule. Bei ihrer Eröffnung sagte der Kabinettsminister *Graf Einsiedel:* „Bei der großen Menge der Erzeugnisse können nur diejenigen Produzenten sich eines lohnenden Absatzes versichert halten, die imstande sind, neben dem Zweckmäßigsten und Dauerhaftesten auch das Billigste zu liefern." [7.55.]

Das war die vom Feudalstaat getragene, auf lange Fristen ausgelegte Maßnahme, der schier übermächtigen britischen Konkurrenz, die nach der Niederlage *Napoleons* und dem Abbruch der Kontinentalsperre die deutschen Länder überflutete, Herr zu werden. Dem entsprach der auf den Theorien *Adam Smith's* basierende ökonomische Liberalismus, der jedoch in den deutschen Ländern – in Preußen unter *Stein* mehr als in Sachsen – zugunsten einer stärkeren Förderung der Leistungskraft der Unternehmer variiert wurde. In Dresden begann unter dem ersten Direktor *Lohrmann* eine vierjährige Ausbildung, bestehend aus einem Zweijahreskurs in einer Vorbereitungsabteilung und einem Studium in der Abteilung Maschinenbau oder in der Kunsthandwerklichen Abteilung. Später wurde das Prinzip der Stufenausbildung weiter vervollkommnet: ein bis zwei Jahre für technisches Zeichnen und Arithmetik, drei bis vier Jahre für eine theoretische Ausbildung in Mathematik, Physik, Chemie, Zeichnen und Sprachen und schließlich eine fünfjährige Ausbildung für Mechaniker.

In der Zeit von 1835 bis 1838 setzte *Johann Andreas Schubert* einen neuen Ausbildungsplan durch, der vor allem den aus dem Eisenbahnbau erwachsenden Ansprüchen durch Einführung einer allgemeinen Baukunde und einer Straßen- und Wasserbaukunde besser gerecht werden sollte. An dieser Erweiterung der Ausbildung, welche die Behörden verhindern wollten, zeigte sich, wie die sächsischen Unternehmer im Vorfeld der 48er-Revolution ihre Interessen durchzusetzen verstanden. [7.56.] Generell dürfte wohl in der Zeit der *Metternich*schen Reaktion die Entwicklung der Polytechniken gehemmt worden sein. Ihr bürgerlich-liberaler Charakter machte sie für die feudalen Regierungen zu potentiellen Gefahrenherden – was sich auch durch die Beteiligung der Lehrer und Schüler während der revolutionären Unruhen ja auch bestätigte. [7.57.]

Der rasche Wandel der Anforderungen, insbesondere verursacht durch das Expandieren der Industrie und die sich langsam verbessernden bildungsmäßigen Voraussetzungen durch das Wirksamwerden der Realschulen, sicher aber auch theoretische und methodologische Unsicherheiten, provozierten ständige Veränderungen der Lehrpläne, der Studienabläufe und der Schulorganisation. Erst nach der 48er-Revolution setzte sich die Tendenz zu weiterer Spezialisierung der Ausbildungsprofile und zu konsequenterer wissenschaftlicher Fundierung der Lehre durch. Diese Entwicklung vollzog sich auf dem Hintergrund der Liberalisierung des politischen Lebens, die sich praktisch auch mit der Durchsetzung der hochschulpolitischen Forderungen der Industriellen verwirklichte – zumindest in dem Maße, wie die monarchistische Ordnung nicht gefährdet schien. Oft waren es nur ein oder zwei Ingenieure, auf deren Schultern die gesamte Lehre im Baufach ruhte. *Carl Culmann* übernahm bei Gründung des Züricher Polytechnikums den Stahlbau einschließlich Baustatik und Brückenbau (ab 1882 *Wilhelm Ritter*), den Wasserbau (bis 1873) und den Straßen- und Eisenbahnbau (bis 1882). [7.58.]

In Karlsruhe vertraten in den ersten Jahrzehnten Oberst *Tulla* und einige Beamte der badischen Oberdirektion des Wasser- und Straßenbaus die Baukunde. Das Verkehrswesen umfaßte als „Lehre von den Communicationen" drei Abschnitte: „Landcommunication" (dazu gehörten unter anderem Theorie und Konstruktion der Fahrzeuge, das System des Fuhrwesens, Konstruktion der Straßen und Schienenwege mit ihren Bauwerken, das System der Bewegung auf Eisenbahnen und der Bau von Brücken), „Wassercommunication" (in ähnlicher Komplexität) und schließlich der „Vergleich der natürlichen und künstlichen Schiffahrt mit dem Verkehr auf Straßen und Eisenbahnen". [7.59.] Erst 1861 gab es einen speziellen Lehrstuhl für Eisenbahnbau und seit 1871 einen weiteren für Brücken- und Wasserbau. [7.60.]

Seit der Mitte des Jahrhunderts erhöhte sich das wissenschaftliche Niveau der Ausbildung spürbar. In Berlin war dies vor allem dem durch seine strengen Prüfungen gefürchteten *Johann Wilhelm Schwedler* zu danken. In Dresden wirkten *Schubert* und in Zürich *Culmann* ebenfalls in dieser Richtung. *Schubert* forderte: „Nicht vorkauen, sondern zergliedern, nicht Wissen allein, sondern Verstehen; nicht Ansammlung im Gedächtnis, sondern mit dem Verstande arbeiten; nicht bloßes Lernen, sondern auch üben; nicht nur betrachten, sondern auch suchen; nicht glauben, aber prüfen." [7.61.]

Die vielfältigen Leistungen der Ingenieure, die dynamische Entwicklung einer wissenschaftlichen Ingenieurtheorie und die erreichte Wissenschaftlichkeit der Ausbildung fanden jedoch bei der Einordnung der Ingenieure in den Beamtenapparat ungenügend Berücksichtigung. Als „Techniker" gehörte der Ingenieur nicht zur bevorzugten Schicht der „Akademiker". Der Wiener Ingenieur *Karl Karmarsch,* als Direktor des Polytechnikums nach Hannover berufen, schrieb zu diesem Problem: „Gleich den Universitäten, und nicht minder an der Hand strenger Wissenschaftlichkeit, führen sie (die Polytechniken – H. R.) bis zur letzten Grenze des Unterrichts, so weit die Lehrkanzel ihn geben kann. Ihr Kreis ist ein verschiedener, aber ebenso bedeutungsvoller und wichtiger; ihre Studien sind ebenso schwierig, ebenso gründlich, ebenso streng, ebenso langwierig. Sie haben ihren durchlaufenden, ordnenden und verbindenden Faden in der Mathematik, dieser sichergehenden praktischen Zwillingsschwester der Philosophie ... Vor fünfundzwanzig Jahren hätte man all Dieses hin und wieder zu verfechten gehabt; heute bedarf es nur ins Gedächtnis gerufen zu werden, denn der entschiedenen Thatsache wird die Anerkennung nicht mehr versagt. Die ganze Welt gibt zu, daß sich die technische oder realistische Bildung der sogenannten gelehrten Bildung ebenbürtig an die Seite gestellt hat; neben dem Gymnasium geht die höhere Bürgerschule her; neben der Universität die polytechnische Schule, die technische Universität. Weit entfernt, daß Eins das Andere verkürze, eifern beide nach demselben letzten Ziele: geistiger Vervollkommnung und Veredlung, tüchtiger Vorbereitung für das Leben; ergänzen sich gegenseitig und umfassen vereinigt, was im Laufe der Zeiten der Menschengeist Großes und Werthvolles errungen." [7.62.]

So sehr diese Einschätzung der objektiven gesellschaftlichen Bedeutung des Ingenieurs entsprach, wie er sich im Verlauf der industriellen Revolution immer stärker profiliert hatte, so verstieß sie doch gegen tradierte Vorstellungen von der Funktion der höheren Bildung im feudalen Ständestaat und gegen den Standesdünkel akademischer Schichten.

Hartnäckig verfochten die deutschen Universitäten eine auf aristotelischer Philosophie beruhende idealistisch-humanistische Bildungskonzeption, die eine auf Nützlichkeit gerichtete Wissenschaft als Widerspruch in sich betrachtete. Technische Ausbildung entsprang für sie aus dem Handwerk – nicht aus der Wissenschaft. Dies zu begründen fiel um so leichter, da tatsächlich nur sehr zögernd, aber nach der Mitte des 19. Jahrhunderts mit zunehmendem Tempo und Effekt, empiristische Positionen in der Technik in dem sich formierenden Gebäude der Technikwissenschaften aufgehoben wurden. [7.63.]

Franz Reuleaux kennzeichnete den Unterschied zwischen Universität und Technischer Hochschule mit besonderer Prägnanz: „Die Universität betreibt ... die Wissenschaft des Erkennens. Die technische Hochschule pflegt die Wissenschaft des Schaffens." [7.64.] Fortschritte in der wissenschaftlichen Fundierung der Technik, insbesondere die Anwendung der Mathematik und technischen Mechanik, und damit die Überwindung des ursprünglichen Niveaus der Gewerbeschulen gründete sich auf das Wirken einzelner Ingenieurpersönlichkeiten, die es verstanden, Erfahrungen zu verallgemeinern, wissenschaftliche Gesetzmäßigkeiten zu erkennen, mathematische Methoden zur Klärung technischer Phänomene einzusetzen und nicht zuletzt ihre Erkenntnisse systematisiert und didaktisch aufbereitet ihren Schülern zu vermitteln. Das waren zum Beispiel *Reinhard Baumeister* und *Friedrich Engesser* in Karlsruhe, *Gotthelf Hagen* in Berlin, *Johann Andreas Schubert* und *Christian Mohr* in Dresden oder *Karl Karmarsch* in Hannover. Daneben wirkten Ingenieure, die ein Lehramt nur zeitweilig ausübten und der Baupraxis beziehungsweise der Bauverwaltung verbunden blieben, wie *Ludwig Franzius, Johann Wilhelm Schwedler* oder *Friedrich August von Pauli.* Schließlich trugen Ingenieure zum Ausbau der wissenschaftlichen Grundlagen des Ingenieurbaus bei, ohne selbst lehrend tätig gewesen zu sein, wie *Matthias Koenen* oder *Reinhard Woltmann.* Die enge Verbindung zwischen technischer Hochschule, Baupraxis und Bauverwaltung ist eine der wesentlichen Bedingungen für die Entwicklung herausragender Lehrerpersönlichkeiten und der Bauforschung.

Sicher hat der Kampf der deutschen Polytechniken um akademische Gleichberechtigung dazu geführt, daß sich die Hochschullehrer in einem Maße auf den Ausbau wissenschaftlicher Theorien und auf die Erhöhung der theoretischen Ansprüche in den Prüfungen konzentrierten, wie es vom Stande der technischen Entwicklung gesehen nicht notwendig war. Damit entkräfteten sie zwar besonders verletzende Argumente der Universitäten, stießen aber bei ihren Studenten auf heftige Kritik, da die wenig auf die Praxis bezogenen theoretischen Fächer ihre Zeit erheblich belasteten. Dieser Widerspruch erwies sich auch in den folgenden Studienreformen als ein zentrales Problem. *Max Foerster* reflektierte darüber auf der Hochschultagung am 28. November 1928: Es sei die vornehmste Aufgabe der Hochschule, „die naturwissenschaftlich und mathematisch gesicherte Plattform zu bieten ... In dieser Hinsicht ist die Hoch-

„Die deutsche Industrie muß unbedingt verlangen, daß sie diejenigen in ihr tätigen Männer, die tatsächlich mit Erfolg Ingenieur-Arbeit verrichten, auch als ‚Ingenieure' bezeichnen kann, gleichgültig ob sie eine Hochschulprüfung abgelegt haben oder nicht. Wir verwahren uns entschieden dagegen, daß unser im freien Wettbewerb empor strebender Beruf zum Nachteil unseres Vaterlandes in einen von Privilegien umhegten Stand verwandelt wird."

Karl von Bach, 1917

schule der Vorkriegszeit den Bedürfnissen der Praxis vorausgeeilt und zwar zum Besten der späteren Berufstätigkeit. In der Erziehung zur kritischen und zugleich schöpferischen Verknüpfung technischer Probleme mit naturwissenschaftlicher Erkenntnis liegt die Hauptaufgabe der technischen Hochschule. Laboratoriums- und Konstruktionsarbeit müssen in diesem Sinne von dem Streben beherrscht werden, die nach wirtschaftlichen Zielen gerichtete technische Aufgabe auf diese grundsätzlichen Zusammenhänge zu untersuchen, um sie beherrschen zu lernen. Auch in Zukunft ist die wissenschaftliche Erziehung zu größerer Vertiefung zu führen als sie dem Stande der Technik jeweilig entspricht." [7.65.]

Die „Vorschriften über die Ausbildung und Prüfung für den Staatsdienst im Bau- und Maschinenfach" von 1876 ließen den Ersatz der ersten Staatsprüfung durch die Diplomprüfung zu. [7.66.] Das entsprach den Anforderungen der Industrie, die in den letzten Jahrzehnten des Jahrhunderts begonnen hatte, den größten Teil der Absolventen zu beschäftigen. Gleichzeitig bestätigten sie die endgültige „Trennung des Baufachs": „Preußen stellte an seine Baubeamten nicht mehr die in allen größeren Staaten Europas unerhörte, auch von den kleineren deutschen Staaten längst aufgegebene Forderungen, daß sich dieselben Kenntnisse und Fertigkeiten des Architekten mit denen des Ingenieurs in einer Person vereinigen sollen." [7.67.]

Die Gründung von Hochbauabteilungen in der Mitte der siebziger Jahre in Berlin und Dresden, die im Rahmen der in den Vordergrund gerückten Ingenieurausbildung speziell Architekten ausbildeten, überwand das traditionelle Monopol der Kunstakademien, die von altersher für den Nachwuchs an den Hofbau- und Hofmarschallämtern gesorgt hatten. Die technischen Hochschulen, die fast alle in den siebziger Jahren aus den bisherigen Polytechniken gebildet worden waren, erhielten nun die Aufgabe: „Für den technischen Beruf im Staats- und Gemeindedienst wie im industriellen Leben die höhere Ausbildung zu gewähren, sowie die Wissenschaften und Künste, welche zum technischen Unterrichtsgebiet gehören, zu pflegen." [7.68.]

Das entsprach der Resolution des VDI „Über die wünschenswerte Entwicklung der deutschen technischen Hochschulen und über Staatseinrichtungen zur geeigneten Verwendung akademisch gebildeter Techniker im öffentlichen Dienst." [7.69.] Sie forderte, alle Einrichtungen der höheren technischen Bildung in technischen Hochschulen zu vereinigen, als Voraussetzung für die Aufnahme allein das Reifezeugnis eines humanistischen oder Realgymnasiums anzuerkennen, eine akademisch-kollegiale Leitung an den technischen Hochschulen durchzusetzen und die Gleichwertigkeit aller Studienrichtungen zu verwirklichen. Mit der Ablösung der ersten Staatsprüfung durch die Diplom-Prüfung und die Einführung des Titels „Diplom-Ingenieur" gelang eine generelle Regelung für alle technischen Disziplinen. Sie entsprach dem Bedarf der expandierenden Bauindustrie nach einem vereinheitlichten und öffentlich anerkannten Qualifizierungsnachweis. Die Bedeutung der Staatsprüfungen dagegen nahm ab. Seit den siebziger Jahren wird auch regelmäßig vor Illusionen über die Möglichkeiten gewarnt, eine höhere Beamtenlaufbahn einschlagen zu können. [7.70.] Nach wie vor beharrten aber die Bauämter auf dem traditionellen und zeitraubenden Ausbildungsweg und seinen sowohl hohen, als auch komplexen Anforderungen. Praktische Ausbildung verband sich für den Bewerber auf kaum erträgliche Weise mit rigoroser Ausnutzung. Nach bestandener Regierungs-Baumeister-Prüfung hatten sich die Anwärter bis zu ihrer endgültigen Einstellung mit Tagegeld zu begnügen, soweit „Gelegenheit zur Beschäftigung" gegeben war, oder aber sie durften unentgeltlich arbeiten. Die Übernahme privater Aufträge bedurfte stets einer besonderen Genehmigung. [7.71.]

Auf einer Delegiertenversammlung der deutschsprachigen technischen Hochschulen, 1880, initiierte der Wiener Professor *Haufe* einen Beschluß über den Anspruch der technischen Hochschulen auf das Promotionsrecht. Im Juli 1894 trafen sich auf Einladung des Dresdener Professorenkollegiums die Vertreter der technischen Hochschulen in einer geheim gehaltenen Versammlung in Eisenach, um die nächsten Schritte zu beraten. [7.72.] Als aktivste Streiter traten damals die Chemiker auf, da sie durch ihre enge Verbindung mit der Industrie sich den Universitäts-Chemikern überlegen fühlten und die bisherige Zurücksetzung besonders hart empfanden. Seitens der Universitäten wurde gegen die Bestrebungen der technischen Hochschulen polemisiert: Die Technik setzte zwar die Wissenschaft voraus, sei jedoch selbst nicht Wissenschaft, sondern eine „Kunst in Anwendung auf die Bedürfnisse des praktischen Lebens". Daraus ergebe sich der Schluß, daß die Dozenten der technischen Fächer nur weisungsgebundene Unterrichtsaufgaben besäßen, während die Tätigkeit der Universitätslehrer allein auf der verfassungsmäßig festgelegten Freiheit der Wissenschaft und Forschung beruhen würde. [7.73.]

Nach langwierigem und hartnäckigem Ringen erkannte schließlich ein kaiserlicher Erlaß vom 11. Oktober 1899 den technischen Hochschulen das Promotionsrecht zu. [7.74.] Die Bestimmung, für die von ihnen vergebenen akademischen Grade im Unterschied zu den Universitäten die deutsche Schreibweise anzuwenden, blieb wohl die letzte noch mögliche Klausel, durch die es den Universitäten gelang, ihr Gesicht zu wahren. Die Ursachen der staatlichen Förderung der technischen Hochschulen, ihrer Lehre und Forschung, und der formellen Gleichstellung ihrer Absolventen gegenüber den Absolventen der Universitäten lagen in der imperialistischen Entwicklung des deutschen Reiches, in dem die technischen Wissenschaften und die Ausbildung der Ingenieure in die Schaffung einer konkurrenzfähigen Wirtschaft und nicht zuletzt in die Rüstung integriert waren.

Die deutsche Industrie hatte den um die Mitte des 19. Jahrhunderts rund 50 Jahre betragenden Rückstand der technischen Wissenschaften und Ausbildung gegenüber den in der industriellen Revolution führenden Ländern Großbritannien und Frankreich wettgemacht. *Wilhelm II.*, der anläßlich seines Regierungsjubiläums 1913 die Würde eines „Doktor-Ingenieur ehrenhalber" aller deutschen technischen Hochschulen übertragen bekam, nannte dieses Ziel mit aller Offenheit: „Ich danke den technischen Hochschulen für die mir zuteil gewordene Ehrung. Ich hätte die Erfolge in meinem Leben nicht erreichen können, wenn ich nicht die Hilfe der technischen Hochschulen gehabt hätte, deren Arbeit und Entwicklung der technischen Forschung den Schwung verliehen und mir das Menschenmaterial ausgebildet und zur Verfügung gestellt haben, das mir zur Erreichung meiner Ziele notwendig war." [7.75.] Diese Ziele *Wilhelms II.* aber waren die Ziele des deutschen Imperialismus, dessen Expansionskraft wesentlich auf der Ausnutzung der technischen Intelligenz beruhte.

Seit dieser Zeit wurden auf sich wandelndem gesellschaftlichen Hintergrund und ausgehend von sich stetig erweiternden und erhöhenden wissenschaftlichen Grundansprüchen doch immer wieder die gleichen Probleme diskutiert und Lösungen in dieser oder jener Richtung versucht. Einen wesentlichen Einfluß nahm der auf Veranlassung des Vereins Deutscher Ingenieure 1908 gegründete „Deutsche Ausschuß für Technisches Schulwesen" (DATSch), an dem sich auch der VDAIV beteiligte. Er stellte auf effektive Weise die Verbindungen zwischen der Industrie und den technischen Hochschulen her. Die vom Ausschuß zusammengefaßte Kritik der Industrie an den Hochschulen richtete sich vor allem gegen die im Verhältnis zu den Fachschulabsolventen zu geringe Brauchbarkeit der Hochschulingenieure, ihren ungenügenden Einblick in die tatsächlichen Arbeitsverhältnisse, die zu spezialisierte Ausbildung, die zu geringe Urteilsfähigkeit über die technischen Probleme industrieller Produktion, die mangelnde Fähigkeit, zweckmäßige und billige Herstellungstechniken einzusetzen und schließlich gegen den späten Beginn ihrer Berufstätigkeit. Der DATSch forderte eine Erweiterung des traditionellen technischen Profils und drängte auf einen Eingriff in bisher unantastbare, von den Universitäten vertretene Wissenschaften. „Neben der Vermittlung gründlicher Fachkenntnisse müssen die technischen Hochschulen Gelegenheit zu einer allgemeinen harmonischen Geistesausbildung geben... Die allgemeinbildenden Fächer der technischen Hochschulen stellen ein für diese Hochschulen unbedingt erforderliche Ergänzung der Fachstudien dar und sollen den Studierenden die notwendige Verbindung mit der Gesamtkultur unserer Zeit vermitteln." [7.76.]

An sich ist dieses Bewußtsein von der kulturellen Mission des Ingenieurs nicht neu. Immer wieder hatten herausragende Persönlichkeiten mit unterschiedlicher Betonung darauf hingewiesen. Etwa *Max Maria von Weber*: „Daß dieses edle und solide Fundament (die universelle Bildung des Ingenieurs – H. R.) nicht mehr vermißt wird, als es geschieht, liegt lediglich daran, daß der Wert einer universellen Bildung nur von den wenigsten Technikern erkannt wird, bei denen sich, leichter als in den anderen Ständen, ein indolentes Hinleben einnistet, sobald sie eine gewisse selbständige Existenz errungen haben... Die bloß einseitige mathematisch-spekulative Ausbildung erzeugt keine Größe, kein Umfassungsvermögen des Gedankens, und ohne beides wird ein Geist nicht mündig, mag er auch noch so viele lokale Klarheit und Schärfe der Anschauung und Behandlung entwickeln können." [7.77.]

Sehr viel pragmatischer und direkter formulierte *J. Schlink* diese Forderung aus der Sicht der Schwerindustrie: „Die Hauptbedingung für eine angesehene Position ist, ...die gesunde Lage der Industrie selbst... Unzweifelhaft liegen einzelne Umstände... theilweise außerhalb seiner (des Ingenieurs – H. R.) Machtsphäre; was aber erreichbar ist, muß voll und ganz angestrebt werden; d. i.: geistige Vor- und Ausbildung, richtiges Benehmen in und außer der geschäftlichen Thätigkeit, stramme Zurückweisung jeder Bevormundung, rücksichtsloses Eintreten für das Gedeihen der Industrie und des Technikerstandes, keinerlei falsche Bescheidenheit oder Befangenheit in dem Kampfe der Meinungen und Interessen, sondern kräftige Befehdung feindseliger Elemente." [7.78.]

Die 18. Wanderversammlung des VDAIV 1908 in Danzig, setzte einen Arbeitsausschuß ein, der in umfangreich diskutierten und schließlich beschlossenen Grundsätzen ebenfalls die soziale Stellung des Ingenieurs in Verbindung bringt mit seinem Bildungsniveau, seinen Fähigkeiten im Verwaltungsdienst und der Forderung, ihm in der Verwaltung entsprechende Bewährungschancen zu geben. Einer der Hauptsätze lautete: „Um für die Architekten und Ingenieure zu diesem Ziele zu kommen (Zugang zu allen Ämtern der staatlichen, kommunalen und privaten Verwaltungen – H. R.), sind die Unterrichtspläne der Technischen Hochschule so einzurichten, daß **alle** Studierenden die Möglichkeit einer harmonischen, weitere Gebiete des öffentlichen Lebens einschließenden Ausbildung gewinnen, die sie befähigt, über die Grenzen der eigentlich technischen Tätigkeit hinaus, **immer aber auf deren Grundlage** sich

„Immer wieder und immer wieder wurde betont, daß wir keine speziellen Wasserbauer, Eisenbahner oder Brückenbauer erziehen dürfen, sondern daß die vornehmste und wichtigste Aufgabe unserer Ausbildung darin bestehen müsse, ‚Bauingenieure' zu erziehen, die durch ihre wissenschaftliche Ausbildung befähigt sind, sich in jeden Sonderzweig der Ausbildung einzuarbeiten und dort zu bewähren."

O. Ammann, 1930

„Wir brauchen nicht nur Ingenieure, deren Ausbildung dem sich laufend ändernden Wissensstand angepaßt ist; sie müssen auch in ganzheitlichen Systemen denken lernen und dabei außer-technische Sachverhalte und Zusammenhänge einbeziehen können. Und: Sie müssen bereit sein, die Technik den menschlichen Zielen unterzuordnen."

Karl Eugen Becker, Präsident des Vereins Deutscher Ingenieure, 1985

„Es gibt auf den Schulen so viel zu lernen, daß keine Zeit zum Nachdenken bleibt."

Eduardo Torroja

tätig, regelnd und leitend an der Pflege und Hebung unseres nationalen Kulturzustandes zu beteiligen." [7.79.]

Einen wesentlichen Schwerpunkt bei der Erfüllung dieser Forderungen bildete die Einführung der Volkswirtschaftslehre in das Ingenieurstudium. Hinzu kamen die Rechtskunde, Sozialwissenschaften, Ästhetik, Ethik und Philosophie. [7.80.] Versuchen zur Einrichtung eines Ausbildungsganges für Betriebs- bzw. Verwaltungsingenieure in Dresden und Berlin war jedoch kein dauernder Erfolg beschieden.

Die Ausdehnung der Ingenieurausbildung auf angrenzende geisteswissenschaftliche Disziplinen stand in unmittelbarem Zusammenhang mit den Versuchen, den sich immer wieder neu stellenden Widerspruch zwischen der sich aus fortschreitender beruflicher Arbeitsteilung ergebenden, vor allem von der Industrie vertretenen Forderung nach Spezialisierung und dem Kampf gerade der profiliertesten Ingenieure um die Erziehung und Ausbildung eines universell wirksam werdenden Ingenieurs zu lösen. Als Erfolg versprechender Weg bot sich die Vertiefung der wissenschaftlichen Grundlagen, die freiere Gestaltung des Studiums, die Einschränkung der Anzahl der Vorlesungs- und Übungsstunden und die Beschränkung auf vier Vertiefungsrichtungen an. Dies waren: konstruktiver Ingenieurbau, Wasserbau, Straßen- und Eisenbahnbau, Stadtbauwesen. Allerdings gab es auch kritische Stimmen, die vor einer Überbetonung der wissenschaftlichen Grundlagen ohne hinreichenden Bezug zu den realen Aufgaben des Bauingenieurs warnten. Das wichtigste aber sei die Fähigkeit des Absolventen, „sich in jeden Sonderzweig der Ausbildung einzuarbeiten und dort zu bewähren". [7.81.]

Zwei Spezialisierungsrichtungen nahmen seit dem Ende des Ersten Weltkrieges an Gewicht und Umfang zu: die Stadttechnik und der Baubetrieb. [7.82.] *Georg Garbotz*, der Pionier der Baumaschinenlehre in Deutschland, kritisierte noch 1921 die unzureichende Berücksichtigung der Baumaschinenausbildung. Abgesehen von den 30 Stunden in Berlin und 25 Stunden in Hannover schwankte die Gesamtstundenzahl zwischen 0 (Breslau) und 19 (München). Er forderte einen Kurs von mindestens 12 Stunden für Bauingenieure und Architekten, zusätzliche Wahlvorlesungen für Maschineningenieure und entsprechende Forschungsmöglichkeiten – also alles in allem ein noch recht bescheidenes Programm.

Eine Spezialisierungsrichtung innerhalb der Bauingenieurausbildung ergab sich aus den Ansprüchen der Stadtplanung. *Felix Genzmer* und *Josef Brix* begründeten schon 1907 an der Technischen Hochschule Berlin das erste deutsche Städtebauseminar. Ihnen folgte 1911 *Ewald Genzmer*, ein angesehener Fachmann auf dem Gebiet der Wasserversorgung, der gemeinsam mit *Cornelius Gurlitt* in Dresden ein Städtebauseminar durchführte, in dem Fachleute der verschiedensten Disziplinen zu Worte kamen und die neuesten Stadtplanungen diskutiert wurden. Damit begann die Konstituierung eines relativ selbständigen Spezialgebiets, das Bauingenieuren wie Architekten gleichermaßen offen steht. [7.83.]

Bis zur Gegenwart spielte in allen Diskussionen über notwendige Studienreformen die wünschenswerte Überwindung der Trennung der Bauingenieure von den Architekten eine wesentliche Rolle. Anfängliche Illusionen über eine mögliche Wiedervereinigung beider Berufe wichen nach 1900 realistischeren Überlegungen, wie die als objektiv notwendig erkannte Zusammenarbeit durch genau festzulegende gemeinsame Lehrveranstaltungen gefördert werden könnte. Besonders günstig schien herfür an den deutschen technischen Hochschulen die Zusammenführung der Abteilungen Ingenieurbau und Architektur in eine gemeinsame Fakultät zu sein. [7.84.] *Friedrich von Thiersch* bezeichnete in seiner Rektoratsrede am 7. Dezember 1906 an der TH München die übergreifende Wirkung der künstlerischen Erziehung als Bauingenieure und Architekten verbindende Klammer: „Die Forderung des Künstlerischen ist auf das ganze Gebiet der Technik auszudehnen, und wie wir von einem Ingenieurbau, einer Brücke oder Halle, erwarten, daß er schon im Keim künstlerisch konzipiert sei, so werden wir auch von architektonischen Kompositionen verlangen, daß ihnen von Haus aus eine gewisse ingenieurmäßige Konstruktion zugrunde liege." [7.85.] Wie kompliziert aber die Verwirklichung dieses begrüßenswerten Vorschlages schon damals war, erwies sich an den unerheblichen Veränderungen, die *Thiersch* durchsetzen konnte: die Bauingenieure erhielten zusätzlich Unterricht in Freihandzeichnen und Darstellender Geometrie.

Insgesamt ergaben sich aus den kaum auflösbaren Widersprüchen zwischen den rasch wachsenden Anforderungen der Bauwirtschaft und der zeitlichen Begrenztheit des Studiums, zwischen rascher Praxiswirksamkeit der Absolventen auf der Grundlage eines spezialisierten Studiums und der auf die Komplexität des Bauens orientierten Universalität des Bauingenieurberufs, zwischen den pragmatischen Ansprüchen der Baupraxis und der Forderung nach umfangreicher theoretischer Fundierung des Studiums immer wieder neue Ausbildungskonzepte als Lösungsvorschläge in oft überraschend kurzen Intervallen. In der Regel allerdings beschränkten sie sich auf organisatorische Veränderungen. Sie beachteten kaum, daß auch die Reproduktion des Bauingenieurberufs in erster Linie von den als Hochschullehrer berufenen Repräsentanten, ihren Fähigkeiten zur Erziehung und Ausbildung des Nachwuchses abhing. Kaum berücksichtigten sie die Einheit aller vier an die technischen Hochschulen gestellten Aufgaben: Erziehung, Lehre, Forschung und öffentliche Wirksamkeit. Die von Beginn der technischen Ausbildung an vorhandene Dichotomie zwischen Bildung und Ausbildung bleibt einer der Grundwidersprüche für die technischen Hochschulen, deren Überwindung um so schwieriger scheint, je mehr das Spezialwissen an Umfang zunimmt.

Die Berufsvereinigungen

Die Gründung der ältesten Ingenieurvereinigung 1770 in Großbritannien unter Vorsitz von *John Smeaton* erfolgte noch ganz im Rahmen der damals in allen Ländern Europas entstehenden gelehrt-geselligen Vereine von Wissenschaftlern und Freunden der Wissenschaften. Noch ganz im Sinne bürgerlicher Aufklärung dienten diese Vereine der Bildung ihrer Mitglieder und der Verbesserung gesellschaftlicher Verhältnisse durch die Verbreitung nützlicher Kenntnisse. Als Vorbild wirkten solche Gesellschaften wie die 1754 in London gegründete Society for the Encouragement of Arts, Manufacturers and Commerce und die 1764 in Paris gegründete Société d'Encouragement de l'industrie nationale. Nachdem sich *Smeaton* kurz vor seinem Tode, 1792, zurückgezogen hatte, blieb die „Smeatonian Society of Civil Engineers" ein exklusiver Dining Club, von dem keine spürbare Wirkung auf die Entwicklung der Technik und des Ingenieurberufs ausging.

Die mit diesem Zustand unzufriedenen Ingenieure gründeten deshalb 1818 die „Institution of Civil Engineers", um den „regulären Kontakt zwischen Personen, die in verschiedenen Ingenieurdisziplinen arbeiten und deshalb wechselseitig Nutzen ziehen durch den Austausch individueller Beobachtungen und Erfahrungen" zu pflegen [7.86.] Im Bemühen, aus anfänglicher Stagnation herauszukommen, wandten sich die Mitglieder 1820 an *Thomas Telford* und baten ihn, den Vorsitz zu übernehmen. In seiner Inaugural-Adresse stellte *Telford* die Förderung des Bauingenieurwesens als Ziel der Vereinigung in den Vordergrund. Jeden Dienstag gab er eine Dinnerparty, an die sich eine Sitzung anschloß. Von nun an nahm die Vereinigung einen steilen Aufstieg. 1828 erhielt sie die Royal Charta. *Telford* stand ihr 14 Jahre als Präsident bis zu seinem Tode vor. Ganz auf das in dieser Zeit so erfolgreiche Bauingenieurwesen orientiert, verlor die Vereinigung allmählich den Kontakt zu den Eisenbahningenieuren, die aber bald die Bauingenieure zahlenmäßig übertrafen. Die hieraus entstehenden Konflikte führten in den vierziger Jahren zur Gründung der Institution of Mechanical Engineers.

Konsequent war Telford dafür eingetreten daß die Vereinigung nicht in einen Dabattierklub oder in eine Ingenieurgewerkschaft abrutsche. In Anbetracht des Fehlens eines entsprechenden Systems der technischen Ausbildung lag auf ihr fast ausschließlich die ganze Verantwortung, für die Aus- und Weiterbildung der Ingenieure und für die Förderung der Bauingenieurwissenschaft zu sorgen.

Der im Jahr 1821 in Berlin gegründete Verein zur Beförderung des Gewerbefleißes gehörte noch ganz in die von den *Stein*schen Reformen initiierte Bewegung zur Förderung wirtschaftlicher Entwicklung und bürgerlichen Selbstbewußtseins. Drei Jahre später schlossen sich Absolventen der Bauakademie zum „Berliner Architektenverein" zusammen. Seine ersten Vorsitzenden waren *Eduard Knoblauch* und *August Stüler*. Auch *Karl Friedrich Schinkel* beteiligte sich an den Versammlungen. Regelmäßig traf man sich in der Kämpferschen Wirtschaft, Tiergarten 46, und führte seit 1827 Monatskonkurrenzen durch, übte sich in Figuren- und Landschaftszeichnen, in Mathematik und Entwerfen. [7.87.]

In diesem Verein der preußischen Baubeamten bekamen langsam, vor allem seit den vierziger Jahren, die Bauingenieure zahlenmäßig gegenüber den Architekten das Übergewicht. Viele Jahre gehörten die Ingenieure E. Brix, G. Hagen, A. Lohse, E. Wiebe, J. W. Schwedler, L. Franzius und J. Hobrecht zum Vorstand. Ab 1851 gab der Verein ein „Notizblatt" heraus, das später in der „Zeitschrift für Bauwesen", einer der führenden deutschen Bauzeitschriften, die über Ingenieurbauten und Architektur gleichermaßen berichtete, aufging. Die Entwicklung der Mitgliederstruktur, nach 1870 kamen zunehmend freischaffende Architekten hinzu, führte zwangsläufig zu Interessenkonflikten. Die freischaffenden Architekten gründeten schließlich mit der „Vereinigung zur Vertretung baukünstlerischer Interessen" 1879 ihren eigenen Verein. Ähnliche Vereinigungen von Bauingenieuren und Architekten entstanden in den deutschen Ländern vorwiegend in den vierziger Jahren, in der Zeit des Aufschwungs bürgerlich-republikanischer Aktivitäten. [7.88.]

In Dresden wurde unmittelbar nach der Eröffnung der Eisenbahnlinie Dresden–Leipzig 1846 der „Verein sächsischer Ingenieure" auf Initiative des Maschinenmeisters Coullon gegründet. Ausdrücklich hervorgehobener Anlaß war die Gefahr des Eindringens Unqualifizierter in den Berufsstand der Ingenieure, hervorgerufen durch den steigenden Bedarf an technischem Personal beim Bau und Betrieb der Eisenbahnen. In den Professoren der Bergakademie Freiberg und des Dresdener Polytechnikums hatte der Verein eine wichtige Stütze, die vor allem seiner Zeitschrift, dem „Civilingenieur" internationalen Ruf sicherte. Neben allgemein fachlichen Interessen hatte sich der Verein die Vertretung von Standesfragen zur Aufgabe gestellt, wie Einführung einer technischen Staatsprüfung, Errichtung einer obersten technischen Behörde, Organisation des gesamten Berufsstandes und Befreiung vom „Juristendruck". Ganz im Sinne einer hohen Integrität und Kompetenz seiner Mitglieder ließ er

„Die Förderung des Erwerbs von Ingenieurwissen, die Abgrenzung des Berufs, die Wahrung des Ansehens, das er verdient, und die Vermehrung des öffentlichen Vertrauens sind die Ziele der Institution, deren Mitglieder die Ehre haben, sich an Sie zu wenden."

aus dem Brief der Mitglieder der Institution of Civil Engineers an Thomas Telford vom 3. Februar 1820

„Eine besondere Garantie für die Tüchtigkeit der Civil-Ingenieure wäre wohl am besten zu erlangen durch eine Einrichtung, welche seit längerer Zeit unter den englischen Civil-Ingenieuren besteht, nämlich die Aufnahme derselben in eine Vereinigung, deren ausgesprochener Grundsatz es ist, nur wirklich fähige und reelle Männer zu Mitgliedern zu erheben und ihnen dadurch ein Diplom zu ertheilen, welches von der gesammten industriellen Welt anerkannt wird."

Zeitschrift des Vereins Deutscher Ingenieure, 1865

eine Erhöhung der Mitgliederzahlen nur zögernd zu. Erst zehn Jahre nach der Gründung wurde der Numerus Clausus auf 250 und 1868 auf 300 ordentliche Mitglieder erweitert. Aber erst die Zulassung außerordentlicher Mitglieder ermöglichte, der ständig steigenden Zahl der Aufnahmeanträge gerecht zu werden. [7.89.]

Ähnlich elitäre Züge trug auch der im März 1851 von Eisenbahnbauinspektor Funk, Baurat Mohn und Kammerrat Oppermann gegründete Architekten- und Ingenieurverein zu Hannover. Auch hier sicherte ein strenges Aufnahmeverfahren hohes fachliches Niveau und soziale Homogenität. [7.90.] Der Verein setzte sich zum Ziel: „... die einzelnen geistigen Kräfte der Bau- und Ingenieurfächer im Königreich Hannover unter sich näher zu verbinden, die Baukunst und Ingenieurwissenschaften durch gegenseitige Belehrung und gemeinsames Streben zu fördern, den Austausch praktischer Erfahrungen zu vermitteln und dadurch zum Nutzen des öffentlichen und Privatlebens zu wirken." [7.91.]

Der Erfolg, an dem auch in Hannover die Vereins-Zeitschrift wesentlichen Anteil hatte, zeigte sich in seinem weit über die Grenzen des Königreichs Hannover reichenden Wirken. Zu den etwa 800 Mitgliedern in den siebziger Jahren gehörten Professoren der Technischen Hochschulen zu Aachen, Berlin und Darmstadt, Architekten und Bauingenieure in den preußischen Ländern, in den Niederlanden, Skandinavien, Frankreich und sogar einzelne in Nord- und Südamerika und in Japan. Während die überwiegende Mehrheit der Mitglieder in den regionalen Vereinen Baubeamte waren, also Mitglieder mit obligatorischer Ausbildung an einem Polytechnikum und zwei Staatsprüfungen, sammelten sich im 1856 gegründeten Verein Deutscher Ingenieure vorwiegend die in der Industrie angestellten Techniker ganz unterschiedlicher Ausbildung und Tätigkeit.

Getragen vom allgemeinen Aufschwung demokratischer Bewegungen trafen sich seit 1842 Architekten und Bauingenieure der deutschsprachigen Länder anfangs jährlich, später im Abstand von zwei Jahren auf Wanderversammlungen, die jeweils in einer anderen Stadt stattfanden. Wegen der Möglichkeiten des zwanglosen Erfahrungsaustauschs, der Besichtigung historischer und moderner Bauten, der Information über neueste Forschungsergebnisse und technische Neuerungen und nicht zuletzt der geselligen Abende wegen erfreuten sich diese Treffen allgemeiner Beliebtheit. Vor allem aber förderten sie entgegen allen Spezialisierungstendenzen das Zusammengehörigkeitsgefühl von Bauingenieuren und Architekten.

Nach Leipzig, dem Ort des 1. Deutschen Architektentages, trafen sich Architekten und Bauingenieure in Bamberg, Prag, Halberstadt, Gotha, Mainz, Braunschweig, Köln, Dresden, Magdeburg und Frankfurt a. M. In Hannover begannen 1862 die nach Fachgruppen gegliederten Vortragsprogramme mit fachwissenschaftlichen und berufssozialen Themen. Zwei Jahre später, vom 30. August bis 2. September 1864, kamen über 1400 Bauingenieure und Architekten in Wien zusammen. Aus diesem Anlaß gab ein gastgebender Verein zum ersten Mal eine repräsentative Dokumentation alter und neuer Bauwerke heraus.

Gestützt auf die Beliebtheit dieser Wanderversammlungen und die Erfolge des über die Grenzen der einzelnen deutschen Länder wirkenden Vereins Deutscher Ingenieure trat Reinhard Baumeister, einer der letzten deutschen universellen Ingenieurarchitekten und Vater der wissenschaftlichen Stadtplanung, 1869 mit dem Vorschlag in der Deutschen Bauzeitung hervor, einen allgemeinen deutschen Techniker-Verein zu gründen, in den auch der VDI aufgehen sollte. [7.92.] Anfangs stieß dieser Vorschlag nur bei wenigen auf Zustimmung, überwiegend aber auf Skepsis und Ablehnung. Der Berliner Architektenverein lehnte ab, da er „... eine Gemeinsamkeit der sozialen Interessen bei den verschiedenen Gruppen der Techniker und somit ein daraus hervorgehendes Bedürfnis zur Vereinigung nicht zu erkennen" vermöge. [7.93.]

Am 9. und 10. Juni 1870 berieten die Vertreter von elf Vereinen unter der Leitung von Grashof, VDI, in Kassel über die Veränderung der vorgeschlagenen Satzung in Vorbereitung auf die 16. in Karlsruhe geplante Wanderversammlung. Der Beginn des Krieges am 19. Juli 1870 unterbrach die Gründungspläne und ermöglichte weitere Diskussionen. [7.94.]

So sehr Baumeisters Vorschlag dem allgemeinen Aufschwung des Nationalbewußtseins entgegen kam, bot er noch keine Lösung für ein ausgewogenes Verhältnis zwischen den regionalen Interessen der Vereine und dem angestrebten Zentralismus des Verbandes, der allein eine wirksame Standesvertretung der Architekten und Bauingenieure versprach. Baumeisters Vorstellung, alle Ingenieurdisziplinen in einem Verband vereinigen zu können, übersah die sich immer rascher durchsetzende fachliche Spezialisierung. K. E. O. Fritsch, der Redakteur der Bauzeitung, faßte die bisherige Diskussion zusammen und hob hervor, daß sich der Verband unbedingt auf die beiden vorhandenen Elemente – die regionalen Vereine und die Wanderversammlungen – stützen müsse, daß eine Verbandszeitschrift unverzichtbare Voraussetzung für die Wirksamkeit des Verbandes sei und daß alles getan werden müsse, um die damals schon sehr deutlichen Divergenzen zwischen Bauingenieuren und Architekten, zwischen Beamten und Freischaffenden auszugleichen. [7.95.]

Im Ergebnis der Kasseler Beratung, die sich auf Baumeisters Konzept und die Vorschläge des Bayrischen und des Berliner Vereins stützte, konnten der Statutenentwurf, der Namensvorschlag „Verband der Deutschen Architekten- und Ingenieurvereine" und die Einladungen zur Gründungsversammlung veröffentlicht werden.

Zweck des Verbandes sollte sein: „Das Bewußtsein der Zusammengehörigkeit unter den Fachgenossen zu erhalten, einen Austausch der Ideen und Erfahrungen auf dem Gebiet der Architektur und des Ingenieurwesens zu vermitteln, die gemeinsamen sozialen Interessen der Fachgenossen zu wahren." [7.96.] Aufnahmefähig sollte „jeder technische Verein Deutschlands" sein, der sich nach seinen Satzungen „die Förderung des Bauwesens" zur Aufgabe gestellt habe. Während zu den bisherigen Wanderversammlungen die „Fachgenossen deutscher Zunge" eingeladen worden waren, blieb man jetzt in den Grenzen des neu gegründeten Reichs. Entsprechend der Wahl Berlins als Vorort übernahm der Vorsitzende des Berliner Architektenvereins Wilhelm Boeckmann die Leitung des neu gegründeten Verbandes. Zum Vorstand gehörten weiter der Wasserbauingenieur Ludwig Franzius, der spätere Stadtbaurat Hermann Wilhelm Blankenstein und der durch seine Eisenbahnbauten bekannte Eduard Römer.

Die Grundlage für die erfolgreiche Arbeit des Verbandes bestand in dem klugen Kompromiß zwischen der Weiterführung bisher bewährter Organisationsstrukturen und Arbeitsformen wie der Selbständigkeit der regionale Vereine und der regelmäßigen Wanderversammlungen auf der einen Seite und der zentralen Koordinierung aller Aktivitäten durch die jährlichen Abgeordnetenversammlungen, zu denen jeder Verein je angefangene 200 Mitglieder einen Vertreter delegieren konnte. Bis 1892 bestimmten die Abgeordneten für zwei Jahre den Sitz eines Vereins als „Vorort" und dessen Vorstand als Verbandsleitung. Dann aber erforderte der so nicht mehr zu bewältigende Umfang der Vorstandstätigkeit eine Geschäftsstelle in Berlin mit einem alle vier Jahre neu zu wählenden Geschäftsführer, der allerdings bis 1906 seine Aufgaben noch nebenamtlich zu lösen hatte. Wilhelm Böckmann, dem ersten Vorsitzenden, folgten Hinckeldeyn, Berlin; Stübben, Köln; Waldow, Dresden; Neher, Frankfurt a. M.; Reverdy, München, mit sechs Jahren Amtszeit; Saran, Berlin, während des ersten Weltkriegs, ebenfalls mit 6 Jahren Amtszeit; und Schnick, München.

Die Zahl der Mitgliedsvereine stieg rasch. An der Gründungsversammlung hatten sich 12 Vereine beteiligt. Zwanzig Jahre später waren es 29 und bei Ausbruch des Ersten Weltkrieges 48 mit etwa 10 000 Mitgliedern. Nach Kriegsende ging die Zahl der Vereine auf 43 mit 7 500 Mitgliedern zurück. So konsequent der Verband auch an seinem Grundprinzip festhielt, nicht in die Arbeit der Vereine einzugreifen und lediglich Anregungen zu geben, und so sehr er auch jede formale Gleichartigkeit der Organisationsstruktur ablehnte, blieben doch im Laufe der Zeit Wünsche nach einer effektiveren Organisation offen. Der Bayrische Architekten- und Ingenieurverein erfaßte zum Beispiel mit seinen Kreisgesellschaften den gesamten Freistaat Bayern, in Preußen dagegen bestanden in den einzelnen Provinzen voneinander unabhängige Vereine. Einzelne Vereine wiederum blieben auf eine Stadt beschränkt. Besonderes Gewicht besaß der Berliner Verein mit etwa 2000 Mitgliedern. Neben diesen regionalen Organisationen hatten sich Vereine als Vertretungen einzelner Berufsgruppen gebildet wie die Berliner Vereinigung der Regierungsbaumeister oder die 1913 gegründete Vereinigung angestellter künstlerisch tätiger Architekten.

Als Ergebnis der Diskussion um die Reorganisation des Verbandes nach dem Ersten Weltkrieg blieb das Bemühen um die Bildung von Landesvereinen und der Grundsatz, alles zu unternehmen, um die Widersprüche zwischen den einzelnen sozial und fachlich bedingten Gruppierungen auszugleichen und Architekten wie Bauingenieuren den Rahmen für gemeinsames Handeln zu gewährleisten. Dieser Aufgabe dienten schärfere Aufnahmebedingungen und eine Ehrenordnung. [7.97.]

Das erfolgreiche Wirken des Verbandes bis zu seiner Gleichschaltung nach 1933 gründete sich vor allem auf

- die traditionell alle zwei Jahre veranstalteten Wanderversammlungen (Sie wurden lediglich zwischen 1914 und 1921 ausgesetzt.)
- die Veröffentlichung der Verbandsmitteilungen in einer eigenen Fachzeitschrift (Hierfür diente bis 1912 die Deutsche Bauzeitung. Eine verbandseigene Zeitschrift, die „Zeitschrift für Architektur und Bauingenieurwesen" konnte nur von 1912 bis 1918 herausgegeben werden.)
- die Arbeit der verbandsinternen Arbeitsausschüsse und die Zusammenarbeit mit Vertretern anderer Verbände bei allen die Entwicklung des Bauwesens und die Arbeitsbedingungen der Bauingenieure und Architekten betreffenden Problemen [7.98.]
- die Veröffentlichung repräsentativer Dokumentationen über historische und moderne Bauten in den Gastgeberstädten der Wanderversammlungen, der Werke über das deutsche Bauernhaus und über das deutsche Bürgerhaus, die nur dank des enthusiastischen Einsatzes ungezählter Mitglieder erarbeitet werden konnten.

In Weiterführung der Diskussionen auf den ersten Wanderversammlungen trat der Verband für die soziale und rechtliche Sicherung des Architekten- und Bauingenieurberufs ein. Schwerpunkte bildeten dabei

- Die Forderung nach Einstellung fachlich qualifizierter Beamter in die technischen Ressorts der Verwaltungen.
- Der Schutz der Berufsbezeichnungen. Sie sollten die Leistungsfähigkeit ihrer Träger kennzeichnen und auf der Grundlage einheitlicher Prüfungen vergeben werden. Die Abgeordneten-Versammlung des Verbandes

Jahrg. V. №35.

DEUTSCHE BAUZEITUNG

Wochenblatt

herausgegeben von Mitgliedern

des Architekten-Vereins zu Berlin.

Zusendungen bittet man zu richten: An die Redaktion der Deutschen Bauzeitung, Berlin. Oranien-Str. 75.

Insertionen (2¼ Sgr. die gespaltene Petitzeile) finden Aufnahme in der Gratis-Beilage „Bau-Anzeiger."

Bestellungen übernehmen alle Post Anstalten und Buchhandlungen, für Berlin die Expedition, Oranienstr. 75.

Preis 1 Thlr. pro Vierteljahr. Bei direkter Zusendung jeder Nummer unter Kreuzband 1 Thlr. 5 Sgr.

Redakteur K. E. O. Fritsch. | Berlin, den 31. August 1871. | Erscheint jeden Donnerstag.

Inhalt: An die deutschen Architekten- und Ingenieur-Vereine. — Die Brücke über den Mississippi bei St. Louis. — Wasserbaudirektor Heinrich Hübbe. — Mittheilungen aus Vereinen: Oesterreichischer Ingenieur- und Architekten-Verein. — Die XII. Hauptversammlung des Vereins deutscher Ingenieure am 14., 15. und 16. Septbr. zu Cassel. — Vermischtes: Ueber die Heizungs- und Ventilations-Einrichtungen in der neuen geburtshülflichen Klinik zu Königsberg. — Expedition zu Untersuchungen in Klein-Asien. — Zur Stellung der zu den Fahnen einberufenen diätarisch beschäftigten Baumeister und Bauführer. — Aus der Fachlitteratur: Abriss der Thonwaaren-Industrie von B. Kerl. — Die Bauführung von C. Busch. — Konkurrenzen: Stadttheater in Frankfurt a. M. — Monats-Aufgaben im Architekten-Verein zu Berlin zum 8. Oktbr. 1871. — Personal-Nachrichten etc.

An die deutschen Architekten- und Ingenieur-Vereine.

Die von der Casseler Konferenz am 9. Juni 1870 mit der weiteren Geschäftsführung beauftragte Kommission, bestehend aus den Herren v. Egle, Funk und dem Unterzeichneten, hat im Juli 1870 das Statut für den Verband deutscher Architekten- und Ingenieur-Vereine, sowie eine Einladung zur Beitritts-Erklärung und zur Beschickung der ersten Abgeordneten-Versammlung ausgesandt. Durch den unmittelbar nachher ausgebrochenen Krieg ist die ganze Angelegenheit in Stillstand gerathen und hat vor 2 Monaten eine weitere Schwierigkeit noch dadurch erfahren, dass die 16. Wanderversammlung deutscher Architekten und Ingenieure auf das Jahr 1872 vertagt wurde.

Die Kommission, welche sich seither durch Kooptation der Delegirten des Berliner Architekten-Vereins, der Herren Blankenstein, Böckmann und Fritsch, verstärkt hat, ist indessen der Ansicht, dass die Konstituirung und die wirkliche Thätigkeit des Verbandes jetzt nicht weiter hinausgeschoben werden sollten. Der Werth eines solchen Vorgehens ist gewiss höher zu stellen als die formellen Bedenken, welche mit Bezug auf die Wanderversammlung etwa dagegen vorgebracht werden könnten. Diese Meinung wird begründet theils durch den in unserer Zeit mächtig gesteigerten Drang, die nationale Einheit auf allen Gebieten zum Ausdruck zu bringen, theils durch die nicht unerhebliche Zahl von wichtigen, unser Fach berührenden Fragen, deren Bearbeitung und Lösung gerade jetzt dem Verbande zustehen würde. In gleichem Sinne haben auch bereits einige Vereine in jüngster Zeit Beschlüsse gefasst, sowie zahlreiche Fachgenossen sich ausgesprochen (s. No. 29 der Deutschen Bauzeitung).

Der ergebenst Unterzeichnete beehrt sich daher im Auftrage der Kommission die Einladung vom Juli 1870 hierdurch in der Art zu wiederholen, dass er die deutschen Architekten- und Ingenieur-Vereine ersucht:

1. einen Beschluss über den Beitritt zum Verbande baldmöglichst zu fassen, und wenn derselbe bejahend ausfällt
2. die dem betreffenden Verein nach §. 19 des Statuts zustehende Anzahl von Abgeordneten zu wählen,
3. eine Abgeordneten-Versammlung zu beschicken, welche in der zweiten Hälfte des Oktober im Lokal des Architekten-Vereins zu Berlin abgehalten werden soll.
4. die ausser den Verwaltungs-Sachen noch gewünschten Gegenstände der Berathung vorzuschlagen.

Von den Beschlüssen der dem Verbande beitretenden Vereine über die Punkte 1—4 werden schriftliche Mittheilungen an den Unterzeichneten erbeten. Die Kommission wird aus den bis Ende September einlaufenden Schreiben das Material entnehmen, um eine definitive Tagesordnung für die Abgeordneten-Versammlung zusammenzusetzen, und dieselbe nebst dem Tage des Zusammentritts in Berlin durch die Deutsche Bauzeitung bekannt machen.

Wenn auch zufolge §. 24 und 25 des Statuts definitive Beschlüsse dieser ersten Abgeordneten-Versammlung nur über dringliche Gegenstände zu erwarten sind, so wird es sich doch empfehlen, dass alle für die Tagesordnung bestimmten Sachen in den Vereinen thunlichst vorberathen und die Abgeordneten demgemäss unterrichtet werden.

Karlsruhe, Ende August 1871.

Für die Kommission
Baumeister.

Diejenigen Vereine, welchen wegen mangelnder Adresse oder dgl. das vorstehende Ausschreiben etwa nicht direkt zugekommen sein sollte, wollen gefälligst den Abdruck in d. Bl. als für sie bestimmt ansehen.

Einladung zur Gründung des VDAIV vom August 1871

beschloß 1921: „Der Verband Deutscher Architekten- und Ingenieurvereine hält es für notwendig, daß durch Gesetz die Befugnis, sich Architekt oder Ingenieur zu nennen, einheitlich für das ganze Reich geregelt wird und daß im Anschluß daran Kammern gebildet werden, in denen die Architekten und Ingenieure ihre gesetzliche Vertretung finden." [7.99.]

– Der gesetzliche Schutz des geistigen Eigentums.
– Eine die Leistungen so korrekt wie möglich wertende, überschaubare Gebührenordnung. [7.100.]
– Die Regelung der Rechtsfragen bei der Ausschreibung öffentlicher Wettbewerbe.

Die einzelnen fachlichen und sozialen Gruppierungen stellten ganz unterschiedliche Ansprüche an den Verband. Die Beamten nutzten ihn zur Festigung der Rolle der Techniker in der Verwaltung. Die als Angestellte in den technischen Büros der Bauunternehmen Arbeitenden suchten im Verband die Sicherheit, zu einer hervorragenden Gruppe innerhalb der Produktionssphäre zu gehören. Schließlich gewährleistete der Verband gegenüber der Öffentlichkeit die Integrität der beratenden Ingenieure und freischaffenden Architekten. Der übergreifende Anspruch aller aber bestand in der Teilnahme am Erfahrungsaustausch, in der allseitigen Förderung von Bauwissenschaft und Bautechnik und im Erfahren der Gemeinsamkeit der Berufe.

Zwangsläufig führte die sich immer weiter differenzierende Sozial- und Qualifizierungsstruktur zu Spannungen innerhalb des Verbandes und prägte die bis in die Gegenwart geführte Diskussion um den Schutz der Berufsbezeichnungen. Mit der Ausweitung des modernen Arbeitsmarktes verschärfte sich das Verlangen nach wirksamem Schutz vor unlauterer Konkurrenz. [7.101.]

Im Gegensatz zum VDAIV hatte sich der VDI von Anfang an gegen einen Schutz der Berufsbezeichnungen ausgesprochen. Ingenieurkammern seien „unzeitgemäß" und „rückschrittlich". Es gelte allein der Grundsatz „Freie Bahn dem Tüchtigen!" Nicht die Ausbildung dürfe entscheiden, sondern allein die Leistung. Hier standen Traditionen des aus höfischer Verwaltung entstandenen Beamtenapparats im Gegensatz zu den Ansprüchen der Marktwirtschaft. „Wir verwahren uns entschieden dagegen, daß unser im freien Wettbewerb empor strebender Beruf zum Nachteil unseres Vaterlandes in einen von Privilegien umhegten Stand verwandelt wird." [7.102.]

Die Anstrengungen des Verbandes um die Sicherung der Integrität der Architekten und Bauingenieure verbanden sich mit umfangreichen Aktivitäten zur Verbesserung des Studiums im Sinne der Anforderungen der Baupraxis. Aktiv beteiligte sich der Verband an dem 1908 auf Initiative des VDI gegründeten Ausschusses für Technisches Schulwesen (DATSch). Ebenso arbeitete der Verband, vertreten durch renommierte Wissenschaftler und erfahrene Praktiker in allen für die Entwicklung des Bauwesens bedeutsamen Fragen mit dem Verein Deutscher Ingenieure, dem Bund Deutscher Architekten und anderen Berufsvereinigungen zusammen. Das betraf vor allem Vorschläge für die Verbesserung der Baumaterialien, -konstruktionen und Bauweisen, wie

- die einheitliche Regelung der Schriftzeichen in der Technik, die Durchsetzung eines einheitlichen Münzwesens und des Reichsformats der Mauerziegel. Diese auf dem Dezimalsystem basierenden Grundregelungen standen bereits auf der Gründungsversammlung zur Diskussion, [7.103.]
- ein auf fachlicher Grundlage beruhendes Baugesetz,
- das Normalprofilbuch für Walzeisen,
- die Normalbedingungen für die Lieferung von Eisenkonstruktionen für Brücken- und Hochbau, 1892 durch Angaben über das inzwischen eingeführte Flußeisen ergänzt,
- die einheitlichen Bestimmungen für die Eisenbetonbauweise,
- die einheitlichen technischen Baupolizeivorschriften,
- die Neufassung der zulässigen Grenzen der Stützweiten,
- die Denkschrift von Baumeister und Stübben über die Umlegung städtischer Grundstücke und Zonen-Enteignung als Grundlage für die langfristige Planung des Städtebaus,
- die Entschließungen zu Fragen des Wohnungs- und Siedlungswesens 1913 und 1921.

Wenn auch die Arbeit der Ausschüsse und ihre Koordinierung durch die Abgeordnetenversammlungen langwierig waren und die fachlichen wie berufspolitischen Grundfragen regelmäßig als Tagesordnungspunkte bis in die Gegenwart wiederkehrten, weil sich die Probleme und ihre Lösungsbedingungen schneller veränderten als die Ausschüsse zu Ergebnissen kamen, so ist doch kein die Entwicklung des Bauwesens im weitesten Sinne tangierendes Problem denkbar, zu dem der Verband – gestützt auf die freiwillige, ehrenamtliche und initiativreiche Arbeit seiner Mitglieder – nicht in Form von Denkschriften, Gutachten, Stellungnahmen, offenen Briefen, Fachveröffentlichungen oder speziellen Arbeitsmaterialien Lösungswege aufgezeigt hätte.

Der Auszug der freischaffenden Architekten aus dem Berliner Architektenverein 1879 hatte zum ersten Mal gezeigt, daß die Vereine und ihr Dachverband auf die Dauer nicht fähig waren, den sozialen und fachlichen Differenzierungsprozeß aufzuhalten. Die Interessenwidersprüche zwischen Beamten, Freischaffenden, Angestellten und gewerblich Tätigen überlagerten die sich vertiefende fachliche Spezialisierung und führten zu Konflikten, die innerhalb des Verbandes nicht mehr lösbar waren. Tragfähige, allgemeingültige Lösungen ließen sich nur noch in enger Zusammenarbeit des Verbandes mit einer Vielzahl anderer Berufsvereinigungen erreichen.

Eindeutig tritt die soziale Funktion der reinen Unternehmervereine wie des Deutschen Betonvereins (DBV) hervor. Seine Gründung erfolgte am 5. Dezember 1898, vollzogen von „Cementwaren- und Kunststeinfabrikanten sowie von Bauunternehmern" als „Verein zur Förderung der gemeinsamen Interessen ihrer Gewerbe sowohl in fachwissenschaftlicher als auch in wirtschaftlicher Richtung". [7.104.] Die Stahlbetonbauweise spielte bei seiner Gründung noch keine Rolle. In gleicher Richtung wie der VDAIV entwickelte der DBV erhebliche Initiativen zur Förderung von Wissenschaft und Technik, z. B. bei der Ausarbeitung der Eisenbeton-Richtlinien, bei der Konstituierung des Deutschen Ausschusses für Eisenbeton oder der Förderung der Materialprüfanstalten.

Aus der Kritik an der weniger auf Standesfragen orientierten Aktivität des VDI entstanden der Verband Deutscher Diplomingenieure 1909 und die Deutsche Technische Gesellschaft 1908. [7.105.] Diese Verbände verknüpften ihr Eintreten für eine Verbesserung der sozialen Stellung akademisch gebildeter Techniker stets mit dem Ziel der Festigung staatlicher Ordnung. Einer „der schwierigsten und tiefgreifendsten Prozesse der Kulturentwicklung" bestünde in der Aufgabe, „die Interessen von Besitz und Bildung zu verknüpfen, damit sie sich gegenseitig stärken und fördern". Die Folge sei, daß immer wieder ein Teil der Gebildeten, der an sich zu den Besitzlosen gehören würde, mit der kapitalistischen Wirtschaftsordnung ausgesöhnt werde, so daß seine Interessen sich mit denen der Kapitalistenklasse verquicken. [7.106.] Sicher festigte sich im Erleben des ersten Weltkrieges bei vielen Ingenieuren die Erkenntnis, daß die wirtschaftlich-technische Arbeit der Ingenieure einen größeren Einfluß auf die Politik haben müsse. Daraus resultierten Initiativen, alle technischen Berufsstände in einem Verband zusammenzufassen, da auf diese Weise allein die erforderliche Massenbasis erreicht werden könne. Das führte zur Gründung des Bundes technischer Berufsstände auf einer Reichstagung Deutscher Technik am 8. und 9. Februar 1919 in Eisenach. Die dort beschlossenen Eisenacher Richtlinien faßten alle bisherigen Vorstellungen über die Festigung der sozialen Stellung der Techniker und Ingenieure, wie die technische Bildung in der allgemeinbildenden Schule, Mitwirkung von Technikern in allen öffentlichen Körperschaften, gesetzlicher Schutz „technischer Geistesarbeit", Überwindung des „Kastengeistes der Techniker", Verständnis für den „technischen Handarbeiter" und besonders Kenntnisse über die allgemeinen Lebensbedingungen zusammen. [7.107.] Damit verband sich die Illusion, daß der Ingenieur dank seines sachlichen Denkens, seiner organisatorischen Fähigkeiten und seiner Orientierung auf einen optimalen Wirkungsgrad aller eingesetzten materiellen und geistigen Mittel eigentlich zur Führung des Volkes berufen sei. [7.108.]

Bemühungen um eine effektivere Koordinierung der wissenschaftlichen Arbeit im Bauwesen, die sicher auch durch die außerordentliche Zersplitterung der Baubetriebe und die Überzahl geringer Betriebsgrößen angeregt wurde, führten zur Gründung der Deutschen Gesellschaft für Bauingenieurwesen als Gliederung des VDI und der Gesellschaft für Bauwesen, deren Ziel vor allem in der Bewältigung der Auswirkungen der Weltwirtschaftskrise auf den Baumarkt bestanden. Die vorbereitende Versammlung zur Gründung fand am 4. Mai 1920 statt. Sie beschloß: „Die Gesellschaft für Bauingenieurwesen bezweckt die Förderung wissenschaftlicher Arbeit auf dem Gebiet des Bauingenieurwesens. Mitglieder der Gesellschaft können alle Personen werden, die nach ihrer Ausbildung und fachlichen Betätigung geeignet sind, die Ziele der Gesellschaft zu fördern." [7.109.]

Zu den nach dem Ersten Weltkrieg gegründeten Vereinigungen mit ähnlicher Zielsetzung gehörten auch die Internationale Vereinigung für Brücken- und Hochbau (IVBH), das Comité Européen du Beton (CEB), die Convention Européenne de la Construction Metallique (CECM), der Conseil International du Bâtiment pour la recherche, l'étude et la documentation (CIB), die Réunion Internationale des Laboratoires d'Essais et de Recherche sur les Materiaux et les Construction (RILEM) und die International Association for Shell Structures (IASS).

Die Schweizer Ingenieure A. Rohn und M. Roš initiierten 1926 den ersten internationalen Kongreß der Bauingenieure in Zürich. Im Ergebnis des 2. Kongresses in Wien 1929 erfolgte dann die Gründung der IVBH, der ältesten internationalen Bauingenieurvereinigung. Sie sollte dazu beitragen, den Erfahrungsaustausch der Ingenieure über Ländergrenzen hinweg zu pflegen, theoretische und praktische Erkenntnisse zusammenzufassen und vor allem durch internationale Koordinierung wissenschaftliche und versuchstechnische Arbeiten rationeller zu gestalten. Als für die Zukunft wichtigste Aufgaben schälten sich während der folgenden Kongresse heraus: die stetige Verbesserung der traditionellen Baustoffe, die Entwicklung der Bauphysik vor allem mit dem Ziel der Energieeinsparung, das neuerliche Durchdenken der Berechnungsverfahren und Sicherheitsvorschriften, der effektive Einsatz leistungsfähiger Kleincomputer, die Steuerung und Regelung des immer komplizierter werdenden Bauablaufs, die Konsequenzen aus der Verlagerung des Schwergewichts von Neubau zu Unterhaltungs- und Rekonstruktionsarbeiten. [7.110.]

Der in Deutschland nach 1933 unternommene Versuch einer geradezu im Sinne mittelalterlicher Ständeordnung konzipierten Gesamtorganisation aller „Bauschaffenden" mußte an den realen Bedingungen scheitern, ganz abgesehen von den gegensätzlichen Zielen verschiedener politischer Persönlichkeiten. Neben dem Kampfbund Deutscher Architekten und Ingenieure, gekennzeichnet als „technische SA und SS" [7.111.] sollte die Deutsche Gesellschaft für Bauwesen alle im Bauwesen tätigen Mitglieder der Reichsgemeinschaft der technisch-wissenschaftlichen Arbeit (RTA) und des NS-Bundes Deutscher Techniker (NSBDT) zusammenfassen. [7.112.] Der VDAIV und die regionalen Architekten- und Ingenieurvereine hörten damit auf zu bestehen.

Nach Vollzug der nationalsozialistischen Gleichschaltung aller bisherigen Vereinigungen konnte 1938 die Gesellschaft für Bauwesen aufgelöst werden und die Einordnung ihrer Mitglieder in den NSBDT erfolgen. Daneben formierte Fritz Todt unter Nutzung der Jahrzehnte währenden Bestrebungen nach dem Schutz der Berufsbezeichnungen seit Ende 1933 eine Reichskammer der Technik, die auch die Architekten zu integrieren suchte. [7.113.] Demgegenüber hatte das Reichskulturkammergesetz vom September 1933 die Architekten der Reichskammer der bildenden Künste zugeordnet. [7.114.] Der damit quasi erreichte Schutz der Berufsbezeichnung und

das alleinige Planvorlagerecht der freischaffenden Architekten entsprachen durchaus der Stellungnahme des Bundes Deutscher Architekten zum Nationalen Aufbauprogramm vom April 1933. [7.115.] Wie groß jedoch war die Enttäuschung, als die 1. Anordnung über den Beruf des Architekten vom 28. Juli 1936 alle Illusionen zunichte machte. [7.116.]

Wenige Jahre nach dem Zweiten Weltkrieg gründeten Bauingenieure und Architekten in einzelnen Städten der alten Bundesländer wieder Architekten- und Ingenieurvereine und als Dachverband den Deutschen Architekten- und Ingenieurverband (DAI), der an die Traditionen des alten VDAIV wieder anzuknüpfen suchte. Unter den schwierigen Bedingungen des Wiederaufbaus stellte er sich als Aufgaben:

„**1.** Technisch-wissenschaftliche, künstlerische und kulturelle Fragen und Vorgänge des Bauwesens und des Baurechts zu bearbeiten,

2. berufsständische Interessen der Architekten und Ingenieure zu vertreten sowie das Ansehen des Architekten und Ingenieurs und seine gesellschaftliche und berufliche Stellung zu fördern,

3. an der Gestaltung und Weiterentwicklung der Ausbildung für Architekten und Ingenieure mitzuwirken und an der beruflichen Ordnung und Berufsgesetzgebung mitzuarbeiten." [7.117.]

In der ehemaligen DDR wurden die Bauingenieure mit allen anderen Ingenieurdisziplinen der 1946 gegründeten Kammer der Technik zugeordnet.

In den Jahren des Wiederaufbaus und des wirtschaftlichen Aufschwungs gelang endlich die Verwirklichung der seit hundertfünfzig Jahren erhobenen Forderung nach Kammern, die in den alten Bundesländern als staatlich anerkannte Einrichtungen über die Kompetenz und Integrität mindestens der freischaffenden Architekten und beratenden Bauingenieure zu wachen haben. Sie vertreten ihre Mitglieder auf Bundes- und Länderebene in allen Standesfragen, die früher das Wirkungsfeld des VDAIV waren: Vertretung gegenüber dem Staat, Rechtsfragen und Berufsordnung, Honorarordnung, Wettbewerbswesen, Planungs- und Bauleistungsnormen, Aus- und Weiterbildung. Einen wirksamen organisatorischen Rahmen kann es jedoch in Anbetracht der durch unaufhaltsame fachliche Spezialisierung und soziale Differenzierung der in einzelne Gruppen zersplitterten Berufe der Bauingenieure und Architekten und der Vielzahl der sie vertretenden Vereine nicht mehr geben. Unübersichtliche föderalistische Strukturen, Kommunikationsschwierigkeiten, Konkurrenzdenken, wie es vor allem in dem immerwährenden Streit um das Planvorlagerecht deutlich wird, Überschneidungen in den Wirkungsfeldern der Vereine lassen offensichtlich weder eine effektive Vertretung noch eine koordinierte Öffentlichkeitsarbeit mehr zu. [7.118.]

Ambachtalbrücke
Aufn.: Wayß & Freytag AG

8.

EPILOG

Trotz großartiger Ingenieurleistungen seit dem Altertum hat sich der Beruf des Bauingenieurs über erste Bewährungen im Festungs- und Wasserbau in der industriellen Revolution konstituiert. Obwohl sich das Berufsprofil in den darauf folgenden rund zweihundert Jahren wesentlich gewandelt und differenziert hat, zeigten sich auch bestimmte durchgängige, berufsspezifische Denk- und Arbeitsweisen. Es bestätigte sich, daß das „Versinken in stolzer Anonymität" nicht allein auf einen sich aus zunehmender Arbeitsteilung ergebenden äußeren Zwang zurückgeführt werden darf, sondern ebenso subjektiver Haltung entsprang. Das Zurückstellen der Persönlichkeit hinter die Sachprobleme gehört offensichtlich zu den hervorstechenden Eigenschaften der Bauingenieure. Nur selten ist in den Biographien und persönlichen Reflexionen einzelner, wie etwa von Telford, Fairbairn, Schwedler, Engesser oder Leonhardt, Näheres über ihre Arbeitsweise oder gar ihre privaten Verhältnisse zu erfahren.

Vom Ausgang des 18. Jahrhunderts bis über die Mitte des 19. Jahrhunderts hinaus entstand das klassische, vom Architekten abgegrenzte, eigenständige Leitbild des Bauingenieurs, der sich innerhalb der Hierarchie feudaler Verwaltung behauptend und schon konfrontiert mit dem Kaufmann und Unternehmer alle Phasen des Bauablaufs von der Planung über Konstruktion und Rechnung bis zur Überwachung der Bauarbeiten beherrschte. Die Grenzen zum Architekten und zum Maschinenbauingenieur blieben vorerst noch fließend. Da der Bauingenieur in diesem Abschnitt seiner Entwicklung Aufgaben bisher unbekannter Größe und Schwierigkeit oft unter Einsatz seines Lebens zu lösen hatte, für deren Bewältigung weder die wissenschaftlichen noch die technischen Voraussetzungen gegeben waren, kann hier von der heroischen Periode in der Geschichte des Bauingenieurberufs gesprochen werden.

Nach der Mitte des 19. Jahrhunderts, in Deutschland vor allem seit dem der Reichsgründung 1871 folgenden wirtschaftlichen Aufschwung entstanden und expandierten leistungsfähige Bauunternehmungen, zuerst im Stahl- und später im Stahlbeton- und Tiefbau. Ihre Konstruktionsbüros boten vielfältige Möglichkeiten der Forschung, der Erprobung neuer Konstruktionslösungen und der Spezialisierung des Ingenieurpersonals. Jetzt lockte nicht mehr die Beamtenlaufbahn, aber auch kaum noch die des Unternehmers, die damals Roebling, Coignet und Koenen genutzt hatten.

Das sich seit der Jahrhundertmitte in Deutschland ausdehnende und profilierende System technischer Bildungseinrichtungen überwand den anfänglichen Rückstand gegenüber englischen und französischen Bauingenieuren. Der erheblich gestiegene Bedarf, dem die

„Die Verantwortung von Personen und Institutionen kann nicht weiterreichen als ihre Handlungsmacht reicht."

H. Lübbe, 1972

„Wir Bauingenieure müssen mehr Selbstbewußtsein entwickeln und auch in der Öffentlichkeit mit unseren Leistungen mehr hervortreten. Wir dienen der Gesellschaft auf so vielen Gebieten, die sich durch die Umweltprobleme noch erweitern, daß wir allen Grund haben, mehr Anerkennung herauszufordern, schon um den erforderlichen Nachwuchs anzulocken."

Fritz Leonhardt, 1990

Europa-Brücke der Brenner-Autobahn südlich von Innsbruck, 1960ff., Hauptspannweiten 108 + 198 + 108 m, höchster Pfeiler 146,50 m, Stahlkasten
Deutscher Stahlbauverband Köln

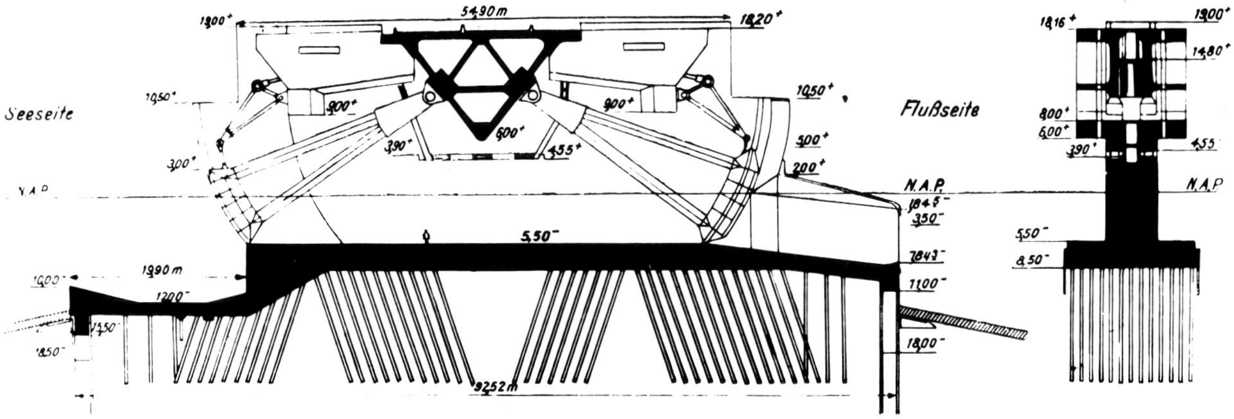

Haringvlietschleuse im Deltawerk, Niederlande, Durchlaß von 60% der Abflußmengen von Rhein und Maas, Gesamtbreite 1 050 m, 17 Öffnungen mit je 56,50 m lichter Weite und 16 Pfeilern, je 5,50 m dick, 34 Segmentschütze, Querschnitt Rijkswaterstaat, Deltadienst Afd. Documentatie en Inlichtingen, s'-Gravenhage

„Für die Bauingenieure müßte sich eine berufsethische Verpflichtung hauptsächlich darauf beziehen, daß sie beim Planen und Entwerfen ihrer Bauwerke bevorzugt die Auswirkungen auf den Menschen, auf das Wohlbefinden des Menschen bedenken und beachten."

Fritz Leonhardt

„Der Jugend, unserem Nachwuchs, möchte ich folgendes sagen: Glaubt nicht denen, die behaupten, daß ich eine außergewöhnliche Karriere gemacht habe, weil ich eine außergewöhnliche Begabung besaß! Denn das ist falsch. Es ist dies eine Entschuldigung, die sich die Faulen und Trägen geben. Um das zu tun, was ich getan habe, brauchte ich zu keinem Zeitpunkt eine außergewöhnliche Intelligenz."

Eugène Freyssinet

„Und in dieser verrückten Zeit fand eine umwälzende Entwicklung der Bautechnik statt, an der ich dank der Gnade meiner Begabungen wesentlichen Anteil hatte. Allein im Brückenbau gehen 34 Neuerungen auf mich zurück."

Fritz Leonhardt, 1984

Baugewerkschulen und die in dieser Zeit aus den Polytechniken gebildeten Technischen Hochschulen durch rasche Erweiterung ihrer Studienkapazitäten gerecht zu werden suchten, führte zwangsläufig zum Bauingenieur als Massenberuf und damit zur Verschlechterung seiner sozialen Lage, aber auch zur Nivellierung des fachlichen Niveaus trotz herausragender wissenschaftlicher Leistungen einzelner.

Die neue Größenordnung der Bauaufgaben und die Technisierung der Bauarbeiten erforderten unabdingbar wissenschaftliche Grundlagen für die Konstruktion der Bauwerke und die effektive Gestaltung des Bauablaufs. Das moderne, leistungsfähige Bauunternehmen bildete eine der Entwicklungsbedingungen des Bauingenieurberufs und der Bauingenieurwissenschaft. Die zwingende Wechselwirkung zwischen der Praxis des Bauens und der Bauingenieurwissenschaft darf nicht zu dem Trugschluß führen, daß die Entwicklung der Bautechnik ein autonomer, quasi naturgesetzlich verlaufender Prozeß wäre, der aus inneren Gesetzmäßigkeiten und durch die Anwendung der Wissenschaft in der Produktion erklärbar wäre. Das Empirische kann in der Berufstätigkeit der Bauingenieure nicht lediglich als Vorstufe der „Verwissenschaftlichung" betrachtet werden. „Doch wird immer vornehmstes Kennzeichen des Ingenieurs bleiben, daß er eine Synthese darstellt zwischen dem freien, schöpferischen Gestalten und dem rechnerischen Erkennen und Bemessen." [8.1.]

Die Erfassung der von äußeren Kräften bewirkten Beanspruchungen, die im Bauwerk zu Spannungen oder Formänderungen führen, entsprach von jeher dem Berufsverständnis der Bauingenieure. Hierfür lagen zuerst zuverlässige theoretische Unterlagen vor. Aber die zunehmende Größe der Bauaufgaben, ihre volkswirtschaftlichen Voraussetzungen und sozialen wie kulturellen Wirkungen, die Verflechtung der Bauproduktion mit anderen Industriezweigen führten zu der Tendenz einer immer komplexeren Betrachtung aller Probleme des Bauens, die weiterhin die Entwicklung des Bauingenieurberufs grundlegend verändern wird. Das betrifft vor allem die Betrachtung der Zuverlässigkeit eines Bauwerks. „Wenn die Wissenschaft nicht grundsätzlich neu konzipierte Hilfsmittel zur Verfügung stellt, ändert sich trotz wachsender Gesetzlichkeiten nichts am Sachverhalt, der weiterhin durch und durch subjektiv bleibt, da die meisten in Projektierungsgrundlagen eingehende Daten eben nicht Bestwerte sind, sondern oft sehr willkürlich aus einer breit streuenden statistischen Verteilung ausgewählte Zahlen. Das heißt wir müssen uns mehr der probabilistischen Betrachtungsweise der Naturwissenschaften anschließen." [8.2.]

Der Computer hat sich seit den sechziger Jahren dieses Jahrhunderts zu einem wichtigen Hilfsmittel des Bauingenieurs entwickelt und begonnen, seine Berufstätigkeit entscheidend zu beeinflussen. Er machte zwar Legionen von „Rechenknechten" überflüssig, setzt aber ein neues Heer von Bauingenieuren voraus, die den Software-Service übernehmen müssen. Allerdings führt er nur dann zu den angestrebten Rationalisierungseffekten in den Vorbereitungsprozessen, wenn diese auf sicherer theoretischer Basis entsprechend algorithmisiert sind.

Da aber die Aufgaben des Bauingenieurs sich nicht in der Zuverlässigkeit der Tragwerke erschöpfen, sondern politische Motivation, sozial-kulturelle Bewertungskriterien – darunter nicht zuletzt ästhetische Ansprüche – ausschlaggebend sind, besteht die Gefahr, daß trotz erheblichem Aufwand keine brauchbare Lösung gefunden wird, beziehungsweise daß sie ohne Computer sicherer gefunden wird.

Die Ingenieurbauwerke des 19. Jahrhunderts, die in ihren neuen Größenordnungen, Funktionen und Konstruktionsweisen die Veränderungen in den gesellschaftlichen Verhältnissen repräsentierten, durchbrachen die tradierten Schönheitsmuster klassischer Architekturästhetik. Aus dem Widerspruch zwischen dem Rationalismus der Bauingenieure und dem charakteristischen bürgerlichen Streben nach repräsentativer Legitimation errungener Herrschaft kam es anfangs zu einer eigentümlichen Entgegensetzung von Zweck- und Kunstform. Die um die Jahrhundertwende beginnende Erneuerung der Architektur konnte sich wesentlich auf die neuen Gestaltungsmöglichkeiten des Stahls und Stahlbetons stützen, an deren Erschließung Bauingenieure entscheidenden Anteil hatten. Brücken, Türme, Silos, Fabriken und Staudämme avancierten zu neuen Leitbildern moderner Architektur und erfolgreiche Konstrukteure begannen über ihre Möglichkeiten und damit über ihre Verantwortung als Gestalter zu reflektieren. [8.3.] In dieser Zeit erreichte die viel beschworene Zusammenarbeit von Bauingenieuren und Architekten eine neue Qualität. Sie bildet eine unabdingbare Voraussetzung für die Architektur der Gegenwart.

Die stetige Differenzierung der beruflichen Arbeitsteilung erwies sich als objektiver, gesetzmäßig verlaufender Prozeß, der durch die jeweiligen ökonomischen und sozialen Bedingungen bestimmt wurde. Dieser Differenzierungsprozeß begann in den Bauverwaltungen der Länder am Anfang des 19. Jahrhunderts. Die aus ihm erwachsende Notwendigkeit der Zusammenarbeit der verschiedenen Berufe gestaltete sich jedoch unter den Bedingungen des Kapitalismus der freien Konkurrenz zufällig, abhängig von konkreten Personen, und war durch Standesdünkel und Konkurrenzverhalten bestimmt.

Grundsätzlich neue Bedingungen ergaben sich erst in den straff organisierten technischen Büros der großen Bauunternehmen. Die Spezialisierung der Tätigkeitsprofile auch innerhalb des Bauingenieurberufs führte letztlich zu der Gefahr des Verlusts des traditionellen, von Universalität bestimmten Berufsbildes und damit zum Verlust des Bewußtseins, mit der baulichen Gestaltung von Lebensumwelt und nicht mit „Erzeugnissen" irgendwelcher Fließstrecken zur Kultur einer Gesellschaft beizutragen.

Im Zuge der industriellen Revolution war neben der humanistischen Bildung, die in der Universität gipfelte, ein neuer Bildungstyp entstanden. Auf der traditionellen Berufsausbildung bauten Baugewerkschule und Polytechniken auf, die in den siebziger Jahren zu technischen Hochschulen umbenannt wurden. Die Ablösung der ursprünglichen Beamtenprüfungen durch Hochschulprüfungen und schließlich die Verleihung des Promotionsrechts schufen wesentliche Voraussetzungen für die Konsolidierung des Bauingenieurberufs. Die höhere bautechnische Bildung orientierte sich in den letzten Jahrzehnten des 19. Jahrhunderts auf den Personalbedarf und auf die Forschungsaufgaben der Bau- und Baustoffindustrie. Die Einheit von Lehre, Forschung und leitender Tätigkeit in der Bauwirtschaft prägte die Arbeit der Hochschullehrer. Die Inhalt und Methodik des Bauingenieurstudiums fixierenden Programme stellten stets einen Kompromiß zwischen dem Streben nach universellem Profil und der Notwendigkeit in Anbetracht des rasch wachsenden Umfangs der grundlegenden Wissenschaften zur Spezialisierung dar, der von unter-

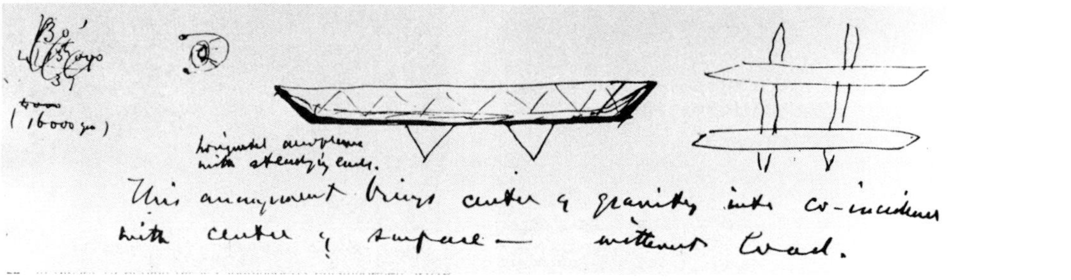

Alexander Bell, Raumgitterkonstruktion, Ideenskizze um 1900
National Geographic Society, aus: K. Wachsmann: Wendepunkt im Bauen, Wiesbaden 1959

Spanischer Pavillon auf der Weltausstellung in Paris
1958, Le Ricolais
Aufn.: L. Hervé, Paris

„Doch Architekten und Ingenieure schätzen sich gegenseitig und kennen jeder des anderen Arbeit nicht so gut, oder sehen den Standpunkt des Unternehmens nicht ein, oder wenn sie es tun, haben sie keine Zeit, keine Lust oder Gelegenheit, sich der Mühe zu unterziehen, vom anderen etwas zu lernen, wodurch jeder etwas zum Entwurf beisteuern kann, zumindest aber könnte."

Ove Arup, 1962

Raumgitterkonstruktion der Ausstellungshalle auf der „Interbau" in Berlin 1957,
Max Mengeringhausen, 52 × 100 m, aus MERO-Normknoten und -stäben, Systemmaß 2,00 m, 18 Stahlbetonstützen in 16 und 20 m Abstand
MERO Raumstruktur GmbH u. Co., Würzburg

schiedlichen Prioritäten ausgehend geschlossen wurde. Die Auflösung der Vielfalt sich widersprechender Forderungen gelang jeweils einzelnen herausragenden Lehrerpersönlichkeiten, um die sich weit in die Baupraxis hineinwirkende Schulen bildeten, wie *Navier* an der École in Paris, *Schwedler* an der Berliner Bauakademie bis hin zu *Kurt Beyer* in Dresden oder *Mörsch* und *Leonhardt* in Stuttgart.

Die endgültige Konstituierung des Bauingenieurberufs kam zum Ausdruck im Streben nach einer öffentlich anerkannten Ausbildung, nach einem Verhaltenskodex in der beruflichen Tätigkeit, nach Vermittlung neuester wissenschaftlicher Erkenntnisse, nach Berichten über hervorragende Bauwerke und nach Erfahrungsaustausch. Entsprechend diesen Bedürfnissen entstanden lokale Veeinigungen der Bauingenieure, die sich nach der Reichsgründung im Verband Deutscher Architekten- und Ingenieurvereine zusammenschlossen. Sie setzten sich für die Festigung des öffentlichen Ansehens des Berufsstandes durch Sicherung der geschäftlichen Integrität und fachlichen Kompetenz ihrer Mitglieder ein. Der Kern ihrer Aktivitäten aber bestand in der Pflege des Berufsethos. Kaum ein anderer als *Eugène Freyssinet* hat diese Liebe zum Beruf des Bauingenieurs eindrucksvoller geschildert: „Um diese Ideen (zur Entwicklung des Spannbetons – H. R.) zu verwirklichen, waren natürlich Geduld, Ausdauer und eine absolute Werktreue nötig. Hätte ich aber diese Gaben wirklich in dem Maße besessen, das man mir so großzügig zuschreibt, so hätte ich vielleicht meine Ziele mit weniger Anstrengung erreicht! Dafür hatte ich eine nicht unterzukriegende Zähigkeit, und mindestens dreimal in meinem Leben habe ich eine Kühnheit bewiesen, die mich bis zur Mißachtung größter Risiken trieb.

Aber diese Eigenschaften haben nichts zu tun mit der Wissenschaft oder mit der Intelligenz, es sind nur Werkzeuge, die an sich noch keine schöpferische Kraft darstellen. Nur eine Tugend enthält diese Kraft und vermag sie zu vermitteln: das ist die Liebe. Keine Gelegenheitsliebe oder eine Liebe, die sich an Ausschußware hängt, sondern eine **grenzenlose Liebe zu einer Aufgabe, der man uneingeschränkt und vorbehaltlos sein ganzes Leben weiht.** Glaubt mir, Ihr jungen Leute, wenn Ihr den Wunsch habt, Euch über Euch selbst und die andern hinaus zu erheben, so ist das sicherte Mittel, dies zu erreichen, Euren Beruf über alles zu lieben und Euch ganz ihm hinzugeben! Diese Liebe verleiht Euch die Kraft, alle Müdigkeit, allen Verdruß, die Einflüsterungen der Eitelkeit, der Begierde und sogar der Furcht zu überwinden.

Meine Chance, meine sehr große Chance, war die,

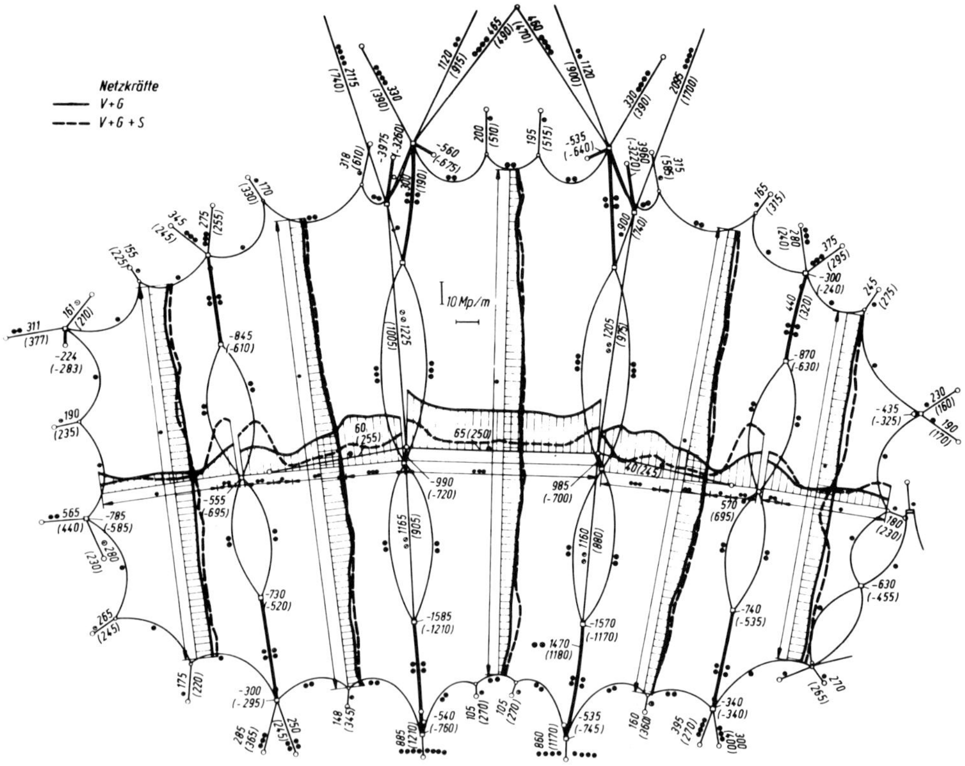

Seilquerschnitte und Kräfte im Vorspann (V + G) sowie mit voller Schneelast von 120 kp/m^2 (V + G + S) für die einzelnen Dachbereiche.
In den Schnitten sind die Dachkonstruktion und die Unterbauten maßstäblich dargestellt.
Auftragung der Netzseilkräfte [Mp/m] in den Hauptsätteln:

——— Lastfall V + G
— — — Lastfall V + G + S

Angabe der Kräfte von Rand-, Hauptseilen und Masten in [Mp], Klammerwerte ( ) für den Lastfall V + G
Symbole für die Seilquerschnitte und zulässige Kräfte Netzseile:

- • 15 Mp/m-Netz
- •• 30 Mp/m-Netz
- ••• 45 Mp/m-Netz

Verschlossene Randseile (VS):

•	einfaches VS	300 Mp
••	zweifaches VS	600 Mp
•••	dreifaches VS	900 Mp
••••	vierfaches VS	1 200 Mp

Hauptseile (Litzenbündel LB):

○	LB 31	330 Mp
⊙	LB 55	590 Mp
∅	LB 85	910 Mp
⊗	LB 109	1 150 Mp

Knotenpunkte:

- □ gestützt oder aufgehängt
- ○ nach unten abgespannt

Olympiastadion in München, Behnisch & Partner mit Frei Otto,
Konstruktion: F. Leonhardt, 1972
a) **Panoramablick,**
Aufn.: Meier-Menzel, Murnau
b) **Grundriß und Schnitt** der Sporthalle,
aus: F. Leonhardt, J. Schlaich: Vorgespannte Seilnetzkonstruktionen – Das Olympiadach in München, in: Der Stahlbau, Berlin 42 (1972)

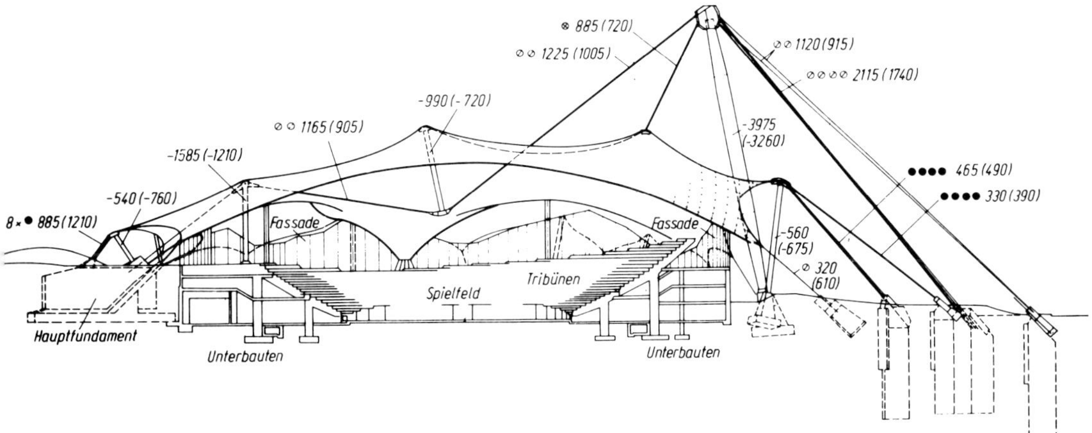

daß ich schon als Knabe von einer ungestümen Berufung erfaßt wurde. Ich gewann die Liebe zur Baukunst, die ich wie meine Handwerkervorfahren als ein Mittel auffaßte, die menschliche Mühsal im Ringen um nützliche Ziele auf ein äußerstes Mindestmaß zu verringern; eine größere und stärkere Liebe als alles, was außerhalb von ihr war, eine Liebe, die voller Stolz und Zuversicht war und die mir jedes Tun untersagte, das nicht ausschließlich in ihrem Dienst stand.

Wer noch nicht genügend über die Bedingungen nachgedacht hat, unter denen sich die Arbeit des Ingenieurs vollzieht und sie nicht kennt, der wundert sich vielleicht über die Bedeutung, die ich der Rolle des Ethos in der Technik beimesse. Ich kann jedem Zweifler versichern, daß, wenn sich unter den Überzeugungen, die ich im Laufe eines halben Jahrhunderts der Forschung und Praxis erworben habe, eine befindet, die wirklich unerschütterlich ist, so ist es die, daß die Eigenschaften des Charakters: Mut, Rechtschaffenheit, Liebe zu der übernommenen Aufgabe und Achtung vor ihr, unendlich viel notwendiger für den Ingenieur sind als die des Intellekts, der stets nur ein Werkzeug ist, das den Impulsen des Menschen, guten wie schlechten, gehorcht.

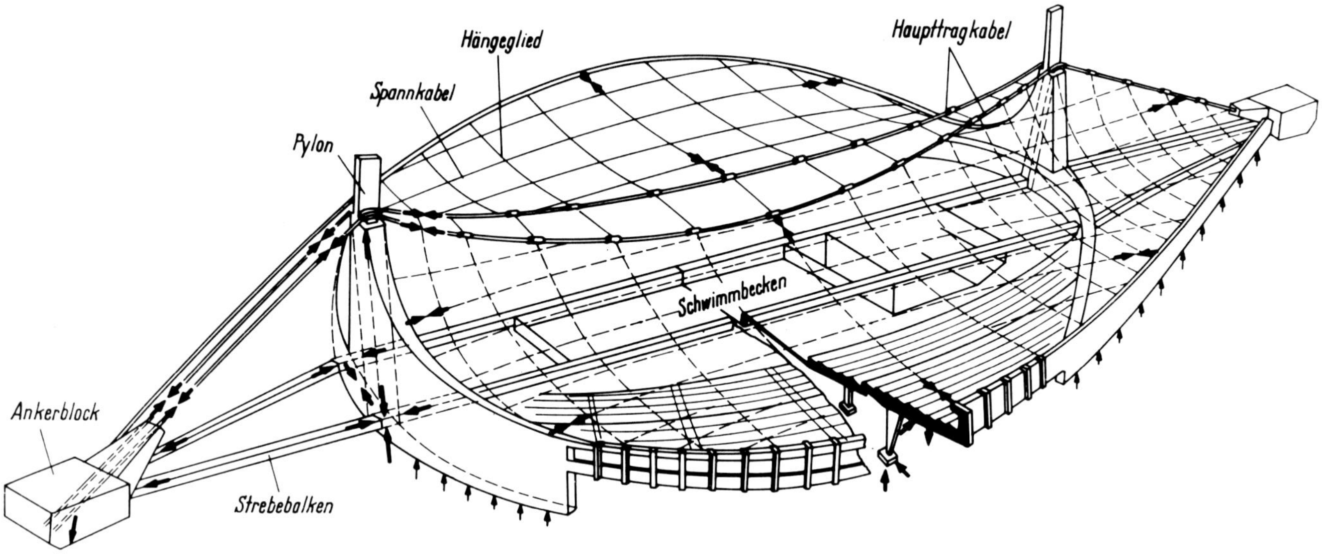

Dach der Olympia-Schwimmhalle in Tokio, 1964, Y. Tsuboi, Schema des Konstruktionssystems, Hängebrückenartige Konstruktion mit zwei Haupttragkabeln, 65 + 126 + 65 m Spannweite, Durchhang im Mittelfeld 9,653 m, Tragkabel 330 mm Durchmesser, aus: Der Stahlbau, Berlin 35 (1965)

Ein Baumeister, der sich vor eine große Aufgabe gestellt sieht, wird versuchen, aus den technischen Gegebenheiten alle Bedingungen für ihre Klärung zu entwickeln. Er wird sie mit den Formen vergleichen, die er sich bemüht in möglichst großer Zahl zu schaffen und sie in jeder Weise zu variieren, um sie so gut wie nur möglich diesen Bedingungen anzupassen. Für jedes Detail wird er eine Lösung suchen, die sich möglichst vollkommen in das Ganze eingliedert. Es wird ihm nicht genügen, daß sie nur ‚gut' ist; er erstrebt die **beste, die er finden kann.** Er wird alle Lastannahmen prüfen, alle Ursachen möglicher Beanspruchungen oder Verformungen, und er wird sich vergewissern, ob das Material sie aufnehmen kann. Mit äußerster Gewissenhaftigkeit wird er die von ihm erdachten Anordnungen einer ständigen und stets wachen Kritik unterziehen; er wird jeden Konstruktionsgedanken sofort wieder verwerfen, auch wenn er ihn die größten Anstrengungen gekostet hat, falls er an ihm auch nur den kleinsten Fehler entdeckt. Er wird zu keinem Kompromiß bereit sein und seine Untersuchungen unermüdlich weiterführen, sie sogar zur Substanz seines Lebens machen. Wie jeder Mensch, der ein Ideal verfolgt, braucht er mehr als Phantasie, Intelligenz oder Wissen und geistige Qualitäten: Rechtschaffenheit, Aufrichtigkeit gegenüber sich selbst und anderen, Zähigkeit, Mut, Glauben an sich selbst und an sein Werk, Begeisterung und Stolz auf seine Aufgabe." [8.4.]

Seit Konstituierung des Bauingenieurberufs bis in die Gegenwart ordnete sich der Bauingenieur voller Begeisterung für seinen Beruf in den grenzenlosen Drang der modernen Gesellschaft nach Beherrschung der Natur durch menschliche Schöpferkraft, nach noch höheren Türmen, noch weiter gespannten Brücken, noch längeren Tunneln und leistungsfähigeren Kanalsystemen ein. [8.5.] Technischer Fortschritt bedeutete für ihn zuest den Gewinn neuer Freiheiten und Entfaltung menschlicher Wesenskräfte.

In Anbetracht der in den letzten Jahrzehnten immer katastrophaleren Störung des biologischen Gleichgewichts, der atomaren Bedrohung, der Machtlosigkeit gegen Dürrekatastrophen und immer krasseren Polarisierung von Arm und Reich und in Anbetracht der Krise eines humanen Wertesystems als der Grundlage kultureller Entwicklung muß dieses Fortschrittsverständnis in Zweifel gezogen werden und damit auch neu über die Zielstellungen des Bauingenieurs nachgedacht werden. Trotz der offensichtlich sich wie ein Naturprozeß vollziehenden Spezialisierung werden die Ansprüche an seine universelle Arbeitsfähigkeit immer dringlicher. Vor allem müßte er lernen, mit der Natur und nicht mehr gegen sie zu bauen. Das in rigoroser Industrialisierung gipfelnde Rationalisierungsstreben führte zwar zur Erhöhung der Produktivität, aber auch zum Verlust individueller Werte. Gegenüber den Sicherheitsrisiken von Atomkraftwerken und der chemischen Industrie reicht das auf die Standsicherheit der Bauwerke gerichtete Denken der Bauingenieure nicht mehr aus. Eine neue Komponente gewinnt in ihrem Berufsbild immer mehr an Einfluß: die Fähigkeit, Konflikte zwischen Mensch und Technik, Mensch und Natur, Nord und Süd abbauen zu helfen. [8.6.]

Sakkara, Ägypten,
Stufenpyramide des Djoser, 3. Jahrtausend v. Chr.,
Grundfläche 100 × 120 m, 60 m hoch
Aufn.: Dr. S. Grunert, Berlin

Nemausus (Nîmes), Frankreich, römischer Aquaedukt (Pont du Gard), 63–15 v. Chr., Kreisbögen mit 24,50 m größter Spannweite, Gesamthöhe 47,4 m, untere Straßenbrücke von 1747
Aufn.: H. Ricken, Berlin

Priamos baut Troja wieder auf,
Illustration von Jean Colombe
in: Histoire de la destruction de
Troye, nach 1490
Bildarchiv Preußischer Kulturbesitz,
Kupferstichkabinett Berlin-Dahlem,
Foto: J. Anders

Bau der Oranienburger Straße in Berlin,
Gemälde von Dismar Degen, um 1735
Stiftung Schlösser und Gärten Potsdam-Sanssouci, Schloß Stern

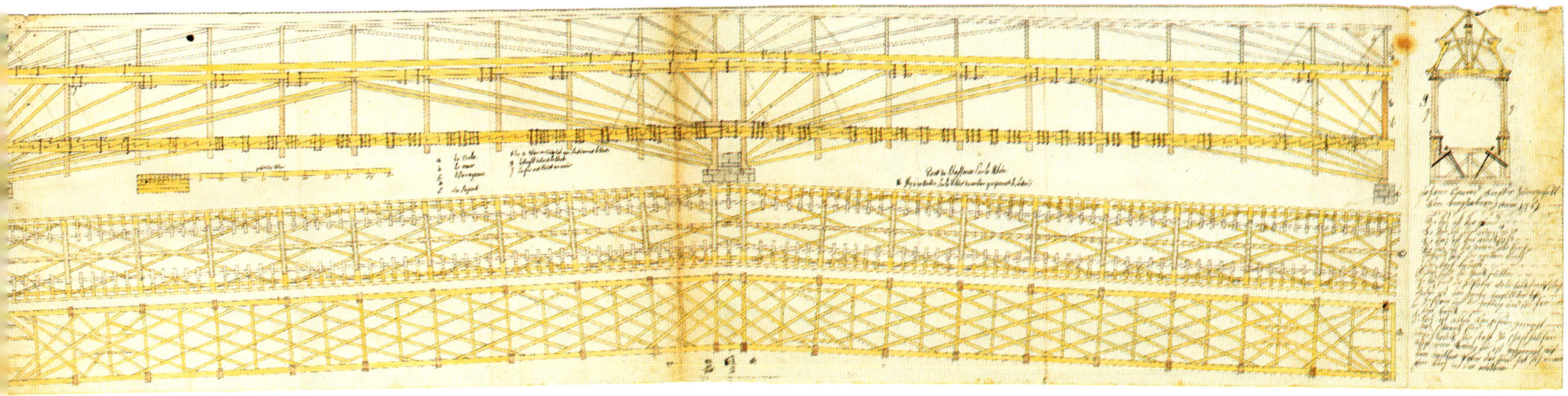

Rheinbrücke bei Schaffhausen, Schweiz,
H. U. Grubenmann, ausgeführter Entwurf von 1756, 110 m lang, Zeichnung von Joh. Conr. K. …, Zimmergesell von Bergzabern, anno 1761 (?)
ETH Zürich, Bibliothek, Wissenschaftshistorische Sammlungen

Frauenkirche in Dresden, Schnitt durch den ausgeführten Bau mit massiver Kuppel und hölzerner Laterne, 1743 vollendet, Zeichnung von A. Kiesling 1944, Kuppeldurchmesser 23,50 m, Gesamthöhe 95 m
Landesamt für Denkmalpflege, Freistaat Sachsen

Abtei Neresheim,
Entwurf der Abteikirche von Johann Balthasar Neumann, 1749,
Zeichnung seines Sohnes Franz Michael Neumann
Mainfränkisches Museum Würzburg

Robert Stephenson (1803–1859) und seine Mitarbeiter vor der Britannia Bridge, Gemälde von John Lucas
The Institution of Civil Engineers, London

1 Admiral Moorsom
2 Latimer Clark
3 Edwin Clark
4 Frank Forster
5 G. P. Bidder
6 Robert Stephenson
7 Mr. Hemmingway
8 Capt. Claxton
9 Charles H. Wild
10 Alexander Ross
11 Joseph Locke
12 I. K. Brunel

Budapest, Lanchid (Kettenbrücke), 1835–1849, nach den Plänen von William Tierney Clark, erbaut unter Leitung von Adam Clark, 1913–1915 erneuert, 1945 gesprengt und 1948/49 wieder aufgebaut, Gesamtlänge 380 m
Aufn.: A. Orlay, Budapest

Kristallpalast, London, Hyde Park, 1851, Joseph Paxton, überbaute Fläche 563 × 124 m, größte Höhe 40,84 m, Konstruktionsraster 24 Fuß (7,32 m) Außenansicht, Lithographie von Charles Burton Stiftung Schlösser und Gärten Potsdam-Sanssouci, Sammlung der Zeichnungen, Plankammer

Kristallpalast, London, Hyde Park, Innenansicht, Aquarell von James Roberts Stiftung Schlösser und Gärten Potsdam-Sanssouci, Sammlung der Zeichnungen, Aquarellsammlung

Göltzschtalbrücke, Vogtland, 1845–1851,
R. Wilke, J. A. Schubert,
Spannweite des mittleren Bogens 30,90 m,
Gesamtlänge 574 m, Höhe über der Talsohle 78 m,
Weite der übrigen Bögen 14 m
kolorierte Lithographie von J. Fleischmann,
1850, den Zustand des Jahres 1851 vorwegnehmend
Kreismuseum Burg Mylau/Vogtland

Kanalbrücke in Seelze bei Hannover, 1913, Überführung des Mittellandkanals über die Leine, 109,20 m lang, größte Spannweite 30 m, Trog aus St 37 mit 10 mm Wanddicke,
Aufn.: H. Ricken, Berlin

Panamakanal, erste Bauphase unter F. de Lesseps 1879–1881, 1906–1914 G. W. Goethals, J. F. Stevenson, Gesamtlänge 81,7 km, von Küste zu Küste 65,3 km, auf jeder Seite drei Doppelkammerschleusen, Scheitelhöhe 26 m ü. M., bis 14,30 m tief, Sohle bis 200 m breit
Blick auf die Kanalmündung am Pazifik
USIS Bonn

Golden Gate Bridge, San Francisco, USA,
1933–1937,
Joseph B. Strauss, größte Spannweite 1 281 m
USIS Bonn

Salginatobelbrücke, Schiers, Schweiz, 1930, Robert Maillart, Gesamtlänge 133 m, Stützweite 90 m, Pfeilhöhe 12,986 m, Kastenträger
Aufn.: Christian Menn, Zürich

Ganterbrücke, Simplonstraße, Schweiz, Christian Menn, Gesamtlänge 700 m, Hauptöffnung 174 m, Höhe über der Talsohle 150 m
Aufn.: Christian Menn, Zürich

Kraftwerk Bratsk, Irkutsker Gebiet, Rußland,
Staudamm 1964–1967,
G. Orlow u. a.,
5470 km² großer Stausee
APN-Nowosti, Moskau

Deltaprojekt, Niederlande,
1953–1986,
durch Abschließung aller Seearme im Südwesten des Landes mit Ausnahme der Westerschelde (Antwerpen) und des Neuwe Waterwegs (Rotterdam) Schutz der Hälfte des unter dem Meeresspiegel liegenden Landes gegen Hochwasser
Rijkswaterstaat Meetkundige Dienst afdeling reprografie, 's-Gravenhage

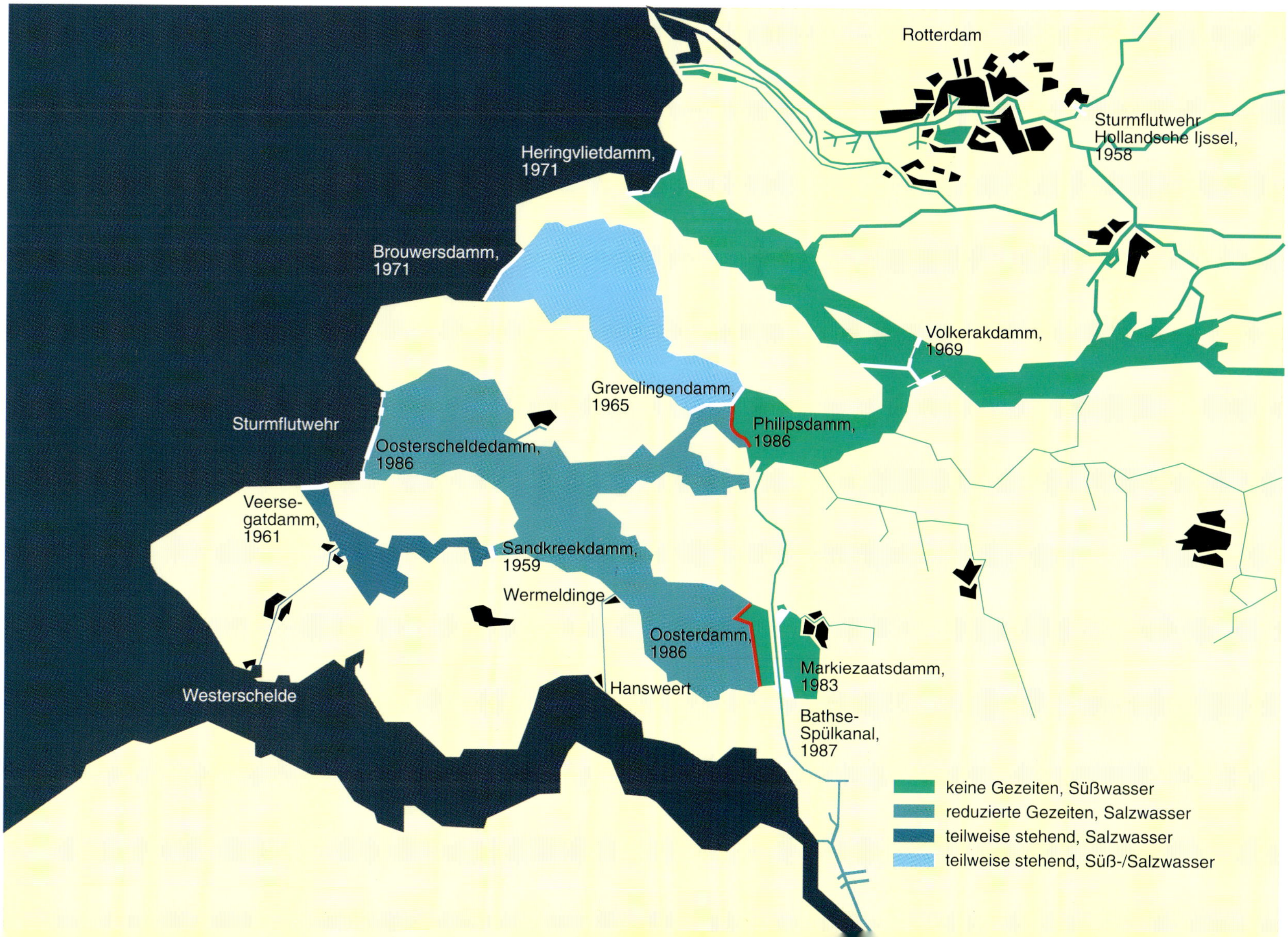

Fernsehturm auf dem Hohen Bopser bei Stuttgart, 1954–1956, Fritz Leonhardt, 211 m hoch
Wayß & Freytag AG, Frankfurt a. M.

Fernsehturm in Moskau-Ostankino, 1964–1967, 533 m hoch
APN-Nowosti, Moskau

John Hancock Center, Chicago, USA, 1969, Skidmore, Owings & Merrill, Ingenieur Fazlur Khan, 335,28 m hoch (100 Geschosse), Geschoßfläche 5000 m^2 im 1., 1600 m^2 im 100. Geschoß, verbrauchte Stahlmenge 42000 t
USIS Bonn

Seto-Ohashi-Brückenzug über das Inlandmeer zwischen Honshu und Shikoku, Japan, größte Spannweite 1 100 m, Durchfahrthöhe 65 m über Hochwasser, erdbebensicher
Japanische Fremdenverkehrszentrale, Frankfurt a. M.

ANHANG

AMMANN, Othmar H.

26. März 1879, Feuerthalen bei Schaffhausen **– 22. Sept. 1965,** New York
1898–1902 Studium an der ETH Zürich, u. a. bei W. Ritter
Mitarbeiter in der Stahlbaufirma Wortmann & Valette in Brugg
1903 bei Buchheim & Heister, Frankfurt a. M.
1904 Übersiedlung in die USA
im Ingenieurbüro Joseph Mayer, New York, Mitarbeit am Entwurf von etwa 30 Stahlbrücken
1905 Assistent des Chefkonstrukteurs der Pennsylvania Steel Co., Mitarbeit am Entwurf der Queensboro Brücke, New York
1908 Untersuchungen über die Einsturzursachen der Quebec Brücke über den St. Lorenzstrom, Kanada
1909–1912 im Ingenieurbüro von F. C. Kunz und C. C. Schneider in Philadelphia
1912 Mitarbeiter von Gustav Lindenthal, beteiligt am Bau der Hell Gate Brücke über den East River (Bogenbrücke mit 298 m Spannweite) und der Ohio Brücke bei Sciotoville
Entwurf der George Washington Brücke, New York
1925–1939 Director of Engineering The Port of New York Authority
1928–1931 Bayonne Brücke über den Kill van Kull (Bogenbrücke mit 503,55 m Spannweite)
1930 Ehrenpromotion der ETH Zürich
1933 Chefingenieur der Triborough Bridge Authority für den Bau der Brücken im Stadtgebiet von New York. Unter seiner Leitung wurden gebaut: Triborough Brücke, Henry Hudson Brücke, Marine Packway Brücke
seit 1939 eigenes Ingenieurbüro
1946 Partnerschaft mit Charles S. Whitney
Verrazano Narrows Brücke (Hängebrücke mit 1298,45 m Spannweite)
1955 „Entwicklungen im Bau eiserner Brücken in den letzten hundert Jahren" (Festgabe zur Hundertjahrfeier der ETH Zürich)
Ehrenpromotionen: 1932 New York University, 1937 Pennsylvania Military Academy, 1941 Columbia University New York, 1956 Brooklyn Polytechnic Institute, 1946 Frodham University
zahlreiche Aufsätze, vorwiegend in: Journal of the American Society of Civil Engineers

APOLLODORUS von Damaskus

zwischen 92 und 130 n. Chr., Baumeister des Kaisers Trajan,
Titel: praefectus fabrum
Von den zahlreichen Zuschreibungen sind gesichert:
104/105 Donaubrücke bei Dobretae (Turnu Severin, Rumänien) Odeion und ein Stadion in Rom
107/113 Thermen und Forum des Trajan, Rom
Abhandlungen über die Donaubrücke und über Belagerungsmaschinen
angeblich auf Veranlassung Kaiser Hadrians ermordet

BAKER, Benjamin

31. März 1840, Tondu, Glamorganshire **– 19. Mai 1907,** Bowden Green
Lehrling im Eisenwerk Price & Fox, Neath Abbey, Südwales
1862–1898 Mitarbeiter im Büro John Fowlers
Leitung des Baus der Londoner Metro
1867 „Long Span Bridges", auch in USA, Deutschland, Österreich und den Niederlanden veröffentlicht
Sicherungsarbeiten an drei Brücken Thomas Telfords: Menai Hängebrücke, Buildwas Gußeisenbrücke, Mauerwerksbrücke über den Severn bei Gloucester
Mitarbeit an der Encyclopaedia Britannica
1882–1890 Konstrukteur der Firth of Forth Brücke, zusammen mit John Fowler, Ausführung: Arrol & Co.
Entwurf eines Tunnelschildes für den Bau des New Yorker Hudson Tunnels
Nildamm bei Assuan
eines der ersten Mitglieder des Engineering Standards Committees (britischer Normenausschuß)

BAUMEISTER, Reinhard

19. März 1833, Hamburg **– 11. Dez. 1917,** Karlsruhe
Studium an den Polytechniken Hannover und Karlsruhe
1853 badische Staatsprüfung
1856 Assistent bei Keller in Karlsruhe, Wasser- und Straßenbau, anschließend beim Bau der badischen Eisenbahnen
1862 o. Professor für Bauingenieurwesen an der Ingenieurschule des Polytechnikums Karlsruhe
Arbeiten im Straßen-, Erd- und Tunnelbau, Stein und Holzbrückenbau, Eisenbahnbetrieb und Städtebau
1866 „Architektonische Formenlehre für Ingenieure"
1868 Entwurf und Bauleitung der Murgtalbahn
Stadterweiterungspläne für Karlsruhe, Heidelberg, Mannheim, Heilbronn, Stuttgart, Rostock, Wiesbaden
Entfestigungspläne für Straßburg, Rastatt, Ulm
1870–1871 Planung der Bahnlinie Freiburg–Breisach
1874 Denkschrift über die Reinigung und Entwässerung der Städte
1876 „Stadterweiterungen in technischer, baupolizeilicher und wirtschaftlicher Beziehung"

Baumeister, Reinhard, 1833–1917
TH Karlsruhe

1886 „Die Kunstformen des Brückenbaus", in: Handbuch der Ingenieurwissenschaften
1887 „Moderne Stadterweiterung"
1890 „Städtisches Straßenwesen und Städtereinigung"
1892 „Die Abstufung von Bauordnungen für den Stadtkern und Vororte"
1902 „Stadtbaupläne in alter und neuer Zeit"
1906 „Grundsätze für den Städtebau", zusammen mit Hocheder
1908 Dr. med. h. c. der Universität Jena
1910 „Bauordnung und Wohnungsfrage"

BAUSCHINGER, Johann

11. Juni 1834, Nürnberg **– 25. Nov. 1893,** München
Studium der Mathematik und Physik am Polytechnikum München
1857–1860 Gewerbeschullehrer für Mathematik und Physik in Fürth und später am Realgymnasium in München
Berufung zum Professor für Technische Mechanik und graphische Statik am Polytechnikum, München
1870 Einrichtung eines mechanisch-technischen Laboratoriums
Arbeitsergebnisse veröffentlicht in: Mitteilungen aus dem mechanisch-technischen Laboratorium der Kgl. Technischen Hochschule München, 23 Hefte
1871 „Elemente der graphischen Statik"
„Indicatorversuche an Locomotiven"
um 1875 Konstruktion des Bauschinger-Tasterapparats zur Zementprüfung
1880 Prüfungen der Dauerfestigkeit von Stahl, Ermittlung der Elastizitäts- und Streckgrenze
1884, Sept., Leitung der „1. Conferenz zur Vereinbarung von Bau- und Constructionsmaterialien auf ihre mechanischen Eigenschaften" (Teilnahme von Wissenschaftlern aus 80 Instituten)
1892 o. Mitglied der Kgl. Bayerischen Akademie der Wissenschaften

BÉLIDOR, Bernard Forest de

1697, Katalonien **– 8. Sept. 1761,** Paris
Lehrer der Mathematik und Physik an der Artillerieschule La Fère
1725 „Cours de Mathématiques"
1729 „La Science des Ingénieurs", deutsch: 1757/1758
1731 „Le Bombardier français"
1735 „Traité des Fortifications", zwei Bde.
1737–1753 „Architecture hydraulique", vier Bde., deutsch: „Architectura hydraulica, Augsburg 1743–1771
1742 Teilnahme am Feldzug in Bayern und Böhmen
1744 mit dem Prinzen Conti in Italien
1745 in den Niederlanden
1755 „Dictionnaire portatif de l'Ingénieur
1756 „Théorie sur la science des mines etc."
1757 „Nouvelles Cours de Mathématiques"
1758 nach Wiederaufnahme seiner wissenschaftlichen Arbeiten Direktor des Pariser Arsenals und Generalinspektor der technischen Truppen, Mitglied der Accadémie

BEYER, Kurt

27. Dez. 1881, Dresden **– 9. Mai 1952,** Dresden
Studium an der TH Dresden, u. a. bei Mehrtens und Foerster
1905–1908 Assistent bei Mehrtens
1907 Promotion, Dissertationsthema: „Eigengewicht, günstige Grundmaße und geschichtliche Entwicklung des Auslegerträgers"
bis 1913 in Siam, Bau von Werkstätten und Brücken für die siamesischen Staatsbahnen und eine private Eisenbahngesellschaft, Hafenanlagen in Bangkok, bautechnischer Berater des Ministeriums des Inneren
nach seiner Rückkehr Ablegung der 2. Staatsprüfung,
Anstellung in der Wasserbauverwaltung Sachsens, anschließend
bis 1919 in der Türkei, Bau von Betriebswerkstätten für die Anatol- und die Bagdadbahn
1919 Berufung auf den Lehrstuhl für Statik der Baukonstruktionen und Technische Mechanik, später für Statik im Eisenbetonbau, TH Dresden
1920–1925 gleichzeitig als Ingenieur in der Brückenbauabteilung der MAN

Beyer, Kurt, 1881–1952
TU Dresden, Universitätsarchiv

1923 Beginn der Arbeiten an „Die Statik im Eisenbetonbau", erschienen 1927, Nachauflage 1933/34 in zwei Bänden
1926 Berufungsvorschlag an die TH Graz abgelehnt
1927 Einrichtung eines eigenen Ingenieurbüros
Kraftwerk des Pumpspeicherwerks Niederwartha, Bauleitung
1928 Beginn der Arbeiten für die mitteldeutschen Braunkohlentagebaue: Werksanlagen, Abraumförderbrücken, Eimerkettenbagger, Schaufelradbagger, Absetzer u. a. in Böhlen, Espenhain, Hirschfelde, in Zeitz und Magdeburg
Kapitel „Baustatik" im Taschenbuch für Bauingenieure, zusammen mit Spangenberg, München
1929 Beratendes Mitglied des Deutschen Betonvereins
1933 Berufungsvorschläge an die TH Hannover, 1934 an die TH München und 1936 an die TH Berlin abgelehnt
elasto-kinetische Untersuchungen von Turbinenfundamenten,
Statik der Stahlüberbauten von Großgeräten des Braunkohlentagebaus
1945 kommissarischer Leiter der Materialprüfanstalt, Dresden
1945–1950 Leiter der Hauptabteilung Bauwesen in der Landesregierung Sachsen
Mitwirkung beim Wiederaufbau der Elbebrücken
1946 Berufung auf den Lehrstuhl für Festigkeitslehre und Stahlbau der TH Dresden

1949 Mitglied des Deutschen Ausschusses für Stahlbau der Sächsischen Akademie der Wissenschaften
1950 Mitglied der Deutschen Akademie der Wissenschaften

BODT, Jean de

1670, Paris **– 3. Jan. 1745,** Dresden
1685 nach Widerruf des Edikts von Nantes als Reformierter aus Frankreich emigriert
1689 mit Wilhelm III. von Oranien nach England, Studium der Militär- und Zivilbaukunst
1698 Berufung durch Kurfürst Friedrich III. von Brandenburg nach Berlin, Chef einer Gardekompanie, Aufsicht über alle Militär- und Schloßgebäude
1701 Vollendung des Berliner Zeughauses und des Potsdamer Stadtschlosses
1713–1728 Generalmajor, Kommandant der Festung Wesel
1728 durch Vermittlung seines Schülers Zacharias Longuelune nach Dresden, Generalintendant der Zivil- und Militärgebäude, Chef des Ingenieurkorps
1734 Kommandant der Dresdner Neustadt
1738 Direktor des Zivilbauwesens in Sachsen
1741 General der Infanterie, Stellvertreter des Gouverneurs von Dresden

BRUNEL, Marc Isambard

25. April 1769, Hacqueville, Normandie **–12. Dez. 1849,** London
Sohn eines französischen Bauern
1793 als politischer Flüchtling nach Nordamerika, arbeitete u. a. als Gießereiingenieur, Plan zur Verteidigung von Long- und Staten Island
1797 nach England, Vorschläge zur Verbesserung des englischen Schiffsbaus
1814 Fellow der Royal Society
Arbeit im Arsenal von Woolwich und in der Werft von Chatham
1821 wegen Bankrotts im Gefängnis
ab 1825 Bau des ersten Themsetunnels mit dem von ihm erfundenen Vortriebsschild

BRUNEL, Isambard Kingdom

1806, Portsmouth **– 16. Sept. 1859,** London,
Sohn von Marc I. B.
Lehre bei seinem Vater
1830 Ingenieur der Great Western Railway, Projekt für eine Eisenbahnlinie nach Bristol
Gehilfe seines Vaters beim Tunnelbau (1843 vollendet)
Konstruktion der ersten Dampfschiffe für Transatlantikfahrt: „Great Western" und „Great Britain"
1855 Royal Albert Brücke über den Tamar bei Saltash, Cornwall

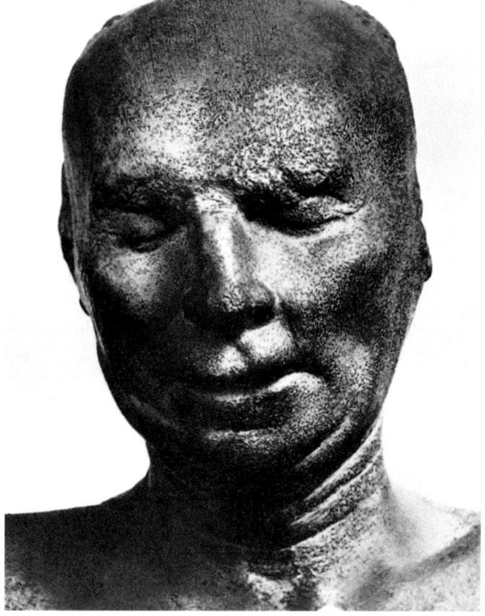

Brunelleschi, Filippo, 1377–1447, Totenmaske aus: E. Battisti: Filippo Brunelleschi, das Gesamtwerk, Stuttgart, Zürich 1979

BRUNELLESCHI, Philippo

1377, Florenz **– 15. April 1447,** Florenz
Goldschmiedelehre, Beschäftigung mit Geometrie und Perspektive, Romreise vermutlich gemeinsam mit Donatello
1398 18. Dez., Mitglied der Seidenweberzunft
1401/02 Teilnahme am Wettbewerb um die zweite Bronzetür für das Baptisterium von S. Giovanni
1404 2. Juli, Meister in der Goldschmiedezunft
1418 20. Aug., Teilnahme am Wettbewerb um die Ausführung der Florentiner Domkuppel mit einem in Mauerwerk hergestellten Modell
1419 6. Aug., Vergabe der ersten Bauarbeiten für das Ospedale degli Innocenti nach B.s Entwurf
1420 Baubeginn von S. Lorenzo
16. April, Provveditore des Baus der Domkuppel, zusammen mit Lorenzo Ghiberti und Battista d'Antonio
1421 19. Juni, Privileg für den Bau und die Nutzung eines Schiffs zum Steintransport
1429 oder 1430 Baubeginn der Capella Pazzi
1430 5. März, Fahrt ins Feldlager von Lucca zur Leitung der Belagerungsarbeiten
1431 Instandsetzung der Festungswerke von Rencine, Staggia und Castellina
1433 Romreise
1434–1436 Herstellung des Modells von S. Spirito, Florenz
1435 29. Juli, Reise mit dem Vorstand der Dombauverwaltung nach Vicopisano wegen der Anlage einer Festung
1436 Vollendung der Domkuppel

BUBENDEY, Johann Friedrich

4. Juli 1848, Hamburg **– 10. Mai 1919,** Hamburg
Sohn eines Mathematikprofessors, Ingenieureleve in Hamburg
1867 Studium an der ETH Zürich, u. a. bei Culmann und Zeuner
1871/72 Studium an der TH Aachen, u. a. bei Intze
1872 Mitarbeiter in der 2. Sektion der Baudeputation von Hamburg für Strom-, See- und Hafenbau unter Dallmann und Nehes
1875 Baukondukteur 1. Klasse
1879 Technischer Bürochef
1882–1883 Ausbau des Hamburger Freihafens
1895 Berufung auf den Lehrstuhl für Wasserbau an der TH Berlin
1901 Rektor der TH Berlin
1903 Wasserbaudirektor in Hamburg
1908 Staatsvertrag zum Ausbau der Unterelbe (Gesamtaufwand: 37 Mio M für Strombauten, 45 Mio M für Hafenbauten, 10,7 Mio M für den Bau des Elbtunnels)

CANDELA, Felix

27. Jan. 1910, Madrid, geb.
bis 1935 Studium der Naturwissenschaften und der Architektur in Madrid
1936–1939 während des spanischen Bürgerkrieges Pionierhauptmann in der republikanischen Armee, Internierung in Perpignan
1939 13. Juni, Ankunft in Veracruz, Mexiko
1941/42 Architekt in Acapulco, Gründung einer Baufirma
bis 1960 etwa 300 Bauten und 900 Projekte, v. a. Schalenkonstruktionen, zahlreiche Veröffentlichungen

CLAPEYRON, Bênoit Paul Émile

26. Febr. 1799, Paris **– 28. Jan. 1864,** Paris
1816 Studium an der École Polytechnique in Paris
1820 Studium an der École des Mines, gemeinsam mit seinem Freund G. Lamé Reise nach St. Petersburg, dort bis 1830 als Mathematiklehrer tätig
1832 Herausgeber der „Vue politique et pratique sur le traveaux publics en France", gemeinsam mit Lamé
1835 Bau der ersten Eisenbahn zwischen Paris und St-Germain
Bau der ersten französischen Lokomotive
Studien zur Linienführung der Nordbahn, der Li-

Culmann, Karl, 1821–1881
ETH Zürich, Wissenschaftshistorische Sammlungen

nien Bordeaux–Sete und Bordeaux–Bayonne
Professor an der École des Ponts et Chaussées
Mitglied der Akademie der Wissenschaften
1857 „Calcul d'une poutre élastique reposant librement sur des appuis inégalement espacés"
weitere Veröffentlichungen über Getriebe, Gewölbe, Thermodynamik und Elastizitätstheorie, Dreimomentensatz zur Ermittlung der Stützmomente von Durchlaufträgern

COIGNET, François

11. Febr. 1814, Lyon **– 30. Okt. 1883,** Lyon
1852 Bau eines Wohnhauses aus Beton in St-Denis
1859 erstes Patent auf die Herstellung einer Stahlbetonplatte; „Emploi de Béton"; „Béton économique"
1861 „Les Béton agglomérés appliqués à l'art de construire" (über vollständig aus Beton konstruierte Gebäude)
Verwendung von Metallgittern als Bewehrung
1862 Beginn des Baus von St-Margarethe in Le Vésmet bei Paris
1867 sechsgeschossiger Wohnblock in Paris, reine Betonkonstruktion
1868 Leuchtturm in Port Said, Ägypten, 52 m hoch

COIGNET, Edmond

1856, Lyon **– 1915,** Lyon, Sohn von François C.
1889 Satz vom Gleichgewicht der Kräfte im bewehrten Beton, gemeinsam mit N. de Tedesco
Bestimmung der Zahl „n" als Verhältnis der Elastizitätskoeffizienten des Eisens und des Betons zwischen 10 und 30
Entwicklung des „Systems Coignet"
1893 Aquädukt von Achères
1894–1897 Stahlbetonkonstruktion der Kirche St-Jean de Montmartre, Paris, Architekt Anatole de Baudot
1903 Initiative zur Gründung der „Chambre Syndicale des Constructeures en Ciment Armé de France" und ihr erster Präsident

COULOMB, Charles Auguste

14. Juni 1736, Angoulême **– 23. Aug. 1806,** Paris
bis 1776 als Offizier des Geniecorps auf Martinique
1773 „Essay sur une application des règles de maximis et minimis à quelques problèmes de statique relatifs à l'architecture"
1776 „Mémoire sur la statique des voutes"
1777 „Recherches sur la meilleure manière de fabriquer les aiguilles aimantées"
1779 „Recherches sur les moyens d'exécuter sous l'eau toutes sorte de travaux hydrauliques"
1781 „Théorie des machines simples"
1784 Mitglied der französischen Akademie der Wissenschaften „Recherches théoriques et expérimentales sur la force de torsion et sur l'élasticité des fils de métal"
1792 Flußbauinspektor
Rehabilitierung durch Napoleon, Mitglied des Institute Nationale, Generalinspekteur des öffentlichen Unterrichts

CULMANN, Karl

10. Juli 1821, Bergzabern **– 9. Dez. 1881,** Zürich
Studium am Polytechnikum Karlsruhe
1841 im bayrischen Staatsdienst
1849/50 Studienreise nach England und Nordamerika
1851/52 Sektionsingenieur in Burgau und Vilshofen a. d. Donau
Reisebericht in Försters Bauzeitung, Wien, Entwicklung einer Theorie des Fachwerks
1855 Berufung an die ETH Zürich als erster Professor für Ingenieurwissenschaften
1866 „Graphische Statik"; nur 1 Band erschienen, weitergeführt durch seinen Schüler Wilhelm Ritter

DISCHINGER, Franz

8. Okt. 1887, Heidelberg **– 9. Jan. 1953**
Studium an der TH Karlsruhe u. a. bei K. Heun und F. Engesser

Dischinger, Franz, 1887–1953
Dyckerhoff & Widmann AG, München

1913 bei Dyckerhoff & Widmann anfänglich für Tiefbau verantwortlich
1922 Nov. Beginn der Zusammenarbeit mit Walter Bauersfeld
1924 erste zylindrische Stahlbetonschale über Bau 23 der Zeißwerke, Jena
1925 Kuppelschalen für die Planetarien in Jena und Hannover
1926–1928 Tonnenschalen der Großmarkthalle Frankfurt/M., gemeinsam mit U. Finsterwalder, 14,10 m Gewölbe-, 36,90 m Trägerspannweite
1928 Saalebrücke bei Alsleben, vorgespannter Zweigelenkbogen mit Zugband, „formtreue" Vorspannung, 68 m Spannweite
1927–1929 Großmarkthalle Leipzig, zwei durch Rippen verstärkte Kuppelschalen mit je 76 m Spannweite, gemeinsam mit H. Ritter und H. Rüsch
1928 Promotion an der TH Dresden bei K. Beyer
DRP 535 440: Vorspannen von Bogenbrücken mit Zugband und angehängter Fahrbahn
1931 Preis der Preußischen Akademie des Bauwesens für „Eisenbetonschalen als Raumträger"
1932 Berufung auf den Lehrstuhl für Eisenbetonbau der TH Berlin
1934 Moselbrücke bei Koblenz
DRP 727 429 Vorspannen von Eisenbetontragwerken mit hängewerkartig geführten Zuggliedern
1936 Bahnhofsbrücke Aue/Sa., unterspannter Balken mit 69 m Spannweite
1937–1939 Veröffentlichungen zur Theorie des Kriechens und Schwindens. Verformungs-

theorie zur Erfassung aller zusätzlichen Biegemomente in Bogenbrücken
1940 DRP angem.: Anwendung der Vorspannung ohne Verbund gegen den erhärteten Beton auf eingespannten Scheibenbögen, 1945 nachträglich anerkannt
in den letzten Lebensjahren Entwicklung neuer Konstruktionsideen für weitgespannte Hängebrücken
Ehrenpromotionen der TH Karlsruhe und Aachen, der Universität Istanbul; Ehrensenator der TH Darmstadt und Berlin
1951 1. April, emeritiert

DOLEZALEK, Karl Anton

1. Sept. 1843, Marburg/Steiermark **– 24. Jan. 1930,** Blankenburg
Studium am Polytechnikum in Wien
1865 im österreichischen Eisenbahnwesen beschäftigt
1875 Sektionsingenieur und Vorstand der Tunnelbauabteilung der St. Gotthardbahn in Göschenen, Schweiz
1878 1. April, Berufung an die TH Hannover; Veröffentlichungen über Bohrmaschinenarbeit und Firststollentechnik
1880 „Lufttransmission"
1882 „Der Ausbau des St. Gotthardtunnels"
1883 „Submarine Tunnel"
1886–1892 Rektor der TH Hannover
1890 „Der Tunnelbau"
1893 Bau eines Kanaltunnels in Hannover
1899 Simplontunnel
1903 „Der Eisenbahntunnel"
1905 „Zahnradbahnen", in: Die Eisenbahntechnik der Gegenwart, Bd. IV, Abschn. A
1907 1. Dez., Berufung an die TH Berlin
1910 „Dichtung des Tunnelmauerwerks"
1928 emeritiert

EIFFEL, Alexandre Gustave

15. Dez. 1832, Dijon **– 23. Dez. 1923,** Paris
Chemiestudium an der École Centrale des Arts et Manufactures in Paris
1856 Mitarbeiter in der Maschinenfabrik Nepveu & Cie., Paris
1857–1864 Ingenieur der Gesellschaft der französischen West-Eisenbahn, danach als Chef des Konstruktionsbüros von Pauvels & Cie. tätig
1864–1866 Studien an der Baustelle des Suezkanals
1866 eigenes Ingenieurbüro, Brückenbauten in Frankreich, Spanien, Österreich, Rumänien, Ägypten, Peru, Bolivien
1876 Warenhaus „Au bon Marché" in Paris, gemeinsam mit L. A. Boileau, Bahnhof in Pest, Bauten in Rußland
1876–1879 Brückenbau in Portugal: Ponte

Eiffel, Alexandre Gustave, 1832–1923
Musée d'Orsay, Paris, Fond Eiffel,
Foto: Doc. phot. de la Union de Musées nationaux, Paris

Maria Pia über den Douro in Porto u. a.
Konstruktion und Bau transportabler Gitterträgerbrücken für die französischen Kolonien
1880–1884 Truyère-Brücke bei Garabit, Frankreich
1880 Donaubrücke bei Szeged, Ungarn
1883 Viadukt von Tardes
1884 Kuppel auf dem Observatorium von Nizza, erste Studien für die Konstruktion eines 300 m hohen Turms
1885 Skelettkonstruktion für die Freiheitsstatue in New York
1887 26. Jan., erster Spatenstich am Turm auf dem Marsfeld in Paris, Beginn der Montage am 7. Dez.
1889 15. April, Abschluß der Montagearbeiten am Turm
Auftrag für Wasserhaltungsarbeiten und Bau von Schleusentoren für den Panamakanal
in Korruptionsskandal um den Panamakanal verwickelt
1900–1920 Untersuchungen über den Luftwiderstand von Bauwerken
Konstruktion eines Windkanals

EMPERGER, Fritz von

1862, 11. Jan., Beroun, Böhmen **– 7. Febr. 1942,** Wien
Sohn des späteren Generaldirektors der Außig-Teplitzer-Eisenbahn
1879 Beginn des Studiums an den TH Prag und Wien
erste Tätigkeit im Eisenbahn- und Brückenbau, Studienreisen nach Paris, London, Berlin, New York und Chikago
1890 Niederlassung als Consulting Engineer in New York
Entwurf und Ausführung von Strecken der Untergrundbahnen in New York und Boston
1893/94 Edenparkbrücke in Cincinnati, System Melan Trustee Building, 35 Stockwerke, mit „Emperger Columns"
Gründung der Concrete Steel Engineering Co., New York
1894 „The development and recent improvement of concrete steel high way bridges", Vortrag vor der amerikanischen Gesellschaft der Bauingenieure über die Vorzüge des Stahlbetonbaus, den es bis dahin in den USA nicht gab
1897 Rückkehr nach Wien, Gründung des II. Gewölbeausschusses des Österreichischen Ingenieur- und Architektenvereins, Vorläufer des Eisenbetonausschusses
1900 Berichterstatter des ÖIAV über Stahlbe-

tonbauweise auf der Pariser Weltausstellung, Dozent an der TH Wien
1901 Gründung der Zeitschrift „Neuere Bauweisen und Bauwerke aus Beton und Eisen", Wien; ab 1905 unter dem Titel „Beton und Eisen"
1903 Promotion an der TH Wien, Dissertationsthema: Über die Berechnung von beiderseitig armierten Betonbalken
1904 „Ein graphischer Nachweis der Tragfähigkeit und aller in einem Tragwerk aus Eisenbeton auftretenden Spannungen"
1906 Ehrenpromotion der TH Prag
Anregung zur Herausgabe des Betonkalenders und Übernahme der Schriftleitung
1909 Herausgabe des Handbuchs für Eisenbeton
Mitarbeit an den österreichischen Stahlbetonvorschriften
1911 „Eine neue Verwendung des Gußeisens bei Säulen und Bogenbrücken"
1912 Einführung des „Emperger Balkens" in die österreichischen Stahlbetonvorschriften
1914 Entwurf einer Straßenbrücke über die Elbe in Dresden mit 138 m Spannweite
1915/16 Abteibrücke über die Spree in Berlin-Treptow, 76 m Spannweite, Entwurf einer Brücke über den Mälar See in Schweden mit 2 × 198 m Spannweite
1927 Allenbrücke bei Scharnstein

Emperger, Fritz Edler von, 1862–1942
Österreichischer Ingenieur- und Architektenverein, Wien

Engels, Hubert, 1854–1945
TU Dresden, Universitätsarchiv

1932 Ehrenpromotion der TH Dresden, Ehrenmitglied des österreichischen Betonvereins, Verleihung der Emil-Mörsch-Denkmünze
Vielzahl von Aufsätzen in: Beton und Eisen, Berlin; Mitteilungen über Versuche, ausgeführt vom Eisenbetonausschuß des ÖIAV

ENGELS, Hubert

25. Jan. 1854, Mühlheim a. d. Ruhr **– 29. Okt. 1945,** Dresden
1874–1877 Studium an der Bauakademie Berlin, TH München
danach als Bauführer bei Georg Franzius, Ausbau des Kieler Hafens, Regulierung der Havel und Bau von Schiffahrtsschleusen in Brandenburg
1881 bei Ludwig Franzius in Bremen, Ausbau der Unterweser
Stromregulierungsarbeiten am Rhein, Ausbau der Häfen von Pillau und Memel, Bau der Straßenbrücke über die Norderelbe bei Hamburg
1887 Berufung auf den Lehrstuhl für Wasserbau der TH Braunschweig
1890 Berufung an die TH Dresden, erste wasserbauliche Versuche im hydraulischen Observatorium von Zeuner und in der Bellingrathschen Versuchsanstalt
1897 Antrag zur Errichtung der ersten ständigen Flußbau-Versuchsanstalt der Welt, erste Forschungen: Erddruck auf Fundamentkörper, Schiffswiderstand in Kanälen verschiedener Querschnittsformen, Wirkung von Buhnen und Leitwerken, Hafen- und Kanaleinfahrten, in deren Ergebnis wirkungsvolle Buhnenkonstruktionen in der Weichsel, Arbeiten über die Bändigung des Mississippi und Hoangho
1924 Emeritierung, „Der Wasserbau"
1937 Ehrenmitglied des Internationalen Verbandes für wasserbauliches Versuchswesen

ENGESSER, Friedrich

12. Febr. 1848, Weinheim, Baden **– 29. Aug. 1931,** Achern
1884 „Die Sicherung offener Brücken gegen Ausknicken"
bis 1885 im Dienst der badischen Staatsbahnen
Berufung auf den Lehrstuhl für Statik der Baukonstruktionen, eiserne Brücken, Eisenbahnen und Eisenbetonbau an der TH Karlsruhe, Nachfolger von Steinberger
seit 1887 Untersuchungen zur Statik der Bogenträger
Mitarbeit bei der Aufstellung der deutschen Normalprofile für Walzeisen
1892/93 „Die Zusatzkräfte und Nebenspannungen eiserner Fachwerkbrücken"
1903 Ehrenpromotion der TH Braunschweig
1909 Mitglied der Preußischen Akademie des Bauwesens
1913 „Die Berechnung der Rahmenträger"
1915 Emeritierung
1921 „Technik, Ingenieur und Hochschulstudium"

EYTELWEIN, Johann Albrecht

31. Dez. 1764, Frankfurt a. Main **– 18. Aug. 1849,** Berlin
Besuch der Artillerieschule in Berlin-Tempelhof
1779 Bombardier
1787 Artillerie-Lieutenant
1790 Abschied aus dem Militärdienst, Baumeisterexamen, Deichbauinspektor in Küstrin, Kommissar zur Regulierung von Oder und Warthe
1793 „Sammlung von Aufgaben aus der angewandten Mathematik für Feldmesser, Ingenieure und Baumeister"
1794 Geheimer Oberbaurat in der Oberbaudeputation, Regulierungsarbeiten an Oder, Warthe, Weichsel und Memel, Hafenbauten in Memel, Pillau und Swinemünde
1796 Herausgeber der „Grundlehre der Hydraulik" von Pierre Louis Dubuat (1734–1809) mit Einleitung und Zusätzen
1799–1809 erster Direktor der Berliner Bauakademie, Lehre in Statik, Hydraulik, Maschinenlehre, Deich- und Strombaukunst

1801 „Handbuch der Mechanik fester Körper und der Hydraulik"
ab 1802 „Practische Anweisung zur Wasserbaukunst", vier Hefte, anfangs gemeinsam mit David Gilly
1803 Mitglied der Preußischen Akademie der Wissenschaften
1808 „Handbuch der Statik fester Körper mit vorzüglicher Rücksicht auf ihre Anwendung in der Architektur", drei Bde.
1809–1830 Direktor der Oberbaudeputation
1810 „Handbuch der Perspektive", zwei Bde. Vortragender Rat im Ministerium für Handel und Gewerbe
1810–1815 Lehrauftrag an der Berliner Universität
1816 Oberlandesbaudirektor
1824–1830 erneut Direktor der Bauakademie
1825 „Grundlagen der höheren Analysis", zwei Bde.
1826 „Handbuch der Hydrostatik"
1830 im Ruhestand

FINSTERWALDER, Ulrich

25. Dez. 1897, München **– 5. Dez. 1988,** München
1923 Diplom an der TH München, Mitarbeiter von Dischinger, Dyckerhoff & Widmann AG. Studien über die Wirkungsweise querversteifter Zylinderschalen
1929 Wettbewerbsentwurf für die Dreirosenbrücke in Basel, vorgespannter Kragträger, setzte sich erst später als Grundkonzeption für die Konstruktion von Massivbrücken durch
1930 Promotion, Thema: Differentialgleichung der Biegetheorie für Zylinderschalen
1933 Leiter des Konstruktionsbüros in der Hauptverwaltung von Dyckerhoff & Widmann, Vorspann-Verfahren, gelenklose Rahmenbrücken, Freivorbau mit Vorspannung, Schalenkonstruktionen für Schiffsrümpfe
1950 Balduinbrücke über die Lahn, erster Versuch im Freivorbau
Ehrenpromotion der TH Darmstadt
1953 Emil-Mörsch-Denkmünze
1956 Gauß-Medaille
1970 Freyssinet-Medaille der Féderation internationale de la Précontrainte (FIP)

FÖPPL, August

25. Jan. 1854, Großumstadt, Hessen **–12. Aug. 1924,** Ammerland am Starnberger See, Sohn eines Landarztes
1869–1872 Bauingenieurstudium an der TH Stuttgart, u. a. bei Mohr
1873–1874 an der TH Karlsruhe, u. a. bei Grashof
1875 erste Veröffentlichung in der Deutschen Bauzeitung

Eytelwein, Johann Albert, 1764–1849
Kupferstich von J. S. L. Halle, Staatliche Museen zu Berlin, Kupferstichkabinett,
Aufn.: G. Stenzel

1876 Lehrer an der Baugewerkschule Holzminden
1880 „Theorie der Fachwerke"
1881 „Theorie der Gewölbe"
ab 1883 Studium der Physik bei G. Wiedemann
1884 Berufung an die TH München für Technische Mechanik,
Nachfolger von Bauschinger im Vorstand des mechanisch-technischen Laboratoriums, Berichte über Festigkeitsuntersuchungen
1886 Promotion an der philosophischen Fakultät der Universität Leipzig
1892 ao. Professor für landwirtschaftliche Maschinenlehre und Kulturtechnik, Universität Leipzig
„Das Fachwerk im Raum"
1894 „Einführung der Maxwellschen Theorie der Elektrizität" (Beitrag zur Verbreitung der Vektorrechnung), Arbeiten über räumliche Statik, die Lavalsche Turbinenwelle und den Schlickschen Schiffskreisel
1897 „Die Geometrie der Wirbelfelder"
1897–1900 „Vorlesungen über technische Mechanik" (15. Aufl. 1951)
1920 „Drang und Zwang", zwei Bde., mit L. Föppl
1921 Aufgabe der Lehre, nur noch Leitung des Laboratoriums
1923 „Grundzüge der Festigkeitslehre", mit O. Föppl

FOERSTER, Max

9. Juni 1867, Grünberg, Schles. **– 12. Juni 1930,** Dresden
1886 Beginn des Studiums an der TH Berlin
1891 Mitarbeiter in der Eisenbahndirektion Magdeburg, für die Planung der Entwässerung von Charlottenburg-Westend in Berlin beurlaubt
1892 Schinkelpreis des Berliner Architektenvereins
1894 Regierungsbaumeisterprüfung, meliorationstechnische, Wasserbau- und Brückenbauarbeiten bei den Oberpräsidien Kassel und Münster, u. a. zuständig für das Ruhr-Emscher-Gebiet erstes Wasserbaubuch der preußischen Regierung, 3 Bde.
1895 Assistent von Mehrtens an der TH Dresden, Dozentur für bewegliche Brücken
1898 ao. Professor, 1900 o. Professor für Eisenhochbau, Baustoffkunde und Massivbau an der TH Dresden
1899–1902 „Eisenkonstruktionen des Ingenieurhochbaus"
1901 erstes deutsches Kolleg über Eisenbetonbau
1903–1905 „Baumaterialienkunde"
1908 „Balkenbrücken im Eisenbetonbau"
Mitbegründer der Zeitschrift „Eisenbau"
1908–1919 Mitherausgeber von „Armierter Beton"
1913/14 Rektor der TH Dresden, Ehrenpromotion der TH Darmstadt
„Festigkeitslehre, Statik der Eisenkonstruktionen und Eisenbaurepetitorium" drei Bde.
1919 „Grundzüge des Eisenbetonbaus"

FONTANA, Domenico

1543, Melide am Luganer See **– 1614,** Rom
mit 20 Jahren nach Rom, anfänglich als Stukkateur, Haupttätigkeit unter Papst Sixtus V. (1585–1590)
1586 30. April–10. Sept., Abbau, Transport und Wiederaufrichtung des vatikanischen Obelisken; Ernennung zum „Cavaliere dello sprono d'oro"
1587 Errichtung eines Obelisken vor der Chorapsis von S. Maria Maggiore und Anlage der vier von ihr ausgehenden Straßen; Beginn des Baus der Vatikanischen Bibliothek und der Aqua Felice
1588 Aufstellung des Obelisken an der Lateransbasilika
1588–1590 Vollendung der Kuppel von St. Peter gemeinsam mit Giacomo della Porta nach dem Entwurf Michelangelos
1589 Obelisk und Brunnen auf der Piazza del Popolo
1590 „Della trasportatione dell' Obelisco Vaticano"
seit 1592 nach Flucht aus Rom in Neapel,

Fontana, Domenico, 1543–1614
aus: D. Fontana: Die Art, wie der Vatikanische Obelisk ..., Repr. Berlin 1987

Wasser- und Straßenbauten, Auftrag zum Bau eines neuen Hafenbeckens, Profan- und Sakralbauten, königlicher Palast, Brunnen und Bildhauerarbeiten
1600 Mitglied der Accademia di San Luca

FOWLER, John

15. Juli 1817, nahe Sheffield **– 1898,** Bournemouth
1834 Gehilfe von George Leather in Leeds
1838 Gehilfe des Ingenieurs Rastrick in Birmingham, u. a. Erkundung der Trasse für die Eisenbahn Lancaster–Schottland
1839 bei der Stockton and Harthpool Railway, Bau der 8 km langen Strecke und Leitung des Bahnbetriebs
1844 in London, Projektierung und Bauleitung von etwa 25 Eisenbahnlinien, einschl. Bahnhöfe und Brücken
1849 beratender Ingenieur der Great Western Railway
1851 erste Studienreise nach Frankreich
1852 Auftrag für den Bau der Londoner Metro
1857–1860 Bau der ersten Eisenbahnbrücke über die Themse in London
1860–1863 Bau der Metropolitain Railway und der Inner Circle Line der Londoner Metro
1865 Mitglied des „Engineers and Railway Volunteer Staff Corps"
1866 Präsident der Institution of Civil Engineers
ab 1868 an Großprojekten in Ägypten beteiligt, u. a. beim Bau der Sudanbahn Kairo–Khartum, Projekt für einen Schiffsaufzug an den Assuanfällen, Projekt für einen Kanal zwischen Alexandria und Kairo
1875 Gutachten über die Trockenlegung des Campagno (Überschwemmungsland des Tiber)
1882–1890 Ingenieur beim Bau der Firth of Forth Brücke, Konstruktion der Mauerwerksviadukte, Zusammenarbeit mit Baker und Arrol
1885 geadelt
1886 Australienreise, Gutachten über den Ausbau des australischen Eisenbahnnetzes
1889/90 Indienreise

FRANCESCO di Giorgio Martini

(eigentlich: Francesco Maurizio di Giorgio di Martini Pollaiuolo)
23. Sept. 1439, in Siena getauft **– 1502,** Siena
Sohn eines Geflügelhändlers
1458–1464 in Turin und Rom
1469 Aufsicht über die Gewässer, Brunnen und Aquädukte von Siena gemeinsam mit Paolo Andrea, Leitung des Brunnenbaus auf der Piazza della Signoria
1477–1486 Festungsbaumeister Federigos d'Urbino, vmtl. Leitung des Baus von etwa 100 Festungen, Entwurf der Renaissanceteile des Schlosses in Urbino
1484 Modell für die Kirche Madonna del Calcinaio in Cortona
1486 wieder in Siena, vielgefragter Experte für Festungsbau,
mehrere Reisen durch Italien
„Trattato di architettura civile e militare", drei Teile, 1841 von C. Saluzzo in Turin herausgegeben
1490 in Mailand, Gutachten über die Domkuppel und über den Dom von Pavia, Zusammentreffen mit Leonardo da Vinci
1491 beim Bau des Hafens von Neapel
1498 Dombaumeister von Siena

FRANZIUS, Ludwig

1. März 1832, Wittmund, Ostfriesland **– 23. Juni 1903,** Bremen
1848 Studium am Polytechnikum Hannover, ursprünglich Architektur
1853 1. Staatsprüfung im Fach Wasserbau
1858 2. Staatsprüfung, Wasserbaukondukteur, Hilfsarbeiter bei Baurat Plener in Hannover
1864 Wasserbauinspektor in Osnabrück (nur sechs Wochen), zurück nach Hannover
1867 im Ministerium für öffentliche Arbeiten in Berlin und Lehrauftrag an der Bauakademie

Freyssinet, Marie Eugène Léon, 1879–1962
Medaille aus Anlaß seines 75. Geburtstags

„Elemente des Straßen-, Wasser- und Eisenbahnbaus"
„Höherer akademischer Wasserbau"
1869 Teilnahme an der Eröffnung des Suezkanals, Studienreise nach England
1875 Oberbaudirektor in Bremen
1876 Anregung zur Gründung des Bremer Architekten- und Ingenieurvereins
1881 Korrektionsprojekt für die Unterweser, von Bismarck abgelehnt
ab 1888 Beginn der Unterweserkorrektion
1889 Projekt zur Verbesserung der Außenweser
Mitglied der Preußischen Akademie der Wissenschaften
Herausgabe des „Handbuchs der Ingenieurwissenschaft", gemeinsam mit Sonne
1892 Gutachten über die Regulierung der unteren Donau
1894 Gutachten über die Regulierung der Schelde
1896 „Aus meinem Leben, Erinnerungen und Meinungen für mich und die Meinigen niedergeschrieben", veröffentlicht in: Zeitschrift des Hannoverschen Architekten- und Ingenieurvereins

FREYSSINET, Marie Eugène Léon

13. Juli 1879, Objat, Corrèze **– 8. Juni 1962,** Saint-Pierre-de-Vésubie, Alpes maritimes
Studium an der École Polytechnique und an der École des Ponts et Chaussées, Paris
1905 Leiter des Ingenieur- und Straßenbaudienstes in Moulins
bis 1928 Technischer Leiter der Fa. Limousin & Cie.
1907–1910 Veurdre Brücke über die Allier, 3 × 72,5 m Spannweite

1916 acht Flugzeughallen in Averud, danach 13 Hallen in Istres
1923 Flugzeughallen in Orly
1926–1930 Elorn Brücke bei Plougastel, 3 × 186,4 m Spannweite
1933–1935 Instandsetzung der Gare Transatlantique des Hafens von Le Havre, (erste Anwendung der Vorspannung)
1939 Einführung der Rundkeilverankerung für Spannbeton
1941–1945 Marne Brücke bei Lusancy, Spannbeton, 55 m Spannweite
drei Großbehälter in Orléans
„Une révolution dans l'art de bâtir"
Präsident der Fédération internationale de la Précontrainte, Kommandeur der Ehrenlegion, Ehrenpromotionen der Universitäten Brüssel und Leeds
vorgespannte Startbahn des Flughafens von Algier
Hängedach des Fernsehsenders Felsberg bei Saarlouis
1959 Emil-Mörsch-Denkmünze

GALILEI, Galileo

15. Febr. 1564, Pisa **– 8. Jan. 1642,** Arcetri bei Florenz
1589 Professor der Mathematik an der Universität Pisa
1590 Beweis, daß der Lehrsatz des Aristoteles „Verschieden schwere Körper fallen verschieden schnell" falsch ist
1592 nach Padua
1610 erster Mathematiker am Hof in Florenz
1633 nach Veröffentlichung der „Dialoghi sui massimi sistemi" und Bekräftigung des kopernikanischen Systems vor der Inquisition, danach Arbeiten über mechanische und statische Probleme
1638 „Discorsi e dimostrazioni, matematiche, intorno a due nuove scienze", erschienen bei Elzevir in Leyden

GEHLER, Willi

5. Sept. 1876, Leipzig **– 13. April 1953,** Dresden
zwei Jahre Studium an der Universität Leipzig
Angestellter der sächsischen Staatsbahnen
Assistent bei Mehrtens und M. Grübler an der TH Dresden
1904–1913 Oberingenieur, später technischer Direktor in der Fa. Dyckerhoff & Widmann AG., Dresden, u. a.: Querbahnsteighalle Leipzig, Jahrhunderthalle Breslau
1905 „Balkenbrücken", in: Handbuch für Eisenbetonbau
1909 Mitglied des Deutschen Ausschusses für Stahlbeton
1910 „Die Nebenspannungen eiserner Fachwerkbrücken"
1912 „Der Rahmen"

Gerber, Heinrich, 1832–1912
Porträt von Räuber, Deutsches Museum München

1913 Professor für Festigkeitslehre, Statik und Stahlbrückenbau an der TH Dresden als Nachfolger von Mehrtens
1916 „Verfahren der Drehwinkel zur Berechnung von Rahmen", „Erläuterungen zu den Eisenbetonbestimmungen"
1917 Mitbegründer des Normenausschusses der deutschen Industrie
1918 Initiative für ein Mieterschutzgesetz
1925 Mitglied der Preußischen Akademie des Bauwesens
1933 Ehrenpromotion an der TH Brünn
1950 Emil-Mörsch-Denkmünze
1952 Letzte Veröffentlichung: „Die Erkenntnisse der Knickversuche mit Stahlbeton"

GERBER, Heinrich

18. Nov. 1832, Hof/Fichtelgebirge **– 3. Jan. 1912,** München
Sohn des Tischlermeisters und Zeichenlehrers Johann Peter Gerber
1844–1847 Besuch der Gewerbeschule in Hof, anschließend der polytechnischen Schule in Nürnberg
1849 Beginn des Studiums am Polytechnikum München
1850 im Sommer als Seemann nach London
1851/52 Fortsetzung des Studiums in München, Assistent des Geodäten Bauerfeind anschließend im Dienst der bayerischen Eisenbahnbaukommission, beim Bau der Eisenbahnlinie Neuenmarkt–Bayreuth
1856 Nachholen der Lateinprüfung am Gymnasium als Voraussetzung für die Zulassung zur Staatsprüfung
ab Oktober: Bauführer an der Großhesseloher Isarbrücke,
Zusammenarbeit mit F. A. von Pauli und Ludwig Werder
1857 6. März, Heirat mit Elise Reichel aus Bayreuth, der Ehe entstammten zwei Söhne und vier Töchter
1857–1862 Rheinbrücke bei Mainz, 1. Gleis, Gesamtlänge 1 km, 32 Öffnungen, 4 × 105,20 m Stützweite, Pauli-Träger, 2. Gleis 1870
1858 Aug., Eintritt in die Maschinenfabrik Nürnberg (Klett & Co., seit 1898 Maschinenfabrik Augsburg-Nürnberg)
„Äußere Querkraft am gedrückten Stab"
1859 Leitung der Brückenbauanstalt Gustavsburg
Werbeschrift der Fa. Klett & Co. in der Qualität eines Lehrbuchs über die Berechnung und Konstruktion von Balkenbrücken
Beginn der Untersuchungen über Knicksicherheit
bis 1861 Bau von 53 Brücken, überwiegend mit Pauli-Trägern, u. a. Innbrücke der bayerischen Ostbahn bei Passau, 90,4 m Stützweite
1863 Donaubrücken bei Kehlheim und Deggendorf
„Die Eisenbahnbrücke über den Rhein bei Mainz"
1864 Mainbrücke bei Kitzingen
1866 Bayerisches Patent auf Auslegerkonstruktionen („Gerber-Träger")
1867 Sophienbrücke über die Regnitz in Bamberg, größte Stützweite 45,1 m, erste Auslegerbrücke mit einteiligem Ständerfachwerk, Fahrbahn: Schotter auf Tonnenblechen
Mainbrücke bei Haßfurt
Bahnhofshalle in Zürich, 10 000 m^2 Grundfläche, 42,3 m Stützweite der Fachwerkbinder
1869 Eisenbahnbrücke über die Donau bei Ingolstadt, Parallelträger mit zweiteiligem Ständerfachwerk, 3 × 53,9 m Stützweite
Eisenbahnbrücke über die Isar bei München, Parallelträger mit einteiligem Ständerfachwerk und Gegenstreben, 3 × 50,2 m Stützweite
1870 Straßenbrücke über die Wertach in Kaufbeuren
1871 Eisenbahnbrücke über den Inn bei Simbach, Parallelträger mit einteiligem Ständerfachwerk und Gegenstreben, 60,4 m größte Stützweite
1872–1876 Donaubrücken bei Vilshofen (Straße, 1 × 64,5 + 4 × 51,6 m, Gerberträ-

ger), Großprüfening (Eisenbahn, 13 × 78 m, Gerberträger), Donauwörth (Eisenbahn, 4 × 60 m, Parallelträger), Deggendorf (Eisenbahn, 6 × 60 m, Parallelträger) und Poikam (Eisenbahn, 4 × 52,0 m, Parallelträger)
Lechbrücken bei Kaufering und Rain
Eisenbahnbrücken über die Schwarze Laaber bei Beratzhausen und Weiße Laaber bei Deining
Eisenbahnbrücken über den Inn bei Königswart und Jettenbach
1873–1884 Leiter der Süddeutschen Brückenbau AG., Tochterunternehmen der Nürnberger Maschinenfabrik
1878 Deutsches Reichspatent auf die Konstruktion seitlicher Versteifungen beweglicher Knotenverbindungen
Theorie der Kräfteübertragung durch Fahrbahnplatten
Einführung systematischer Bezeichnungen mathematisch-technischer Größen nach einem Vorschlag von Culmann
Eisenbahnbrücke über den Main bei Wörth, großmaschiges Strebenfachwerk ohne Vertikalstützen, 4 × 44 m Stützweite
1879–1882 Bahnhofshalle München
1880 Eisenbahnbrücke über die Laiblach
1881 Eisenbahnbrücke über den Ellhofertobel, Röthenbach, Parallelträger, Diagonalstreben mit Zwischenaufhängung des Untergurts, 40,0 m Stützweite
1882 Isarbrücke bei Landshut
1883 Bahnhofshalle Mainz
ab 1885 im Ruhestand, Aufsichtsratsmitglied
1887 Entwurf einer dreigurtigen Neckarbrücke in Mannheim, Gerberträger in Form eines Hängewerks, 1889/91 gebaut
1888 Patent auf eine Konstruktion zur Aussteifung von Gerberträgern
1891 kgl. bayerischer Oberbaurat
„Kurze Lebensbeschreibung"
1902 Ehrenpromotion der TH München
1907 Entwurf einer Rheinbrücke bei Ruhrort-Homberg mit 203 m Stützweite
Vielzahl von Zeitschriftenaufsätzen über aktuelle Bauvorhaben in „Allgemeine Bauzeitung", Wien, „Zeitschrift des VDI", Berlin, „Zeitschrift des bayerischen AIV", München, „Deutsche Bauzeitung", Berlin
1911 Goldmedaille der kgl. preußischen Akademie des Bauwesens

GERSTNER, Franz Josef Ritter von

23. Febr. 1756, Komotau, Böhmen **– 25. Juni 1832,** Mladiego bei Gitschin
1765–1772 Gymnasium Komotau, anschließend fünf Jahre Studium der Theologie, Philosophie, alte Sprachen, Mathematik an der Prager Universität, erwarb nebenbei seinen Lebensunterhalt durch Orgelspiel und Privatunterricht
1781 nach Wien, zeitweilige Beschäftigung mit Medizin
Anstellung an der Wiener Sternwarte
1784 dort als Adjunkt tätig
1787 gleichzeitig bei der Grundsteuerregulirungs-Vermessung in Böhmen
1788 Hilfslehrer für höhere Mathematik an der Prager Universität
1789 Berufung als Professor für höhere Mathematik
„Einleitung in die statische Baukunst"
1795 Beisitzer der Wiener Studienrevisionscommission
1801 Auftrag zur Gründung einer technischen Lehranstalt in Prag unter Einsatz der Lehrkräfte der bereits bestehenden Ingenieurschule
1804 „Theorie der Wellen"
1806 Ständisches böhmisches technisches Institut in Prag eröffnet, erster Vorläufer der deutschen Technischen Hochschulen, Gerstner übernimmt den Lehrstuhl für Mechanik
1807 Leitung der Arbeiten einer hydrotechnischen Privatgesellschaft, Planung eines Kanals zwischen Donau und Elbe, Vorschlag, stattdessen eine Eisenbahnlinie zu bauen, abgelehnt
1809 Vorschlag zum Bau einer Eisenbahn Budweis–Linz
1808 Verleihung des Leopold-Ordens
1810 Erhebung in den erblichen Adelsstand
1811 Auftrag zum Bau einer Wasserbaudirektion für Böhmen
1813 „Abhandlung über die oberschlächtigen Wasserräder"
„Zwei Abhandlungen über Frachtwägen und Straßen und über die Frage, ob und in welchen Fällen der Bau schiffbarer Kanäle Eisenwegen oder Straßen vorzuziehen sey"
1816 „Abhandlungen über die Spirallinie der Treibmaschinen"
1819 „Bemerkungen über das hydraulische Pendel"
1822 Niederlegung des Lehramts für Mathematik
1823 Titel eines kaiserlich-königlichen Gubernialrats
1828 Rücktritt von der Leitung der Wasserbaudirektion
1831 Niederlegung des Lehramts für Mechanik
1831–1838 „Handbuch der Mechanik", vier Bde.
1832 Versetzung in den Ruhestand
Ausführung des Bahnprojekts durch seinen Sohn Franz Anton von G. (1793–1840), Inbetriebnahme der Bahn 1830

GIRKMANN, Karl

1890, Wien **– 14. Juli 1959,** Wien
Pionieroffizier im Ersten Weltkrieg
1919 Bauingenieurdiplom der TH Wien, anschließend in Wien bei der A.E.G., Bau von Freileitungen
ab 1931 erste große Stahlskelettbauten in Österreich
Habilitation an der TH Wien über die Berechnung von Großbehältern
1934 „Hochspannungsfreileitungen", gemeinsam mit Königshofer
1938 Berufung an die TH Wien
1946 „Flächentragwerke. Einführung in die Elastostatik der Scheiben, Platten, Schalen und Faltwerke", weltweit anerkanntes Standardwerk, mehrere Auflagen
1949/50 Rektor der TH Wien
1956 Ehrendoktor der TH Graz

GNÄDIG, Miklos

1908 in Torda, Ungarn, geb.
Studium an der TH Budapest
1934–1949 in verschiedenen Baufirmen und Ingenieurbüros
1944 Entwurf der ersten vorgefertigten Stahlbeton-Bogenkonstruktion für eine Lagerhalle in Szigetszentmiklos
1948 Entwurf der ersten größeren Industriehalle der Welt aus vorgefertigten Bogenträgern (MAVAG, Budapest)
1949–1982 Chefstatiker im Entwurfsbüro für Industriebau IPARTERV, Budapest
1951 erster vorgefertigter Fachwerkträger für eine Industriehalle
1952 Entwürfe einer Fachwerkbogenkonstruktion mit Zugband für Industriehallen in Kazincbarcika, vorgefertigte Fachwerk-Dreigelenkbögen mit 46 m Spannweite; Typenprojekte für Industriehallen mit 9 × 9 m Stützenabstand; Entwicklung vorgefertigter Spannbetonelemente; stählerne Bogenkonstruktion mit Stahlbetonschalen für ein Chemiekombinat in Szolnok; Konstruktion einer „kurzen Tonnenschale" mit 37 m Spannweite aus vorgefertigten dreieckigen Rippenkassetten-Elementen für eine Fabrik in Kispest

GRUBENMANN, Hans Ulrich

23. März 1709, Teufen **– 24. Jan. 1783,** Teufen, Schweiz
Brüder: Jakob und Johannes G.
lernte bei seinem Bruder Jakob das Zimmermannshandwerk
1756 Baubeginn der Rheinbrücke bei Schaffhausen, statt des von ihm vorgeschlagenen Bogens mit 119 m Spannweite, Verwendung des vorhandenen Mittelpfeilers der alten Brücke
hölzerner Stabbogen mit Verzahnung als Standardkonstruktion für Brücken und weitgespannte Dachbinder
Entwürfe in Form von Modellen

HAGEN, Gotthelf Heinrich Ludwig

3. März 1797, Königsberg/Preußen **– 3. Febr. 1884,** Berlin
Studium an der Universität Königsberg, u. a. Astronomie
1819 Feldmesserprüfung
1826 Studienreise bis Mailand, darüber Bericht:
„Beschreibung neuer Wasserwerke in Deutschland, Frankreich, den Niederlanden und der Schweiz"
1827–1831 Hafenbauinspektor in Pillau
1831 Oberbaurat an der technischen Oberbaudeputation in Berlin
Bearbeitung der Wasserbauprojekte im Rheinland und in Westfalen
1834–1849 Lehrer für Wasserbau an der Berliner Bauakademie
1837 „Grundzüge der Wahrscheinlichkeitsrechnung"
1841 „Handbuch der Wasserbaukunst", 1. und 2. Teil 1844–1852, 3. Teil 1863–1865
1842–1879 Mitglied der Königlichen Akademie der Wissenschaften
1843 Ehrenpromotion der Universität Bonn
1847 Geheimer Oberbaurat
1848 Hauptmann der „Bauakademiker"
1850 Vortragender Rat im Handelsministerium, Berlin
1853 „Über die Sicherheitshäfen zu Holyhead und Dover"
1859 Vorsitzender der Oberbaudeputation
1869 Oberlandesbaudirektor
1876 Ruhestand als Wirklicher Geheimer Rat
1880 Mitglied der Preußischen Akademie des Bauwesens

HENNEBIQUE, François

26. April 1842, Neville-St-Vaast, Somme **– März 1921,** Paris
Lehre als Steinmetz in Arras, mit 25 Jahren selbständig
1865 Leitung der Rekonstruktion von St-Martin in Courtrai
1867–1887 in Brüssel
1879 erstmalige Anwendung von Stahlbeton
1886 Vorschlag, die Zugkräfte ausschließlich den Bewehrungseisen zuzuordnen
1887 Vorschlag zum Bau eines 300 m hohen Holzturmes in Brüssel
1892 erstes Stahlbetonpatent in Brüssel, 1903 wegen der Priorität des Monierpatents für ungültig erklärt
Ingenieurbüro mit etwa 500 Konzessionsnehmern
1894 erste Stahlbetonbrücke in Wiggen/Schweiz
Brücken, Industrie- und Hafenbauten in Nantes und Brest, Brücke über die Vienne bei Châtellerault, Ägyptisches Museum in Kairo, Bauten der Pariser Weltausstellung, Docks von Southampton
1896 Stahlbeton-Fertighaus (Signalwärterstation)
Herausgabe der Zeitschrift „Béton Armé"
1899 Entwurf eines Staudamms bei Assuan

HOBRECHT, James

31. Dez. 1825, Memel **– 8. Sept. 1902,** Berlin
1845 Landmesserprüfung
1847–1849 Studium an der Berliner Bauakademie, zwischenzeitlich Bauführer in Königsberg
1856 Prüfung als Baumeister für Landbau
1858 Mitarbeiter des Geheimen Baurats Friedrich Eduard Salomon Wiebe (1804–1892) im Polizeipräsidium Berlin
beim Bau der Eisenbahnlinie Frankfurt/O.–Küstrin
1862 Baumeister für Wasser-, Wege- und Eisenbahnbau
Bebauungsplan der Umgebung Berlins
1868 „Über öffentliche Gesundheitspflege im Staate"
1869–1892 Chefingenieur der Berliner Kanalisation
Vorsitzender des Berliner Architektenvereins
Mitglied der Preußischen Akademie des Bauwesens
1875 Beginn des Baus der Berliner Stadtentwässerung
1885 Stadtbaurat für Tiefbau in Berlin
Einführung der Schwemmkanalisation, Kanalisierung der Unterspree, Erneuerung sämtlicher innerstädtischer Straßenbrücken, Gutachten für Entwässerungsanlagen von Moskau, Tokio, Kairo, Alexandria, Stettin, Darmstadt
Ehrenbürger von Darmstadt, Stadtältester von Berlin
Ehrenpromotion der Universität Göttingen

HOLL, Elias

28. Febr. 1573, Augsburg **– 6. Jan. 1646,** Nähe von Augsburg
Sohn eines Baumeisters, Lehre bei seinem Vater
1596 Meisterprüfung
1601/02 Reise nach Venedig
1602 Stadtwerkmeister von Augsburg
1602–1607 Zeughaus
1609 Stadtmetzig
1613 St.-Anna-Schule
1614–1616 Aufstockung des Perlachturmes
1615–1620 Rathaus
1625–1630 Heilig-Geist-Hospital
1631 14. Jan., Entlassung, da lutherischer Konfession, nach Eroberung Augsburgs durch die Schweden wieder im Amt
1635 endgültige Entlassung

Hobrecht, James, 1825–1902
Museum für Produktionsgeschichte der Wasserwirtschaft, Berlin-Friedrichshagen

HOOKE, Robert

18. Juli 1635, Freshwater, Isle of Wight **– 3. März 1703,** London, Gresham College
1648 nach des Vaters Tod nach London, zeitweilig Schüler von Sir Peter Lely, dann in der Westminster School
1661 Schrift über Kapillargefäße erregt Aufmerksamkeit in der Royal Society
1662 12. Nov., zum „curator of experiments" der Royal Society ernannt
1663 3. Juni, Wahl zum Fellow der Royal Society
28. Sept., Master of Arts
1665 11. Jan., Bestätigung als Kurator mit festem Gehalt und Wohnung in Gresham College
20. März, Berufung zum Professor für Geometrie
Arbeiten über Botanik, Astronomie und eine Vielzahl physikalischer Probleme, u. a. zur Elastizitätstheorie, Magnetismus, Messungen am 200 Fuß-Pendel in St. Paul's, Definition des Thermometer-Null-Punktes als Gefrierpunkt des Wassers, Konstruktion eines Teleskops.
Die Vorwegnahme von Arbeitsergebnissen zeit-

genössischer Forscher u. a. von Newton führte zu langwierigem Prioritätsstreit.
1665 „Micrographia, or some physiological Descriptions of Minute Bodies"
1667 19. Sept., Modellbau zum Wiederaufbau Londons nach dem großen Brand 1666, Berufung zum Surveyor, Entwürfe zum neuen Bethlehem Hospital, Montague House u. a.
„Mechanical Improvements of Lamps and Water-Poises"
1671 Kritik an Newtons Farbentheorie
1677–1682 Sekretär der Royal Society, Edition von sieben Ausgaben der „Philosophical Collections"
1678 „Lectures and Collections"
„Lectures de Potentiâ restitutiva"
1679 Bibliothekar der Royal Society
„Lectiones Cutlerianae"
1684 Beschreibung eines praktikablen Telegraphensystems
1705 „Posthumous Works", herausgegeben von R. Walter

HRUBAN, Konrad J.

25. Nov. 1893, Dubany **– 25. Aug. 1977,** Prag
1910–1916 Studium an der TH Prag
Nach Militärdienst und Promotion Leitung der Zweigstelle einer Wiener Betonfirma in Brno
1928 erste Veröffentlichung über die Berechnung von Fabrikschornsteinen aus Stahlbeton, über Bodendruck und Gründungsplatten
Berater der Bauabteilung der Bata-Werke in Zlín
1937–1939 Professor für Betonbau an der TH Brno
Veröffentlichung von zwei Büchern über Rahmenkonstruktionen
1945 Wiederaufnahme der Lehrätigkeit
Arbeiten über Schalentheorie
„Zylinderschalen aus Stahlbeton"
„Betondächer mit kurzen Schalen"
Typenprojekte für die Vorfertigung leichter Stahlbetondächer verschiedener Spannweiten, meist hyperbolisch-parabolische Kurzschalen
1953–1962 Professor für Stahlbetonbau an der TH Prag
Korrespondierendes Mitglied der Akademie der Wissenschaften
Präsident der Gesellschaft zur Verbreitung wissenschaftlicher Kenntnisse im Bauwesen
Mitwirkung bei der Einführung neuer Berechnungsmethoden in das tschechoslowakische Bauwesen (Sicherheitsgrad, Grenzzustände)
Ehrenpromotion der TH Brno

HYATT, Thaddäus

1816, New Jersey **– 1901**
Rechtsanwalt, lebte abwechselnd in New York und London
Erfindung des Glasbetons zur Belichtung von Räumen unterhalb der Fußsteige
Untersuchungen über die Konstruktion feuersicherer Gebäude
1877 „An account of some experiments with Portland Cement concrete combined with iron as a building material with reference to economy of construction and for security against fire in the making of roofs, floors, and walking surfaces"
Brandversuche in einem Betonhaus in Farrington Road, London
1878, 16. Juli, USA-Patent für Eisenbeton mit ausdrücklicher Fixierung des Eisens auf der Zugseite

IMHOFF, Karl

7. April 1876, Mannheim **– 28. Sept. 1965,** Essen
bis 1899 Studium des Bauingenieurwesens an den TH München und Karlsruhe
1900 nach Diplom Regierungsbaureferendar in Baden, danach in der preußischen Prüfanstalt für Wasserversorgung und Abwasserbeseitigung in Berlin
„Aufnahme und Zusammenstellung der biologischen Abwasserreinigungsanlagen in Deutschland", herausgegeben von der Prüfanstalt
1905 Promotion an der TH Dresden
1906 1. April, technischer Leiter der Emschergenossenschaft

Intze, Otto, 1843–1904
Rheinisch-westfälische Technische Hochschule Aachen

8. Juni, Konstruktion des ersten „Emscherbrunnens"
1907 „Taschenbuch für Kanalisations-Ingenieure", München, Berlin, 20 S.; später unter dem Titel „Taschenbuch der Stadtentwässerung", bisher 26 Auflagen, übersetzt in viele Sprachen
1910 Gutachten über die Reinhaltung der Ruhr, Grundlage der Gründung des Ruhrverbandes 1913
Vorschlag zur Chlorierung des Trinkwassers bei höheren Keimzahlen, zum ersten Mal 1911 in Essen angewendet
1914 Bau des Pumpwerks Duisburg-Alte Emscher, Rundbau mit Stahlbetonkuppel, Innendurchmesser 41 m
1920 „Taschenbuch des Lautenschlägers"
1922 1. Jan., Geschäftsführer des Ruhrverbandes
1925 Kläranlage Essen-Recklinghausen mit ersten Belebungsbecken
1927 Ruhrreinigungsplan mit insgesamt acht Stauseen, davon bis 1979 fünf angelegt, und Pumpwerk zum Rückpumpen von Rheinwasser in die untere Ruhr bei Trockenheit
1928 Versuche mit Aktivkohle
1929 Gutachten über die Bildung einer Wasserbaugenossenschaft „Weiße Elster"
1934 wegen „politischer Unzuverlässigkeit" in den vorzeitigen Ruhestand versetzt, weiter tätig als beratender Ingenieur
1946 „Sewage Treatment", mit Fair
Mitwirkung an der „Denkschrift über die Planung, Lenkung und Durchführung der Reinhaltung der Gewässer", herausgegeben von der Generaldirektion für Wasserstraßen und Binnenschiffahrt der britischen Besatzungszone
1947 „Die Abwasserlast der deutschen Flüsse", in: Gesundheitsingenieur
Ehrenpromotionen der TH Karlsruhe, Aachen und Stuttgart
1953 Großes Verdienstkreuz der Bundesrepublik Deutschland
1956 Stiftung des Karl-Imhoff-Preises der deutschen Abwassertechnischen Vereinigung
insgesamt etwa 400 Veröffentlichungen

INTZE, Otto

17. Mai 1843, Laage, Mecklenbg. **bis 28. Dez. 1904,** Aachen
1862–1866 nach Praktikum beim Bau der Eisenbahnlinie Riga–Dünaburg Studium am Polytechnikum Hannover
1866/67 Lehrer an der Baugewerkschule Holzminden, stellvertretender Direktor der Baugewerkschule Siegen, Unterricht in Baukonstruktionslehre, darstellender Geometrie, Maschinenlehre für Mühlenbauer, Wasserkraftmaschinen
1867–1870 Wasser-, Brücken- und Straßenbauten in Hamburg, St. Pauli, Brooktor, Sandtor

1870 Berufung auf den Lehrstuhl für Baukonstruktionen und Wasserbau an der TH Aachen, Leiter der Bauverwaltung
1872–1878 Projekte für Industriebauten
1878 „Tabellen und Beispiele für die rationelle Verwendung des Eisens"
1881 „Deutsches Normalprofilbuch für Walzeisen", mit F. Heinzerling
1883 Wasserturm für die Stadt Düren, Patent für Behälterkonstruktion, insgesamt über 500 Wassertürme
1884 „Über Fabrikbauten mit Eisenkonstruktionen"
1889 „Die bessere Ausnutzung des Wassers und der Wasserkräfte"
1889–1891 Bau der Talsperre Remscheid
Bau von insgesamt 17 Staumauern in Rheinland und Westfalen, Industrieprojekte u.a. in Moskau und Valparaiso
1894 Grashof-Medaille
1895–1898 Rektor der RWTH
1898 Berufung in das preußische Herrenhaus auf Lebenszeit
1902 Ehrenpromotion der TH Dresden
insgesamt über 250 Veröffentlichungen

KHAN, Fazlur R.

1930, Dacca, Bangladesh **– 27. März 1982,** Saudi-Arabien
1950 Übersiedlung in die USA, Master- und Doktorgrad in Mechanik und konstruktivem Ingenieurbau
1955 Mitarbeiter und 1970 General Partner für Ingenieurbau von Skidmore, Owings & Merrill, Chicago, Lehrauftrag am Illinois Institute of Technology
Konzeption der „perforierten Röhre" im Hochhausbau
1963 De Witt-Chestnut-Building, Chicago
1965 Brunswick Building, Chicago
1970 John Hancock Center, Chicago
1974 Sears Tower, Chicago; Haj Flughafen, Yeddah, Saudiarabien
drei Ehrendoktortitel

KLENGEL, Wolf Caspar von

8. Juni 1630, Dresden **– 10. Jan. 1691,** Dresden
ausgedehnte Studienreisen, zeitweilig im Dienst Venedigs
1655 in Dresden, Ernennung zum Oberlandbaumeister
1661 erste eigene Bauten in Dresden
1664 geadelt
1664–1667 Bau des Dresdener Komödienhauses
1665 Oberstleutnant und Inspektor der Civil-, Haupt- und Festungsgebäude
1668/69 Neues Ballhaus
1670 Planung der Friedrichsstadt
1672/73 Schießhaus
1672 Oberinspektor der Civil- und Militärgebäude
1674–1679 Umbau des Schloßturmes
1685 Kommandant der Festungen Alt- und Neudresden
Planung der Dresdener Neustadt
1689 Generalwachtmeister, Lehrer des Prinzen Friedrich August

KOENEN, Matthias

3. März 1849, Bedburg bei Köln **– 26. Dez. 1924,** Berlin
Sohn eines Baumeisters
1868 Studium an der Berliner Bauakademie
1872 1. Staatsprüfung, danach Regierungsbauführer,
u.a. Entwurf von Sturmflutbauten an der Küste Vorpommerns
1877 Fertigstellung der Eisenbahnlinie Danzig–Warschau
1879 2. Staatsprüfung, Ernennung zum Regierungsbaumeister
Lehrtätigkeit in Mathematik, Baumechanik, Baustatik und Baukonstruktionslehre
1884–1888 Entwurf und Berechnung der Ingenieurkonstruktionen des Reichstagsgebäudes in Berlin
als Beauftragter des preußischen Ministeriums für Öffentliche Arbeiten an den Betonversuchen von G. A. Wayß beteiligt
1886 erste Veröffentlichung einer Stahlbetontheorie im Zentralblatt der Bauverwaltung
1887 „Monierbroschüre", Herausgeber G. A. Wayss
1888 Technischer Direktor der G. A. Wayss AG., nach Ausscheiden von Wayss Gesamtleitung und Umbenennung in AG. für Beton- und Monierbau, Berlin
„Tabellen der Spannweiten für Träger und Balken bei allen vorkommenden Teilungen und Belastungen"
1891 Stahlbetonbrücke über die Wakenitz bei Lübeck
1898 Mitglied des Deutschen Betonvereins, Mitarbeit an den vorläufigen preußischen Betonvorschriften
1902 „Grundzüge für die statische Berechnung der Beton- und Eisenbetonbauten", weitere Auflagen 1905, 1906, 1912
1907 Versuche über die Vorspannung der Bewehrung wegen Mangel an hochfestem Stahl aufgegeben
„Wie kann die Anwendung des Eisenbetons in der Eisenbahnverwaltung wesentlich gefördert werden?" – Verfahren zur Erzeugung einer Anfangsdruckspannung im Zuggurtbeton von Eisenbetonbalken", in: Zentralblatt der Bauverwaltung, Berlin, H. 79
1908 Ehrenpromotion der TH Dresden
1912 Verdienstmünze für Leistungen im Bau- und Verkehrswesen
1913 Goldmedaille der Preußischen Akademie des Bauwesens
1921 „Zur Entwicklungsgeschichte des Eisenbetonbaus, persönliche Erinnerungen von Generaldirektor Dr.-Ing. E. h. M. Koenen, in: Der Bauingenieur, Berlin, H. 13
1923 Übergabe der Firmenleitung an Walter Nakonz

LENTZE, Karl

12. Juli 1801, Soest **– 23. Juli 1883,** Berlin
1823 Feldmesserprüfung
1829 Baumeisterprüfung
1833–1843 Wasserbauinspektor in Düsseldorf
1847 Oberbaurat in der Berliner Baudeputation
1850 Bau der Weichselbrücke bei Dirschau und der Nogatbrücke bei Marienburg
1858 Vortragender Rat im Ministerium für Handel, Gewerbe und öffentliche Arbeiten in Berlin
1859 Geheimer Oberbaurat
Leitung der Vorarbeiten zum Bau des Nord-Ostsee-Kanals
beteiligt am Bau der Rheinbrücke in Köln
Mitglied der internationalen Kommission für den Bau des Suez-Kanals

LEONHARDT, Fritz

11. Juli 1909, Stuttgart, Vater Architekt
1927–1931 Bauingenieurstudium an der TH Stuttgart, u. a. bei Graf, Mörsch und Meier-Leibnitz
1932/33 Studienreise in die USA und nach Mexiko
1934 im von Karl Schaechterle geleiteten Brückenbaubüro der Obersten Bauleitung der Reichsautobahnen in Stuttgart, dann im Reichsverkehrsministerium in Berlin
Entwicklung einer leichten Fahrbahntafel, Stahlzellenplatte, später orthotrope Platte genannt
1936 2. Staatsprüfung, Promotion
1937 „Gestaltung der Brücken", mit K. Schaechterle
1938–1941 Entwurfs- und Bauleitung der Rheinbrücke Rodenkirchen
1939 Niederlassung als beratender Ingenieur in München
1943 Leitung des technischen Büros im Planungsstab der Organisation Todt für den Bau der Baltölwerke in Estland
1944 Leiter der Abteilung Bauforschung, Entwicklung und Normung der Organisation Todt in München
1946 Wiederaufbau der zerstörten Rhein-

brücke in Köln-Deutz in Zusammenarbeit mit Lohmer
1946–1949 Bau der Moselbrücken bei Zeltingen, Trittenheim, Schweich, Wehlen
1947 Entwicklung einer Schüttbauweise für den Wohnungsbau gemeinsam mit Ludwig Bölkow
1948 Elzbrücke bei Bleibach (Spannbetonverfahren Baur-Leonhardt, Verwendung von Seilen zerstörter Hängebrücken, Einsatz hydraulischer Pressen aus Kochtöpfen)
1948–1951 Technische Federführung des Baus der Rheinbrücke Köln-Mühlheim (orthotrope Platte)
1950–1957 Entwurf der drei Düsseldorfer Rheinbrücken (sogen. Brückenfamilie), zusammen mit Schaechterle, Wintergerst, Grassel und Architekt Tamms
1951 Eisenbahnbrücke in Heilbronn, L = 107m, erste Spannbeton-Eisenbahnbrücke mit konzentrierten Spanngliedern, Verfahren Baur-Leonhardt
1952 Wettbewerbsentwurf für die Seinebrücke in Tancarville (zum ersten Mal Vorschlag einer aerodynamisch geformten Fahrbahntafel für weitgespannte Hängebrücken)
1953 Monokabel-Hängebrücke zum Patent angemeldet
1954 Entwurf der Brücke über den Rio Guaiba in Porto Alegre, Brasilien, L = 5665 m, mit 56 m weit gespannter Hubbrücke
1954–1956 Fernsehturm auf dem Hohen Bopser bei Stuttgart, H = 211 m
1955 Severinsbrücke in Köln
„Spannbeton für die Praxis", Berlin (russ.: 1956, engl.: 1964)
1957 Fernmeldeturm Hannover (Prototyp einer Vielzahl späterer Türme)
1957 Berufung auf den Lehrstuhl für Massivbau der TH Stuttgart
1959 Rheinbrücke Wiesbaden-Schierstein
Entwurf der Agerbrücke im Zuge der Autobahn Salzburg–Linz, max. Spannweite 84,9 m (erste im Gleitverfahren hergestellte Spannbetonbrücke)
1959–1962 Tragwerke des Deutschen Elektronen-Synchrotrons (DESY), Hamburg
1959–1964 Stuttgarter Schubversuche, u. a. Einführung der erweiterten Fachwerkanalogie mit geneigtem Druckgurt und Druckstreben flacher als 45°
1960 Vorsitz im ständigen Ausschuß der Internationalen Vereinigung für Brücken- und Hochbau (IVBH)
1961 Entwurf der Rheinbrücke Emmerich gemeinsdam mit Lohmer, aerodynamisch geformte Fahrbahntafel, nicht gebaut
1. Preis im Wettbewerb um den Bau der Caroni-Brücke, Venezuela (Bau 1962–1965), gemeinsam mit den Stuttgarter Firmen Züblin und Baresel, erste Anwendung des Taktschiebeverfahrens mit Vorbauschnabel
1965–1967 Fernsehturm Hamburg, Architekt Fritz Trautwein
1967–1968 Entwurf der Konrad-Adenauer-Brücke in Bonn
1967–1969 Rektor der TU Stuttgart
1968 „Studentenunruhen, Ursachen, Reformen", Stuttgart
1968–1969 Entwurf einer Schrägkabelbrücke über das Burrard Inlet in Vancouver, Kanada, 700 m Spannweite, nicht gebaut
1968–1971 Konstruktion des Zeltdachs über den Münchner Olympiastadien, Entwurf: Behnisch & Partner mit Frei Otto, verantwortlicher Bearbeiter: J. Schlaich
1969 Idee der thermischen Aufwindkraftwerke, Bearbeiter: J. Schlaich (Versuchsanlage 1980/82 bei Manzanares, Spanien)
1971–1977 Bau zweier Schrägkabelbrücken über den Paraná bei Buenos Aires
1972–1978 Bau der Schrägkabelbrücke über den Columbia River zwischen Pasco und Kennewick, USA, gemeinsam mit Arvid Grant
1973 Fernsehturm Mannheim
1974 Juli, Emeritierung aus Anlaß des 65. Geburtstags, Nachfolger an der TU Stuttgart: J. Schlaich, Ehrenpromotion der TH Kopenhagen
Freyssinet-Medaille der Féderation Internationale de la Précontrainte
1975 „Vorlesungen über Massivbau", sechs Bde., mit E. Männig
1976 Fernsehtürme Köln, Frankfurt a. M., Kiel, Bremen, Nürnberg, Koblenz und eine Vielzahl kleinerer Türme
1977–1978 Entwurf der Faröbrücke, Dänemark, mit Christiani & Nielsen, Architekt: E. Villefrance
1979 Ehrenmitglied der Internationalen Vereinigung für Brückenbau und Hochbau
1982 „Brücken – Ästhetik und Gestaltung"
1980–1983 Aichtalbrücke bei Stuttgart, 1161 m lang, größte fugenlose Brücke im Taktschiebeverfahren
1984 „Baumeister in einer umwälzenden Zeit"
1980–1990 zahlreiche Brücken der Hochgeschwindigkeitsstrecken Mannheim–Stuttgart und Hannover–Würzburg
1988 „Türme, aller Zeiten, aller Kulturen" mit E. Heinle

LINDENTHAL, Gustav

21. Mai 1850, Brünn **– 31. Juli 1935,** Methuchen, New Jersey
Vater Tischlermeister
Steinmetzlehre, Studium am Polytechnikum Dresden
1870–1874 Brückenbauten in Österreich und der Schweiz
1874 nach Amerika
1874–1877 Ingenieur der Centenial Exposition Philadelphia
1877–1890 Ingenieurbüro in Pittsburgh
1890 nach New York, Entwurf einer Hudson Brücke
1902/03 Commissioner der New Yorker Brücken
ab 1903 Williamsburg Brücke, Ohio Brücke, Hellgate Brücke, New York
1909 Manhattan Brücke, New York
1917 Brücke von Sciotoville (mehrfach geknickter Obergurt)
1931 Bayonne-Brücke über den Kill van Kull, 500 m Spannweite
Präsident der North River Bridge Company

LINDLEY, William sen.

7. Sept. 1808, London **– 22. Mai 1900,** Blackheath bei London
Mitarbeit am Themsetunnel in London unter I. K. Brunel
1858–1860 Chefingenieur der Hamburg-Bergedorfer Eisenbahn
1842 Eindämmung des Brandes in Hamburg durch Sprenungen
Ausarbeitung eines neuen Bebauungsplanes
Vorschlag zum Bau einer Elbwasserleitung zur Löschwasserbereithaltung, später für Nutz- und Trinkwasser verwendet
unterirdische Abwasserleitung im wiederaufgebauten Stadtteil
1853 Beginn der Kanalisierung der gesamten Stadt Hamburg
1863 nach Frankfurt/M., Planung eines Abwassersystems
ab 1878 Fortsetzung der Sanierungsarbeiten in Hamburg unter Leitung seines Sohnes H. William L. jun., Bau der Schwemmkanalisation, der Kanalisierung des Mains und des Westhafens in Frankfurt

MAILLART, Robert

6. Febr. 1872, Bern **– 5. April 1940,** Genf
1890–1894 Studium am Eidgenössischen Polytechnikum Zürich
Diplom als Bauingenieur
1894–1896 bei Pümpin & Herzog, Bern
1897–1899 im städtischen Tiefbauamt Zürich
1899–1902 bei Froté & Westermann, Zürich
1899 Stauffacherbrücke über die Sihl, Bern
1901 Innbrücke in Zuoz, Engadin, Dreigelenkbogen mit 30 m Spannweite, Kastenprofil, 1968 erneuert, erste Brücke nach dem System Maillart
1902 Teilhaber der Fa. Maillart & Co., Zürich
1903 Brücke über die Steinach, St. Gallen
1903/04 Thurbrücke bei Billwill-Oberbühren, St. Gallen, 2 × 35 m Spannweite
1905 Rheinbrücke bei Tavanasa, Graubünden, 51 m Spannweite, 1927 durch Felsrutsch zerstört

1909 „Die Sicherheit der Eisenbetonbauten"
1910 erste Decke aus Stahlbeton ohne Unterzüge (Pilzdecke) in einem Lagerhaus in Zürich-Gießhübel für eine Nutzlast von 2 MPa, Versuche auf dem eigenen Bauhof seit 1908, Schweizer Patent Nr. 46928
1911/12 Aarebrücke bei Aarburg, Aargau, 68 m Spannweite, 1968 erneuert
Rheinbrücke in Rheinfelden
1911 im Sommersemester Lehrauftrag für Eisenbetonbau an der ETH Zürich
1912–1917 Bau von Industrieanlagen in Riga, Charkow und Kiew, Rückkehr nach der Revolution mittellos als Witwer mit drei Kindern
1919 Ingenieurbüro in Genf
1920 Arvebrücke bei Marignier, Hoch-Savoyen, Frankreich
1924 Schrähbach-Brücke in Innerthal, Wäggital, Schwyz, Ziggenbach-Brücke in Wäggital, Schwyz
1924 Zweigniederlassungen in Bern und Zürich
1925 Brücke über den Val Tschiel-Bach, Donath bei Andeer, Graubünden, 43 m Spannweite
Aquädukt über die Eau Noire bei Chatelard, Wallis
1928/29 Lorraine-Brücke über die Aare in Bern, 82 m Spannweite
1929/30 Salginatobel-Brücke bei Schiers, Graubünden, 90 m Spannweite
1930 Eisenbahnbrücke über die Landquart in Klosters, Graubünden, 30 m Spannweite
Spitalbrücke über die Engstligen bei Frutigen-Adelboden, Bern, 30 m Spannweite
1932 Traubachbrücke in Habkern-Bohl, Bern, 40 m Spannweite
Roßgrabenbrücke bei Schwarzenburg, Bern, 82 m Spannweite
Tessin-Brücke zwischen Giubiasco und Sementina, Tessin, 71 m Spannweite
1933 Thurbrücke bei Felsegg, St. Gallen, 72 m Spannweite
Schwandbachbrücke bei Hinterfultingen-Schöntannen, Bern, 37 m Spannweite, versteifter Stabbogen über elliptischem Grundriß mit einseitigem Fußsteig
1934 Projekt für Sitterbrücke bei Stein, St. Gallen, 200 m Spannweite
1935 Projekt für eine Rheinbrücke bei Schaffhausen
1936 Ehrenmitglied des Royal Institute of British Architects
Arvebrücke bei Vessy, Genf, 56 m Spannweite
1939 Tonnenschale auf der schweizerischen Landesausstellung, mit Leuzinger, 16 m Spannweite, 6 cm dick, 12 m hoch
Projekt für eine Rhonebrücke bei Peney, Genf
1940 Straßenbrücke in Altendorf-Lachen, Schwyz, spitzbogiges Zwillingskastengewölbe, M.s letzte Brücke
einziges Ehrenmitglied der Fachgruppe der Ingenieure für Brücken- und Hochbau des schweizerischen Ingenieur- und Architektenvereins
zwischen 1902 und 1920 etwa 80 von der Fa. Maillart ausgeführte Projekte, zwischen 1913 und 1914 etwa 180 von anderen Firmen ausgeführte Projekte in der Schweiz, Bauten in Frankreich, Italien, Jugoslavien, Spanien, Rußland, Finnland, Ägypten und im Iran, etwa 50 Veröffentlichungen

MEHRTENS, Georg Christoph

31. Mai 1843, Bremerhaven **– 9. Jan. 1917,** Dresden
Studium an der TH Hannover
1867–1872 Regierungsbauführer und Regierungsbaumeister im preußischen Staatsdienst, Eisenbahnbau
anschließend Bauleitung der Privatbahnen Lüneburg–Wittenberg, Berlin–Dresden, Frankfurt/Oder–Cottbus
1878–1894 im technischen Büro des Ministeriums für öffentliche Arbeiten, Vorarbeiten für den Bau der Gebirgsbahn Erfurt-Ritschhausen und Assistent von Winkler an der TH Berlin, Brückenbau und Statik, Privatdozent für Sonderkapitel des Brückenbaus

Maillart, Robert, 1872–1940
ETH Zürich, Wissenschaftshistorische Sammlungen

1883–1888 Eisenbahn- und Betriebsinspektor in Frankfurt/O.
1887 „Eisen und Eisenkonstruktionen in geschichtlicher und technologischer Beziehung" (Sonderband des Deutschen Bauhandbuchs) und „Mechanik fester Körper"
1888 Leiter des Büros der königlichen Eisenbahndirektion Bromberg, Bau der Nogatbrücke bei Marienburg, der Weichselbrücken bei Dirschau und Fordon
Bericht über die dabei angestellten Festigkeitsversuche
Berufung als Proferssor an die TH Aachen
1895 Berufung an die TH Dresden für Statik der Baukonstruktionen
1900 „Der deutsche Brückenbau im 19. Jahrhundert"
1903–1905 „Vorlesungen über Ingenieurwissenschaften, Teil 1: Festigkeitslehre und Statik der Baukonstruktionen"
1908 Teil 2: „Eisenbrückenbau"
1911 nach Abgang von Mohr Übernahme der Festigkeitslehre
1913 „Ausführung und Unterhaltung steinerner Brücken", in: Handbuch der Ingenieurwissenschaften

MELAN, Joseph

18. Nov. 1853, Wien **– 6. Febr. 1941,** Prag
1869–1874 Studium an der TH Wien
Assistent bei Winkler und ab 1878 bei dessen Nachfolger Rziha (Eisenbahnbau)
1880 Habilitation, Privatdozent für Theorie des Brückenbaus
Mitarbeiter in der Brückenbauanstalt Ignaz Gridl und im Konstruktionsbüro Gärtner, Wien
1886 ao. Professor für Baumechanik und graphische Statik an der TH Brünn
1893 Projekte für eiserne Donaubrücken bei Grein und Stein-Mautern
1894 Lehrstuhl für Brückenbau an der TH Brünn
1895/96 Rektor der TH Brünn
1900 „System Melan": Verwendung biegesteifer Stahleinlagen (Gußeisen) bei weitgespannten Stahlbetonbogenbrücken, an denen die Schalung befestigt werden konnte
Goldmedaille der Pariser Weltausstellung
Theorie der Verbundbauweise
„Über den Einfluß der Verformung unter Belastung auf die inneren Kräfte", in: Handbuch der Ingenieurwissenschaften
1900–1917 „Der Brückenbau", drei Bde.
1901 Rekonstruktion des 51 m hohen Turmhelms der Jakobskirche in Brünn
1902 Berufung auf den Lehrstuhl für Brückenbau an der TH Prag
Projekt für den Umbau der Kettenbrücke über die Elbe bei Tetschen (Děčín)
Nachrechnung der Williamsburgbrücke über

Mörsch, Emil, 1870–1950
Wayß & Freytag, Frankfurt a. M.

den Hudson (485 m Spannweite) im Auftrag des Brückenbaudepartements der Stadt New York
1906 Prüfung der Berechnung der Hellgate-Brücke, New York (rd. 300 m Spannweite)
1908 Ernennung zum Hofrat
1930/31 Straßenbrücke über die Elbe bei Außig (Bogenträger mit Zugband, Mittelfeld 130 m Spannweite)

MELLIN, Friedrich A. J.

27. Juni 1796, Magdeburg **– 1. April 1859**
Sohn eines Konsistorialrates, 10. Kind von insgesamt 18 Kindern
1812 Studium der Mathematik an der Universität Halle, Gehilfe bei Landbaumeister Herse
1813 Baueleve in Blankenburg/Harz
1816 Conducteur-Prüfung als Feldmesser in Halberstadt
1817 bei Regierungs- und Baurat Clemens in Magdeburg
1818–1820 Studium an der Bauakademie, Berlin, Italienreise
1822 Landbauinspektor in Magdeburg, sechsmonatige Studienreise nach Holland
1826–1831 Leitung der Restaurierungsarbeiten am Magdeburger Dom
Ehrenbürger der Stadt Magdeburg
1831 Regierungs- und Baurat in Cöslin
1833 wieder in Magdeburg, Oberleitung beim Bau der Magdeburg–Leipziger Eisenbahn
1839 Studienreise nach England
1841 Leitung des Baus der Bahnlinie Magdeburg–Halberstadt
Organisationsplan für die Reorganisation des Hamburger Bauwesens, Berufung zum Baudirektor dorthin abgelehnt
1843 Geheimer Regierungsrat im Finanzministerium, Berlin
1844 Geheimer Finanzrat und Vortragender Rat, zuständig für technische Eisenbahnangelegenheiten, insbesondere für die preußische Ostbahn
1850 Leiter der Abteilungen für Bauwesen und für Eisenbahnen im Ministerium für Handel, Gewerbe und öffentliche Arbeiten
ab 1849 Plan zur Regulierung der Oder
Förderung der elektrischen Telegraphie im Eisenbahnverkehr
1853 9. Aug., Eröffnung der preußischen Ostbahn
königlicher General-Bahndirector

MÖRSCH, Emil

30. April 1872, Reutlingen **– 29. Dez. 1950,** Stuttgart
1890–1894 Studium an der TH Stuttgart
1894–1898 Regierungsbauführer an der Württembergischen Ministerialabteilung für Straßen- und Wasserbau
bis 1901 Regierungsbaumeister im Brückenbaubüro der württembergischen Staatsbahn
1. Febr., als Oberingenieur bei Wayss & Freytag
„Theorie der Betoneisenkonstruktion", Herausgeber Wayss & Freytag
1902 „Der Betoneisenbau", theoretischer Teil bearbeitet von E. M., 118 S., 78 Abb., ab 1906 unter dem Titel „Der Eisenbetonbau, seine Theorie und Anwendung", ab 3. Aufl. 1907 E. M. alleiniger Herausgeber, 5. Aufl. 1920 mit 1931 S. und 2 136 Abb.
1903 Berufung in die Eisenbetonkommission der Jubiläumsstiftung der deutschen Industrie
1904 beteiligt an der Ausarbeitung der vorläufigen preußischen Vorschriften für die Ausführung und Prüfung von Eisenbetonbauten
Berufung zum Professor für Statik, Brückenbau und Eisenhochbau an die ETH Zürich
1905 Beratendes Mitglied des Deutschen Beton-Vereins
1906 Rückkehr nach Neustadt a. d. H., Berufung in den Vorstand von Wayss & Freytag
1907 Mitarbeit im Deutschen Ausschuß für Eisenbetonbau, Vortrag auf der 10. Versammlung des Deutschen Beton-Vereins „Versuche über die Schubwirkungen bei Eisenbetonträgern"
1912 Ehrenpromotion der TH Stuttgart
1913 Ehrenmitglied des Concrete Institute, London
1916 Berufung zum Professor für Statik, Eisenbetonbau und gewölbte Brücken der TH Stuttgart
1919 Mitglied der Preußischen Akademie des Bauwesens
1926 „Handbuch des Deutschen Beton-Vereins zum Entwurf und Berechnung von Eisenbetonbauten", I. Bd., mit Graf, Rüth und Petry
1929 Ehrenpromotion der ETH Zürich
1938–1951 „Durchlaufträger", vier Auflagen
1938 Stiftung der Emil-Mörsch-Denkmünze des Deutschen Beton-Vereins
1943 „Spannbetonträger – Herstellung, Berechnung und Anwendung"
1947 „Statik der Gewölbe und Rahmen", Teil A (gleichzeitig 2. Bd., 3. Teil von „Der Eisenbetonbau") und Teil B

MOHR, Christian Otto

8. Okt. 1835, Wesselburen **– 3. Okt. 1917,** Dresden
1851 Studium am Polytechnikum Hannover
zehn Jahre Ingenieur bei den Staatsbahnen im Königreich Hannover, Konstruktion der ersten eisernen Fachwerkbrücke mit einfachem Dreieck-Verband bei Nürnberg
1860 Arbeit über die Dreimomentengleichung
1867 Berufung als Professor für technische Mechanik, Trassieren und Erdbau an das Polytechnikum Stuttgart
1868 zeichnerisches Verfahren zur Darstellung der Biegelinie, unter erstmaliger Anwendung von Einflußlinien (fast gleichzeitig mit Emil Winkler, Prag/Wien)
1873 Berufung zum Professor für Eisenbahnbau, Wasserbau und Graphostatik an die TH Dresden als Nachfolger von Klaus Köpcke
1873–1900 etwa 26 bedeutsame Arbeiten, u. a.: „Beitrag zur Theorie des Fachwerks" (darin der Satz von der Gegenseitigkeit der Verschiebungen)
1882 „Darstellung des Spannungszustandes eines Körperelements" (enthält zum ersten Mal den Mohrschen Spannungskreis)
1894 Nachfolger von Zeuner auf dem Lehrstuhl für technische Mechanik und Festigkeitslehre
1905 Zusamnmenfassung einzelner Aufsätze: „Abhandlungen auf dem Gebiet der technischen Mechanik"
nach der Emeritierung weitere 16 Aufsätze, u. a.:
1914 erweiterte Fassung der „Abhandlungen"
1916 „Die Theorie des statisch unbestimmten Fachwerks"

MONIER, Joseph

1823, St-Quentin-la-Poterie **– 13. März 1906,** Paris
Handelsgärtner in Paris
1845–1850 Versuche zur Herstellung haltbarer Pflanzenkübel aus Drahtgeflecht mit Zementmörtel
1867 erstes Patent, beschränkt auf die Herstellung transportabler Kübel

1868 Zusatzpatent auf die Anfertigung bewehrter Betonrohre
1869 Zusatzpatent auf ebene Platten
1873 Zusatzpatent auf Brücken, Stege und Gewölbe
1875 erste Stahlbetonbrücke bei Chazelet, 16,5 m Spannweite
1876 Verfall des Stammpatents
1877 Patent auf die Herstellung von Eisenbahnschwellen
1878 neues umfassenderes Patent, Verkauf der Nutzungsrechte

MÜLLER-BRESLAU, Heinrich

13. Mai 1851, Breslau **– 23. April 1925,** Berlin
1871–1875 Studium an der Gewerbeakademie in Berlin
1875 Ingenieurbüro
„Elementares Handbuch der Festigkeitslehre"
1880 „Theorie und Berechnung eiserner Bogenbrücken"
1881 „Elemente der graphischen Statik der Baukonstruktionen"
1883 Berufung an die TH Hannover
1886 „Die neuen Methoden der Festigkeitslehre und der Statik der Baukonstruktionen" (auf Castigliano aufbauend)
1887 „Graphische Statik", 1. Band (durch dieses Werk erlangte M. Weltruf)
Begründung der kinematographischen Fachwerktheorie
Bau der Ihne-Brücke in Hannover und der Wolgabrücke bei Kasan
Führungsgerüste für Gasbehälter mit Tangentialführung
1888 Berufung an die TH Berlin
„Statik und Brückenbau", Bände 2 und 3
Untersuchungen über Erddruck gemeinsam mit F. Kötter
Berechnung der Kuppel des Berliner Doms
1889 ordentliches Mitglied der Preußischen Akademie des Bauwesens
1906 „Der Erddruck auf Stützmauern",
Arbeiten über Knicken durch Flugzeugbau angeregt,
Mitarbeit an der Konstruktion des Zeppelin-Luftschiffes

MYLNE, Robert

1734–1811
stammte aus einer schottischen Maurerfamilie
Studium der Architektur in Rom
1765 Preisträger im Wettbewerb um die Themsebrücke bei Blackfriars, Anwendung neuartiger Lehrbögen, größte Spannweite, etwa 30 m
Surveyor to St. Paul's Cathedral and Canterbury Cathedral
Entwurf der Jamaika Bridge in Glasgow
1770 Ingenieur der New River Company
1791 Gründungsmitglied der Associated Architects

NAVIER, Louis Marie Henri

15. Febr. 1785, Dijon **– 23. Aug. 1836,** Paris, Neffe von Emiland Marie Gauthey
Studium an der École Polytechnique und an der École des Ponts et Chaussées
Schüler und Freund Fouriers
1819 Professor an der École des Ponts et Chaussées
Zusammenfassung aller bisher vorliegender statischen Erkenntnisse und Grundlegung der klassischen Baustatik „Sur les lois d'équilibre et du mouvement des corps solides élastiques" (Grundlagen der Elastizitätstheorie)
1823 „Rapport à Mr. Becquey et mémoire sur les ponts suspendu"
Mißerfolg beim Bau einer Hängebrücke über die Seine, jedoch ohne eigenes Verschulden
1824 Mitglied der Französischen Akademie der Wissenschaften
1826 „Resumé des Leçons données à l'école des ponts et chaussées sur l'application de la mécanique à l'établissement des constructions et des machines", Paris (deutsch: Mechanik der Baukunst, Hannover 1851)
1830 „De l'exécution des traveaux publics", Paris

NEGRELLI, Alois Ritter von Moldelbe

23. Jan. 1799, Primiero, Südtirol **– 1. Okt. 1858,** Wien
Sohn eines Gutsbesitzers
1827 Adjunkt des Kreisingenieurs in Bregenz, Vorarlberg
Mitarbeit bei der Rheinregulierung
Straßenbauinspektor des Kantons St. Gallen
1835 Oberingenieur der Züricher Kaufmannschaft
Entwurf eines einheitlichen Verkehrsnetzes für die Schweiz
1842 Inspektor der österreichischen Generalinspektion für den Staatseisenbahnbau, Bauleitung der nördlichen Linien
Gutachten für Eisenbahnbauvorhaben in Württemberg und Sachsen (u. a.: Göltzschtalbrücke)
1849 Ministerial-Kommissar für Straßen-, Brücken- und Eisenbahnbau in der Lombardei und in Venetien
Entwurf eines Kanals auf der Landenge von Suez
1855 als Vertreter der Studiengesellschaft für den Kanalbau, Mitglied der von Ferdinand von Lesseps gegründeten Kanalbaukommission
1856 „Die gegenwärtigen Transport- und Kommunikationsmittel Ägyptens mit Beziehung auf die beantragte Durchsetzung der Landenge von Suez", Vorschlag zum Bau eines schleusenfreien Kanals
1857 Generalinspektor der Kanalarbeiten

NERING, Johann Arnold

17. März 1659 in Wesel getauft **– 21. Okt. 1695,** Berlin
1679/80 nach Ausbildung in Festungsbau Studienreise nach Italien
Tätigkeit in Berlin als Ingenieur bei Festungs- und Schleusenbauten
1683–1685 Schloßkapelle in Berlin-Köpenick
1685 Ingenieur-Oberst im Generalstab
1688–1695 Planung der Berliner Friedrichstadt
1691 kurfürstlicher Oberbaudirektor
1691–1693 Schloß in Niederschönhausen
1692–1695 Langebrücke in Potsdam (1894 durch Neubau ersetzt)
1695 ehem. Zeughaus in Berlin begonnen

NERVI, Pier Luigi

21. Juni 1891, Sandrino, Lombardei **– 9. Jan. 1979,** Rom
1913 Diplom an der Ingenieur-Abteilung der Universität Bologna
1920 Gründung einer Baufirma in Rom
1926/27 Kino „Augusteo" in Neapel
1930–1932 Stadion von Florenz
1932 Entwurf einer runden Flugzeughalle mit beweglicher Außenhaut und eines drehbaren Hauses
1935 Bau von zwei Flugzeughangars, je 40 × 100 m
1939 Patent auf die Konstruktion von Flugzeughallen aus Stahlbetonfertigteilen
1943 Patent auf eine Hallenkonstruktion aus vorgefertigten Elementen mit 300 m Spannweite
1945 Lagerhaus in Rom mit wellenförmiger, 3 cm dicker Außenhaut
1946 Erfindung des „Ferrozements"
1948/49 Ausstellungshalle in Turin, 73 × 94,1 m, Ferrozement
1952 Terme di Chianciano, Festsaal
Druckleitungen aus Stahlbetonfertigteilen System Nervi
1953 Wollfabrik Gatti in Rom, Pilzdecke, vorgespannte Binder
1954 Hauptbahnhof Neapel, zusammen mit G. Vacaro und M. Campanella
Konstruktion des Centre National des Industries et Techniques (CNIT) in Paris, Architekten: Camelot, de Mailly, Zehrfuß, 225 m Seitenlänge, 48 m größte Höhe an den Stirnseiten, als Kreuzgewölbe berechnet
1956/57 Palazetto dello Sport in Rom, mit Vitellozzi
1958/59 Palazzo dello Sport in Rom, mit A. Nervi

1960/61 Palast der Arbeit in Turin
Professor für Technologie und technische Konstruktionen an der Universität Rom

NEUMANN, Johann Balthasar

30. Jan. 1687, Eger (Cheb) **– 18. Aug. 1753,** Würzburg
Sohn eines Tuchmachers
Lehre als Glocken- und Metallgießer
1714 im Dienst des Würzburger Hochstifts
1717/18 wahrscheinlich Ingenieur bei der Belagerung Belgrads
1719 Stückhautmann, Oberingenieur, erster Architekt und fürstbischöflicher Baudirektor in Würzburg
1720–1744 ehemalige fürstbischöfliche Residenz
1729 Obristleutnant und zusätzlich auch Baudirektor in Bamberg
1731 Entwurf für Schloß Werneck
Lehrauftrag für Zivil- und Militärbaukunst an der Universität Würzburg
1732–1735 Bau der Würzburger Hofkirche
seit 1741 leitende, planende, beaufsichtigende und beratende Tätigkeit in den Bistümern Würzburg und Bamberg, im Kurfürstentum Trier, in Speyer, Köln, Baden, Württemberg und Wien
1742–1744 Entwürfe für die Wallfahrtskirche Vierzehnheiligen
1743–1748 Treppenhaus im Schloß Brühl

PARLER, Peter

1330–1399, Prag
1353–1356 von Kaiser Karl IV. nach Prag gerufen, Hüttenmeister der Dombauhütte auf dem Hradschin
1357 Beginn des Baus der Moldaubrücke in Prag
1360 Beginn des Chors von St. Bartholomäus in Kolin an der Elbe
1367 Südarm des Querschiffs von St. Veit in Prag mit „Porta aurea" vollendet
1370–1387 Chor der Kollegiatskirche zu Allen Heiligen auf dem Hradschin
1377 Grabmal Przemysl Otakars I. in St. Veit
1385 Chor von St. Veit vollendet (Netzrippengewölbe)
1388 St. Barbara in Kutna Hora begonnen, Ausführung unter der Leitung seines Sohnes Johann Parler
1392 Grundsteinlegung für das Langhaus von St. Veit

PAULI, Friedrich August von

6. Mai 1802, Nähe von Worms **– 26. Juni 1883,** München
Sohn eines Pfarrers, anfangs kaufmännische Lehre bei seinem Bruder in Manchester

Parler, Peter, 1330–1399
aus: Gerstenberger, Kurt: Die deutschen Baumeisterbildnisse des Mittelalters, Berlin 1966

Unterricht in Mathematik und Physik bei John Dalton
Gehilfe in der mechanischen Werkstatt von White
1822/23 Studium der Mathematik an der Universität Göttingen
Bauaspirant im Kreisbaubüro in Speyer
1824/25 Besuch von Vorlesungen in Mathematik, Physik und Chemie an der Akademie der Wissenschaften in München
1825 Staatsprüfung, Mitarbeiter des Kreisingenieurs Panzer, u. a. am Projekt für einen Kanal von Speyer zur französischen Grenze
1827 17. Febr., Hilfsingenieur an der Ministerialbausektion in München, Entwurf eines Kanals zwischen der Donau bei Kehlheim und dem Main bei Bamberg
1832 Kreisingenieur in Reichenhall
1833 15. März, Oberingenieur der obersten bayrischen Baubehörde, Professor der höheren Mechanik an der Universität München und Rektor der Kreisgewerbeschule für Oberbayern wegen Arbeitsüberlastung Antrag auf Aufhebung der Berufung
1840/41 Vorträge über Straßen-, Brücken- und Wasserbau im Ingenieurkurs an der polytechnischen Schule in München
1841 technischer Direktor der königlichen Eisenbahnkommission in Nürnberg für die bayrische Teilstrecke der Eisenbahnlinie Leipzig–Nürnberg
1843/44 Englandreise
1846 Reise in die Schweiz
1847 persönlicher Adel
1848 Oberbaurat
1854–1860 Direktor der königlichen Eisenbahnbaukommission
1856 Vorstand der obersten bayrischen Baubehörde
1857 Großhesseloher Brücke über die Isar bei München, Pauli-Träger

PAXTON, Joseph

3. Aug. 1801, Milton-Bryan bei Woburn **bis 8. Juni 1865,** Sydenham
Sohn eines Bauern, Gärtnerlehre, als Gärtner in den Gärten von Chiswick beschäftigt
1826 Obergärtner in Chatsworth, Versuche mit Gewächshauskonstruktionen
1834 Studienreise nach Paris
1836–1840 Bau eines Gewächshauses in Chatsworth
1838/39 Studienreise nach der Schweiz, Italien, Malta, Griechenland und der Türkei
1839/41 Bau der Siedlung Edensor
1844 erste Veröffentlichung über eine Rippendach-Konstruktion für Gewächshäuser, 1850 patentiert
1846 Reise nach Deutschland und Österreich
1848 „Practical Treatise on the Cultivation of the Dahlia"
1849/50 Victoria regia house im Park von Chatsworth
1851 Bau des Kristallpalastes im Londoner Hydepark, geadelt
1852 Bau der zweiten Fassung des Kristallpalastes in Sydenham, 1936 abgebrannt
1854 Sitz im Unterhaus
1858 Patent auf die Konstruktion transportabler Gewächshäuser
1861 Entwurf für eine Ausstellungshalle in St-Cloud, Paris

PERRONET, Jean Rodolphe

8. Okt. 1708, Surennes bei Paris **– 27. Febr. 1794,** Paris
Sohn eines schweizerischen Offiziers in französischem Dienst, Freundschaft mit Prinz Louis XV.
Studium an der École du Génie Militaire
1725 im Bureau central des dessinateurs des ponts et chaussées
1745 Administrator und Inspektor der Straßen und Brücken im Distrikt Alençon
1747 Generalinspektor und Direktor der von Trudaine gegründeten École des Ponts et Chaussées; klassische Werksteinbrücken mit Korbbögen und schlanken Pfeilern: Nugent-sur-Seine, Ste-Maixence, Nemours; Bourgogne- und Yvette-Kanal
1757–1786 Generalinspektor der Salinen
1768–1774 Pont de Neuilly, 1939 abgebrochen
1782–1789 „Description des projets et de la

construction des ponts de Neuilly, de Nantes, d'Orléans, de Louis XVI. etc."
1787–1791 Pont de la Concorde, Paris, 1930/32 verbreitert

POLONCEAU, Barthélémy Camille

29. Okt. 1813, Chambéry **– 21. Sept. 1859,** Viry-Chatillon
Sohn des Straßenbauingenieurs Antoine Rémy P. (1778–1847)
Eisenbahningenieur, Leitung des Baus der Eisenbahnlinie Paris–Versailles, Direktor der Eisenbahnlinien im Elsaß
1848 Direktor der Eisenbahnlinien in Orléans
Verbesserungen der Lokomotiv-Konstruktion
Erfindung eines Hallenbinders
„Système de combles avec arbalétriers en bois au en fers et tirants en fer" („Polonceau-Binder")

PRONY, Gaspard Claire François Marie Baron Riche de

22. Juli 1755, Chamelet, Lyonnais **– 28. Juli 1839,** Asnières, Seine
Sohn eines Notars
1776–1779 Studium an der École des Ponts et Chaussées
1781 Ingénieur en Chef
1785 beteiligt an Vermessung des Meridians von Greenwich und an der Einführung des metrischen Systems in Frankreich
1790 „Nouvelle architecture hydraulique", deutsch: 1795
1791 Auftrag zum Aufbau des französischen Generalkatasters
Redaktion der logarithmischen und trigonometrischen Tabellen
1794 Mitbegründer der École Polytechnique, Professor für Mathematik
1795 Mitglied der Akademie
1798 Ernennung zum Direktor der École des Ponts et Chaussées
1805–1812 Ausbau zahlreicher Kanäle, Umbau der Häfen von Dunkerque, Genua, Ancona, La Spezia, Venedig, Po-Regulierung, Auftrag zur Trockenlegung der Pontinischen Sümpfe, Messung der Schallausbreitung (331,2 m/sec)
1817 Mitglied des Büros für Maßeinheiten
1828 geadelt
1835 Pair von Frankreich

RENNIE, John

7. Juni 1761, Phantassie, Schottl. **– 4. Okt. 1821,** London
Sohn eines Bauern, Lehrling bei dem Mühlenbauer Andrew Merkle, Besuch der Schule von Dunbar
1780–1783 Studium an der Universität Edinburgh

Perronet, Jean Rodolphe, 1708–1794
aus: J. R. Perronet: Descriptions des Projets, a. a. O.

1784 Reise nach Südengland, Besuch bei James Watt
Bau der Albion Four Mills in Black Friars
seit 1791 Bau von Kanälen: Kennet und Avon, Rochedale, Lancaster
Bau von Docks im Londoner Hafen und des Hafens von Holy Head
1799 Vorschläge zur Verbesserung der Schiffahrt auf dem Clyde,
Entwässerung der Sümpfe von Lincolnshire
1803–1809 Hull docks, Hafen von Ramsgate, Schiffswerften von Cheerness und Chatham, Brücken von Kelso und Musselburgh
1807–1810 Bell Rock Leuchtturm, vtl. Stevenson
1810–1817 Waterloo Bridge, London Bridge in London
1815–1819 Southwark Bridge

RITTER, Wilhelm

1847, Liesthal **– 18. Okt. 1906,** Remismühle bei Zürich
1865–1868 Studium am Polytechnikum Zürich
Ingenieur an der Alföld-Bahn, Ungarn, Assistent bei Culmann
1870 Privatdozent an der ETH Zürich, „Die elastische Linie und deren Anwendung auf den kontinuierlichen Balken"
1873 Professor für Ingenieurwissenschaften am Polytechnikum Riga
Redakteur der Rigaer Industriezeitung
1878 „Der selbstregistrierende Festigkeitsapparat"
1879 „Statik der Tunnelgewölbe", „Anwendung der graphischen Statik"
1882 Nachfolger Culmanns auf dem Lehrstuhl für Brückenbau und graphische Statik an der ETH Zürich
1863 „Statische Berechnung der Versteifungsfachwerke der Hängebrücken"
1886 „Der elastische Bogen", Gutachten zum Pilatusbahnprojekt
1887–1891 Direktor des Züricher Polytechnikums
1888 „Die im Innern des Balkens wirkenden Kräfte"
Hauptwerk: „Die Anwendung der graphischen Statik", Bd. 1, Bd. 2: 1890, Bd. 3: 1900, Bd. 4: 1904
1889 Ablehnung einer Berufung nach München
1890 „Das Fachwerk"
1891 Gutachten über den Einsturz der Münchensteinbrücke, diente als Grundlage für die „Verordnung betreffend die Berechnung und Prüfung der eisernen Brücken und Dachkonstruktionen auf den Schweizer Bundesbahnen (19. Aug. 1892)
1893 „Der Brückenbau in den Vereinigten Staaten"
1899 „Die Bauweise Hennebique" (Berechnungsverfahren)
1900 „Der kontinuierliche Balken"
1903 Ausbruch eines Gehirnleidens
1906 „Der Bogen"

ROEBLING, Johann Augustus

12. Juni 1806, Mühlhausen/Thür. **– 22. Juli 1869,** New York, an den Folgen eines Arbeitsunfalls an der East River Bridge
Studium an der Bauakademie in Berlin, danach drei Jahre im preußischen Staatsdienst als Landvermesser in Westfalen
1829/30 nach Mühlhausen
1830 Dez., „Übersicht über die Vereinigten Staaten von Nordamerika mit einem Plan für eine Gemeinschaftssiedlung, herausgegeben von mehreren Deutschen, die eine derartige Niederlassung planen und weitere Teilnehmer suchen" (Verfasser waren R. und der Ingenieur Etzler)
1831 6. Aug., Ankunft in Philadelphia, Ansiedlung in Saxonburg, Penns., Arbeiten als Wasserbau- und Eisenbahningenieur
1840 Gründung einer Drahtseilfabrik in

Saxonburg, erste ihrer Art in den USA. Produktion von Seilen aus Paralleldrähten verwendet für schräge Schiffsaufzüge
1844/45 Kanalbrücke über den Alleghany bei Pittsburgh (7× 50 m Spannweite), zum ersten Mal im Luftspinnverfahren hergestellte Tragseile
Monongahela Brücke in Pittsburgh
1848 Kanalbrücke über den Lachawaxen
1850 Vorschlag, für die Nachrichtenverbindung zwischen Amerika und Europa ein Transatlantikkabel zu verlegen
1847 Vorschlag zum Ausbau des Eisenbahnnetzes in den USA
1848 Drahtzieherei und Kabelfabrik in Trenton, 1905 nach Roebling City verlegt
1855 Einweihung der Niagara Brücke, 250 m Spannweite, erste Hängebrücke für Eisenbahnverkehr, ab 1897 umgebaut
1856 „Beschreibung und praktische Darstellung öffentlicher Arbeiten der letzten Zeit und zwar britische als auch amerikanische"
1866 Ohio Brücke, erste Anwendung der Schrägverspannung
1869 Beginn des Baus der East River Brücke in New York

ROEBLING, Washington Augustus

26. Mai 1837, Saxonburg, Pennsylvania **bis 21. Juli 1926,** New York
Sohn von Johann Augustus Roebling
Studium am Polytechnischen Institut Rensselaer in Troy, NY
1857 Prüfung als Zivilingenieur
1861–1865 im Sezessionskrieg, Standardentwürfe für Hängebrücken
1869 Studienreisen nach England, Frankreich, Deutschland, v. a. zum Studium pneumatischer Gründungen
Nachfolger seines Vaters beim Bau der East River Brücke
1872 Caisson-Krankheit führt zu vollständiger Lähmung
1883 24. Mai, Einweihung der East River Brücke

RÜSCH, Hubert

13. Dez. 1904, Dornbirn, Vorarlberg **– 17. Okt. 1979,** München
Sohn eines Maschinenfabrikanten
1922–1926 Studium an der TH München, u. a. bei Föppl
1926–1948 bei Dyckerhoff & Widmann, Berechnungsverfahren, Modellversuche, Schalenkonstruktionen
1929 Großmarkthalle in Basel
1930 Dissertation über querversteifte Zylinderschalen
nach der Promotion drei Jahre in Argentinien dann in der Hauptverwaltung von Dyckerhoff & Widmann, Berlin, Schalenkonstruktionen im In- und Ausland, Weiterentwicklung der Fertigungsverfahren: Matrizenfertigung und Warmbehandlung von Stahlbletonfertigteilen, u. a. Hallen des Volkswagenwerkes in Wolfsburg, vorgespannte Fachwerkträger System Rüsch, Entwicklung besonderer Formen hydraulischer Vorspannpressen, Grundlagen für das n-freie Bemessungsverfahren
1948 Berufung auf den Lehrstuhl für Massivbau der TH München
Leiter der Materialprüfstelle in München
1957 Emil-Mörsch-Denkmünze
1959 Ehrenpromotion der TH Dresden
1964/65 Konzept für ein Vertiefungsstudium des Bauingenieurwesens im Rahmen der Studienreform
1965 Gastprofessur an der Cornell University, Ithaca, USA
1966 Verdienste bei der Klärung des Kriechens und Schwindens des Betons, der Stahlhaftung im Beton, der Rißbildung, von Schub und Biegung bei Stahlbetonbalken, Vorschläge zu zweckmäßigerer Gestaltung der Oberfläche von Bewehrungsstählen, Einführung statistischer Betrachtungen in die Sicherheitstheorie
Präsident und Ehrenpräsident des Comité Européen du Béton
1968 Ehrenmitglied des RILEM und des American Concrete Institute
1969 Emeritierung

RZIHA, Franz Ritter von

28. März 1831, Hainsbach, Böhmen **– 22. Juni 1897,** auf dem Semmering
1851 nach Studium am Wiener Polytechnikum beim Bau der Semmeringbahn, Tunnelbauten im Zuge der Karstbahn
1856 Mitarbeit beim Bau der preußischen Wilhelmsbahn, u. a. Czernitzer Tunnel bei Ratibor, Schlesien
1857 als Unternehmer beim Bau der Ruhr-Sieg-Bahn
1860 Herzoglich Braunschweigischer Obergmeister
1861 beim Bau der Eisenbahnlinie Kreiensen–Holzminden in Braunschweigischem Staatsdienst, Bau der Eisenbahnlinie Kreiensen–Holzminden Verwendung von Eisenkonstruktionen im Tunnelbau
1869 nach Österreich zurück, Eisenbahnbauten in Böhmen
1871 „Lehrbuch der Tunnelbaukunst", weitere Veröffentlichungen über Gewinnungs- und Bohrfestigkeit, Sprengarbeiten, Arbeitsleistung von Tagelöhnern, Sachverständiger beim Bau des Arlbergtunnels, Vorschlag zur Koordinierung der Verkehrsbauten in Wien nach komplexem Plan
Teilnahme an der Einweihung des Mont-Cenis-Tunnels
1872–1881 beim Bau des St.-Gotthard-Tunnels
1874 Oberingenieur im Wiener Handelsministerium
1878 Berufung zum Professor für Eisenbahn- und Tunnelbau in die TH Wien

SCHLEICHER, Ferdinand

21. Juli 1900, Schönbach/Eger **– 8. Juni 1957,** Aachen
1919–1922 Studium des Bauingenieurwesens an der TH Karlsruhe, u. a. bei Engesser
1923–1927 Assistent am Lehrstuhl für angewandte Mathematik und Mechanik an der TH Karlsruhe
1923 Promotion, „Über die elastische Verschiebung von einfach und doppelt gekrümmten Stäben"
1925 Habilitation als Privatdozent für Statik und Elastizitätslehre
1926 „Der Spannungszustand an der Fließgrenze"
1927 im Brückenbaubüro Gustavsburg der Maschinenfabrik Augsburg–Nürnberg, u. a.: Hängebrücke Köln-Mühlhausen, Rheinbrücke Ludwigshafen, Klappbrücke Bilbao, Dreirosenbrücke Basel, Drehbrücke über die Westoder bei Stettin
Beteiligung an Wettbewerben: Mälarsee-Brücke Stockholm, Scheldehochbrücke Antwerpen, Moselbrücke Koblenz, Savebrücke Belgrad, Rheinbrücke Neuwied
1928 „Die Sicherheit gegen Überschreiten der Fließgrenze"
1933 Mai, technischer Direktor der Fa. Eisenbau Wyhlen AG., und Privatdozent
1934 1. Jan., Berufung auf den Lehrstuhl für Statik und Stahlbeton der TH Hannover als Nachfolger von Martin Grüning
1935–1950 Herausgeber der Zeitschrift „Der Bauingenieur"
1937 1. Nov., Berufung an die TH Berlin als Nachfolger von A. Hertwig
Leitung der neuen Versuchsanstalt für Ingenieurbau
1950–1956 stellv. Vorstandsmitglied der Dortmunder Union Brückenbau AG.
Leiter des technischen Büros
1. Preise in Wettbewerben: Gotenringbrücke Köln, Norderelbebrücke Hamburg
Honorarprofessor an der TH Aachen für Sondergebiete des Stahlbaus
1951 Herausgeber der von Robert Otzen begründeten „Handbibliothek für Bauingenieure"
seit 1952 Mitherausgeber des „Ingenieurarchiv" und Herausgeber des „Taschenbuch für Bauingenieure"
1956 Berufung zum o. Professor für Sondergebiete des Stahlbaus an der TH Aachen
1965 Ehrenpromotion der TH Braunschweig

SALIGER, Rudolf

1. Febr. 1873, Spachendorf **– 31. Jan. 1958,** Wien
11. Kind eines Tischlermeisters
Studium an der TH Wien
1898 2. Staatsprüfung
tätig in den Brückenbauabteilungen der österreichischen Südbahn und der Statthalterei in Linz
1900 Lehrer in Posen, später in Kassel
1903 Promotion an der TH Wien, Dissertationsthema: „Festigkeit veränderlicher elastischer Stoffe, insbesondere des Eisenbetons"
1908 Berufung an die TH Prag
1909 Einführung des Fachs „Stahlbeton" als Ordinarius an der TH Wien
1920–1922 Dekan der Fakultät für Bauingenieurwesen, TH Wien
1924/25 und Sommersemester **1938** Rektor der TH Wien
Pionier der Stahlbetonforschung in Österreich neben Emperger
etwa 300 Veröffentlichungen
Hauptwerk: „Praktische Baustatik" und „Der Stahlbeton"

SCHUBERT, Johann Andreas

19. März 1809, Wernesgrün **– 6. Okt. 1870,** Dresden
Sohn eines armen Bauern
1818 Pflegesohn des Leipziger Polizeidirektors und Oberhofrichters von Rackel
1821 im Freimaurer-Institut, Dresden Friedrichstadt
1824–1827 Studium an der Bauschule der Akademie der bildenden Künste in Dresden, Schüler des Mathematikers Gotthelf August Fischer
1827/28 Volontär in der mechanischen Werkstatt von R. S. Blochmann in Dresden
1828 1. Mai, Gründung der königlichen Technischen Lehranstalt, versuchsweise als Lehrer für Buchhaltung eingestellt, gleichzeitig Famulus bei Fischer
1830 Lehrer für konstruierende Geometrie und Mechanik
1832 Nachfolger Fischers, „Handbuch der Mechanik für Praktiker", Bd. 1
1833 Vorschlag zur Gründung eines „Wissenschaftlichen Gewerbevereins", Gründung am 31. Jan. 1834, Schubert Vorsitzender
1834 Englandreise
1835 Reform der Technischen Bildungsanstalt nach Schuberts Vorschlag
1835/36 „Andeutungen über die Dampfschiffahrt auf der Oberelbe"
Bau der „Saxonia" nach dem Vorbild der „Komet" von Rockwell & Co. in Dresden-Übigau
1837 „Königin Maria", erstes von ihm konstruiertes Schiff
1842 „Versuch einer neuen Begründung der Grundlehren der Mechanik", „Elemente der Maschinenlehre", 1. Abt.
1844 „Elemente der Maschinenlehre", 2. Abt., mit Tafelband
1845 Wettbewerb für Göltzschtal- und Elstertalbrücke,
eigener Entwurf als Mitglied der technischen Kommission „Über freie und vorgeschriebene Stützlinien und über die Fortpflanzung des Drucks durch feste Körper, als Einleitung einer Theorie der Wölbbogen"
1846 „Die Überbrückung des Göltzsch- und Elstertales auf der sächsisch-bayrischen Eisenbahn", Vortrag in der Versammlung des Verbandes Deutscher Architekten- und Ingenieurvereine in Gotha
1847 „Theorie der Construction steinerner Bogenbrücken"
1848/49 Zugführer der Dresdner Bürgerwehr
1849 Beginn des Unterrichts in Brückenbau „Theorie der Druckturbinen"
1849/50 kommissarischer Direktor der Technischen Bildungsanstalt, danach Vorstand der Bauingenieur-Abteilung
1850 14. Sept. Einweihung der Göltzschtalbrücke

Schubert, Johann Andreas, 1809–1870
TU Dresden, Universitätsarchiv

1851 Reise nach Triest, Venedig und Wien
1859 Ritterkreuz des sächsischen Verdienstordens
1865 Organisationsplan für die TBA
1869 emeritiert

SCHUCHOW, Wladimir Grigorjewitsch

14. (26.) Aug. 1853, Grajvoron **– 2. Febr. 1939**
Sohn eines Beamten
Studium an der Baumann-Hochschule in Moskau
1878–1879 Bau der ersten Erdölleitung in Baku für die Fa. Nobel
1880 nach Moskau
1885 Beitrag zur Berechnung von Differentialgleichungen 4. Ordnung
1888 Projekt für die Wasserversorgung Moskaus
1896 Gitterdach für eine Ausstellungshalle in Nishni-Nowgorod
1897 Veröffentlichung zur Theorie der Bogenbinder
Bau verschiedener Stahlkonstruktionen (Tankanlagen, Tankschiffe, Winderhitzer, Hochbauten)
1910–1914 Dachkonstruktionen des Zentralnyj Univermag und des Kühlhauses in Moskau, Asow-Don-Bank, Leuchtturm von Cherson
1920 Dnjepr-Brücke bei Regiza
1922 Sendeturm für Radio Moskau
1928–1930 Stahlkonstruktionen für Magnitogorsk und Kusnezk

SCHWEDLER, Johann Wilhelm

28. Juni 1823, Berlin **– 9. Juni 1894,** Berlin
Sohn eines Tischlermeisters, nach frühem Tod des Vaters von einem älteren Bruder, Wasserbauinspektor in Köln, unterstützt
1842–1844 Lehre bei einem Landmesser in Perleberg
Feldmesser-Prüfung
Studium an der Allgemeinen Bauschule (Bauakademie), Berlin
1846 „Über die statischen Prinzipien der Konstruktion eiserner Dachgebinde über weite Räume und die Entwicklung der Konstruktionssysteme aus denselben"
1847 Prüfung als Land- und Wasserbauinspektor
1850 1. Preis im Wettbewerb um eine Rheinbrücke bei Köln, Kettenbrücke mit schrägen Spannseilen
1851 „Theorie der Brückenbalkensysteme"
1852 2. Staatsprüfung
1855 Abteilungsbaumeister bei der Köln-Gießener Eisenbahn
Straßenbrücke über die Sieg
1858 königlicher Eisenbahnbaumeister im Ministerium für Handel, Gewerbe und öffentliche Arbeiten in Berlin, damit bis 1891 entscheiden-

Schwedler, Johann Wilhelm, 1823–1894
aus: A. Hartwig: J. W. Schwedler, Berlin 1930

den Einfluß auf den gesamten Brückenbau in Preußen
Hilfslehrer für Maschinenbau an der Bauakademie
1859 „Theorie der Stützlinie mit Bezug auf Gewölbe"
1861 „Statische Berechnung der festen Hängebrücke"
1862 „Ermittlung der Durchbiegung einiger der gebräuchlichsten Brückenkonstruktionssysteme"
1863 „Über Brückenbalkensysteme von 200 bis 400 Fuß Spannweite"
erste Schwedlerkuppel auf dem Gasometer in der Holzmarktstraße
1864 Examinator für Baumeister- und Bauführerprüfungen an der Berliner Bauakademie
1865 „Resultate über die Konstruktion der eisernen Brücken"
1866–1867 erste Dreigelenkbinder für die Halle des Berliner Ostbahnhofs
1866–1873 Lehrer für Konstruktionslehre und Brückenbau an der Bauakademie
Brahebrücke bei Czersk, Oderbrücken in Breslau, Brücke über das Oderbruch bei Stettin, Weserbrücke bei Corvey, Elbbrücke bei Meißen, Elbbrücke bei Hämerten
1866 „Über die Konstruktion der Kuppeldächer"
1868 Geheimer Baurat und vortragender Rat
1873 Geheimer Oberbaurat
1878 technischer Entwurf für Hebung (8 m) und Drehung (21°) des Kreuzbergdenkmals
1891 Ruhestand

SILBERSCHLAG, Johann Esaias

1716–1791, Berlin
Studium der Theologie und Naturwissenschaften
1756 Pastor in Magdeburg
1769 Oberkonsistorialrat und Direktor der Ingenieurschule in Berlin
1770 als Referent für Maschinenwesen und Wasserbau in der Oberbaudepartement berufen
1772/73 „Ausführliche Abhandlung der Hydrotechnik oder des Wasserbaus", zwei Teile
Erster Oberbaurat im Wasserbaufach in Preußen
1776 „Abhandlung von Wasserbau an Strömen"
1792 „Joh. Es. Silberschlag's Leben, von ihm selbst beschrieben

SINAN (Hodscha Sinan-Pascha)

1489/91–1578/88, vtl. griechischer oder albanischer Abstammung, aus der Nähe von Kayseri, Türkei
seit 1512 bei den Janitscharen (Söhne der Ungläubigen), nach allgemeiner Ausbildung, u. a. Lehre als Zimmermann, erfolgt militärische Ausbildung
1520–1539 Teilnahme an Feldzügen als berittener Jäger und als Pionieroffizier, 1526 Belgrad, 1529 Wien
1539 von Suleiman dem Prächtigen zum Chefarchitekten am Hof berufen, Leiter des Baubüros mit mehreren ihm unterstellten Hofarchitekten
nach der Aufstellung seines Freundes Mustafa Sa'i Zuschreibung von 312 Bauten:

81 Freitagsmoscheen	50 kleinere Gebetshäuser
62 geistliche Schulen	19 Grabkapellen
17 Armenküchen	3 Spitäler
7 Aquädukte	8 Brücken
17 Karawansereien	32 Paläste
6 Magazine	33 Bäder

Davon die wichtigsten Bauten:
1543–1548 Istanbul, Schazadeh Dschami
1547–1548 Istanbul, Mihrimah Moschee
1550–1556 Istanbul, Süleymaniye Dschami (prächtigste Sultansmoschee mit einer Hauptkuppel von 26,5 m Durchm. und 53 m Höhe. Zur Anlage gehören: fünf Medresen, Koran-Schule, Hospital, Imaret, Herberge, Bad)
1561 Istanbul, Rüstem Pascha Dschami
1567–1574 Edirne, Selimije
Bei den Moscheen Rückgriff auf das Kuppelmotiv der Hagia Sophia, jedoch über die achsiale Anordnung hinaus in räumlicher Ausdehnung

SMEATON, John

8. Juni 1724, Austhorpe Lodge bei Leeds – **28. Okt. 1792,** ebda.
Sohn eines Rechtsanwalts, zunächst im Büro seines Vaters, Feinmechaniker in einer Werkstatt für wissenschaftliche Instrumente
1742 Studium in London
1750 eigene Werkstatt in London
1753 Mitglied der Royal Society
1754 Studium der Kanalbauten in Belgien und Holland
1756–1759 Leuchtturm von Eddystone bei Plymouth
1759 Brücken in Edinburgh, Perth, Banff, Coldstream in Schottland
1768 Beginn der Bauarbeiten am Forth and Clyde Canal, Hafenanlagen von Ramsgate
1774–1792 Mitarbeit von James Brindley
1777 Brücke über den Tyne
Konstruktion von etwa 43 Wasserrädern, Verbesserung der Newcomen-Dampfmaschine, zahlreiche Veröffentlichungen in den Transactions der Royal Society

STEINMANN, David Barnard

11. Juni 1886–21. Aug. 1960, New York City
Studium an der Columbia University, u. a. bei W. H. Burr
1909 Master of Art der Columbia University
1910–1914 Lehrer an der Universität von Idaho (Moskow, Id.)
1911 Promotion an der Columbia University
1914 Mitarbeit am Bau der Sciotoville Continuos Bridge über den Ohio bei G. Lindenthal
1917–1920 Professor für Civil and Mechanical Engineering, danach eigenes Ingenieurbüro, mit Holton D. Robinson Wettbewerbsentwurf der Florianópolis Brücke in Brasilien, durch neue Konstruktionsidee vierfache Sicherheit bei einem Drittel Stahleinsparung möglich,
1920–1940 Brücken in Siam, England, Italien, auf Haiti und Puerto Rico, in Canada, Korea und Irak
1927 Carquinoz Strait Bridge, längste Auslegerbrücke in den USA und erste erdbebensichere Brücke
1929 Mt. Hope Bridge, New England, Sydney Harbour Bridge, Australien
1931 St. John's Bridge, Portland, Oregon, mit Robinson
Mitarbeit an der George Washington Bridge über den Hudson
1936 Triborough Bridge, New York
1938 Thousand Islands International Bridge zwischen USA und Canada
1948 Modernisierung der Brooklyn Bridge begonnen
1945 „The Builders of the Bridge", Biographie der Roeblings
1953 Entwurf einer Brücke über die Messina Straße, 1524 m Sp. w.
Erfindung einer neuen Technik der Stereophotographie
über 150 Ehrungen, 18 Ehrenpromotionen

STEPHENSON, Robert

16. Okt. 1803, Willington Quai bei New Castle – **12. Okt. 1859,** New Castle, einziger Sohn George Stephensons
1820 ein halbes Jahr Studium an der Universität Edinburgh
1822 Lehrling in der Lokomotiven-Fabrik seines Vaters
bis 1827 Amerika Reise, danach beim Bau der Eisenbahnlinien Stockton–Darlington und Manchester–Liverpool
1833–1835 Bau der Eisenbahnlinie London–Birmingham, einschl. technischer Planung der Endstation Euston Square in London
Oberingenieur der Chester- und Holyhead-Eisenbahn
Berater beim Bau der belgischen, schwedischen, schweizer, dänischen, deutschen, kanadischen, ägyptischen und indischen Eisenbahnen und der Eisenbahn in der Toscana
1846–1849 High Level Bridge über den Tyne bei New Castle
1850 Conway und Britannia Brücken
1854–1859 Victoria Bridge bei Montreal über den St. Lorenz-Strom, 3 km lang, größte Spannweite 105 m

TELFORD, Thomas

9. Aug. 1757, Eskdale, Schottland – **2. Sept. 1834,** London
Sohn eines Schäfers
1780 Maurer und Steinmetz
1782 nach London, Arbeit am Somerset House, Teilnahme an einem Baukurs bei William Chambers
1784 Oberaufseher beim Bau des Commissioners House auf der Schiffswert von Portsmouth
Beschäftigung mit der Konstruktion von Hafenbauten, Chemie des Mörtels, Studien in Mathematik, Architektur, Sprachen, Philosophie und römische Geschichte
schrieb Gedichte
1788 Surveyor der Grafschaft Shropshire
Ausgrabung eines römischen Landhauses
1793 leitender Ingenieur beim Bau des Ellesmere Kanals einschl. der Viadukte von Chirk und Pont-Cysylltau
1796 gußeiserne Severnbrücke bei Buildwas, etwa 40 m Spannweite
1803 Beginn der Bauarbeiten am Caledonian Canal, Straßen- und Hafenbau
1808 und 1813 Schweden-Reise, Berater beim Bau des Götha-Kanals
1810 Bau des Hafens von Aberdeen
1811 erster Bericht über die Holyhead-Straße
1817–1829 Kommissar des Schatzamtes
1818–1826 Melioration des Fenn-Moores, gemeinsam mit J. Rennie

Telford, Thomas, 1757–1834
The Institution of Civil Engineers, London

1819 Beginn der Bauarbeiten an der Menai Strait Hängebrücke
1820 erster Präsident des Institute of Civil Engineers
1820–1825 Reisen nach Schottland wegen des Baus der Nord-Straße
1826 Brücken in Tewkesbury, St. Cathrin's Docks im Londoner Hafen vollendet
1829 Dean Brücke in Edinburgh
1833/1835 Bau der Clyde Brücke nach T's Plänen
Entwurf einer Themsebrücke über dem Londoner Hafen mit fast 200 m Spannweite
1834 Berichte über die Londoner Wasserversorgung und den Hafen in Dover

TERZAGHI, Karl von

1883, Böhmen – **1963,** Cambridge, Mass.
Studium und Promotion an der TH Graz
1911 in St. Petersburg
1912–1914 in den USA
1914–1918 Leutnant der österreichischen Luftwaffe
danach Lehrauftrag am Robert College in Istanbul, hier erste grundlegende Arbeiten über Bodenmechanik
1925 „Erdbaumechanik auf bodenphysikalischer Grundlage"
Auftrag zur Einrichtung eines bodenmechanischen Labors am Mechanical Institute of Technology, Cambridge, Mass.
1929–1938 Professor für Bodenmechanik und angewandten Wasserbau an der TH Wien
1939 an die Harvard University, Cambridge, Mass.
Bearbeitung großer Bauprojekte in Europa, Nordafrika und Asien
insgesamt etwa 300 Veröffentlichungen, darunter vier Bücher
zahlreiche Ehrenpromotionen

TESAR, Arpád

1. Febr. 1919, Vrutky, NW-Slowakei
bis 1943 Hochschulstudium
danach in der Brückenabteilung der Eisenbahndirektion Bratislava, Wiederherstellung beschädigter Eisenbahnbrücken, Entwurf der Eisenbahnbrücke über die Donau in Bratislava
1949–1955 Leiter des Konstruktionsbüros der Eisenwerke von Vitkovice in Bratislava
1952 Dozent an der TH Bratislava und Berater des Forschungsinstituts für Schweißtechnik; Entwurf mehrerer Eisenbahnbrücken und der Dachkonstruktion des Winterstadions in Bratislava
1965 Berufung auf den Lehrstuhl für Stahl- und Holzkonstruktionen an der TH Bratislava; Arbeiten über dünnwandige Stahlkonstruktionen; Entwurf einer Rohrbrücke über die Vltava in Kralupy, Nordböhmen; Entwurf 120 m hoher Türme für die Brenner einer Erdölraffinerie; Schrägseilbrücke über die Donau in Bratislava

TORROJA, Eduardo

1899, Madrid – **1961,** Madrid
1923 Bauingenieurexamen
Mitarbeiter in der Fa. Hydrocivil
1929 Tempul Brücke, vorgespannter Längsträger, System Freyssinet
1933 Markthalle von Algeciras
1935 Tribünendach der Pferderennbahn Zarzuela bei Madrid
1936 Wasserreservoir in Madrid, Hyparkonoid-Schale
1939 Professor an der Escuela de Caminos in Madrid
Direktor des Instituto Técnico de la Construcción y del Cemento
1940 Eslabrücke bei Martin Gil (Bogen mit 190 m Spannweite)
wichtige theoretische Beiträge zur Erfassung der

Kräfte in modernen Stahlbetonkonstruktionen, zusammengefaßt in:
1957 „Razon y ser de los tipos estructurales"
1961 „Logik der Form"

TSUBOI, Yoshikatsu

27. Mai 1907, Setagaya-ku, Tokio
bis 1932 Studium an der Universität Tokio
1941 Promotion
1942 Berufung zum Professor an die Universität Tokio
Professor am Ashikaga Institute of Technology
Professor an der Nihon Universität
Forschungsarbeiten über die Theorie der Umhüllungskonstruktionen und ihrer praktischen Anwendung auf architektonische Strukturen, speziell über Platten, Rahmen, gekrümmte Umhüllungskonstruktionen und Spannbeton
Ergebnisse der Forschungen einbezogen in AIJ-Standards (Architectural Institute of Japan) für die Bemessung von Stahlbetonkonstruktionen und für erdbebensichere mehrgeschossige Stahlbetonkonstruktionen
1965 „Curved Structures – Theory and Application of Shell Structure"
1965 „Theory of Elasticity and Plasticity in Structural Engineering"
Bauten; in Zusammenarbeit mit Kenzo Tange u. anderen Architekten:
1962 Präfekturverwaltung Chiba, Kulturzentrum Nichinan
1963 Sporthalle von Shimonoseki
1964 Olympia-Sporthallen, Tokio (Stahlhängedächer), Katholische Kirche, Tokio
1965 Observatorium der Universität Tokio
1966 Gebäude des Datsu Trusts, Universität des heiligen Herzens in Tokio, Zeitungsdruckerei Shizuoka, Daisekiji Tempel (Seilhängedach)
1968 emeritiert
1970 Bauten für die Expo '70 in Osaka, u. a. Pavillon der Fuji Gruppe (Pneumatische Konstruktion), Zeitungsverlag Shizoka, Entwürfe für das Handelszentrum von Skopje, Jugosl., und für den National Komplex in Singapore gemeinsam mit K. Tange
1974 Kunstmuseum Gunma
1975 Internationaler Flughafen von Kuweit, Bauten der Welt Ozean Expo '75 auf Okinawa
1976 Österreichische Botschaft in Tokio
1978 Kawasaki Municipal Plaza
1980 Industriezentrum Jokohama
1983 Heiliger Garten von Shiga
Ehrungen:
Preise des Architectural Institute of Japan für Studie über Rechteckplatten, 1941
Ehime Prefectural Hall 1953, Nationales Olympiastadion Tokio 1956, Special Contribution 1976
Preise des Amts für Wissenschaft und Technik für die Dachkonstruktion des Festplatzes der Expo '70 in Osaka, 1970 und des Erziehungsministers für die Olympiabauten in Tokio
1976 Eduardo-Torroja-Medaille der International Association for Shell and Special Structures
Ehrenmitglied der International Association für Shell and Special Structures, des Architectural Institute of Japan, der Japan Structural Consultant Association

Tulla, Johann Gottfried, 1770–1826
TU Karlsruhe, Inst. f. industr. Bauproduktion, Aufn.: T. Mechau

TULLA, Johann Gottfried

20. März 1770, Karlsruhe – **27. März 1828,** Paris
Sohn eines evangelischen Pfarrers, im wesentlichen Autodidakt, Unterricht im technischen Zeichnen bei Kunstmeister Fassold und in Bauzeichnen auf der Zeichenschule des Baumeisters Dominicus Berkmüller in Karlsruhe
1789 Feldmeßübungen bei Ingenieur Hochstetter
Prüfung als Feldmesser
Finanzierung der weiteren Ausbildung durch den Markgrafen, Lehrer und Gönner: der in badischen Diensten stehende englische Ingenieur Peter Burdett
1792–1794 Ausbildung bei Salinendirektor Langsdorf in Gerabronn
Studienreise, u. a. nach Düsseldorf zu Wiebeking, nach Hamburg und Holland
nach Bewilligung weiterer Mittel für die Ausbildung an die Bergakademie Freiberg/Sachsen
1795 Reise nach Norwegen zusammen mit Langsdorf
1796 nach Karlsruhe zurück
1799 als Ingenieur in badischem Staatsdienst
1801–1803 Studienreise nach Frankreich, u. a. in Straßburg, in Paris an der École Polytechnique
Planung eines Kanals von Karlsruhe zum Rhein mit Hafen an der nach Norden verlängerten Karlsstraße, gemeinsam mit F. Weinbrenner
1803 Beförderung zum Hauptmann
1803–1810 Bau der Straße Karlsruhe–Ettlingen
1804 Oberleitung über den Flußbau in Baden
1807 Gründung der ersten badischen Ingenieurschule
1808 Gründung des „Magistrat du Rhin" mit Sitz in Straßburg, Tulla als Vertreter Badens
Beginn der Anlage von Flußpegeln in Baden
1809 erste Pläne zur Rhein-Korrektion
1810 badisches Straßengesetz
Vorschlag zur Zentralisierung des Ingenieurwesens in Baden, 1822 durchgesetzt
1812 Abhandlung über die Begradigung des Rheins wird als reine Theorie abgelehnt
1816 Beginn der Korrektion der Schwarzwaldflüsse
1817 Berufung der französisch-badischen Rheingrenzberichtigungskommission, Beginn der Rheinkorrektion
1818 Plan für die Korrektion des Neckars
1822–1827 Bau der Ludwigstraße von Lahr in das Kinzigtal
1823–1825 Bau der Salinenstraße nach Rappenau
1825 „Über die Rektifikation des Rheins von seinem Austritt aus der Schweiz bis zu seinem Eintritt in das Großherzogtum Hessen"
Vereinigung der Bauschule (Weinbrenner) und der Ingenieurschule (Tulla) zum Polytechnikum Karlsruhe
1824 Planung von Karlsruhe-Süd in Zusammenhang mit dem Kanal-Projekt

WIEBEKING, Carl Friedrich Ritter von

25. Febr. 1762, Wollin – **28. Mai 1842,** München
1792 „Beiträge zum practischen Wasserbau"
1792–1794 Anfertigung einer Karte des

bayerischen Teils des Herzogtums Berg, Ernennung zum Ingenieur-Offizier
1798–1812 „Allgemeine auf Geschichte und Erfahrung gegründete theoretisch-practische Wasserbaukunst", vier Bde., mit Kröncke
1805 Chef der Ministerial-Sektion für Straßen- und Wasserbau in München, Korrektion bayerischer Flüsse und der Donau oberhalb von Ingolstadt, Bau zahlreicher Holzbrücken
1809 „Beiträge zur Brückenbaukunst"
1816–1819 „Von dem Einfluß der Baukunst auf das allgemeine Wohl und die Civilisation"
1820–1822 Oberaufsicht über die Rekonstruktion des Speyrer Doms
1821–1826 „Theoretisch-practische bürgerliche Baukunde durch Geschichte und Beschreibung der merkwürdigsten Baudenkmahle und derer genauen Abbildungen bereichert", vier Bde.
1827–1838 „Architecture civile théorique et pratique enriché de l'histoire descriptive des édifices anciens et modernes et de leurs dessins exact", sieben Bde.
1832 „Mémoires sur des ponts suspendu en chaineau de fer..."
1834 „Beweis, daß der 1832 gemachte Entwurf zu einem Kanal zwischen Donau und Mayn nicht gelingen könne"
1838–1840 „Analyse descriptive historique et raisonnée des monuments de l'antiquité, des édifices du moyen âge et du dernier temps, fünf Bde.

WOLTMANN, Reinhard

Dez. 1757, Axstedt bei Bremen – **20. April 1837,** Hamburg
Sohn eines Bauern
1779 Unteraufseher der Staakdeputation des Amtes Ritzebüttel
Studium an der Universität Kiel, Besuch der Vorlesungen von J. N. Tetens über Deichbau
1783 Wahl zum Kondukteur der Staakdeputation
1784 Studienreise nach England, Frankreich und die Niederlande, nach seiner Rückkehr Einführung fester Grundsätze für den Schutz der Ufer und Deiche
Ausbau des Hafens von Cuxhaven
1790 Erfindung des hydraulischen Flügels zum Messen durchlaufender Wassermengen
1791–1799 „Beiträge zur hydraulischen Architektur", vier Teile
1792 Berufung zum Deichgrafen von Oldenburg durch das Amt Ritzebüttel verhindert
1793 Direktor der Staak- und Uferwerke von Ritzebüttel
1810 auf Veranlassung der französischen Behörden nach Hamburg
1807 „Geschichte und Beschreibung der Wasserbauwerke im Amte Ritzebüttel"
1814 Direktor der Strom- und Uferwerke und der Kanäle von Hamburg
1819 „Handbuch der Schiffahrtskunde"

ZIMMERMANN, Hermann

17. Dez. 1845, Langensalza, Thüringen – **3. April 1935,** Berlin
1862–1868, als Seemann Reisen nach Ostindien und Afrika
1869 kurzer Besuch der Navigationsschule in Hamburg, Steuermannspatent
1874 nach Studium am Polytechnikum Karlsruhe Promotion in Leipzig über die relative Bewegung sich berührender Rotationsflächen
1875 Diplomprüfung in Karlsruhe
Ingenieur im technischen Büro der Reichsbahn in Straßburg/E.
1878 Nachholen der Reifeprüfung, zur Staatsprüfung, da nach badischem Recht das Reifezeugnis fehlte
1. Nov., Staatsprüfung
Konstruktion der drei Drehkuppeln für die Sternwarte in Straßburg (Antrieb durch Uhrwerke)
bis 1881 Leitung einer Sektion beim Bau des Straßburger Bahnhofs
1881 ständiger Hilfsarbeiter im Reichsamt für die Verwaltung der Eisenbahnen
1888 „Die Berechnung des Eisenbahnoberbaus"
Entwurf der Kuppel für das Reichstagsgebäude in Berlin
„Über Raumfachwerke, neue Form und Berechnungsweise für Kuppeln und sonstige Dachbauten"
1891–1911 Vortragender Rat im preußischen Ministerium der öffentlichen Arbeiten, Referat für Brücken- und Ingenieurhochbau als Nachfolger Schwedlers
1895 Geheimer Oberbaurat
Mitglied der Preußischen Akademie des Bauwesens
1905 Rat I. Klasse
Besteigung des Mont Blanc
1931 „Die Lehre vom Knicken auf neuer Grundlage"

A. Bautechnik

Vor Christus

um 2800 Übergang zum Steinbau für Kultbauten in Ägypten
Stufenpyramide von Sakkara, H = 61 m, Djoser, Imhotep
um 2500 Verwendung plankonvexer Ziegel in Mesopotamien
Cheopspyramide bei Gise, H = 147 m, V = 2,5 Mio m^3
um 2000 Zikkurat von Ur, 65 × 43 m Grundfläche, H etwa 28 m
ab 1990 Urbarmachung des Fayum, Ägypten, Moiris See als Rückhaltebecken, Umgehungskanal am ersten Nilkatarakt
ab 1661 Bau des Rajsamand-Staudammes in Indien, L = 5,4 km, H = 14 m, Oberfläche: polierter Marmor
um 1250 erster Kanal zwischen Nil, Timsahsee und Rotem Meer
um 1050 Steinbrücke über den Min Fluß, China, L = 900 m
705–701 Wasserleitung in Jerusalem, ausgemauerter Stollen
689 Aquädukt bei Jerwan, Assyrien
604–517 Neuer Kanal zwischen Nil und Rotem Meer
um 600 Beginn des Kanalbaus durch den Isthmus von Korinth, Schleppbahn für den Schiffstransport, Durchstich 1893
Euphrat Brücke, L = 115 m, Holzkonstruktion auf sieben Mauerpfeilern
um 570 Zikkurat von Babylon, 91,5 × 91,5 m Grundfläche, H etwa 90 m, V etwa 250 000 m^3
546 Bau eines Wasserleitungsstollens durch den Berg Kastro auf Samos, L = 1,5 km, Eupalinos von Megara
514 Schiffsbrücke der Perser über den Bosporus
480 Persischer Kanal durch die Halbinsel Chalkidike, L = 2,2 km
460 Bau der langen Mauern von Athen, Kallikrates, L = 7 km, H = 18 m
ab 444 Bau des Piräus, des Hafens von Athen, Hippodamus von Milet
312 Beginn des Baus der Via Appia zwischen Rom und Capua, L = 185 km
Bau einer Dränage zur Kultivierung der Pontinischen Sümpfe Aqua Appia, erste Wasserleitung für Rom unter dem Censor Appius Claudius Caecus, L = 18 km, etwa 0,8 m^2 Wasserquerschnitt
3. Jh. Beginn der Bauarbeiten am Großen Kanal zwischen Schanghai und Huang Ho, China, L über 1900 km, B etwa 40 Schritt, Bauzeit über 1000 Jahre, angeblich 5,4 Mio Bauarbeiter, von 5000 Polizisten bewacht
279 Pons Aemilius, Rom, Holzkonstruktion, massive Wölbung erst 142 v. Chr.
um 275 Leuchtturm von Alexandria auf der Insel Pharos, H angeblich 100 m, Sostratos, bis ins 1. Jh. n. Chr. nur Tagzeichen
232 Beginn des Baus der Chinesischen Mauer, Bauleitung General Mung Tien, L etwa 4100 km, H durchschnittlich 9 m, Dicke am Fuß 8 m, Breite der Mauerkrone 5 m, Erde oder Schutt mit Bruchstein- oder Ziegelmauerwerkverkleidung, 25 000 Wachtürme, 200 m breite Sicherheitszone mit dreifachem Graben und Erdwällen
184 Ausbau der Cloaca Maxima als Entwässerungssystem der Stadt Rom, bis 3 m breite Kanäle
um 180 Druckwasserleitung für die Akropolis von Pergamon, Bleirohre, etwa 2 Megapascal Betriebsdruck
144 Aqua Marcia in Rom, L = 91,2 km, davon 10,4 km auf Aquädukt, Wasserquerschnitt 1,24 m^2
125 Beginn des Baus der Via Domitia, Rom–Marseille–Spanien
109 Pons Mulvius in Rom, sechs Bögen mit 7,25 bis 18,70 m Spannweite, Öffnungen in den Pfeilern zur Verbesserung des Hochwasserabflusses, mehrfach umgebaut
62 Pons Fabricius in Rom, zwei Bögen mit je 24,50 m Spannweite
36 Straßentunnel zwischen Neapel und Puteoli im Zuge der Via Flaminia, L etwa 700 m
27 Bau des Pantheon in Rom unter Marcus Vipsanius Aggrippa, 110 n. Chr. durch Blitzschlag zerstört

Nach Christus

um 19 Bau des Aquädukts von Nemausus (Nîmes), L = 273 m, H = 49 m, Spannweiten der Bögen 15...25 m
35 Bau des Anio Novus, L = 86,4 km, davon 11,2 km auf Aquädukt, Wasserquerschnitt 1,9 m^2
41–52 Bau eines Stollens zur Regulierung des Fuciner Sees in den Abbruzzen östlich von Rom, L = 5,6 km, Profil 5,8/2,8 m
64–81 Bau des Colosseums in Rom, 50 000 Plätze, Längsachse 188 m, H = 49 m
105 Donaubrücke bei Dobretae (Turnu Severin, Rum.), Apollodorus von Damaskus, 20 Pfeiler aus Bruchsteinmauerwerk, Brückenjoche in Holzkonstruktion
117 Straßennetz des Imperium Romanum umfaßt etwa 80 000 km
118–135 Neubau des Pantheon in Rom, Kuppeldurchmesser 42,5 m, 7333 kg je m^2 Grundfläche
um 150 Forum und Thermen des Trajan in Rom
216 Caracalla-Thermen in Rom, 26 500 m^2 Grundfläche
251 Bericht über eine eiserne Hängebrücke in China
299 Diokletians-Thermen in Rom, Kapazität 3000 Personen, 1563 von Michelangelo umgebaut zur Kirche Sta. Maria degli Angeli
306–312 Maxentius Basilica (Basilica Nova) in Rom, Grundfläche 62 × 95 m, über dem Mittelschiff drei Kreuzgratgewölbe mit etwa 25 m Spannweite
315 älteste römische Rheinbrücke in Köln
375 Bau einer Wasserleitung in Konstantinopel
532–537 Hagia Sophia in Konstantinopel, Durchmesser der Hauptkuppel 32 m, Anthemios von Tralles, Isidor von Milet d. Ä. und d. J.
788–805 Pfalzkapelle Karls des Großen in Aachen, Kuppeldurchmesser 15 m, Odo von Metz
1080 Beginn des Umbaus des Speyrer Doms, erstes vollständiges Kreuzgratgewölbe in Mitteleuropa, Mittelschiff mit 13 m Spannweite, Benno von Osnabrück, Otto von Bamberg
1120–1135 erste Mainbrücke in Würzburg, Meister Enzelin; 1473 bis 1543 Neubau
1135–1146 Donaubrücke in Regensburg, L = 305 m
1136–1151 Abteikirche von St-Denis, erste Kirche mit gotischem Wölbesystem, Abt Suger
um 1150 Einführung der Ziegelbauweise in Deutschland
1158–1172 alte Moldaubrücke in Prag
1173–1209 Themsebrücke in London, L = 268 m
1178–1188 Rhonebrücke in Avignon, Baumeister Bénézét, von 22 Bögen vier mit je 33 m Spannweite erhalten
1179–1260 alte Elbbrücke in Dresden, L = 525 m, nach anderen Angaben 660 m, bis 1343 massiv gewölbt
1220 ältester deutscher Leuchtturm bei Travemünde
1. H. 14. Jh. Bau des bogenförmigen Staudamms von Kusit, Iran, H = 60 m
1354 Bau einer 216 m langen Brücke über den Ticino in Pavia
1370–1377 Addabrücke bei Trezzo, Bogen mit 72 m Spannweite, H = 21 m, Bernabo Visconti, 1416 abgebrochen
1373 vtl. erste Kammerschleuse im Kanal Utrecht – Lek bei Vreswijk, Holland
1390–1398 Bau des Elbe-Travekanals (Lübeck–Lauenburg)
1431–1436 Kuppel des Doms in Florenz, 42 m Durchmesser, F. Brunelleschi
1457–1460 Bau des Adda-Kanals, Italien, L = 19 km
1499/1500 Ponte degli Alidosi über den Santerno bei Castel del Rio, Italien, Bogen mit 42 m Spannweite, 19 m Pfeilhöhe, A. Gurieri, Entwurf vtl. Francesco di Giorgio Martini
1507 Pont de Notre Dame, Paris, größte Spannweite 17,30 m, Fra Giocondo
1554–1560 Wasserleitung nach Istanbul, L = 55 km, Sinan

1566–1567 Neretvabrücke bei Mostar, lichte Weite 27,3 m, H = 19 m, Hayrettinin
1566–1569 Wiederaufbau des Ponte Sta. Trinità, Florenz, B. Ammanati, erster Korbbogen im Brückenbau, 1945 zerstört, wiederaufgebaut
1579–1584 Staumauer von Alicante, Spanien, H = 46 m
1585 Beginn der städtebaulichen Umgestaltung Roms unter Sixtus V., Domenico Fontana
1588–1590 Kuppel von St. Peter in Rom, 41,55 m Spannweite, Entwurf Michelangelo, Giacomo della Porta, D. Fontana
1588–1592 Rialtobrücke in Venedig, Antonio da Ponte
um 1600 Wiederaufbau von Freudenstadt im Schwarzwald, H. Schickhardt
1604–1642 Bau des Briare Kanals zwischen Seine und Loire, L = 55 km, 35 Schleusen
1617 Pont Neuf über die Seine in Paris, größte lichte Weite 19,6 m, Jacques Ange Gabriel
1666–1691 Canal du Midi, L = 240 km, 101 Schleuse, Gesamthöhendifferenz etwa 60 m, P. P. Piquet, F. Andreossy
1668 Bau des Friedrich-Wilhelm-Kanals zwischen Oder und Spree
1671–1683 Ausbau von Festung und Hafen Dünkirchen, Vauban
1681–1683 Wasserhebewerk an der Seine bei Marly zur Wasserversorgung des Parks von Versailles, 1858 abgebrochen
1731 Umbau der Elbbrücke in Dresden, M. D. Pöppelmann
1756–1759 Eddystone-Leuchtturm bei Plymouth, J. Smeaton
1753 Rheinbrücke bei Schaffhausen, L – 110 m, zwei Holzjoche, H. U. Grubenmann, 1799 abgebrannt
1768–1774 Pont de Neuilly über die Seine bei Paris, Perronet, Verwendung von mit Pferden angetriebenen Mörtelmischern
1775–1779 gußeiserne Brücke über den Severn, Coalbrookdale, 32 m Spannweite, J. Wilkinson, T. F. Pritchard, Abraham III Darby
1776 Projekt für eine Holzbrücke über die Newa in St. Petersburg, 298 m lichte Weite, räumliches Fachwerk, J. P. Kulibin
1778 Limmatbrücke bei Wettingen, Schweiz, verzahnter Holzbogen, 60 m Spannweite, H. U. und J. Grubenmann
1786–1791 Pont de la Concorde über die Seine in Paris, Perronet
1792–1793 Calico Mill in Derby, England, gußeiserne Stützen, Holzbalken, Ziegelkappen, William Strutt
1794 gußeiserne Brücke über das Striegauer Wasser bei Laasan, Niederschlesien, 13 m Spannweite
1796 erste Kettenhängebrücke in Nordamerika, 12 m Spannweite, James Finlay, Konstruktion 1801 patentiert
1796/97 Flax Mill der Fa. Benyon, Bage & Marshall in Castle Forgate, Shrewsbury, erste komplette Gußeisenkonstruktion
um 1800 Einsatz von Dampfmaschinen zum Antrieb von Rammen, Pumpen und Baumaschinen beim Bau der London Docks, J. Rennie
1801–1803 Pont des Art, Paris, erste Gußeisenbrücke in Frankreich, 9 × 17,34 m, Cessart, Dillon
1803 gußeiserne Brücke über den Withamfluß in Boston, USA, 24 m Spannweite
1804–1812 Colossus Brücke über den Schuylkill, Philadelphia, USA, 104 m weiter Holzbogen, L. Wernway
1805 Cysylte Aquädukt, Schottland, L = 500 m, gußeiserne Grundplatte, T. Telford
1809–1811 Gußeisenkuppel der Kornhalle in Paris, 40 m Durchmesser, Belanger, Brunet
1817–1925 Bau des Erie-Kanals, USA, L = 590 km, 83 Schleusen
1819–1826 Hängebrücke über die Menai Strait, 177 m Spannweite, T. Telford, 1839 Verstärkung des Tragwerks
1822–1824 erste europäische Drahtkabelbrücke in Genf, 40 m Spannweite, Henri Dufour, Marc Séguin
1823 Baubeginn am ersten Themse-Tunnel in London, L = 1,2 km, Schildvortrieb, J. K. Brunel, 1843 eröffnet
1824–1825 Rhone Brücke zwischen Tain und Tournon, 2 × 85 m Spannweite, Gebrüder Séguin
1827 erste Betonstraßen nach dem Patent von William Hobson
Eimerketten-Trockenbagger, Poirot de Valcourt
1831–1839 Caroussel-Brücke, Paris, Gußeisenrohre, 3 × 47,7 m, A. Polonceau, nach einer Idee Georgs von Reichenbach
1832 Drahtseilbrücke über die Saane in Freiburg, Schweiz, 273 m Spannweite, Joseph Chaley
Lebrun baut ein Haus vollständig aus Beton
1834 Rhein-Rhone-Kanal eingeweiht, L = 338 km
1836–1845 Ludwig-Kanal zwischen Main und Donau, L = 176 km
1838 linsenförmiger Fachwerkträger (Laves-Träger) für die Konstruktion einer Drehbrücke in Bremen verwendet
erster Einsatz der von William Otis erfundenen „Dampfschaufel" beim Bau der Pazifikbahn in den USA
1839 Eröffnung der Eisenbahnstrecke Leipzig–Dresden, L = 116 km
1839–1845 Kettenbrücke in Budapest, Mittelöffnung 202,40 m
1840 William Howe erhält Patent auf die Konstruktion eines Holzgitterträgers mit schmiedeeisernen Vertikalstreben
1841 Trigier rammt Pfähle unter Verwendung von Preßluft
1842 Eröffnung der Eisenbahnstrecke Leipzig–Altenburg
1846 Neißebrücke bei Guben, erste Parallelgitterträger in Deutschland, Henze
1846–1851 Göltzschtalbrücke, L = 574 m, größte Spannweite 30,90 m, H = 78 m, 75 Bögen, R. Wilke, J. A. Schubert
Britannia Brücke über die Menai Strait, Kastenträger, 2 × 141 m Spannweite, R. Stephenson
Gußeisenkuppel auf der Nikolaikirche in Potsdam, 22,5 m Durchmesser, Schinkel, Guß bei Borsig, Berlin
1847 erste Häuser aus „béton de ciment" in St-Denis, Coignet
Einsturz der gußeisernen Dee Brücke, Chester, England
1847–1851 Elbebrücke bei Wittenberge, größte Spannweite 84 m, H. von Unruh
1848 Kahn aus „Ferciment" von Lambot
1848–1854 Semmeringtunnel, Länge 1,4 km erster Tunnel durch die Alpen, Carl von Ghega
1849 gußeiserne Tyne Brücke, England, 6 × 110 m Spannweite, zweigeschossig
Bellhouse, Manchester, liefert komplette Lagerhäuser nach Kalifornien
erste gewalzte Träger, Ch. F. Zorès
1851 Kristallpalast im Londoner Hydepark, Grundfläche 214 × 73 m, H = 14 m, J. Paxton
Grundsteinlegung zur alten Weichselbrücke bei Dirschau, 6 × 121 m Spannweite, Lentze, Schinz, Stüler
1851–1852 gußeiserne Bogenbrücke über die Rhone bei Tarascon für zweigleisige Eisenbahn, 7 × 60 m Spannweite
1852 erstes Wasserwerk in Berlin
1853 Günzbrücke bei Günzburg, Pauli-Träger, 1868 abgebrochen
1854 Patent auf die Konstruktion einer Eisenbetondecke für den Bauunternehmer B. Wilkinson, New Castle, England
Verlagsgebäude Harper & Brothers, New York, gußeiserne Fassadenplatten, James Bogardus
1855 J. L. Lambot erhält ein Patent auf den Bau von Booten, Pflanzkübeln u. ä. aus „Ferciment"
Hängebrücke über den Niagara, 244 m Spannweite, J. A. Roebling
1856 erster ernst zunehmender Plan für den Bau eines Tunnels zwischen Dover und Calais, Thomé de Gamond
1856–1860 Kölner Rheinbrücke, Gitterträger, 3 × 98,22 m Spannweite
1857–1871 Mont-Cenis-Tunnel, L = 12,234 km, ab 1861 Bohrmaschinen und Schwarzpulver, Sommeiler
Rheinbrücke bei Kehl, Gitterträger, 3 × 56 m Spannweite
1859 erster Sicherheitsaufzug in einem New Yorker Hotel, Otis
Dampfwalze mit 1 t Masse von Louis Lemoine

1859–1869 Suez-Kanal, L = 160 km, A. Negrelli, F. de Lesseps
1860 Auftrag zum Bau der Mainzer Rheinbrücke, H. Gerber
1861 Talsperre des Furens bei St-Etienne, Graeff, Delocre
1862 Eröffnung der Londoner U-Bahn (Bahnhofsring), J. Fowler
1863 Weserbrücke bei Corvey, erste Anwendung des Schwedler-Trägers
1863 erstes Haus in Stahlbeton, zweigeschossig, W. B. Wilkinson
1865 erste deutsche Pferdebahn in Berlin, Charlottenburg – Kupfergraben
erster Dreigelenkbogen im Hochbau: Schuppen für den Bochumer Dampfhammer (Hammerwerk II), Schwedler, abgebrochen
Pancras Station, London, Spannweite der Hallenbinder 73,15 m, P. Barlow
1867 Wohnblock in Paris, sechs Geschosse, Betonkonstruktion, F. Coignet
erstes Monier-Patent auf die Herstellung von Pflanzenkübeln
1867–1873 Brooklyn Brücke, New York, größte Spannweite etwa 487 m, J. A. und W. A. Roebling
1868 Sophienbrücke in Bamberg, erster Gerberträger
1869 zweiter Tunnel durch die Themse in London, Gußeisentübbings, P. W. Barlow, J. H. Greathead
1870–1871 Beginn des Baus der Berliner Ringbahn
1871 Brahebrücke bei Czersk, Bogensehnenträger, 2 × 25,4 m Spannweite
1872 Baubeginn am St. Gotthard-Tunnel, L = 15 km, neun Jahre Bauzeit, Stoßbohrmaschinen, Dynamit, Vortrieb 185 m im Monat, L. Favre
1873 Rotunde auf der Weltausstellung in Wien, Durchmesser 105 m, Seifert, Scharowski
Beginn des Baus der Schwemmkanalisation in Berlin, J. Hobrecht
1875 erste Eisenbahnbrücke in Frankreich nach dem Monier-Patent, L = 16 m
1876 Straßenbrücke über den Lech bei Füssen, erster Trapezträger in Deutschland
1879 Einsturz der ersten Tay Brücke, Schottland, Th. Bouch
1880 neue Tay Brücke, L = 3,2 km, größte englische Brücke ihrer Zeit, W. Arroll
1880–1884 Truyère Brücke bei Garabit, Massif Central, Frankreich, größte Spannweite 165 m, H = 122 m, G. Eiffel
Arlberg-Tunnel, L = 10 km
1882 Eröffnung der Berliner Stadtbahn, Dircksen, Orth
Baubeginn am Panamakanal, F. de Lesseps, 1889 Abbruch der Arbeiten wegen Konkurs der Kanal-Gesellschaft (Panama-Skandal)
1882–1890 Firth of Forth Brücke, Schottland, größte Spannweite 521 m, Auslegerträger, W. Arroll, J. Fowler, B. Baker
1883 Home Insurance Building, Chicago, 10 Geschosse, Prototyp des Stahlskeletthochhauses, W. le Baron Jenney
1885 Beginn der Produktion nahtloser Stahlrohre, R. und M. Mannesmann
1887–1895 Kaiser-Wilhelm-Kanal (Nord-Ostsee-Kanal), L= etwa 100 km, 1909 Erweiterung des Profils auf 11,3 m Tiefe und 104 m Breite
1888 erstes Patent auf die Herstellung vorgespannter, mit Draht bewehrter „Betonbretter", C. F. W. Doehring
1889 Eiffelturm, Weltausstellung Paris, H = 300 m, M. Koechlin, Nouguier, Sauvestre, Eiffel
Galerie des Machines, Weltausstellung Paris, Dreigelenkbinder, Spannweite 110,6 m, Hallenlänge 422 m, Dutert, Contamin, Pierron, Charton
1892 Patent auf Stahlbetonplattenbalken, Fr. Hennebique
Eisenbahnbrücke aus Stahlbeton, Viggen, Schweiz, Hennebique
1894–1897 Wupperbrücke bei Müngsten, 170 m Spannweite, H = 107 m, A. v. Rieppel
1895–1903 Schwebebahn in Barmen-Elberfeld
1896 Beton-Bertighaus für die französische Eisenbahn, 5 cm Wanddicke, kreuzweise Bewehrung, E. Coignet
1896–1898 Rheinbrücke bei Bonn, größte Spannweite 187 m
1898–1900 erster Abschnitt der Pariser Metro, 14 km
1898–1902 erster Nilstaudamm bei Assuan, Erhöhungen 1912, 1933
1898–1905 Bau des Simplontunnels, L = 15 km, ab 1906 in Betrieb
1899–1902 Pont Alexandre III., Paris, Dreigelenkbogen mit 107,50 m Spannweite
1901 erstes stählernes Walzenwehr, Schweinfurth, Max Carstanjen
1902 erstes Stahlbetonhochhaus in Cincinatti, USA, 16 Geschosse, System Ransome, Elzner, Anderson
1903/4 Brücke über das Syra-Tal bei Plauen, Vogtl., Bruchsteingewölbe mit 90 m Spannweite, M. C. H. Leibold
1903/4 Nonnenbrücke in Bamberg, erste deutsche Stahlbetonbrücke
1906–1914 Bau des Panamakanals, L = 81,7 km, G. W. Goethals, J. F. Stevenson
1906–1912 Bau des Lötschberg-Tunnels, 14,5 km
1907–1908 erste größere Betonbrücke in den USA: Walnut Lane Bridge in Philadelphia, George S. Webster
1907–1910 Bau der Veurdre-Brücke über die Allier, Hohlkastenträger mit 3 × 72,5 m Spannweite, E. Freyssinet
1907–1911 Elbtunnel in Hamburg, L = 450 m
1908 Einführung von Drillwulststählen in den Stahlbetonbau
1909 Vorfertigung aller Konstruktionselemente für einen Industriebau aus Stahlbeton, New Village, USA, Edison
1909/10 Schüttbetontechnik mit Gießturm und vorgefertigter Schalung, seit 1929 Betonpumpe, Edison
1910 Desna-Brücke bei Tschernigow, 5 × 19 m weite Öffnungen, Visintini-Träger, Baustellenfertigung
1910–1917 Eisenbahnbrücke über den St.-Lorenz-Strom bei Quebec, Kanada, Kragträger mit 549 m Spannweite
1912 Langwieser-Viadukt, Chur-Arosa-Schmalpurbahn, eingespannter Bogen, 100 m weit, 42 m Pfeilhöhe
1912–1917 East-River-Bridge, New York, 289 m Spannweite
1912–1913 Jahrhunderthalle, Breslau, Stahlbeton-Rippenkuppel, 65 m Durchmesser, Max Berg, W. Gehler
1913 Versuchs-Flutkraftwerk bei Husum
1914 Eröffnung des Panamakanals, 80 km lang, sechs Doppelschleusen, G. W. Goethals, J. F. Stevenson
1915 Mörtelspritzgerät in den USA, Grundlage für das Torkretverfahren, Carl Weber
1916 Hell Gate Bridge, New York, 305 m langer Stahlbogen, G. Lindenthal
1918–1925 Bau des Walchenseekraftwerks, 120 000 kW Leistung
1919 Beginn der Produktion dünner Spannbetonelemente mit Bewehrung aus Klaviersaiten, Wettstein
1921–1926 Bau des Wolchow-Kraftwerks im Rahmen des Elektrifizierungsprogramms der UdSSR
1922 Sendeturm von Radio Moskau, 150 m hoch, Gitterkonstruktion, V. G. Schuchow
erste Versuche zum Bau einer Kuppelschale aus Stahlbeton in Jena, Bauersfeld, Dischinger
1923 Vöhrenbach-Talsperre, Schwarzwald, erste Stahlbetonstaumauer in Deutschland
1925 Schrägkabelbrücke bei Tempul, Spanien, Mittelöffnung 60,35 m weit, Torroja
1925–1926 Neckarbrücke in Mannheim, erste Brücke aus Stahlvollwandträgern, 86 m Spannweite
1926 Schwarzenberg-Talsperre, Staumauer aus Gußbeton
1926–1930 Bau der Elorn-Brücke bei Plougastel, Bretagne, zweigeschossiger Kastenquerschnitt, Spannbeton, Spannweite 3 × 186,40 m, E. Freyssinet
1927 Saalebrücke bei Alsleben, vorgespanntes Zugband, Dischinger
Einführung des Elektroschweißens in den Stahlbau

1927–1929 Bau der Hängebrücke über den Rhein bei Köln-Mühlheim, in sich verankerte Hängebrücke mit vollwandigem Versteifungsträger, 315 m Spannweite
1927–1931 Bau der Kill-van-Kull-Brücke, New York, 510 m Spannweite
1928 erste vollständig geschweißte Brücke über der Sludwia bei Warschau, 27 m Spannweite, etwa 15 % Materialeinsparung gegenüber einer Nietkonstruktion
1928–1933 Bau des Schiffshebewerks Niederfinow im Zuge des Oder-Havel-Kanals, Hubhöhe 36 m, für 1000 t-Kähne
1929 Ammerbrücke bei Echelsbach, 130 m Spannweite, System Melan, Spangenberg
Einführung des St 52 in den Stahlbau
1930 größte Trinkwasserbehälteranlage Deutschlands in Dresden-Räcknitz, 60 000 m^3 Fassungsvermögen
1929–1932 Bau der George-Washington-Brücke über den Hudson, New York, Hängebrücke mit 1 067 m Spannweite, G. Lindenthal, O. H. Ammann
1930 Empire State Building, New York, Stahlskelett, H 381 m
Lahnbrücke bei Eckelshausen, erste geschweißte Stahlbrücke in Deutschland
Straßenbrücke über den Rio Peixe bei Herval, Brasilien, erste in Freivorbau errichtete Stahlbetonbrücke
1932–1937 Bau der Golden Gate Bridge in San Franzisco, USA, 1280 m Stützweite, J. B. Strauß
1933, 1. Juli Einsetzung der Tenessee Valley Authority, Beginn eines umfangreichen Bauprogramms, u. a.: Kanal von Paducah nach Knoxville, L = 1050 km; 12 Staubecken, Wasserkraftwerke mit 2 Mio kW projektierter Leistung, Boulder Canyon Project mit Hoover Damm, H 223 m
E. Freyssinet beginnt mit der Serienproduktion von 16 m langen Spannbetonmasten
1934 Einweihung der Großglockner-Hochalpenstraße
Eröffnung des Ostsee-Weißmeer-Kanals in Rußland
1936 Bahnhofsbrücke in Aue/Sa., Stahlbeton-Gerberträger als unterspannter Balken, 69 m Spannweite, Dischinger
Pavillon auf der Zagreber Messe, Kuppelschale aus 2 mm dickem Blech, 33 m Durchmesser, Bernard Laffaile
1936–1942 Bau der Hohenwartetalsperre, 185 Mio m^3 Stauraum, verbunden mit Pumpspeicherwerken Hohenwarte I (1942–1945) und Hohenwarte II (1956–1963)
1938 Esla Brücke bei Martin Gil, Spanien, 190 m Spannweite
Versuche mit glasfaserverstärkten Kunststoffseilen als Spannstahlersatz, E. Freyssinet
Befehl zum Bau des Westwalls, F. Todt
Einweihung der transiranischen Bahn, L = 1400 km, elf Jahre Bauzeit
E. Hoyer stellt Spannbetonträger her, die erst nach dem Erhärten auf gewünschte Länge geschnitten werden, Bewehrung aus Klaviersaiten
Beginn der Zwangsbewirtschaftung von Holz und Stahl im Zuge der deutschen Kriegsvorbereitungen
1939 Spannbetonhalle System Freyssinet, Spannbett mit Dampfhärtung, Musterbalken 1935 und 1937
Grand Coulee, größtes Wasserkraftwerk in den USA, Höhe des Staudamms 167 m
1940 Einsturz der Tacoma Brücke, 885 m Spannweite
Ausbau des sowjetischen Kanalsystems Ostsee–Wolga, Dnjepr–Bug, Moskwa–Wolga, Schwarzes Meer–Kaspisches Meer
1943 Sandö Brücke, Schweden, Stahlbetonbogen mit 269 m Spannweite
P. L. Nervi erhält Patent auf „Ferrozement"
1945 Wiederaufbau der Saalebrücke bei Saalfeld
1946–1950 Bau des Wolga-Don-Kanals, 101 km lang, 13 Schleusen mit je 10–13 m Gefälle
1949 Walnut Lane Bridge, Philadelphia, erste Spannbetonbrücke in den USA, 48 m und 22 m Spannweite
1950 Lahnbrücke bei Balduinstein, Spannbeton, Freivorbau System Dywidag, 88,1 m lang, größte Spannweite 62 m, U. Finsterwalder
1951 Rheinbrücke zwischen Düsseldorf und Neuß, 103 × 206 × 103 m Spannweite, seiner Zeit schlankste geschweißte Vollwandbalkenbrücke der Welt
1952 Lever House, New York, 93,4 m hoch, Stahlskelett, Skidmore, Owings & Merrill
Raleigh Arena, North Carolina, USA, erstes Seilhängedach über elliptischer Arena, 62 × 39 m
Alcoa Building, New York, 125 m hoch, Stahlskelett mit Aluminiumplatten verkleidet
1952–1959 Bau der Rappbodetalsperre, Staumauer 105 m hoch, Fassungsvermögen 110 Mio m^3
1953 Versuchsbau aus Stahlbeton-Großplatten in Berlin-Johannisthal
Großplattenbauten der Firmen Raymond Camus und Coignet in Frankreich und Larsen & Nielsen in Dänemark
1954–1956 Bau der Mackinac Straits Brücke zwischen Michigan- und Huronensee, USA, Gesamtlänge 5,5 km, Hauptbauwerk: Hängebrücke mit 1160 m Haupt- und zwei je 550 m Seitenöffnungen, D. B. Steinmann
1954 Talsperre von Malpasset am Fluß Reyran in Betrieb genommen, schlankeste Staumauer der Welt, 66 m hoch, Radius 105 m, Öffnungswinkel 135, Sohlenbreite 6,9 m, Kronenbreite 1,5 m, Kronenlänge 213 m, 55 Mio m^3 Stauraum, Bruch der Staumauer 1959
1955–1958 Greater New Orleans Bridge über den Mississippi, 473 m Spannweite, größte Gerberträgerbrücke in den USA
1956 Straßenbrücke über den Lake Pontchartrain bei New Orleans, mit 38,6 km längste Brücke der Welt, vorgespannte Fertigteile auf Schleuderbetonpfählen
1956–1957 Sportpalast in Rom, Rippenkuppel mit 60 m Durchmesser aus 1620 vorgefertigten kassettenförmigen Elementen, Gesamtdicke der Kuppelschale 12 cm, P. L. Nervi
1956–1960 Bau der Vajont-Talsperre, mit 262 m Höhe die damals höchste Staumauer der Welt
1957 Baubeginn am Kernkraftwerk Hinkley Point, Somerset, England, zwei graphitmoderierte, CO_2-gekühlte Reaktoren in sphärischen Druckbehältern, elektrische Nettoleistung 500 MW, damals größtes KKW der Welt
Druckwasserreaktor in Shippingport, Pennsylvania, USA, in Betrieb, 60 MW Anfangsleistung, erstes KKW in den USA
1959 Mainbrücke in Hoechst, Spannbeton, Freivorbau, 258 m lang, größte Spannweite 130 m
1958 Beginn der Arbeiten am Euphrat-Staudamm, Syrien, 2,5 km lang, 60 m hoch, geschüttet, 11,7 Md m^3 Speicherinhalt, Stauseefläche 830 km^2
1959 Severinbrücke über dem Rhein in Köln, Schrägseilbrücke mit 297 m Spannweite
1960 Baubeginn an der Europa-Brücke südlich von Innsbruck über das Silltal, 198 m größte Spannweite, Stahlkasten, höchster Pfeiler 146,5 m hoch
Bogenstaumauer von Mauvoisin, Schweiz, 236 m hoch, 532 m Kronenlänge, 55 m Basisbreite
Fertigstellung der 7 400 km langen Transkanada-Straße, 357 Bauwerke größerer Spannweite, acht Jahre Bauzeit
1961 Baubeginn am Inguri-Staudamm an der Ostküste des Schwarzen Meeres, doppelt gekrümmte Staumauer, 272 m hoch, auf der Krone 760 m lang, am Fuß 70 m dick
Mersey Brücke, England, Stahlbogen mit Tragseilen, 330 m Spannweite, Europas weitest gespannte Bogenbrücke
Talsperre von Valle die Lei, Italien, Gewölbestaumauer 143 m hoch, 710 m Kronenlänge
1962 Brücke über den See von Maracaibo, Venezuela, 8,7 km lang, 135 Öffnungen, teilweise Spannbeton, größte Spannweiten 5 × 235 m mit 45 m Durchfahrthöhe, Riccardo Morandi
Baubeginn am Nurek Staudamm, Tadshikistan, Steinschüttdamm, 317 m hoch, 800 m Kronenlänge, am Fuß 1 500 m dick, Gesamtvolumen des Damm 50,5 Mio m^3, Kraftwerk mit 2700 MW
Forth Road Brücke bei South Queensferry, Hän-

gebrücke mit 1 006,5 m größter Spannweite, Pylone über 150 m hoch
Brücke über den Parana, Brasilien, eingespannter Stahlbetonbogen mit 290 m Spannweite
Rheinbrücke Bendorf I, Spannbeton, Freivorbau, größte Spannweite 209 m, U. Finsterwalder, G. Lohmer
1962–1964 Verrazano Brücke, New York, Hängekonstruktion mit 1298 m Spannweite, Fahrbahn 65 m über dem Wasserspiegel
Spannbetonbrücke in Sydney mit 305 m Spannweite
1962–1966 Zoobrücke über dem Rhein bei Köln, Stahl, Durchlaufträger, 259 m größte Spannweite
1963 Baubeginn an der Älvsborg-Hängebrücke in Göteborg, 417,6 m größte Spannweite, 900,5 m lang
Medway Brücke, Kent, England, Gesamtlänge einschl. Rampen 997 m, lichte Weite der Mittelöffnung 152,4 m
1964 Neue Firth of Forth Brücke, Hängekonstruktion mit 1 060 m Spannweite
Überquerung der Chesapeake Bay bei Baltimore, USA, Kombination von Brücken und Tunneln, Gestellbrücken mit 22,70 m Spannweite aus Spannbeton-Fertigteilen, vorgespannte Stahlbrücken mit 100 m größter Spannweite
Gladesville Brücke, Stahlbetonbogen mit 305 m Spannweite, G. A. Mansell & Partners
1964–1970 Assuan-Staudamm, Stausee etwa 5 000 km²
1965 Baubeginn am Donau-Stauwerk Djerdap, Eisernes Tor, 50 m hohe Staumauer, zweistufige Schleusenanlage
1966 Gezeitenkraftwerk bei St-Malo, Frankreich, an der Rance-Mündung, Tidenhub durchschnittlich 8,5 m, 24 Turbinen mit je 10 000 kW
1966 Hängebrücke über den Severn in Woley, England, 990 m Spannweite, 3 m hoher Kastenträger aus hochfestem Stahl mit windschlüpfrigem Profil nach F. Leonhardt
1967 Beginn der Bauarbeiten am letzten Damm des Oosterschelde-Sperrwerks, Niederlande, 9 km lang, bis 40 m Wassertiefe, 63 je 42 m i. L. breite Öffnungen
1968 Baubeginn an der Brücke über die Guanabara Bucht, Rio de Janeiro, Brasilien, etwa 5 km Vorbrücken, 8,8 km Seebrücken, Regelspannweite 80 m, für Schiffdurchfahrten 2 × 176 m und 2 × 292 m, geschweißte Hohlkastenträger
Baubeginn am Staudamm von Tarbela, Pakistan, mit 122 hm³ Volumen größter Erddamm der Welt
erster Bauabschnitt des Delta-Planes in Holland vollendet
1969 Baubeginn am Berliner Fernsehturm, 365 m hoch
1970 erstes russisches Gezeitenkraftwerk in Kislogubsk an der Uramündung, Barentsee, Stahlbetoncaisson, Pumpturbinen mit 400 kW Leistung unter Wasser
Beginn des Fangdammbaus von Sajano-Schuschenskoje am oberen Jenissej, Sibirien, Sperrmauer 240 m hoch, Kronenlänge 300 m
Fuji-Pavillon auf der Expo in Osaka, Mehrfachmembrankonstruktion mit 50 m Spannweite, 78 m lang, PVA-Gewebe
1970–1974 Bau der Bosporus-Brücke in Istanbul, Türkei, Gesamtlänge 1 560 m, Mittelöffnung 1 074 m, Durchfahrthöhe 64 m, Höhe der Pylone 165 m
1973 Vertrag über den Bau des Ärmelkanal-Tunnels zwischen Frankreich und Großbritannien abgeschlossen, zwei Fahr- und ein mittlerer Service-Tunnel, Arbeiten nach Fertigstellung von 380 m des Einstiegtunnels wieder eingestellt
1974 Sears Tower, Chikago, 443 m hohe Stahlskelettkonstruktion, Fazlur R. Khan
Beschluß über den Bau der Baikal-Amur-Eisenbahn, 3145 km, insgesamt über 3000 einzelne Bauwerke
Hafenbrücke von Osaka in Dienst gestellt, Fachwerkgerberträgerbrücke mit Feldern von 235 × 510 × 235 m, zwei Fahrbahndecks, unter Verwendung von hochfesten Feinkornbaustählen
1974–1976 Binnen zweier Jahre wurden 12 Erdölbohrinseln mit tiefliegenden Ölspeichern in der Nordsee installiert
1975 Brücke über die Loire-Mündung bei St-Nazaire fertiggestellt, Gesamtlänge 3 350 m, größte Spannweite 720 m, Schrägseilbrücke, V-förmige Pylone
Beginn des Baus der Schwergewichtsstaumauer des Wasserkraftwerks Itaipu, Brasilien, am Rio Paraná, Gesamtlänge 1 406 m, 185 m hoch
1977 Marnebrücke bei Brotonne, Schrägkabelbrücke, mittlere Öffnung 320 m, J. M. Muller
1978 größte Offshore-Ölplattform der Welt von Shell Oil Co 20 km südlich der Mississippi Mündung in 316 m Wassertiefe gegründet, Gesamtgewicht 64 000 t
1981 Humberbrücke, England, Hängebrücke mit 1 410 m Spannweite

B. Wissenschaft, Ausbildung und Berufsorganisation

Vor Christus

um 2000 Rechenbuch des Ahmes (Papyrus Rhind) mit mathematischen Aufzeichnungen vorwiegend aus der Landwirtschaft, Bruchrechnung, Flächen- und Kreisberechnung, lineare Gleichungen
um 1950 Verwendung von Knotenseilen zum Abstecken von Baufluchten und Rechten Winkeln in Ägypten nachgewiesen
um 1770 Babylonische Keilschrifttafeln mit dem später nach Pythagoras benannten Satz
um 1700 Anwendung von Dezimalbrüchen auf Kreta
1050 Rechenbrett (Abakus) in China
um 325 Euklids von Alexandria: Elemente, 13 Bücher
um 250 Archimedes von Syrakus, Berechnung von Flächen und Körperinhalten, Formulierung der Hebelgesetze
79 Römer übernehmen die Technik des Ziegelbrennens von den Griechen
32/33 Vitruvius: De re architectura libri decem

Nach Christus

um 62 Heron von Alexandria, Mathematiker und Ingenieur
27 Sextus Julius Frontinus: De aquaeductu urbis Romae
150 Erlaß von Bauvorschriften in Rom über die Mindestdicken von Mauern und die zulässige Höhe von Wohnhäusern
um 228 Alexander Severus gründet in Rom eine Ingenieurschule
um 320 Pappos von Alexandria: Collectiones, Handbuch der Geometrie
796 Alkuin erhebt die Klosterschule von Tours zur Hochschule für antike Wissenschaften
um 800 Klosterplan von St. Gallen
nach 1070 Plan der Abtei Canterbury mit eingetragenen Wasser- und Abwasserleitungen
1187 Gerhard von Cremona gestorben, Mitglied der Übersetzerschule von Toledo, übersetzte 70 naturwissenschaftliche, medizinische und philosophische antike Schriften aus dem Arabischen ins Lateinische
1202 L. Fibonacci aus Pisa macht das indisch-arabische Zahlensystem in Europa bekannt; Liber Abaci, 1220, mit einem Wert für π
1230/35 Skizzenbuch des Villard de Honnecourt
1451 Leon Battista Alberti: De re aedificatoria libri decem, 1485 in Florenz erschienen
1486 Francesco di Georgio Martini: Trattato di architettura civile e militare, 1844 in Turin erschienen
1495 Regensburger Hüttenordnung

1525 A. Dürer: Unterweysung der Messung mit dem zirckel und richtscheyt
1546 Tartaglia: Quesiti et inventioni diverse
um 1568 Simon Stevin: Mathematicorum Hypomnemata de Statica
1597 Proportionszirkel des Galilei
1600 Gründung einer Rechenschule in Ulm, Johann Faulhaber
um 1610 die Bezeichnung „Ingenieur" zum ersten Mal in einem deutschsprachigen Werk
1615 Faustus Verantius: Machinae Novae
1619 erste gedruckte Logarithmentafel des Lord Napier, vorher bereits von Jobst Bürli berechnet
E. Gunther: Logarithmische Skalen, Vorläufer des Rechenschiebers
um 1626 Festigkeitsversuche von Marin Mersenne
1632 erster Rechenschieber
1638 Galileo Galilei: Discorsi e dimostrazioni matematiche interno a due nuove scienze, Leyden; darin: Definition der Kraft und des statischen Moments, Frage nach der Biegefestigkeit eines einseitig eingespannten Balkens
1641 Jan Adriaanszoon Leeghwater: Haarlemmermeerbook, Vorschlag zur Anlage von acht Mühlengruppen zur Trockenlegung des 150 km^2 großen Harlemermeeres
1668 Plan des Großen Kurfürsten von Brandenburg zur Gründung einer Universität in Tangermünde mit technischen Ausbildungseinrichtungen entsprechend dem Vorschlag des Schweden Bengt Skytte
1642 Blaise Pascal, Rechenmaschine für Addition und Subtraktion
um 1673 Leibniz entwickelt die Grundlagen der Differentialrechnung
1675 Louvois gründet Corps des ingénieurs du génie militaire in Paris
1678 Robert Hooke: Lectures de potentia restitutiva
1687 Isaac Newton: Philosophiae naturalis principia mathematica, erstes umfassendes Lehrbuch der Mechanik
1690 Johann Bernoulli führt die Bezeichnung „Integral" ein
1702 Leonhard Christoph Sturm: Wohl begründete Gedanken von Aufhelfung des nützlichen studii der Ingenieurkunst auf Universitäten
1706 „Bürgerliche Baukunst" als Fach an der preußischen Akademie der bildenden Künste und mechanischen Wissenschaften
1712 Hubert Gautier: Traité de la Construction des Chemins, theoretische Grundlagen des modernen Straßenbaus
1716 Gründung des Corps des Ingénieurs des Ponts et Chaussées, Paris, Erster Chefingenieur war der königliche Architekt Jacques II Gabriel
1717 Johann Bernoulli, Prinzip der virtuellen Verschiebungen
1718 Ingenieurschule in Wien gegründet, Leitung: C. J. Willenberg, vorwiegend Architectura militaris
1726 Jakob Leupold: Theatrum Machinarum Generale, Bd. 7: Theatrum pontificiale, Leipzig
1729 Bélidor: Sciences des ingénieurs
Gründung des preußischen Ingenieurkorps
1742 Königliche Ingenieurakademie zu Dresden, Jean de Bodt
1742/43 Gutachten über die Risse in der Kuppel von St. Peter in Rom, Le Seur, Jacquier, Boscovitch
1744 Leonhard Euler: Methodus inveniendi lineas curvas maxime minimeve proprietate gaudentes, darin: die Ableitung der Knickformel
1745 Collegium Carolinum in Braunschweig gegründet, Abt Jerusalem
1747 Gründung der École des Ponts et Chaussées in Paris durch Trudaine, 1760 durch Perronet reorganisiert
1771 Gründung der Society of Civil Engineers in England, John Smeaton, ab 1793 Smeatonian Society of Civil Engineers
E. M. Gauthey: Mémoire sur l'application de la mécanique à la construction des voûtes et des dômes
1775 Gründung einer Schule für Ingenieuroffiziere durch Friedrich II. in Berlin, später nach Potsdam verlegt, Marsson
1790–1796 Allgemeines Magazin für die bürgerliche Baukunst, herausgegeben von Johann Gottfried Huth, Frankfurt/O.
1793 Gründung einer Bauschule in Magdeburg
1794 Gründung der École Polytechnique in Paris, L. Carnot
1795 Gaspard Monge an die École Polytechnique berufen
1796 James Parker erfindet den Roman-Zement
1797–1806 Sammlung nützlicher Aufsätze und Nachrichten die Baukunst betreffend, von mehreren Mitgliedern des Königlich Preußischen Oberbaudepartements in Berlin herausgegeben
1799 Gründung der Bauakademie in Berlin, Becherer
1806 Gründung des Ständischen Polytechnischen Instituts in Prag
1808 Plan zur Vereinigung von Tullas Ingenieurschule (gegründet 1807) und Weinbrenners Bauschule in Karlsruhe, erst 1832 durch Nebenius verwirklicht, Vorschule, fünf Fachschulen, 1865 Technische Hochschule
1813 Franz Ritter von Gerstner: Zwey Abhandlungen über Frachtwägen und Straßen und über die Frage, ob und in welchen Fällen der Bau schiffbarer Kanäle, Eisenwege oder gemachter Straßen vorzuziehen sey, enthält den Vorschlag zur Verbindung von Moldau und Donau durch eine Pferdeeisenbahn
1815 Eröffnung des Wiener Polytechnikums, erster Direktor Prechtl, 1872 Technische Hochschule
1818 Gründung des Institute of Civil Engineers in London, Thomas Telford erster Präsident
1818/19 Archiv für die Baukunst und ihre Hülfswissenschaften, Herausgeber A. C. Crelle, Berlin (nur ein Jahrgang)
1819 Angliederung einer Bauschule an die Dresdner Industrieschule
1821 Gründung der Gewerbeakademie in Berlin, C. F. Beuth
1825–1832 Jahrbücher der Baukunst, Herausgeber H. von Pechmann, München
1826 C. L. M. Navier: Leçons sur application de la mécanique
N. J. Lobatschewski begründet in Kasan die widerspruchsfreie nichteuklidische Geometrie.
1826–1830 A. L. Cauchy: Exercices de mathématique, Paris
1827 Gründung der polytechnischen Schule in München, Utzschneider, 1868 Polytechnikum
1828 Gründung der Technischen Bildungsanstalt in Dresden, Lohrmann, 1890 Technische Hochschule
1830 Gründung der Höheren Gewerbeschule in Hannover, Karmarsch
Gründung der Baugewerkschule in Holzminden
1831 Annales des Ponts et Chaussées, Paris
1834 Gründung des Wissenschaftlichen Gewerbevereins in Dresden, J. A. Schubert
1836 Vereinigung der Bauschule (gegründet 1812) und der Realschule (gegründet 1822) zur Höheren Gewerbeschule in Darmstadt, 1869 Polytechnikum, 1877 Technische Hochschule
1837 Gründung der Gesellschaft schweizerischer Ingenieure und Architekten (SIA) in Aarau
Gründung der Baugewerkschulen in Dresden und Chemnitz
1837 Minutes of proceedings of the institution of civil engineering, London
1838 Gründung der Baugewerkschule in Leipzig
1840 Umbildung der 1829 in Stuttgart gegründeten Vereinigten Kunst-, Real- und Gewerbeschule zur Königlichen Polytechnischen Schule, 1876 Technische Hochschule
1842 Gründung des Berliner Vereins für Eisenbahnkunde
seit 1842 Wanderversammlungen der Architekten und Ingenieure der deutschsprachigen Länder
1846 J. C. H. Harkort gründet die Brückenbauanstalt in Duisburg
Gründung des Sächsischen Ingenieur- und Architektenvereins in Dresden
Gründung des Österreichischen Ingenieur- und Architektenvereins in Wien
1847 Gründung des Polytechnikums Hannover, Vereinigung mit der 1831 gegründeten Gewerbeschule 1879 zur Technischen Hochschule
1848–1896 Der Ingenieur, Zeitschrift des

Sächsischen Ingenieur- und Architektenvereins, ab 1854: Der Civilingenieur

1849 Zementanalysen von Pettenkofer

1849/50 Fowler weist Tragverhalten eines Trägers auf drei Stützen nach

seit 1849 Zeitschrift des Vereins der Österreichischen Ingenieure und Architekten, ab 1858: Österreichische Ingenieurzeitschrift

1851 J. W. Schwedler: Theorie der Brückenbalkensysteme

1851–1931 Zeitschrift für Bauwesen, Herausgeber G. Erbkam, Berlin, entstanden aus dem 1833 gegründeten Notizblatt des Berliner Architektenvereins

1852 Beginn der Schinkel-Wettbewerbe des Berliner Architektenvereins mit gesonderten Preisen für Ingenieurbau und Architektur, ab 1899 auch für Eisenbahnbau

1853 Gründung der ältesten preußischen Baugewerbeschule in Nienburg

1855 Gründung der Eidgenössischen Polytechnischen Schule in Zürich, 1911 Technische Hochschule

1855–1896 Zeitschrift des Architekten- und Ingenieurvereins für das Königreich Hannover

1856 Gründung des Vereins Deutscher Ingenieure in Alexisbad/Harz, Euler, Grashof, Peters, Caro

1858 Rudolf Eitelberger von Edelberg: Über Städteanlagen und Stadtbauten, Wien, erste planungstheoretische Abhandlung

James Bogardus: Cast Iron Buildings, their construction and advantages, New York

1859 Baron Eugène Haussmann, Seine Präfekt, gründet das Office du Plan de Paris, Leiter: Deschamp

1861 F. Coignet: Béton agglomerés appliqués a l'art de construire

1862 Herzogliche Polytechnische Schule in Braunschweig gegründet, 8 Fachabteilungen, Ausgliederung der humanistischen und merkantilistischen Abteilung, 1877 Technische Hochschule

1863 Gründung des Prager Polytechnikums

1865 Grundsteinlegung zum Bau der neugegründeten TH Aachen

1866 Wochenblatt für Architekten und Ingenieure, herausgegeben von A. Bötticher und P. Wallé, ab 1868 unter dem Titel: Deutsche Bauzeitung

1870, 13. Oktober Erlaß über die Einführung des Reichsformats für Ziegelsteine mit 25 × 12 × 6,5 cm

Ministerialerlaß zur Reform des Ingenieurschulwesens: Dreijahresstudium, Aufnahme allgemeinbildender Fächer

J. C. Maxwell: Satz von der Reziprozität der elastischen Verschiebungen

1871 Gründung des Verbandes Deutscher Architekten- und Ingenieurvereine, R. Baumeister, Boeckmann

Gründung der Deutschen Gesellschaft für Bauwesen

1875 Angliederung einer Abteilung für Hochbau zur Ausbildung von Architekten an die Technische Bildungsanstalt Dresden neben der Abteilung für Bau- und Vermessungswesen

1879 Gründung der Technischen Hochschule Berlin-Charlottenburg am 1. April durch Zusammenlegung der Bauakademie und der Gewerbeakademie, Wiedereröffnung nach dem Zweiten Weltkrieg als erste deutsche Technische Hochschule 1946

1881–1944 Zentralblatt der Bauverwaltung, Berlin

1884 Beschluß des VDI in Aachen: Die Ingenieurbaulaboratorien und die Gestaltung des Unterrichts an den Technischen Hochschulen

1886 Deutsche Normalbedingungen für die Lieferung von Eisenkonstruktionen, 1892 durch Aufnahme des Flußeisens ergänzt

1889–1893 Versuche von G. Mehrtens mit Thomas-Flußeisen bei Harkort in Duisburg

1894 E. Coignet und N. de Tedesco: Berechnung von Stahlbetonelementen

1898 Gründung des Deutschen Betonvereins, erster Vorsitzender: Hartwig Hüser, ab 1899 Eugen Dyckerhoff

Hubert Engels richtet an der TH Dresden das erste ständige Flußbaulaboratorium der Welt ein

1899 Kaiser Wilhelm II. verleiht den deutschen Technischen Hochschulen das Promotionsrecht

1903 Gründung der Chambre syndicale des Constructeurs en Ciment armé de France

1904 vorläufige Vorschriften für den Entwurf und die Ausführung von Eisenbetonbauten in Preußen

seit 1904 Der Städtebau, Herausgeber bis 1919 Th. Göcke

1906 Französische Eisenbetonbestimmungen vorläufige Bestimmungen für das Entwerfen und die Ausführung von Ingenieurbauten in Eisenbeton im Bezirk der Eisenbahndirektion, Verfasser: John Labes, unter Zugrundelegung der Versuche Kleinlogels, Rudeloffs und von Bachs, zulässige Betonspannung: 2 MPa

1907 Gründung des Deutschen Ausschusses für Eisenbeton, hervorgegangen aus dem 1906 gegründeten Ausschuß betreffend die Ausführung von Betonversuchen und Versuchen zum Verhalten von Eisen im Mauerwerk

erste Städtebauseminare in Deutschland an der TH Berlin unter der Leitung von J. Brix und F. Genzmer

1908 Konstituierung des Deutschen Ausschusses für Technisches Schulwesen (DATSch)

1910 Einweihung der TH Breslau, Baufakultät seit 1928

Einrichtung des „Statischen Büros des Stahlwerksverbandes", später: Stahlberatungsstelle Düsseldorf

1911 Städtebauseminare an der TH Dresden unter Leitung von E. Genzmer und C. Gurlitt

1913 Internationale Baufachausstellung in Leipzig

1914 Gründung des britischen Town Planning Institute

1917 Gründung eines Normenausschusses im Reichskriegsamt, später: Normenausschuß der deutschen Industrie, seit 1926 Deutscher Normenausschuß (DNA)

1918 Gründung des Normenausschusses für das Bauwesen, Reichshochbaunormung

1920 Gründung der deutschen Gesellschaft für Bauingenieurwesen im VDI, Leitung: Teske, Hannover

1922/24 Reform der Technischen Hochschulen, Umbildung der aus den ehemaligen Fachschulen der Polytechniken hervorgegangenen Abteilungen zu Fakultäten

1926 erster internationaler Kongreß für Brücken- und Hochbau in Zürich

1927 Zum ersten Male legt eine Frau an einer deutschen Technischen Hochschule die Diplom-Prüfung in der Fachrichtung Bauingenieurwesen ab

1927–1931 Reichsforschungsgesellschaft für Wirtschaftlichkeit im Bau- und Wohnungswesen, W. Gropius

1930 Gründung der Gesellschaft für Bauwesen mit dem Ziel, die gesamte Bauwirtschaft in der Krise besser zu koordinieren

1934 Umbildung des Kampfbundes deutscher Architekten und Ingenieure (Feder) in den NS-Bund Deutscher Technik unter Führung von Fritz Todt, ab 1942: Speer

1935 Bernard Laffaille: Mémoire sur l'étude générale des surfaces gauches, Vortrag auf dem 2. Kongreß der IVBH in Berlin

1936 erste Großrechenmaschine von Konrad Zuse, 2 200 elektrische Relais

1956 Konstituierung der Fachgruppe Bauingenieurwesen (ab 1972 Gesellschaft für Bautechnik) im VDI

LITERATUR

(siehe auch die Literaturangaben in den Lebens- und Werkdaten und in den Anmerkungen. Vollständigkeit war weder erreichbar noch angestrebt.)

ALBERTI, L. B.: Zehn Bücher über die Baukunst, übersetzt von Max Theuer, Wien und Leipzig 1912

ALBRECHT, R.: Heinrich Gerber, Abhandlungen und Berichte des Deutschen Museums 3/1963, München 1963

Ders.; Schönheit im Brückenbau, in: 2 000 Jahre Brückenbau, Abhandlungen und Berichte des Deutschen Museums 45/1977, München 1978

ARCHITEKT UND INGENIEUR, Baumeister in Krieg und Frieden, Herzog August Bibliothek Wolfenbüttel 1984

ARMITAGE, W. H. G.: A Social History of Engineering, London 1961

BACH, C.: Mein Lebensweg und meine Tätigkeit, Berlin 1926

BAUINGENIEUR, Der, in Geschichte und Gegenwart des Bauwesens, 1. Kasseler Kolloquium zu Problemen des Bauingenieurberufs, herausgegeben von H. P. Eckardt, Kassel 1982

BAUMEISTER, R.: Architektonische Formenlehre für Ingenieure, Stuttgart 1866

BAY, H.: Lernen und Reifen, Vom Erlebnis moderner Bautechnik, Düsseldorf 1969

BAYNES, K.; **PUGH,** F.: The art of the engineer: Two hundred years in the development of drawings for the design of transport on land, sea, and air, Cardiff 1978

BEAVER, Patrick: A History of Tunnels, London 1972

BECKER, J.: Von der Bauakademie zur Technischen Universität, 150 Jahre technisches Unterrichtswesen in Berlin, Berlin 1949

BESSET, M.: Gustave Eiffel, 1832–1923, Paris 1957

BILL, M.: Robert Maillart, Zürich 1955

BINNIE, G. M.: Early Victorian Water Engineers, London 1981

BIRK, A.: Die Entwicklung des modernen Eisenbahnbaus, Leipzig 1911

BLÜMNER, H.: Technologie und Terminologie der Gewerbe und Künste bei Griechen und Römern, Reprint der Ausgabe von 1912^2, Hildesheim 1969

BOOKER, P. J.: A History of Engineering Drawing, London 1963

BOOST, H. und andere: Festschrift Heinrich Müller-Breslau, Leipzig 1912

BOUCHER, C.: John Rennie, 1761–1821, Manchester 1963

BRANDENBURG, D.: Die Baumeister des Propheten, Zürich, Freiburg i. B. 1971

BRENTJES, B.; **RICHTER,** S.; **SONNEMANN,** R.: Geschichte der Technik, Leipzig 1978

BUCHANAN, R. A.: The Engineers. A History of the Engineering Profession in Britain, 1750–1914, London 1989

BUCHHEIM, G. und **SONNEMANN,** R. (Hsgb.): Geschichte der Technikwissenschaften, Leipzig 1990

BÜCHNER, F.: Hundert Jahre Geschichte der Maschinenfabrik Augsburg–Nürnberg, 1940

CAEMENTUM, Vom, zum Spannbeton, 2 Bde., Wiesbaden 1964

CALHOUN, D. H.: The American Civil Engineer – Origins and Conflicts, MIT, Cambridge 1960

CHADWICK, G. F.: The Works of Sir Joseph Paxton, London 1961

CHRONIK der Königlich Technischen Hochschule zu Berlin, 1799–1899, Berlin 1899

DENKSCHRIFT zum 25jährigen Bestehen des Deutschen Stahlbauverbandes, 1904–1929, 1929

DIELS, H.: Antike Technik, 7 Vorträge, Reprint der 2. und 3. Auflage von 1920 bzw. 1924, Osnabrück 1965

DUDDECK, H.: Die Entwicklung der technischen Wissenschaft „Tunnelbau", Rheinisch-westfälische Akademie der Wissenschaften, N. 305, Opladen 1981

DUHEM, P.: Les Origines de la statique, 2 Bde., Paris 1905/06

EGLI, E.: Sinan, Erlenbach–Zürich 1970

ENGESSER, F.: Technik, Ingenieur und Hochschulstudium, Berlin 1921

FÄSCH, J. R.: Dictionnaire des ingénieurs, Dresden, Leipzig 1723

FAIRBAIRN, W.: The life of Sir William Fairbairn, partly written by himself and completed by William Pole, London 1877, Reprint 1970

FELDHAUS, F. M.: Die Technik der Antike und des Mittelalters, Potsdam 1931

Ders.: Die Technik der Vorzeit, der geschichtlichen Zeit und der Naturvölker, München 1965

FELDMANN, W.: Schiffe im Nadelöhr: Große Kanäle und ihre Geschichte, Leipzig 1976

FINCH, J. K.: The Story of Engineering, New York 1960

FUCHTMANN, E.: Stahlbrückenbau, München 1983

75 Jahre deutscher Brückenbau, herausgegeben von der Gesellschaft Harkort Duisburg, Duisburg 1922

Fünfzig Jahre Deutscher Ausschuß für Stahlbeton, 1907–1957, Berlin 1957

Fünfzig Jahre Deutscher Beton-Verein, 1898–1948, Wiesbaden 1948

GERSTL, J. E., **STANLEY,** P. H.: Engineers: The Anatomy of a Profession, London 1966

Geschichte der Technischen Universität Dresden, 1828–1978, Dresden 1978

GIBB, A.: The story of Telford, the rise of Civil Engineering, London 1935

GÜNSCHEL, G.: Große Konstrukteure (Freyssinet, Maillart, Dischinger, Finsterwalder), Frankfurt a. M., Wien 1966

HÄSELER, E. Die eisernen Brücken, Braunschweig 1908

HÄSLER, A.: Gotthard: als die Technik Weltgeschichte schrieb, Frauenfeld 1982

HALASZ, R. von: Industrialisierung der Bautechnik, Düsseldorf 1966
Handbuch für Eisenbetonbau, herausgegeben von F. Emperger, Bd. 1.1: M. Förster, Entwicklungsgeschichte, Versuche und Theorie des Eisenbetons, Berlin 1921
Handbuch der Ingenieurwissenschaften: I.5 Tunnelbau, herausgegeben von L. von Willmann, Leipzig 1920; II.2 Hölzerne Brücken, Bearbeiter: R. Baumeister u. a., Leipzig 1904; III.3 Die eisernen Brücken im allgemeinen, Bearbeiter: J. E. Brick, Th. Landsberg, F. Steiner, Leipzig 1909[4]
HARTUNG, G.: Eisenkonstruktionen des 19. Jahrhunderts, Darmstadt 1983
HEINRICH, B.: Brücken, Reinbeck bei Hamburg 1983
HEINZERLING, F.: Denkschrift zum 75jährigen Bestehen der Kommission zur Aufstellung von Normalprofilen für Walzeisen zu Bau- und Schiffsbauzwecken von 1878–1905, Berlin 1905
HENNING, R.: Buch berühmter Ingenieure, Berlin 1923
Herausragende Ingenieurleistungen in der Bautechnik, (Wegweiser der Bautechnik) herausgegeben von der VDI-Gesellschaft Bautechnik, Düsseldorf 1990
HERBERG, W.: Spannbetonbau, Bd. 1, Leipzig 1956
Hundert Jahre Architektenverein zu Berlin, 1824–1924, 2 Bde., Berlin 1924
HERTWIG, A.: Der geistige Wandel der Technischen Hochschulen in den letzten 100 Jahren und ihre Zukunft, Abhandlungen und Berichte des Deutschen Museums, München 1950
Historische Talsperren, Stuttgart 1987
History, A, of Technology, edited by Ch. Singer a. o., Vol. IV: c 1750 to 1850; Vol. V: c 1850 to 1900, Oxford 1958
HITZER, H.: Die Straße, München 1971
HOLM, B.: Fünfzig Jahre Deutscher Normenausschuß, Berlin 1967
HORTLEDER, G.: Das Gesellschaftsbild des Ingenieurs, Frankfurt a. M. 1970
KIRBY, R. Sh., **LAURSON,** P. G.: The early years of modern civil engineering, New Haven 1932
KLASEN, L.: Handbuch der Hochbau-Construction in Eisen und anderen Metallen, Leipzig 1876
KLASS, G. von: Weit spannt sich der Bogen, 1865–1965. Die Geschichte der Bauunternehmung Dyckerhoff & Widmann, Wiesbaden 1965
KLEMM, F.: Technik, eine Geschichte ihrer Probleme, Freiburg, München 1954
Ders., Kurze Geschichte der Technik, Freiburg, Basel, Wien 1961
KLÖPPEL, E.: Hundert Jahre Gustavsburger Schule im Stahlbau, 1960
KOERTE, A. (Herausg.): Two Railway Bridges of an Era, Firth of Forth and Firth of Tay, Basel 1992
LEONHARDT, F.: Ingenieurbau, Darmstadt 1974
LINDNER, W., **STEINMETZ,** G.: Die Ingenieurbauten in ihrer guten Gestaltung, Berlin 1923
LOYRETTE, H.: Gustave Eiffel, Stuttgart 1985
LUDWIG, K.-H.: Technik und Ingenieure im Dritten Reich, Düsseldorf 1974
MACH, E.: Die Mechanik in ihrer Entwicklung, Leipzig 1883
MANEGOLD, K.-H.: Universität, Technische Hochschule und Industrie, Berlin 1970
MATSCHOSS, K.: Männer der Technik, Berlin 1925, Reprint: Düsseldorf 1985
MEHRTENS, G.: Der deutsche Brückenbau im XIX. Jahrhundert, Berlin 1900
Ders., Vorlesungen über Ingenieurwissenschaften, II. Eisenbrückenbau, Leipzig 1908
MERCKEL, C.: Die Ingenieurtechnik im Altertum, Berlin 1899, Reprint: Hildesheim 1969
MEYER, A. G.: Eisenbauten, ihre Geschichte und Ästhetik, Esslingen a. Neckar 1907
MEYER-HEINRICH, H.: Festschrift zum 100jährigen Bestehen von Ph. Holzmann AG., 1849–1949, Frankfurt 1949
MOHR, Otto, zum 80. Geburtstag gewidmet, mit Beiträgen von Barkhausen, Föppl, Spangenberg u. a., Berlin 1916
MOKK, Laszló; Bauen mit Stahlbetonfertigteilen, Berlin 1960
NEDOLUHA, A.: Die Technik des Altertums, Leipzig 1919
OTTMANN: Gotthilf Hagen, der Altmeister der Wasserbaukunst, Berlin 1934
OVERMANN, M.: Straßen, Brücken, Tunnel, Stuttgart 1969
PARSONS, W. B.: Engineers and Engineering in the Renaissance, Cambridge, Mass. 1967
PETERS, T. F.: Bauen und Technologie, 1820–1914, die Entwicklung des modernen Bauprozesses, Diss. ETH Zürich 1977
Ders., Time is Money. Die Entwicklung des modernen Bauwesens, Stuttgart 1981
Ders., Transitions in Engineering: G. H. Dufour and the early 19th. century cable suspension bridges, Basel, Boston 1987
PETRY, W.: Der Beton- und Eisenbetonbau 1898–1923, Obercassel 1923
PICCINATO, G.: Städtebau in Deutschland, 1871–1914, Genese einer wissenschaftlichen Disziplin, Braunschweig, Wiesbaden 1983
POTTGIESSER, H.: Eisenbahnbrücken aus zwei Jahrhunderten, Basel 1985
REULEAUX, F.: Über den Maschinenbaustil, Braunschweig 1862
RICKEN, H.: Der Architekt – Geschichte eines Berufs, Berlin 1977
Ders., Der Architekt (Historische Berufsbilder), Leipzig, Stuttgart 1990
ROLT, L. T. C.: Victorian Engineering, London 1970
RUPP, E.: Bautechnik im Altertum, München 1964
RÜHLMANN, M.: Vorträge über Geschichte der Technischen Mechanik und der damit in Zusammenhang stehenden mathematischen Wissenschaften, Leipzig 1885
SANDSTRÖM, C.: Tunnels, New York 1963
SCHÄDLICH, C.: Das Eisen in der Architektur des 19. Jahrhunderts, Habil. Schrift Weimar 1967
SCHNABEL, F.: Deutsche Geschichte im 19. Jahrhundert, 3. Erfahrungswissenschaften und Technik, Freiburg i. Br. 1934
SELLENRIECK, J.: Zirkel und Lineal: Kulturgeschichte des konstruktiven Zeichnens, München 1987
SIMSON, J. von: Kanalisation und Städtehygiene im 19. Jahrhundert, Technikgeschichte in Einzeldarstellungen, Nr. 39, Düsseldorf 1983
SMILES, G.: Lives of the Engineers, 4 Bde., London 1861/62
SMITH, N.: A History of Dams, London 1971
SPRAGUE DE CAMP, L.: Ingenieure der Antike, Düsseldorf, Wien 1964
Städtebau, Der, nach den Ergebnissen der Allgemeinen Städtebau-Ausstellung in Berlin, herausgegeben von W. Hegemann, Berlin 1913
STAMM, C.: Brückeneinstürze und ihre Lehren, Mitteilungen aus dem Institut für Bautechnik an der ETH Zürich, Zürich 1952
STAPLETON, D. H.: The History of Civil Engineering since 1600, annotated Biography, New York, London 1986
STEIN, P.: 100 Jahre GHH – Brückenbau, Oberhausen 1951
STEINMANN, D. B.: Brücken für die Ewigkeit, das Leben von Johannes Röbling und seinen Söhnen, Düsseldorf 1957
STRAUB, H.: Die Geschichte der Bauingenieurkunst, Basel 1949[1], [3]1975, [4]1992
STRELL, M.: Die Abwasserfrage in ihrer geschichtlichen Entwicklung von den ältesten Zeiten bis zur Gegenwart, Leipzig 1913
STÜSSI, F.: Über die Entwicklung der Wissenschaft im Brückenbau, Zürich 1964
SZABÓ, I.: Geschichte der mechanischen Prinzipien und ihrer wichtigsten Anwendungen, Basel, Stuttgart 1977
Technik, Ingenieure und Gesellschaft, Geschichte des Vereins Deutscher Ingenieure, 1856–1981, Düsseldorf 1981
Technische Hochschulen, Die, im Deutschen Reich, herausgegeben von W. Lexis, Berlin 1904
Technische Hochschulen, Die deutschen, ihre Gründung und geschichtliche Entwicklung, herausgegeben vom Haus der Deutschen Technik e.V., München 1941
THÜRLIMANN, B.: Zur Geschichte der Konstruk-

tion und Theorie im Betonbau, Institut für Baustatik und Konstruktion an der ETH Zürich, Bericht Nr. 112, Basel 1981
TIMOSHENKO, S. P.: History of Strength of Materials, New York 1953
TREUE, W.: Die Geschichte des technischen Unterrichts, in: Festschrift zur 125-Jahrfeier der TH Hannover, 1831–1956, Hannover 1956
Ders., PÖNICKE, H., **MANEGOLD,** K.-H.: Quellen zur Geschichte der industriellen Revolution, Quellensammlung zur Kulturgeschichte, Bd. 17, Göttingen 1966
TRUESDELL, C.: Essays in the History of Mechanics, Berlin, Heidelberg, New York 1968
TRIEBEL, W.: Geschichte der Bauforschung, Hannover 1983
TUCHER, E.: Baumeisterbuch der Stadt Nürnberg, 1464–1475, herausgegeben von M. Lexer, Stuttgart 1862, Reprint: Amsterdam 1968
VITRUV: De re architectura libri decem, übersetzt von C. Fensterbusch, Berlin 1964
Wasserbaulaboratorien in Europa, Die, herausgegeben von G. de Thierry und C. Matschoß, Berlin 1926
Wasserversorgung im alten Rom, herausgegeben von der Frontinus Gesellschaft, München 1982
WATSON, J. G., **GARTH,** J.; The Civils: the story of the institution of Civil Engineers, London 1988
WERNER, E.: Technisierung des Bauens, Düsseldorf 1980
WERNER, F.: Entwicklung der Eisen- und Stahlbauweise im Industrie- und Gesellschaftsbau bis zur Mitte des 20. Jahrhunderts, Diss. B, HAB Weimar 1985
WITTEK, K. H.. Die Entwicklung des Stahlhoch baus, 1830–1874, Düsseldorf 1964
ZIEGLER, P.: Der Talsperrenbau, Berlin 1927
Zur Geschichte des Konstruierens, herausgegeben von R. Graefe, Stuttgart 1989

ANMERKUNGEN

1. Einleitung

[1.1.] Vergleiche z. B.: A. A. Sworykin u. a.: Geschichte der Technik, Leipzig 1967; David S. Landy: Der entfesselte Prometheus, Köln 1973; Burchard Brentjes u. a.: Geschichte der Technik, Leipzig 1978
[1.2.] K. Remy: Ideenwandel und Persönlichkeit in der deutschen Eisenbahngeschichte, in: Zeitschrift des VDI, 79 (1935), Nr. 41, S. 1213
[1.3.] Vgl. hierzu: Werner Sombart: Stichwort „Beruf", in: Handwörterbuch der Soziologie, Stuttgart 1959, S. 25 ff.
[1.4.] Frühes 13. Jahrhundert, in: Johannes Codagnellus: Annales placentini, ed. O. Holder – Egger, Hannover 1901, S. 23; hier nach: Franz M. Feldhaus: Die Technik der Antike und des Mittelalters, Potsdam 1931, S. 277. Feldhaus vermutet, daß „incingere" im Sinne von „to fortify" verwendet worden sei.
[1.5.] 1190/92, bei Ambroise: L'Estoire de la guerre sainte, ed. G. Paris, Paris 1897, v. 2274; hier nach: ebda.
[1.6.] Ein Text aus dem Jahre 1170; hier nach: ebda.
[1.7.] Hier zit. nach: Hans Schimank: Das Wort „Ingenieur", Abkunft und Begriffswandel, in: Zeitschrift des VDI, 83 (1939), S. 326
[1.8.] Ebda., S. 325
[1.9.] v. Bonin: Geschichte des Ingenieurkorps, 1. Theil, Berlin 1877;
1775 richtete Friedrich II. eine Schule für Ingenieure ein. Die Ergebnisse befriedigten aber offensichtlich nicht, denn beim Angriff der napoleonischen Truppen erwiesen sich die preußischen Festungen als verkommen und das Ingenieurkorps als unfähig. Eine Reorganisation erfolgte auf der Grundlage einer Denkschrift Gneisenaus 1809. Neuer Chef des Ingenieurkorps wurde Scharnhorst.
[1.10.] Jakob Leupold: Theatrum machinarum oder Schauplatz der Hebezeuge, Leipzig 1725, Widmung
[1.11.] S. 422 f.
[1.12.] Hier nach: H. Schimank, a.a.O., S. 330
[1.13.] Ebda., S. 325
[1.14.] Nürnberg 1817, S. 55
[1.15.] Ebda., S. 56
[1.16.] F. von Gottl-Ottlilienfeld: Wirtschaft und Technik, in: Grundriß der Sozialökonomie, 2. Abt., Tübingen 1914, S. 217 f.
[1.17.] F. Engesser: Technik, Ingenieur und Hochschulstudium, Berlin 1921, S. 1
[1.18.] F. Leonhardt: Der Bauingenieur und seine Aufgaben, Stuttgart 1974
[1.19.] F. Engesser, a.a.O.

2. Frühe Baumeister und die Anfänge der „Wissenschaft vom Bauen"

[2.1.] Ludwig Borchardt: Altägyptische Werkzeichnungen, in: Zeitschrift für Ägyptische Sprache und Altertumskunde, 34 (1896), S. 69 ff. (Reprint: Leipzig 1967)
[2.2.] Somers Clarke, Reginald Engelbach: Ancient Egyptian Masonry, Oxford/London 1930, S. 52, Fig. 53 u. 54
[2.3.] Übersetzt und erläutert von Otto Apelt, Leipzig 1914, S. 22
[2.4.] F. P. Chambers: The Aesthetic of the Ancient, in: Journal of the Royal Institute of Architects, 1925
[2.5.] Philebos, 56
[2.6.] Tunnelprofil: 1,6 bis 1,8 m breit, 1,8 bis 2,8 m hoch
[2.7.] Pauly-Wissowa: Real-Encyclopädie der classischen Altertumswissenschaft, Stuttgart 1894–1967, Bd. 2, S. 550
[2.8.] Übersetzt und mit Anmerkungen versehen von Curt Fensterbusch, Berlin 1964, X. 16, 38
[2.9.] Ebda. I. 1
[2.10.] Ebda.
[2.11.] Ebda.
[2.12.] Dietrich Werner; Wasser für das antike Rom, Berlin 1987
[2.13.] Zit. nach: Franz Maria Feldhaus: Geschichte des technischen Zeichnens, Wilhelmshaven 1967, S. 11
[2.14.] G. Downey: Byzantine Architects, their training and methods, in: Byzantion, Paris/Liège 18 (1946), S. 106 f.
[2.15.] Isidor von Sevilla: Etymologiae I, 19. c. 9, zit nach: Nikolaus Pevsner: The term ‚architect' in the Middle Ages, in: Speculum, Bd. 17 (1942), S. 549–562
[2.16.] Hrabanus Maurus: De Universo, XIV. 20, zit. nach: Nikolaus Pevsner: Zur Geschichte des Architektenberufs, in: Kritische Berichte zur kunstgeschichtlichen Literatur, Leipzig 1930/31 und 1931/32, S. 104
[2.17.] E. S. Prior: The Cathedral Builders in England, London 1905, S. 550
[2.18.] Carl Alexander von Heideloff: Die Bauhütte des Mittelalters in Deutschland, Nürnberg 1844;
Ferdinand Janner: Die Bauhütten des Mittelalters, Leipzig 1867
[2.19.] Halliwell: The early history of freemasonry in England, London 1844
[2.20.] Artikel 24 der Regensburger Hüttenordnung, in: s. Anm. 2.18
[2.21.] Matthäus Roritzer: Das Büchlein von der Fialen Gerechtigkeit und die Geometrie deutsch, herausgegeben von F. Geldner, Wiesbaden 1965;
Hanns Schmuttermayer: Fialenbüchlein, in: Essenwein, Anzeiger zur Kunde der Deutschen Vorzeit, Nürnberg, Neue Serie, 28 (1881), S. 65 ff.; Des „Meisters L. Lacher Unterweisung", in: August Reichensperger: Vermischte Schriften über christliche Kunst, Leipzig 1856, S. 133–155 (nach einer Abschrift aus dem Jahre 1593)
[2.22.] Die „Junker von Prag" bezieht sich auf die Söhne und Nachfolger Peter Parlers in Prag
[2.23.] M. Roritzer, a.a.O.
[2.24.] Otto Kletzl: Planfragmente aus der deutschen Dombauhütte von Prag in Stuttgart und Ulm, Veröffentlichungen des Archivs der Stadt Stuttgart, H. 3, Stuttgart 1939, S. 11
[2.25.] a.a.O., S. 7
[2.26.] W. Müller: Technische Bauzeichnungen der deutschen Spätgotik, in: Technikgeschichte, Bd. 40 (1973), 4, S. 281 ff.
[2.27.] W. Braunfels: Mittelalterliche Stadtbaukunst in der Toskana, Berlin 1953, S. 40
[2.28.] Endres Tuchers Baumeisterbuch der Stadt Nürnberg (1464 bis 1475), Stuttgart 1862; Reprint: Amsterdam 1968
[2.29.] Titelblatt, Basel 1614
[2.30.] W. H. G. Armytage: A social History of Engineering, London 1961, S. 101 ff.; G. Zweckbronner: Rechenmeister, Ingenieur und Bürger zu Ulm – Johann Faulhaber (1580–1635) in seiner Zeit, in: Technikgeschichte 47 (1980), 2, S. 114 ff.
[2.31.] Trattato di architettura civile e militare, 3 Bde., Turin 1841; in seiner Nachfolge: Francesco de Marchi (1504–1577), Artillerieoffizier in Rom und in den Niederlanden: „Della architettura militare", 1597/99, Brescia, 4 Bde.
[2.32.] Zit. nach: Künstlerbriefe über Kunst, Hrsg.: H. Uhde-Bernays, Dresden 1957, S. 38 ff.
[2.33.] Leon Battista Alberti: Zehn Bücher über die Baukunst, Herausgeber: Max Theuer, Wien/Leipzig 1912
[2.34.] Ebda., Vorrede
[2.35.] Ebda., IX. 9
[2.36.] Raffael an Simone Ciarla, Rom, 1. Juli 1514, in: Künstlerbriefe, Herausgeber: A. Rosenberg, Berlin 1880
[2.37.] Auf dem Petersplatz: 1586, am Chor von S. Maria Maggiore: 1587, an der Lateransbasilika: 1588, auf der Piazza del Popolo: 1589. S. Domenico Fontana: Die Art wie der Vatikanische Obelisk transportiert wurde, Herausgeber: D. Conrad, Teilreprint des Originals, Übersetzung und Kommentare, Berlin 1987. Wiedergabe des päpstlichen Privilegs in: F. Klemm: Technik, eine Geschichte ihrer Probleme, Freiburg und München 1954, S. 195 ff.
[2.38.] Albrecht Dürer: Schriftlicher Nachlaß, Herausgeber: H. Faensen, Berlin 1963, S. 170
[2.39.] Straßburg 1583, 1589, 1599
[2.40.] Max H. von Freeden: Balthasar Neumann, München und Berlin 1981
[2.41.] Biografien berühmter Baumeister und Bildhauer, 1. Bd.: Andreas Schlüter, Berlin 1862, S. 222
[2.42.] Nikolai Goldmann: Prodomus Architecturae, dte. Ausgabe von Leonard Christoph Sturm, 1714
[2.43.] 1706, S. 112, hier zitiert nach: Biografien berühmter Baumeister und Bildhauer, a.a.O., S. 222 f.
[2.44.] Jean-Baptiste Rondelet: Traité théorique et pratique de l'art de bâtir, 7 Bde., 1802–1817, deutsche Ausgabe Leipzig 1833–1836
[2.45.] Georg Andreas Böckler: Compendium Architecturae civilis, 1. Theil, Frankfurt/M. 1648
[2.46.] Johann Jacob Schübler: Nützliche Anweisung zur Unentbehrlichen Zimmermannskunst ..., Nürnberg 1731
[2.47.] Bernard Forest de Bélidor: Architectura hydrauliqua, Augsburg 1743, S. 54 f.

3. Bauen für die industrielle Revolution

[3.1.] Karl Karmarsch: Geschichte der Technologie seit der Mitte des 18. Jahrhunderts, München 1872, S. 107 ff.; P. Mantoux: The industrial revolution in the eighteenth century, London 1952, S. 172 f.; die Bezeichnung „Grand Révolution Industrielle" zuerst in Frankreich 1827, s.: A. Bezanson: The early use of the term Industrial Revolution, in: Quarterly Journal of Economics 36 (1922), S. 344
[3.2.] W. H. G. Armytage: A social history of engineering, London 1961, S. 96
[3.3.] Hubert Gautier, Dr. med., Marineingenieur, Inspecteur générale des Ponts et Chaussées: Traité de la construction des chemins ou-il est parlé de ceux des Romains, et de ceux modernes ..., Toulouse 1693, deutsch: 1759
[3.4.] Pierre Trésaguet: Le construction et l'entretien des chemins de la généralité des Limoges, Paris 1794
[3.5.] Leipzig 1725, Tafel 10
[3.6.] Alexander Gibb: The story of Telford, London 1935
[3.7.] Armytage, a.a.O., S. 103
[3.8.] The life of Isambard Kingdom Brunel, Civil Engineer (1870), by I. Brunel, a reprint with an Introduction by L. T. C. Rolt, Rutherford
[3.9.] Hans Straub: Die Geschichte der Bauingenieurkunst, Basel 1949, S. 173
[3.10.] Zwei Jahre später für die neuen italienischen Departements 7 Stellen für ingénieurs en chef und 12 für ingénieurs ordinaires
[3.11.] Annuaire du Corps Impérial des Ponts et Chaussées par l'an 1805, Paris, S. 1 ff.
[3.12.] Ludwigskanal, Bauzeit erst 1836 bis 1845
[3.13.] 2 Teile, Leipzig 1722 und 1773; s. Walter Sbrzesny: Lehrer und Gestalter im deutschen Wasserbau, in: Technikgeschichte 26 (1937), S. 63 f.
[3.14.] Zitiert nach: Ilja Mieck: Preußische Gewerbepolitik in Berlin 1806–1844, Berlin 1965, S. 24

[3.15.] Peter Christian W. Beuth: Artikel „Glasgow", in: Verhandlungen des Vereins zur Beförderung des Gewerbefleißes in Preußen, III, 1824, S. 169
[3.16.] Ottmann: Gotthelf Hagen, Berlin 1934, S. 29
Über die Lückenhaftigkeit des Straßennetzes und den Zustand der Straßen in Preußen berichtet F. von Dreffel im Archiv für die Baukunst und ihre Hilfswissenschaften, Hrsg.: A. C. Crelle, Berlin 1 (1818)
[3.17.] Arthur Weichhold: Johann Andreas Schubert, Dresden 1969
[3.18.] Armytage, a.a.O., S. 128
[3.19.] S. Zeitschrift für praktische Baukunst, Berlin, 20. 1860, Sp. 52 ff.;
L. T. C. Rolt: The Railway Revolution, New York 1960, S. 29 ff.
[3.20.] Abschnitte von Strecken, die nicht bis 1842 in voller Länge eröffnet waren, wie zum Beispiel der im September 1842 eingeweihte Abschnitt Leipzig–Altenburg der sächsisch-bayrischen Eisenbahn, sind hier nicht berücksichtigt. Zusammengestellt nach: Friedrich List: Werke, Bd. III/2, Berlin 1931
[3.21.] In: Archiv für Bergbau und Hüttenwesen, Berlin 19 (1829), S. 6
[3.22.] Bericht der Herren Mellet und Henry an den Generaldirecteur der Brücken und Wege, über den Entwurf der Eisenbahn von Roanne bis Andresieur (1829), in: Journal für die Baukunst, Crelle, Berlin 7 (1834), S. 331
[3.23.] Franz Ritter von Gerstner: Zwey Abhandlungen über Frachtwägen und Straßen und über die Frage, ob und in welchen Fällen der Bau schiffbarer Kanäle, Eisenwege oder generelle Straßen vorzuziehen sey, in: Unsere Zeit, Jahrbuch zum Konversationslexikon, Leipzig 1857, 1. Bd., S. 424 ff.
[3.24.] Armytage, a.a.O., S. 130
[3.25.] Zeitschrift für praktische Baukunst, Berlin 13 (1853), Sp. 265 ff.
[3.26.] S. Smiles: Lives of Engineers, London 1861, II, S. 356; Journal für die Baukunst, Crelle, Berlin 4 (1831), S. 358
[3.27.] Den Begriff „Technologie" hatte der Göttinger Professor der Philosophie und Ökonomie Johann Beckmann 1776 geprägt. Er verstand darunter die Lehre von der „Verarbeitung der Naturalien oder der Kenntnis der Handwerke". S.: J. B.: Anleitung zur Technologie, Göttingen 1777, S. 17 f.
[3.28.] Zeitschrift für praktische Baukunst, Berlin 18 (1858), Sp. 289 ff.
[3.29.] W. Ritter: Der Brückenbau in den Vereinigten Staaten Amerikas, Bern 1894
[3.30.] Karl Culmann: Der Bau der hölzernen Brücken in den Vereinigten Staaten, in: Allgemeine Bauzeitung, Wien, 16 (1851), Reprint Düsseldorf 1970.
1891 gab es im Streckennetz der Deutschen Reichsbahn noch 63 gußeiserne Brücken
[3.31.] Georg Christoph Mehrtens: Vorlesungen über Ingenieurwissenschaften, II, Eisenbrückenbau, 1. Bd., Leipzig 1908, S. 249; R. A. Paxton: Menai Bridge 1818–1826, in: Transactions of the Newcomen Society 49 (1979), S. 27 bis 110; W. A. Provis: Observations on the effects produced by wind on the suspension bridge over the Menai Strait, in: Transactions of the Institution of Civil Engineers, 3 (1942), S. 357–370
[3.32.] L. M. H. Navier: Rapport à Mr. Becquey et mémoire sur les ponts suspendu, übersetzt von J. G. Kutschera, Lemberg 1829, S. 25
[3.33.] Hodgkinson veröffentlichte die Versuchsergebnisse in: Theoretical and Experimental Researches to ascertain the Strength and Best Form of Iron Beams, in: Memoirs of the Literal and Philosophical Society of Manchester, Bd. 5, 2. Serie, Manchester 1831. Bei den Versuchen wurde ein E-Modul von 160 000 MPa ermittelt, der aufgrund der Erfahrungen beim Bau um 5 Prozent erhöht wurde. Belastungsprobe der Conway Brücke mit einem 236 t schweren Kohlenzug. Die 1,4 Zoll Durchbiegung seien nach Entlastung wieder zurückgegangen. s. Mehrtens, a.a.O., S. 523 ff.
[3.34.] The Life of Sir William Fairbairn, partly Written by himself, edited and completed by William Pole, FRS, London 1870, Reprint 1970
[3.35.] W. Fairbairn: An Account of the Construction of the Bridtannia and Conway Tubular Bridges, with a Complete History of their Progress ..., 1849
Edwin Clark: Britannia and Conway Tubular Bridges edited by Robert Stephenson, 2 Bde., 1 Tafelband, London 1850
[3.36.] Karl Culmann: Der Bau der eisernen Brücken in England und Amerika, in: Allgemeine Bauzeitung, Hrsg. M. Förster, Wien 1852, Reprint: Düsseldorf 1975, S. 179
[3.37.] Zit. nach: Tom Frank Peters: Bauen und Technologie, 1820 bis 1914, Diss. ETH Zürich 1977, S. 109
[3.38.] Ebda., S. 111
[3.39.] Johann A. Schubert: Die Überbrückung des Göltzsch- und Elstertales auf der sächsisch bayrischen Eisenbahn, Vortrag auf der Versammlung des VDAIV, Gotha 1846, in: Allgemeine Bauzeitung, Wien, 11 (1846), S. 382–392
Die Einweihung der Göltzschtalbrücke erfolgte am 15. Juli 1850 nach einer Bauzeit von 5 Jahren. Gesamtvolumen 135 000 m^3 Mauwerwerk, davon 72 000 m^3 Ziegelmauerwerk, Länge: 574 m. Der Bau forderte 31 Tote und 1302 Verletzte. 1931 wurde die alte Fahrbahn durch eine Stahlbetonwanne ersetzt.
[3.40.] Zit. nach: G. Brendel: J. A. Schubert als Bauingenieur, in: Bauplanung und Bautechnik, Berlin 12. 1958, H. 7, S. 321
[3.41.] Peter Beyer: Vom Werden der Göltzsch- und der Elstertalbrücke (Schriften des Kreismuseums Burg Mylau, H. 2), 1985
[3.42.] Über die Geschichte des amerikanischen Holzbrückenbaus s. den Aufsatz von R. Fletcher und J. P. Snow in: Proceedings of the American Society of Civil Engineering, Bd. 58, Nr. 9, vom November 1931
Bei den Brücken über Nogat und Weichsel wurden beachtliche Spannweiten erreicht: Weichselbrücke: 6 × 130,9 m, Nogatbrücke 2 × 101,4 m
S. Lentze: Die Brücken über die Weichsel bei Dirschau und die Nogat bei Marienburg, in: Zeitschrift für Bauwesen, 5 (1855) und 43 (1893);
Rudolf Eduard Schinz, Ingenieur beim Bau der Weichselbrücken, in: Unsere Zeit, Leipzig 4 (1860), S. 132 ff.
Die Gitterbrücken bei Dirschau und Marienburg, in: Unsere Zeit, 3 (1859), S. 740 ff.
Ähnlich auch die 1855–1859 unter der Leitung von Lohse gebaute Rheinbrücke bei Köln-Deutz mit 4 × 103 m Spannweite
[3.43.] John W. Thompson: Cast Iron Buildings, New York 1856; Heinrich Wurm: Vorgefertigte Bauwerke des 19. Jahrhunderts, in: Technikgeschichte 33 (1966), Nr. 3, S. 228–255
[3.44.] 5geschossige Flachspinnereien in Shrewsbury von Charles Bage (1752–1822).
7geschossiges Spinnereigebäude der Fa. Philipp & Lee in Manchester, 1799–1801, das wahrscheinlich nicht von Boulton & Watt gebaut wurde, wie Siegfried Giedion behauptet.
1865 baute Hyppolite Fontaine nach dem gleichen Prinzip die St-Ouen-Docks in Paris: I-Profile aus Blechen und Winkeleisen genietet, Tragfähigkeit der Decke: 300 MPa, s.: A. W. Skampton: Evolution of the Steel Frame Building, in: The Guilds Engineer 10 (1959), S. 47
[3.45.] A. W. Skampton, H. R. Johnson: The first Iron Frames, in: Architectural Review, London, 131 (1962), S. 178 ff.
Auch das erste Geschäftshaus in Chikago nach dem großen Brand, das Home Insurance Building, wurde 1883 nach dem gleichen Prinzip gebaut: zehngeschossig, ummauerte gußeiserne Säulen, in den unteren sechs Geschossen Deckenträger aus Schmiedeeisen, Entwurf: William le Baron Jenney (1832–1907)
[3.46.] John Desmond Bernal: Die Wissenschaft in der Geschichte, Berlin 1961, S. 383

4. Die großen Bewährungsfelder der Bauingenieure seit der Mitte des 19. Jahrhunderts

[4.1.] Vgl. zu dem Folgenden: J. E. Brik, Th. Landsberg, Fr. Steiner: Die eisernen Brücken im allgemeinen, in: Handbuch der Ingenieurwissenschaften, II, 3, Leipzig 1906;
J. Melan, Th. Landsberg: Eiserne Bogenbrücken und Hängebrücken, in: Handbuch der Ingenieurwissenschaften, II, 5, Leipzig 1906;
G. C. Mehrtens: Vorlesungen über Ingenieurwis-

senschaften, II. Eisenbrückenbau, 1. Bd., Leipzig 1908
Die ersten Brücken mit Parallelgitterträgern waren in England eine 42,7 m weitgespannte Brücke über den Royalkanal bei Dublin (1845) und in Deutschland die Neißebrücke bei Guben (1846). Es wurden vielfältige Versuche gemacht, Guß- und Schweißeisenelemente in Fachwerken zu kombinieren (z. B. der Néville-Träger). Die Verbindung der beiden Materialien durch Bolzen konnte jedoch nicht befriedigend gelöst werden. Charakteristisch ist auch der Versuch bei einer Eisenbahnbrücke über den Trent in der Nähe von Newark mit 73,3 m Stützweite, die Obergurte aus Gußeisenrohren mit Untergurten aus schweißeisernen Kettengliedern zu verbinden.
[4.2.] In der Gute Hoffnung Hütte stieg die Anzahl der Puddelöfen zwischen 1840 und 1845/46 von 10 auf 46. Als Stahlbaufirmen profilierten sich nördlich des Mains Harkort, Gute Hoffnung Hütte, Dortmunder Union; südlich des Mains: Eisenwerke Benkiser in Pforzheim, Maschinenfabrik Augsburg-Nürnberg, Maschinenfabrik Eßlingen
[4.3.] Gründer der MAN war der Unternehmer Klett, der zuerst 1838 die Nürnberger Maschinenfabrik gestützt auf zwei englische Maschinenbauingenieure und einen englischen Gießereifachmann eröffnet hatte. S.C. Matschoß: Geschichte der Maschinenfabrik Nürnberg, in: Beiträge zur Geschichte der Technik und Industrie, 5 (1913), S. 244 ff. Das erste Winkeleisen in Deutschland wurde 1831 in Rasselstein, das erste I-Profil 1857 bei Phönix gewalzt. Sämtliche Zugstäbe konnten mit Hilfe der von Ludwig Werder erfundenen Materialprüfmaschine mit 114 MPa vorgereckt und mit Hämmern bearbeitet.
F. Schleicher: Heinrich Gerber zum 125. Geburgstag am 18. November 1957, in: Der Bauingenieur, 32 (1957), S. 409 f.
[4.4.] H. Gerber: Die Eisenbahnbrücke über den Rhein bei Mainz, Mainz 1863, § 20
[4.5.] H. Gerber: Über Berechnung der Brückenträger nach dem System Pauli, in: Zeitschrift des VDI, Berlin 1865
[4.6.] 4 Felder mit je 58 m Spannweite, Obergurte parabelförmig, gebaut von der Gutehoffnungshütte
[4.7.] Zeitschrift für Bauwesen, Berlin, 1868
[4.8.] Hannover 1862
[4.9.] Die größten Gelenkbrücken: Straßenbrücke bei Ruhrort-Homberg, 207 m Stützweite, 1907 von der Brückenbauanstalt Gustavsburg; Brücke über den Firth of Forth, 1883 bis 1899, größte Stützweite 2 × 521 m; Quebec-Brücke über den St. Lorenz-Strom, größte Stützweite rd. 550 m
[4.10.] L. Freytag: Heinrich Gerber, in: Beiträge zur Geschichte der Technik und Industrie, 10. Bd., Berlin 1920, S. 94
[4.11.] Ebda., S. 102
[4.12.] K. Schaechterle, F. Leonhardt: Die Gestaltung der Brücken, Berlin 1937
[4.13.] Der Werkstoffausschuß des Deutschen Normenausschusses beschloß 1924, alles ohne Nachbehandlung schmiedbare Eisen als Stahl zu bezeichnen. S. Mehrtens: Zur Frage der Verwendung des Flußeisens für Baukonstruktionen, in: Centralblatt der Bauverwaltung, Berlin 8 (1888), S. 57 ff. und S. 67 ff.
[4.14.] Vgl. zu dem Folgenden: G. C. Mehrtens: Eisen und Eisenkonstruktionen in geschichtlicher, hüttentechnischer und technologischer Beziehung, Berlin 1887
[4.15.] C. Stamm: Brückeneinstürze und ihre Lehren, Mitteilungen des Instituts für Bautechnik, ETH Zürich, Nr. 24, 1952
[4.16.] Mehrtens, 1887, a.a.O., S. 230
[4.17.] Vgl. zu dem Folgenden: D. B. Steinmann: Brücken für die Ewigkeit, das Leben von Johann Roebling und seinem Sohn, Düsseldorf 1957; Originalausgabe: The Builders of the Bridge, New York 1912
[4.18.] L. J. Vicat: Observations diverses sur la force et la durée des cables en fils de fer, in: Annales des Ponts et Chaussées (Mémoires et Documents), 2 (1836)
[4.19.] Steinmann, a.a.O., S. 166
[4.20.] C. Szén: Die East River Brücke, in: Deutsche Bauzeitung, Berlin 17 (1883), S. 547 ff.
[4.21.] Zit. nach: A. Körte: Die Eisenbahnbrücke über den Firth of Forth in Schottland, in: Bauwelt, Berlin 40 (1979), S. 1721. Vgl.: Ders.: Two Railway Bridges of an Era – Firth of Forth and Firth of Tay, Basel 1992
[4.22.] Vier paarweise nebeneinander geordnete Tragkabel mit je 914 mm Durchmesser. Das 2. Deck wurde erst in den 60er Jahren als Autostraße hinzugefügt.
[4.23.] S. K. Finch: The story of engineering, New York 1960, S. 499
[4.24.] F. Dischinger: Hängebrücken für schwerste Verkehrslasten, in: Der Bauingenieur 24 (1949), S. 65 ff., 107 ff.
[4.25.] F. W. Bornscheuer, E. Stein: Die Elastizitätstheorie im Schrifttum (Jahresübersicht), in: VDI-Zeitschrift 103 (1961), S. 1563 ff.
[4.26.] Dimensions des fers qui doivent former la coupole de la Halle au Blé, Paris 1809
[4.27.] Prüfer: Construction der Schutzkuppel der St. Nikolaikirche in Potsdam, in: Zeitschrift für Bauwesen, 12 (1862), Sp. 155
[4.28.] in: Zeitschrift für Bauwesen 19 (1869), Sp. 65, Tf. 24 ff. über Schwedlers Kuppeltheorie s.: Erbkams Zeitschrift für Bauwesen 16 (1866). Berlin, Holzmarktstr. 6: Kuppeldurchmesser fast 40 m, Pfeilhöhe 3,86 m; Neue Synagoge: Kuppeldurchmesser 13,80 m
[4.29.] Der Stahlbau 2 (1929), S. 117
[4.30.] H. Zimmermann: Über Raumfachwerke, Berlin 1901
[4.31.] L. = 214 m, B = 73 m, H = 14 m
[4.32.] L. Runge: Zur Industrie-Ausstellung in London, in: Zeitschrift für Bauwesen 2 (1852), Sp. 38; Allgemeine Bauzeitung, Wien 15 (1850), S. 277 f., Tafelbd. 362–367; C. F. Chadwick: The works of Sir Joseph Paxton, London 1961, S. 104 ff.; C. Friemert: Die gläserne Arche, Dresden 1984, S. 7 ff.
[4.33.] Mallet, zit. nach: Tom F. Peters, in: Eisenarchitektur, ICOMOS, Deutsches Nationalkomitee, Internationales Kolloquium Bad Ems 1981, S. 50
[4.34.] Kulturhistorische Skizzen aus der Industrieausstellung aller Völker, Frankfurt/Main 1851
[4.35.] Vgl.: V. Hütsch: Der Münchner Glaspalast, 1854–1931, München 1980
[4.36.] Mémoirs du Baron Haussmann, t. III, Grands Traveaux de Paris, Paris 1893, S. 479; s. auch: Allgemeine Bauzeitung, Wien 24 (1859), S. 233 ff.
[4.37.] 20 Dreigelenkbinder mit je 114,30 m Spannweite, Gesamtfläche 50 000 m^2, Architekt: Ferdinand Dutert, Ingenieure: Contamin, Pirron und Charton
[4.38.] Zit. nach: Schweizer Bauzeitung 83 (1924), 111 (1939). M. Koechlin war Schüler von Culmann in Zürich.
[4.39.] Jakob Burckhardt: Briefe an einen Architekten (Max Alioth), 1870–1889, München 1913, S. 257
[4.40.] Zit. nach: Peschek: Eiffels Weltausstellungsthurm in Paris, in: Centralblatt der Bauverwaltung 7 (1887)
[4.41.] K. Wachsmann: Wendepunkt im Bauen, Wiesbaden 1959; G. N. Kovel'man: Das Werk des Ehrenmitglieds der Ingenieurakademie Wladimir Grigorewitsch Schuchow, Moskau 1961 (russ.); V. G. Schuchow, 1853–1939, Kunst der Konstruktion, Herausgeber: R. Graefe, Stuttgart 1990
[4.42.] John McHale: Buckminster Fuller, New York 1962; The Buckminster Fuller Reader, ed. by James Meller, London 1970
[4.43.] Zit. nach: Günter Huberti: Die erneuerte Bauweise, in: Vom Caementum zum Spannbeton, Bd. 1, Wiesbaden, Berlin 1964
[4.44.] Ebda., S. 26
[4.45.] Ebda., S. 32
[4.46.] Handbuch für Eisenbetonbau, herausgg. v. Emperger, Bd. 1, Berlin 1930, S. 7, Anm. 2
[4.47.] Hyatts US-Patent (Nr. 206112) wurde am 16. 7. 1878 erteilt, s. Beton und Eisen, 16 (1917), S. 1 f.
[4.48.] Handbuch für Eisenbetonbau, a.a.O., S. 7
[4.49.] Beton und Eisen, 12 (1913), S. 169
[4.50.] Zit. nach: G. Huberti, a.a.O.
[4.51.] Beton und Eisen, 20 (1921), S. 99
[4.52.] Fritz von Emperger: Neuere Bauweisen und Bauwerke, in: Beton und Eisen, Teil 3, Wien 1902

[4.53.] Vgl. auch zu dem Folgenden: Matthias Koenen: Zur Entwicklungsgeschichte des Eisenbetonbaus, in: Beton und Eisen 21 (1922), S. 193; Der Bauingenieur 2 (1921), S. 347 ff.;
Franz Schlüter: Aus den Anfängen der „Beton-Eisen-Bauweise", in: Beton und Eisen, 41 (1942), S. 2 ff.;
M. Förster: Matthias Koenen, in: Der Bauingenieur, 10 (1929), S. 853 ff.;
Franz Schlüter: Matthias Koenen, in: Beton und Eisen, 22 (1923), S. 181 f.
[4.54.] Der Bauingenieur, 2 (1921), S. 348
[4.55.] S. 858
Der vollständige Titel lautet: Das System Monier (Eisengerippe mit Cementumhüllung) in seiner Anwendung auf das gesamte Bauwesen, unter Mitwirkung namhafter Architekten und Ingenieure, herausgegeben von G. A. Wayss, Ingenieur, Inhaber des Patentes Monier, Berlin N. W., Alt-Moabit 97, Berlin 1887
[4.56.] Ebda., S. 2
[4.57.] Ebda., S. 27 ff.
[4.58.] E. Mörsch: Der Betoneisenbau, Stuttgart 1902; ab 2. Aufl. u. d. T.: Der Eisenbetonbau, seine Theorie und Anwendung, 1906; zitiert nach der 4. Aufl. 1912, S. 378 f.
[4.59.] Ebda., S. 380
[4.60.] Zentralblatt der Bauverwaltung, Berlin , 24 (1904), S. 251 ff.
[4.61.] Schweizerische Bauzeitung, Zürich, vom 2. Jan. 1904, S. 15
[4.62.] H. Bay: Lernen und Reifen, Düsseldorf 1969, S. 33
[4.63.] E. Mörsch, a.a.O., Stuttgart 1923[6], Vorwort
[4.64.] Vgl. zu dem Folgenden: A. Kleinlogel: Eloge zum 70. Geburtstag Empergers, in: Beton und Eisen, Berlin 31 (1932), S. 1
[4.65.] Joseph Melan, 1853–1941, Professor für Brückenbau an den TH in Brünn und Wien. Erste Brücke nach dem System Melan: Schwimmschulbrücke in Steyr, Dreigelenkbogen mit eisernen Zapfengelenken, 42,40 m Spannweite, 2,67 m Pfeilhöhe, von 1898
[4.66.] Antwort auf eine Befragung der Redaktion von Beton und Eisen über Empergers Aufsatz über n = 15 und die zulässigen Biegespannungen, in: Beton und Eisen, Berlin, 31 (1932), S. 10
[4.67.] Deutsche Bauzeitung, Berlin, 47 (1913), S. 385 ff.; Beton und Eisen, Berlin, 12(1913), S. 60 ff.
[4.68.] M. Bill: Robert Maillart, Zürich 1949; H. Jenny-Dürst: Nekrolog, in: Neue Zürcher Zeitung v. 2. Mai 1940; Dokumentation des Maillartschen Werks mit Nekrolog von M. Roš durch den Schweizerischen Verband für die Materialprüfungen der Technik, Zürich 1940
[4.69.] B. Thürlimann: Zur Geschichte der Konstruktion und Theorie im Betonbau, Institut für Bautechnik und Konstruktion der ETH Zürich, Bericht Nr. 112, Juni 1981, Sonderdruck aus dem Jahresbericht des Vereins Schweizerischer Zement-, Kalk- und Gipsfabrikanten von 1980
[4.70.] Beiträge in der Schweizerischen Bauzeitung, Zürich, 78 (1921), S. 18 f.; 79 (1922), S. 254 f.; 83 (1924), S. 109 f.; S. 176 f.; Bulletin Technique Suisse Romande, 1924, Nr. 13
[4.71.] Vortrag am Diskussionstag der Eidgen. Materialprüfungsanstalt, 12. 11. 1937, in: Schweizerische Bauzeitschrift, 95 (1938), H. 1
[4.72.] Aktuelle Fragen des Eisenbetonbaues, in: Schweizerische Bauzeitung, Zürich, 95 (1938), S. 1
[4.73.] Der Bauingenieur, Berlin, 6 (1925), S. 362; zu Dischingers Leben und Wirken: Spannweite der Gedanken, Herausgeber: M. Specht, Berlin 1987
[4.74.] F. Dischinger, U. Finsterwalder: Eisenbetonschalendächer System Zeiß-Dywidag, in: Der Bauingenieur, Berlin, 9 (1928), S. 807
[4.75.] Handbuch für Eisenbetonbau, Bd. 12, S. 167 f.
[4.76.] R. Sarger: Lœuvre de Bernard Lafaille, in: L'Architecture d'aujourd'hui, Paris, 27 (1956), Nr. 64, S. 16 ff.; J. Joedicke: Schalenbau, Stuttgart 1962
[4.77.] Sanchez-Arcas: Form und Bauweise der Schalen, Berlin 1961, S. 189 ff.
[4.78.] J. Thies: Architektur der Weltherrschaft, Düsseldorf 1976, S. 93 u. 96; F. Dischinger: Weitgespannte Tragwerke, in: Der Bauingenieur, Berlin, 29 (1949), S. 196 f.
[4.79.] L'Architecture d'aujourd'hui, 27 (1956), Nr. 64, S. 54 f.
Traveaux, Paris, 1959, Nr. 296
[4.80.] W. Herberg: Spannbetonbau, Bd. 1, Leipzig 1956, Kap. 1
[4.81.] F. Dischinger: Elastische und plastische Verformungen der Eisenbetontragwerke und insbesondere der Bogenbrücke, in: Der Bauingenieur, Berlin, 20 (1939), H. 5/6 ff. Die Bezeichnung „Spannbeton" zuerst von Wayß & Freytag verwendet.
[4.82.] 1926–1930 gebaut, 3 Öffnungen mit je 186,40 m Spannweite hergestellt mit nur einem Lehrbogen, A. Cayne, in: Le Génie Civil, 1930, 4. Okt.; vgl. auch: Der Bauingenieur, 12 (1931), S. 322; Maurice Besset: E. F., Paris 1959. 1929 erhielt Freyssinet das Deutsche Reichspatent. Zusammenfassung seiner Erkenntnisse in: E. F.: L'idée française de la précontrainte révolutionne l'art de construire, in: Traveaux, Jg. 1957, Nr. 273, S. 358–368; Ders.: Überblick über die Entwicklung des Gedankens der Vorspannung, Wiesbaden 1950; Y. Guyen: Béton précontraint, Paris 1951, mit Vorwort von Freyssinet
[4.83.] Aus den Lebenserinnerungen, hier zit. nach: Huberti, a.a.O., Anhang, S. 31 f.
[4.84.] Eine erste umfassende Darstellung der Spannbetontechnik veröffentlichte E. Mörsch: Der Spannbetonträger, Stuttgart 1943. Da Wayss & Freytag die Lizenz für das Verfahren Freyssinet gekauft hatte und Dyckerhoff & Widmann die Verfahren von Dischinger und Finsterwalder verwerteten, stand der Spannbeton auch noch nach dem zweiten Weltkrieg ganz im Zeichen des Konkurrenzkampfes beider Firmen.
[4.85.] U. Finsterwalder, H. Schambeck: Von der Lahnbrücke Balduinstein bis zur Rheinbrücke Bendorf, in: Der Bauingenieur 40 (1965), 3, S. 84–91, hierin eine Aufstellung im freien Vorbau hergestellter Spannbetonbrücken
[4.86.] Der Bauingenieur 11 (1930), S. 19 ff.; Spangenberg: Die Hochbrücke bei Echelsbach, in: Der Bauingenieur 11 (1930), S. 391–406
[4.87.] Internationale Vereinigung für Brücken- und Hochbau, 6. Kongreß, Stockholm 1960, Schlußbericht, Zürich 1961, S. 345–354
[4.88.] Th. Rehbock: Die Entwicklung des wasserbaulichen Versuchswesens, in: Der Bauingenieur, 10(1935), 9/10, S. 90
[4.89.] Eloge zum 100. Geburtstag von Hubert Engels, in: Der Bauingenieur, 29 (1954), 2, S. 75; vgl.: Die Wasserbaulaboratorien Europas, herausgegeben von G. de Thierry und C. Matschoß, Vorwort J. R. Freeman, Berlin 1926
[4.90.] Alois Negrelli: Die gegenwärtigen Transport- und Kommunikationsmittel Ägyptens mit Beziehung auf die beantragte Durchsetzung der Landenge von Suez, in: Austria, Jg. 1856, H. 17; vgl.: Bernd Goeckel: Geschichte und Geschichten um den Suez-Kanal, in: Historische Beiträge über die Entwicklung wassertechnischer Anlagen (Schriftenreihe der Frontinus-Gesellschaft, H. 2), S. 27 ff.
[4.91.] Ebda., S. 35
[4.92.] Bericht des französischen Unternehmers A. Lavalley: Communication faite par M. A. L. (Entreprise Borel-Lavalley et Cie.) sur les traveaux d'execution du canal maritime de l'Isthme de Suez. Extrait du complerendu des traveaux de la Société des Ingénieurs Civils, Séance de 7 et 21 septembre 1866, Paris 1866; vgl.: T. F. Peters; a.a.O., S. 114 ff.
[4.93.] Hermann Bauschinger: Die Arbeiten am Panamakanal, in: Zeitschrift des VDI, 53 (1909), Nr. 5, S. 162 ff.; Nr. 6, S. 216 ff.
[4.94.] Eberhard Fischer: Das Schiffshebewerk Niederfinow = Großtaten der Technik, 1), Eberswalde 1931
[4.95.] F. Reulaux, Zürich: Mitteilungen über die Durchbohrung des Mont-Cénis, in: Zeitschrift für praktische Baukunst, Berlin 18 (1858), Sp. 249 ff.; G. E. Sandström: Tunnels, New York 1963, Kap. 6; F. von Rziha: Die kulturelle Bedeutung der Sprengarbeit, in: Annalen für Gewerbe und Bauwesen, 4 (1879), Sp. 31 ff., Sp. 72 ff.; Tunnelbau, herausgegeben von Willmann, Leipzig 1920, S. 222
[4.96.] Sandström, a.a.O., S. 178; F. Wiedermann: Tunnelbau gestern und heute, in: VDI-Nachrichten, 36 (1982), Nr. 22, S. 11
[4.97.] Sandström, a.a.O., Kap. 19

[4.98.] Minutes of Proceedings of the Institution of Civil Engineers, London 1847, S. 16 ff.; Zeitschrift für Bauwesen, Berlin, 6 (1856), Sp. 170 ff.;

[4.99.] Zit. nach: Sandström, a.a.O., S. 209

[4.100.] Tunnelbau, a.a.O., S. 399 ff.; Sandström, a.a.O., S. 216

[4.101.] Saitz: Tunnel der Welt, Berlin 1988, S. 267

[4.102.] Stauraum 1,2 Mio. m^3 bei 50 m Wassertiefe, Kronenlänge 100 m, Sohlenbreite 42,17 m, Krümmungshalbmesser des Grundrisses 250 m. S. P. Ziegler: Der Talsperrenbau, Berlin 1927, Bd. 2, S. 21 ff.;
Die Talsperren, bearbeitet von E. Mattern, Leipzig 1913, S. 220 ff.

[4.103.] R. Hennig: Buch berühmter Ingenieure, Berlin 1923

[4.104.] Kronenlänge 145 m, größte Höhe 28,90 m, 11,8 Mio. m^3 Stauraum. S. P. Ziegler: a.a.O., S. 255 ff.

[4.105.] D. Quinche: Weltkongreß für große Talsperren in Lausanne, in: Schweizer Baublatt, 96 (1985), H. 55, S. 2 ff.

[4.106.] O. Likar: Die Dammbauten der Tennessee-Tal-Verwaltung, in: Der Bauingenieur, Berlin, 28(1953), S. 109 u. 275

[4.107.] Das Deltaprojekt, herausgegeben vom Ministerium für Verkehr und Öffentliche Arbeiten, Den Haag 1989

[4.108.] W. H. G. Armytage: A social History of Engineering, London 1961, S. 275 ff.; H. Grengg u. H. Lauffer, in: Österreichische Bauzeitschrift, Wien

[4.109.] H. Grengg: Funktion, Ordnung und Gestalt im konstruktiven Wasserbau, Graz 1962 = Mitteilungen des Instituts für Wasserwirtschaft ..., H. 5), S. 5

[4.110.] Über Städtebau im Altertum, s.: Aristoteles: Politikos, IV u. XI; A. von Gerkan: Griechische Städteanlagen, Berlin 1924; Vitruv: De Architectura Libri Decem, übersetzt von C. Fensterbusch, Berlin 1964, I. VI.
Ein lebendiges Bild über die Tätigkeit eines Stadtbaumeisters vermitteln: Endres Tucher: Baumeisterbuch der Stadt Nürnberg, 1464–1475, herausgegeben von M. Lexer, Stuttgart 1862 (Reprint: Amsterdam 1968); Meyer, Christian: Die Hauschronik der Familie Holl (1487–1646), München 1910

[4.111.] Max von Freeden: Balthasar Neumann als Stadtbaumeister, Berlin 1937

[4.112.] Oswald Hederer: Karl von Fischer, München 1960;
Oswald Hederer: Leo von Klenze, München 1964;
Arthur Valdenaire: Friedrich Weinbrenner, Karlsruhe 1919; Marie Fröhlich und H. G. Sperlich: Georg Moller, Darmstadt 1959

[4.113.] G. Sundbörg: Aperçus statistiques internationaux, Stockholm 1908[11], S. 27

[4.114.] Reinhard Baumeister: Stadt-Erweiterungen in technischer, baupolizeilicher und wirtschaftlicher Beziehung, Berlin 1876, S. 334; Vgl. auch: W. Hegemann: Das steinerne Berlin, Berlin 1931

[4.115.] R. Heiligenthal: Deutscher Städtebau, Heidelberg 1921

[4.116.] Aus dem „Report on the Sanitary Condition of the Labouring Population of Great Britain, 1842, von Edwin Chadwick, hier nach: Armytage, a.a.O., S. 140

[4.117.] Zit. nach: J. P. Clapham: An Economic History of Modern Britain, the early Railway Age, Cambridge 1939, S. 545

[4.118.] Baumeister, a.a.O., S. 53

[4.119.] Schumacher, Fritz: Wie das Kunstwerk Hamburg nach dem großen Brand entstand, Berlin 1920

[4.120.] Hierzu und zu dem Folgenden: C. Matschoß: Der Einfluß der Technik auf die Entwicklung Berlins während des ersten Jahrhunderts der preußischen Städteordnung, in: Zeitschrift des Vereins Deutscher Ingenieure, 53 (1909), S. 425 ff.
Zu James Hobrecht: Deutsche Bauzeitung 31 (1897), Nr. 37 und 36 (1902), Nr. 77

[4.121.] C. Matschoß: a.a.O.

[4.122.] F. Eiselen: Die elektrische Hoch- und Untergrundbahn in Berlin von Siemens & Halske, in: Deutsche Bauzeitung 35 (1901), S. 505 ff.

[4.123.] Zit. nach: Ernst Heinrich: Der Hobrecht-Plan, in: Jahrbuch für brandenburgische Landesgeschichte, 13. Band, Berlin 1962, S. 42

[4.124.] Deutsche Bauzeitung 44 (1910), S. 745 f.

[4.125.] Zit. nach: Ernst Heinrich, a.a.O., S. 57

[4.126.] Stübben, Josef: Der Städtebau, Leipzig 1924, S. 487 ff.

[4.127.] Mémoires de Baron Haussmann, a.a.O., S. 337 ff.; Stübben, a.a.O., S. 463

[4.128.] Im Text des Beschlusses folgen noch drei weitere Artikel über Grundstückszusammenlegungen, Finanzierung des Straßenbaus und über die Rechte der Grundstückseigentümer im Zusammenhang mit der Anlage von Straßen. R. Baumeister: Grundsätze des Städtebaus, 1874, in: Deutsche Bauzeitung, Berlin, 40 (1906), S. 548 ff.

[4.129.] Die „Leitsätze des Deutschen Vereins für öffentliche Gesundheitspflege über Maßnahmen zur Herbeiführung eines gesundheitlich zweckmäßigen Ausbaus der Städte" vom September 1895 enthalten u. a. die Forderung, Industriebauten nur in bestimmten Stadtbezirken zuzulassen, s. Stübben, a.a.O., S. 704 f.

[4.130.] Hier zit. nach der 4. Aufl., Wien 1909, S. 137

[4.131.] Hegemann, a.a.O.

[4.132.] Deutsche Bauzeitung, Berlin 47 (1913), S. 579

[4.133.] E. Faßbinder: Grundzüge der modernen Städtebaukunde, Leipzig, Wien 1912, S. 29

[4.134.] K. A. Hoepfner: Grundbegriffe des Städtebaus, 2. Bd., Berlin 1928, S. 4; Ders.: Die Bestimmung und Umgrenzung des Begriffs „Städtebau" als Ingenieurwissenschaft, in: Der Bauingenieur, Berlin, 2 (1921), S. 615 ff.

[4.135.] F. Pöpel: Eloge zum 80. Geburtstag von Karl Imhoff, in: Fachblatt für Gastechnik und Gaswirtschaft sowie Wasser und Abwasser, 97 (1956), S. 293 ff.; G. Annen: Karl Imhoff, in: Herausragende Ingenieurleistungen in der Bautechnik, herausgegeben von der VDI-Gesellschaft Bautechnik, H. 4

[4.136.] Die Bauwelt, Berlin, 17 (1926), S. 333

[4.137.] Ebda. S. 334; E. Strauch: Neuzeitliche Methoden im Wohnungsbau, Berlin 1931

[4.138.] R. Eberstadt: Handbuch des Wohnungswesens und der Wohnungsfrage, Jena 1909

[4.139.] Wohnungsbau in Deutschland 1920–1944, Wohnungszugang je 1000 Einwohner:

1920: 1,7	1929: 5,1	1937: 4,8
1922: 2,5	1931: 3,7	1939: 3,0
1924: 1,7	1933: 2,7	1941: 0,9
1927: 4,6	1935: 3,7	1943: 0,4

nach: Statistisches Jahrbuch für das Deutsche Reich, Berlin 22 (1921) bis 63 (1944)

[4.140.] G. Garbotz: Baumaschinen einst und jetzt, in: Baumaschine und Bautechnik, 21(1974), S. 333 f.;
Philipp Holzmann AG im Wandel von hundert Jahren, bearbeitet und herausgegeben von H. Meyer-Heinrich, Frankfurt/M. 1949

[4.141.] In Abhängigkeit von der Betriebsgröße ergeben sich differenzierte Werte:

Beschäftigte	Anteil an Gesamtbeschäftigten	Maschinenleistung in %	Maschinenleistung in KW/Arbeiter
1–5	40	19	0,265
6–10	14	10	0,420
11–50	27	26	0,537
51–200	13	27	1,088
über 201	6	18	1,750
zusammen	100	100	4,06

aus: O.-H. Ledderboge: Ein Beitrag zur Geschichte der Bautechnik, in: Bauplanung und Bautechnik, Berlin, 8 (1954), S. 214 ff.

[4.142.] M. Mayer: Die Anregungen Taylors für den Baubetrieb, Berlin 1915; L. M. Gilbreth: Das Leben eines amerikanischen Organisators F. B. Gilbreth, Stuttgart 1925

[4.143.] Gilbreth, a.a.O., S. 61 ff.

[4.144.] Vgl. zu dem Folgenden: K.-D. Heid-

rich, H. Hofmeister, H. Ricken: Historische Betrachtungen über die Baunormung in Deutschland, in: Bauzeitung, Berlin, 45 (1991), S. 354 ff., 422 ff.
[4.145.] E. Konter: Die preußische Bauverwaltung und ihre Ausbildung von 1770 bis 1850, in: Arch+, Berlin, Stuttgart, 1975, H. 25, S. 18
[4.146.] D. Gilly: Handbuch der bürgerlichen Land-Bau-Kunst, Teil 1, Braunschweig 1797, S. 123
[4.147.] Zirkular-Erlaß des Preußischen Handelsministeriums über die Einführung des neuen Ziegelformats, Berlin, den 13. Oktober 1870, in: Deutsche Bauzeitung, Berlin, 1870, S. 397
[4.148.] G. Garbotz: Vereinheitlichung in der Industrie, München, Berlin 1920, S. 53
[4.149.] H. Friebe: 50 Jahre Deutscher Normenausschuß, in: DIN-Mitteilungen, 46 (1967), S. 292
[4.150.] W. Gehler: Vereinfachung im Bauwesen, Mitteilung des Normen-Ausschusses der deutschen Industrie, 1918, H. 6, S. 92; 40 Jahre Baunormung 1917 bis 1957 – 10 Jahre Fachnormenausschuß Bauwesen im Deutschen Normenausschuß 1947–1957, Herausgeber FNBau 1957
[4.151.] T. Hänseroth: Willy Gehler, in: Dresdener Beiträge zur Geschichte der Technikwissenschaften 19 (1991), S. 65
[4.152.] Der Stand der Arbeiten des Normenausschusses der deutschen Industrie im März 1919, in: Anzeiger für Berg-, Hütten- und Maschinenwesen, 41 (1919), S. 1834
[4.153.] W. Gehler: Erläuterungen mit Beispielen zu den Eisenbetonbestimmungen 1925, Berlin 1926[3], Vorwort
[4.154.] E. Neufert: Bauordnungslehre, Frankfurt/M., Berlin 1943; Ders.: Baunormung als Ganzheit, in: Die Bauindustrie, Berlin 1942, H. 37/38, S. 2 ff.
[4.155.] G. Garbotz: Ersatz der Handarbeit durch Maschinenarbeit im Baugewerbe, in: Zeitschrift des VDI, Berlin, 72 (1928), Nr. 28, S. 280 ff.
[4.156.] Ebda.
[4.157.] DRP Nr. 197 773
[4.158.] B. Kelly: The prefabrication of houses, London 1951, S. 7; D. Harrison, J. M. Albery, M. W. Witting: A Survey of Prefabrication, London 1945; K. Wachsmann: Holzbau, Berlin 1930, S. 14 ff.
[4.159.] B. Kelly, a.a.O., S. 8
[4.160.] Eiserne Wohnhäuser, in: Deutsche Bauzeitung, 23 (1889), 83, S. 503; H. Wurm: Vorgefertigte Bauwerke des 19. Jahrhunderts, in: Technikgeschichte, 33 (1966), H. 3, S. 228 bis 255
[4.161.] Heinzerling, Intze: Die Normalprofile für Walzeisen, Berlin 1880
[4.162.] Peters, a.a.O., S. 176
[4.163.] Hartmut Probst: Zur Herausbildung architektonischer Gestaltungsmittel im mehrgeschossigen Stahlbetonbau des 19. und 20. Jahrhunderts, Diss. A, Weimar 1983, S. 86; H. M. Wingler: Das Bauhaus, 1919–1933, Weimar–Dessau–Berlin, Bramsche 1962, S. 26; Architectural Review, July 1961, S. 49 ff.
[4.164.] Walter Gropius: Wohnhaus-Industrie, in: Ein Versuchshaus des Bauhauses in Weimar, München 1923/24, S. 6; Ders.: Baukasten im Großen, 1920
[4.165.] Die Frankfurter Siedlungen waren:
Praunheim: 1 441 Wohnungen, 1926–1929 in drei Bauabschnitten, der 2. und 3. in Großblockbauweise
Bruchfelderstraße: (Zickzackhausen) 643 Wohnungen, 1926–1927
Westhausen: 1 532 Wohnungen, 1929–1931, davon 400 Wohnungen in Großblockbauweise, konsequente Zeilenbebauung
Römerstadt: 1 220 Wohnungen, 1927–1929, Ziegelbauweise
Ausführliche Berichte in der von E. May und F. Wichert herausgegebenen Zeitschrift „Das Neue Frankfurt", 1 (1927)–4 (1930) und 5 (1931), H. 1.; vgl. auch die von Heinz Hirdina herausgegebene Dokumentation „Das Neue Frankfurt", Leipzig 1984
[4.166.] Bericht über die Versuchssiedlung in Frankfurt-Praunheim (Frankfurter Montagebauverfahren) = Sonderheft Nr. 4 der Rfg für Wirtschaftlichkeit im Bau- und Wohnungswesen e.V., 1928
[4.167.] E. May: Mechanisierung des Wohnungsbaues in Frankfurt am Main, in: Die Bauwelt, 17 (1926), H. 45, S. 1091
[4.168.] V. V. Nesterow, in: Materialy po istorii stroitel' noj techniki, Bd. 3, Moskva 1971; M. Ja. Ginsburg: Die Baukunst der Sowjetunion, in: Wasmuths Monatshefte für Baukunst, 11 (1927), S. 409–415; I. Fjodorow: Zur Entwicklung des Wohnungs- und Gesellschaftsbaus in der Sowjetunion, in: Architektur der DDR, 26 (1977), H. 10, S. 592–596
[4.169.] A. Kleinlogel: Fertigkonstruktionen im Beton- und Eisenbetonbau, Berlin 1929, S. 1; vgl.: Robert von Halasz: Industrialisierung der Bautechnik, Düsseldorf 1966, S. 2

5. Die Wissenschaft der Bauingenieure Zwischen Erfahrung und Theorie

[5.1.] Übers. nach: G. Downey: Byzantine Architects, their training and methods, in: Byzantion, Paris, Liège, 18 (1946), S. 107
[5.2.] Erste Gedanken über ein physikalisches System bei Straton von Lampsakos, in: Die Schule des Aristoteles, herausgegeben von F. Wehli, Basel 1950, S. 18 ff.
[5.3.] Jean Gimpel: Les Batisseurs des Cathédrales, Paris 1958, S. 120
[5.4.] B. Hanftmann: Die Benediktiner als Architekten bis in die Zeit der Gotik. Ihr Werkschuh zu 0,3329 m, in: Studien und Mitteilungen zur Geschichte des Benediktiner-Ordens, N. F., Bd. 17, München 1930, S. 242 ff.
Die für die Bauten des Ordens verbindlichen Bauordnungen (Consuetudines) des Klosters Cluny sind in 4 Fassungen erhalten.
[5.5.] Matthäus Roritzer: Das Büchlein von der Fialen Gerechtigkeit und Die Geometrie Deutsch, Herausg.: F. Geldner, Wiesbaden 1965; ähnlich auch Lorenz Lacher in den Unterweisungen für seinen Sohn Moritz, abgedruckt in: August Reichensperger: Vermischte Schriften über christliche Kunst, Leipzig 1856, S. 133–155; Hanns Schmuttermayer: Fialenbüchlein, publiziert von Essenwein in: Anzeiger zur Kunde der deutschen Vorzeit, Nürnberg, Neue Serie, 28 (1881), S. 65 ff.
[5.6.] Hans R. Hahnloser: Villard de Honnecourt, kritische Gesamtausgabe des Bauhüttenbuchs ms. fr. 19093 der Pariser Nationalbibliothek, Wien 1935, S. 258
[5.7.] H. Schmuttermayer, a.a.O.
Die „Junker von Prag" waren Peter Parler und seine Söhne.
[5.8.] Mariano Taccola: De ingeneis, um 1450, und De rebus militaribus, 1449, Reprint Baden-Baden 1984
[5.9.] Trattato di architettura civile e militare, 3 Bde., herausgegeben von C. Saluzzo, Turin 1841;
gekürzte Abschrift in: Leonardo da Vinci, Codices Madrid, II, Bl. 86–98
[5.10.] L. Reti u. a.: Leonardo – Künstler, Forscher, Magier, Frankfurt a. M. 1974, S. 190
[5.11.] Ms.L, fol. 6or, Institut de France
[5.12.] Codices Madrid, Bl. 52v
[5.13.] Ebda., Bl. 139r; vgl. B. Heinrich: Am Anfang war der Balken, Kulturgeschichte der Steinbrücke, in: Deutsches Museum, Kulturgeschichte der Naturwissenschaften und der Technik, Bd. 2, München 1979, S. 100 ff.
[5.14.] Künstlerbriefe über Kunst, herausgegeben von H. Uhde-Bernays, Dresden 1957, S. 38 ff.
[5.15.] Zit. nach: Lynn White Junior: Die mittelalterliche Technik und der Wandel der Gesellschaft, München 1968, S. 71
[5.16.] Zit. nach: I. Szabó: Die ursprüngliche Fassung einiger Gesetze der Mathematik, in: Die Bautechnik, 45 (1968), S. 5
[5.17.] G. Galilei: Discorsi a dimostrazioni matematiche, intorno a due nuove scienze, attenanti alla mecanica ed i movimenti locati, Leiden 1638, Dialogo secundo, S. 114 f.,
übers. von F. Klemm, in: Ders., Technik eine Geschichte ihrer Probleme, Freiburg und München 1954, S. 172
[5.18.] Parere di tre Mattematici sopra i danni che si trovati nella Cupola di S. Pietro sul fine dell' Anno 1742

François Jacquier (1711–1788), Minorit, Professor der Hl. Schrift an der Propaganda Fide in Rom, dann der Physik und ab 1773 der Mathematik am Collegio Romano. Thomas Le Seur (1703–1770), Professor der Mathematik an der Sapienza in Rom, Zusammenarbeit mit Jacquier. Ruggiero Giuseppe Boscovich (1710–1787), Jesuit, Professor der Philosophie und Mathematik in Rom, Pavia, Paris und zuletzt in Mailand, Abhandlungen über Astronomie und Optik. „Elementa universae matheseos", 1754.
[5.19.] T. Tredgold: Über die Stärke des Gußeisens und anderer Metalle, Leipzig 1826, S. 2
[5.20.] J. Heymann: Coulombs Mémoir on Statics, Cambridge 1972; A. Kahlow: Ein Ingenieur gründet eine Wissenschaft: Charles Augustin Coulomb, in: Wissenschaft und Fortschritt, Berlin, 36 (1986), H. 6, S. 159
[5.21.] Resumé des Leçons données à l'École des Ponts et Chaussées sur l'application de la mécanique à l'établissement des constructions et des machines, Paris 1826; deutsch: Mechanik der Baukunst, übers. von Westphal, Hannover 1851; eine profunde Darstellung der Navierschen Theorie in: M. Rühlmann: Vorträge über die Geschichte der Technischen Mechanik und der damit in Zusammenhang stehenden mathematischen Wissenschaften, Leipzig 1885, § 30; s. auch: T. Hänseroth: Die Mechanik der Baukunst – zum 150. Todestag des Begründers der Baumechanik L. M. H. Navier (1785–1836), in: NTM, Leipzig 1985, S. 33 ff.
[5.22.] Solution graphique des principales questions sur la stabilité des voûtes, Paris 1835; hier nach: A. Hertwig: Die Entwicklung der Statik der Baukonstruktionen im 19. Jahrhundert, in: Technikgeschichte 30 (1941), S. 82 ff.
[5.23.] Mitteilungen des Architekten- und Ingenieurvereins Böhmen 3 (1868)
[5.24.] Mechanik der Baukunst, a.a.O., § 1
[5.25.] F. Stüssi: Die Baustatik Naviers, in: Schweizerische Bauzeitung 116 (Nov. 1940), S. 201
[5.26.] J. v. Liebig: Chemische Briefe, Heidelberg 1851, S. 568 f.
[5.27.] Géometrie descriptive, Paris 1795; deutsch: G. Monges Anfangsgründe der Statik, übers. von E. M. Hahn, Berlin 1806, S. 2, Die Elemente der technischen Mechanik: Kraftzerlegung, Momente, Gleichgewicht, Räder, Winde, Schraube und Keil werden gegliedert in Lehrsatz, Beweis, Zusätze und Aufgaben mit Lösungen dargestellt.
[5.28.] Ebda., Vorrede
[5.29.] Zeitschrift des VDI, Berlin 11 (1869), S. 753
[5.30.] S. Whipple: An Essai on Bridge Building, 1847; S. P. Timoshenko: D. J. Jourawski and his contribution to the theory of structures, Festschrift für Federhofer und Girkmann, Wien 1950
[5.31.] A. Hartwig, a.a.O., S. 88
[5.32.] Von Unruh, in: Eisenbahnzeitung, Berlin, 1850, S. 142
[5.33.] C. O. Mohr: Beitrag zur Theorie der Holz- und Eisen-Constructionen, in: Zeitschrift des Architekten- und Ingenieurvereins zu Hannover 14 (1868).
Vermutlich hat Culmann beabsichtigt, Mohrs Lösung in den 2. Band der nicht mehr erschienenen 2. Auflage von „Die graphische Statik" aufzunehmen.
[5.34.] A. Ritter: Elementare Theorie und Berechnung eiserner Dach- und Brückenkonstruktionen, Hannover 1802
[5.35.] Grundlegend: Aufsätze von Fränkel, 1875, und Mohr, 1885, im Civilingenieur, Leipzig; von Grübler in der Rigaischen Industriezeitung, 1887, und von Müller-Breslau in der Schweizerischen Bauzeitung, 1887
[5.36.] Berlin 1906. Die Bezeichnung „Einflußlinien" zuerst bei Jacob Johann Weyrauch (1845–1917)
[5.37.] J. C. Maxwell: On the calculation of the equilibrium and stiffness of frames, Phil. Magasin, Bd. 20 (1864)
[5.38.] H. Müller-Breslau: Die neueren Methoden der Festigkeitslehre und der Statik, Leipzig 1913[4], Nachwort
[5.39.] Zit. nach: K.-E. Kurrer: Der Beitrag Emil Winklers zur Herausbildung der klassischen Baustatik, in: Humanismus und Technik, Jahrbuch 1987, 31. Bd., Berlin 1988
[5.40.] C. von Bach: Elasticität und Festigkeit, Berlin 1889/90, S. VII
[5.41.] E. Winkler: Die Lehre von der Elasticität und Festigkeit, Prag 1867
[5.42.] A. Föppl: Vorlesungen über technische Mechanik, Bd. 2: Graphische Statik, Berlin 1922[6], § 43
[5.43.] H. Zimmermann: Über Raumfachwerke, Berlin 1901
[5.44.] Zeitschrift für Bauwesen 20 (1870)
[5.45.] Zit. nach G. Huberti, a.a.O., S. 68
[5.46.] Artikel 19 in: Schweizerische Bauzeitung vom 2. Januar 1904, S. 15
[5.47.] F. Becker: Die Industrialisierung im Eisenbetonbau, Berlin 1931
[5.48.] H. Bay: Lernen und Reifen, Düsseldorf 1969, S. 33
[5.49.] E. Mörsch: Der Eisenbetonbau, Vorwort der 5. Aufl., Stuttgart 1923
[5.50.] W. Koepcke: F. Dischinger emeritiert, in: Der Bauingenieur, 26 (1951), H. 10, S. 319 f.
[5.51.] Encyclopaedia of architectural technology, ed. by Pedro Guedes, New York 1979, S. 111
[5.52.] De l'impuissance des mathematiques pour assurer la solidité des Bâtiments, Paris 1805
[5.53.] Ljudmil V. Oksanovič: Der unsichtbare Konflikt, Berlin 1982, S. 123 f.
[5.54.] F. Redtenbacher: Resultate für den Maschinenbau, Mannheim 1856, Vorrede zur 1. Auflage
[5.55.] Beton und Eisen, 28 (1929)
[5.56.] J. W. Schwedler: Theorie der Brückenbalkensysteme, in: Zeitschrift für Bauwesen, 1851, S. 167
[5.57.] Zit. nach: G. Huberti, a.a.O., Anhang, S. 24 f.
[5.58.] Zit. nach: F.-H. Lange: Mathematik und Ingenieurwissenschaften, in: Sitzungsberichte der Akademie der Wissenschaften der DDR, 7 N 1976, S. 17
[5.59.] Zit. nach der 11. Auflage, Berlin 1943, Bd. 1, S. IV
[5.60.] Nouvelle Edition, Paris 1816
[5.61.] Freiberg 1855
[5.62.] G. Hagen: Handbuch der Wasserbaukunst, I., Bd. 1, Berlin 1869, Vorrede zur 1. Aufl., S. IX f.;
ausführlich in: Th. Rehbock: Die Entwicklung des wasserbaulichen Versuchswesens, in: Der Bauingenieur, 10 (1935), S. 91 f.
[5.63.] G. Hagen: Beschreibung neuerer Wasserbauwerke in Deutschland, Frankreich, den Niederlanden und der Schweiz, Königsberg 1826, S. 58
[5.64.] G. Hagen: Handbuch, a.a.O., S. 67
[5.65.] Ders., Grundzüge der Wahrscheinlichkeitsrechnung, Vorwort zur 3. Auflage, Berlin 1882
[5.66.] Bericht über die Eröffnung des ersten Flußbaulaboratoriums der Welt an der TH Dresden von H. Engels in: Zeitschrift für Bauwesen, Berlin, 50 (1900); Die Wasserbaulaboratorien Europas, Entwicklung, Aufgaben, Ziele, herausgegeben von G. de Thierry und C. Matschoß, Berlin 1926
[5.67.] **1907:** Labor für technische Physik an der TH München, Oscar Knoblauch
1920: Forschungsheim für Wärmeschutz, München, Joseph S. Cammerer, von der Baustoffindustrie eingerichtet
1929: Institut für Schall- und Wärmeforschung an der TH Stuttgart, Hermann Reiber

6. Bautechnik und Schönheit Einheit oder Gegensatz?

[6.1.] Vitruvii de architectura libri decem, übers. von Curt Fensterbusch, Berlin 1964, I., III.2
[6.2.] Leon Battista Alberti: Zehn Bücher über die Baukunst, übers. von Max Theuer, Wien und Leipzig 1912, VI., 2, S. 293 f.
[6.3.] Karl Friedrich Schinkel: Reisetagebücher, Briefe und Aphorismen, mitgeteilt von Alfred Freiherr von Wolzogen, 3. Bd., Berlin 1863, S. 112 ff.
[6.4.] Karl Bötticher: Tektonik der Hellenen, 1844–1852;
[6.5.] Gottfried Semper: Entwurf eines Systems

der vergleichenden Stillehre, in: Kleine Schriften, herausgegeben von Manfred und Hans Semper, Berlin und Stuttgart 1884
[6.6.] Ders.: Der Stil in den technischen und tektonischen Künsten, Bd. 1, München 1844, S. 53
[6.7.] Zit. nach: Marie Fröhlich und H. G. Sperlich: Georg Moller, Baumeister der Romantik, Darmstadt 1959, S. 343
[6.8.] John Ruskin: The seven lamps of Architecture, London 1849, S. 40
[6.9.] Zit. nach: Mehrtens, a.a.O., S. 762
[6.10.] G. Semper: Der Stil , a.a.O., Bd. II, München 1863, § 139; Wiebeking hatte dagegen schon früh die vielseitige Verwendbarkeit des Gußeisens als Ersatz für Natursteine gepriesen, in: Von dem Einfluß der Bauwissenschaften, 1. Abhandlung, München 1816, S. 74
[6.11.] Vortrag in der Versammlung des Berliner Architekten-Vereins am 11. Dezember 1869, in: Zeitschrift für Bauwesen, 20 (1869), Sp. 532 f.
[6.12.] E. Wehner: Baukunst und Ingenieurästhetik, in: Der Eisenbau, 10 (1919), Nr. 9, S. 198
[6.13.] Reinhard Baumeister: Architektonische Formenlehre für Ingenieure, Stuttgart 1866, S. 95
[6.14.] Wien 1881, S. 236 ff.
[6.15.] Zeitschrift für Bauwesen, 21 (1870), Sp. 545
[6.16.] G. Eiffel: Traveaux scientifiques exécutées, S. 10; hier zit. nach: Jordan-Michel: Die künstlerische Gestaltung von Eisenkonstruktionen, I. Bd., Berlin 1913, S. 137 f.; vgl.: Zentralblatt der Bauverwaltung, (1887) S. 99
[6.17.] Alfred Gotthold Meyer: Eisenbauten, Ihre Geschichte und Ästhetik, Esslingen 1907, S. 87; vgl.: Franz Hart: Architektur und Ingenieurbau, Deutsches Museum, Abhandlungen und Berichte, 29 (1960), 3, S. 51
[6.18.] Heinrich Wölfflin: Renaissance und Barock, München 1888, S. 64
[6.19.] 114,3 × 422,5 m zu 90 × 414 m
[6.20.] Zit. nach: Meyer, a.a.O.
[6.21.] Arthur Vierendeel: La construction architecturale en fer fonte et acier, Louvain 1900; zit. nach Meyer, a.a.O., S. 4
[6.22.] G. Huberti, a.a.O., S. 163
[6.23.] Technik und Wirtschaft, Monatsschrift des Vereins Deutscher Ingenieure, Juli 1908, S. 281; Werner Lindner und Georg Steinmetz gaben in Verwirklichung dieser Orientierung das Buch „Die Ingenieurarbeiten in ihrer guten Gestaltung", Berlin 1923 (Jahrbuch des Deutschen Werkbundes, 7) heraus, das dank seiner Fülle von guten und schlechten Beispielen wesentlich zum allgemeinen Verständnis der Bauingenieure für die gestalterische Qualität ihres Schaffens beigetragen hat.
[6.24.] Jordan-Michel, a.a.O., Bd. 1, S. 138
[6.25.] L. Schwabacher: Zur Ästhetik unserer Zeit, in: Deutsche Kunst und Dekor, Jg. 1928, H. 3, S. 446
[6.26.] Henri van de Velde: Die Rolle der Ingenieure in der modernen Architektur, in: Die Renaissance im Kunstgewerbe, 1901, S. 110 ff.; hier zit. nach: H. van de Velde: Zum neuen Stil, herausgegeben von H. Curjel, München 1955, S. 112
[6.27.] Ders.: Kunstgewerbliche Laienpredigten, Leipzig 1902, S. 172
[6.28.] Le Corbusier, Kommende Baukunst, übers. von H. Hildebrand, Stuttgart 1926
[6.29.] H. Muthesius: Das Formproblem im Industriebau, in: Die Kunst in Industrie und Handel (Jahrbuch des Deutschen Werkbundes), Jena 1913, S. 30
[6.30.] Denkschrift zum 25jährigen Bestehen des Deutschen Stahlbauverbandes 1904–1929, S. 71 u. 76
[6.31.] Hans Poelzig: Der neuzeitliche Fabrikbau, in: Der Industriebau, Leipzig, 2 (1911), H. 5, S. 100–106 hier zit. nach: H. P.: Gesammelte Schriften und Werke, herausgegeben von Julius Posener, Berlin 1970, S. 39
[6.32.] Rede auf der Generalversammlung der Salzburger Festspielgemeinde 1921, in: Das Kunstblatt, Herausgeber: Paul Westheim, Potsdam-Berlin, 5. 1921, H. 3, S. 77–88; hier zit. nach: H. Poelzig, a.a.O., S. 144
[6.33.] H. Poelzig: Der Architekt, Vortrag vor dem Bundestag des BDA in Berlin, Sommer 1931, herausgegeben von der Hauptverwaltung des BDA, S. 7, 11 und 14
[6.34.] Eduardo Torroja: Logik der Form, München 1961, S. 232
[6.35.] Ebda., S. 233
[6.36.] Ebda., S. 289
[6.37.] Karl Bernhard, in: Der Bauingenieur 1. (1920), S. 17; vgl.: Hermann Rukwied: Brückenästhetik, Berlin 1933, S. 98 ff.
[6.38.] Friedrich Tamms: Von Menschen, Städten und Brücken, Düsseldorf und Wien 1974, s. v. a.: S. 81
[6.39.] Fritz Leonhardt im Vorwort zu: Günter Günschel: Große Konstrukteure, Berlin 1966 (= Bauweltfundamente 17), S. 13
[6.40.] Pier Luigi Nervi im Geleitwort zu: P. L. N.: Bauten und Projekte, Teufen AR 1957
[6.41.] Ders.: Neue Strukturen, Stuttgart 1963, S. 8 f.
[6.42.] IABSE-Journal, Zürich 1982
[6.43.] II., 2, Eisenbrücken im allgemeinen, Leipzig 1920, S. 49; vgl. hierzu: Christian Schädlich: Das Eisen in der Architektur des 19. Jahrhunderts, Habil. Schrift, Weimar 1967, S. 309 ff.; Leitartikel des Herausgebers (F. Probst, Karlsruhe), in: Der Bauingenieur 1 (1920), S. 1 f.
[6.44.] Deutsche Bauzeitung, 56 (1922), Nr. 77, S. 454
[6.45.] Hermann Thiersch: Friedrich von Thiersch, München 1925, S. 242; ähnliche Gedanken äußerte Thiersch auch in: „Über künstlerische Erziehung", Vortrag auf der 2. Tagung der Gesellschaft für Hochschulpädagogik in München am 20. 10. 1911, in: Zeitschrift für Hochschulpädagogik, 3 (1912), H. 11/12
[6.46.] E. Wehner: Baukunst und Ingenieurästhetik, a.a.O., S. 202
[6.47.] Beitrag in der Frankfurter Zeitung, 1942; hier zit. nach: Gerd Lohmer: Brückenbaukunst, in: Der Stahlbau 33 (1964), H. 11, S. 324 Bonatz förderte die Zusammenarbeit beim Entwurf der Brücken für die Autobahnen
[6.48.] L'Architecture, Paris, vom 13. Sept. 1890
[6.49.] Karl Bernhard: Friedrich-Ebert-Brücke über den Neckar bei Mannheim, in: Der Bauingenieur, 6 (1925), S. 833 ff.
[6.50.] Stefan Polonyi: Der Tragwerksingenieur – Erfüllungsgehilfe oder Partner des Architekten, in: Der Bauingenieur in Geschichte und Gegenwart des Bauwesens, 1. Kolloquium zu Problemen des Bauingenieurberufs, 8. und 9. Okt. 1981, herausgegeben von Hanns-Peter Eckardt, Kassel 1982, S. 88; vgl.: Ove Arup im Vorwort von: Colin Faber: Candela und seine Schalen, München 1965, S. 7 f.; J. Schlaich: Zur Gestaltung der Ingenieurbauten oder: Die Baukunst ist unteilbar, Vortrag anläßlich der Ehrenpromotion in Hannover am 14. Juni 1985, in: Der Bauingenieur, 61 (1986), S. 53

8. Der Bauingenieur
Die Konstituierung eines Berufs

[7.1.] Sammlung nützlicher Aufsätze und Nachrichten die Baukunst betreffend, Berlin 1801, S. 91 f.
[7.2.] K. F. Schinkel: Aus Tagebüchern und Briefen, Berlin 1967, S. 126 ff.
[7.3.] Deutsche Bauzeitung, Berlin, 14 (1880), Nr. 14, S. 73
[7.4.] Denkschrift des VDAIV über die Stellung der höheren städtischen Beamten, in: Deutsche Bauzeitung, Berlin, 35 (1901), S. 565 ff.; E. Probst: Vorwort des Herausgebers, in: Der Bauingenieur, Berlin, 1 (1920), S. 1 f.; Denkschrift des „Badischen Architekten- und Ingenieur-Vereins", in: Deutsche Bauzeitung, Berlin, 52 (1918), S. 171 f.
[7.5.] M. M. von Weber: Die Stellung der deutschen Techniker im staatlichen und sozialen Leben, in: Populäre Erörterungen von Eisenbahn-Zeitfragen, Wien 1877, S. 5
[7.6.] Zentralblatt der Bauverwaltung, Berlin, 28 (1908), S. 482
[7.7.] Deutsche Bauzeitung, Berlin, 56 (1922), Nr. 38
[7.8.] C. Buschkiel, in: Zeitschrift des VDI, Berlin, 33 (1909), S. 304 ff.
[7.9.] C. Matschoß: Staat und Technik, in: Zeitschrift des VDI, Berlin, 55 (1911), Nr. 29, S. 1193

[7.10.] A. Weichhold: Johann Andreas Schubert, Dresden 1969, S. 317
[7.11.] Zeitschrift des VDI, Berlin, 2 (1958), S. 21 f.
[7.12.] S. Smiles: Lives of Engineers, London 1904, S. XXIII
[7.13.] Einzelheiten bei: L. U. Scholl: Ingenieure in der Frühindustrialisierung, Studien zu Naturwissenschaft, Technik und Wirtschaft im Neunzehnten Jahrhundert, herausgegeben von W. Treue, Bd. 10, Göttingen 1978; Verhältnis der Ingenieure im Auslande bei der Unternehmung von Eisenbahnen, und des Herrn von Gerstner zu der Actiengesellschaft der Petersburger Bahn, in: Journal für die Baukunst, Herausgeber Crelle, Berlin, 10 (1836), S. 140
[7.14.] Hans Straub: Die Geschichte der Bauingenieurkunst, Basel 1949
[7.15.] Alexander Gibb: The story of Telford, London 1935, S. 162
[7.16.] Zeitschrift für Bauwesen, 4 (1854), Sp. 78
[7.17.] K. Remy: Ideenwandel und Persönlichkeit in der deutschen Eisenbahngeschichte, in: Zeitschrift des VDI 79 (1935), Nr. 41, S. 1213
[7.18.] R. Grün: Ingenieurkultur, in: Der Bauingenieur 23 (1942), S. 115
[7.19.] Die Stellung der Architekten und Ingenieure in den öffentlichen und privaten Verwaltungen, Denkschrift aufgestellt auf Beschluß der Abgeordneten-Versammlung des VDAIV in Danzig 1908, Berlin 1909, S. 7
[7.20.] Ebda., S. 27 f.; Karl Lamprecht: Die Technik und die Kultur der Gegenwart, Vortrag auf der Hauptversammlung des VDI 1913 in Leipzig, in: Zeitschrift des VDI, 57 (1913), S. 1523 ff.
[7.21.] Friedrich Engesser: Technik, Ingenieur und Hochschulstudium, Berlin 1921, S. 33 f.
[7.22.] Deutsches Bauwesen, 4 (1928), Nr. 5, Sonderbeilage
[7.23.] Karl-Heinz Ludwig: Technik und Ingenieure im Dritten Reich, Düsseldorf 1974, S. 35; Erwin Vielhaus: Ingenieure in der Weimarer Republik, in: Technik, Ingenieure und Gesellschaft, Geschichte des Vereins Deutscher Ingenieure, 1856–1981, Düsseldorf 1981, S. 293 f.
[7.24.] A. Stodola: Gedanken zu einer Weltanschauung vom Standpunkt des Ingenieurs, Berlin 1932, S. 12
[7.25.] Bericht über eine Kundgebung des VDI im Oktober 1932, in: Zeitschrift des VDI, Berlin, 76 (1932), S. 1048
[7.26.] K. H. Ludwig, a.a.O., S. 65
[7.27.] In den ersten drei Jahren wurden über 3 000 km gebaut. Die Anzahl der Beschäftigten stieg von 39 000 auf 124 483 im Jahr 1936, s. Ludwig, a.a.O., S. 330 ff. Der Bau des Westwalls begann 1938
[7.28.] W. Büttner, Ingenieur, Volk und Welt, Leipzig 1927, S. 175
[7.29.] A. Speer: Erinnerungen, hier zit. nach: E. Kogon: Die Stunde der Ingenieure, Düsseldorf 1976, S. 47.
Speer wurde am 11. 2. 1942 Nachfolger von Fritz Todt, der seit 1934 die systematische Vorbereitung auf den Krieg betrieben hat.
[7.30.] Ludwig, a.a.O., S. 135
[7.31.] Zeitschrift des VDI, Berlin, 79 (1935), S. 819 ff.
[7.32.] Beschlossen auf der 22. Tagung des VDI am 12. Mai 1950 in Kassel, in: Zeitschrift des VDI, 92 (1950), Nr. 31
[7.33.] H. P. Bahrdt: Die Stellung der ‚technischen Intelligenz' in der Gesellschaft, in: Frankfurter Hefte, 15 (1960), Nr. 4, S. 241 ff., S. 247
[7.34.] H. Rumpf: Technik zwischen Wissenschaft und Praxis (aus dem Nachlaß), Düsseldorf 1981, S. 248 ff.
Vgl.: K. Sattler: Gedanken zum 50. Jahrgang „Der Bauingenieur", 50 (1975), H. 1;
Wilfried Laatz: Ingenieure in der Bundesrepublik Deutschland. Gesellschaftliche Lage und politisches Bewußtsein, Studienreihe des Soziologischen Forschungsinstituts Göttingen, Frankfurt am Main, New York 1979, S. 301;
E. Weckesser: Die Stellung des Ingenieurs in der Gesellschaft, in: Wiss. Zeitschrift der TH Magdeburg 7 (1963), H. 1, S. 1 ff.;
Helmut Steiner: Soziale Strukturveränderungen im modernen Kapitalismus – zur Klassenanalyse der Angestellten in Westdeutschland, Berlin 1967;
Ingenieure in der DDR, soziologische Studien, Autorenkollektiv unter der Leitung von Manfred Lötsch, Berlin 1988, S. 28
[7.35.] In der Formulierung des 1. Satzes der Zusammenfassung der Ergebnisse des Internationalen Kongresses für Ingenieurausbildung an der TU Darmstadt (IKIA-1), Darmstadt 1974
[7.36.] Zit. nach: Franz Schnabel; Die Anfänge des technischen Hochschulwesens, in: Festschrift anläßlich des 100jährigen Bestehens der TH Fridericiana zu Karlsruhe, Karlsruhe 1925, S. 8; Vgl. hierzu auch Kap. 3
[7.37.] Das Folgende nach Alexander Gibb: The story of Telford, London 1935
[7.38.] Michael D. Stephens, W. Roderick Gordon: Education and training for English Engineers in the late nineteenth century and early twentieth century, in: Annals of Science, London 27 (1971), Nr. 2, S. 143–153
[7.39.] Walter Sbrzesny: Claus Kröncke als Beispiel der Ingenieurausbildung gegen Ende des 18. Jahrhunderts im Gegensatz zur heutigen Berufsausbildung des Bauingenieurs, Berlin 1938
[7.40.] Albert Predeck, in: Die Deutschen Technischen Hochschulen, München 1941, S. 25
[7.41.] Zit. nach: Lothar Hiersemann: Jacob Leupold – ein Wegbereiter der technischen Bildung in Leipzig, in: Wissenschaftliche Berichte der Technischen Hochschule Leipzig, H. 17, 1982, S. 55 f.
[7.42.] Über die sich aus dem technologischen Denken der Kameralisten ergebenden pädagogischen Initiativen
s.: Ulrich Troitzsch: Ansätze technologischen Denkens bei den Kameralisten des 17. und 18. Jahrhunderts, Berlin 1968; Focko Eulen: Die Technologie als ökonomische und technische Wissenschaft an deutschen Universitäten des 18. Jahrhunderts, in: Technikgeschichte 36. 1969, S. 245 ff.; Die kk. Deutsche Technische Hochschule in Prag, 1806–1906, Festschrift zur Jahrhundertfeier, herausgegeben von Franz Stark, Prag 1906; Alfred Birk: Die Deutsche Technische Hochschule in Prag, 1806–1931, Prag 1931; Die Deutschen Technischen Hochschulen, München 1941; 150 Jahre Technische Hochschule in Wien, 1815–1965, herausgegeben von Heinrich Sequenz, 2 Bde., Wien 1965
Auch in Berlin entstand zwischen 1821 und 1845 die Idee, eine preußische École Polytechnique zu gründen. Die Pläne scheiterten aber wahrscheinlich an Kompetenzstreitigkeiten zwischen Kultur- und Handelsministerium. Die Zusammenlegung der Bauakademie mit dem 1821 gegründeten Gewerbeinstitut erfolgte 1876, vgl. hierzu: Karl-Heinz Manegold: Eine École Polytechnique in Berlin, in: Technikgeschichte, 33 (1966), S. 182–196
[7.43.] J. A. Eytelwein: Nachrichten von der Errichtung der Königlichen Bauakademie zu Berlin, in: Sammlung nützlicher Aufsätze und Nachrichten die Baukunst betreffend, 2 (1799), S. 28 ff.; die Technische Baudeputation, Nachfolger des Oberbaudepartements, wurde 1880 aufgelöst. An ihre Stelle trat die „Akademie für Bauwesen", s. Deutsche Bauzeitung, 14 (1880), Nr. 41, S. 218
Fr. Paulsen: Geschichte des gelehrten Unterrichts, Bd. 1, 1921, S. 532 ff.; Die Technische Hochschule zu Berlin, 1799–1924, Berlin 1925, S. 39 ff.; Eduard Dobbert: Chronik der Königlichen Technischen Hochschule zu Berlin, 1799–1899, Berlin 1899
[7.44.] Peter Wallé: Aus der Geschichte der Technischen Hochschule in Berlin, in: Zentralblatt der Bauverwaltung, 19 (1899), S. 172
[7.45.] Jahrgang 1798, S. 108 ff.
[7.46.] Eytelwein, a.a.O., S. 28 f.
[7.47.] Ebda., S. 40
[7.48.] Goethe hatte solche Schulen in Weimar (1775), Eisenach (1784) und Erfurt (1768) initiiert. S. Handbuch für das Berufs- und Fachschulwesen, Leipzig 1929. In Gotha erfolgte die Umwandlung der bisherigen Zeichenschule in eine Bauschule 1805. In Leipzig bestand eine „Zeichen-, Malerey- und Architecturakademie" als Filiale der 1764 in Dresden gegründeten Kunstakademie. Ihre Architekturabteilung wurde aus der Leipziger Akademie herausgelöst und zur „Kgl. Baugewerkenschule" umgebildet. Weitere Gründungen waren:

1745 Collegium Carolinum in Braunschweig
1747 Realschule bei der Dreifaltigkeitskirche in Berlin, später: Kgl. Realschule
1770–1815 Realakademie in Wien, vereinigt mit dem Polytechnikum
1813 Realschule Frankfurt an der Oder
1819 Realschulen in Krefeld und Marburg
1822 Realschule in Halberstadt
1830 Baugewerkschule in Holzminden
1837 Baugewerkschulen in Dresden und Chemnitz
1840 Baugewerkschulen in Zittau und Plauen im Vogtland
1852 Baugewerkschule in Coburg
1853 Baugewerkschule in Nienburg
Das Unterrichtswesen im Deutschen Reich, IV, 3, Der mittlere und niedere Fachunterricht, Berlin 1904; Karl Karmarsch: Geschichte der Technologie seit der Mitte des 18. Jahrhunderts, München 1872, S. 67 ff.
[7.49.] Um 1900 ermöglichten 46 Baugewerkschulen in Deutschland den Einstieg in die mittlere Beamtenlaufbahn nach einem 4semestrigen Studium
[7.50.] Zit. nach Dobbert, a.a.O., S. 46
[7.51.] L. von Rönne: Die Baupolizei des preußischen Staates, Berlin 1854, S. 48
[7.52.] Deutsche Bauzeitung, 10 (1876), Nr. 63, S. 317
[7.53.] Aufgabenstellung in der Baumeisterprüfung für den Baukondukteur Dannenberg aus Halberstadt. Seine Ausbildung hatte von der Schulentlassung im 14. Lebensjahr bis zur Prüfung etwa 10 bis 12 Jahre gedauert. Lars Ulrich Scholl, a.a.O., S. 130 f.
Gotthilf Hagen mußte zu seiner Baumeisterprüfung 1822 folgende Aufgaben lösen:
1. Wasserbau: Regulierungsentwurf für die Pregelmündung
2. Maschinenbau: Konstruktion eines Hebekrans mit 25 t Tragfähigkeit
3. Landbau: Entwurf eines Invalidenhauses
Ottmann, a.a.O., S. 6
[7.54.] Zeitschrift für Bauwesen, 5 (1855), Sp. 258
[7.55.] Zit. nach: Hermann Ley: Beitrag zur Geschichte der Technischen Hochschule Dresden, in: 125 Jahre Technische Hochschule Dresden, 1953, S. 23
[7.56.] Die wichtigsten Erweiterungen der bautechnischen Ausbildung in Dresden waren:
1851: Nach gemeinsamer Grundausbildung, Spezialisierung in den Abteilungen
A: Maschinenbau und technische Mechanik
B: Bauwesen (unter Leitung von J. A. Schubert)
C: Chemie
1865: Beginn der Ausbildung von Lehrern für Naturwissenschaften, Mathematik und Technik
1868: Lehrstuhl für Statik und Brückenbau: Wilhelm Fränkl, 1841–1884, Schüler von Schubert
1869: Lehrstuhl für Straßen-, Wasser- und Eisenbahnbau: Claus Köpcke, 1831–1911; Nachfolger: Chr. O. Mohr, 1835–1918
1875: Hochbauabteilung auf Vorschlag von Zeuner
Geschichte der Technischen Universität Dresden, 1828 bis 1978, Kap. II; H. Wenzel: Zum Institutionalisierungsgeschehen an der Technischen Bildungsanstalt/königlich technischen Schule/Technischen Hochschule Dresden, in: Wissenschaftliche Berichte der TH Leipzig, 1986, H. 6, S. 53 u. 1987, H. 2, S. 68 f.
[7.57.] Vgl. Karl Karmarsch: Aus meinem Leben, herausgegeben von F. Hoyer, Hannover 1880, S. 36
Kurt Düwell weist in seiner Geschichte der Rheinisch-Westfälischen Technischen Hochschule Aachen darauf hin, daß alle die deutschen Staaten, die um 1850 eine polytechnische Schule besessen hätten, auch über eine liberale Verfassung verfügten. Preußen gehörte nicht dazu, s.: Kurt Düwell: Gründung und Entwicklung der Rheinisch-Westfälischen Technischen Hochschule Aachen bis zu ihrem Neuaufbau nach dem zweiten Weltkrieg, Darstellung und Dokumente, in: RTH Aachen 1870–1970, Stuttgart 1970, 1. Abschnitt, S. 23
[7.58.] F. Stüssi: Die Eidgenössische Technische Hochschule in Zürich und ihre Abteilung für Bauingenieurwesen, in: Der Bauingenieur, 30 (1955), H. 10, S. 349
[7.59.] Otto Ammann: Der Unterricht auf dem Gebiet des Verkehrswesens in den Bauingenieurabteilungen der Technischen Hochschule, in: Der Bauingenieur, 2 (1921), S. 612 ff.
[7.60.] Die Einweihung des Neubaus der Bauingenieur-Abteilung der Technischen Hochschule in Karlsruhe, in: Deutsche Bauzeitung, 55 (1921), S. 441 ff.; Vgl. Franz Grashof: Über die der Organisation von polytechnischen Schulen zugrunde zu legenden Prinzipien, Vortrag auf der Hauptversammlung des VDI 1864 in Heidelberg, in: Zeitschrift des VDI, 8 (1964), S. 591 u. 616
[7.61.] Zit. nach Weichold, a.a.O., S. 436
[7.62.] Karl Karmarsch: Die polytechnische Schule zu Hannover, Hannover 1856, S. 216 ff.; zit. nach Wilhelm Treue, Herbert Pönicke, Karl-Heinz Manegold: Quellen zur Geschichte der industriellen Revolution, Göttingen 1966
[7.63.] Vgl. K. H. Manegold: Die Akademisierung der Technik, in: Zum Verhältnis von Wissenschaft und Technik, herausgegeben von Peter Lundgreen, Bielefeld 1976, S. 103 ff.
[7.64.] Franz Reuleaux: Cultur und Technik, Zeitschrift des VDI, 29 (1885), S. 45
[7.65.] Max Foerster: Die Dresdner Hochschultagung am 26. November 1928, in: Der Bauingenieur, 10 (1929), H. 1, S. 10
[7.66.] Deutsche Bauzeitung, 10 (1876), Nr. 61
[7.67.] Ebda., Nr. 63, S. 317
[7.68.] Statut der TH Berlin-Charlottenburg, § 1, hier zit. nach Eduard Dobbert, a.a.O., S. 127
[7.69.] Zeitschrift des VDI, 20 (1876), S. 62 ff.
[7.70.] Jährlich wurden 15 bis 25 Bewerber als Beamte aufgenommen. Zulassungen für die Ausbildung: 43 mit Anwartschaft, 54 ohne Anwartschaft, s. Zentralblatt der Bauverwaltung, 30 (1910), Nr. 50, S. 329
[7.71.] Nach den „Vorschriften über die Ausbildung und Prüfung für den Staatsdienst im Baufache" (Zentralblatt der Bauverwaltung, 20 (1900), Nr. 54, S. 325):
Vorprüfung nach 2jährigem Studium und praktischer Tätigkeit, später ersetzt durch Anerkennung des Vordiploms an einer TH.
1. Hauptprüfung frühestens 3 Semester nach der Vorprüfung mit 3 Klausurtagen und 2 Tagen mündliche Prüfung, danach Zulassung zu einem mindestens 3jährigen Praktikum als „Regierungsbauführer"
2. Hauptprüfung mit häuslicher Probearbeit (6 Monate), Klausur (3 Tage) und mündlicher Prüfung (2 Tage). Danach Ernennung zum Regierungs-Baumeister (mit Anwartschaft) oder als staatlich geprüfter Baumeister (ohne Anwartschaft auf die höhere Beamtenlaufbahn)
Nach einer Statistik aus dem Jahre 1906 waren im Ministerium für öffentliche Arbeiten (ohne Eisenbahnverwaltung) in den einzelnen Fächern tätig:

	Hochbau	Wasser- und Straßenbau	Maschinenbau	gesamt
Ministerial-Direktoren	1	1	–	2
Vortragende Räte	10	12	–	22
Ober-Bauräte (Strom- bzw. Kanalbau-direktoren)	–	9	–	9
Regierungs- u. Bauräte	$74\frac{1}{2}^{+}$	$70\frac{1}{2}^{+}$	2	147
Bau-inspektoren	365	229	9	603
entgeltlich beschäftigte Regierungs-Baumeister	280	105	11	396
zusammen	$730\frac{1}{2}$	$426\frac{1}{2}$	22	1179

× 1 Person gleichzeitig in beiden Fächern
Hinzu kamen:
61 Beamte im Ministerium für Landwirtschaft, Domänen und Forsten
199 Beamte im Preußischen Kriegsministerium
14 Beamte in der Reichs-Post- und Telegrafenverwaltung

Wartezeiten bis zur Anstellung als Regierungsbaumeister etwa 5 bis 7 Jahre
(Deutsche Bauzeitung, 40 (1906), S. 713)
[7.72.] Karl-Heinz Manegold: Universität, Technische Hochschule und Industrie, Berlin 1970, S. 75
[7.73.] G. Bornhack: Die Rechtsverhältnisse der Hochschullehrer in Preußen, Berlin 1901
[7.74.] Reichsanzeiger, Nr. 149 von 1900
In den ersten 10 Jahren promovierten:

Technische Hochschulen	Architektur	Ingenieurbau	alle Fachrichtungen
Aachen	2	3	112
Berlin	14	16	233
Braunschweig	6	13	97
Danzig	7	2	31
Darmstadt	10	13	96
Dresden	56	39	329
Hannover	23	14	143
Karlsruhe	9	9	161
München (bis 1911/12)	6	9	335
Stuttgart	1	12	80

(Deutsche Bauzeitung, 47 (1913), Nr. 9, S. 82)
[7.75.] Deutsche Bauzeitung 47 (1913), S. 455
[7.76.] Conrad Matschoß: Der Ingenieur und die Aufgaben der Ingenieurerziehung, in: Zeitschrift des VDI, 57 (1913), Nr. 52, S. 2052; vgl. auch: Deutsche Bauzeitung, 48 (1914), Nr. 2, S. 689;
Technik, Ingenieure und Gesellschaft, Geschichte des Vereins Deutscher Ingenieure, 1856 bis 1981, Düsseldorf 1981, S. 239
[7.77.] Zit. nach: Carl Weihe: Max Maria von Weber, Berlin 1918, S. 56 f.
[7.78.] J. Schlink: Über die sociale Stellung des deutschen Technikers, Vortrag auf der Generalversammlung des Technischen Vereins für Eisenhüttenwesen in Düsseldorf am 4. Mai 1879, in: Annalen für Gewerbe und Bauwesen, 1879, Nr. 46, Sp. 319
[7.79.] Hauptsatz II: Die Stellung der Architekten und Ingenieure in den öffentlichen und privaten Verwaltungen, Denkschrift, aufgestellt auf Beschluß der Abgeordneten-Versammlung in Danzig 1908, Berlin 1909; vgl. auch die Eröffnungsrede des Vorsitzenden des VDAIV, R. Reverdy, in: Deutsche Bauzeitung, 42 (1908), Nr. 72, S. 495 f., Nr. 73, S. 502 ff.
[7.80.] Ebda., S. 29
[7.81.] O. Ammann: Die Ausbildung an den Bauingenieurabteilungen der deutschen technischen Hochschulen, in: Zeitschrift des VDI, 74 (1930), Nr. 18, S. 561 ff.
Ammann weist an der Veränderung der Struktur des Studiums an der TH Karlsruhe die Tendenz zur Spezialisierung nach (gemessen nach Stunden im Studienplan)

	1864	1907
Grundlagen:		
Mathematik und darstellende Geometrie	246	168
Mechanik	150	96
Chemie, Physik, Geologie	150	66
Wirtschafts- und Rechtswiss.	120	24
Maschinenkunde, Elektrotechn.	90	60
Grundlagen des Ingenieur- und Straßenbaus, Gründungen	96	192
Vermessungskunde	72	174
zusammen	924	780
Fachwissenschaften:		
konstruktiver Ingenieurbau	318	378
Straßen- u. Eisenbahnwesen	192	252
Städtebau	72	144
vertiefte Ausbildung	160	155
zusammen	742	929
gesamt	1666	1709

[7.82.] G. Garbotz: Die maschinentechnische Ausbildung der Bauingenieure an unseren Technischen Hochschulen, in: Der Bauingenieur, Berlin, 2 (1921), S. 641 ff.
[7.83.] K. A. Hoepfner: Die Bestimmung und Umgrenzung des Begriffs „Städtebau" als Ingenieurwissenschaft, in: Der Bauingenieur, Berlin, 2 (1921), S. 615 ff.
[7.84.] E. Genzmer: Ausbildung der Bauingenieure, in: Deutsches Bauwesen, Berlin 1928, S. 253 ff.
[7.85.] Zit. nach: H. Thiersch: Friedrich von Thiersch, der Architekt, 1852–1921, ein Lebensbild, München 1925, S. 242 f.
[7.86.] A. Gibb: a.a.O., S. 192
[7.87.] J. Stübben: Aus der Geschichte des Architektenvereins zu Berlin, in: Hundert Jahre Architektenverein zu Berlin, 1824–1924, Berlin 1924, S. 7–20
[7.88.] 1842: Württembergischer Verein für Baukunde
Architektenkränzchen Augsburg (ab 1845 Technischer Verein)
Berliner Verein für Eisenbahnkunde
1846: Sächsischer Ingenieur- und Architektenverein, Dresden; Hütte, Berlin (ursprünglich Vereinigung der Absolventen der Berliner Gewerbeakademie, ab 1856 VDI)
1848: Österreichischer Ingenieur- und Architektenverein
1851: Architekten- und Ingenieurverein Hannover
[7.89.] Grosch: Mitteilungen über die Gründung und Entwicklung des Sächsischen Ingenieur- und Architektenvereins, in: Civilingenieur, Leipzig, 42 (1896), H. 2, Sp. 108
[7.90.] 100 Jahre Architekten- und Ingenieurverein Hannover, in: Der Bauingenieur, Berlin, 28 (1953), H. 11, S. 415
[7.91.] § 1 des Statuts von 1851
[7.92.] Deutsche Bauzeitung, Berlin, 3 (1869), Nr. 17, S. 193 ff., Nr. 18, S. 205 f.
[7.93.] Deutsche Bauzeitung, Berlin, 4 (1870), S. 20
[7.94.] Deutsche Bauzeitung, Berlin, 4 (1870), S. 196
[7.95.] Deutsche Bauzeitung, Berlin, 4 (1870), S. 225 f.
[7.96.] Ebda., S. 231
[7.97.] Beschluß der Abgeordneten-Versammlung 1921
[7.98.] 1922 arbeiteten folgende Ausschüsse: Interne Ausschüsse: Bauordnungs- und Wohnungswesen, Organisationsfragen in Staat und Gemeinden, Wasserwirtschaft, Bürgerhauswerk
Mitarbeit in: Wettbewerbsausschuß (mit BDA), Ausschuß für die Aufstellung von Reichsbedingungen im Bauwesen, Ausschuß für das Normalprofilbuch für Walzeisen (= Unterausschuß des NADI), Ausschuß für Normalbedingungen für Eisenbauwerke (Unterausschuß des NADI), AGO-Ausschuß für Gebührenordnung (mit 14 Verbänden)
[7.99.] Deutsche Bauzeitung, Berlin, 55 (1921), S. 333 ff.
[7.100.] Deutsche Bauzeitung, Berlin, 5 (1871), Nr. 47
[7.101.] Denkschrift der Berliner Vereinigung zur Vertretung baukünstlerischer Interessen", in: Deutsche Bauzeitung, Berlin, 14 (1880), S. 63 ff.
[7.102.] A. Hoffmann: „Freie Bahn!", in: Deutsche Bauzeitung, Berlin, 51 (1917), S. 285 f.
[7.103.] Deutsche Bauzeitung, Berlin, 55 (1921), S. 333 ff.
[7.104.] Der Beton- und Eisenbetonbau, 1898–1923, Herausgeber: Deutscher Beton Verein, Obercassel 1923, S. 3 ff.
[7.105.] Deutsche Technische Gesellschaft, ursprünglich: Technisches Komitee, gab seit 1910 das Magazin für Technik und Industriepolitik heraus.
[7.106.] Schleicher: Die Aufgaben des Verbandes Deutscher Diplomingenieure, in: Der städtische Tiefbau, Heidelberg, 4 (1913), H. 15, S. 207 ff.
[7.107.] Reichstagung Deutscher Technik in Eisenach, in: Deutsche Bauzeitung, Berlin, 53 (1919), Nr. 11, S. 56; Nr. 19, S. 89 f.
[7.108.] H. Schelsky: Der Mensch in der wissenschaftlichen Zivilisation, Köln/Opladen 1961
[7.109.] Der Bauingenieur, Berlin, 1 (1920), S. 485; die Satzung der Gesellschaft in: Der Bauingenieur, Berlin, 11 (1930), S. 531 ff.
[7.110.] B. Thürlimann: 50 Jahre IVBH – Rückblick und Ausblick, in: Schweizer Ingenieur und Architekt, Zürich, 97 (1979), Nr. 38, S. 704 f.
[7.111.] Zentralblatt der Bauverwaltung, Berlin, 54 (1934), S. 170
[7.112.] Der Bauingenieur, Berlin, 17 (1936), H. 13/14, S. 125 f.

[7.113.] Die Lösung der Berufsschutzfrage in Verbindung mit der Reichskammer der Technik, in: Deutsche Technik, August 1934, S. 604 ff.
[7.114.] Baugilde, Berlin, 16 (1934), H. 19, S. 99 f.
[7.115.] Baugilde, Berlin, 15 (1933), H. 7
[7.116.] Handbuch der Reichskulturkammer, herausgegeben von H. Hinkel, Berlin 1937, S. 42
[7.117.] Neufassung der Satzung von 1969, § 2
[7.118.] W. Ernst: Über die Arbeit des Deutschen Architekten- und Ingenieurverbandes (DAI), eine Denkschrift, 1981 (unveröffentlichtes Manuskript)

8. Epilog

[8.1.] H. Straub: Die Geschichte der Bauingenieurkunst, Stuttgart, Basel 1975, S. 295
[8.2.] H. Rühle: Massenbaustoff Beton – Gedanken zur Architektur dauerbeständiger Bauwerke, in: Architektur der DDR, 31 (1982), H. 3, S. 134
[8.3.] F. Leonhardt: Zu den Grundfragen der Ästhetik bei Bauwerken, Sitzungsberichte der Heidelberger Akademie der Wissenschaften, Mathem.-naturwiss. Klasse, 1984, 2. Abhandlg., Berlin 1984
Ders.: Der Bauingenieur vor den Aufgaben der Zukunft, in: Deutsche Bauzeitung, Berlin, 124 (1990), H. 3, S. 64 ff.
[8.4.] Zit. nach: Vom Caementum zum Spannbeton Bd. 1, B, Wiesbaden 1964, Anhang S. 31 ff.
[8.5.] Conference of Engineering Societies of Western Europe and the USA, EUSEC, Brüssel 1961
J. E. Gerstl, S. P. Hutton: Engineers, The Anatomy of a Profession, London 1966
[8.6.] Ingenieurausbildung und soziale Verantwortung, internationales Symposium der Deutschen UNESCO-Kommission und des VDI, 29.–31. Mai 1972 in München, Pullach 1974; Konrad Lorenz: Die acht Todsünden der zivilisierten Menschheit, München 1973

Personenregister

(Fett gedruckte Namen und Seitenzahlen verweisen auf die Lebens- und Werkdaten, kursive Seitenzahlen auf Abbildungen.)

Ortsregister

TECHNIKGESCHICHTE NICHT NUR FÜR FACHLEUTE

Frank Werner/ Joachim Seidel

DER EISENBAU

Vom Werdegang einer Bauweise

224 Seiten, 160 Fotos, 60 Tafeln, 60 Zeichnungen,
24,0 x 27,0 cm, Pp. zelloph. DM 78,–
ISBN 3-345-00466-6/Werner, Eisenbau

Eine Vielzahl beeindruckender Bauwerke in aller Welt kündet vom großartigen Können ihrer Erbauer. Jede neu heranwachsende Generation von Technikern und Ingenieuren kann aus der Kenntnis der Historie ihres Fachgebietes wichtige Erkenntnisse für die künftige Arbeit gewinnen. So ist es nicht verwunderlich, daß in den letzten Jahren in wachsendem Maße komplexe Darstellungen der Technikgeschichte veröffentlicht wurden. Bislang jedoch fehlte ein solches Werk zur Bautechnik – speziell zum Eisen- und Stahlbau.

Diese Lücke schließt der im Verlag für Bauwesen Berlin erschienene Titel »Der Eisenbau« von Frank Werner und Joachim Seidel.

Aus der Sicht erfahrener Praktiker geschrieben, werden historische Daten und Fakten von der Epoche der Einführung des Eisens in die Tragwerke bis etwa 1950 dargestellt, als die Grundlagen des modernen Stahlbaus geschaffen waren.

Die Autoren geben mit diesem Buch dem Fachmann eine Quelle in die Hand, die ihm vielfältige Informationen liefert, die Verbundenheit der Studenten mit ihrem Fachgebiet vertieft und dem technisch Interessierten einen überzeugenden Eindruck von diesem Gebiet der Technik vermittelt. Dazu ist es u.a. mit einem hohen Anteil an Abbildungen und zahlreichen informativen Tafeln ausgestattet.

Besondere Aktualität besitzt das Buch »Der Eisenbau« weil insbesondere in den neuen Bundesländern die Rekonstruktion einer Vielzahl von Bauwerken ansteht, die zum großen Teil noch aus dem vorigen Jahrhundert stammen. Damit wird es auch zu einem Fachbuch gerade für junge Ingenieure.

DER KIRCHENBAU IM DEUTSCHLAND DER ZWISCHENKRIEGSZEIT

Holger Brülls

NEUE DOME

Wiederaufnahme romanischer Bauformen und antimoderne Kulturkritik im Kirchenbau der Weimarer Republik und der NS-Zeit

224 Seiten, 127 Abbildungen
21,0 x 23,0 cm, Pp. zellophan. DM 58,–
ISBN 3-345-00560-3 / Brülls, Neue Dome

In den Darstellungen der Architekturgeschichte des 20. Jahrhunderts spielt der Kirchenbau nur eine marginale Rolle, ausgenommen Le Corbusiers Wallfahrtskirche von Ronchamp, die als erwähnenswertes Beispiel für die Sakralarchitektur des Neuen Bauens gilt, das sich ansonsten vor allem den profanen Bauaufgaben verschrieben hatte.

Aber der monumentale Kirchenbau im Deutschland der Zwischenkriegszeit gehört zu den faszinierendsten Kapiteln der Architekturgeschichte unseres Jahrhunderts. Daß selbst noch unter der Herrschaft des angeblich religionsfeindlichen Nationalsozialismus Kirchen gebaut wurden - im großen Stil und unter Anknüpfung an romanische Architektur - ist eine brisante Tatsache, die bislang noch nirgends eingehend erörtert wurde.

In der Zeit nach dem Ersten Weltkrieg galt die romanische Baukunst als “deutscher Stil” schlechthin. Zugleich wollten die Zeitgenossen in ihren schlichten, großen Formen das künstlerische Symbol einer im christlichen Glauben fundierten, einheitlichen Weltanschauung sehen. Das christliche Mittelalter wurde zum utopischen Gegenbild für eine vermeintlich gottverlassene Moderne. Die neuen Dome aber, die konservative Architekten beider christlicher Konfessionen in diesen krisenhaften Jahrzehnten errichteten, waren geistliche Propaganda in Stein: Gegenwartskritik und der missionarische Versuch, ein “neues Mittelalter” heraufzuführen.

Das Buch erläutert die moderne Neuauflage eines mittelalterlichen Baustils an Bauten von drei der bedeutendsten deutschen Architekten des 20. Jahrhunderts: German Bestelmeyer, Albert Boßlet und Dominikus Böhm. Es füllt damit eine wichtige Lücke in der Erforschung der zeitgenössischen Architekturgeschichte, die neben den avantgardistischen Strömungen mehr und mehr die traditionalistischen Gegenbewegungen in den Blick nimmt. Zahlreiche, zumeist unveröffentlichte Quellen vermitteln einen umfassenden Einblick in die Gedankenwelt der Architekten, ihrer Bauherren und Zeitgenossen. Sie umfaßt die unpolitische Mittelalter-Begeisterung der Neuromantik ebenso wie eine ausdrücklich nationalsozialistische Theorie des modernen Kirchenbaus.

BAUHAUS-LITERATUR AUS DEM VERLAG FÜR BAUWESEN

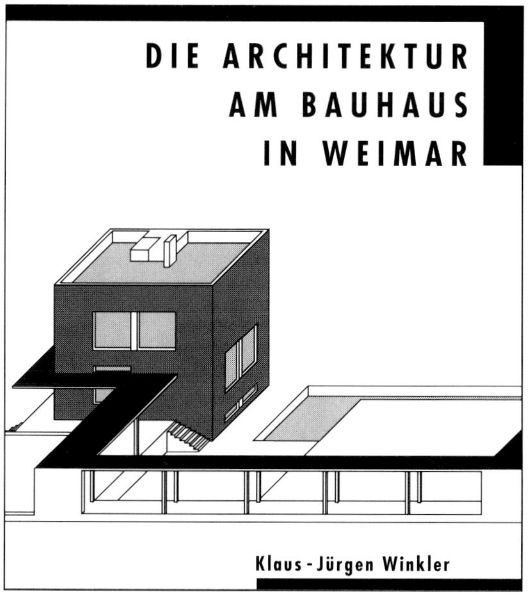

Klaus-Jürgen Winkler

DIE ARCHITEKTUR AM BAUHAUS IN WEIMAR

Reihe: Edition **Bauhaus Dessau**

172 Seiten, 230 Abb.
24,0 x 27,0 cm, Pp. zellophan. DM 50,–
ISBN 3-345-00510-7/Winkler, Bauhausbauten Weimar

Als kunstgeschichtliches »Phänomen« gilt das Bauhaus als eine der führenden avantgardistischen Schulen mit großer Initialwirkung in der Zwischenkriegszeit und beanspruchte später den Nimbus der Moderne überhaupt.

Die Edition beschreibt den »Mythos« Bauhaus aus der Sicht des Architekten und damit die herausragenden architektonischen Leistungen des Bauhauses Weimar und der dort wirkenden Architekten. Gegenstand ist die Gründungs- und Formierungsphase des Staatlichen Bauhauses in Weimar zwischen 1919 und 1925, soweit es architektonische Ideen, Entwürfe oder gebaute Leistungen hervorbrachte oder sich mit der Ausbildung verband. Der Autor beschreibt nicht nur die Architektur in ihrer konkreten Erscheinung, sondern interpretiert darüber hinaus die Formen der Einzelobjekte.

Das Buch wirft am Beispiel der Bauhaus-Architektur ein Streiflicht auf die frühe Entwicklung des Neuen Bauens. Es dokumentiert die Widersprüchlichkeit bei der Herausbildung der tragenden Auffassungen der Bewegung, insbesondere des Funktionalismus als Theorie und Methodologie der Moderne nach dem Ersten Weltkrieg.

Christine Engelmann/Christian Schädlich

DIE BAUHAUSBAUTEN IN DESSAU

Reihe: Edition **Bauhaus Dessau**

»Bauen bedeutet Gestalten von Lebensvorgängen« - diese Entwurfsprämisse von Walter Gropius und Hannes Meyer bestimmt die baukünstlerische und zugleich die soziale Qualität der von den Bauhaus-Architekten in Dessau errichteten Gebäude.

Die ausführliche Dokumentation faßt Erkenntnisse über die epochalen und Schule machenden Bauten in Dessau in knapper Form zusammen. Chronik als auch Nutzung der einzelnen Gebäude - neben dem Bauhausgebäude Häuser für die Bauhausmeister, Siedlung Dessau-Törten, Gebäude des Konsumvereins, Stahlhaus, Wohnhaus Fieger, Laubenganghäuser, Arbeitsamt, Gaststätte Kornhaus - verraten das umfangreiche Quellenstudium. Dabei werden kritische Ansichten nicht unterschlagen.

Für Freunde der modernen Architektur erweist sich das Buch als fesselnde und anregende Lektüre.

120 Seiten, 135 Abb.
24,0 x 27,0 cm, Pp. zellophan. DM 42,–
ISBN 3-345-00409-7/Engelmann, Bauhausbauten Dessau